Wahl · Baumann

Physik

Berichtigter Nachdruck
der dritten Auflage

Emin ÖZKAN
13 - 10 - 1982
KÖLN

Verlag W. Girardet · Essen

Die Bearbeitung dieses Buches besorgte
Dipl.-Phys. Arthur Baumann

ISBN 3-7736-2529-4 · Bestellnummer 2529
W. Girardet Buchverlag GmbH, Essen
Druck W. Girardet Druck KG, Essen · Printed in Germany · 1980

Aus dem Vorwort zur ersten Auflage

Das aus langjähriger Lehrerfahrung entstandene Buch ist für den Unterricht an weiterführenden Schulen bestimmt. Es soll in die Physik einführen und ist dem Auffassungsvermögen der Schüler dieser Schulen angepaßt. Daraus folgen Gliederung und Darstellung.

Eines der wichtigsten Ziele des Buches ist es, zur selbständigen Lösung auch schwieriger Aufgaben anzuleiten (mit * gekennzeichnet). Die dazu notwendigen Mathematikkenntnisse sind allgemein die der Mittelstufe.

Vorwort zur dritten Auflage

Das Buch ist ganz auf SI-Einheiten umgestellt worden, wobei aber die Umrechnung der bisher möglichen auf die gesetzlichen Einheiten eingearbeitet ist. Logarithmische Doppelskalen erlauben ohne Berechnung einen überschlägigen Vergleich. Die im alten Technischen Einheitensystem bevorzugte Wichte (Artgewicht) wurde zugunsten der nun empfohlenen Dichte zurückgedrängt.

Die Übungsaufgaben sollen grundsätzlich in SI-Einheiten gerechnet werden, auch wenn (vereinzelt zur Übung) Probleme in fremden Einheiten gestellt sind. Zeichnerische Lösungsverfahren sind mindestens zusätzlich zu den rechnerischen empfohlen. Die Zahlenwerte der Lösungen sollen nur so viele Dezimalstellen enthalten, wie durch die Aufgabenstellung erfordert werden.

Besonderen Dank spreche ich den Lesern aus, die das Buch durch anerkennende und kritische Zuschriften gefördert haben.

Dipl.-Phys. Arthur Baumann

Inhalt

3. Mechanik der Gase

4. Schwingungen und Wellen

5. Wärmelehre

6. Optik, die Lehre vom Licht

Maßsysteme und Einheitensysteme

Ein **Maßsystem** legt bevorzugte und voneinander unabhängige **Grundgrößenarten** (= Dimensionen) fest, aus denen durch die Bildung von Produkten aus Potenzen der Grundgrößenarten neue **abgeleitete Größenarten** entstehen. Die Anzahl der Grundgrößenarten soll innerhalb eines Maßsystems möglichst klein sein.

Maßsysteme haben zunächst keinen Einfluß auf die Wahl von **Maßeinheiten**. Diese **Einheiten** werden nach Übereinkunft gesetzlich festgelegt, wobei dann jeweils ein verbindliches Meßverfahren (= Etalon) für die Darstellung der Grundeinheit vorzuschreiben ist.

Die verschiedenen im Gebrauch befindlichen Einheitensysteme sind aus verschiedenen physikalischen oder technischen Maßsystemen hervorgegangen.

Dem neuen „**Internationalen Einheitensystem**" (nicht „Maßsystem") (**SI** — **S**ystème International d'Unités) liegt ein Maßsystem zugrunde, in dem die Größenarten **Länge, Masse, Zeit, Stromstärke (el.), Temperatur** und die **Lichtstärke** Grundgrößenarten sind. (Im alten „Technischen Einheitensystem" waren es die mechanischen Größenarten Länge, **Kraft**, Zeit.) Die auffälligsten Neuerungen betreffen die Verwendung der **abgeleiteten Einheit 1 Newton** für die **Kraft** anstelle der entsprechenden **Grundeinheit des Technischen Einheitensystems 1 Kilopond** sowie den Wegfall einer speziellen Einheit für die **Wärmemenge** — im **Technischen System 1 Kilokalorie,** die jetzt ausschließlich durch die allgemeingültige **Energieeinheit 1 Joule = 1 Wattsekunde** ersetzt ist.

Das Internationale Einheitensystem (SI) ist nach einer Übergangsfrist ausschließlich (in Technik und Wirtschaft) anzuwenden, doch kann die praktische Verwendung vorhandener Meßgeräte die Umrechnung bisher verwendeter Einheiten notwendig machen (s. Tabelle S. 13).

Sollte eine im SI vorgeschriebene Einheit für den praktischen Gebrauch unhandlich groß oder klein sein, so ist die Verwendung von Zehner-Vielfachen oder -Teilen durch Beifügen von Zählworten zur Einheit angezeigt (z. B. Mikrosekunde), wie in der Tabelle S. XII dargestellt ist.

Eine Übersicht über die gesetzliche Definition der SI-Grundeinheiten sowie über das Prinzip der Meßvorschrift für die wichtigsten Einheiten (Etalon) ist auf S. XI und XII dargestellt.

In der vorliegenden Auflage des Lehrbuches sind noch teilweise die alten Einheiten des Technischen Einheitensystems neben den neuen SI-Einheiten weiterverwendet, damit für den Übergang ein Anschluß ermöglicht wird.

Übersicht über die Definition der Meßvorschriften (Etalons) der Grundeinheiten des Internationalen Einheitensystems

Grundeinheit der „Länge", Formelzeichen (s), Einheit **1 Meter** (1 m): Ursprünglich der zehnmillionste Teil des Erdquadranten,

> im SI: „1 Meter ist das 1 650 763,73fache der Wellenlänge der von Atomen des Nuklids ^{86}Kr beim Übergang vom Zustand $5d_5$ zum Zustand $2p_{10}$ ausgesandten, sich im Vakuum ausbreitenden Strahlung" (= Vielfaches der Wellenlänge einer Normal-Lichtstrahlung).

Grundeinheit der „Masse", Formelzeichen (m), Einheit **1 Kilogramm** (1 kg): Ursprünglich die Masse eines Liters Wasser unter Normalbedingungen,

> im SI: „1 Kilogramm ist die Masse des internationalen Kilogrammprototyps".

Grundeinheit der „Zeit", Formelzeichen (t), Einheit **1 Sekunde** (1 s): Ursprünglich der 86 400ste Teil eines mittleren Sonnentages,

> im SI: „1 Sekunde ist das 9 192 631 770fache der Periodendauer der dem Übergang zwischen den beiden Hyperfeinstrukturniveaus des Grundzustandes von Atomen des Nuklids ^{133}Cs entsprechenden Strahlung" (= Anzahl von Schwingungsdauern einer Normal-Lichtquelle).

Grundeinheit der „Stromstärke", Formelzeichen (I), Einheit **1 Ampere** (1 A): Ursprünglich die Stromstärke, die in 1 Sekunde eine Normmenge Silber elektrolytisch abscheidet,

> im SI: „1 Ampere ist die Stärke eines zeitlich unveränderten elektrischen Stromes der, durch zwei im Vakuum parallel im Abstand 1 Meter voneinander angeordnete, geradlinige, unendlich lange Leiter von vernachlässigbar kleinem, kreisförmigem Querschnitt fließend, zwischen diesen Leitern je 1 Meter Leiterlänge elektrodynamisch die Kraft 1/5 000 000 Kilogrammeter durch Sekundequadrat hervorrufen würde" (= Stromstärke, die zwischen Paralleldrähten eine Normkraft hervorruft).

Grundeinheit der „Temperatur", Formelzeichen (T), Einheit **1 Kelvin** (1 K): Ursprünglich 1/100 der Temperaturdifferenz zwischen Gefrierpunkt und Siedepunkt des Wassers bei einem (Ideal-) Gasthermometer,

> im SI: „1 Kelvin ist der 273,16te Teil der thermodynamischen Temperatur des Tripelpunktes des Wassers". Der Tripelpunkt des Wassers ist diejenige Temperatur, bei der Eis, flüssiges Wasser und Wasserdampf miteinander im Gleichgewicht stehen. Dies ist bei einem Druck von 6,078 mbar bei + 0,0075 °C der Fall. (= Bruchteil der Temperatur, die bei einem Fixpunkt den Normdruck in einem Idealgas bewirkt).

Grundeinheit der „Lichtstärke", Formelzeichen (I_v), Einheit **1 Candela** (1 cd). Ursprünglich die Lichtstärke einer Normlichtquelle (Flamme = „Hefnerkerze"),

>im SI: „1 Candela ist die Lichtstärke, mit der 1/600 000 Quadratmeter der Oberfläche eines Schwarzen Strahlers bei der Temperatur des beim Druck 101 325 Kilogramm durch Meter und durch Sekundequadrat erstarrenden Platins senkrecht zu seiner Oberfläche leuchtet".

Tabelle

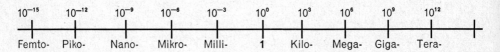

Im SI gebräuchliche Vorsilben zur Kennzeichnung sehr großer oder sehr kleiner Zahlenwerte (Auswahl).

Beispiel: 1 Pikofarad = 10^{-12} Farad, 1 Meg(a)ohm = 10^6 Ohm.

0. Einleitung

0.1 Was gehört zur Physik?

> In der Physik werden Vorgänge und Zustände behandelt, die in der unbelebten Natur vorkommen.

Beispiele: Der Fall eines Steines, das Anfahren und das Abbremsen eines Autos — allgemein jeder Vorgang.

Gefrieren des Wassers, Schmelzen von Eis (dabei bleibt die stoffliche Zusammensetzung des Wassers unverändert) — allgemein jede Änderung der Zustandsform.

Vorgänge, bei denen eine stoffliche Veränderung erfolgt, werden — aus wissenschaftlicher Tradition — in der Chemie bzw. Biologie behandelt; Ausnahme Kernphysik. Die Physik ist heute stark mit anderen Naturwissenschaften verflochten.

0.2 Aufgaben der Physik

1) Beobachten und Messen der Vorgänge in der Natur.

Beispiele: Messen der Wassertemperatur bei Erwärmung; Messen des Gewichtes eines Eisenstabes oder seiner Ausdehnung bei Erwärmung.

2) Aufstellen von Gesetzen aufgrund von Beobachtungen und Messungen.

Damit können bestimmte physikalische Vorgänge und Zustände vorausberechnet werden.

Beispiele: Der Querschnitt eines Balkens wird so berechnet, daß er eine gewünschte Last aufnehmen kann, ohne zu brechen oder zu knicken. Die Fahrzeit eines Autos von Hamburg nach München ist zu berechnen, wenn Entfernung und Geschwindigkeit bekannt sind. Es läßt sich berechnen, welche Geschwindigkeit eine Weltraumrakete haben muß, damit sie den Anziehungsbereich der Erde verlassen kann, um z. B. den Mond zu erreichen.

Physikalische Zusammenhänge werden durch Formeln ausgedrückt.

Beispiel: Weg = Geschwindigkeit · Zeit

$$s = v \cdot t$$

0.3 Allgemeines zum Messen

Eine Größe messen heißt, sie mit einer Maßeinheit vergleichen.

Ein Stab hat die Länge von 5 m. Wir schreiben $l = 5$ m.

Bezeichnungen:

l (Länge) .... physikalische Größe oder Maßgröße

5 (Ziffer) .... Maßzahl

m (Meter) .... Maßeinheit

Allgemein gilt

Physikalische Größe = Maßzahl · Maßeinheit

---

oder   Größe = Zahlenwert · Einheit

In $l = 5$ m kann 1 m $= 100$ cm gesetzt werden. Dann wird $l = 5$ m $= 5 \cdot 100$ cm $= 500$ cm. Liegt dieselbe Messung zugrunde, so ist die kleinere Maßeinheit mit der größeren Maßzahl verbunden.

Die Wahl einer Maßeinheit ist grundsätzlich willkürlich. Jedoch soll sie zweckmäßig erfolgen. So muß die Maßeinheit völlig unveränderlich und überall leicht darstellbar sein (wie z. B. das Meter durch den Meterstab).

0.4 Die Maßeinheiten für Länge und Zeit

Die technische Längeneinheit ist das Meter.

Das Meter (m) wurde zuerst festgelegt als der 40millionste Teil des Erdumfangs (1791).

Die Größe des Meters wurde durch den Abstand zweier Marken auf einem Stab aus Platin-Iridium bei 0 °C angegeben. Dieses ,,Urmeter'' wird nach internationaler Vereinbarung in Sèvre bei Paris aufbewahrt. (Platin-Iridium ist eine Legierung [Mischmetall] aus 90% Platin und 10% Iridium, gegen chemische Einflüsse besonders beständig und von geringer Wärmeausdehnung.)

Das Internationale Einheitensystem (SI) hat das Meter folgendermaßen neu definiert:

Die Basiseinheit 1 Meter ist das 1 650 763,73fache der Wellenlänge der von Atomen des Nuklids ^{86}Kr beim Übergang vom Zustand $5d_5$ zum Zustand $2p_{10}$ ausgesandten, sich im Vakuum ausbreitenden Strahlung.

Zur Festlegung der Zeiteinheit ist ein Vorgang, der sich regelmäßig wiederholt, besonders geeignet. Befindet sich die Sonne genau in Nord-Süd-Richtung des Beobachters, so erreicht sie ihren höchsten Stand (Mittag). Der Zeitraum, der verstreicht, bis die Sonne bei ihrem weiteren Lauf wiederum durch die Nord-Süd-Richtung (höchster Stand) geht, wird als Sonnentag bezeichnet.

Nicht alle Sonnentage sind genau gleich lang. Der über das Jahr genommene Mittelwert heißt ,,mittlerer Sonnentag''.

Festlegung

Die Zeiteinheit ist die Sekunde. Die Sekunde ist der 86 400ste Teil eines mittleren Sonnentages.

1 Tag $= 24$ Stunden $= 24 \cdot 60$ Minuten $= 24 \cdot 60 \cdot 60$ Sekunden $= 86 400$ Sekunden.

Das Internationale Einheitensystem (SI) hat die Sekunde folgendermaßen neu definiert:

Die Basiseinheit 1 Sekunde ist das 9 192 631 770fache der Periodendauer der dem Übergang zwischen den beiden Hyperfeinstrukturniveaus des Grundzustandes von Atomen des Nuklids ^{133}Cs entsprechenden Strahlung.

0.5 Die Maßeinheiten für Masse und Kraft

Masse ist eine Eigenschaft jeden materiellen Körpers. Nach unserer Erfahrung ist jeder Körper ,,träge'' (er zeigt Widerstand gegen Änderungen seines Bewegungszustandes) und auch ,,schwer'' (wir spüren auf der Erde seine Gewichtskraft (,,Gewicht''). Beide Eigenschaften faßt die Physik in der Größenart Masse zusammen, was weitgehend als ,,Stoffmenge'' zu verstehen ist. Das gesetzliche Einheitensystem (SI) mißt beide — wie sich durch Präzisionsmessungen herausstellte — gleichartigen Eigenschaften in der Einheit der Masse 1 Kilogramm (1 kg).

$$1 \text{ Kilogramm (1 kg)} = 1000 \text{ Gramm (1000 g)} \qquad = 10^3 \text{ g}$$
$$1 \text{ Gramm (1 g)} \quad = 1000 \text{ Milligramm (1000 mg)} = 10^3 \text{ mg}$$
$$1 \text{ Tonne (1 t)} \quad = 1000 \text{ Kilogramm (1000 kg)} \; = 10^3 \text{ kg}$$

Das Urkilogramm sollte ursprünglich genau gleich der Masse von 1 dm³ $= 10^{-3}$ m³ sein. Spätere genauere Messungen ergaben, daß das Stück die Masse von genauer 1,000 028 dm³ „Normalwasser" hatte. Trotzdem blieb man bei der obigen Festlegung der Masseneinheit. Bis jetzt verfügt die Physik noch nicht über ein allgemein anerkanntes und gleichzeitig nicht zerstörbares Massennormal, bei dem die Einheit, wie z. B. bei der Länge, auf einen Zählvorgang zurückgeführt ist.

Die bisherige Maßeinheit der Kraft, 1 Kilopond (1 kp), wurde gesetzlich durch die Gewichtskraft („Gewicht") eines Körpers der Masse 1 Kilogramm festgelegt, die dieser Körper am Normort (Paris) hat. Die Gewichtskraft des Körpers ist allerdings auch dort keine Konstante (Einfluß der Gezeitenkräfte), so daß man nach dieser Erkenntnis die Gewichtskraft eines Normalkörpers überhaupt nicht mehr als Grundeinheit verwendet. Die neue, abgeleitete Einheit der Kraft, 1 Newton, ergibt sich aus der Kraft, die erforderlich ist, einen Körper der Masse 1 kg in einer Sekunde gleichförmig um den Geschwindigkeitsbetrag 1 m/s zu beschleunigen.

Unter Gewichtskraft verstehen wir die Kraft, die ein Körper unter dem Einfluß der Anziehung der Erde (sowie der Sonne und des Mondes (!)) sowie der Trägheitswirkung der sich drehenden Erde (Fliehkraft) ausübt.

Die Gewichtskraft ist in die Nähe des Erdmittelpunktes „lotwärts" gerichtet, da der Einfluß der Erdanziehung bei weitem überwiegt.

Da die Umgangssprache die Begriffe Gewicht und Masse meist in gleicher Bedeutung gebraucht, wird empfohlen, statt „Gewicht" den Ausdruck „Gewichtskraft" zu gebrauchen, wenn die nach „unten" ziehende Kraft eines schweren Körpers gemeint ist.

Der Normkörper, dessen Masse auf einer Waage mit der Masse eines anderen Körpers verglichen wird, in der Umgangssprache auch „Gewicht" (Gewichtsstück) genannt, soll im physikalischen Sprachgebrauch „Wägestück" heißen.

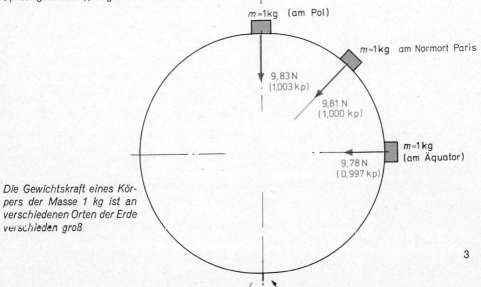

Die Gewichtskraft eines Körpers der Masse 1 kg ist an verschiedenen Orten der Erde verschieden groß

0.5.1 Unterschied von Masse und Gewicht [1])

Die *Masse* eines Körpers ist überall gleich groß. An einer beliebigen Stelle der Erdoberfläche, auf dem Mond oder im Weltraum bleibt der Wert der Masse genau so unverändert wie die Anzahl der Atome eines Körpers. Jedoch wird das *Gewicht* eines Körpers mit zunehmendem Abstand vom Erdmittelpunkt kleiner. 1 kg Masse wiegt an den Polen etwas mehr als 10 N (geringerer Abstand zum Erdmittelpunkt), am Äquator etwas weniger (größerer Abstand) [2]).

Ein Körper von 100 kg Masse hat

	die Masse von	und das Gewicht von
am Normort (Paris)	100 kg	980,67 N — 100 kp
an den Polen	100 kg	983,22 N — 100,26 kp
am Äquator	100 kg	978,02 N — 99,73 kp
auf dem Mond	100 kg	156,9 N — 16 kp
bei schwerelosem Zustand im Weltraum	100 kg	0 N — 0 kp

Alle Massen haben die Eigenschaft, sich gegenseitig anzuziehen. Die Anziehungskraft hängt von der Größe der Massen und ihrem Abstand zueinander ab. Auf dem Mond, der nur ca. 1% der Erdmasse besitzt, beträgt die Anziehungskraft nur etwa ein Sechstel des Wertes auf der Erdoberfläche.

0.6 Zugkraft, Druckkraft und Druck

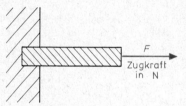

Zugkraft in N

Eine Kraft kann ziehen (Zugkraft) oder drücken (Druckkraft). Wirkt auf eine Säule mit einer Grundfläche von $A = 900$ mm² eine Last von 81 000 N (ca. 8100 kp) senkrecht zur Grundfläche, so beträgt die Belastung je Flächeneinheit, d. h. der Druck auf die Unterlage

$$p = \frac{81\,000\ \text{N}}{900\ \text{mm}^2} = 90\ \frac{\text{N}}{\text{mm}^2}$$

Die auf die Flächeneinheit drückende Kraft heißt *Druck*.

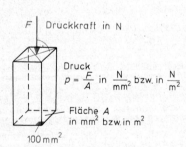

F Druckkraft in N

Druck
$p = \dfrac{F}{A}$ in $\dfrac{\text{N}}{\text{mm}^2}$ bzw. in $\dfrac{\text{N}}{\text{m}^2}$

Fläche *A*
in mm² bzw. in m²

100 mm²

$$\text{Druck} = \frac{\text{Kraft}}{\text{Angriffsfläche}}$$

$$p = \frac{F}{A} \text{ in } \frac{\text{N}}{\text{m}^2}$$

(früher in kp/cm²)

1 Newton/Quadratmeter heißt 1 Pascal = 1 Pa

$1\ \dfrac{\text{N}}{\text{mm}^2}$ heißt 1 Megapascal = 1 MPa

$\left(1\ \dfrac{\text{kp}}{\text{cm}^2} \approx 0{,}1\ \dfrac{\text{N}}{\text{mm}^2} = 0{,}1\ \text{MPa} = 1\ \text{bar}\right.$

$\left. 1\ \dfrac{\text{N}}{\text{mm}^2} = 1\ \text{MPa} \approx 10\ \dfrac{\text{kp}}{\text{cm}^2}\right)$

Darüber hinaus sind noch die Einheiten 1 bar = $0{,}1\ \dfrac{\text{N}}{\text{mm}^2}$ und 1 Dekabar (1 dbar) = 10 bar gesetzlich zulässig.

---

[1]) Nachdem in letzter Zeit gelegentlich „Masse" und „Gewicht" wieder in der gleichen Bedeutung gebraucht werden, ist es angezeigt, die in diesem Buch verwendete Bezeichnung „Gewicht" im Sinn von „Gewichtskraft" zu verstehen

[2]) Die Konstanz der Masse gilt allerdings nur für Relativgeschwindigkeiten, die hinreichend klein gegenüber der Lichtgeschwindigkeit sind („Relativistische Massenzunahme")

Dieselbe Kraft kann sehr unterschiedliche Drücke verursachen. Ein 650 N (65 kp) schwerer Mann verursacht als

	Fußgänger	Skiläufer	Schlittschuhläufer
bei einer Auflagefläche von	150 cm² = 15 000 mm²	4000 cm² = 400 000 mm²	10 cm² = 1000 mm²
einen Druck auf die Unterlage $p = \dfrac{F}{A}$	$\dfrac{650\ N}{15\,000\ mm^2} = 0{,}43\ bar$ $= 0{,}043\ \dfrac{N}{mm^2}$	$\dfrac{650\ N}{400\,000\ mm^2} = 0{,}015\ bar$ $= 0{,}015\ \dfrac{N}{mm^2}$	$\dfrac{650\ N}{1000\ mm^2} = 6{,}5\ bar$ $= 0{,}65\ \dfrac{N}{mm^2}$

0.7 Grundgrößen und abgeleitete Größen

Zur Beschreibung aller mechanischen Vorgänge reichen drei Größen aus, die als *Grundgrößen* bezeichnet werden; die zugehörigen Maßeinheiten heißen Grundeinheiten.

> **Das gesetzliche Einheitensystem ist (bezüglich der Mechanik) auf den drei Grundeinheiten 1 Meter, 1 Kilogramm, 1 Sekunde aufgebaut.**
>
> **(Das alte Technische Einheitensystem [„Technisches Maßsystem"] benutzte dagegen die Einheiten 1 Meter, 1 Kilopond, 1 Sekunde mit etwas abweichenden Definitionen.)**

Abgeleitete Größen sind aus Grundgrößen zusammengesetzt, z. B.:

Fläche = Länge · Länge

$$\text{Dichte} = \frac{\text{Masse}}{\text{Volumen}} = \frac{\text{Masse}}{(\text{Länge})^3}$$

Jede physikalische Angabe ist ein Produkt aus Maßzahl und Maßeinheit. Für dieselbe Angabe sind dabei verschiedene Maßeinheiten möglich, z. B. für die Länge m, cm oder mm.

Soll eine gegebene physikalische Größe in andere Maßeinheiten umgerechnet werden, so genügt es, den Zusammenhang zwischen der vorliegenden und der gewünschten Einheit einzusetzen.

1. Beispiel: Gegeben: $l = 78{,}5$ cm; gesucht: Angabe in m

$$1\ cm = \frac{1}{100}\ m$$

Durch Einsetzen ergibt sich:

$$l = 78{,}5\ cm = 78{,}5 \cdot \frac{1}{100}\ m = 0{,}785\ m$$

2. Beispiel: Gegeben: Geschwindigkeit $v = 36\ \dfrac{km}{h}$; gesucht: Angabe in $\dfrac{m}{s}$

Zusammenhang: $3{,}6\ \dfrac{km}{h} = 1\ \dfrac{m}{s}$

Also folgt:

$$v = 36\ \frac{km}{h} = 10\ \frac{m}{s}$$

Zum Begriff der Dimension

Im täglichen Sprachgebrauch versteht man unter Dimensionen die Abmessungen eines Körpers (Länge, Breite, Tiefe). In der Physik dagegen bedeutet die Dimension einer physikalischen Größe die Größenart bzw. den Zusammenhang mit den Grundgrößen. So ist z. B. der Weg von der Dimension einer Länge, der Druck von der Dimension Kraft/Fläche = Kraft/Länge².

Aber: die Einheit „1 cm" ist selbst keine Dimension!

Bei der Dimensionsangabe abgeleiteter Größen entstehen Produkte und Quotienten der Grundgrößen. Die Dimension der Geschwindigkeit ist Weg/Zeit. Entsprechend ist die Arbeit von der Dimension Kraft · Weg.

Die Dimension einer Größe gibt im allgemeinen Fall an, in welcher Weise die Grundgrößen miteinander verknüpft sind. Das Zurückgehen auf die Grundgrößen ist nicht immer notwendig. So ist z. B. die Leistung von der Dimension Arbeit/Zeit (vgl. Abschn. 1.24).

0.8 Dichte und Spezifisches Gewicht (Wichte)

0.8.1 Die Dichte

1) Erfahrungstatsache

Körper aus verschiedenen Stoffen, aber von gleichem Rauminhalt haben verschiedene Massen (sind verschieden schwer und verschieden träge).

Festlegung

Unter der Dichte eines Körpers versteht man das Verhältnis seiner Masse zu seinem Volumen.

Festlegung

$$\text{Dichte} = \frac{\text{Masse}}{\text{Volumen}} \qquad \varrho = \frac{m}{V} \quad \text{in kg/m}^3$$

m = Masse, V = Volumen, ϱ = Dichte [1]

1. Beispiel: Eine Glasröhre, lichter Durchmesser 5 mm, Länge 22 cm, ist mit Quecksilber ($\varrho = 13\,600$ kg/m³) gefüllt. Welche Masse hat die Quecksilberfüllung?

Lösung: $m = \varrho \cdot V; \; V = \pi \cdot \dfrac{d^2}{4} \cdot h = \pi \cdot \dfrac{0{,}5^2}{4} \cdot 22 \text{ cm}^3 = 4{,}32 \text{ cm}^3$

$1 \text{ m}^3 = 1\,000\,000 \text{ cm}^3 = 10^6 \text{ cm}^3; \; 4{,}32 \text{ cm}^3 = 4{,}32 \cdot 10^{-6} \text{ m}^3$

$m = 13\,600 \dfrac{\text{kg}}{\text{m}^3} \cdot 4{,}32 \cdot 10^{-6} \text{ m}^3 = 1{,}36 \cdot 10^4 \cdot 4{,}32 \cdot 10^{-6} \text{ kg} = 5{,}88 \cdot 10^{-2} \text{ kg} = 58{,}8 \text{ g}$

Zu beachten: Beim Einsetzen von Zahlenwerten sind die Einheiten (Maßbenennungen) immer mit anzugeben und ggf. zu kürzen. Die Einheiten können am Schluß des Ausdrucks zusammengefaßt werden.

2. Beispiel: Welches Volumen haben 30 kg Terpentinöl ($\varrho = 870$ kg/m³)?

Lösung: $V = \dfrac{m}{\varrho} = \dfrac{30 \text{ kg}}{870 \text{ kg/m}^3} = 0{,}0345 \text{ m}^3 = 34{,}5 \text{ dm}^3 = 34{,}5\,l$

Setzt man für die Dichte anstelle von $\varrho = 870$ kg/m³ $\varrho = 0{,}87$ kg/dm³ ein, so erhält man das gleiche Ergebnis:

$$V = \frac{30 \text{ kg}}{0{,}87 \text{ kg/dm}^3} = 34{,}5 \text{ dm}^3$$

In einer Rechnung darf für eine bestimmte Größe nur eine einzige Maßeinheit benutzt werden. Es dürfen also z. B. m³ und dm³ nicht nebeneinander in derselben Formel eingesetzt werden. Gegebenenfalls sind die Maßeinheiten umzurechnen.

---

[1] ϱ = griech. Buchstabe, sprich „rho"

2) Dimensionsprobe

In der Formel $m = \varrho \cdot V$ haben wir auf der linken Seite die Größe m; dann muß das Produkt auf der rechten Seite ebenfalls m ergeben, was wir überprüfen.

$$[m] = \left[\frac{m}{V}\right] \cdot [v] = \frac{[m]}{[V]} \cdot [v] = [m]$$

Die eckige Klammer [ ] um das Formelzeichen bedeutet Dimension.

3) Meßverfahren zur Bestimmung der Dichte

Um die Dichte eines Körpers zu bestimmen, muß man seine Masse und sein Volumen kennen. Die Masse bestimmt man durch Wägung, sein Volumen wird entweder errechnet (wenn das einfach möglich ist), oder man taucht den unregelmäßig geformten Körper in ein Meßgefäß oder in ein Überlaufgefäß (Abb.) ein und bestimmt so durch Verdrängen einer Flüssigkeit sein Volumen.

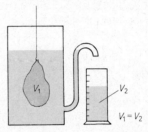

Volumenbestimmung eines unregelmäßig geformten Körpers

Um die Masse einer Flüssigkeit zu bestimmen, wird ein zuvor leer gewogenes Meßglas mit der Flüssigkeit gefüllt und nochmals gewogen. Nun sind Volumen und Masse ($m = m_{\text{voll}} - m_{\text{leer}}$) bekannt.

0.8.2 Die Wichte (= „Spezifisches Gewicht")

In der Technik verwendete man bisher häufig die Größenart *Wichte*.

Festlegung		
Wichte = $\dfrac{\text{Gewichtskraft}}{\text{Volumen}}$	$\gamma = \dfrac{G}{V}$	in N/m³

$G =$ Gewichtskraft, $V =$ Volumen, $\gamma =$ Wichte [1].

Das alte technische Maßsystem bevorzugte diese Größenart; das heute gesetzliche Einheitensystem (SI) bevorzugt die Angabe der Dichte. Die Größe der Wichte ist ortsabhängig.

Man kommt zur Wichte eines Stoffes, indem man die Gewichtskraft aus Masse und Erdbeschleunigung errechnet $G = m \cdot g$ (s. 1.20 ff.).

Viele Tabellen enthalten noch Wichteangaben anstelle der Dichte.

Alte Maßeinheiten der Wichte:

Entsprechend den bisherigen Maßeinheiten der Gewichtskraft wurde die Wichte angegeben in kp/dm³ bzw. in p/cm³.

---

[1] $\gamma =$ griech. Buchstabe, sprich „gamma"

7

Die Umbenennung der alten Wichteeinheiten in SI-Einheiten ergibt größere Zahlen:

$$1 \, \frac{kp}{dm^3} = \frac{9,80665 \, N}{0,001 \, m^3} = 9806,65 \, \frac{N}{m^3} \approx 10\,000 \, \frac{N}{m^3}$$

0.9 Erste Einführung in die Atomlehre

In diesem Kapitel werden die Begriffe „Atom" und „Molekül" eingeführt. In Abschnitt 7.3 wird der Atombegriff näher erläutert. Eine ausführliche Behandlung folgt dann in Kap. 8.

Alle Stoffe haben die Eigenschaft der begrenzten Teilbarkeit. Einen Würfel, z. B. aus Kupfer, können wir nicht beliebig oft unterteilen. Schließlich wird ein kleinstes, nicht mehr weiter teilbares Teilchen erreicht, das wir Atom nennen. — Das kleinste Kupferteilchen, das überhaupt denkbar ist, nennen wir ein Kupferatom.

> Alle Stoffe, die nur *eine* Art von Atomen enthalten, bezeichnen wir als chemische Grundstoffe oder Elemente.
>
> Das Atom ist der kleinste Teil eines chemischen Elements.
>
> Es gibt rund 100 chemische Elemente.

Atome können wir uns als Kugeln vorstellen, die auch bei sehr großen Kräften fast nicht zu verformen sind. Der Atomdurchmesser beträgt bei allen Grundstoffen etwa ein hundertmillionstel Zentimeter (1 Ångström = 1 Å = 10^{-8} cm = 10^{-10} m).

Die Länge von 10^{-8} cm = 0,000 000 01 cm wurde nach dem schwedischen Physiker Anders Jonas Ångström (1814—1874) benannt. Das Å bedeutet einen Mischlaut zwischen „A" und „O".

Das Korn eines äußerst feinen Aluminiumpulvers, das schon hergestellt wurde (Durchmesser 0,03 μm), enthält bei Zugrundelegung einer würfelförmigen Gestalt immer noch $300 \cdot 300 \cdot 300 = 27\,000\,000$ Atome.

> Das *Molekül* ist der kleinste Teil eines zusammengesetzten Stoffes, d. h. einer chemischen Verbindung.

Das Molekül (von lat. molecula = kleine Masse) kann aus gleichartigen Atomen bestehen (Beispiel: H_2 = Wasserstoffmolekül) oder aus ungleichartigen (Beispiel: H_2O = Wassermolekül, NaCl = Kochsalz). Das kleinste Teilchen eines Kochsalzbrockens ist das Kochsalzmolekül NaCl, das aus einem Natriumatom und einem Chloratom aufgebaut ist.

0.10 Kohäsion und Adhäsion

1) Wodurch werden die Moleküle eines Körpers zusammengehalten?

Ursache für den Zusammenhalt eines Körpers sind die zwischen den Molekülen wirksamen Kohäsionskräfte[1]) (Zusammenhangskräfte).

> Die zwischen Molekülen gleicher Art wirkenden Kräfte heißen Kohäsionskräfte.

Kohäsionskräfte sind auch zwischen den Atomen eines Metalles, z. B. in einem Kupfer- oder Aluminiumdraht, wirksam.

Die Atome in einem Kupferdraht und die Moleküle in einem Körnchen Zucker werden durch Kohäsionskräfte zusammengehalten.

Nicht zu den Kohäsionskräften dagegen zählen die Kräfte zwischen den Atomen eines Moleküls. Diese werden als „chemische Bindungskräfte" bezeichnet und sind größer. Beide Kräfte verdanken ihre Entstehung den in den Atomen und Molekülen vorhandenen elektrischen Ladungen. (Es handelt sich also nicht um Anziehungskräfte zwischen Massen, wie in Abschn. 0.5.1 dargelegt.)

---

[1]) lat. cohaerere = zusammenhängen

2) Zur Reichweite der Kohäsionskräfte

Ein Krug ist zerbrochen. Wir setzen die Bruchstücke wieder aneinander, so daß nur ganz dünne Fugen bleiben. Die Teile seien zusammengefügt, wie sie vorher gesessen haben. Trotzdem halten die Bruchstücke nicht mehr zusammen. Warum?

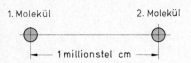

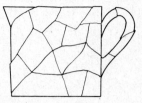

Keine ausreichende Kraftwirkung mehr bei einem Abstand von 10^{-6} cm (0,000001 cm)

Ein zerbrochener Krug bleibt entzwei, auch wenn man die Bruchstücke aneinandersetzt

Die Kohäsionskräfte wirken nur auf sehr kurze Entfernungen.

Die Anziehungskraft ist am größten, wenn sich die Moleküle berühren. Mit zunehmendem Abstand der Moleküle nimmt die Kraft stark ab. Schon bei einer Entfernung von etwa einem millionstel Zentimeter ist keine meßbare Kraftwirkung mehr vorhanden.

Zwei Bruchstücke können niemals mehr so zusammengefügt werden, daß Milliarden von Molekülen wieder in den sehr kleinen Abstand des gegenseitigen Anziehungsbereichs gelangen. Mit jedem Bruch ist nämlich eine — wenn auch oft nicht meßbare — Verformung verbunden. Wohl gelangen beim Zusammensetzen einige wenige Moleküle in den notwendigen Mindestabstand. Aber damit können die Bruchstücke nicht zusammengehalten werden, da die Kraftwirkung an den wenigen Berührungsstellen viel zu klein ist.

3) Adhäsion[1])

Die zwischen Molekülen wirksamen Kräfte heißen allgemein Molekularkräfte. Auch zwischen verschiedenartigen Molekülen sind Molekularkräfte vorhanden.

Adhäsionskraft = Anziehungskraft zwischen den Molekülen verschiedener Stoffe.

Beispiele zur Adhäsion: Kreidestrich an Wandtafel, Papier oder Holz; Bleistiftstrich auf Papier; feuchtes Papier, das an Glas oder Holz haftet. (Nach Trocknung an der Luft fällt das Papier herab.)

Anwendungen der Adhäsion

Um die Adhäsion wirksam werden zu lassen, müssen die Moleküle genügend nahe aneinander herangebracht werden.

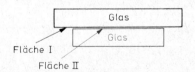

Schiebt man eine ebene geschliffene Glasplatte auf eine ebene polierte Metallplatte, so können die beiden Platten nur mit einigem Kraftaufwand wieder voneinander getrennt werden.

Auch zwei geschliffene und polierte Glasplatten können aufeinandergeschoben aneinanderhaften. Der Abstand der beiden Glasflächen ist dann so klein, daß zahlreiche Moleküle der Fläche I in den Anziehungsbereich der Moleküle von Fläche II gelangen. Diese Erscheinung wird in der optischen Industrie zur Befestigung von Glaskörpern beim Schleifen ausgenutzt (Ansprengen). Auch Molekularkräfte zwischen verschiedenen Körpern aus demselben Stoff werden zur Adhäsion gerechnet. Ebenso können zwei übereinandergeschobene geschliffene Metallflächen (z. B. bei Endmaßen) fest aufeinanderhaften.

Die Moleküle können in flüssigem Zustande leichter einander genähert werden. Kleben, Leimen, Lackieren und Kitten beruht auf Adhäsion.

Feste Stoffe müssen durch Erwärmen erst teigig oder flüssig gemacht werden, damit die Adhäsionskräfte wirken. Auch Löten und Schweißen ergeben Adhäsionswirkungen.

---

[1]) lat. adhaerere — aneinanderhaften

Die Kapillarität[1]), d. h. das Hochsteigen von Wasser in Glasröhren sehr kleinen Querschnitts — sogenannten Haarröhren —, ist mit Hilfe der Adhäsion zwischen Glas und Flüssigkeit zu erklären.

0.11 Stoffeigenschaften

Die Eigenschaften aller Stoffe hängen nicht nur von der Art der Moleküle ab, sondern werden sehr wesentlich davon bestimmt, in welcher Weise die Moleküle den Körper aufbauen, d. h. wie sie angeordnet sind (molekularer Aufbau).

1) *Raumerfüllung* ist eine Eigenschaft aller Stoffe. Der Wert der Dichte wird auch durch die Art der Raumerfüllung (Anordnung der Atome) bestimmt. (Bei Gasen mit großen Abständen kleine Dichte — bei Festkörpern mit kleinen Abständen große Dichte.)

Auch Gase haben ein Volumen. Bringen wir eine mit Luft gefüllte Gummiblase in ein Wassergefäß, so steigt der Spiegel beträchtlich. Die Wasserverdrängung der luftleeren Gummiblase ist dagegen sehr gering.

2) Die *Zustandsform* hängt von den wirkenden Kohäsionskräften, dem Abstand und dem Bewegungszustand der Moleküle ab, und wir sprechen von festen Körpern, Flüssigkeiten oder Gasen (siehe Kapitel 1., 2. und 3.).

3) Die *Festigkeit* der Werkstoffe wird durch die Größe der zwischen den Atomen bzw. Molekülen wirkenden Kohäsionskräfte bestimmt. Je nach der Belastung gibt es verschiedene Arten von Festigkeit, z. B. gegen Zug, Druck, Abscheren usw.

Versuch: Drähte aus verschiedenen Werkstoffen von jeweils 1 mm² Querschnitt werden so stark belastet, bis sie zerreißen. — Ein Bleidraht kann beispielsweise 20 N, ein Federstahldraht 2000 N aushalten.

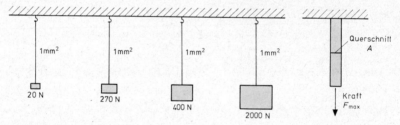

Bleidraht, Aluminiumdraht, Kupferdraht und Federstahldraht bei der Zerreißbelastung

---

Unter „*Zugspannung*", kurz „Zug" (Zeichen σ[2]), verstehen wir das Verhältnis Kraft/Querschnittsfläche.

Die *Zugfestigkeit* (σ_B) gibt die gerade noch nicht zum Bruch führende Zugspannung an

$\left(\text{Einheiten:} \quad \dfrac{1 \text{ N}}{\text{mm}^2} \text{ auch} \approx \dfrac{1 \text{ kp}}{\text{cm}^2} ; \text{ veraltet, im Stahlbau bisher üblich: kp/cm}^2 \right)$.

$$\text{Zugfestigkeit} = \frac{\text{größte ertragene Belastung}}{\text{Querschnitt der Probe}} \quad \frac{\text{N}}{\text{mm}^2}$$

$$\sigma_B = \frac{F_{max}[3]}{A} \quad \frac{\text{N}}{\text{mm}^2} [4]$$

---

[1]) lat. capillus = Haar

[2]) σ = griech. Buchstabe, sprich „sigma"

[3]) max = Abkürzung von lateinisch maximus = der größte

[4]) auch in $\dfrac{\text{bar}}{\text{mm}^2}$ oder $\dfrac{\text{bar}}{\text{cm}^2}$

Beispiel: Wie groß muß der Querschnitt eines Stahldrahtes sein, um daran ein Fahrzeug von 12 000 N Gewicht aufzuhängen, wenn die Zugfestigkeit 1600 N/mm² beträgt?

Lösung: Aus $\sigma_B = \dfrac{F}{A}$ folgt $\quad A = \dfrac{F}{\sigma_B} = \dfrac{12000 \text{ N mm}^2}{1600 \text{ N}} = 7{,}5 \text{ mm}^2$

Die Festigkeitslehre ist ein Teil der Mechanik, der sich mit der Berechnung der Belastbarkeit bzw. Tragfähigkeit von Maschinen- und Bauteilen befaßt. Die wirkende Kraft je Flächeneinheit (senkrecht zur Fläche) im Innern eines Zugstabes wird als Spannung (Zug- oder Druckspannung) bezeichnet. Die Zugfestigkeit stellt demnach den Höchstwert der Spannung dar, der im Querschnitt auftreten darf. Bei weiterer Steigerung der Last tritt der Bruch ein (daher σ_B).

4) *Härte*

Unter Härte verstehen wir den Widerstand, den ein Körper dem Eindringen eines anderen entgegensetzt.

Entsprechend den unterschiedlichen Kohäsionskräften nimmt die Härte sehr verschiedene Werte an.

Beispiele: sehr weich = Wachs, Graphit, Blei; mittlere Härte = Marmor, Schmiedeeisen, Fensterglas; sehr hart = Korund (Aluminiumoxid), Siliziumcarbid, Diamant.

Diamant ist der härteste natürliche Stoff. Noch härter ist ein Stoff aus Bornitrid (Handelsname ,,Borazon''; Borstickstoffverbindung).

Es gibt verschiedene Verfahren zur Härteprüfung. Es wird z. B. gemessen, wie tief bei einer bestimmten Last eine Diamantspitze in einen Körper einzudringen vermag (Rockwellhärte, Vickershärte), oder man preßt eine harte Stahlkugel (mit einer bestimmten Kraft) auf die zu prüfende Oberfläche und nimmt die Größe des erzeugten Eindrucks als Maß für die Härte (Brinellhärte), oder man mißt die Rückprallhöhe einer auf die Probe fallenden Stahlkugel (Shorehärte).

5) *Elastizität*

Elastizität ist die Eigenschaft eines Körpers, nach Aufhören der formverändernden Kraft in seine ursprüngliche Form zurückzukehren.

Beispiele: gezogene Gummischnur, verformte Stahlfeder. (Die Kohäsionskräfte sind noch über mehrere Atomdurchmesser hin wirksam. Anwendung bei Federn von Eisenbahnwagen und Kraftfahrzeugen, Polstersesseln und Sicherheitsventilen.)

Soll sich ein Körper elastisch verhalten, so darf die Zugspannung die Elastizitätsgrenze nicht überschreiten.

Auch Stahl verhält sich elastisch, wenn die Dehnung einige zehntel Prozent nicht übersteigt. (0,4% Dehnung bedeuten bei 1 m Ausgangslänge 4 mm Verlängerung.)

6) *Sprödigkeit*

Ein Körper heißt spröde, wenn er schon bei geringer Überschreitung der Elastizitätsgrenze zerreißt.

Beispiele: Glas, Marmor, Gußeisen, Hartmetall.

7) *Plastizität*

Eine Verformung heißt plastisch, wenn der verformte Körper nach der Entlastung nicht mehr in seine Ausgangslage zurückkehrt. Plastische Verformung = bleibende Verformung.

Beispiel: Wachs, Blei, Gold. Ein Zerreißen tritt nur dann ein, wenn der Atomabstand zu groß wird und die Kohäsionskraft nicht mehr wirken kann. Bei der plastischen Verformung werden die

Atome längs bestimmter Ebenen, den Gleitebenen, so gegeneinander verschoben, daß sie immer noch im gegenseitigen Anziehungsbereich bleiben.

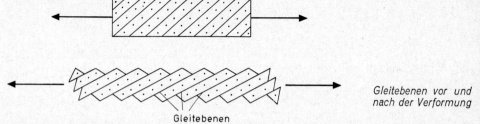

Gleitebenen vor und nach der Verformung

Gleitebenen

Bei weiterer Verformung erfolgt schließlich der Bruch. Hat ein 1 m langer Stab aus Elektrolytkupfer eine Länge von 1,50 m erreicht, so bricht er (Bruchdehnung 50%). Bei Stahl beträgt die Bruchdehnung je nach Art 5...40%, bei Aluminium etwa 37%. Alle Körper zeigen bei entsprechender Belastung plastisches Verhalten. Vollkommen elastische Stoffe gibt es also überhaupt nicht.

8) *Porosität*

Bei porösen Stoffen erfüllen die Moleküle den Raum nicht lückenlos. Es sind zahlreiche hohle Stellen vorhanden, die meist mit Luft gefüllt sind. Eigenschaften: gute Wärmeisolation und große Saugfähigkeit.

Bei porösen, metallischen Werkstoffen füllen sich die Hohlräume mit Öl (Notlaufeigenschaft bei Lagern). Poröser Kunststoff (Schaumgummi) und Porenbeton (Leichtbeton, durch blasenbildendes Treibmittel erzeugt) zeichnen sich durch kleine spezifische Gewichte aus.

Übungen zur Einleitung

Fläche, Volumen, Dichte, Wichte, Druck und Festigkeit

1. Man wandle 13,5 dm um a) in m, b) in cm, c) in mm.

2. Eine Fläche von 26,8 dm² ist anzugeben a) in m², b) in cm², c) in mm².

3. Wieviel m³ sind a) 500 000 Liter, b) 92 dm³, c) 640 cm³?

4. Bei einer Regenmeßstelle wird eine Niederschlagshöhe von 3 mm ermittelt. Wieviel Liter Wasser kommen auf 1 m² Erdoberfläche? Wieviel mm³ hat ein Liter?

5. Ein Volumen von 26840 mm³ ist in cm³ und dm³ auszudrücken.

6. Wieviel wiegt[1]) eine Glasscheibe von 1×2 m bei einer Glasdicke von 4 mm $\left(\varrho_{Glas} = 2500 \dfrac{kg}{m^3}\right)$?

7. Eine Korkkugel hat einen Durchmesser von 1 m. Wieviel kg wiegt sie $\left(\varrho_{Kork} = 200 \dfrac{kg}{m^3}\right)$?

8. Wieviel wiegt das laufende Meter
   a) Flachstahl „60 × 5",
   b) Stabstahl mit kreisförmigem Querschnitt (Durchmesser 8 mm),
   c) Stabstahl mit quadratischem Querschnitt $\left(\text{Seitenlänge 110 mm; } \varrho_{Stahl} = 7850 \dfrac{kg}{m^3}\right)$?

9. Eine bis zum Rand gefüllte Flasche hat die Masse 950 g. Wie groß ist das Fassungsvermögen, wenn die leere Flasche die Masse 450 g hat und die Füllung aus Terpentinöl $\left(\varrho = 870 \dfrac{kg}{m^3}\right)$ besteht?

---

¹) Man spricht vom Wägeergebnis, hier also von einer Masse in Kilogramm

10. Wie groß ist die Dichte einer unbekannten Legierung, die bei einer Körpermasse $m = 225$ g aus einem Überlaufgefäß 26,5 cm³ Wasser verdrängt?

11. Ein Gerät, $m = 28,5$ kg, ist ganz aus Stahl gefertigt; wie groß ist die Gewichtsersparnis in %, wenn 80% des Volumens aus einer Aluminiumlegierung hergestellt wurden $\left(\varrho_{Stahl} = 7850 \dfrac{kg}{m^3}; \quad \varrho_{Alu} = 2800 \dfrac{kg}{m^3} \right)$?

12. Ein Geräteteil, $m = 680$ g, wurde bisher aus Messing gefertigt; wie groß ist die Gewichtsersparnis, wenn statt Messing Polystyrol verwendet wird? Wie groß ist sein Volumen $\left(\varrho_{Messing} = 8600 \dfrac{kg}{m^3}; \quad \varrho_{Polystyrol} = 1050 \dfrac{kg}{m^3} \right)$?

13. Ein Meßglas hat die Masse 90 g (leer). Mit Kupfervitriol gefüllt hat es die Masse 105,66 g. Die Ablesung am Meßglas beträgt 14,5 cm³. Wie groß ist die Dichte der Lösung?

14. Welche Masse hat ein Holzfloß, Länge 3,2 m, Breite 1,8 m, Dicke 20 cm? Die Dichte von Tannenholz beträgt 500 kg/m³.

15. Eine Legierung hat bei einem Volumen von 487 cm³ eine Masse von 1,45 kg. Leichtmetalle nennt man Metalle mit Dichten unter 3800 kg/m³. Gehört der Stoff noch zu den Leichtmetallen?

16. Welche Masse hat ein Kupferdraht von 5 km Länge und einem Durchmesser von 1 mm? Die Dichte von Kupfer ist 8900 kg/m³.

17. Eine Maschine hat eine Masse von 2500 kg und liegt auf einer Fläche von 1200 cm² auf. Wie groß ist der Druck (in N/m³ und in kp/cm²) auf die Unterlage? Um wieviel Prozent ändert sich der Druck, wenn die Auflagefläche um 100 cm² verkleinert wird?

18. Welchen Querschnitt muß ein Messingstab mindestens haben, wenn an diesem ein Körper mit einer Masse von 140 kg aufgehängt werden soll? Die Zugfestigkeit von Gußmessing ist angegeben mit $\sigma_B = 180$ N/mm².

19. Ein lotrecht stehender Eichenbalken (10 cm × 16 cm) hat eine Last von 150 kN zu tragen. Welche Druckspannung tritt im Balken auf?

Umrechnungstabelle Technische Einheiten in SI-Einheiten

Größenart	MKS = SI neu, allg. gültig	Abkürzung	TMS (alt) zu ersetzen	Abkürzung	Umrechnung		
Länge	1 Meter	1 m	1 Meter	1 m	1 m	= 1 m	
Masse	1 Kilogramm	1 kg	1 Techn. Masseneinheit	1 TME	1 TME = 9,807 kg	1 kg = 0,102 TME	
Zeit	1 Sekunde	1 s	1 Sekunde	1 s	1 s	= 1 s	
Kraft	1 Newton	1 N	1 Kilopond	1 kp	1 kp = 9,807 N	1 N = 0,102 kp	
Arbeit	1 Joule = 1 Nm = 1 Ws	1 J	1 Kilopondmeter	1 kpm	1 kpm = 9,807 Nm = 9,807 J	1 J = 0,102 kpm	
Leistung	1 Watt = 1 Nm/s	1 W	1 Kilopondmeter/Sek.	1 kpms⁻¹	1 kpms⁻¹ = 9,807 W	1 W = 0,102 kpm·s⁻¹	
			1 Pferdestärke	1 PS	1 PS = 735 W	= 1/735 PS	
Wärmemenge	1 Joule	1 J	1 Kilokalorie	1 kcal	1 kcal = 4186,8 J	1 J = 0,2388·10⁻³kcal	

weiterhin erlaubt:

Elektr. Arbeit	1 Kilowattstunde	1 kWh	—	—	1 kWh = 3,6 · 16⁶ J	1 J = 0,2778 · 10⁻⁶ kWh	

Faustregel: (Newton) → (Kilopond): „mal 10 plus 2%"
(Kilopond) → (Newton): „mal ¹/₁₀ minus 2%"

1. Mechanik der festen Körper

1.1 Allgemeines über Kräfte und ihre Messung

1.1.1 Kraftwirkungen

Eine Kraft wird an ihrer Wirkung erkannt. Wir unterscheiden zwei Arten von Kraftwirkungen.

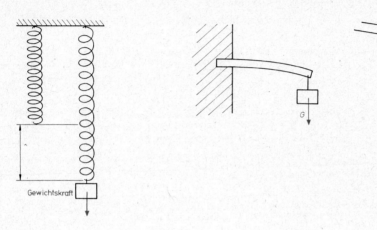

Dehnung einer Schraubenfeder   *Biegung eines Stabes*   *Wasserrad*
|
Bewegung

Beispiel: Schwerkraft

Kräfte bewirken Formänderungen oder Bewegungen.

1.1.2 Abhängigkeit der Kraftwirkung

1. Versuch

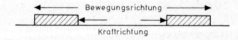

Verschiedene Kraftrichtungen — verschiedene Bewegungsrichtungen. Die Kraftrichtung ist entscheidend für die Wirkung.

2. Versuch

Größe und Richtung der Kräfte sind gleich. Jedoch sind die Wirkungen verschieden. Der Angriffspunkt der Kraft ist hier entscheidend für die Wirkung.

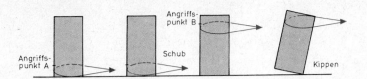

Die Wirkung einer Kraft ist abhängig von ihrer Größe, ihrer Richtung und ihrem Angriffs-punkt (drei Bestimmungsmerkmale der Kraft).

Im Gegensatz hierzu werden viele Größen durch Angabe einer einzigen Zahl vollständig gekennzeichnet (z. B. Masse, Volumen), oft sind aber auch zwei Bestimmungsmerkmale notwendig. So muß z. B. bei der Temperatur neben der Gradzahl auch der Ort bekannt sein, an dem die Temperatur herrscht.

1.1.3 Zeichnerische Darstellung der Kraft

Eine Kraft wird zeichnerisch durch einen Pfeil dargestellt.

Beispiel: Es ist eine Kraft von 600 N zu zeichnen, die bei A angreift und waagerecht nach rechts wirkt. Kräftemaßstab 10 mm $\triangleq$ 100 N [1]).

Die Länge des Kraftpfeils beträgt in der Zeichnung 60 mm.

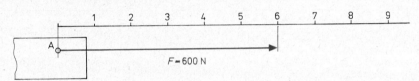

Merke: In der gleichen Zeichnung muß für alle Kräfte derselbe Kräftemaßstab verwendet werden. Der Kraftpfeil gibt Auskunft über Größe, Richtung und Angriffspunkt der Kraft.

1.1.4 Das Hookesche Gesetz

Versuch: An eine Stahlfeder werden nachein-ander verschieden große Gewichte angehängt. Die Verlängerung wird jeweils gemessen.

Nach dem Hookeschen [2] Gesetz nimmt die Verlängerung einer elastischen Schraubenfeder in demselben Maße zu, wie die Kraft zunimmt, die die Verformung verursacht.

Verlängerung s = Federlänge (belastet) — ursprüngliche Federlänge ohne Belastung;

$$s = s_1 - s_0$$

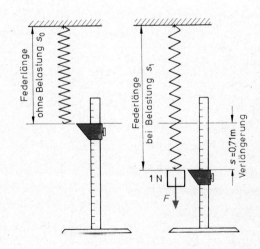

---

[1]) Das Zeichen $\triangleq$ bedeutet „entspricht"

[2]) Robert Hooke, englischer Physiker (1635—1703)

15

Versuchsergebnisse

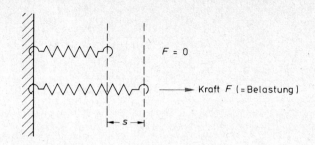

Verlängerung s	0	0,035	0,071	0,106	0,142	0,176	Meter
Kraft F	0	0,5	1,0	1,5	2,0	2,5	Newton

Erkenntnis: Je größer die Belastung, desto größer die Verlängerung.

Doppelte Belastung — doppelte Verlängerung. Dreifache Belastung — dreifache Verlängerung. Allgemeine Ausdrucksweise:

> **Die Verlängerung s nimmt mit der Belastung F gleichmäßig zu.**

Man sagt kürzer, „s ist proportional F" und schreibt

$$s \sim F$$

Zeichnerische Auswertung

Trägt man in einem Schaubild (auch Diagramm genannt) die zu den einzelnen Belastungen gemessenen Verlängerungen ein, so lassen sich die erhaltenen Meßpunkte durch eine Gerade verbinden. Allgemein gilt: Besteht zwischen zwei Größen ein proportionaler Zusammenhang, so ergibt das Schaubild eine Gerade. Man sagt auch, zwischen zwei Größen bestehe ein *linearer Zusammenhang*, wenn sich im Schaubild eine Gerade einstellt.

Das Schaubild erlaubt Vorhersagen. Man entnimmt für eine Belastung von 3 N eine Verlängerung s von nahezu 0,21 m (gemessen wurde nur bis 2,5 N).

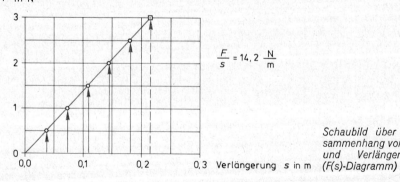

$$\frac{F}{s} = 14,2 \ \frac{N}{m}$$

Schaubild über den Zusammenhang von Kraft F und Verlängerung s (F(s)-Diagramm)

16

Bei Steigerung der Belastung um je 0,5 N vergrößert sich die Verlängerung um je 0,035 m.

Die Konstante in

$$\frac{F}{s} = \text{const.}[1]$$

nimmt für jede Feder einen ganz bestimmten Wert an (Federkonstante D). Somit folgt

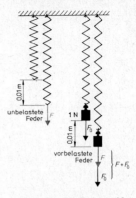

$\dfrac{\text{Kraft}}{\text{Verlängerung}} = \text{Federkonstante}$ $\dfrac{F}{s} = D$
(Hookesches Gesetz)

Zwei gleiche Federn. Um eine Verlängerung von 0,01 m hervorzurufen, benötigt man in beiden Fällen dieselbe Kraft

Einschränkung: Das Hookesche Gesetz gilt nur im elastischen Bereich, d. h. nur so lange, als bei Entlastung keine bleibende Verformung zurückbleibt. Unter dieser Voraussetzung gilt das Gesetz auch für die Verformung beliebiger elastischer Körper, z. B. für die Verlängerung eines Stahlstabes bei nicht zu großer Belastung.

Einheit und Bedeutung der Federkonstanten D

Die Einheit von D ist 1 N/m. D gibt also an, wieviel Newton notwendig *wären*, um die Feder um 1 m zu verlängern. Eine so große Verlängerung ist meist real nicht möglich. D ist also eine Federn kennzeichnende Vergleichsgröße. Kennlinien härterer Federn liegen im $F(s)$-Diagramm steiler. Die Größe D wird auch „Starre" genannt.

Aufgabe: Bei einer elastischen Feder benötigt man zur Verlängerung um $s = 0,1$ m eine Belastung von $F = 1,24$ N.

a) Wie groß ist die Federkonstante?

b) Welche Kraft würde man benötigen, um die Feder um 17 cm zu verlängern?

Lösung: $D = \dfrac{F}{s} = \dfrac{1,24\ \text{N}}{0,10\ \text{m}} = 12,4\ \text{N/m};$ b) $F = D \cdot s = 12,4 \cdot 0,17\ \dfrac{\text{N}}{\text{m}}\ \text{m} = 2,108\ \text{N}$

Ergebnis: Die Starre beträgt 12,4 N/m, die notwendige Belastung ist 2,11 N.

In der Festigkeitslehre wird das Hookesche Gesetz für einen elastischen festen Körper, z. B. einen Stahlstab, in etwas anderer Form ausgesprochen. In $F = D \cdot s$ wird die Kraft F durch den beanspruchten Querschnitt A dividiert, womit die Spannung $\sigma = F/A$ entsteht (Abschn. 0.11). Die Verlängerung s wird auf die Ausgangslänge bezogen; damit entsteht die Dehnung

$$\varepsilon = \frac{s}{l_0} \quad (l_0 = \text{Ausgangslänge})[2].$$

In der nun entstandenen Beziehung $\sigma = E \cdot \varepsilon$ ist an die Stelle der Federkonstante D die Materialkonstante E getreten, die als Elastizitätsmodul bezeichnet wird.

Es sei ausdrücklich hervorgehoben, daß die Beziehung $\sigma = E \cdot \varepsilon$ nur so lange als Hookesches Gesetz zu bezeichnen ist, als E eine Konstante ist.

---

[1] const. = Abkürzung vom lateinischen constans = gleichbleibend, unverändert bleibend

[2] ε = griech. Buchstabe, sprich „epsilon"

Das ist genaugenommen bis zur Proportionalitätsgrenze der Fall, einer Spannung wenig unterhalb der Elastizitätsgrenze.

Entsprechend ist $F = D \cdot s$ nur so lange das Hookesche Gesetz (für die Schraubenfeder), als D, d. h. das Verhältnis F/s, einen konstanten Wert annimmt.

Hinweis auf die Mathematik: Besteht zwischen zwei Größen x und y die Beziehung $y \sim x$, so gilt stets $y = C \cdot x$, wobei C eine Konstante ist, die als Proportionalitätsfaktor bezeichnet wird. In den beiden Formen des Hookeschen Gesetzes — für die Schraubenfeder $F = D \cdot s$ und für den festen Körper $\sigma = E \cdot \varepsilon$ — spielen offensichtlich die Konstanten D und E die Rollen von Proportionalitätsfaktoren.

Die Gleichung $F = D \cdot s$ kann man sich aus der Beziehung $F \sim s$ mit Hilfe des Proportionalitätsfaktors D entstanden denken. Im Versuch wurde jedoch gezeigt, daß $s \sim F$ ist. Hierzu ist festzustellen, daß die Beziehungen $s \sim F$ und $F \sim s$ beide gültig sind.

Im Falle $s \sim F$ wird F vorgegeben. Das sich einstellende s wird gemessen. Man stellt fest, daß s mit zunehmendem F gleichmäßig anwächst. — Schreiben wir jedoch $F \sim s$, so ist s vorgegeben, und das benötigte F zur Erreichung dieser Verlängerung ist zu ermitteln. Ein Versuch zeigt, daß die zu einer bestimmten Verlängerung führende Kraft um so größer ist, je größer die geforderte Verlängerung ist.

Hinweis auf die Mathematik: Die eindeutige Abhängigkeit einer Größe y von einer Größe x, z. B. in der Form $y = C \cdot x$, wird als Funktion[1]) bezeichnet. x wird vorgegeben und heißt unabhängige Veränderliche. y läßt sich gemäß der gegebenen Beziehung bestimmen und heißt abhängige Veränderliche. Wie oben zwischen s und F können hier auch zwischen x und y die Rollen vertauscht werden, d. h. man kann auch y vorgeben und x berechnen. Besteht die Beziehung $y = C \cdot x$, so gilt nicht nur $y \sim x$, sondern auch $x \sim y$. Im zweiten Fall lautet jedoch der Proportionalitätsfaktor $1/C$, falls man zur Gleichung übergehen will $\left(x = \dfrac{1}{C} \cdot y\right)$.

In einem Rohr bewegliche Hülse mit Skala

Hülse geschnitten

ohne Belastung

Belastung 0 N

0,2 N

Skala

Ablesung 0,3 N

0,3 N

Federwaage

,,Eichung'' einer Federwaage

1.1.5 Die Federwaage (Federkraftmesser)

Bei der Messung einer Kraft mittels einer Federwaage ist die Verlängerung ein Maß für die Größe der Belastung und damit der Kraft.

Die Kraft kann auf einer Skala abgelesen werden. Zunächst wird die Verlängerung Null angezeichnet (Teilstrich Null). Dann werden auf der Skala für die Belastungen 0,1 N, 0,2 N usw. weitere Teilstriche angebracht.

Das Anbringen einer Skala, die die Kräfte angibt, die zu den jeweiligen Verlängerungen gehören, bezeichnet man als Eichung[2]).

Aufgabengruppe Mechanik 1: Übungen zu 1.1
Darstellung einer Kraft; das Hookesche Gesetz

1. Welchem Kraftpfeil entspricht die größere Kraft
   F_1: Länge des Pfeils 6 cm, Kräftemaßstab 1 cm $\triangleq$ 60 N;
   F_2: Länge des Pfeils 5,5 cm, Kräftemaßstab 1 cm $\triangleq$ 70 N?

2. Ein 10 m langes Stahlseil wird an seinen Enden von zwei entgegengesetzt wirkenden Längskräften von je 600 N beansprucht. Man zeichne das Seil im Längenmaßstab 1 : 200 und die Kräfte im Kräftemaßstab 1 cm $\triangleq$ 200 N.

---

[1]) Wegen einer Einführung in die Lehre von den Funktionen sei auf die Lehrbücher der Mathematik verwiesen, z. B. Kusch, Mathematik, Band 1: Arithmetik, Verlag W. Girardet, Essen; Hägele, Zahlen und Buchstaben, Teil 2, Westermann, Braunschweig

[2]) Besser: ,,Kalibrierung''; Eichung = von der Eichbehörde vorgenommene Kalibrierung

3. Eine elastische Feder wird durch eine Kraft von 2 N um 0,074 m verlängert.

  a) Wie groß ist die Federkonstante?

  b) Welche Kraft ist notwendig, um die Feder um 0,12 m zu verlängern?

4. Welche Verlängerung kann mit einer Kraft von 1,80 N bei einer Feder erzielt werden, deren Federkonstante 12,8 N/m beträgt?

5. Eine Federwaage soll geeicht werden. Zu diesem Zweck werden mehrere Versuche durchgeführt, die einen Mittelwert der Federkonstante von 45 N/m ergeben.

  a) Bei welcher Verlängerung der Feder gegenüber dem unbelasteten Zustand sind die Kräfte 1 N, 2 N und 3,5 N wirksam?

  b) Welchem Abstand in m entspricht auf der Skala eine Änderung der zu messenden Kraft um 0,80 N?

1.2 Parallele Kräfte mit gemeinsamer Wirkungslinie

1.2.1 Die Wirkungslinie

Die Wirkungslinie einer Kraft ist die im Kraftpfeil verlaufende Gerade. — Für die Wirkung der Gewichtskraft G einer Straßenlampe ist es belanglos, ob die Befestigung bei A oder über ein Stahlseil bei B erfolgt. — Die Höhe des Aufzugsgewichts über dem Erdboden bei einer Pendeluhr spielt keine Rolle.

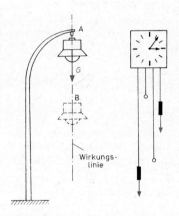

Erster Erfahrungssatz

> **Eine an einem festen Körper angreifende Kraft darf in ihrer Wirkungslinie beliebig verschoben werden. Ihre Wirkung ändert sich dadurch nicht.**

1.2.2 Gleichgerichtete Kräfte

Mehrere, in einem Punkt angreifende Kräfte können durch eine einzige Kraft, die Resultierende[1]) R, ersetzt werden. R, auch Ersatzkraft genannt, hat dieselbe Wirkung wie die Einzelkräfte.

Zweiter Erfahrungssatz

> **Zwei parallele Kräfte, die in derselben Richtung wirken und an demselben Punkt angreifen, verstärken sich. Die Resultierende ergibt sich als Summe der Einzelkräfte.**

$$R = F_1 + F_2$$

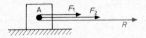

---

[1]) von lat. resultatum = Ergebnis

1.2.3 Entgegengesetzt gerichtete Kräfte

Dritter Erfahrungssatz

> Entgegengesetzt gerichtete parallele Kräfte, die in einem Punkt angreifen, schwächen sich. Die Resultierende ergibt sich durch Subtraktion.

$$R = F_1 - F_2$$

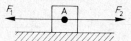

Beispiel: $F_1 = 220$ N, $F_2 = 80$ N, $R = F_1 - F_2 = 140$ N (nach rechts)

1.2.4 Gleichgewicht

Ein beweglicher Körper kann sich im Zustand der Ruhe befinden, obwohl starke Kräfte an ihm wirken. Dann müssen diese Kräfte miteinander im Gleichgewicht stehen, d. h. sich gegenseitig aufheben.

Vierter Erfahrungssatz (Sonderfall des dritten Erfahrungssatzes für $R = 0$)

> Zwei gleich große, aber entgegengesetzt gerichtete Kräfte in derselben Wirkungslinie stehen miteinander im Gleichgewicht.

Für $F_1 = F_2$ wird die Resultierende $R = F_1 - F_2 = 0$

R = 0, Gleichgewicht am Angriffspunkt A

Gleichgewicht herrscht, wenn die Resultierende Null wird. Beim Gleichgewicht sind zwei Fälle zu unterscheiden:

Punkt A
Zug $R=0$

Druckkraft in einem Stab

Punkt A
Druck $R=0$

Zugkraft in einem Seil

Wirken mehrere Kräfte in einer Wirkungslinie an einem Punkt, so erhält man die Resultierende, wenn man von der Summe der nach rechts wirkenden Kräfte die Summe der nach links wirkenden Kräfte abzieht.

$$R = \left((F_1 + F_2 + F_3) - (F_4 + F_5 + F_6) \right) \text{ N}$$

nach rechts wirkend   nach links wirkend

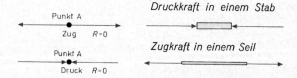

Annahme von Zahlenwerten

nach rechts	nach links
$F_1 = 500$ N	$F_4 = 400$ N
$F_2 = 350$ N	$F_5 = 350$ N
$F_3 = 200$ N	$F_6 = 200$ N

$R = 1050$ N $- 950$ N $= 100$ N (nach rechts)

1.3 Einfache Maschinen — Rolle und Flaschenzug

> Vorrichtungen, die eine Kraft von einem Körper auf einen anderen übertragen, heißen in der Physik einfache Maschinen. Die wirkende Kraft kann dabei nach Größe, Richtungssinn und Lage im Raum (Wirkungslinie) eine Änderung erfahren.

Demnach zählen auch Seil und Stange zu den einfachen Maschinen. Beide können den Angriffspunkt der Kraft verlegen (Abschleppseil und Besenstiel). Das Seil kann jedoch nur Zugkräfte übertragen. Weitere einfache Maschinen, die im folgenden besprochen werden, sind Rolle, Flaschenzug, Hebel, Wellrad, schiefe Ebene und Keil.

Alle einfachen Maschinen lassen sich grundsätzlich in zwei verschiedene Gruppen einordnen. Die 1. Gruppe beruht auf der Kräftezerlegung bei der schiefen Ebene (Abschn. 1.8), die 2. Gruppe nützt das Hebelgesetz aus (Abschn. 1.11). Auch die kompliziertesten Maschinen unserer hochentwickelten Technik lassen sich aus einfachen Maschinen aufbauen. Im Maschinenbau spricht man bei den einzelnen Teilen einer Maschine nicht von „einfachen Maschinen", sondern von Maschinenelementen. So werden Schrauben, Seile, Zahnräder, Ketten, Kupplungen, Wellen, Riementriebe und sogar Schweißverbindungen zu den Maschinenelementen gerechnet.

Die einfachen Maschinen sind sehr lange bekannt. Schon die Ägypter benutzten vor fünf Jahrtausenden Hebel, Rolle und schiefe Ebene beim Pyramidenbau.

1.3.1 Die feste Rolle

Die Rolle ist eine um ihren Mittelpunkt leicht drehbare Scheibe mit einer Schnurlaufrille.

Die Achse der festen Rolle ist so gelagert, daß eine Veränderung ihrer Lage im Raum nicht möglich ist. Der Zweck der festen Rolle ist eine Änderung der Kraftrichtung, wobei die Größe der Kraft unverändert bleibt.

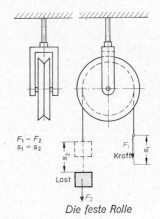

> Bei der festen Rolle herrscht Gleichgewicht, wenn die Last F_2 und die Kraft F_1 einander gleich sind.
>
> Außerdem gilt: Der Weg s_2 der Last und der Weg s_1 der Kraft sind stets gleich groß.

Die feste Rolle

> Kraft F_1 = Last F_2, Kraftweg s_1 = Lastweg s_2

Ein Versuch mit der Federwaage zeigt:
Die Richtung der Kraft kann durch die feste Rolle in beliebiger Weise umgelenkt werden.

Die Größe der Kraft ändert sich nicht, wenn man von der sehr geringen Reibung (etwa 2%) absieht.

Wird das Seil über einen runden Holzstab gelegt und nun die Last F_2 hochgezogen, so ist die notwendige Kraft F_1 erheblich größer. Ursache: Reibung.

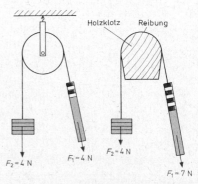

Zum Anheben der 4 N über den Holzstab werden 7 N benötigt, zum Festhalten jedoch weniger (s. 1.9)

Im Gleichgewichtsfall ist $F_1 = F_2$. Es findet keine Bewegung statt. Ist jedoch F_1 nur sehr wenig größer als F_2, so kann die Last angehoben werden. Es findet eine (möglicherweise langsame) Bewegung statt. Es ist daher durchaus sinnvoll, bei der Frage nach der benötigten Kraft F_1 zum Anheben der Last F_2 den Gleichgewichtsfall $F_1 = F_2$ zu betrachten.

1.3.2 Die lose Rolle

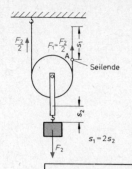

Ein Seilende wird an einem Haken befestigt. Die Rolle wird von zwei Seilen getragen. Der Drehpunkt ist beweglich, daher „lose Rolle".

Da sich die Last gleichmäßig auf die beiden Seile verteilt, gilt $F_1 = F_2/2$. Hat die Kraft F_1 das Seilende A um die Strecke s_1 angehoben, so beträgt der zurückgelegte Weg der Last $s_2 = s_1/2$.

Unter Beachtung des Rollengewichts G würde sich $F_1 = \dfrac{F_2 + G}{2}$ ergeben. Hier und im folgenden vernachlässigen wir jedoch das Gewicht der Rolle.

Gleichgewichtsbedingung

notwendige Kraft zum Heben = halbe Last	$F_1 = \dfrac{F_2}{2}$ [1]

Der Zweck der losen Rolle ist die Halbierung der Kraft am Seilende.

1.3.3 Der gewöhnliche Flaschenzug

Um für die Zugkraft F_1 bei der losen Rolle eine für die Praxis zweckmäßigere Wirkungslinie und einen bequemeren Angriffspunkt zu bekommen, wird das freie Seilende noch über eine zweite Rolle geführt, die fest angebracht ist. Damit erfolgt keine Änderung der Größe der Kraft.

Zwei gleichwertige Anordnungen

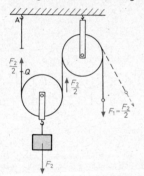

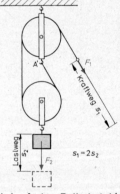

Das an dem Deckenhaken bei A befestigte Seilende wird am Traggerüst der festen Rolle bei A' festgemacht. An den Kräften ändert sich damit nichts. Diese Kombination von einer losen und einer festen Rolle heißt einfacher Flaschenzug. Um die Seilkraft $F_2/2$ nicht neben oder auf das Seil zeichnen zu müssen, können wir auch ein Stück des Seiles herausschneiden und an der unteren Schnittstelle Q die nach oben wirkende Kraft anbringen, die vorher vom oberen Seilstück aufgenommen wurde.

Gleichgewichtsbedingung

notwendige Kraft zum Heben = halbe Last	$F_1 = \dfrac{F_2}{2}$

---

[1] F_1 und F_2 sind hier Beträge; unter Berücksichtigung der Kraftrichtung würde die Beziehung lauten: $F_1 = -\dfrac{F_2}{2}$ (s. 1.6.2)

Es können auch mehr als zwei Rollen verwendet werden. Die losen und die festen Rollen werden jeweils gemeinsam in einer sogenannten Schere, die auch als Flasche bezeichnet wird, angeordnet.

> **gewöhnlicher Flaschenzug = Kombination von losen und festen Rollen**

Die oberen Rollen in der festen Flasche bewirken die Umlenkung der Kraftrichtung. Zweck der unteren Rollen in der beweglichen Flasche: gleichmäßige Verteilung der Last auf die losen Rollen. Die auf eine Rolle entfallende Teillast wirkt nun je zur Hälfte an den beiden Seilen, die die Rolle tragen.

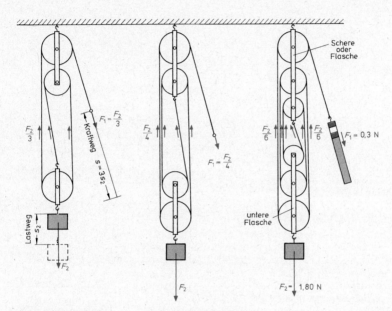

Flaschenzug mit 3 Rollen   Flaschenzug mit 4 Rollen   Flaschenzug mit 6 Rollen

Formelherleitung für den gewöhnlichen Flaschenzug

Beim Flaschenzug mit 6 Rollen sind es 6 tragende Seilstücke, die Ober- und Unterflasche miteinander verbinden. Da sich die Last F_2 gleichmäßig verteilt, so entfällt je Seilstück der Lastanteil $F_2/6$. Das 7. Seil, an dem gezogen wird, hat keine Verbindung zur Unterflasche und zählt daher nicht mit. Da die oberste feste Rolle die Kraft im Seil nur in ihrer Richtung verändert, so gilt für den Gleichgewichtsfall $F_1 = F_2/6$.

Für den Fall von n Rollen gilt entsprechend

$$\text{notwendige Kraft} = \frac{\text{Last}}{\text{gesamte Rollenanzahl}}$$

$$F_1 = \frac{F_2}{n}$$

Bei einem gewöhnlichen Flaschenzug mit insgesamt n Rollen beträgt die notwendige Kraft zur Erzielung des Gleichgewichts den n-ten Teil der Last.

Da in der Beziehung $F_2 = F_1 \cdot n$ die Rollenanzahl n als Faktor auftritt, bezeichnet man den gewöhnlichen Flaschenzug auch als Faktorenflaschenzug.

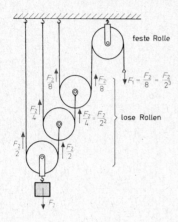

feste Rolle

lose Rollen

1.3.4 Der Potenzflaschenzug

Die feste Rolle lenkt nur die Kraftrichtung um.

Bei jeder der losen Rollen verteilt sich die an der Drehachse angreifende Last gleichmäßig auf die beiden tragenden Seile.

Somit gilt bei n losen Rollen

$$F_1 = F_2 \cdot \underbrace{\frac{1}{2} \cdot \frac{1}{2} \cdot \frac{1}{2} \cdots}_{n \text{ Faktoren}} = \frac{F_2}{2^n}$$

$$\text{notwendige Kraft} = \frac{\text{Last}}{2^{\text{Anzahl der losen Rollen}}}$$

Beispiel: Welche Kraft ist notwendig, um mittels eines Potenzflaschenzuges mit 3 losen Rollen eine Last von $F_2 = 1200$ N zu heben?

Lösung: $F_1 = \dfrac{F_2}{2^n} = \dfrac{1200\ \text{N}}{2^3} = 150$ N

1.3.5 Goldene Regel der Mechanik

Bei der Hebung der Last F_2 um die Höhe s_2 durch einen gewöhnlichen Flaschenzug muß jedes Seilstück um die Länge s_2 verkürzt werden. Da die Anzahl der tragenden Seilstücke gleich der Rollenanzahl n ist, so gilt für die gesamte Verkürzung, die gleich dem Weg der Kraft F_1 am Seilende sein muß,

| Kraftweg = Rollenanzahl · Lastweg | $s_1 = n \cdot s_2$ |

Beispiel: Soll die Last um 1 m gehoben werden, so muß beim gewöhnlichen Flaschenzug mit 6 Rollen ein Seilstück von der Länge $s_1 = 6$ m über die oberste feste Rolle gezogen werden.

Andererseits gilt

$$F_1 = \frac{F_2}{n} \qquad \text{(nach Abschn. 1.3.3)}$$

Erkenntnis: Die Kraft beträgt nur den n-ten Teil der Last, während der Kraftweg n-mal so groß ist wie der Lastweg.

Kraft und Last verhalten sich also umgekehrt wie Kraftweg und Lastweg ($F_1 : F_2 = s_2 : s_1$). In anderen Worten:

„Was" an Kraft gespart wird, geht an Weg verloren (Goldene Regel der Mechanik).

Beim Flaschenzug mit 2 Rollen ist die Kraft halb so groß wie die Last. Dafür ist der Kraftweg doppelt so groß wie der Lastweg. Kraft wird also „auf Kosten" des Weges gespart.

Aufgabe: An einem Flaschenzug mit 2 losen und 2 festen Rollen wirkt eine Kraft $F_1 = 380$ N.

a) Wie groß darf die zu hebende Last F_2 sein, wenn die Reibung vernachlässigt wird?

b) Wieviel Meter Seil müssen über die oberste Rolle gezogen werden (Kraftweg), wenn die Last 4,20 m gehoben werden soll?

Lösung: a) Last $F_2 = F_1 \cdot n = 380$ N $\cdot 4 = 1520$ N

b) Kraftweg $s_1 = n \cdot s_2 = 4 \cdot 4,20$ m $= 16,80$ m

Eine tiefergehende Begründung der Goldenen Regel der Mechanik folgt in Abschnitt 1.23.

1.4 Wirkung und Gegenwirkung

Wieviel Newton zeigt jede der beiden Federwaagen an?

Antwort: Anzeige jeweils 10 N. Die Erklärung liefert der von Newton[1]) erkannte Satz von Wirkung und Gegenwirkung *(fünfter Erfahrungssatz):*

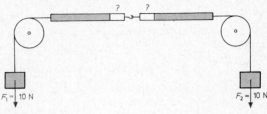

> **Die Kraftwirkungen zweier Körper aufeinander sind stets gleich groß und von entgegengesetzter Richtung.**

> **Wirkt auf einen ruhenden Körper eine Kraft, so gibt es stets auch eine gleich große Gegenkraft.**

Die beiden Federwaagen zeigen jeweils 10 N an, da die Kraft F_2 nur die Gegenkraft von F_1 ist.

Die Gegenkraft F_1 kann auch durch eine Stange aufgenommen werden. An der Anzeige der Federwaage ändert sich dadurch nichts.

Beim Hochziehen einer Last von 1200 N wird der Haken mit 2400 N belastet. Zwei angehängte Gewichte von je 1200 N verursachen dieselbe Hakenbeanspruchung.

Beispiele für die Gültigkeit der Beziehung $|\text{Kraft}| = |\text{Gegenkraft}|$[2])

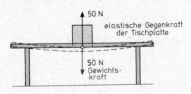

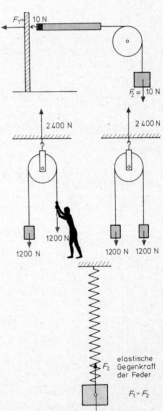

Die Tischplatte „reagiert" gegen eine weitere Verformung durch Erzeugung einer nach oben gerichteten elastischen Gegenkraft.

---

[1]) Sir Isaac Newton, bedeutender englischer Physiker und Astronom (1643—1727)

[2]) Gleich sind nur die Beträge von Kraft und Gegenkraft; unter Berücksichtigung der Kraftrichtungen heißt die Beziehung Kraft = — Gegenkraft (s. 1.6.2)

$F_1 = F_2$

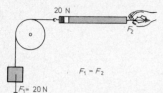

Zwei gleichwertige Belastungsfälle

Die nach links gerichtete Kraft F_1 kann auch durch ein 20-N-„Gewicht" hervorgerufen werden.

Bei den paarweise auftretenden Kräften ist es ohne Belang, welche Kraft als Wirkung und welche als Gegenwirkung angesehen wird.

Aufgabengruppe Mechanik 2: Übungen zu 1.2
Parallele Kräfte in einer Wirkungslinie
Rolle, Flaschenzug, Wirkung und Gegenwirkung

1. Ein Motorflugzeug fliegt mit Rückenwind bzw. mit Gegenwind. Wie wirkt sich die Windkraft in den beiden Fällen auf die wirksame Schubkraft aus?

2. Ein Motorschiff fährt stromaufwärts. Wie wirkt sich die Kraft der Strömung aus, wenn man diese Fahrt mit einer Fahrt stromabwärts vergleicht?

3. Zwei Mannschaften ziehen an einem Seil in entgegengesetzten Richtungen. Die 1. Mannschaft zieht mit den Kräften 200, 320 und 340 N, die 2. Mannschaft mit 180, 220 und 360 N. Was geschieht?

4. Bei einem Flaschenzug soll der Kraftweg 22,80 m betragen. Die Last soll dabei um 3,80 m gehoben werden. Wie groß muß die wirkende Kraft sein, wenn die Last 450 N beträgt?

5. Es soll eine Last von 3200 N gehoben werden. Wie viele Rollen muß der Flaschenzug mindestens haben, wenn eine Kraft von höchstens 450 N zur Verfügung steht?

   Wie hoch kann die Last gehoben werden, wenn der Kraftweg nicht mehr als 12,50 m betragen soll?

6. Welche Last kann mit einem gewöhnlichen 8-Rollen-Flaschenzug gehoben werden, wenn mit 100 N gezogen wird?

7. Ein Flaschenzug habe 10 Rollen. Die Last betrage 1960 N. Die untere Flasche (mit 5 Rollen) wiege 176 N. Welche Zugkraft wird zur Hebung der Last benötigt?

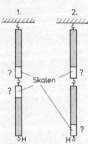

8. Zwei Federwaagen, die ein Gewicht von je 0,1 N haben, werden aufgehängt, wie es die Abbildung zeigt.

   Welches ist die Anzeige der beiden Waagen in den zwei Aufhängungsarten?

   Welche Anzeige wird in beiden Aufhängungen bei den beiden Waagen vorliegen, wenn am Haken H ein „Gewicht" von 0,3 N angehängt wird?

   Es ist von der Annahme auszugehen, daß die unbelastete Federwaage die Anzeige Null aufweist, wenn sie an ihrem oberen, und die Anzeige 0,1 N, wenn sie an ihrem unteren Haken aufgehängt wird.

9. Eine Feder mit der Starre 24 N/m wird um 0,6 m verlängert. Mit welcher Kraft versucht sich die Feder zusammenzuziehen?

10. Mittels einer Federwaage wird das Gewicht eines Körpers zu 24 N ermittelt. Welche Kräfte sind bei der Wägung im Gleichgewicht?

11. Der 211 m hohe Stuttgarter Fernsehturm hat ohne Fundament ein Gewicht von 30 000 N. (Die Angabe 3000 t, wie sie im täglichen Sprachgebrauch noch angetroffen wird, wäre hier unzulässig, weil es sich um eine Kraft handelt.)

a) Wie groß ist die Kraft nach Größe und Richtung, die dieser Gewichtskraft das Gleich-gewicht hält? Von wem wird sie aufgenommen?

b) Welcher mittlere Druck (in N/m²) beansprucht den Bauuntergrund, wenn der kreisförmige Fundamentfuß einen Durchmesser von 27 m aufweist? Dabei ist zu beachten, daß das Fundament selbst 1500 t „wiegt" und auf dem Fundament noch 3000 t Erde lagern. (Die Masse von 1000 t Material hat eine Gewichtskraft von ca. 10^7 N).

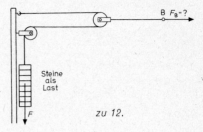

12. Die angegebene Anordnung von loser und fester Rolle wird als Spannvorrichtung für die Ober-leitung elektrischer Bahnen verwendet. Welche Kraft F_B wirkt bei B, wenn ein Spanngewicht F von 3500 N wirkt?

Steine als Last

zu 12.

1.5 Das Kräfteparallelogramm

1.5.1 Satz vom Kräfteparallelogramm (sechster Erfahrungssatz)

> Zwei Kräfte, die einen beliebigen Winkel α miteinander einschließen, greifen in einem Punkt an. Dann ist die Resultierende nach Größe und Richtung durch die Diagonale des Parallelogramms gegeben, das mit den beiden Kräften als Seiten zu zeichnen ist.

Dieser Satz, der mathematisch nicht be-weisbar ist, wurde von dem Holländer Stevin[1]) 1620 gefunden. Die *Erfahrung* be-stätigt die Richtigkeit des Satzes.

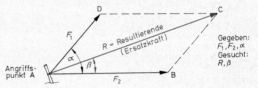

Gegeben:
F_1, F_2, α
Gesucht:
R, β

Beispiel: Zwei Kräfte $F_1 = F_2 = 400$ N schließen den Winkel α miteinander ein. Man bestimme die Größe der Resultierenden für folgende Werte von α: 160°, 120°, 90°, 180° und 0°. Kräfte-maßstab: 1 cm ≙ 200 N.

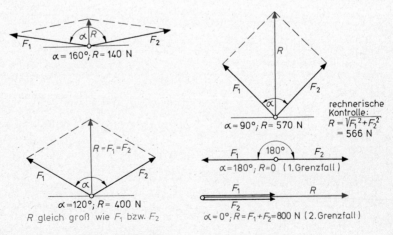

rechnerische Kontrolle:
$R = \sqrt{F_1^2 + F_2^2}$
$= 566$ N

$\alpha = 160°; R = 140$ N

$\alpha = 90°; R = 570$ N

$\alpha = 180°; R = 0$ (1. Grenzfall)

$R = F_1 = F_2$

$\alpha = 120°; R = 400$ N
R gleich groß wie F_1 bzw. F_2

$\alpha = 0°; R = F_1 + F_2 = 800$ N (2. Grenzfall)

[1]) Simon Stevin, Deichinspektor und Physiker (1548–1620)

> Die Größe der Resultierenden zweier gleich großer Kräfte, die beide von der Größe *F* sind, kann jeden Wert von Null bis 2*F* annehmen.

Nur wenn F_1 und F_2 gleich groß sind — wie im vorliegenden Fall —, fällt die Resultierende mit der Winkelhalbierenden zusammen.

1.5.2 Zwei wichtige Punkte zum Kräfteparallelogramm

> **1) Das Verfahren der Kräftezusammensetzung führt nur dann zum richtigen Ergebnis, wenn *beide* Kräfte am Angriffspunkt A ziehen oder beide Kräfte drücken.**

Beide Kräfte müssen also

vom Angriffspunkt weg gerichtet (Zugkräfte)   oder auf den Angriffspunkt hin gerichtet (Druckkräfte) sein.

Gegebenenfalls ist eine Kraft so in ihrer Wirkungslinie zu verschieben, daß beide Kräfte im gleichen Sinne am Angriffspunkt wirken (d. h. beide ziehen oder beide drücken).

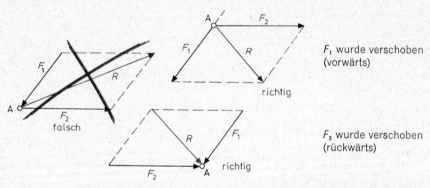

F_1 wurde verschoben (vorwärts)

F_2 wurde verschoben (rückwärts)

> **2) Die Resultierende kann größer oder kleiner als jede der beiden Teilkräfte sein.**

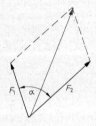 

α spitzer Winkel
$R > F_1, R > F_2$

α stumpfer Winkel
$R < F_1, R < F_2$

1.5.3 Bestätigung des Satzes vom Kräfteparallelogramm im Versuch

1. Versuch: Gleichgewicht für die 3 Kräfte $F_1 = F_2 = F_3 = 5$ N herrscht, wenn $\measuredangle\,(F_1, F_2) = 120°$ ist[1]). Die Resultierende aus F_1 und F_2 ist gleich groß wie F_3, aber von entgegengesetzter Richtung.

Wegen $F_1 = F_2$ wird das Parallelogramm zur Raute. Ist $R = F_1 = F_2$, so muß $\alpha = \beta = \gamma = 60°$ und damit $\measuredangle\,(F_1, F_2) = 120°$ sein.

Drei an einem Punkt angreifende gleich große Kräfte stehen im Gleichgewicht, wenn sie Winkel von 120° miteinander einschließen.

2. Versuch: Gleichgewicht im Punkt P herrscht auch für $F_1 = 4$ N, $F_2 = 3$ N und $F_3 = 5$ N. $\measuredangle\,(F_1, F_2)$ stellt sich dann zu 90° ein. Die Resultierende aus F_1 und F_2 wird gleich groß wie F_3. Rechnerisch:
$$R = \sqrt{F_1{}^2 + F_2{}^2} = \sqrt{(4^2 + 3^2)\ \text{N}^2} = 5\,\text{N} = F_3.$$

3. Versuch (allgemeinster Fall): Gleichgewicht herrscht auch für $F_1 = 3$ N, $F_2 = 2$ N und $F_3 = 4$ N, wobei sich $\measuredangle\,(F_1, F_2)$ zu 76° einstellt. Auch hier gilt, daß R aus F_1 und F_2 gleich groß wie F_3 wird.

Zeichnerische Bestimmung von $\measuredangle\,\alpha$:

Die drei Kräfte, die miteinander im Gleichgewicht stehen, erlauben die Konstruktion eines Dreiecks ABC aus drei gegebenen Seiten: $F_3 =$ Gegenkraft zur Resultierenden aus F_1 und F_2 wirkt lotrecht nach unten (Gewichtskraft!). Um die Enden des Kraftpfeils F_3 schlagen wir Kreise mit den Längen F_1 und F_2 (Kräftemaßstab 1 cm $\hat{=}$ 1 N). Die Parallele zu F_1 durch A liefert den zweiten Schenkel für den gesuchten Winkel α.

4. Versuch: Die Resultierende aus F_1 und F_2 (Anzeige der Federwaagen) ist gleich groß wie F_3 (Gewicht).

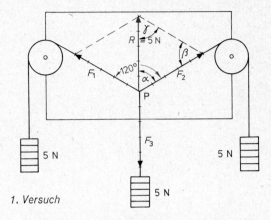

1. Versuch

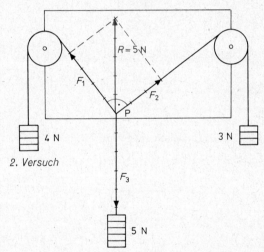

2. Versuch

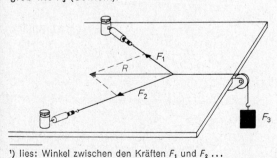

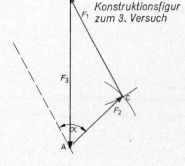

Konstruktionsfigur zum 3. Versuch

1.5.4 Technische Anwendungen

1) Anheben einer Last

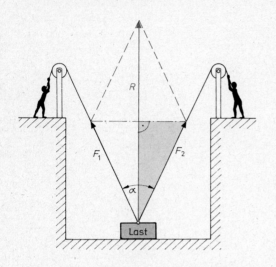

Wenn auf beiden Seiten mit je 750 N gezogen wird, so kann für einen Winkel $\alpha = 52°$ eine Last bis zu einem Gewicht von $R = 1350$ N etwas angehoben werden. (Für 1 cm $\triangleq$ 250 N wird $R = 5{,}4$ cm, d. h.

$$R = 5{,}4 \text{ cm} \cdot 250 \, \frac{N}{cm} = 1350 \text{ N.})$$

Rechnerische Lösung[1]): Wegen $F_1 = F_2$ wird das Parallelogramm zur Raute, bei der sich die Eckenlinien halbieren. Aus dem roten Dreieck folgt

$$\cos \frac{\alpha}{2} = \frac{R/2}{F_2} = \frac{R}{2F_2}$$

$$R = 2F_2 \, \cos \frac{\alpha}{2} = 2 \cdot 750 \text{ N} \cos 26°$$
$$= 2 \cdot 750 \text{ N} \cdot 0{,}8988 = 1348 \text{ N}$$

Bei wachsendem Winkel α (vgl. Abb.) werden die zur Hebung der Last notwendigen Kräfte F_1 und F_2 größer. Die Kraft F_1, die zusammen mit der gleich großen Kraft F_2 bei einem bestimmten Winkel α dem Gewicht $G = 1$ N das Gleichgewicht zu halten vermag, wird gemessen.

Sonderfälle:

$\alpha = 0$: $F_1 = F_2 = G/2 = 0{,}5$ N. Die Aufhängung erfolgt an zwei parallelen Fäden;
$\alpha = 120°$: $F_1 = F_2 = G = 1$ N;
$\alpha = 180°$: Ist praktisch nie zu erreichen, da dann F_1 und F_2 unendlich groß sein müßten.

Die Kraft ist auch rechnerisch aus $F_1 = \dfrac{G}{2 \cdot \cos \dfrac{\alpha}{2}}$ zu ermitteln (Herleitung wie oben).

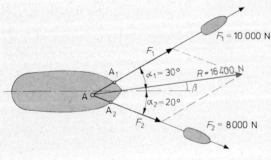

2) Resultierende Kraft zweier Schlepperkräfte

Zwei Schlepper greifen mit den Kräften F_1 und F_2 an einem Überseeschiff an. Die Resultierende ist zu ermitteln.

Aus den beiden gegebenen Angriffspunkten A_1 und A_2 ergibt sich als Schnittpunkt der Wirkungslinien der gemeinsame Angriffspunkt A, da die Kräfte an einem festen Körper angreifen.

Zeichnerische Lösung: $R = 16\,400$ N (4,1 cm bei 1 cm $\triangleq$ 4000 N, $\beta = 8°$)

---

[1] Zur Kontrolle der Zeichnung sollen künftig in einigen einfachen Fällen auch rechnerische Lösungen durchgeführt werden. Wegen einer kurzen Einführung in das Rechnen mit den trigonometrischen Funktionen sinus, cosinus und tangens, die hier angebracht ist, sei auf die Lehrbücher der Mathematik verwiesen

3) Belastung des Achsbolzens einer festen Rolle

Für $\alpha = 45°$ wird der Achsbolzen beim Heben einer Last von F_2 = 520 N mit R = 960 N belastet. Bei 1 cm $\triangleq$ 200 N wird R = 4,8 cm.

Besonders zu beachten:

Der Schnittpunkt A der beiden Wirkungslinien, der zur Anwendung des Kräfteparallelogramms bestimmt werden muß, braucht nicht auf dem festen Körper selbst zu liegen. Vielmehr kann sich der „gemeinsame gedachte Angriffspunkt" der beiden Kräfte an einer beliebigen Stelle im Raum befinden.

4) Höchstzulässige Seilbelastung

Ein Seil darf höchstens mit 1800 N belastet werden. Welche Last kann gehoben werden, wenn der Winkel zwischen den Seilen $\alpha = 40°$ beträgt?

Zeichnerische Lösung: Kräftemaßstab 1 cm $\triangleq$ 1200 N; R = 2,8 cm,

d. h. 2,8 cm $\cdot$ 1200 $\dfrac{\text{N}}{\text{cm}}$ = 3360 N

Rechnerische Lösung: Wie bei 1) folgt $R = 2F_2 \cos\dfrac{\alpha}{2}$ =

= $2 \cdot 1800$ N $\cdot \cos 20° = 3600$ N $\cdot 0{,}9397 = 3383$ N

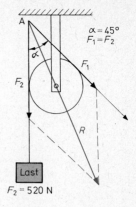

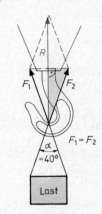

1.6 Satz von der Kräftezerlegung

> **Ist eine Kraft F gegeben, so kann diese stets durch zwei Kräfte ersetzt werden, deren Richtungen beliebig vorgegeben sind. Die Kräftezerlegung erfolgt entsprechend wie die Kräftezusammensetzung mit Hilfe des Parallelogramms.**

Gegeben: F nach Größe und Richtung sowie die beiden Wirkungslinien W_1 und W_2.

Gesucht: Größe von F_1 und F_2.

Durch die Spitze des gegebenen Kraftpfeils werden Parallelen zu den gegebenen Richtungen gezogen. Die Teilkräfte werden dann auf den Wirkungslinien abgeschnitten.

Praktisch besonders häufig ist eine Zerlegung in zwei zueinander senkrechte Richtungen.

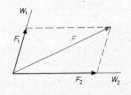

Zu beachten:

Jede der Teilkräfte für sich genommen kann größer oder kleiner sein als die gegebene Kraft (vgl. Abschn. 1.5.2).

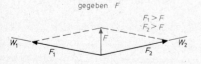

Teilkräfte sind größer als die gegebene Kraft

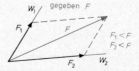

Teilkräfte sind kleiner als die gegebene Kraft

1.6.1 Anwendungsbeispiel: Bockgerüst

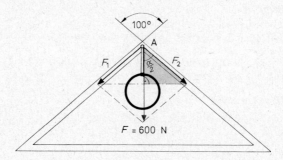

Ein Bockgerüst werde von zwei Balken gebildet, die einen Winkel von 100° einschließen. Die auf die Spitze A wirkende Last, welche von einem hängenden Rohr herrührt, beträgt 600 N. Wie groß sind die in den beiden (gleich langen) Stäben wirkenden Kräfte?

Zeichnerische Lösung: Für 1 cm $\triangleq$ 300 N wird $F_1 = F_2 = 1{,}6$ cm, d. h.

$$1{,}6 \text{ cm} \cdot 300 \frac{\text{N}}{\text{cm}} = 480 \text{ N}. \quad F_1 = F_2 \text{ aus Symmetriegründen.}$$

Kontrolle durch Rechnung:

$$\cos \frac{\alpha}{2} = F/2 : F_2; \qquad F_2 = \frac{F}{2 \cdot \cos \frac{\alpha}{2}} = \frac{600 \text{ N}}{2 \cdot \cos 50°} = \frac{600 \text{ N}}{2 \cdot 0{,}6428} = 467 \text{ N}$$

1.6.2 Allgemeines über Kräfte und andere Vektoren (,,Pfeil-Größen'')

Bei einer Kraft benötigt man zur eindeutigen Festlegung ihrer Wirkung neben der Größe und dem Angriffspunkt auch noch die Angabe der Richtung. Man nennt daher die Kraft eine ,,gerichtete Größe'' oder einen Vektor (Vektor = Fahrstrahl, von lat. vectare = fahren).

In der Physik werden solche Größen, die sich durch einen Pfeil bestimmter Größe darstellen lassen, als Vektoren bezeichnet.

Neben der Kraft gibt es noch zahlreiche andere Vektoren, z. B. die Geschwindigkeit.

Alle Vektoren werden geometrisch addiert.

Das Verfahren der zeichnerischen Ermittlung der Resultierenden mit Hilfe des Parallelogramms heißt ,,**geometrische Addition**''. Im Gegensatz zur algebraischen Addition, bei der einfach Zahlenwerte addiert werden (z. B. 5 + 3 = 8), gibt es bei der geometrischen Addition je nach der Größe des eingeschlossenen Winkels zahlreiche Lösungen für die Resultierende.

Beispiel: Parallelogramm der Geschwindigkeiten. Die Parallelogrammseiten werden von Geschwindigkeiten gebildet.

Ein Flugzeug hat bei Windstille eine Geschwindigkeit $v_1 = 500$ km/h. Nach Aufkommen eines Windes unter einem Winkel $\alpha = 60°$ mit $v_2 = 100$ km/h stellt sich die Geschwindigkeit des Flugzeuges zu $v = 560$ km/h unter dem Winkel $\beta = 9°$ ein.

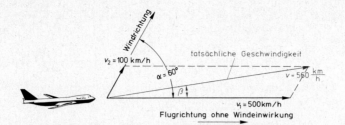

$\Bigl($Geschwindigkeitsmaßstab 1 cm $\triangleq$ 100 km/h, $v = 5{,}6$ cm, d. h. 560 $\dfrac{\text{km}}{\text{h}}\Bigr)$

Gegenstücke zu Vektoren sind Skalare[1]) (= richtungslose Größen).

Skalare sind physikalische Größen, die durch Angabe einer Zahl völlig festgelegt sind.

Beispiele: Temperatur, Masse, Dichte, Länge, Rauminhalt

1.6.3 Relativbewegungen

Die Geschwindigkeit ist wie die Kraft eine physikalische Größe, die durch Betrag und Richtung gekennzeichnet ist.

Man kann also wie von Kraftpfeilen auch von Geschwindigkeitspfeilen (Vektoren) sprechen.

1. Beispiel: Ein Motorboot fährt auf einem Fluß, der gegenüber dem Ufer die Strömungsgeschwindigkeit $v_1 = 10$ m/s hat. Das Boot kann mit $v_2 = 20$ m/s schnell fahren (etwa in einem See). Flußabwärts fährt das Boot also 30 m/s schnell, flußaufwärts nur 10 m/s schnell.

2. Beispiel: Ein Flugzeug fliegt mit $v_1 = 100$ m/s nach Norden. Der Wind versetzt es mit einer Geschwindigkeit von 30 m/s nach Osten. Welche Strecke hat das Flugzeug nach 20 Minuten Flugzeit über dem Boden („über Grund") zurückgelegt? Wohin gelangt es?

Lösung: $v_{12} = \sqrt{v_1^2 + v_2^2} = \sqrt{(100^2 + 30^2)\dfrac{\text{m}^2}{\text{s}^2}} = \sqrt{10\,900\ \dfrac{\text{m}^2}{\text{s}^2}} = 104{,}5\ \dfrac{\text{m}}{\text{s}}\ ;$

$s = v \cdot t = s_{12} = 104{,}5\ \dfrac{\text{m}}{\text{s}} \cdot (20 \cdot 60)\ s = 125{,}4$ km .

Der Kurswinkel α folgt aus tan $\alpha = \dfrac{v_2}{v_1} = \dfrac{30\ \text{m/s}}{100\ \text{m/s}} = 0{,}3;$

$\alpha = 16{,}7°$ nach Osten

3. Beispiel: Regentropfen fallen mit einer Geschwindigkeit von ca. 10 m/s; bei Windstille beobachtet ein Fahrgast in einem Eisenbahnabteil, daß bei konstanter Fahrgeschwindigkeit des Zuges das Fenster vom Regen unter einem Winkel von 30° zur Lotrechten gestreift wird. Der Fahrgast möchte die Fahrgeschwindigkeit des Zuges abschätzen.

---

[1]) Skalar, vom Lateinischen her = Zahlenwert auf einer Skala (Leiter)

Lösung: $\dfrac{v_x}{v_1} = \tan 30°$; daraus $v_x = v_1 \cdot \tan 30° = 10\,\dfrac{m}{s} \cdot 0{,}58 = 20{,}9\,\dfrac{km}{h} \approx 21\,\dfrac{km}{h}$

Alle Beispiele hätten auch, wie bei den Kraftpfeil-Aufgaben, zeichnerisch gelöst werden können.

Aufgabengruppe Mechanik 3: Übungen zu 1.6

Zusammensetzen und Zerlegen von Kräften mit Hilfe des Kräfteparallelogramms

1. Eine Bockleiter hat in zusammengeklapptem Zustand eine Länge von 2,40 m. Sie wird so aufgestellt, daß gegenüberliegende Aufsetzpunkte auf dem Boden 1,50 m voneinander entfernt sind. Welche Kräfte wirken in den beiden Leiterschenkeln, wenn die Belastung an der Spitze 800 N beträgt? Längenmaßstab M = 1 : 30, Kräftemaßstab 1 cm $\triangleq$ 200 N.

2. Zwei Kräfte $F_1 = 6{,}8$ N und $F_2 = 2{,}5$ N stehen senkrecht aufeinander und greifen im Punkt A eines Körpers an. F_1 wirkt in der Waagerechten. Wie groß ist die Resultierende, und welchen Winkel schließt diese mit F_1 ein?

   Man benutze verschiedene Kräftemaßstäbe und überzeuge sich davon, daß bei größerem Maßstab die Genauigkeit ansteigt! (Vergleich mit dem rechnerischen Ergebnis nach dem pythagoreischen Lehrsatz.)

3. Zwei Kräfte F_1 und F_2 bilden einen Winkel α miteinander. F_2 wirkt stets in der Waagerechten. Wie groß ist die Ersatzkraft, und welchen Winkel bildet sie mit F_2 für die Werte:

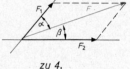

zu 4.

Werte	a)	b)	c)	d)	e)	f)	g)
F_1	1 N	5 N	9 N	50 N	70 N	250 N	800 N
F_2	2 N	5 N	7 N	20 N	55 N	200 N	500 N
α	60°	45°	80°	90°	100°	70°	125°

4. Eine Kraft F ist in zwei Teilkräfte F_1 und F_2 zu zerlegen, die mit ihr die Winkel α und β einschließen. Die Größe der Teilkräfte ist für folgende Werte von F, α und β anzugeben:

Werte	a)	b)	c)	d)	e)	f)
F	4 N	6 N	10 N	45 N	80 N	100 N
α	30°	45°	70°	20°	45°	90°
β	20°	10°	30°	50°	100°	25°

5. Um einen Schubkarren in nicht abgestellter Lage zu halten, ist eine Kraft $F_1 = 400$ N senkrecht nach oben notwendig. Zur Fortbewegung benötigt man zusätzlich eine in der Waagerechten wirkende Kraft von 80 N. Wie groß ist die aufzubringende resultierende Kraft, und welchen Winkel bildet ihre Wirkungslinie mit der Waagerechten?

6. Drei Kräfte wirken in einem Punkt A. $F_1 = 120$ N ist in der Waagerechten nach rechts gerichtet, $F_2 = 180$ N zeigt unter einem Winkel von 30° zur Waagerechten nach rechts oben. $F_3 = 350$ N steht senkrecht auf F_2 und weist nach links oben. Man bestimme die Größe der Resultierenden dieser drei Kräfte und gebe den Winkel an, den sie mit F_1 bildet.

7. Ein zwischen zwei Haken ausgespanntes Seil wird in der Mitte durch das Gewicht einer Straßenlampe von 140 N belastet. Welche Kraft wirkt in den Seilstücken, wenn der Winkel zwischen Seil und der Waagerechten jeweils 17° beträgt?

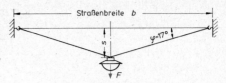

Lösung durch Rechnung und Zeichnung.

8. Bei einer Aufhängung wie in Aufgabe 7. sei nicht der Winkel gegeben, sondern die Straßenbreite (8 m) und der Durchhang s. Die Lampe wiegt 60 N. Wie groß ist die im Seil wirkende Kraft bei einem Durchhang von 40 cm (30 cm)?

Anleitung: Man beachte, daß neben dem Kräftemaßstab nun auch ein Längenmaßstab, z. B. 1 : 50, einzuführen ist.

9. An einem Mast wirken in einer horizontalen Ebene drei Kräfte gemäß Abbildung.

a) Kann Gleichgewicht vorliegen?

b) In welcher Richtung wird sich der Mast bewegen (keine Winkelangabe)?

c) Welche Gegenkraft ist nach Größe und Richtung (Winkel gegen Richtung von F_3) anzubringen, damit Gleichgewicht herrscht?

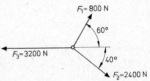

10.*An einem Mast wirken über zwei Drahtseile in horizontaler Richtung zwei Kräfte $F_1 = 700$ N und $F_2 = 400$ N. Der Winkel zwischen F_1 und F_2 beträgt 90°. Eine unter dem Winkel von 30° zum Mast angebrachte Verstrebung darf nur auf 500 N beansprucht werden.

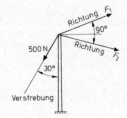

a) Herrscht Gleichgewicht?

b) In welcher Richtung ist zur Erreichung des Gleichgewichts (Winkel gegen F_2) gegebenenfalls noch ein waagerechtes Seil anzubringen, und welche Kraft hat es aufzunehmen?

Anleitung: Es ist zu beachten, daß Kräfte nur zusammengesetzt werden dürfen, wenn sie in ein und derselben Ebene liegen. Von der Kraft in der Verstrebung trägt nur die waagerechte Teilkraft zum Gleichgewicht bei.

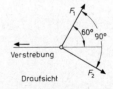

Ansicht von oben

11. Welches Gewicht G_1 muß auf der rechten Seite der Tafelwaage wirken, damit Gleichgewicht herrscht? Was geschieht, wenn die Waage auf eine Glasplatte gestellt wird, unter der sich zwei runde Holzstäbe befinden? Begründung! Wie groß ist die nach rechts wirkende Kraft F?

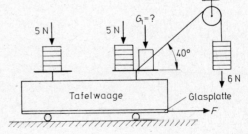

35

1.7 Das Verfahren des Kraftecks
1.7.1 Das Kräftedreieck

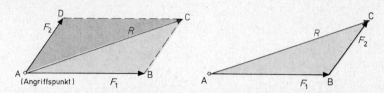

Anstelle des Kräfteparallelogramms zeichne man das Kräftedreieck ABC

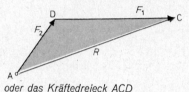

oder das Kräftedreieck ACD

Die **Resultierende zweier Kräfte** kann auch gefunden werden, wenn man nur eine Hälfte des Kräfteparallelogramms benutzt. Die beiden Kräfte F_1 und F_2 werden parallel zu sich verschoben und aneinandergesetzt. Die Verbindungslinie AC liefert die Resultierende. Das aus F_1, F_2 und R entstandene Dreieck heißt Kräftedreieck oder Krafteck.

1.7.2 Vereinfachte Bestimmung der Resultierenden

Zur **Bestimmung der Resultierenden von drei Kräften** kann zweimal hintereinander das Kräftedreieck gezeichnet werden. Die Resultierende ergibt sich als Verbindungslinie vom Angriffspunkt der

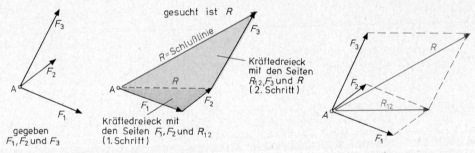

1. Kraft bis zur Pfeilspitze der letzten Kraft (genannt Schlußlinie). Das ist wesentlich einfacher als die zweimalige Anwendung des Kräfteparallelogramms, zunächst für F_1 und F_2 und dann für R_{12} und F_3.

1.7.3 Lageplan und Kräfteplan

Entsprechend läßt sich die *Resultierende beliebig vieler Kräfte* bestimmen.

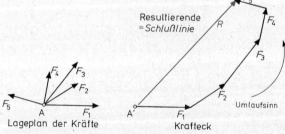

Welche Punkte sind beim Krafteck zu beachten?

1) Der Lageplan enthält die Kräfte, wie sie im Angriffspunkt A angreifen. Der Kräfteplan oder das Krafteck enthält die Kräfte aneinandergereiht, die durch ihre Resultierende R ersetzt werden können.

2) Dem Punkt A im Lageplan entspricht der Punkt A′ im Krafteck.

3) Der durch die Kraftpfeile festgelegte Umlaufsinn ist der Richtung der Resultierenden entgegengesetzt.

4) Die Reihenfolge bei der Aneinanderreihung der Kräfte hat auf die Resultierende keinen Einfluß.

1.7.4 Wann herrscht Gleichgewicht?

Gleichgewicht für mehrere Kräfte an einem Punkt herrscht dann, wenn zur Resultierenden R die Gegenkraft $R′$ angebracht wird.

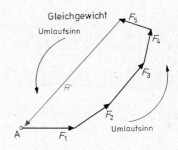

$R′ =$ *Gegenkraft zur Resultierenden R*

Normalerweise wird man das Gleichgewicht also erst erreichen, wenn $R′$ angebracht ist. Es kann aber auch der Fall eintreten, daß sich beim Aufzeichnen gegebener Kräfte von vornherein ein geschlossenes Krafteck ergibt. Eine Schlußlinie kann dann gar nicht eingezeichnet werden. Die Länge der Schlußlinie $= 0$ bedeutet $R = 0$. Das ist ein Zeichen dafür, daß die Kräfte unter sich schon im Gleichgewicht stehen und einer Gegenkraft $R′$ gar nicht bedürfen.

gegeben: 5 Kräfte

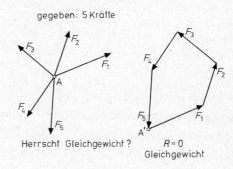

Herrscht Gleichgewicht? $R = 0$
Gleichgewicht

1. Beispiel: Für welche Winkel α und β (zur Waagerechten) stellt sich Gleichgewicht ein?

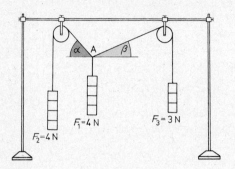

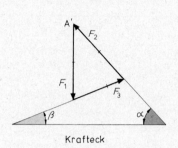

Krafteck

Lösung: Vom willkürlich angenommenen Punkt A′ wird F_1 senkrecht nach unten abgetragen (z. B. 1 cm ≙ 2 N). Zur Konstruktion des Kraftecks aus den drei gegebenen Seiten beschreibt man um die Enden des Kraftpfeils F_1 Halbkreise mit den Halbmessern F_2 und F_3. Der Figur entnimmt man

$$\alpha = 46° \text{ und } \beta = 22°.$$

2. Beispiel: Drei Federwaagen werden an zwei Stativstangen, wie angegeben, befestigt. Wieviel N zeigen die beiden Federwaagen rechts an?

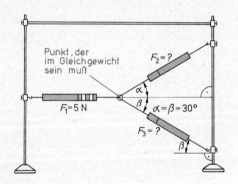

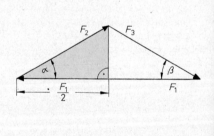

Lösung: Vom Krafteck sind die Seite F_1 und zwei Winkel (α, β) bekannt. Aus der Zeichnung folgt $F_2 = F_3 = 2{,}9$ N.

Kontrolle durch Rechnung: Aus $\cos\alpha = \dfrac{F_1}{2} : F_2 = \dfrac{F_1}{2F_2}$

folgt

$$F_2 = \frac{F_1}{2 \cdot \cos\alpha} = \frac{5 \text{ N}}{2 \cdot \cos 30°} = \frac{5 \text{ N}}{2 \cdot 0{,}866} = 2{,}887 \text{ N}$$

1.8 Technische Anwendungen zu Kräfteparallelogramm und Krafteck

1.8.1 Beanspruchung von Streben

Wie groß sind die Kräfte in den Stäben AB und AC? Zur deutlichen Unterscheidung von äußeren Kräften (F) werden innere Kräfte (Stabkräfte) mit S bezeichnet.

Beginnend mit F, wird das Krafteck gezeichnet. Für die Stabkräfte folgt $S_1 = 2400$ N und $S_2 = 3420$ N (Kräftemaßstab z. B. 1 cm ≙ 600 N).

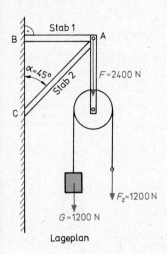

Lageplan

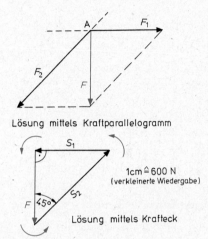

Lösung mittels Kraftparallelogramm

1cm ≙ 600 N
(verkleinerte Wiedergabe)

Lösung mittels Krafteck

Das Krafteck wird von den Kräften gebildet, die im Punkt A des Lageplans zusammenstoßen.

Zur Entscheidung, ob Zug- oder Druckkräfte vorliegen, übertragen wir aus dem Krafteck die Kraftrichtungen auf den Lageplan.

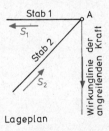

Lageplan

S_1 weist nach links und zieht am Punkt A, ist also eine Zugkraft. S_2 drückt auf Punkt A, ist also eine Druckkraft. Das Kräfteparallelogramm liefert dasselbe Ergebnis. Jedoch sind die Richtungen entsprechender Kräfte einander entgegengesetzt.

Erklärung: Beim Parallelogramm wird die äußere Kraft F in zwei andere äußere Kräfte F_1 und F_2 zerlegt. Beim Krafteck steht die Kraft F im Gleichgewicht mit den in den Stäben wirkenden Gegenkräften S_1 und S_2. Die inneren Kräfte S_1 und S_2 stellen die Gegenkräfte zu F_1 und F_2 dar.

Rechnerische Lösung: Aus dem Krafteck folgt

$$\tan \alpha = \frac{S_1}{F}; \quad S_1 = F \cdot \tan \alpha = 2400 \text{ N} \cdot \tan 45° = 2400 \text{ N} \cdot 1 = 2400 \text{ N}$$

$$\cos \alpha = \frac{F}{S_2}; \quad S_2 = \frac{F}{\cos \alpha} = \frac{2400 \text{ N}}{\cos 45°} = \frac{2400 \text{ N}}{0,707} = 3395 \text{ N}$$

39

1.8.2 Drehkran

Wie groß sind die Stabkräfte?

Zeichnerische Lösung: Kräftemaßstab 1 cm $\triangleq$ 2500 N

$$S_1 = 3,6 \text{ cm} \cdot 2500 \, \frac{N}{\text{cm}} = 9\,000 \text{ N (Zugkraft)}$$

$$S_2 = 5,4 \text{ cm} \cdot 2500 \, \frac{N}{\text{cm}} = 13\,500 \text{ N (Druckkraft)}$$

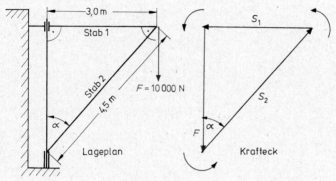

Rechnerische Lösung: $\sin \alpha = \dfrac{3 \text{ m}}{4,5 \text{ m}} = 0,667; \; \alpha = 41,8°$

$S_1 = F \cdot \tan \alpha = 10\,000 \text{ N} \cdot \tan 41,8° = 10\,000 \text{ N} \cdot 0,8952 = 8952 \text{ N} \approx 9000 \text{ N}$

$S_2 = \dfrac{F}{\cos \alpha} = \dfrac{10\,000 \text{ N}}{0,7451} = 13\,422 \text{ N} \approx 13\,400 \text{ N}$

1.8.3 An einem Seil aufgehängte Rolle

Beim Heben der Last F_2 durch die unter dem Winkel α zur Senkrechten wirkende Kraft F_1 stellt sich das Seil unter dem Winkel $\beta = \alpha/2$ zur Senkrechten ein. Das Krafteck liefert nicht die Kraft auf den Achsbolzen, sondern die gleich große Gegenkraft des Achsbolzens.

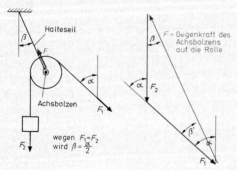

Begründung: Wegen $F_1 = F_2$ wird $\beta = \beta'$. Außenwinkel $\alpha = 2\beta$.

1.8.4 Bestimmung von Seilkräften

Eine Straßenlampe vom Gewicht G hängt an einem Drahtseil, dessen Enden mit der Waagerechten gleich große Winkel ($\alpha = \beta$) einschließen. Das Krafteck liefert bei sehr spitzen Winkeln α und β die gegenüber der Gewichtskraft G viel größeren Seilzugkräfte ϱ_1 und ϱ_2.

1.8.5 Schiefe Ebene (einfache Maschine)

Jede gegen die Waagerechte geneigte ebene Fläche ist eine schiefe Ebene.

Die Gewichtskraft G zerlegen wir in zwei Teilkräfte: 1) Kraft F_H, die parallel zur schiefen Ebene wirkt (= Hangabtrieb), und 2) Kraft senkrecht zur schiefen Ebene = Normalkraft F_N.

Nur der Anteil, der längs der schiefen Ebene wirkt, der Hangabtrieb F_H, zieht den Körper nach unten. Die Normalkraft F_N drückt auf die Unterlage und weckt dort eine gleich große Gegenkraft. Zwischen Hangabtrieb F_H, Gewicht G und den geometrischen Größen (h = Höhe und l = Länge der schiefen Ebene) besteht die Beziehung

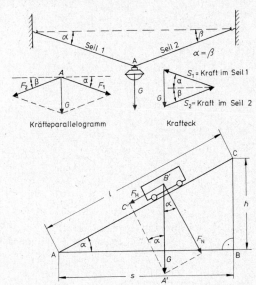

$$\frac{\text{Hangabtrieb}}{\text{Gewichtskraft}} = \frac{\text{Höhe der schiefen Ebene}}{\text{Länge der schiefen Ebene}} \qquad \frac{F_H}{G} = \frac{h}{l}$$

Für die Normalkraft gilt

$$\text{Normalkraft} = \text{Gewichtskraft} \cdot \frac{\text{Grundlinie}^1)\ \text{der schiefen Ebene}}{\text{Länge der schiefen Ebene}} \qquad F_N = G \cdot \frac{s}{l}$$

Begründung: Die beiden rechtwinkligen Dreiecke ABC und A'B'C' sind einander ähnlich, da sie denselben Winkel α enthalten. Dies wiederum ist eine Folge des Satzes: Paarweise aufeinanderstehende Schenkelpaare schließen denselben Winkel ein: $F_N \perp l$ und $G \perp s$. Also gilt wegen der Gleichheit der Seitenverhältnisse

$$\frac{\text{Höhe}}{\text{Hypotenuse}} = \frac{F_H}{G} = \frac{h}{l} \quad \text{und} \quad \frac{\text{Basis}}{\text{Hypotenuse}} = \frac{F_N}{G} = \frac{s}{l}$$

Erweiterung: Mit $\sin\alpha = \frac{h}{l}$ und $\cos\alpha = \frac{s}{l}$, was der Figur zu entnehmen ist, erhält man

$$\text{Hangabtriebskraft} = \text{Gewichtskraft} \cdot \sin\alpha \qquad F_H = G \cdot \sin\alpha$$

$^1)$ Statt Grundlinie ist auch die Bezeichnung Basis gebräuchlich

$$\boxed{\text{Normalkraft} = \text{Gewichtskraft} \cdot \cos\alpha} \qquad \boxed{F_N = G \cdot \cos\alpha}$$

Je größer der Winkel α, desto größer die Hangabtriebskraft.

Zwei Grenzfälle

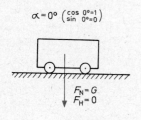

$\alpha = 0° \begin{pmatrix} \cos 0°=1 \\ \sin 0°=0 \end{pmatrix}$

$F_N = G$
$F_H = 0$

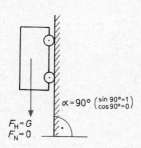

$\alpha = 90° \begin{pmatrix} \sin 90°=1 \\ \cos 90°=0 \end{pmatrix}$

$F_H = G$
$F_N = 0$

Für $\alpha = 0°$ verschwindet die Hangabtriebskraft.

Für $\alpha = 90°$ verschwindet die Normalkraft.

Für $\alpha = 0°$ wird die Normalkraft gleich der Gewichtskraft.

Für $\alpha = 90°$ wird die Hangabtriebskraft gleich der Gewichtskraft.

Beispiel: Auf einer schiefen Ebene der Höhe $h = 150$ cm und der Länge $l = 450$ cm soll ein Wagen vom Gewicht $G = 10\,000$ N hochgezogen werden. Wie groß ist die zu überwindende Hangabtriebskraft?

Lösung: Die Hangabtriebskraft, die bei der Aufwärtsbewegung längs der schiefen Ebene zu überwinden ist, beträgt

$$F_H = G\,\frac{h}{l} = 1000\text{ N} \cdot \frac{150\text{ cm}}{450\text{ cm}} = 333\text{ N}$$

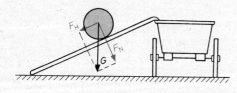

Anwendung: Ein Faß kann mittels einer schiefen Ebene bequem auf einen Wagen verladen werden. Beim Hochrollen auf der „Schrotleiter" ist nur die Hangabtriebskraft zu überwinden, die stets kleiner als das Faßgewicht ist.

Die Wirkung der Normalkraft F_N kann sich in einer Durchbiegung der Leiter äußern.

Bestätigung der Kräftezerlegung bei der schiefen Ebene durch Versuche

1) Messung der Hangabtriebskraft mit Hilfe einer Federwaage

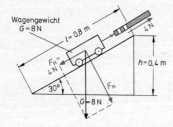

Wagengewicht
$G = 8$ N
$l = 0.8$ m
4 N
$F_H = 4$ N
$h = 0.4$ m
$30°$
$G = 8$ N
F_N

$$F_H = G \cdot \frac{h}{l} = \frac{8\text{ N} \cdot 0.4\text{ m}}{0.8\text{ m}} = 4\text{ N}$$
oder $F_H = G \cdot \sin\alpha =$
$= 8\text{ N} \cdot \sin 30° = 8\text{ N} \cdot 0.5 = 4\text{ N}$

2) Aufhebung der Normalkraft F_N durch Gegenkraft F_1

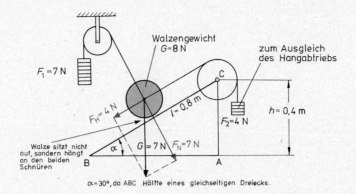

Walzengewicht $G = 8\,N$

zum Ausgleich des Hangabtriebs

$F_1 = 7\,N$

C

$F_H = 4\,N$

$l = 0,8\,m$

$h = 0,4\,m$

$F_2 = 4\,N$

Walze sitzt nicht auf, sondern hängt an den beiden Schnüren

α $G = 7\,N$ $F_N = 7\,N$

B   A

$\alpha = 30°$, da ABC Hälfte eines gleichseitigen Dreiecks.

Aus Kräfteparallelogramm: $F_N = 7\,N$

Rechnerisch: $F_N = G \cdot \dfrac{s}{l} = G\,\dfrac{\sqrt{l^2 - h^2}}{l} = 8\,N\,\dfrac{\sqrt{(0,8^2 - 0.4^2)\,m^2}}{0,8\,m} = 6,93\,N$

oder

$$F_N = G \cdot \cos\alpha = 8\,N \cdot \cos 30° = 8\,N \cdot 0,866 = 6,93\,N.$$

Angabe der Steigung bei der schiefen Ebene

1) Durch den *Steigungswinkel* α. Für diesen gilt: $\tan\alpha = \dfrac{h}{s}$

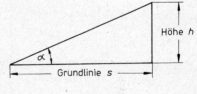

Höhe h

α

Grundlinie s

2) Durch das *Verhältnis Höhe : Grundlinie*. Steigung 1 : 5 oder $h : s = 1 : 5$ bedeutet einen Höhengewinn von 1 m, wenn in der Waagerechten 5 m zurückgelegt werden. Man beachte, daß $h : s$ und nicht $h : l$ maßgebend ist.

3) Durch eine *Prozentzahl*: 12% Steigung[1]) bedeutet, daß bei Fortbewegung in der Waagerechten nach 100 m ein Höhengewinn von 12 m erfolgte. Beträgt der Höhengewinn auf $s = 20\,m$ $h = 1,5\,m$, so beträgt die Steigung $\dfrac{1,5 \cdot 100}{20} = \dfrac{7,5 \cdot 100}{100} = 7,5\%$.

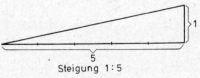

1

5

Steigung 1 : 5

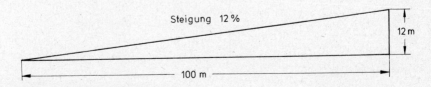

Steigung 12 %

12 m

100 m

[1]) Oft wird statt Steigung auch das gleichbedeutende Wort „Neigung" benutzt

Man beachte: Hat ein Fahrzeug längs der schiefen Ebene genau 100 m zurückgelegt und dabei einen Höhengewinn von 6 m erzielt, so beträgt die Steigung nicht genau 6%. Der Weg muß stets in der Waagerechten gemessen werden. 100% Steigung bedeuten also $\alpha = 45°$!

Umrechnung von Steigerungsangaben

1 : 5 bedeutet 20 : 100, also 20% Steigung. Ist die Steigung 1 : 16,7 gegeben, so berechnet sich die Prozentzahl aus $1 : 16,7 = x : 100$; $x = 6\%$.

Die übliche Grenzsteigung bei Eisenbahnen beträgt 6%; Pilatus-Zahnradbahn (Schweiz) 48% (1 : 2,1).

1.8.6 Keil (einfache Maschine)

Die auf der kurzen Seite b senkrecht stehende Rückenkraft F wird in zwei Normalkräfte F_N (senkrecht zu den Wangen) zerlegt. F_N bewirkt die Spaltung.

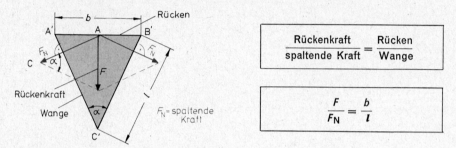

$$\frac{\text{Rückenkraft}}{\text{spaltende Kraft}} = \frac{\text{Rücken}}{\text{Wange}}$$

$$\frac{F}{F_N} = \frac{b}{l}$$

Begründung: Die beiden gleichschenkligen Dreiecke ABC und A′B′C′ sind einander ähnlich, da sie denselben Winkel α enthalten. ($F_N \perp l$ und $F \perp b$; vgl. Formelbegründung bei der schiefen Ebene.) Also gilt

$$\frac{\text{kleine Seite}}{\text{große Seite}} = \frac{F}{F_N} = \frac{b}{l}$$

Wegen $\sin\dfrac{\alpha}{2} = \dfrac{b}{2} : l = \dfrac{b}{2\,l}$ folgt

$$\frac{F}{F_N} = 2\,\sin\frac{\alpha}{2}$$

1. Beispiel: Wie groß ist die spaltende Kraft bei einem Keil ($b = 10$ cm, $l = 40$ cm), wenn auf den Keilrücken eine Kraft von 1000 N wirkt?

Lösung: $F_N = F \cdot \dfrac{l}{b} = 1000$ N $\cdot \dfrac{40 \text{ cm}}{10 \text{ cm}} = 4000$ N

2. Beispiel: Gefragt ist nach der Rückenkraft F, wenn für $\alpha = 20°$ $F_N = 70$ N betragen soll.

Lösung: $F = F_N \cdot 2 \cdot \sin\dfrac{\alpha}{2} = 70 \cdot 2 \cdot \sin 10° = 140$ N $\cdot 0,1736 = 24$ N

Statt $2 \cdot \sin\dfrac{\alpha}{2}$ darf man nicht $\sin\alpha$ schreiben. Im Beispiel wäre $\sin 20° = 0,3420$, dagegen wird $2 \cdot \sin 10° = 2 \cdot 0,1736 = 0,3472$.

Anwendungen des Keils: Messer, Schneidstähle, Schneepflug, Stemmeisen, Meißel, Keil zum Befestigen einer Riemenscheibe auf der Welle.

1.8.7 Fadenpendel

Die rücktreibende Kraft F_r wirkt senkrecht zur Fadenrichtung (tangential zum Kreisbogen b), F_z wirkt in Richtung des Fadens und beansprucht diesen auf Zug. Beim Fadenpendel wird das Gewicht des Fadens vernachlässigt.

Aufgrund rein geometrischer Beziehungen (vgl. Kräftezerlegung bei schiefer Ebene und Keil) folgt

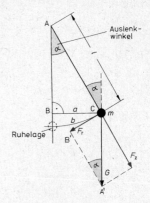

$$\text{rücktreibende Kraft} = \frac{\text{waagerechte Auslenkung}}{\text{Fadenlänge}} \cdot \text{Gewichtskraft} \qquad F_r = \frac{a}{l} \cdot G$$

Mit $\sin\alpha = \dfrac{a}{l}$ aus $\triangle$ ABC wird $\qquad F_r = G \cdot \sin\alpha$

Wegen $\cos\alpha = \dfrac{F_z}{G}$ aus $\triangle$A'B'C gilt $F_z = G \cdot \cos\alpha$

Entsprechend der Größe der Auslenkung α ändern F_z und F_r während der Pendelbewegung ständig ihren Wert.

Beispiel: Wie groß sind F_r und F_z bei einem Fadenpendel (Gewicht 4 N) im Augenblick des Loslassens bei einer Auslenkung von 12°?

Lösung: Rücktreibende Kraft $F_r = G \cdot \sin\alpha = 4\,\text{N} \cdot \sin 12° =$
4 N · 0,2079 = 0,832 N

Zugkraft im Faden $F_z = G \cdot \cos\alpha = 4\,\text{N} \cdot \cos 12° =$
= 4 N · 0,9781 = 3,912 N

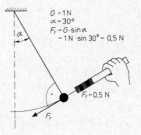

$G = 1\,\text{N}$
$\alpha = 30°$
$F_r = G \cdot \sin\alpha$
$= 1\,\text{N} \cdot \sin 30° = 0{,}5\,\text{N}$

$F_r = 0{,}5\,\text{N}$

Aufgabengruppe Mechanik 4: Übungen zu 1.8
Anwendungen zum Krafteck und zum Kräfteparallelogramm

(Wenn nicht besonders vermerkt, beziehen sich sämtliche Maßangaben auf Millimeter.)

1. Ein Kranausleger wird im Punkt A mit 8000 N belastet (vgl. nebenstehende Abb.). Wie groß sind die Kräfte in den Stäben AB und AC? Die Lösung ist mit Hilfe des Kraftecks durchzuführen.

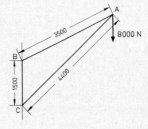

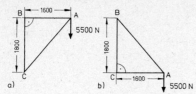

2. Man gebe die Beanspruchung der Streben AB und AC eines Drehkranes in den beiden gezeichneten Fällen an. Wodurch unterscheiden sich die Ergebnisse? Die Lösung ist zeichnerisch (Krafteck) und rechnerisch durchzuführen.

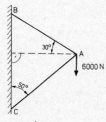

3. Man bestimme die Kräfte in den Stäben AB und AC zeichnerisch (vgl. die nebenstehende Abb.).

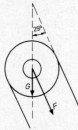

4. Das ,,Gewicht'' der Spindel einer Drehbank (Drehmaschine) beträgt $G = 115$ N. Durch einen Riemenzug entsteht unter 25° zur Senkrechten (schräg nach unten) eine Belastung von $F = 160$ N. Wie groß ist die Resultierende, und welchen Winkel schließt sie mit der Senkrechten ein?

5. Eine ,,feste Rolle'' ist an einem Seil aufgehängt. Mittels einer Kraft, deren Richtung stets 50° zur Senkrechten beträgt, wird eine Last von $K = 1200$ N senkrecht hochgehoben (vgl. Abschn. 1.8.3). In welche Richtung (zur Senkrechten) stellt sich das Seil ein? Mit welcher Kraft wird der Achsbolzen beansprucht?
Zur Lösung ist das Krafteck zu benutzen.

6. Man löse die Aufgabe 8. der Aufgabengruppe Mechanik 3 auch mit Hilfe des Kraftecks.

7. Drei Federwaagen werden an zwei Stativstangen so befestigt, daß sich eine in waagerechter Lage befindet, während die beiden anderen in Schräglage nach oben bzw. nach unten jeweils Winkel von 35° mit der Waagerechten einschließen. Wieviel N muß die waagerechte Federwaage anzeigen, wenn die beiden anderen je eine Kraft von 4,5 N messen (vgl. Abschn. 1.7, 2. Beispiel)?

8. Ein Personenkraftwagen mit einem ,,Gewicht'' von 13 000 N befindet sich auf einer Straße mit einem Gefälle von 7%. Wie groß ist die Hangabtriebskraft?

9. Welche Neigung (Winkelangabe und Verhältnis Höhe h : Grundlinie s) hat eine schiefe Ebene, wenn zum Hochrollen einer Last von 3200 N eine Kraft von 800 N benötigt wird?

10. Welcher Neigungswinkel muß bei der schiefen Ebene vorliegen, damit bei einem Fahrzeug von 20 000 N ,,Gewicht'' Hangabtriebskraft und Normalkraft gleich groß werden?

11. Auf einem geneigten Brett mit der Steigung 1 : 5 befindet sich eine Last von 2500 N. Mit welcher Kraft versucht die Last das Brett durchzubiegen?

12. Ein Eisenbahnzug mit einem „Gewicht" von 4 000 000 N = $4 \cdot 10^6$ N hat eine ansteigende Strecke (Neigungswinkel 4°) zu bewältigen. Welche Zugkraft muß die Lokomotive aufbringen, um die Hauptabtriebskraft zu überwinden?

13. Bei einem Beil beträgt die senkrecht zu den Wangen wirkende spaltende Kraft 300 N, wenn auf den Rücken 40 N aufgebracht werden. Wie breit muß der Rücken des Beiles sein, wenn die Wangen 18 cm lang sind?

14. Ein Fadenpendel vom „Gewicht" $G = 6,5$ N wird derart aus seiner Ruhelage ausgelenkt und losgelassen, daß die waagerecht zum Ruhepunkt gemessene Entfernung $a = 0,35$ m beträgt. Wie groß sind in diesem Augenblick die rücktreibende Kraft und die Beanspruchung des Fadens? Die Fadenlänge beträgt 1,05 m. Für welchen Winkel α nimmt die Zugkraft im Faden ganz allgemein ihren Größt- bzw. ihren Kleinstwert an? Welches sind die entsprechenden Grenzfälle für F_r?

15. In einer Rinne, die von zwei schiefen Ebenen mit den Neigungswinkeln 40° und 70° gebildet wird (vgl. nebenstehende Abb.), befindet sich eine Kugel vom „Gewicht" $G = 6$ N. Man ermittle mit Hilfe des Krafteckes, mit welchen Kräften die Kugel auf die Ebenen drückt.

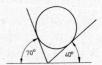

Anleitung: Man beachte, daß eine reine Druckkraft immer unter einem Winkel von 90° auf ihre Unterlage drückt.

Eine nicht normal (d. h. senkrecht) angreifende Druckkraft könnte man nach dem Kräfteparallelogramm stets in zwei Teilkräfte zerlegen, die parallel und senkrecht zur Unterlage wirken. Bei einer reinen Druckkraft ist aber ein Kraftteil parallel zur Unterlage nie vorhanden.

Weiter beachte man, daß das „Gewicht" der Kugel in derem Mittelpunkt angreift (Näheres in Abschn. 1.12).

1.9 Die Reibung

1.9.1 Gleitreibung

Um einen Holzklotz auf ebener Unterlage aus Holz fortzubewegen, bedarf es zur Überwindung der Reibungskraft R einer Kraft F, die mit der Federwaage gemessen werden kann.

Die Reibungskraft R ist der Bewegung stets entgegengesetzt. Für $F > R$ kommt eine Bewegung zustande; Grenzfall $F = R$.

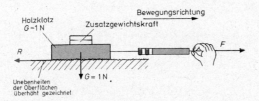

Versuchsergebnisse

Gewichtskraft G (Holzklotz + Zusatzgewichtkraft)	Reibungskraft R	$\dfrac{R}{G}$
1,0 N	0,22 N	0,22
1,5 N	0,32 N	0,21
2,0 N	0,44 N	0,22
2,5 N	0,49 N	0,20
	Mittelwert	0,21

$$\boxed{\text{Aus den Versuchswerten folgt } \frac{R}{G} = \text{const.}}$$

Die Konstante nennen wir Reibungszahl μ[1]).

Somit gilt (bei waagerechter Unterlage)

Reibungskraft = Reibungszahl · Gewichtkraft	$R = \mu \cdot G$

Stärkere Anpressung des Holzklotzes bedeutet größere Reibung. Da nur die Normalkraft eine Anpressung verursacht, gilt das *Reibungsgesetz* (von Coulomb[2]) in allgemeiner Form

Reibungskraft = Reibungszahl · Normalkraft	$R = \mu \cdot F_N$

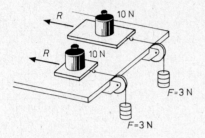

$R = \mu \cdot F_N$ gilt immer, d. h. auch bei schräger Unterlage. Bei waagerechter Unterlage ist $F_N = G$, d. h. $R = \mu \cdot G$.

Versuch: Bei Vergrößerung der Auflagefläche bleibt die Reibungskraft gleich groß, wenn die Normalkraft nicht verändert wird.

> **Die Reibungskraft ist unabhängig von der Größe der gleitenden Fläche.**

Doppelte Auflagefläche — gleiche Normalkraft — gleiche Reibungskraft.

1.9.2 Haftreibung (Reibung der Ruhe)

Um einen ruhenden Körper in Bewegung zu setzen, bedarf es einer größeren Kraft, als diesen in Bewegung zu halten. Die Haftreibungskraft ist größer als die Gleitreibungskraft.

Haftreibungskraft $R_0 = \mu_0 F_N$ $\qquad$ μ_0 = Haftreibungszahl

(Die Reibungskraft wurde mit R und nicht mit F_R bezeichnet, um doppelte Indizes, z. B. F_{R_0}, zu vermeiden.)

gleitender Körper auf Unterlage	Reibungszahl für Gleitreibung μ (Zur Aufrechterhaltung der Bewegung ist $R = \mu \cdot F_N$ zu überwinden.)	Reibungszahl für Haftreibung μ_0 (Zu Beginn der Bewegung ist die Reibung der Ruhe ($R_0 = \mu_0 F_N$) zu überwinden.)
Stahl auf Stahl trocken	0,1...0,2	0,15...0,3
Stahl auf Stahl geschmiert	0,03...0,08	0,12...0,14
Stahl auf Eis (Schlittschuhe auf Eis)	0,014	0,028
Gummi auf Asphalt (Auto auf Asphaltstraße) trocken	0,4...0,5	0,55
naß	0,15...0,2	0,2...0,3

[1]) μ griech. Buchstabe, sprich „my"

[2]) Erste Untersuchungen zur Reibung wurden von dem französischen Ingenieur A. de Coulomb (1736—1806) durchgeführt

1. Beispiel: Ein Abfallbehälter aus Stahl hat ein ,,Leergewicht'' von 220 N. Die Füllung wiegt 840 N.

a) Welche Kraft ist notwendig, um den Behälter auf einem Fußboden aus Hartholz ins Gleiten zu bringen?

b) Welche Kraft ist notwendig, um die Bewegung aufrechtzuerhalten? (Stahl auf Hartholz $\mu_0 = 0,5$, $\mu = 0,4$.)

c) Welche Kraft wäre bei Bewegung auf einer waagerechten Eisfläche zur Überwindung von Haftreibung bzw. Gleitreibung notwendig (Werte aus Tabelle)?

Lösung: a) $R_0 = \mu_0 \cdot F_N = 0,5 \cdot (840 + 220)$ N $= 530$ N (Haftreibungskraft)

b) $R = \mu \cdot F_N = 0,4 \cdot 1060$ N $= 424$ N (Gleitreibungskraft)

c) Haftreibungskraft $R_0 = \mu_0 \cdot F_N = 0,028 \cdot 1060$ N $= 30$ N

Gleitreibungskraft $R = \mu \cdot F_N = 0,014 \cdot 1060$ N $= 15$ N

2. Beispiel: Ein Schlitten mit unbeschlagenen Holzkufen wird im ebenen Gelände auf Schnee bewegt (,,Gewicht'' 2600 N). Wie groß ist die Reibungszahl für Holzkufen auf Schnee, wenn die benötigte Zugkraft 91 N beträgt?

Lösung: $\mu = \dfrac{R}{F_N} = \dfrac{91 \text{ N}}{2600 \text{ N}} = 0,035$

Zur **Bestimmung der Haftreibungszahl** μ_0 wird der Winkel α so lange vergrößert, bis der aufgelegte Körper ins Gleiten kommt. Im Grenzfall gilt

Hangabtriebskraft $F_H =$ Haftreibungskraft R_0

$F_H = R_0 = \mu_0 \cdot F_N$

$G \cdot \dfrac{h}{l} = \mu_0 \cdot G \dfrac{s}{l}$

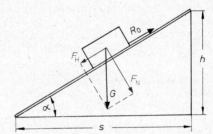

$$\boxed{\mu_0 = \dfrac{h}{s}}$$

Wegen $\tan \alpha = \dfrac{h}{s}$ gilt $\mu_0 = \tan \alpha$ ($\alpha =$ Reibungswinkel).

Beispiel: Ein Holzklotz beginnt auf einem Holzbrett für $h = 19$ cm und $s = 46$ cm zu gleiten. Also wird

$$\mu_0 = h/s = \dfrac{19 \text{ cm}}{46 \text{ cm}} = 0,41$$

Anwendung der Reibung

Die Reibung ist oft sehr nützlich und technisch von größter Bedeutung. Andererseits ist die Reibung bei Maschinen unerwünscht, da zu ihrer Überwindung Kraft nutzlos verbraucht wird.

Ohne Reibung würden wir beim Gehen keinen festen Halt finden (Rutschgefahr bei frisch gewachstem, glattem Boden).

Ohne Reibung kann die stärkste Lokomotive einen Zug nicht ziehen, ja nicht einmal sich selbst. Ein Nagel wird durch Reibung festgehalten.

Sonstige Anwendungen: Erhöhung der Reibung durch Streuen von Sand bei Glatteis. Befestigung mit Schrauben und Knoten. Bremsen und Reibungskupplungen. Kraftübertragung durch Riemen und Riemenscheibe.

1.9.3 Die rollende Reibung

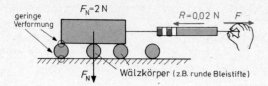

Läßt man eine Fläche nicht über die andere hinweggleiten, sondern hinwegrollen, so ist die zur Bewegung notwendige Kraft ganz erheblich geringer. Die Reibungskraft, die durch eine geringe Verformung von Wälzkörper (Rolle) und Unterlage verursacht wird, läßt sich wie bei der Gleitreibung berechnen.

Reibungskraft = Reibungszahl der rollenden Reibung · Normalkraft

$$R = \mu_r \cdot F_N$$

μ_r hängt u. a. auch vom Durchmesser des Wälzkörpers ab. Für 1 cm Durchmesser beträgt μ_r für Stahl auf Stahl 0,05...0,001. Die kleinere, rollende Reibung kommt vor in Kugellagern und Wälzlagern in Maschinen und Motoren.

1.9.4 Die Reibung bei Räderfahrzeugen (Fahrwiderstand)

Bei einem Räderfahrzeug[1]) tritt neben der rollenden Reibung zwischen Radumfang und Unterlage noch eine gleitende Reibung im Lager der Welle auf. Die hierdurch verursachte Gesamtreibungskraft wird als Fahrwiderstand bezeichnet. Dieser läßt sich mit Hilfe des Reibungsgesetzes leicht berechnen, wenn man den Wert der Gesamtreibungszahl μ_{ges} einsetzt.

Der Fahrwiderstand nimmt oft sehr kleine Werte an. Für einen Eisenbahnwagen ist z. B. $\mu_{ges} = 0,005$. Um also einen Wagen mit einem Gewicht von 120 000 N ($\approx$ 12 Mp) auf ebener Unterlage zu verschieben, muß die Kraft $R = \mu_{ges} \cdot F_N = 0,005 \cdot 120\,000\ N = 600\ N$ überwunden werden.

Aufgabe: Wieviel Güterwagen („Gewicht" eines Wagens mit Ladung $G_W = 270\,000\ N \approx 27$ Mp) kann eine Lokomotive ($G_L = 815\,000\ N$) ziehen, wenn die Steigung 1 : 20 beträgt ($\mu_0 = 0,25$)? Der Fahrwiderstand ist nicht zu berücksichtigen.

Lösung: Die Zugkraft einer Lokomotive ist $F_Z = R_0 = \mu_0 F_N$. Hierbei kommt es auf die Haftreibung an, da zwischen Antriebsrad und Schiene bei der Lokomotive kein Gleiten auftreten soll. Wenn ein Körper nicht gleitet, herrscht Reibung der Ruhe. Die unbekannte Wagenanzahl sei x.

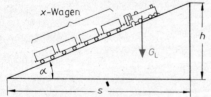

Reibungskraft = Hangabtriebskraft

$$\mu_0 F_N = G_{ges} \cdot \sin \alpha$$
$$\mu_0 G_L \cos \alpha = (G_L + x\, G_W) \sin \alpha$$

---

[1]) Die Erfindung des Rades vor 5 Jahrtausenden war ein gewaltiger technischer Fortschritt, da hierdurch die Beförderung von Lasten stark erleichtert wurde

Hieraus

$$x = \frac{G_L (\mu_0 \cos \alpha - \sin \alpha)}{G_W \sin \alpha} = \frac{G_L}{G_W} \left(\frac{\mu_0}{\tan \alpha} - 1 \right)$$

Mit $\tan \alpha = \dfrac{h}{s} = \dfrac{1}{20} = 0,05$ folgt $x = 12$ Wagen

Ohne Verwendung der Winkelfunktionen erhält man aus

$$\mu_0 \cdot G \cdot \frac{s}{l} = (G_L + x \cdot G_W) \frac{h}{l} \qquad x = \frac{G_L}{G_W} \left(\mu_0 \frac{s}{h} - 1 \right)$$

Aufgabengruppe Mechanik 5: Übungen zu 1.9
Reibung

1. Auf einem geneigten Brett befindet sich ein Holzklotz vom ,,Gewicht'' $G = 120$ N. Vergrößert man die Neigung der schiefen Ebene bis zu einem Winkel $\alpha = 27,5°$, so beginnt der Klotz zu gleiten.

   a) Wie groß ist die Haftreibungszahl?

   b) Wie groß ist bei dieser Neigung die Hangabtriebskraft?

   c) Bei welchem Winkel α müßte das Gleiten beginnen, wenn $\mu_0 = 0,4$ beträgt?

2. Welche Beziehung zwischen den geometrischen Abmessungen und der Reibungszahl muß bei einer schiefen Ebene vorliegen, damit eine aufgebrachte Last sofort zu gleiten beginnt?

3. Eine Maschine mit einem ,,Gewicht'' von 12 500 N soll auf Stahlschienen in waagerechter Richtung verschoben werden. Welche Kraft ist notwendig

   a) zur Überwindung der Ruhe (Haftreibungszahl $\mu_0 = 0,15$ für Stahl auf Stahl);

   b) zur Aufrechterhaltung der Bewegung mit $\mu = 0,1$?

4. Welche Kraft ist notwendig, wenn die Maschine der Aufgabe 3. längs einer schiefen Ebene aufwärts bewegt werden soll, deren Höhe 80 cm und deren Grundlinie 2,40 m betragen? Die gesuchte Kraft soll zur Aufrechterhaltung der Bewegung dienen.

5. Eine Schnellzuglokomotive hat ein ,,Gewicht'' von 602 000 N ($\approx$ 60,2 Mp). Wie groß ist die größtmögliche Zugkraft, wenn die Haftreibungszahl $\mu_0 = 0,24$ beträgt

   a) auf ebener Strecke,

   b) bei einem Steigungsverhältnis 1 : 15?

   (Die Lokomotive selbst übt auch eine Hangabtriebskraft aus. Es ist die Zugkraft zu bestimmen, die zur Bewegung der Wagen zur Verfügung steht.)

6. Welches ,,Gewicht'' muß eine Güterzuglokomotive haben, wenn sie unter Zugrundelegung einer Haftreibungszahl $\mu_0 = 0,27$ eine Zugkraft von $2,67 \cdot 10^5$ N ($\approx$ 26 700 kp) entwickeln soll?

7.* Welchen Neigungswinkel und welches Steigungsverhältnis $\dfrac{h}{s}$ kann eine Lokomotive (,,Gewicht'' $0,85 \cdot 10^6$ N) mit 8 Wagen zu je $0,3 \cdot 10^6$ N noch bewältigen, wenn die Haftreibungszahl $\mu_0 = 0,27$ ist? Es ist nur die Hangabtriebskraft (nicht aber der Fahrwiderstand des Zuges) zu berücksichtigen[1].

8. Ein Körper von keilförmigem Querschnitt (,,Gewicht'' $G = 400$ N) soll auf einer waagerechten Führungsschiene verschoben werden.

   a) Welche Reibungskraft ist für $\alpha = 90°$ zu überwinden ($\mu_0 = 0,14$)?

   b) Welchen Wert nimmt R an, wenn in die Formel $\alpha = 180°$ eingesetzt wird?

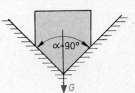

---

[1] $0,85 \cdot 10^6 = 850\,000$

1.10 Das Hebelgesetz

1.10.1 Verschiedene Fassungen des Hebelgesetzes

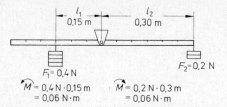

Im einfachsten Fall ist der Hebel ein gerader, unbiegsamer Stab, der um eine Achse drehbar ist und an dem Kräfte angreifen.

Werden die Kräfte F_1 und F_2 sowie die Hebelarme l_1 und l_2 geeignet gewählt, so stellt sich Gleichgewicht ein.

Beispiel für einen Gleichgewichtsfall

Versuchswerte (für Gleichgewicht)

Kraft F_1 N	Hebelarm l_1 m	Produkt $F_1 \cdot l_1$ N · m	Kraft F_2 N	Hebelarm l_2 m	Produkt $F_2 \cdot l_2$ N · m
0,40	0,15	0,060	0,20	0,30	0,060
0,30	0,20	0,060	0,40	0,15	0,060
0,30	0,20	0,060	0,60	0,10	0,060
0,20	0,10	0,020	0,40	0,05	0,020
0,10	0,25	0,025	0,50	0,05	0,025

Erkenntnis

> Gleichgewicht am Hebel liegt vor, wenn die Produkte aus Kraft und Hebelarm der links und rechts vom Drehpunkt angreifenden Kräfte gleich groß sind.
> $$F_1 l_1 = F_2 l_2 \quad \text{(Hebelgesetz 1. Fassung)}$$

Mit der Festlegung

> Drehmoment = Moment = Kraft · Hebelarm[1])

> $M = F \cdot l$[1]) in N · m

(früher in kp · m)

folgt

> Am Hebel herrscht Gleichgewicht für zwei Kräfte, wenn die entgegengesetzt gerichteten Drehmomente gleich groß sind.

> linksdrehendes Moment = rechtsdrehendes Moment
> $\overset{\frown}{M} = \overset{\frown}{M}$ (Hebelgesetz 2. Fassung)

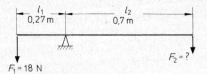

Beispiel: Wie groß muß F_2 im Gleichgewichtsfall sein?

Lösung: $F_2 = \dfrac{F_1 \, l_1}{l_2} = \dfrac{18 \text{ N} \cdot 0,27 \text{ m}}{0,70 \text{ m}} = 6,9 \text{ N}$

Das oben angegebene Hebelgesetz besagt genau dasselbe wie Kraft · Kraftarm = Last · Lastarm. Da jedoch alle Kräfte physikalisch völlig gleichwertig sind (ob Muskelkraft oder Gewichtskraft einer Last), so sind die obigen Fassungen vorzuziehen.

---

[1]) beachte jedoch Abschn. 1.10.4

1.10.2 Allgemeine Gleichgewichtsbedingung am Hebel

Wirken beliebig viele Kräfte am Hebel, so lautet die Gleichgewichtsbedingung

Momentensumme entgegen dem Uhrzeigersinn = Momentensumme im Uhrzeigersinn

Gleichgewichtsbedingung für drei Kräfte am Hebel

$$F_1 l_1 + F_2 l_2 = F_3 l_3$$
$$\curvearrowleft \quad \curvearrowleft \quad \curvearrowleft$$
$$M_1 + M_2 = M_3$$

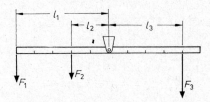

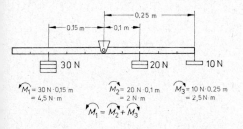

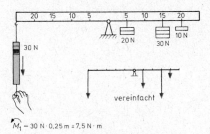

1. Versuch: 3 Kräfte am Hebel

2. Versuch: 4 Kräfte am Hebel

Die Federwaage zeigt an, welches Gewichtsstück man zur Erreichung des Gleichgewichts am Hebelende anbringen müßte.

In der üblichen Gebrauchslage der Federwaage zeigt der Haken zur Aufhängung des Wägegutes nach unten. Wird die Federwaage in der umgekehrten Lage benutzt (Haken nach oben, vgl. Abb. S. 54 oben links),so findet durch einen Teil des ,,Gewichts'' der Federwaage eine Verfälschung des Meßergebnisses statt. Dieser Einfluß ist jedoch vielfach sehr gering.

1.10.3 Der einseitige Hebel

Beim *einseitigen Hebel* greifen alle Kräfte links oder alle Kräfte rechts vom Drehpunkt an.

1. Beispiel: Gleichgewicht herrscht für

$$F_1 = \frac{F_2 l_2}{l_1} = \frac{240 \text{ N} \cdot 0,6 \text{ m}}{1,40 \text{ m}} = 103 \text{ N}$$

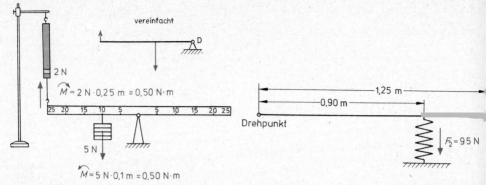

Gleichgewicht am einseitigen Hebel im Versuch   *Schalthebel (2. Beispiel)*

Beim einseitigen Hebel ist zu beachten, daß ein Teil der Hebellänge bei beiden Kräften als Hebelarm auftritt, da die Hebelarme immer vom Drehpunkt aus gerechnet werden[1]).

2. Beispiel: Zur Betätigung eines Schalthebels bedarf es der Ausdehnung einer Zugfeder, wozu eine Kraft $F_2 = 95$ N zu überwinden ist. Dann beträgt die zur Schaltung am Hebelende aufzuwendende Kraft

$$F_1 = \frac{F_2\, l_2}{l_1} = \frac{95 \cdot 9}{12,5}\, \frac{N \cdot cm}{cm} = 68\ N$$

Die Brechstange kann sowohl als einseitiger wie auch als zweiseitiger Hebel Verwendung finden.

Bei der Aufstellung des Momentengleichgewichts müssen stets die Kräfte eingezeichnet werden, die am Hebel angreifen. In den obigen Beispielen zieht die Feder am Hebel, während der Steinblock auf den Hebel drückt. (Es wäre falsch, die gleich große Gegenkraft anzusetzen, mit der der Hebel auf den Steinblock drückt.)

1.10.4 Der wirksame Hebelarm

Bei der Berechnung des Drehmomentes ist für den Hebelarm immer der Abstand der Wirkungslinie der Kraft vom Drehpunkt (wirksamer Hebelarm) einzusetzen.

Der „wirksame Hebelarm" ist also die kürzeste Entfernung von der Kraftwirkungslinie zum Drehpunkt. Der Winkel zwischen wirksamem Hebelarm und Kraftwirkungslinie beträgt 90°.

Versuch: Der Hebel bleibt im Gleichgewicht, ob das „Gewicht" bei E (oben) oder bei C (unten) angreift. Der wirksame Hebelarm ist in beiden Fällen derselbe, nämlich $\overline{DE}$ (Abb. S. 55).

Merke: Der Abstand vom Kraftangriffspunkt zum Drehpunkt — im Beispiel DC — ist also nicht der einzusetzende Hebelarm. — Immer gilt

> **Drehmoment = Kraft · wirksamer Hebelarm**

---

[1]) beachte jedoch Abschn. 1.10.4

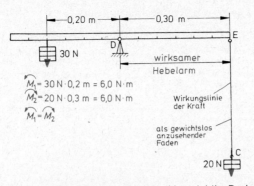

$M_1 = 30 \text{ N} \cdot 0{,}2 \text{ m} = 6{,}0 \text{ N} \cdot \text{m}$
$M_2 = 20 \text{ N} \cdot 0{,}3 \text{ m} = 6{,}0 \text{ N} \cdot \text{m}$
$M_1 = M_2$

Geht die Wirkungslinie einer Kraft durch den Drehpunkt, so ist ihr Drehmoment Null.

Anwendungsbeispiel: geknickter Hebel (Winkel- oder Kniehebel)

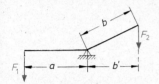

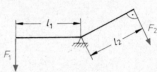

Gleichgewichtsbedingung $F_1 a = F_2 b'$
(nicht $F_1 a = F_2 b$)

aber $F_1 l_1 = F_2 l_2$, da F_2 senkrecht zum Hebel angreift

Aufgabe: Wie groß ist die Kraft F im Gleichgewichtsfall[1])?

1. Lösung: Aus Zeichnung des Hebels (z. B. $M = 1 : 10$) folgt $b' = 0{,}45$ m

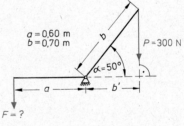

$a = 0{,}60$ m
$b = 0{,}70$ m
$P = 300$ N
$\alpha = 50°$
$F = ?$

$$F = \frac{P \cdot b'}{a} = \frac{300 \text{ N} \cdot 0{,}45 \text{ m}}{0{,}60 \text{ m}} = 225 \text{ N}$$

b' kann auch rechnerisch bestimmt werden:

$b' = b \cdot \cos \alpha = 0{,}70 \text{ m} \cdot \cos 50° = 0{,}70 \text{ m} \cdot 0{,}6428 = 0{,}450 \text{ m}$

2. Lösung: P wird in eine Teilkraft parallel ($P^{\parallel}$) und senkrecht zum Hebelarm b ($P \perp$) zerlegt. Das Moment von $P^{\parallel}$ ist Null. Aus der Abb. (Kräftemaßstab, z. B. 1 cm $\widehat{=}$ 50 N) folgt $P \perp = 195$ N

$$F = \frac{b \cdot P \perp}{a} = \frac{0{,}70 \cdot 195 \text{ N}}{0{,}60} = 228 \text{ N}$$

Rechnerisch wird $P \perp = P \cdot \cos \alpha = 300 \text{ N} \cdot 0{,}6428$
$\qquad\qquad\qquad = 193$ N

Damit wird $F = 225$ N

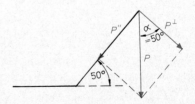

---

[1]) Im Interesse einer einfacheren Schreibweise wird in dieser Ziffer das Hebelgesetz ausnahmsweise in der Form $F \cdot a = P \cdot b$ verwendet. Dabei üben wir, daß der Aussagewert einer physikalischen Gleichung unabhängig von den gewählten Bezeichnungen ist

1.10.5 Die Momentenscheibe (Drehmomentenscheibe)

Die *Momentenscheibe* ist eine drehbar gelagerte, runde Holzscheibe, an der in der Scheibenebene Kräfte angreifen; sie zeigt im Versuch, daß es beim Drehmoment nur auf den Abstand der Kraftwirkungslinie vom Drehpunkt ankommt. Die Angriffspunkte lassen sich also in den Wirkungslinien beliebig verschieben, ohne daß sich am Gleichgewicht etwas ändert.

Die Abstände 20 cm und 25 cm der Angriffspunkte A_1 und A_2 vom Drehpunkt haben keinen Einfluß auf das Gleichgewicht. Der Kraftangriff kann auch in A'_1 und A'_2 erfolgen.

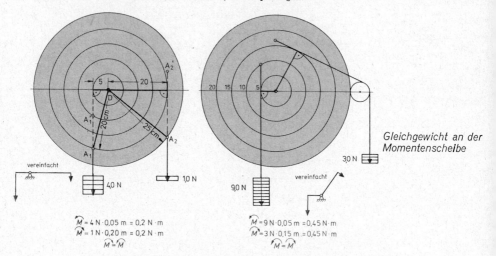

Gleichgewicht an der Momentenscheibe

$\overset{\frown}{M} = 4\,N \cdot 0{,}05\,m = 0{,}2\,N \cdot m$
$\overset{\frown}{M} = 1\,N \cdot 0{,}20\,m = 0{,}2\,N \cdot m$
$\overset{\frown}{M} = \overset{\frown}{M}$

$\overset{\frown}{M} = 9\,N \cdot 0{,}05\,m = 0{,}45\,N \cdot m$
$\overset{\frown}{M} = 3\,N \cdot 0{,}15\,m = 0{,}45\,N \cdot m$
$\overset{\frown}{M} = \overset{\frown}{M}$

Aufgabengruppe Mechanik 6: Übungen zu 1.10

Hebelgesetz, wirksamer Hebelarm

1. Wie groß ist das rechtsdrehende Moment der Kraft F?

2. Welche Druckkraft kann man mit einer Hebelpresse (einseitiger Hebel) in 22 cm Abstand vom Drehpunkt erreichen, wenn man im Abstand von 86 cm eine Kraft von 70 N senkrecht zum Hebel aufwendet?

3. Ein zweiseitiger, um seine Mitte drehbarer Hebel von $l = 136$ cm Länge ist gegen die Waagerechte um den Winkel $\alpha = 8°$ geneigt.

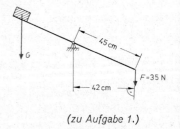

(zu Aufgabe 1.)

a) Wie groß ist das Moment einer senkrecht nach unten wirkenden Kraft von 440 N, die am rechten (tieferliegenden) Ende des Hebels angreift?

b) Wie groß ist das Moment der gleich großen Kraft, wenn diese an demselben Angriffspunkt senkrecht zu der als Hebel wirkenden Stange angreift?

4. An einem zweiseitigen Hebel, der sich in waagerechter Lage befindet, greifen auf der rechten Seite folgende „Gewichte" an: 60 N in 25 cm, 46 N in 12 cm und 85 N in 30 cm Entfernung vom Drehpunkt. Auf der linken Seite wirken 70 N in 40 cm und 60 N in 5 cm Entfernung vom Drehpunkt. Welche Gewichtskraft F muß in 12 cm Entfernung links vom Drehpunkt wirken, damit Gleichgewicht herrscht?

5. Senkrecht zu einem einseitigen Hebel wirken 4 Kräfte in verschiedenen Entfernungen vom Drehpunkt in derselben Drehrichtung:

$F_1 =$ 120 N $\quad l_1 = 80$ cm
$F_2 =$ 340 N $\quad l_2 = 56$ cm
$F_3 =$ 200 N $\quad l_3 = 20$ cm
$F_4 =$ 1850 N $\quad l_4 = 26$ cm

Eine senkrecht zum Hebel angreifende Kraft F stelle das Gleichgewicht her:

a) Wie groß muß für $F = 1200$ N der Hebelarm sein?

b) Wie groß muß F sein, wenn der Hebelarm 50 cm lang ist?

6. Wie groß muß F_2 im Gleichgewichtsfall sein, wenn der Winkelhebel von der Kraft $F_1 = 600$ N in waagerechter Richtung beansprucht wird? (Lösung rechnerisch und zeichnerisch.)

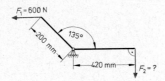

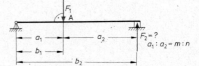

7.* An einem einseitigen Hebel der Länge $a = a_1 + a_2$ wirkt eine Kraft F_1 im Punkt A senkrecht nach unten.

a) Welche Kraftwirkung wird dann am Hebelende ausgeübt, wenn der Punkt A die Hebellänge im Verhältnis $m : n$ teilt?

b) Wie ändert sich das Ergebnis, wenn die Hebelarme im Verhältnis $b_1 : b_2 = m : n$ stehen?

c) Welche Ergebnisse stellen sich ein für $a = 110$ cm und $F_1 = 200$ N, wenn $a_1 : a_2 = 1 : 5$ bzw. $b_1 : b_2 = 1 : 5$ gilt?

8. Am Ende eines einseitigen Hebels von $l = 1,40$ m Länge wirkt eine Kraft $F_1 = 520$ N.

a) Welche Kraft F_2 ist an der Stelle A im Abstand $a = 0,35$ m vom Drehpunkt zur Erreichung des Gleichgewichts notwendig?

b) Wie groß wird die Kraft F_2, wenn Hebelform und Kraftangriffsrichtung wie folgt geändert werden?

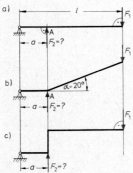

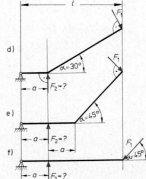

Zur Anleitung: Fehlende Längen sind rechnerisch oder zeichnerisch zu bestimmen. In allen Fällen ist $F_1 = 520$ N und $a = 0,35$ m.

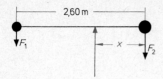

9. An den Enden einer waagerechten Stange, deren Gewicht vernachlässigt werden darf, befinden sich zwei Kugeln der „Gewichte" $F_1 = 70$ N und $F_2 = 120$ N. In welchem Punkt ist der Stab zu unterstützen, damit Gleichgewicht herrscht?

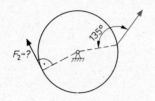

10. Bei einer runden Scheibe, die in ihrem Mittelpunkt drehbar gelagert ist und einen Durchmesser von 0,28 m aufweist, greift eine Kraft $F_1 = 85$ N am Umfang so an, daß sie mit dem Halbmesser im Angriffspunkt einen Winkel von 135° einschließt. Welche Umfangskraft F_2 ist notwendig, damit sich die Scheibe nicht dreht?

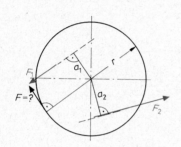

11. An einer Momentenscheibe wirken zwei linksdrehende Kräfte $F_1 = 2,50$ N (Abstand der Wirkungslinie vom Drehpunkt $a_1 = 16$ cm) und $F_2 = 6,00$ N ($a_2 = 19$ cm).

Wie groß muß die am Umfang angreifende Gegenkraft F sein, um Gleichgewicht zu erzielen, wen der Halbmesser $r = 32$ cm beträgt?

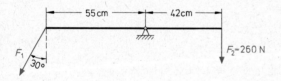

12. Wie groß ist die Kraft F_1, die hier F_2 das Gleichgewicht halten kann?

$F_2 = 260$ N

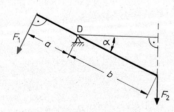

13. Für den nebenstehenden Hebel soll die Gleichgewichtsbedingung angegeben werden!

1.11 Technische Anwendungen zum Hebelgesetz

1.11.1 Das Wellrad

Das Wellrad ist eine einfache Maschine mit „Hebelwirkung". Zwei fest miteinander verbundene Rollen verschiedenen Durchmessers auf derselben Welle nennt man Wellrad (Stufenrolle).

Aus der Momentengleichgewichtsbedingung

$$\overset{\curvearrowright}{F_2\,r} = \overset{\curvearrowright}{F_1\,R}$$

folgt

notwendige Kraft = Last · $\dfrac{\text{kleiner Halbmesser}}{\text{großer Halbmesser}}$

$$F_1 = F_2\,\frac{r}{R}$$

$i = \dfrac{F_1}{F_2}$ heißt Übersetzungsverhältnis

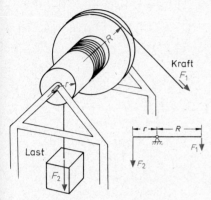

Heben einer Last mittels Wellrad

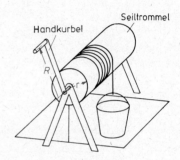

Seilwinde (Kurbel)

Wird das Rad (Halbmesser R) durch eine Handkurbel ersetzt, so entsteht eine Seilwinde.

Anwendung: Seilwinde bei Brunnen, Handkurbel für Rolläden, Tretkurbel (Pedal) und Kettenrad beim Fahrrad

Beispiel: Bei einer Brunnenwinde hat die Handkurbel eine Länge $R = 460$ mm. Die Seiltrommel hat einen Durchmesser $2r = 150$ mm. Die zu hebende Last beträgt $F_2 = 348$ N.

Wie groß muß die am Handgriff der Kurbel wirksame Umfangskraft sein?

Um wieviel hebt sich die Last, wenn die Kurbel 22 Umdrehungen ausgeführt hat?

Lösung: Notwendige Kraft $F_1 = F_2 \cdot \dfrac{r}{R} = 348\text{ N}\ \dfrac{75\text{ mm}}{460\text{ mm}} = 57\text{ N}$

Lastweg $s_2 = 22 \cdot 2\,\pi r = 22 \cdot 2\,\pi \cdot 7{,}5\text{ cm} = 10{,}36\text{ m}$

1.11.2 Differentialflaschenzug

Kombination von Wellrad + loser Rolle = Differentialflaschenzug

Ein endloses Seil ist über ein Wellrad und eine lose Rolle geschlungen. Mit Hilfe der Kraft F_1 kann die Last F_2 gehoben werden.

Momentengleichgewichtsbedingung

$$\overset{\curvearrowright}{F_1 \cdot R} + \overset{\curvearrowright}{\frac{F_2}{2} \cdot r} = \overset{\curvearrowright}{\frac{F_2}{2} \cdot R}$$

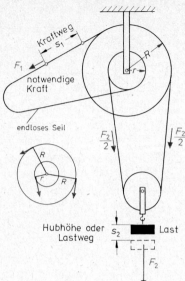

auftretende Hebelwirkungen am Differentialflaschenzug

Hieraus

| notwendige Kraft = halbe Last $\dfrac{\text{Halbmesserunterschied}}{\text{großer Halbmesser}}$ | $F_1 = \dfrac{F_2}{2} \cdot \dfrac{R-r}{R}$ |

Je kleiner man den Halbmesserunterschied (Differenz) der beiden Rollen macht, desto kleiner wird auch die notwendige Kraft. Von daher rührt der Name „Differentialflaschenzug" her.

Beispiel: Welche Last kann mit Hilfe eines Differentialflaschenzuges gehoben werden, wenn der Durchmesser bei der großen Rolle 65 cm und bei der kleinen Rolle 47 cm beträgt? Es kann höchstens mit einer Kraft von $F_1 = 380$ N gezogen werden.

Lösung: Aus $F_1 = \dfrac{F_2}{2} \cdot \dfrac{R-r}{R}$ folgt $\qquad F_2 = 2F_1 \cdot \dfrac{R}{R-r} = 2 \cdot 380 \text{ N} \dfrac{32,5 \text{ cm}}{9 \text{ cm}} = 2744 \text{ N}$

1.11.3 Werkzeuge, Geräte und das Hebelgesetz

Beim Nußknacker (einseitiger Hebel) zeichnen wir die Kräfte ein, mit denen die Walnuß auf den Nußknacker drückt (und nicht die gleich großen Gegenkräfte, die die Nuß zusammendrücken!).

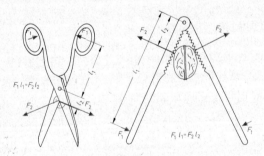

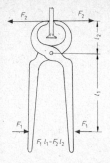

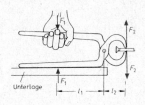

Das Moment der Kraft F_1 am Zangengriff beträgt $M = F_1 l_1$. Mit der Schneide kann nur dann ein Nagel festgehalten werden, wenn am anderen Zangengriff ein gleich großes Gegenmoment wirkt. Also muß an beiden Griffen die Kraft F_1 angreifen.

Legt man den einen Zangengriff auf eine Unterlage und drückt auf den anderen Zangengriff mit der Kraft F_1, so ist das Moment ebenfalls $M = F_1 \cdot l_1$. Die für das Gegenmoment notwendige Kraft wird nun von der Unterlage aufgebracht.

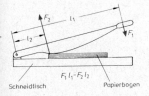

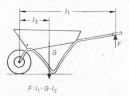

Bei der Papierschneidemaschine wird das Gegenmoment vom Schneidetisch aufgebracht.

Sonstige Anwendungen des Hebels: Schubkarren, Schraubenschlüssel, Ruder am Ruderboot, Pinzette.

1.11.4 Bestimmung von Auflagerkräften

Wie groß sind die Auflagerkräfte des in A und B gelagerten Trägers? Das Trägergewicht bleibe unberücksichtigt.

Da das Gleichgewicht des Trägers betrachtet wird, so sind die Kräfte einzuzeichnen, die auf den Träger wirken. Die Lager drücken auf den Träger. F_A und F_B sind daher nach oben gerichtet.

Damit sich der Träger bei Temperaturerhöhung ausdehnen kann, muß in der Praxis ein Lager beweglich gestaltet werden. Auf die Unterscheidung in feste und bewegliche Lager, wie es in der technischen Mechanik geschieht, wurde hier verzichtet. In vielen Belastungsfällen ist die Annahme beweglicher Lager für die Lösung entscheidend.

Lösung: Aufstellung der Momentengleichgewichtsbedingung.

Grundsätzlich ist die Wahl des Drehpunktes (= Momentenbezugspunkt) beliebig.

Es ist vorteilhaft, den Bezugspunkt auf der Wirkungslinie einer unbekannten Kraft anzunehmen, da dann deren Moment Null wird.

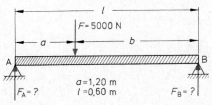

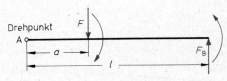

61

Bei Wahl von A als Bezugspunkt folgt

$$\overset{\curvearrowright}{F \cdot a} = \overset{\curvearrowright}{l \cdot F_B}$$

Hieraus

$$F_B = F \frac{a}{l} = 5000 \text{ N} \cdot \frac{1,2 \text{ m}}{6 \text{ m}} = 1000 \text{ N}$$

Das Kräftegleichgewicht $F_A + F_B = F$ liefert $F_A = F - F_B = 5000 \text{ N} - 1000 \text{ N} = 4000 \text{ N}$

Die Wahl von B als Bezugspunkt liefert dasselbe. $F_A = F \frac{b}{l} = 5000 \text{ N} \cdot \frac{4,8 \text{ m}}{6 \text{ m}} = 4000 \text{ N}$

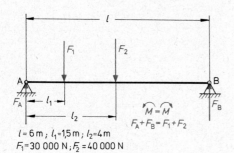

$l = 6 \text{ m}; \; l_1 = 1,5 \text{ m}; \; l_2 = 4 \text{ m}$
$F_1 = 30\,000 \text{ N}; F_2 = 40\,000 \text{ N}$

Bei mehreren Einzellasten erfolgt die Lösung entsprechend mit Momenten- und Kräftegleichgewicht. Mit A als Bezugspunkt wird

$$F_B = \frac{F_1 l_1 + F_2 l_2}{l} = 34\,167 \text{ N} \approx 34\,170 \text{ N}$$

$$F_A = F_1 + F_2 - F_B = 35\,833 \text{ N} \approx 35\,830 \text{ N}.$$

Probe: $F_A + F_B = 70\,000 \text{ N} = F_1 + F_2$

1.11.5 Bestimmung der Resultierenden paralleler Kräfte

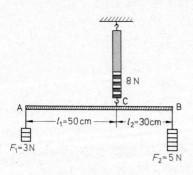

Versuch: Der als gewichtslos anzusehende Stab, an dessen Enden die „Gewichte" $F_1 = 3$ N und $F_2 = 5$ N wirken, befindet sich im Gleichgewicht, wenn der Unterstützungspunkt C 50 cm vom linken Ende entfernt ist.

Folgerung: Da im Punkt C die Gegenkraft zur Resultierenden aus F_1 und F_2 angreifen muß, gilt: Auch parallele Kräfte sind durch eine Resultierende zu ersetzen.

> Die Größe der Resultierenden zweier paralleler gleichgerichteter Kräfte ist gleich der Summe der Einzelkräfte (1. Satz von der Resultierenden).

Bestätigung durch Versuch: $R = F_1 + F_2 = 3 \text{ N} + 5 \text{ N} = 8 \text{ N}$

Aus der Gleichgewichtsbedingung mit dem Bezugspunkt A ($l_1 R' = l F_2$) folgt für die Lage der Resultierenden

$$l_1 = l \frac{F_2}{R'} = 80 \text{ cm} \cdot \frac{5 \text{ N}}{8 \text{ N}} = 50 \text{ cm (Bestätigung durch Versuch) (vgl. Abb. S. 63 oben)}$$

Stellt man die Gleichgewichtsbedingung für die beiden Stabenden auf, so folgt

mit Bezugspunkt A: $l_1 R' = l F_2$
mit Bezugspunkt B: $l_2 R' = l F_1$

Durch Division folgt

$$\frac{l_1}{l_2} = \frac{F_2}{F_1}$$

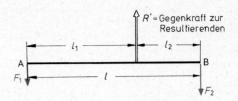

Die Wirkungslinie der Resultierenden zweier gleichgerichteter paralleler Kräfte teilt deren Abstand im umgekehrten Verhältnis ihrer Größen. Die Wirkungslinie der Resultierenden liegt näher bei der größeren Kraft (2. Satz von der Resultierenden).

Entsprechend kann eine gegebene Kraft in zwei parallele gleichgerichtete Kräfte zerlegt werden.

Der erste Satz von der Resultierenden läßt sich auf beliebig viele parallele Kräfte erweitern ($R = F_1 + F_2 + F_3 + \dots$). Mit Hilfe dieses erweiterten Satzes und der Gleichgewichtsbedingung läßt sich auch für den allgemeinen Fall die Lage der Resultierenden beliebig vieler paralleler Kräfte angeben. Der Momentenbezugspunkt D soll nicht auf die Wirkungslinie einer Kraft fallen. Bei vier Kräften wird dann

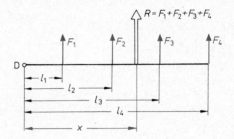

$$x = \frac{l_1 F_1 + l_2 F_2 + l_3 F_3 + l_4 F_4}{F_1 + F_2 + F_3 + F_4}$$

Dieses Ergebnis folgt aus der Gleichgewichtsbedingung in bezug auf den Punkt D

$$x \cdot R' = l_1 F_1 + l_2 F_2 + l_3 F_3 + l_4 F_4$$

durch Auflösung nach x. R' bedeutet die zum Gleichgewicht erforderliche Gegenkraft zu $R = F_1 + F_2 + F_3 + F_4$.

1.11.6 Hebelwaagen

Das Hebelgesetz findet bei zahlreichen Ausführungsformen von Waagen Anwendung. Oft bestehen Waagen auch aus mehreren Hebeln.

1) Balkenwaage

Bei der Balkenwaage herrscht Gleichgewicht, wenn $F = G$ ist, da die Hebelarme gleich lang sind ($l_1 = l_2$).

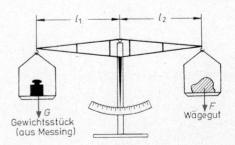

Sind die Hebelarme einer Balkenwaage nicht genau gleich lang, so wird ein falsches Gewicht festgestellt. Das richtige Gewicht kann nun mit Hilfe einer *Doppelwägung* ermittelt werden. Befindet sich das Wägegut in der rechten Waagschale, so wird das „Gewicht" G_1 gefunden. Mit Hilfe einer zweiten Wägung, bei der sich das Wägegut in der linken Waagschale befindet, ergibt sich G_2. Aus den entsprechenden Momentengleichungen

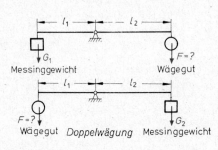

Messinggewicht Wägegut

F=?
Wägegut *Doppelwägung* Messinggewicht

$$G_1 l_1 = F l_2 \text{ und } F l_1 = G_2 l_2$$

folgt durch Division

$$\frac{G_1}{F} = \frac{F}{G_2}$$

und hieraus

$$F = \sqrt{G_1 \cdot G_2}$$

Bei nicht gleich langen Hebelarmen ist das wahre „Gewicht" das geometrische Mittel aus zwei Wägungen mit vertauschten Rollen.

2) Laufgewichtswaage

Die römische Schnellwaage, auch Laufgewichtswaage genannt, ist ein zweiseitiger ungleicharmiger Hebel. Dabei ist der Waagebalken so beschaffen, daß die von ihm verursachten Momente nach links und rechts gleich groß sind. Der Hebelarm l_1 wird durch Verschieben des Laufgewichts G so lange verändert, bis Gleichgewicht eintritt.

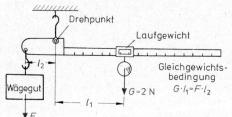

Drehpunkt
Laufgewicht
l_2
Gleichgewichtsbedingung
Wägegut $G = 2$ N $G \cdot l_1 = F \cdot l_2$
l_1
F

Auf der Skala wird für verschiedene Stellungen des Laufgewichts G die Größe des „Gewichts" F eingraviert, das im Gleichgewichtsfall am Hebelarm l_2 wirkt. Durch Änderung des Aufhängepunktes (Drehpunkt) kann der Meßbereich der Waage verändert werden. Die Wirkungsweise der Küchenwaage mit Laufgewicht ist grundsätzlich die gleiche.

Beispiel: Der unveränderliche Hebelarm der Last betrage $l_2 = 10$ cm. Gleichgewicht stellt sich ein, wenn das Laufgewicht $G = 2$ N einen Hebelarm $l_1 = 25$ cm aufweist.

Die links angehängte Last beträgt dann

$$F = \frac{G l_1}{l_2} = \frac{2 \text{ N} \cdot 25 \text{ cm}}{10 \text{ cm}} = 5 \text{ N}$$

An der Skala ist also für die Stellung des Laufgewichts $l_1 = 25$ cm der Wert 5 N zu schreiben.

3) Dezimalwaage (Brückenwaage)

Das notwendige Auflagegewicht G zur Erreichung des Gleichgewichts soll nur den zehnten Teil des Wägegutes ausmachen. (Daher der Name Dezimalwaage, vom lateinischen decem = zehn.)

Im übrigen wird gefordert:

1) Die Verteilung des Wägegutes auf der hier als Brücke bezeichneten Waagschale darf keine Rolle spielen.

2) Die Brücke darf sich beim Einspielen in den Gleichgewichtszustand nur parallel zu sich selbst verschieben.

Dieses Ziel wird durch die Verbindung einiger ungleicharmiger Hebel erreicht.

Der Aufbau der Dezimalwaage geht aus der folgenden Zeichnung hervor:

1) Der in O unterstützte Hauptwaagebalken wird bei B durch eine Zugstange BD mit der Brücke verbunden.

2) Der einseitige Hebel ES, ist an seinem Ende E mit dem Ende C des Hauptwaagebalkens verbunden und unterstützt bei S_2 die Brücke.

Werden die Abmessungen so gewählt, daß folgende Beziehungen gelten OB : OC = 1 : 5, S_1S_2 : S_1E = 1 : 5 und OB : OA = 1 : 10, so herrscht Gleichgewicht, wenn das „Gewicht" G ein Zehntel der Last F ausmacht. Wo sich das Wägegut auf der Brücke befindet, ist ohne Belang.

Also

$$\text{notwendiges Ausgleichsgewicht} = \frac{\text{Last auf der Brücke}}{10} \qquad\qquad G = \frac{F}{10}$$

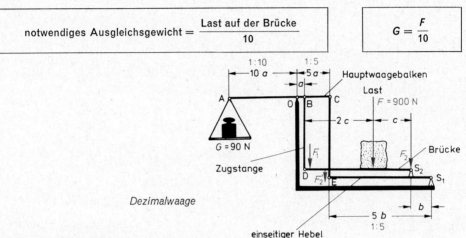

Dezimalwaage

Nachweis durch Zahlenbeispiel

Die Last F = 900 N greife so an, daß der Abstand DS_2 im Verhältnis 2 : 1 geteilt wird (Abstände c und $2c$ in der Zeichnung). Die hierdurch in S_2 und D hervorgerufenen Kräfte F_1 und F_2 müssen sich wie 1 : 2 verhalten. F_1 wird also 300 N, F_2 600 N (vgl. Abschn. 1.11.5).

Wählen wir a = 10 cm, so wird das Moment von F_1 in bezug auf O $M_1 = aF_1$ = 0,1 m · 300 N = 30 N · m

Das von F_2 herrührende Moment ist unter Beachtung der Wirkung des einseitigen Hebels ES_1 zu berechnen. Am Ende dieses Hebels (Punkt E) tritt nämlich nur $^1/_5$ von F_2, die Kraft $F_2' = \frac{1}{5} \cdot 600$ N = 120 N auf, da das Seitenverhältnis S_1S_2 : S_1E = 1 : 5 beträgt.

Also wird

$$M_2 = 5aF_2' = 0,5 \text{ m} \cdot 120 \text{ N} = 60 \text{ N} \cdot \text{m}$$

Das Gesamtmoment der Last F wird somit $\overset{\frown}{M} = M_1 + M_2$ = 90 N · m. Das Gewicht G = 90 N $\left(\frac{1}{10}\right.$ der Last $\left.F\right)$ erzeugt das Gegenmoment $\overset{\frown}{M}$ = 10a · G = 10 · 0,10 m · 90 N = 90 N · m. Also herrscht Gleichgewicht.

Nachweis durch Buchstabenbeispiel (allgemeiner Fall)

Der Abstand der Last auf der Brücke von D sei l_1 und von S_2 sei l_2.

Dann wird gemäß Abschnitt 1.11.5

$$F_1 = \frac{l_2}{l_1 + l_2} F \text{ und } F_2 = \frac{l_1}{l_1 + l_2} F \text{ und}$$

$$M_1 = F_1a, \ M_2 = F_2' \cdot 5a = \frac{F_2}{5} \cdot 5a = F_2a, \text{ da } F_2' = \frac{F_2}{5}$$

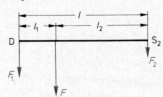

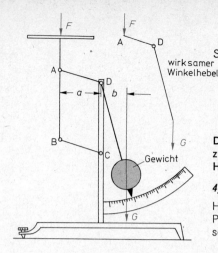

Somit Gleichgewichtsbedingung

$$M_1 + M_2 = 10\,aG;\ (F_1 + F_2)a = 10\,aG$$

$$F\underbrace{\left(\frac{l_2}{l_1 + l_2} + \frac{l_1}{l_1 + l_2}\right)}_{=\ 1} = 10 \cdot aG;\ G = \frac{F}{10}$$

Dezimalwaage = Verbindung eines ungleicharmigen zweiseitigen und eines ungleicharmigen, einseitigen Hebels.

4) Briefwaage (deutsche Schnellwaage)

Hier wird ein ungleicharmiger Winkelhebel benutzt. Die Parallelführung ABCD sorgt dafür, daß sich die Waagschale nur parallel zu sich selbst verschieben kann.

Gleichgewichtsbedingung $\overset{\frown}{F} \cdot a = \overset{\frown}{G} \cdot b$

Das zur Einstellung des Gleichgewichts notwendige Gegenmoment stellt sich durch Vergrößerung des Hebelarms b ein. Einem größeren Briefgewicht F entspricht im Gleichgewichtsfall ein größerer Hebelarm b. Auf einer Skala kann das Gewicht F sofort abgelesen werden. Hier wird also die Auslenkung eines Winkelhebels aus seiner Ruhelage zur Messung des „Gewichts" F ausgenutzt.

Aufgabengruppe Mechanik 7: Übungen zu 1.11

Anwendungen zum Hebelgesetz,
Resultierende paralleler gleichgerichteter Kräfte

1. Die Handkurbel einer Brunnenwinde hat eine Länge $l = 460$ mm. Der Durchmesser der Seiltrommel beträgt $d = 110$ mm. Die zu hebende Last ist $F_2 = 276$ N. Welche Umfangskraft muß am Kurbelgriff angreifen?

2. Zum Betrieb eines Wellrades ($R = 520$ mm, $r = 80$ mm) steht eine Kraft von 320 N zur Verfügung. Welche Last kann gehoben werden?

3. Der Halbmesser der großen Rolle eines Differentialflaschenzuges beträgt $R = 32$ cm. Wie groß muß dann der Halbmesser der kleinen Rolle sein, wenn mit Hilfe einer Kraft von 180 N eine Last von 2500 N gehoben werden soll?

4. Welche Last kann mit Hilfe einer Seilwinde (Kurbelarm 440 mm lang und Seiltrommel 130 mm Durchmesser) gehoben werden, wenn mit einer Kraft von 250 N gezogen wird?

5. An einem waagerechten Stahlträger mit der Länge $l = 6{,}50$ m greifen zwei Kräfte an: $F_1 = 1500$ N im Abstand $l_1 = 1{,}20$ m vom linken Ende und $F_2 = 3250$ N im Abstand $l_2 = 2{,}10$ m vom rechten Ende. Welche Auflagerkräfte entstehen, wenn der Träger beiderseits in 10 cm Entfernung von den Enden unterstützt wird? Das „Gewicht" des Trägers bleibt unberücksichtigt.

6. Bei einem Mast greift in einer Höhe $h = 4{,}20$ m eine waagerechte Kraft $F_1 = 820$ N an. Ein Spannseil, das mit dem Erdboden einen Winkel von 45° einschließt und in derselben Masthöhe angreift, sorgt für das Gleichgewicht. Man bestimme mit Hilfe des Momentengleichgewichts die im Spannseil herrschende Kraft.

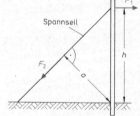

7. Im unbelasteten Zustand ist eine römische Schnellwaage im Gleichgewicht, wenn sich das Schiebegewicht von 1,00 N in seiner Nullage (Anzeige auf Skala = Null) 5 cm vom Drehpunkt entfernt befindet. In welchen Entfernungen vom Drehpunkt sind bei der Eichung die Werte 1,00 N, 2,00 N, 3,00 N, 4,00 N und 5,00 N zu schreiben, wenn der gleichbleibende Hebelarm der Last 10 cm beträgt?

8. Der Abstand von der Mitte der Ventilplatte (Fläche $A = 4$ cm²) eines Sicherheitsventils zum Drehpunkt beträgt 60 mm.

a) In welcher Entfernung vom Drehpunkt muß das Belastungsgewicht von 65 N angebracht werden, damit sich das Ventil bei einem Dampfdruck von 8 bar (= 8 kp/cm²) öffnet?

b) Wie groß muß das Belastungsgewicht gewählt werden, wenn der Kessel erst bei einem Druck von 10 bar abblasen soll und der große Hebelarm dabei eine Länge von 38 cm haben muß?

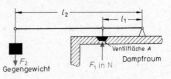

Bevor eine Kesselexplosion eintreten kann, öffnet sich das Sicherheitsventil. Ist p der Dampfdruck und A die Ventilfläche, so ist die Kraft $F_1 = Ap$ (vgl. S. 120).

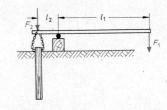

9. Beim Pfahlziehen steht eine Kraft von 450 N zur Verfügung, die am Ende einer 2,40 m langen Stange angreift (vgl. Abb.). Der Drehpunkt befindet sich $l_2 = 35$ cm vom Angriffspunkt der Zugkette entfernt. Die Kette greift in einem Abstand von 10 cm vom Stangenende an. Welche Reibungskraft darf der Pfahl seiner Bewegung höchstens entgegensetzen, damit er gezogen werden kann?

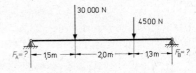

10. Eine 1,40 m lange waagerechte Stange, deren Gewicht vernachlässigt werden darf, wird von zwei Männern an ihren Enden getragen. 65 cm vom Ende bei A hängt eine Last $G = 360$ N. Wieviel N hat jeder der beiden an Kraft aufzuwenden?

11. Wie groß sind die Auflagerkräfte bei nebenstehendem Balken?

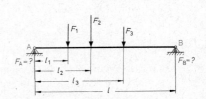

12. An einem Träger der Länge $l = 6{,}50$ m wirken 3 Einzellasten: $F_1 = 20\,000$ N, $F_2 = 28\,000$ N, $F_3 = 16\,000$ N. Das ,,Gewicht''des Trägers betrage 15 000 N. Wie groß sind die Auflagerkräfte, wenn die Abstände $l_1 = 150$ cm, $l_2 = 250$ cm und $l_3 = 400$ cm betragen? Das ,,Gewicht'' G ist als eine Kraft zu behandeln, die in Stabmitte angreift. (Näheres hierzu in Abschn. 1.12.)

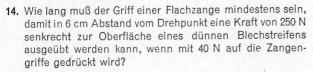

13. Welche Kraft wird von den Schneiden der dargestellten Beißzange ausgeübt?

14. Wie lang muß der Griff einer Flachzange mindestens sein, damit in 6 cm Abstand vom Drehpunkt eine Kraft von 250 N senkrecht zur Oberfläche eines dünnen Blechstreifens ausgeübt werden kann, wenn mit 40 N auf die Zangengriffe gedrückt wird?

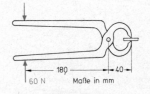

15. Auf der Skala einer römischen Schnellwaage ist am Ende der Laufstange (äußerste Stellung des Laufgewichts) in einer Entfernung $a = 50$ cm vom Drehpunkt der Wert 1250 p angeschrieben.

Fall I: Wie schwer ist das Laufgewicht, wenn die Last in 8 cm Abstand vom Drehpunkt angreift? Das ,,Gewicht'' des Waagebalkens bleibt außer Betracht.

Fall II: Nun werde der Aufhängepunkt (Drehpunkt) so geändert, daß die Last in 15 cm Abstand vom Drehpunkt angreift. Welcher Wert des ,,Gewichts'' muß nun an der Stelle angeschrieben werden, an der zuvor 1250 p angegeben waren?

Fall III: Um wieviel Zentimeter und in welcher Richtung muß der Drehpunkt (Aufhängepunkt) gegenüber der ursprünglich gegebenen Aufhängung des Falles I verschoben werden, wenn in der äußersten Stellung des Laufgewichts nun 2000 p gewogen werden sollen?

Anleitung zur Lösung: Man beachte, daß in den Fällen II und III die Länge des Waagebalkens, d. h. die Summe der beiden Hebelarme, dieselbe ist wie im Fall I. Lösung auch in der Einheit ,,Newton''!

Da das ,,Gewicht'' des Waagebalkens außer Betracht bleibt, so ist auch der Einfluß auf das Momentengleichgewicht, der durch die Verlegung des Aufhängepunktes entsteht und vom Balkengewicht herrührt, nicht zu berücksichtigen. Praktisch kann die hierdurch verursachte Störung des Gleichgewichts durch ein Zusatzgewicht leicht ausgeglichen werden (vgl. Abschn. 1.13, Mechanik 8, Aufgaben 14. und 15.).

16. Für zwei parallele und gleichgerichtete Kräfte $F_1 = 500$ N und $F_2 = 650$ N, deren Wirkungslinien einen Abstand von 2 m aufweisen, ist mit Hilfe des Momentengleichgewichts die Lage der Wirkungslinie der Resultierenden zu ermitteln.

17. Die Lager einer Brücke sind 14 m voneinander entfernt. Im Abstand von jeweils 2 m wirken über die ganze Brückenlänge Kräfte von 20 000 N. Wie groß sind die dadurch verursachten Auflagerkräfte? In den Lagern selbst greift keine der Einzellasten an.

18. Bei einer Dezimalwaage (vgl. Abb. S. 65) beträgt die Länge des Hauptwaagebalkens AC = 120 cm.

Der Abstand des Ausgleichsgewichts vom Drehpunkt ist AO = 80 cm.

a) In welchem Abstand OB greift die Zugstange BD am Waagebalken an?

b) In welchem Abstand S_1S_2 vom Drehpunkt S, liegt die Brücke auf dem einseitigen Hebel auf, wenn dessen Länge $ES_1 = 125$ cm beträgt?

19. An einem waagerechten Balken wirken die Kräfte $F_1 = 2500$ N, $F_2 = 3000$ N und $F_3 = 6000$ N in lotrechter Richtung. Der Abstand der Wirkungslinien zwischen F_1 und F_2 beträgt $a_1 = 1,40$ m, zwischen F_2 und F_3 $a_2 = 2,20$ m. F_2 liegt zwischen F_1 und F_3. Wie groß ist die Resultierende, und wie weit ist ihre Wirkungslinie von derjenigen der Kraft F_1 entfernt?

20. Mittels einer festen Rolle wird eine Last von 800 N gehoben. Die Wirkungslinien von Kraft und Last verlaufen parallel. Mit welcher Kraft wird dadurch der Haken, an dem die Rolle befestigt ist, senkrecht nach unten gezogen?

1.12 Der Schwerpunkt

1.12.1 Schwerpunkt und Gleichgewicht

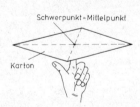

Schwerpunkt = Mittelpunkt

Karton

Der Punkt eines Körpers, in dem man sich sein gesamtes Gewicht vereinigt denken darf, heißt Schwerpunkt. Ein in seinem Schwerpunkt unterstütztes Flächenstück befindet sich im Gleichgewicht.

> Bei den Aufgaben der Mechanik darf so gerechnet werden, als ob jeweils das gesamte Körpergewicht im Schwerpunkt angriffe.

Beispiel: Wie groß muß die zur Erreichung des Gleichgewichts notwendige Kraft F_2 sein (Stablänge 120 cm, Stabgewicht 30 N, $F_1 = 65$ N, Hebelarm $a = 25$ cm)?

Lösung

Der Schwerpunkt befindet sich in der Stabmitte. Also lautet die Gleichgewichtsbedingung in bezug auf den Drehpunkt D

$$\overset{\curvearrowright}{F_1} \cdot a + \overset{\curvearrowright}{G} \cdot \frac{l}{2} = \overset{\curvearrowright}{F_2} \cdot l$$

Hieraus folgt

$$F_2 = \frac{F_1 \cdot a + G \cdot \dfrac{l}{2}}{l} = \frac{G}{2} + F_1 \cdot \frac{a}{l} = \frac{30}{2}\,\text{N} + 65\,\text{N}\,\frac{25\,\text{cm}}{120\,\text{cm}} = 28{,}5\,\text{N}$$

Das Rechnen mit dem Schwerpunkt

Der oben angegebene Satz über das Rechnen mit dem Schwerpunkt soll noch anhand eines Beispieles erläutert werden. Die Gleichgewichtsbedingung (Drehpunkt D, Hebelgewicht G) für einen homogenen Stab der Länge l lautet $F_1 a = F_2 b + G \cdot (l/2 - a)$ [1]

Man könnte nun einwenden, daß G nur als Rechtsmoment in der Rechnung auftritt, während doch der Stabteil a links von D wirkt. Es soll daher gezeigt werden, daß sich dieselbe Gleichgewichtsbedingung ergibt, ob wir G in S oder die Teilgewichte G_1 und G_2 links und rechts vom Drehpunkt angreifen lassen. Mit $G_1 = Ga/l$ und $G_2 = Gb/l$, in den Teilschwerpunkten S_1 und S_2 wirkend, wird die Gleichgewichtsbedingung

$$F_1 a + G_1 \frac{a}{2} = F_2 b + G_2 \frac{b}{2} \quad \text{oder} \quad F_1 a + G\,\frac{a}{l}\,\frac{a}{2} = F_2 b + G\,\frac{b}{l}\,\frac{b}{2}$$

Hieraus $F_1 a = F_2 b + G\,\dfrac{b^2 - a^2}{2l}$

Mit $\dfrac{b^2 - a^2}{2l} = \dfrac{(b-a)\,(b+a)}{2\,(a+b)} = \dfrac{a+b-a-a}{2} = \dfrac{l-2a}{2} = \dfrac{l}{2} - a$

ergibt sich $F_1 a = F_2 b + G \cdot (l/2 - a)$ [2]

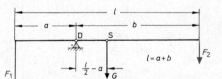

entspricht

Diese Gleichung stimmt mit [1] völlig überein, was zu zeigen war.

1.12.2 Physikalische Deutung

Im Schwerpunkt greift die Resultierende der parallelgerichteten Gewichtskräfte aller Massenteilchen des Körpers an. Die Größe der Resultierenden ist gleich dem Körpergewicht.

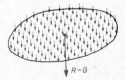

1.12.3 Bestimmung der Lage des Schwerpunktes

1) Folgerung aus der geometrischen Form

Nur bei Flächen und Körpern von regelmäßiger Gestalt und mit gleichmäßiger Belegung fallen Mittelpunkt und Schwerpunkt zusammen.

Beispiele: Kreis, Quadrat, Rechteck, Kugel, Würfel, Quader

Hat ein Körper eine Symmetrieachse (oder eine Symmetrieebene), so liegt auf dieser der Schwerpunkt.

2) Schwerpunktsbestimmung durch Versuch

Ein ebenes Flächenstück wird in zwei beliebigen Punkten aufgehängt. Nach Einstellung der Ruhelage muß in beiden Fällen der Schwerpunkt genau auf der Lotrechten durch den Aufhängepunkt liegen. (Anderenfalls wäre ja noch ein Drehmoment $M = G \cdot a$ wirksam, wobei a den Abstand der Wirkungslinie der Gewichtskraft vom Aufhängepunkt bedeutet.)

Der Schnittpunkt der beiden den Schwerpunkt tragenden Linien (Schwerlinien) liefert den Schwerpunkt S.

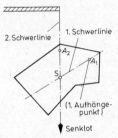

3) Rechnerische Schwerpunktsbestimmung

Der Schwerpunkt braucht nicht auf einen Punkt des Körpers zu fallen, sondern kann im leeren Raum liegen.

Eine Unterstützung im Schwerpunkt ist dann nicht möglich.
Beispiel: der gezeichnete Blechausschnitt

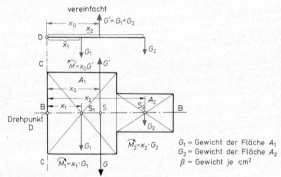

G_1 = Gewicht der Fläche A_1
G_2 = Gewicht der Fläche A_2
β = Gewicht je cm²

Der Schwerpunkt des gezeichneten ebenen und homogenen[1]) Flächenstücks ist zu bestimmen. Ein geometrischer Ort für S ist die Symmetrieachse $\overline{BB}$.

Zur Ermittlung des Schwerpunktsabstandes x_0 von der senkrechten Achse $\overline{CC}$ zerlegen wir die Gesamtfläche A in zwei Teilflächen A_1 und A_2, deren Schwerpunkte S_1 und S_2 leicht zu bestimmen sind.

---

[1]) homogen = gleichmäßig, aus dem Griechischen; hier: überall von gleicher Dichte

Dann gilt

> **Schwerpunktsabstand** $= \dfrac{\text{Produktensumme aus Teilflächen und Schwerpunktsabständen}}{\text{Gesamtfläche}}$

$$x_0 = \frac{x_1 A_1 + x_2 A_2}{A_1 + A_2}$$

Begründung: Die Fläche bestehe aus dünnem Blech. 1 cm² wiege β N. Dann ist $G_1 = \beta A_1$ und $G_2 = \beta A_2$.

Läßt man nun im Schwerpunkt S eine nach oben gerichtete Kraft G' von der Größe des Gesamtgewichts $G_1 + G_2$ angreifen, so herrscht Gleichgewicht (vgl. Abschn. 1.13.1). Damit keine Drehung stattfinden kann, muß für die Drehmomente gelten

$$\overset{\curvearrowright}{x_0 G'} = \overset{\curvearrowright}{x_1 G_1} + \overset{\curvearrowright}{x_2 G_2}$$

Da G und G' zahlenmäßig einander gleich sind, so wird

$$x_0 G = x_1 G_1 + x_2 G_2$$

Das Drehmoment des im Schwerpunkt angreifenden Gesamtgewichts ist gleich der Summe der Drehmomente der Teilgewichte, die in den Schwerpunkten der Teilflächen angreifen.

Nach Einführung des Flächengewichts β folgt

$x_0 A \beta = x_1 A_1 \beta + x_2 A_2 \beta$, woraus sich die obige Formel ergibt. β hat keinen Einfluß auf das Endergebnis.

Beispiel: Die Schwerpunktskoordinate x_0 ist zu bestimmen.

$A_1 = 40 \text{ mm} \cdot 50 \text{ mm} = 2000 \text{ mm}^2$

$A_2 = 35 \text{ mm} \cdot 15 \text{ mm} = 525 \text{ mm}^2$

$x_1 = 25 \text{ mm}$

$x_2 = 50 \text{ mm} + 17,5 \text{ mm} = 67,5 \text{ mm}$

$$x_0 = \frac{x_1 A_1 + x_2 A_2}{A_1 + A_2} =$$

$$= \frac{25 \cdot 2000 + 67,5 \cdot 525}{2525} \cdot \frac{\text{mm}^3}{\text{mm}^2} = 33,8 \text{ mm}$$

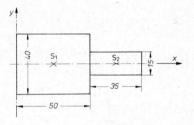

Wo liegt der Gesamtschwerpunkt zweier Teilflächen?

Die Wahl des Momentenbezugspunktes ist stets willkürlich. Mit S als Drehpunkt gilt $G_1 s_1 = G_2 s_2$,

woraus

$$\frac{s_1}{s_2} = \frac{A_2}{A_1}$$

folgt. (β fällt wieder heraus.)

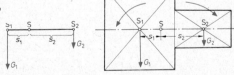

> Der Gesamtschwerpunkt S liegt auf der Verbindungslinie der Schwerpunkte S_1 und S_2 der Teilflächen. S teilt den Abstand $S_1 S_2$ im umgekehrten Verhältnis der Teilflächengrößen.

Der Gesamtschwerpunkt liegt also näher bei der größeren Teilfläche.

71

Der Linienschwerpunkt

Ganz entsprechend zum Flächenschwerpunkt besitzt auch eine Linie einen Schwerpunkt. Die Berechnung des Schwerpunktes einer mehrfach geknickten Linie erfolgt sinngemäß zu obigem: In der Formel für x_0 sind die Teilflächen durch die Längen gerader Teilstücke zu ersetzen. Die Schwerpunktsabstände x_1, x_2 usw. beziehen sich nun auf die Linienschwerpunkte der Teilstücke (vgl. Übungen).

1.13 Gleichgewicht und Standfestigkeit

1.13.1 Verschiedene Arten des Gleichgewichts

Ein im Punkt U (Unterstützungspunkt) drehbar gelagerter Stab werde um den Winkel α gedreht und somit aus seiner Gleichgewichtslage entfernt. Nun sind drei Möglichkeiten zu unterscheiden:

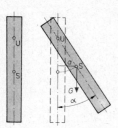

1. Fall

> Stabiles (= Sicheres) Gleichgewicht liegt vor, wenn sich der Schwerpunkt unterhalb des Unterstützungspunktes in seiner tiefstmöglichen Lage befindet. Bei jeder Auslenkung kehrt der Schwerpunkt wieder in seine Ausgangslage zurück.

Bei der Auslenkung entsteht ein den Körper in seine Ausgangslage zurücktreibendes Drehmoment $M = G \cdot a$.

Beispiel: Drahtseilbahn

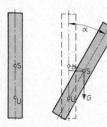

2. Fall

> Labiles (= Unsicheres) Gleichgewicht liegt vor, wenn sich der Schwerpunkt oberhalb des Unterstützungspunktes in der höchstmöglichen Lage befindet. Bei einer Auslenkung geht der Körper in eine andere Lage über.

Das Drehmoment $M = G \cdot b$ vergrößert den Winkel α.

Beispiel: Radfahrer

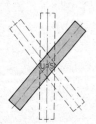

3. Fall

> Indifferentes (= Stetiges) Gleichgewicht liegt vor, wenn Schwerpunkt und Unterstützungspunkt zusammenfallen. Jede Lage ist nun eine Gleichgewichtslage.

Beispiel: Wagen auf ebener Unterlage

Der Unterstützungspunkt kann auch beweglich sein. *Beispiel:* rollende Kugel

Stabiles Gleichgewicht   *Labiles Gleichgewicht*   *Indifferentes Gleichgewicht*

72

Zur Beurteilung des Gleichgewichts gilt der auch für den aufgehängten Stab anwendbare Satz:

> Wird bei einer Lagenänderung der Schwerpunkt *gehoben/gesenkt*, so herrscht *stabiles/labiles* Gleichgewicht. Es erfolgt *Rückkehr/keine Rückkehr* in die Ausgangslage.

Unveränderte Schwerpunktshöhe bedeutet indifferentes Gleichgewicht.

1.13.2 Standfestigkeit

Standfestigkeit und Schwerpunktslot

Wir betrachten drei Holzklötze verschiedener Abmessungen auf der schiefen Ebene.

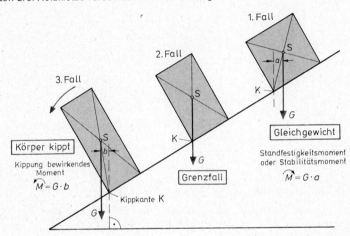

1. Fall: Das Schwerpunktslot fällt auf die Unterstützungsfläche. Das Drehmoment $\overset{\curvearrowright}{M} = G \cdot a$ muß überwunden werden, damit der Körper kippen kann. (Drehmoment als Maß für die Standfestigkeit!)

2. Fall (Grenzfall)**:** Es wirkt kein Drehmoment in bezug auf die Kippkante K. Der geringste Anstoß genügt zum Umfallen.

3. Fall: Die im Schwerpunkt angreifende Gewichtskraft verursacht ein Drehmoment $\overset{\curvearrowright}{M} = G \cdot b$. Der Körper fällt daher um. Wir stellen fest: Das Schwerpunktslot trifft die Auflagefläche nicht mehr.

> **Ein Körper fällt um, wenn sein Schwerpunktslot die Unterstützungsfläche nicht mehr trifft.**

Geht das Schwerpunktslot noch durch die Unterstützungsfläche, so wirkt ein „Standfestigkeitsmoment" dem Umfallen entgegen. — Bei einem dreibeinigen Tisch ist die Unterstützungsfläche durch die Verbindungslinien der drei Aufsatzpunkte begrenzt.

Standfestigkeit und Schwerpunktslage

Ein Maß für die Standfestigkeit ist auch die waagerecht auf der Höhe des Schwerpunktes (senkrecht zur Kippkante) wirkende Kraft F, die den Körper zum Kippen bringt. F ist mittels einer Federwaage bestimmbar.

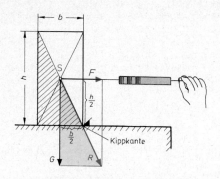

Wenn der Körper zu kippen beginnt (Grenzfall I), muß die Resultierende aus angreifender Kraft F und Gewicht G die Kippkante schneiden.

Aus der Ähnlichkeit der rechtwinkligen Dreiecke folgt,

$$\frac{F}{G} = \frac{b}{h} \quad \text{also}$$

$$\boxed{\text{notwendige Kippkraft} = \text{Gewicht} \cdot \frac{\text{Körperbreite}}{\text{Körperhöhe}}} \qquad \boxed{F = G \cdot \frac{b}{h}}$$

Aus der Formel folgt,

$$F \sim G, \; F \sim b \text{ und } F \sim \frac{1}{h} \text{ (umgekehrt proportional zu } h\text{)}$$

Die Standfestigkeit eines Körpers ist um so größer, je größer Gewichtskraft und Auflagebreite sind und je tiefer der Schwerpunkt liegt.

Beispiele: Die Standfestigkeit einer Lampe wird durch einen Bleifuß vergrößert (tiefliegender Schwerpunkt!). Auch bei Kraftfahrzeugen erhält man durch tiefe Schwerpunktslage eine gute Straßenlage.

Aufgabengruppe Mechanik 8: Übungen zu 1.13
Schwerpunkt, Gleichgewicht und Standfestigkeit

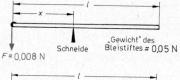

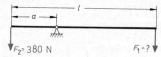

1. Auf das eine Ende eines ungespitzten Bleistiftes (Länge $l = 16$ cm) sind 0,8 g Wachs gedrückt. In welchem Abstand x von dem durch das Wachs beschwerten Ende befindet sich der Bleistift auf der Schneide eines Taschenmessers im Gleichgewicht?

2. Wie groß ist F_1 im Gleichgewichtsfall ohne und mit Berücksichtigung des Stangengewichts von 180 N für $l = 1{,}60$ m und $a = 50$ cm?

3. Die Schwerpunktskoordinaten x_0 und y_0 sind zu bestimmen (Maße in mm).

a)
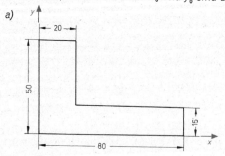

b)
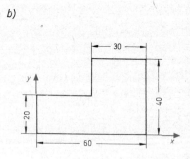

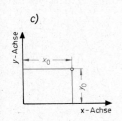

c)

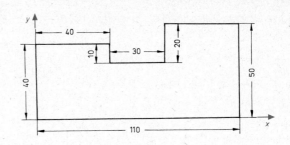

4. Ein Quader mit den Seiten $b = 10$ cm, $h = 25$ cm und $c = 30$ cm (senkrecht zu Zeichenebene) befindet sich auf einer schiefen Ebene. Die Reibungszahl beträgt $\mu_0 = 0{,}5$. Wird der Quader zuerst gleiten oder zuerst kippen, wenn der Neigungswinkel α (ursprünglich 0°) langsam vergrößert wird? Bei welchem Winkel α setzt das Gleiten bzw. das Kippen ein?

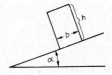

5. Wo liegt der gemeinsame Schwerpunkt der beiden Flächen A_1 und A_2? Wie groß wird x_0 für den Linienschwerpunkt der beiden Umgrenzungslinien (Maße in Millimeter)?

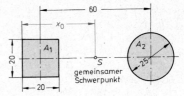

6. Für die gezeichneten Flächen ist jeweils der Schwerpunktsabstand x_0 von der y-Achse und der Abstand y_0 von der x-Achse zu bestimmen!

a)

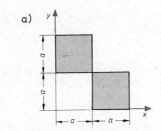

b)

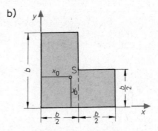

7. Wie groß ist der Abstand des Schwerpunktes der gezeichneten Schubstange von der festen Schneide I? Das „Gewicht" der Schubstange beträgt 1800 N. Führt man nun eine Teilwägung durch, bei der die Schneide I als festes und die Schneide II als bewegliches Auflager dient, so wird bei einem Schneidenabstand

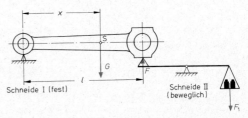

$l = 85$ cm bei Schneide II ein Teilgewicht $F_1 = 1200$ N ermittelt (F_1 = gleich große Gegenkraft zu F).

8. Man löse die Aufgabe 9. (Seite 58) unter Berücksichtigung des Stangengewichts von $G = 20$ N mit Hilfe des Momentengleichgewichts.

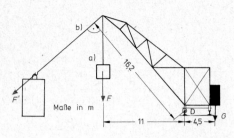

b)

a)

16,2

F'

Maße in m

F

11

4,5

D

G

9. Der nebenstehend abgebildete Drehkran kippt, wenn das Drehmoment einer Last in bezug auf den Punkt D den Wert von $4 \cdot 10^5$ Nm = 40 000 kpm überschreitet.

a) Welche Last kann senkrecht hochgehoben werden, wenn der waagerechte Abstand der Wirkungslinie vom Drehpunkt 11 m beträgt? Das „Gewicht" des Kranes bleibt unberücksichtigt.

b) Welche Kraft in Seilrichtung kann der Kran ausüben, wenn die Wirkungslinie der im Seil wirkenden Kraft F' vom Drehpunkt den Abstand von 16,2 m aufweist?

c) Wie groß muß das Gegengewicht G sein?

10. Ein einseitiger Hebel (Stahlstange) mit einem „Gewicht" von $G = 150$ N ist $l = 580$ mm lang. Im Abstand $a = 220$ mm vom Drehpunkt entfernt wirkt $F_1 = 300$ N rechtsdrehend.

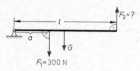

l

a

$F_2 = ?$

G

$F_1 = 300$ N

zu Aufgabe 10.

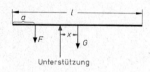

l

a

F

x

G

Unterstützung

zu Aufgabe 11.

a) Wie groß muß die am Ende des Hebels wirkende Kraft F_2 sein, um Gleichgewicht zu halten, wenn das „Gewicht" der Stange unberücksichtigt bleibt?

b) Wie groß muß die Kraft F_2 sein, wenn das Gewicht der Stange berücksichtigt wird? Man unterscheide dabei drei verschiedene Hebellagen:

1. Lage: waagerecht;

2. Lage: Stange schräg nach rechts oben, mit der Waagerechten einen Winkel von 45° einschließend;

3. Lage: Die Stange schließt mit der Waagerechten einen Winkel von 90° ein.

Die Kräfte F_1 und F_2 wirken immer senkrecht zur jeweiligen Stangenrichtung.

11. An welcher Stelle muß ein Holzstab von gleichbleibendem Querschnitt und einem „Gewicht" von $G = 24$ N und einer Länge von $l = 1,60$ m unterstützt werden, damit er auf einer Schneide im Gleichgewicht bleibt?

Wo muß unterstützt werden, wenn in einer Entfernung $a = 45$ cm vom Stangenende ein „Gewicht" $F = 4,00$ N angebracht wird?

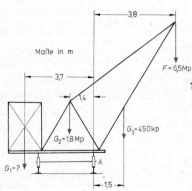

3,8

Maße in m

$F = 6,5$ Mp

3,7

1,4

$G_3 = 450$ kp

$G_2 = 1,8$ Mp

$G_1 = ?$

A

1,5

12. Ein Drehscheibenkran bewegt sich mit Hilfe von drei Stützrollen auf dem Laufkranz. Wie groß muß das Gegengewicht G_1 sein, damit der Kran bei der gegebenen Belastung von $F = 6,5$ Mp um die Kante A nicht kippt?

G_2 rührt vom Eigengewicht des Krangerüstes und des Triebwerks her. G_3 bedeutet das im Schwerpunkt angreifende „Gewicht" des Auslegers.
Ergebnis auch in der Einheit „Newton"!

13. Man gebe die Lage des Schwerpunktes des gezeichneten Linienzuges an. (Lösung rechnerisch; Maße in Millimeter).

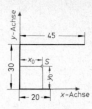

14. Ein gerader Stab von überall gleichem Querschnitt und einer Länge von $l = 1{,}40$ m hat ein „Gewicht" von 5 N. Der Unterstützungspunkt, für den der Stab zunächst im Gleichgewicht ist, wird um $a = 15$ cm nach links verschoben. Welches „Gewicht" G_1 ist nun am linken Stabende anzubringen, damit sich das Gleichgewicht wieder einstellt?

15. Eine römische Schnellwaage (vgl. Abb. in Abschn. 1.11.6, Punkt 2) befindet sich im Gleichgewicht (Laufgewicht auf Anzeige Null), wenn der Aufhängepunkt $s = 30$ cm vom linken Ende entfernt ist („Gewicht" der Waage mit Laufgewicht 20 N). Nun wird der Aufhängepunkt um $a = 10$ cm nach links verschoben. Welches „Gewicht" G_1 ist am linken Ende anzubringen, damit wieder Gleichgewicht herrscht? Wird der Meßbereich dadurch vergrößert oder verkleinert?

1.14 Die gleichförmig geradlinige Bewegung [1])

Eine Bewegung heißt gleichförmig geradlinig, wenn die Bewegung stets gleich schnell erfolgt und sich die Bewegungsrichtung nicht ändert.

Festlegung

$$\text{Geschwindigkeit} = \frac{\text{zurückgelegter Weg}}{\text{hierzu benötigte Zeit}} \qquad \boxed{v = \frac{s}{t} \text{ in } \frac{m}{s}} \quad {}^{2})$$

(mit den Formelzeichen v für Geschwindigkeit, s für Weg, t für Zeit)

1. Beispiel: Bei welcher gleichbleibenden Geschwindigkeit kann ein Personenkraftwagen in 6½ Stunden 450 km zurücklegen?

Lösung: $v = \dfrac{s}{t} = \dfrac{450 \text{ km}}{6{,}5 \text{ h}} = 69{,}2 \, \dfrac{\text{km}}{\text{h}}$

(v von lat. velocitas = Geschwindigkeit, s von lat. spatium = Entfernung, t von lat. tempus = Zeit)

1.14.1 Verschiedene Maßeinheiten

Damit die Zeit in einer Berechnung immer nur in einer Maßeinheit gemessen wird (vgl. 0.8.1), setzen wir die entsprechenden Beziehungen ein, z. B. 1 h = 3600 s (h = Stunde, von lat. hora = Stunde).

2. Beispiel: Ein Düsenverkehrsflugzeug hat eine Reisegeschwindigkeit von 990 km/h. Wieviel Meter legt es in einer Sekunde zurück?

Lösung: $s = v \cdot t = 990 \, \dfrac{\text{km}}{\text{h}} \cdot 1 \text{ s} = 990 \cdot \dfrac{\frac{1000 \text{ m}}{3600 \text{ s}}}{\text{h}} \cdot 1 \text{ s} = \dfrac{990\,000}{3600} \text{ m} = 275 \text{ m}$

---

[1]) Siehe auch Addition von Geschwindigkeitspfeilen, s. 1.6.3, S. 33

[2]) Achtung: Das Formelzeichen für die Größenart Weg heißt s (kursiv), die Abkürzung für die Einheit Sekunde heißt s (gerade)

3. Beispiel: Zum Durchfahren eines Tunnels von 830 m Länge benötigt ein Personenzug 57 Sekunden. Welche Geschwindigkeit in km/h hat der Zug?

$$Lösung: \ v = \frac{s}{t} = \frac{830 \ m}{57 \ s} = \frac{830}{\underset{\underbrace{3600}{s}}{57 \ h}} \ \overbrace{\frac{km}{1000}}^{m} = \frac{830 \cdot 3600}{57 \cdot 1000} \ \frac{km}{h} = 52{,}4 \ km/h$$

4. Beispiel: Wieviel Minuten benötigt das Licht, um die Entfernung von der Sonne bis zur Erde zurückzulegen (Entfernung Sonne—Erde = 150 000 000 km). Die Lichtgeschwindigkeit beträgt etwa 300 000 km/s.

$$Lösung: \ t = \frac{s}{v} = \frac{150\,000\,000 \ km}{300\,000 \ km/s} = 500 \ s = 500 \ \frac{min}{60} = 8{,}3 \ min$$

5. Beispiel (Umrechnung von Geschwindigkeitsangaben): Damit eine Rakete in eine Umlaufbahn um die Erde gelangen kann, benötigt sie eine Geschwindigkeit von 8000 m/s. Welcher Geschwindigkeit entspricht dies in km/h?

Lösung: Bei der Geschwindigkeitsangabe $v = 8000 \ \dfrac{m}{s}$ ersetzen wir das ,,m'' durch $\dfrac{km}{1000}$ und die ,,s'' durch $\dfrac{h}{3600}$. Damit erhalten wir

$$v = 8000 \ \frac{m}{s} = 8000 \cdot \frac{\frac{km}{1000}}{\frac{h}{3600}} = \frac{8000 \cdot km \cdot 3600}{1000 \cdot h} = 8000 \cdot 3{,}6 \ \frac{km}{h} = 28\,800 \ km/h$$

Geschwindigkeitsangabe in m/s mal 3,6 = Angabe in km/h

Entsprechend wird die Angabe in ,,km/h'' durch 3,6 dividiert, um ,,m/s'' zu erhalten.

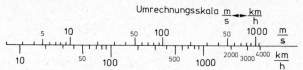

1.14.2 Die gleichförmig geradlinige Bewegung im Versuch

Ein auf einer Laufschiene beweglicher Wagen erhält einen leichten Stoß. Ein Metronom zeigt durch sein Ticken halbe Sekunden an.

Versuchswerte

abgelaufene Zeit (s)	0	1	2	3	4	5	6	7
zurückgelegter Weg (cm)	0	16	31	47	64	80	97	112
Wegzuwachs je s	16	15	16	17	16	17	15	(Mittelwert 16 cm/s)

Auswertung:

1) Wegzuwachs in jeder Sekunde gleich groß, d. h. $v = 16$ cm/s = const.[1]

2) Die zurückgelegten Wege verhalten sich wie die benötigten Zeiten $s_1 : s_2 : s_3 = t_1 : t_2 : t_3$ oder $s \sim t$, d. h. doppelte Zeit — doppelter Weg und dreifache Zeit — dreifacher Weg.

---

[1] Vielfach wird entsprechend dem Fremdwort konstant (d. h. unveränderlich) statt v = const. auch v = konst. geschrieben. Vgl. Fußnote zu Abschnitt 1.1.4

3) Für zusammengehörige Werte von Weg und Zeit gilt

$$\frac{s_1}{t_1} = \frac{s_2}{t_2} = \frac{s_3}{t_3} = v = \text{const.}$$

1.14.3 Zeichnerische Darstellung

Wir tragen zu verschiedenen Zeitpunkten den jeweils bis dahin zurückgelegten Weg senkrecht nach oben ab (z. B. für $t' = 4$ s ist $s' = 64$ cm).

Erstes zeichnerisches Ergebnis: **Das Weg-Zeit-Schaubild der gleichförmig geradlinigen Bewegung ergibt eine geneigte Gerade.**

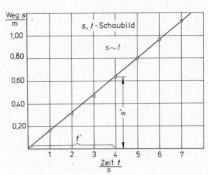

Weg-Zeit-Schaubild

Zweites zeichnerisches Ergebnis: **Das Geschwindigkeit-Zeit-Schaubild der gleichförmig geradlinigen Bewegung ergibt eine waagerechte Gerade.**

Ist die Geschwindigkeit des Wagens infolge eines kräftigeren Anstoßes größer, so verläuft die Gerade im s, t-Schaubild steiler. Im v, t-Schaubild wird der Abstand der erhaltenen Geraden von der Zeitachse größer.

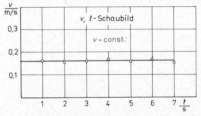

Geschwindigkeit-Zeit-Schaubild

Eine Bewegung dauere t Sekunden lang.

Die Fläche unter der v-Geraden im v, t-Schaubild läßt sich als Rechteck mit den Seiten v und t leicht berechnen. Sie ergibt sich zu $A = v \cdot t$.

Da andererseits $s = v \cdot t$ gilt, so folgt:

> **Die Fläche unter der v-Geraden im v, t-Schaubild entspricht dem zurückgelegten Weg.**

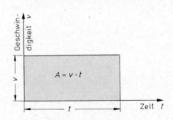

Geschwindigkeit-Zeit-Schaubild
Fläche $A \triangleq v \cdot t = $ Weg s

1.15 Die gleichförmig kreisende Bewegung
(Kreisbewegung konstanter Geschwindigkeit)

1.15.1 Drehzahl[1])

$$\text{Drehzahl} = \frac{\text{Zahl der Umdrehungen}}{\text{benötigte Zeit}}$$

---

[1]) auch: Drehfrequenz

Bezeichnen wir die Zeit für 1 Umdrehung mit T, so gilt

$$\text{Drehzahl} = \frac{1}{\text{Umlaufzeit}}$$

$$n = \frac{1}{T} \quad \begin{array}{l} \text{Einheit } \min^{-1} \\ \text{oder} \quad s^{-1} \end{array}$$

Für die Drehzahl wird meist die Einheit $\dfrac{1}{\min}$ benutzt.

1.15.2 Umfangsgeschwindigkeit

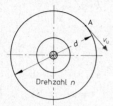

Die Geschwindigkeit v_u eines Punktes auf dem Umfang einer sich drehenden Schleifscheibe mit dem Durchmesser d und der Drehzahl n ist $v_u = d \pi n$.

Umfangsgeschwindigkeit = Umfang · Drehzahl

Herleitung (z. B. für den Punkt A): Der zurückgelegte Weg beträgt bei 1 Umdrehung $= \pi d$ m; der zurückgelegte Weg beträgt bei n Umdrehungen $= n\pi d$ m.

Werden die n Umdrehungen in einer Minute ausgeführt, so bedeutet $\pi d n$ den in einer Minute zurückgelegten Weg, d. h. also die Geschwindigkeit in m/min.

1. Beispiel: Eine Schleifscheibe mit $d = 400$ mm Durchmesser macht 1670 Umdrehungen in der Minute. Welche Geschwindigkeit in m/min und m/s hat dann ein Punkt auf dem Umfang der Scheibe?

Lösung: $v_u = \pi \cdot 0,4 \text{ m} \cdot 1670 \ 1/\min = 2097,5 \ \dfrac{\text{m}}{\min}$

Um die Einheit m/s zu erhalten, ersetzen wir 1 min durch 60 s. Damit wird

$$v_u = 2097,5 \ \frac{\text{m}}{\min} = \frac{2097,5}{60} \frac{\text{m}}{\text{s}} = 35 \ \frac{\text{m}}{\text{s}}$$

2. Beispiel: Die Umfangsgeschwindigkeit einer Schneidscheibe für Steinmaterial beträgt 60 m/s. Wie groß ist die Drehzahl, wenn der Durchmesser 200 mm beträgt?

Lösung: Aus $v_u = d\pi n$ folgt:

$$n = \frac{v_u}{d \cdot \pi} = \frac{60 \text{ m/s}}{0,2 \text{ m} \cdot \pi} = \frac{60}{0,2 \cdot \pi \text{ s}} = \frac{60}{0,2 \cdot \pi \ \dfrac{\min}{60}}$$

$$= \frac{60 \cdot 60}{0,2 \cdot \pi} \frac{1}{\min} = 5732 \ \frac{1}{\min} = 5732 \ \min^{-1}$$

1.15.3 Der Riementrieb

(Anwendung zu $v_u = d\pi n$)

Damit der Riemen nicht reißt, müssen die beiden Riemenstücke P_1 und P_2 dieselbe Geschwindigkeit besitzen. Wenn kein Gleiten des Riemens auf der Scheibe auftritt, gilt daher

$$v_1 = v_2$$

$$\pi d_1 n_1 = \pi d_2 n_2$$

$$\boxed{d_1 n_1 = d_2 n_2}$$

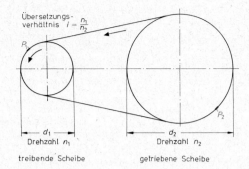

Übersetzungs-verhältnis $i = \dfrac{n_1}{n_2}$

d_1
Drehzahl n_1

d_2
Drehzahl n_2

treibende Scheibe   getriebene Scheibe

> **Durchmesser der 1. Scheibe · Drehzahl der 1. Scheibe = Durchmesser der 2. Scheibe · Drehzahl der 2. Scheibe.**

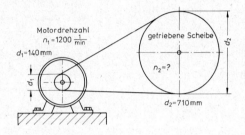

Motordrehzahl
$n_1 = 1200 \frac{1}{min}$
$d_1 = 140\,mm$

getriebene Scheibe
$n_2 = ?$
d_2

$d_2 = 710\,mm$

Das Produkt aus Drehzahl und Durchmesser ist beim Riementrieb für beide Scheiben gleich groß.

Beispiel: Wie groß sind i, n_2 und die Riemengeschwindigkeit v_u?

Lösung:

a) Übersetzungsverhältnis $i = \dfrac{n_1}{n_2} = \dfrac{d_2}{d_1} = \dfrac{0,710\ \text{m}}{0,140\ \text{m}} = \dfrac{5,1}{1} = 5,1 : 1$

   (ins Langsame, da $n_2 < n_1$)

b) Aus $d_1 n_1 = d_2 n_2$ folgt $n_2 = \dfrac{n_1 d_1}{d_2} = \dfrac{1200\ \text{min}^{-1} \cdot 0,140\ \text{m}}{0,710\ \text{m}} = 237\ \dfrac{1}{\text{min}}$

c) $v_u = \pi d_1 n_1 = \pi \cdot 0,140 \cdot 1200\ \dfrac{\text{m}}{\text{min}} = \dfrac{\pi \cdot 0,140 \cdot 1200}{60}\ \dfrac{\text{m}}{\text{s}} = 8,8\ \dfrac{\text{m}}{\text{s}}$

Übersetzungsverhältnisse liegen in der Praxis zwischen 4 : 1 und 9 : 1. In Sonderfällen geht i bis 20 : 1.

1.15.4 Winkelgeschwindigkeit

Für alle Punkte einer sich drehenden Scheibe nimmt das Verhältnis

$$\frac{\text{Umfangsgeschwindigkeit}}{\text{Abstand vom Drehpunkt}}$$

denselben Wert an.

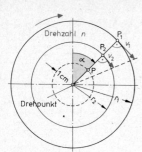

Beweis: Für die beiden Punkte P_1 und P_2 gilt (statt v_{u_1} steht v_1)

$$\frac{v_1}{r_1} = \frac{2\pi r_1 n}{r_1} \quad \text{und} \quad \frac{v_2}{r_2} = \frac{2\pi r_2 n}{r_2}$$

Also

$$\frac{v_1}{r_1} = \frac{v_2}{r_2}$$

Das Verhältnis v_u/r ist für alle Punkte einer sich drehenden Scheibe gleich groß und hängt nur von dem in der Zeiteinheit überstrichenen Winkel α (und nicht vom Drehpunktsabstand) ab. Es heißt daher Winkelgeschwindigkeit.

$$\boxed{\text{Winkelgeschwindigkeit} = \frac{\text{Umfangsgeschwindigkeit}}{\text{Abstand vom Drehpunkt}}} \qquad \boxed{\omega = \frac{v_u}{r} \ \text{in} \ \frac{1}{s}}^{\,')}$$

Wenn hier für ω die Einheit 1/s — und für die Drehzahl n die Einheit 1/min (vgl. Abschn. 1.15.1) — angegeben wurde, so soll das nur besagen, daß es sich hier um die für diese Größen meistverwendeten Maßeinheiten handelt. Wie bei jeder Größengleichung ist die Wahl der Maßeinheiten grundsätzlich willkürlich, d. h. es kann z. B. ω auch in 1/h oder 1/min und n in 1/s gemessen werden.

1. Beispiel: Die Umfangsgeschwindigkeit einer Schleifscheibe von 200 mm Durchmesser beträgt 20 m/s. Wie groß ist die Winkelgeschwindigkeit in 1/s?

Lösung: $\omega = \dfrac{v_u}{r} = \dfrac{20 \ m}{0{,}1 \ s \ m} = 200 \ \dfrac{1}{s}$

Ergebnis: Die Winkelgeschwindigkeit beträgt $200 \ \dfrac{1}{s}$.

Mit der Beziehung $v_u = 2\pi r n$ folgt,

$$\omega = \frac{v_u}{r} = \frac{2\pi r n}{r} = 2\pi n$$

$$\boxed{\text{Winkelgeschwindigkeit} = 2\pi \cdot \text{Drehzahl}} \qquad \boxed{\omega = 2\pi \cdot n}$$

Wird für n die Drehzahl pro Minute eingesetzt, so ergibt sich für ω die Maßeinheit 1/min. Wird dagegen die Drehzahl auf die Sekunde bezogen, so stellt sich für ω die Maßeinheit 1/s ein.

2. Beispiel: Wie groß ist die Winkelgeschwindigkeit eines Rades, das 20 Umdrehungen in der Minute macht: a) in min^{-1}, b) in s^{-1}?

Lösung: 20 Umdrehungen in der Minute sind $\dfrac{1}{3}$ Umdrehungen pro Sekunde.

a) $\quad \omega = 2\pi n = 2\pi \cdot 20 \ \dfrac{1}{min} = 40 \ \pi \ \dfrac{1}{min} = 125{,}7 \ min^{-1}$

b) $\quad \omega = 2\pi n = 2\pi \ \dfrac{1}{3} \ \dfrac{1}{s} = \dfrac{2}{3} \ \pi \ \dfrac{1}{s} = 2{,}1 \ s^{-1}$

Setzen wir in $v_u = 2\pi r n$, $r = 1$ Längeneinheit, so erkennen wir, daß die Winkelgeschwindigkeit *zahlenmäßig* gleich der Umfangsgeschwindigkeit im Abstand einer Längeneinheit von der Drehachse ist.

') ω = griech. Buchstabe, sprich „omega"

Aufgabengruppe Mechanik 9: Übungen zu 1.15

Gleichförmig geradlinige und gleichförmig kreisende Bewegung, Umfangsgeschwindigkeit, Drehzahl und Winkelgeschwindigkeit

1. Ein Triebwagenzug hat eine Geschwindigkeit von 130 km/h. Wie lange würde er brauchen, um eine Entfernung zurückzulegen, die einer Erdumkreisung am Äquator entspricht (Erdhalbmesser 6380 km)? Wieviel Zeit würde das von Strahlturbinen angetriebene Verkehrsflugzeug Boeing B 707 mit einer Reisegeschwindigkeit von 960 km/h zur Bewältigung dieser Strecke benötigen? Gefragt ist nach der reinen Fahr- bzw. Flugzeit ohne Zwischenaufenthalte.

2. Ein Personenzug hat die Geschwindigkeit 52 km/h.
   a) Wie groß ist die Geschwindigkeit in m/s?
   b) Welche Zeit wird für eine Fahrstrecke von 32 km benötigt?

3. Um eine Rakete auf den Mond schießen zu können, ist zum Verlassen des Anziehungsbereiches der Erde eine Geschwindigkeit von 11,2 km/s notwendig. Man gebe die Geschwindigkeit in km/h und m/s an.

4. Ein Fußgänger legt 5 km in der Stunde zurück. Welcher Geschwindigkeit in m/s entspricht das?

5. Zwei Personenkraftwagen starten gleichzeitig in Düsseldorf zu einer Fahrt nach Stuttgart (Entfernung Düsseldorf—Stuttgart 400 km). Die Geschwindigkeit des 1. Fahrzeuges beträgt auf der Hin- und Rückfahrt konstant 60 km/h. Das 2. Fahrzeug legt auf der Hinfahrt in der Stunde durchschnittlich 50 km, auf der Rückfahrt 70 km zurück. Beide Fahrer halten sich in Stuttgart 4 Stunden auf. Welches Fahrzeug trifft in Düsseldorf zuerst wieder ein? Welchen Zeitvorsprung hat es?

6. Wie groß ist die Geschwindigkeit eines Eisenbahnzuges in km/h, wenn eine Entfernung von 980 m in 43,2 Sekunden zurückgelegt wird?

7. Die Geschwindigkeit des Schalls beträgt rund 300 m/s. Bei einem Gewitter wird von der Beobachtung des Blitzes bis zur Wahrnehmung des Schalls eine Zeitspanne von 8 Sekunden gezählt. Wie weit ist das Gewitter entfernt? (Die Lichtgeschwindigkeit ist so groß, daß die Laufzeit des Lichtes unberücksichtigt bleiben kann.)

8. Ein Punkt auf dem Umfang einer kunstharzgebundenen Schleifscheibe mit Faserstoffverstärkung hat die Geschwindigkeit 80 m/s.
   a) Welchen Weg legt der Umfangspunkt in einer Minute zurück?
   b) Wie groß ist die Anzahl der Umdrehungen in einer Minute, wenn der Durchmesser der Scheibe 250 mm beträgt?
   c) Wie groß ist die Winkelgeschwindigkeit (in 1/s und 1/min)?

9. Beim Bearbeiten von Aluminium auf einer Drehmaschine (Drehbank) betrage die Schnittgeschwindigkeit 2500 m/min. Die Drehzahl von 3000/min steht höchstens zur Verfügung. Welchen Durchmesser muß das Werkstück mindestens haben?

10. Welche Schnittgeschwindigkeit (= Umfangsgeschwindigkeit) in m/s kann bei einer Schleifscheibe erreicht werden, wenn die Drehzahl bis 76 000/min gesteigert werden kann? Der Durchmesser des Schleifkörpers betrage 20 mm.

11. Die höchstzulässige Schnittgeschwindigkeit bei einer keramisch gebundenen Schleifscheibe für Sonderzwecke beträgt 60 m/s. Wie groß ist dann die höchstzulässige Drehzahl in Umdrehungen pro Minute, wenn der Scheibendurchmesser 400 mm beträgt? Wie ändert sich diese Drehzahl, wenn die Umfangsgeschwindigkeit nur 45 m/s betragen darf?

12. Mit welcher Geschwindigkeit in m/s bewegt sich ein Punkt auf dem Umfang einer kunstharzgebundenen Schleifscheibe, wenn diese mit einer Drehzahl von 6900/min läuft? Der Scheibendurchmesser beträgt 125 mm. Wie groß ist bei derselben Umfangsgeschwindigkeit die Drehzahl bei 500 mm Scheibendurchmesser?

13. Eine Riemenscheibe mit einem Durchmesser von 1120 mm wird von einem Elektromotor angetrieben. Die Drehzahl der treibenden Scheibe (200 mm Durchmesser) beträgt $n = 1200/\text{min}$ (vgl. Abb. in Abschn. 1.15.3).

    a) Wie groß ist die Drehzahl der getriebenen Scheibe?
    b) Wie groß ist die Riemengeschwindigkeit?

14. Bei einem Riementrieb weist der Riemen die Geschwindigkeit 11,7 m/s auf. Die Scheibendurchmesser betragen $d_1 = 160$ mm und $d_2 = 50$ mm.

    a) Wie groß muß dann die Drehzahl der größeren Scheibe sein?
    b) Wie groß ist die Drehzahl der kleineren getriebenen Scheibe?
    c) Wie groß ist das Übersetzungsverhältnis?

15. Die beiden Zeiger der Turmuhr einer Kirche sind 3,65 m und 4,91 m lang.

    a) Wie groß ist die Winkelgeschwindigkeit der beiden Zeiger in 1/min und 1/s?
    b) Mit welcher Umfangsgeschwindigkeit (in m/min) bewegen sich die beiden Zeigerspitzen?

16. Welche Geschwindigkeit muß ein Nachrichtensatellit haben, der sich in 35 860 km Höhe auf einer Kreisbahn längs des Äquators in östlicher Richtung um die Erde bewegt, damit er in bezug auf seine Drehung um den Erdmittelpunkt dieselbe Winkelgeschwindigkeit hat wie ein Punkt auf der Erdoberfläche (Erdhalbmesser $R = 6380$ km)?

Was würde dies für einen Beobachter auf der Erde bedeuten?

1.16 Die gleichmäßig beschleunigte Bewegung

1.16.1 Einheit

Eine Bewegung heißt gleichmäßig beschleunigt, wenn die Geschwindigkeit in jeder Sekunde um denselben Betrag zunimmt.

$$\text{Beschleunigung } a = \frac{\text{Geschwindigkeitszuwachs}}{\text{Zeitdauer der Geschwindigkeitsänderung}} \text{ in } \frac{\text{m}}{\text{s}^2}$$

Die Einheit der Beschleunigung ergibt sich aus „Meter pro Sekunde pro Sekunde" zu $\frac{\text{m}}{\text{s}^2}$.

> **Bei einer gleichmäßig beschleunigten Bewegung weist die Beschleunigung immer denselben Wert auf, d. h. $a = \text{const}$.**

Beispiel: Ein Personenzug fahre mit der Beschleunigung $a = 0,12 \frac{\text{m}}{\text{s}^2}$ an.

Der Geschwindigkeitszuwachs je Sekunde beträgt also 0,12 m/s. Also ist die Geschwindigkeit nach Ablauf der 1. Sekunde 0,12 m/s, da ja ursprünglich $v = 0$ war.

In der zweiten Sekunde beträgt der Zuwachs ebenfalls 0,12 m/s. Also beträgt die Geschwindigkeit nach Ablauf der 2. Sekunde 0,24 m/s und nach Ablauf der 3. Sekunde 0,36 m/s.

1.16.2 Mittlere und augenblickliche Geschwindigkeit

Zum Durchfahren einer Rennstrecke von $s = 12$ km werden 3 min benötigt. Die Geschwindigkeit ist dabei nicht konstant, sondern auf der Geraden höher als in den Kurven. Dann gibt uns

$$v = \frac{s}{t} = \frac{12 \text{ km}}{1/20 \text{ h}} = 240 \text{ km/h}$$

die mittlere oder durchschnittliche Geschwindigkeit.

Bei einer gleichmäßig beschleunigten Bewegung ändert die Geschwindigkeit ständig ihren Wert. Eine Geschwindigkeitsangabe kann sich also nur auf einen ganz bestimmten „Augenblick" beziehen.

Die augenblickliche Geschwindigkeit ist die mittlere Geschwindigkeit für eine sehr kleine Zeitspanne.

1.16.3 Die Geschwindigkeit-Zeit-Beziehung

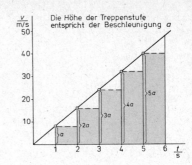

Die Höhe der Treppenstufe entspricht der Beschleunigung *a*

v, t-Schaubild *a* = const.

Der Zusammenhang von Geschwindigkeit und Zeit im v, t-*Schaubild wird durch eine zur Zeitachse geneigte Gerade gegeben.*

$v \sim t$

Beträgt die konstante Beschleunigung *a*, so beträgt die

Geschwindigkeit nach Ablauf der 1. Sekunde $v = a$

nach Ablauf der 2. Sekunde $v = 2a$

nach Ablauf von *t* s $\qquad v = a\,t$

> **Erfährt ein Körper während der Zeit *t* die Beschleunigung *a*, so erreicht er die Geschwindigkeit $v = a \cdot t$, wenn er ursprünglich in Ruhe war.**

> **Erreichte Geschwindigkeit = Beschleunigung · Zeit, innerhalb der die Beschleunigung wirkt.**

$$v = a \cdot t \qquad [1]$$

Beispiel: Die Beschleunigung eines anfahrenden Schnellzuges beträgt 0,25 m/s². Welche Geschwindigkeit wird nach einer Anfahrzeit von 80 s erreicht[1])?

$$v = a \cdot t = 0{,}25 \cdot 80\,\frac{\text{m} \cdot \text{s}}{\text{s}^2} = 20\,\frac{\text{m}}{\text{s}} = 20 \cdot 3{,}6\ \text{km/h} = 72\ \text{km/h}$$

1.16.4 Die Weg-Zeit-Beziehung

Der für einen Sonderfall bestätigte Satz, wonach die Fläche unter der *v*-Kurve im *v, t*-Diagramm dem zurückgelegten Weg entspricht (vgl. S. 79), gilt allgemein.

Damit folgt:

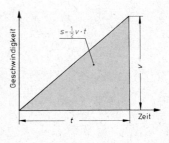

> **Hat ein aus der Ruhe gleichmäßig beschleunigter Körper nach Ablauf der Zeit *t* die Geschwindigkeit *v* erreicht, so beträgt der bis dahin zurückgelegte Weg**
>
> $$s = \frac{1}{2}\,v \cdot t. \qquad [2]$$

Beispiel: Ein aus der Ruhe gleichmäßig beschleunigtes Kraftfahrzeug hat nach 5 s die Geschwindigkeit 36 km/h erreicht. Welcher Weg wurde in dieser Zeit zurückgelegt?

---

[1]) Wegen der Umrechnung von m/s auf km/h sei hier und im folgenden auf Seite 78 verwiesen

Lösung: $s = \dfrac{1}{2} v \cdot t = \dfrac{1}{2} \, 10 \, \dfrac{\text{m}}{\text{s}} \cdot 5 \, \text{s} = 25 \, \text{m}$

Der zurückgelegte Weg ist als das Produkt aus mittlerer Geschwindigkeit und Zeit aufzufassen.

$$v_{\text{mittel}} = \frac{1}{2} \, (v_{\text{Anfang}} + v_{\text{Ende}}) = \frac{0 + v}{2} = \frac{v}{2}$$

Setzen wir gemäß [1] $v = a\,t$, so folgt

$$s = \frac{1}{2} \, v\,t = \frac{1}{2} \, a\,t \cdot t = \frac{1}{2} \, a\,t^2$$

Wirkt auf einen ursprünglich ruhenden Körper die konstante Beschleunigung *a*, so hat er nach der Zeit *t* den Weg $s = \dfrac{1}{2} \, a\,t^2$ **zurückgelegt.**   [3]

$$\text{zurückgelegter Weg} = \frac{\text{wirkende Beschleunigung} \cdot \text{Quadrat der verstrichenen Zeit}}{2}$$

---

1. Beispiel: Die Beschleunigung der Berliner Schnellbahn beträgt beim Anfahren $a = 0{,}55 \, \text{m/s}^2$.

a) Welchen Weg legt die Bahn innerhalb von 15 Sekunden nach dem Anfahren zurück?

b) Wie lange dauert es, bis eine Geschwindigkeit von 45 km/h erreicht ist?

c) Nach welcher Zeit hat die Bahn beim Anfahren eine Entfernung von 100 m hinter sich gebracht?

Lösung: a) nach [3] wird

$$s = \frac{1}{2} \, a\,t^2 = \frac{1}{2} \cdot 0{,}55 \cdot 15^2 \, \frac{\text{m}}{\text{s}^2} \cdot \text{s}^2 = 61{,}9 \, \text{m}$$

b) nach [1] ist

$$t = \frac{v}{a} = \frac{45 \, \text{km/h}}{0{,}55 \, \text{m/s}^2} = \frac{45 \, \text{m/s}}{3{,}6 \cdot 0{,}55 \, \text{m/s}^2} \frac{45}{1{,}98} \, \frac{\text{m s}^2}{\text{s m}} = 22{,}7 \, \text{s}$$

c) nach [3] wird

$$t = \sqrt{\frac{2s}{a}} = \sqrt{\frac{2 \cdot 100}{0{,}55} \, \frac{\text{m s}^2}{\text{m}}} = \sqrt{364 \, \text{s}^2} = 10 \cdot \sqrt{3{,}64} \, \text{s} = 19{,}1 \, \text{s}$$

2. Beispiel: Wie groß ist die Beschleunigung eines Kraftwagens in m/s², wenn er in 8 Sekunden auf eine Geschwindigkeit von 60 km/h gebracht werden kann?

Welche Geschwindigkeit hat der Wagen 3,5 Sekunden nach dem Start?

Lösung: Nach [1] ist

$$a = \frac{v}{t} = \frac{60 \, \text{km}}{1 \, \text{h} \cdot 8 \, \text{s}} = \frac{60\,000 \, \text{m}}{3600 \, \text{s} \cdot 8 \, \text{s}} = 2{,}1 \, \frac{\text{m}}{\text{s}^2}$$

Die Beschleunigung beträgt also $a = 2{,}1 \, \text{m/s}^2$. Die Geschwindigkeit nach 3,5 s errechnet sich nach [1] zu

$$v = a \cdot t = 2{,}1 \, \frac{\text{m}}{\text{s}^2} \cdot 3{,}5 \, \text{s} = 7{,}35 \, \frac{\text{m}}{\text{s}} = \frac{7{,}35 \cdot 3600 \cdot \text{km}}{1000 \, \text{h}} = 26{,}5 \, \frac{\text{km}}{\text{h}}$$

1.16.5 Die Geschwindigkeit-Weg-Beziehung

Gegeben sind die konstante Beschleunigung a und der zurückgelegte Weg s. Wie groß ist dann die erreichte Geschwindigkeit v?

Aus [1] folgt durch Quadrieren $v^2 = a^2 t^2$. Der sich hieraus ergebende Ausdruck $t^2 = \dfrac{v^2}{a^2}$ in [3] eingesetzt liefert

$$s = \frac{1}{2} a\, t^2 = \frac{1}{2}\, a\, \frac{v^2}{a^2} \text{ oder } v^2 = 2\, a\, s \text{ mit } v = \sqrt{2\, a\, s}$$

Erfährt ein Körper längs eines Weges s die konstante Beschleunigung a, so erreicht er die Geschwindigkeit $v = \sqrt{2\, a\, s}$. [4]

$$\boxed{v = \sqrt{2\, a\, s}}$$

Aufgabe: Ein Schnellzug hat beim Anfahren die Beschleunigung $a = 0{,}25$ m/s².

a) Wie lange dauert es, bis der Schnellzug die Geschwindigkeit 85 km/h erreicht hat?

b) Welche Geschwindigkeit hat der Schnellzug nach 300 m Anfahrweg?

c) Welchen Weg hat der Schnellzug zurückgelegt, wenn die Geschwindigkeit 50 km/h erreicht wird?

Lösung

a) nach [1] wird

$$t = \frac{v}{a} = \frac{85 \text{ km/h}}{0{,}25 \text{ m/s}^2} = \frac{85 \text{ m/s}}{3{,}6 \cdot 0{,}25 \text{ m/s}^2} = \frac{85}{0{,}9}\,\frac{\text{m s}^2}{\text{s m}} = 94 \text{ s}$$

b) nach [4] wird

$$v = \sqrt{2 a s} = \sqrt{2 \cdot 0{,}25 \cdot 300\,\frac{\text{m} \cdot \text{m}}{\text{s}^2}} = \sqrt{150} \text{ m/s}$$

$$= 12{,}25 \text{ m/s} = 12{,}25 \cdot 3{,}6 \text{ km/h} = 44 \text{ km/h}$$

c) nach [4] wird

$$s = \frac{v^2}{2a} = \frac{(50 \text{ km/h})^2}{2 \cdot 0{,}25 \text{ m/s}^2} = \frac{\left(\frac{50}{3{,}6}\right)^2}{0{,}5}\,\frac{\text{m}^2 \text{s}^2}{\text{s}^2 \text{m}} = \frac{50^2}{3{,}6 \cdot 3{,}6 \cdot 0{,}5} \text{ m} = 386 \text{ m}$$

Die Zusammenhänge zwischen v, s und t für $a = $ const. und $v_0 = 0$

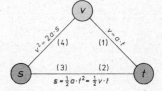

1.16.6 Die gleichmäßig beschleunigte Bewegung im Versuch

In dem bereits beschriebenen Fahrbahnversuch (vgl. S. 78) wird als treibende Kraft ein an einem Faden befestigter Körper mit der Gewichtskraft 0,1 N benutzt.

Versuchsergebnisse:

Zeit (s)	1	2	3	4	5
zurückgelegter Weg (cm)	4	16	37	66	102

Auswertung

1) Bestätigung des Weg-Zeit-Zusammenhangs $s \sim t^2$

Die Wege verhalten sich wie

oder nach Division durch 4 wie

Die zugehörigen Zeiten verhalten sich wie

Die Quadrate der Zeiten verhalten sich wie

4 : 16 : 37 : 66 : 102

1 : 4 : 9,3 : 16,5 : 25,5

1 : 2 : 3 : 4 : 5

1 : 4 : 9 : 16 : 25

Also folgt (von Meßfehlern abgesehen)

> **Die zurückgelegten Wege verhalten sich wie die Quadrate der jeweils benötigten Zeiten. Der Weg wächst also proportional zum Quadrat der Zeit an.** $\qquad s \sim t^2$

Wird die Zeit verdoppelt, so vervierfacht sich der Weg. Nach der dreifachen Zeit ist der Weg neunmal so groß.

2) Eine konstant wirkende Kraft verursacht eine gleichmäßig beschleunigte Bewegung.

Die augenblickliche Geschwindigkeit wurde im Versuch nicht gemessen. Der Zusammenhang $v \sim t$ ist aus den gemessenen Werten nur mit Hilfe eines zeichnerischen Verfahrens zu bestätigen, worauf wir hier verzichten.

1.17 Die gleichmäßig verzögerte Bewegung

1.17.1 Definition der Bremsverzögerung

Bei einer gleichmäßig verzögerten Bewegung nimmt die Geschwindigkeit in jeder Sekunde um denselben Betrag ab. Die Bremsverzögerung a_v — auch negative Beschleunigung genannt — hat einen konstanten Wert.

$$\text{Bremsverzögerung} = \frac{\text{Geschwindigkeitsabnahme}}{\text{Zeitdauer der Geschwindigkeitsänderung}} \quad \frac{m}{s^2}$$

Beispiel: Beim Bremsen eines Güterzuges betrage die Bremsverzögerung $a_v = 0,15 \frac{m}{s^2}$. Wie lang ist der Bremsweg, wenn der Zug bei einer Geschwindigkeit von 60 km/h auf den Stillstand abgebremst werden soll? Welche Zeit wird für den Abbremsvorgang benötigt?

Lösung:

Aus [4] in Abschnitt 1.16 $\quad s = \dfrac{v^2}{2a_V} = \dfrac{60^2}{3,6^2 \cdot 2 \cdot 0,15}\ \dfrac{m^2\ s^2}{s^2\ m} = 926\ m$

aus [1] in Abschnitt 1.16 $\quad t = \dfrac{v}{a_V} = \dfrac{60}{3,6 \cdot 0,15}\ \dfrac{m\ s^2}{s\ m} = 111\ s$

Ergebnis: Der Bremsweg beträgt 926 m, die Bremszeit beträgt 111 Sekunden.

1.17.2 Begründung der Formeln für Bremszeit und Bremsweg

Das Fahrzeug habe die Anfangsgeschwindigkeit v_0. Nimmt die Geschwindigkeit je Sekunde um den Wert a_V ab, so beträgt sie

nach Ablauf von 1 s $\quad v = v_0 - a_V$

nach Ablauf von 2 s $\quad v = v_0 - 2a_V$

nach Ablauf von t s $\quad v = v_0 - a_V t$

Somit gilt

$$v \quad = \quad v_0 \quad - \quad a_V t$$

augenblickliche $\qquad$ Anfangs- $\qquad$ Geschwindigkeits-
Geschwindigkeit $\quad$ geschwindigkeit $\quad$ abnahme durch
$\qquad\qquad\qquad v_0 =$ const. $\qquad$ Bremsen

Vom ursprünglichen Wert v_0 ausgehend, wird nun die Geschwindigkeit immer kleiner.

Wie lang ist die Bremszeit?

Schließlich erreicht die Geschwindigkeit des bremsenden Fahrzeuges den Wert Null. Ist das Fahrzeug in Ruhe, so ist in $v = v_0 - a_V t$ für v der Wert Null einzusetzen. Hieraus folgt

$$0 = v_0 - a_V t_0 \qquad t_0 = \frac{v_0}{a_V}$$

Erster Satz über die gleichmäßig verzögerte Bewegung

> Wird ein mit der Geschwindigkeit v_0 bewegtes Fahrzeug mit der Verzögerung a_V abgebremst, so kommt es nach der Zeit $t_0 = \dfrac{v_0}{a_V}$ zum Stillstand.

$$\text{Bremszeit} = \frac{\text{Fahrgeschwindigkeit}}{\text{Bremsverzögerung}}$$

v_0 bedeutet die Geschwindigkeit bei Bremsbeginn.

Der Bremsweg folgt aus dem v, t-Schaubild zu $s = \dfrac{1}{2}\, v_0 t_0$.

Den oben erhaltenen Wert für die Bremszeit t_0 eingesetzt, ergibt

$$s = \frac{1}{2}\, v_0 \frac{v_0}{a_V} = \frac{1}{2}\, \frac{v_0^2}{a_V}$$

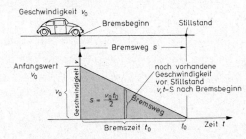

Geschwindigkeit-Zeit-Schaubild des Bremsvorganges

> Das Abbremsen eines Fahrzeugs von der Geschwindigkit v_0 bis zum Stillstand erfordert bei der Bremsverzögerung a_V den Bremsweg
>
> $$s = \frac{v_0{}^2}{2a}.$$

1.17.3 Eine Faustformel für den Bremsweg

Setzen wir in der Formel für den Bremsweg für $a_V = 3,5 \frac{m}{s^2}$ ein, so erhalten wir

$$s = \frac{v_0{}^2}{3,6^2 \cdot 2 \cdot 3,5} \frac{m^2 \cdot s^2}{s^2 \cdot m} = \frac{v_0{}^2}{91} m$$

Näherungsweise gilt also

$$s \approx \frac{v_0{}^2}{100} = \left(\frac{v_0}{10}\right)^2 \qquad v_0 \text{ in km/h}; \quad s \text{ in m}$$

Im Gegensatz zu der in der Physik üblichen Größengleichung handelt es sich hier um eine Zahlenwertgleichung, die nur dann richtig ist, wenn s und v_0 in den angegebenen Einheiten eingesetzt werden[1]).

Aufgabe: Ein Kraftfahrzeug wird bei einer Geschwindigkeit von 100 km/h plötzlich abgebremst. Wie lang ist der Bremsweg a) nach der Faustformel, b) bei einer Bremsverzögerung von $a_V = 3,5$ m/s², c) $a_V = 2,5$ m/s²?

Lösung

a) Nach der Faustformel wird für $v_0 = 100$ km/h

$$s = \frac{100 \cdot 100}{100} = 100 \text{ m}$$

b) Die genaue Formel liefert für $a_V = 3,5$ m/s²

$$s = \frac{v_0{}^2}{2a_V} = \frac{100^2 \cdot m^2 \, s^2}{3,6^2 \cdot 7 \, s^2 \cdot m} = 110 \text{ m}$$

c) und für $a_V = 2,5$ m/s²

$$s = \frac{100^2}{3,6^2 \cdot 5} \text{ m} = 154 \text{ m}$$

Aufgabengruppe Mechanik 10: Übungen zu 1.16 und 1.17
Gleichmäßig beschleunigte und gleichmäßig verzögerte Bewegung

(Bei sämtlichen Aufgaben darf so gerechnet werden, als wenn es sich streng um gleichmäßig beschleunigte oder gleichmäßig verzögerte Bewegungen handeln würde.)

1. Wie groß ist die durchschnittliche Beschleunigung eines Kraftwagens in m/s², wenn dieser in 13,5 Sekunden aus dem Stand auf eine Geschwindigkeit von 80 km/h beschleunigt wird?

---

[1]) Zahlenwertgleichungen sind in der Physik möglichst zu vermeiden

2. Der Wagen im Fahrbahnversuch (vgl. Abschn. 1.16.6) hat nach 4 Sekunden den Weg 66 cm zurückgelegt. Wie groß ist die Beschleunigung in m/s²?

3. Wie groß ist die wirksame Beschleunigung in m/s², wenn ein Fahrzeug in 26 Sekunden von 50 km/h auf 80 km/h gebracht werden kann?

4. Ein Kraftwagen hat die Anfahrbeschleunigung $a = 2,1$ m/s². Wie groß ist die Geschwindigkeit in m/s und km/h nach einem Fahrweg von $s = 150$ m?

5.* Ein Kraftwagen bewegt sich mit der Geschwindigkeit $v_0 = 60$ km/h auf einer geraden Straße. Er erfährt während der Zeit von 12 Sekunden die Beschleunigung 1 m/s². Wie lang ist der in dieser Zeit zurückgelegte Weg?

6. Zu Versuchszwecken (Untersuchung der Bremswirkung von Fallschirmen bei Überschallgeschwindigkeiten) baute eine amerikanische Firma einen Schienen-Raketenschlitten, der innerhalb von 4,5 Sekunden die Geschwindigkeit 2850 km/h entwickelt. Wie groß ist die Beschleunigung in m/s², wenn man eine gleichmäßig beschleunigte Bewegung zugrunde legt?

7. Bei einem Gewehr verursachen die sich ausdehnenden Pulvergase eine konstante Kraft auf das Geschoß, was zu einer konstanten Beschleunigung Anlaß gibt. Wie hoch ist die dem Geschoß erteilte Beschleunigung, wenn die Geschwindigkeit des Geschosses beim Verlassen des Laufes 850 m/s beträgt und der Lauf 120 cm lang ist?

8. Welchen Bremsweg benötigt ein Personenzug, um von einer Geschwindigkeit von 50 km/h völlig abgebremst zu werden ($a_v = 0,3$ m/s²)?

9. Ein Schnellzug benötigt zum Abbremsen von 80 km/h auf den Stillstand eine Strecke von 510 m. Wie groß war die Bremsverzögerung?

10. Es sind die notwendigen Bremswege zur Erreichung des Stillstandes anzugeben:

    Güterzug von 45 km/h mit $a_v = 0,15$ m/s²;

    Schnellzug von 100 km/h mit $a_v = 0,5$ m/s²;

    Motorrad von 120 km/h bei trockener, griffiger Straße mit $a_v = 6$ m/s².

11. Ein Kraftwagen mit Vierradbremse (Bremsverzögerung $a_v = 5,15$ m/s²) hat die Geschwindigkeit 90 km/h. Der Fahrer stellt ein Hindernis in 120 m Entfernung fest. Ist eine rechtzeitige Bremsung noch möglich?

    Wie lang muß der Bremsweg sein, falls nur eine Zweiradbremse ($a_v = 3,15$ m/s²) zur Verfügung steht?

12. Bei einer ebenen Straße (Schotter gewalzt und geteert oder Kopfsteinpflaster trocken) beträgt der Höchstwert der Bremsverzögerung, da die Haftgrenze erreicht wird, $a_v = 6$ m/s². Wie lang sind die Bremswege bei 40 km/h, 90 km/h und 160 km/h? Man vergleiche mit dem Ergebnis der Faustformel.

13. Nach welcher Anfahrzeit wird die Geschwindigkeit 45 km/h erreicht:

    a) bei einem Personenzug ($a = 0,18$ m/s²);

    b) bei einem Schnellzug ($a = 0,25$ m/s²)?

14. Der letzte Wagen eines Personenzuges hat bis zum Verlassen des Bahnsteiges die Entfernung 180 m zurückgelegt. Welche Geschwindigkeit hat der Wagen in diesem Augenblick ($a = 0,12$ m/s²)?

1.18 Der freie Fall[1])

Die Ursache des freien Falls ist die Schwerkraft. Beim Fallen eines Körpers kann sich nur eine gleichmäßig beschleunigte Bewegung ausbilden, soweit die Schwerkraft konstant ist (vgl. S. 88).

Die einem Körper von der Schwerkraft erteilte Beschleunigung heißt Fallbeschleunigung g[2]).

$$g = 9,81 \frac{m}{s^2}$$

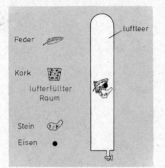

Die Fallbeschleunigung an der Erdoberfläche weist geringfügige Schwankungen auf (Äquator 9,78 m/s² und an den Polen 9,83 m/s²).

Alle Körper fallen gleich schnell.

In einer luftleer gepumpten Glasröhre ist das leicht nachzuweisen.

Im lufterfüllten Raum treten Abweichungen auf. Ursache ist der Luftwiderstand, der sich verschieden stark auswirkt.

Bei großer Masse und kleiner Oberfläche macht er sich kaum bemerkbar (z. B. Stahlkugel).

In beiden Fällen wurden alle Körper oben gleichzeitig losgelassen.

Zur *Bestimmung der Fallbeschleunigung g* lassen wir eine Metallkugel aus dem 3. Stock eines Hauses fallen. Aus Fallweg s und Fallzeit t ergibt sich nach [3] in Abschnitt 1.16

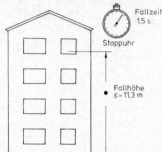

$$g = a = \frac{2s}{t^2} = \frac{2 \cdot 11,3}{1,5^2} \frac{m}{s^2} = 10 \ m/s^2$$

Vielfach reicht es aus, angenähert mit $g = 10$ m/s² zu rechnen. Zur genaueren Bestimmung von g gibt es verschiedene Verfahren, von denen wir eines anführen:

Ein Eisenkörper wird durch einen Elektromagneten festgehalten. Bei Stromunterbrechung fällt der Körper herunter. Gleichzeitig beginnt nun eine Stoppuhr zu laufen, die beim Auftreffen des Fallkörpers auf dem Boden über einen zweiten Kontakt wieder abgestellt wird.

Die *Gesetze*[3]) *des freien Falls* ergeben sich aus den für die gleichmäßig beschleunigte Bewegung abgeleiteten Beziehungen (vgl. Abschn. 1.16), wenn wir a durch g und den Weg s durch die Fallhöhe h ersetzen:

---

erreichte Geschwindigkeit = Fallbeschleunigung · Fallzeit	$v = g \cdot t$

Fallweg = halbe Fallbeschleunigung · Quadrat der Fallzeit

$$h = \frac{1}{2} g \, t^2$$

---

[1]) Gravitation, siehe S. 1 ff. und S. 102

[2]) von lat. gravitas = Schwere, frei, hier = unbehindert

[3]) Der Entdecker der Gesetze des freien Falls ist der italienische Physiker, Mathematiker und Astronom Galileo Galilei (1564—1642)

$$v = \sqrt{2g\,h}$$

Einschränkung: Die Fallgesetze gelten streng genommen nur im luftleeren Raum und bei konstanter Schwerkraft.

1. Beispiel: Welche Wege legt ein Körper zurück, wenn er 1, 2, 3, 4 und 5 Sekunden lang fällt?

Lösung: Bei 1 Sekunde Fallzeit beträgt der zurückgelegte Weg

$$h = \frac{1}{2}\,g\,t^2 = \frac{1}{2}\,10 \cdot 1^2\,\frac{m\,s^2}{s^2} = 5\ m$$

Für $t = 2$ s wird

$$h = \frac{1}{2} \cdot 10 \cdot 4\,\frac{m\,s^2}{s^2} = 20\ m$$

Entsprechend wird der Fallweg h bei einer Fallzeit von

   3 Sekunden: $h = 45$ m
   4 Sekunden: $h = 80$ m
   5 Sekunden: $h = 125$ m

2. Beispiel: Wie hoch ist die Geschwindigkeit eines fallenden Körpers nach der 1., 2., 3., 4. und 5. Sekunde?

Lösung: Nach 1 Sekunde Fallzeit ist

$$v = g \cdot t = 10 \cdot 1\,\frac{m\,s}{s^2} = 10\ m/s = 10 \cdot 3{,}6\ km/h = 36\ km/h$$

Nach 2 Sekunden Fallzeit wird

$$v = g \cdot t = 10 \cdot 2\,\frac{m\,s}{s^2} = 20\ m/s = 20 \cdot 3{,}6\ km/h = 72\ km/h$$

Entsprechend wird:

   $t = 3$ s $v = 30$ m/s $= 108$ km/h
   $t = 4$ s $v = 40$ m/s $= 144$ km/h
   $t = 5$ s $v = 50$ m/s $= 180$ km/h

3. Beispiel: Welche Zeit benötigt ein Körper, um eine Höhe von 200 m zu durchfallen?

Lösung: Aus $h = \frac{1}{2}\,g\,t^2$ folgt $t = \sqrt{\dfrac{2\,h}{g}} = \sqrt{\dfrac{2 \cdot 200\ m \cdot s^2}{10}\ \dfrac{}{m}} = 6{,}3$ s

4. Beispiel: Ein Körper erreicht mit der Geschwindigkeit 65 m/s den Erdboden. Wie lange ist er frei gefallen?

$$t = \frac{v}{g} = \frac{65}{10}\,\frac{m\,s^2}{s\,m} = 6{,}5\ s$$

5. Beispiel: Aus welcher Höhe muß eine Stahlkugel fallen, damit sie mit der Geschwindigkeit 40 km/h unten ankommt?

Lösung: Aus $v^2 = 2\,g\,h$ folgt $h = v^2 / 2\,g$

$$h = \frac{(40\ km/h)^2}{2 \cdot 10\ m/s^2} = \frac{40^2\ m^2\,s^2}{3{,}6^2\ s^2\,2 \cdot 10\ m} = 6{,}2\ m$$

Aufgabengruppe Mechanik 11: Übungen zu 1.18
Der freie Fall

$\left(\text{Der Luftwiderstand ist bei allen Aufgaben zu vernachlässigen; } g = 9{,}81 \, \frac{m}{s^2}\right)$

1. Welche Höhe kann ein Stein in 6 Sekunden durchfallen? Welche Geschwindigkeit hat er dann?

2. Wie lange dauert es, bis ein Stein, der von der oberen Aussichtsplattform des Stuttgarter Fernsehturms (152,4 m) herunterfällt, auf dem Erdboden auftrifft?

3. Welche Geschwindigkeit erreicht am Erdboden ein Körper, der von der Spitze des Empire State Building (380 m) in New York heruntergefallen ist? Wie lange dauert der Fall?

4.* In einen Brunnenschacht unbekannter Tiefe fällt ein Stein. Vom Loslassen des Steines bis zur Wahrnehmung des Aufschlags vergehen 4,00 Sekunden. Wie tief ist der Schacht? (*Anleitung:* Fallzeit und Laufzeit des Schalls betragen zusammen 4 s. Schallgeschwindigkeit 330 m/s. Die Lösung führt auf eine quadratische Gleichung.)

5. Welche Geschwindigkeit wird beim Sprung vom 10-m-Turm im Schwimmbad erreicht?

6. Wir beobachten, daß ein von einer Brücke geworfener Stein die Wasseroberfläche in 2,5 Sekunden erreicht. Wie hoch ist die Brücke über der Wasserfläche?

7. Bei Untersuchungen über die Auswirkungen von Verkehrsunfällen läßt man Fahrzeuge aus bestimmter Höhe auf eine Straße stürzen. Aus welcher Höhe muß ein Fahrzeug fallen, damit es mit einer Geschwindigkeit von 60 km/h (100 km/h, 160 km/h) ankommt?

8. Aus einem Ballon wird aus einer Höhe von 600 m ein Sandsack abgeworfen. Mit welcher Geschwindigkeit kommt der Sack am Boden an? Wie lang ist die Fallzeit?

9. Von der defekten Dachrinne eines mehrstöckigen Hauses tropft Wasser auf die Straße herab. Der zeitliche Abstand der Tropfen beträgt ½ Sekunde. Wie weit sind zwei Tropfen voneinander entfernt, wenn sich der eine davon gerade von der Rinne ablöst?

10. Wie lange dauert es, bis eine frei fallende Stahlkugel die Geschwindigkeit eines Schnellzuges (80 km/h) und die des Schalls (330 m/s) erreicht hat?

1.19 Das Trägheitsgesetz

> **Den Widerstand, den ein Körper einer Bewegung oder Bewegungsänderung entgegensetzt, bezeichnen wir als Trägheit oder Beharrungsvermögen.**

Wir unterscheiden zwei Wirkungen der Trägheit:

> **Ein ruhender Körper „will" in Ruhe bleiben (Trägheit der Ruhe).**
> **Ein bewegter Körper „will" in Bewegung bleiben (Trägheit der Bewegung).**

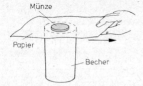
Münze
Papier
Becher

1. Versuch (Trägheit der Ruhe)

Wird der Papierbogen genügend rasch nach der Seite weggezogen, so fällt die Münze ins Glas. Die Münze ist träge und bleibt im Zustand der Ruhe.

2. Versuch (Trägheit der Ruhe)

Während bei zunehmender Belastung der Schale der Faden oberhalb des Gewichts G abreißt (a), liegt bei ruckartigem Anziehen des Handgriffs die Zerreißstelle unterhalb (b).

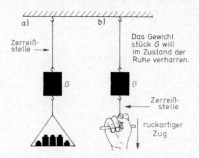

3. Versuch (Trägheit der Bewegung [kräftefreie Bewegung])

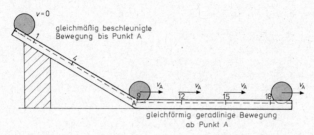

Wir lassen eine Metallkugel aus einer geneigten Rinne in eine waagerechte Rinne übertreten. Die nach Ablauf ganzer Sekunden zurückgelegten Wege werden durch Kreidestriche gekennzeichnet.

Auf der geneigten Strecke wirkt eine konstante Kraft, der Hangabtrieb. Die Folge ist eine gleichmäßig beschleunigte Bewegung (Abschn. 1.16.6).

Auf der Waagerechten wirkt keine Kraft mehr. Die Kugel bewegt sich gleichförmig geradlinig mit der bei A erreichten Geschwindigkeit v_A.

Wirkt keine Kraft mehr auf die Kugel ein, so behält sie ihre einmal erreichte Geschwindigkeit auf einer sehr glatten Unterlage beliebig lange bei. Praktisch kommt sie wegen der unvermeidlichen Reibung nach einiger Zeit zur Ruhe. Auch ohne Rinne ist die Bewegung in der Waagerechten geradlinig.

Die gefundenen Ergebnisse lassen sich zusammenfassen im

Trägheitsgesetz von Newton[1])

> **Jeder Körper verharrt im Zustand der Ruhe oder der gleichförmigen geradlinigen Bewegung, solange keine Kraft auf ihn wirkt.**

Beispiele und Anwendungen

Eine Straßenbahn hält ruckartig an. Dadurch können Fahrgäste zu Fall kommen, da deren Körper bestrebt sind, die ursprüngliche Bewegung weiterzumachen (Trägheit der Bewegung). Durch plötzliches Anhalten eines Zuges kann der Koffer aus dem Gepäcknetz stürzen. — Für rasches Anfahren gilt Entsprechendes (Trägheit der Ruhe).

---

[1]) Isaac Newton, bedeutender englischer Physiker, Mathematiker und Astronom (1643—1727). Neben zahlreichen anderen Entdeckungen stellte er die Grundgleichungen der Bewegungslehre auf, die noch heute uneingeschränkt Gültigkeit besitzen. — Der Begriff der Trägheit wurde von Galilei (vgl. Abschn. 1.18) eingeführt. Dieser erkannte jedoch noch nicht, daß *alle* Körper die Eigenschaft der Trägheit besitzen

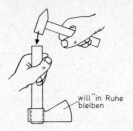

Ausnutzung der Trägheit der Bewegung zur Befestigung eines gelockerten Hammerstiels. Der Stiel wird gegen eine harte Unterlage gestoßen.

Ausnutzung der Trägheit der Ruhe bei der Befestigung des locker gewordenen Stieles einer Axt. Es genügt, mit dem Hammer gegen den Axtstiel zu schlagen.

1.20 Das dynamische Grundgesetz der Mechanik

1.20.1 Masse und Trägheit

Der Begriff der Masse wurde bisher schon benutzt. Eine genaue Begriffsbestimmung stand jedoch noch aus. Um das kennzeichnende Merkmal der Masse, nämlich die Trägheit, verstehen zu können, führen wir einige Wurfversuche mit Hilfe einer Federkanone durch. Dabei werden Geschosse gleicher Größe und Form, aber aus unterschiedlichem Werkstoff verwendet.

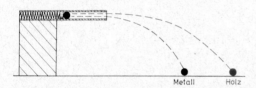

Die Wurfweiten einer Federkanone sind trotz gleicher Kraftwirkung und gleicher Geschoßgröße je nach dem Werkstoff des Geschosses sehr unterschiedlich. Die Bleikugel mit ihrer großen Masse setzt der Bewegung einen größeren Widerstand entgegen als die Holzkugel mit ihrer geringeren Masse.

Je größer die Masse, desto größer der Bewegungswiderstand, desto größer die Trägheit.

> **Die Masse ist ein Maß für die Trägheit eines Körpers.**

1.20.2 Zusammenhang zwischen Kraft, Beschleunigung und Masse

Aus dem Trägheitsgesetz (Abschn. 1.19) folgt: Soll ein Körper nicht in seinem ursprünglichen Zustand der Ruhe verharren, sondern soll er eine Beschleunigung erfahren, so ist hierzu eine Kraft notwendig. (Beim 3. Versuch in Abschn. 1.19 war die Bewegung nur so lange beschleunigt, wie der Hangabtrieb wirkte. Nach Erreichen des Punktes A war die Beschleunigung Null.) Gleichwertig ist die Aussage: Wirkt eine Kraft auf einen Körper, so tritt eine Beschleunigung auf. Beispiel: Die Antriebskraft des Motors beschleunigt ein Fahrzeug. Es gilt nun die Frage zu beantworten, welche Beschleunigung ein bestimmter Körper durch eine gegebene Kraft erfahren kann. Um den Zusammenhang zwischen bewegungsändernder Kraft, erzeugter Beschleunigung und der Masse des betrachteten Körpers aufzufinden, führen wir Versuche durch. Die Lehre von der Kraft bzw. Kraft und Bewegung heißt Dynamik, daher wird die Beziehung „dynamisches Grundgesetz" genannt. Auch dieses Gesetz, das für die Mechanik von grundlegender Bedeutung ist, wurde von I. Newton aufgestellt.

Es wird auch als „Kraftwirkungsgesetz von Newton" oder genauer als „zweites Grundgesetz der Mechanik" bezeichnet. Die beiden anderen Grundgesetze der Mechanik, ebenfalls von Newton, sind das Trägheitsgesetz (erstes Grundgesetz; vgl. Abschn. 1.19) und das Gesetz von Wirkung und Gegenwirkung (drittes Grundgesetz; vgl. Abschn. 1.4).

Versuch: Auf der Fahrbahn (Versuchsaufbau wie in Abschn. 1.16) werden bei verschiedenen Antriebskräften zusammengehörige Wege und Zeiten gemessen. Die Beschleunigung läßt sich dann aus $a = 2\,s/t^2$ errechnen, wenn die Bewegung gleichmäßig beschleunigt war.

Die Wagenmasse beträgt 0,5 kg, die Masse eines Zusatzgewichtes ist ebenfalls 0,5 kg.

1. Untersuchung: Änderung der Antriebskraft bei gleichbleibender Masse. Wagen mit 2 Zusatzgewichten, also Gesamtmasse 1,5 kg.

Antriebskraft F	zurückgelegter Weg s	benötigte Zeit t	errechnete Beschleunigung $a = \dfrac{2\,s}{t^2}$
$F_1 = 0{,}1$ N	0,12 m	2 s	$a_1 = 0{,}06\,\dfrac{m}{s^2}$
$F_2 = 0{,}2$ N	0,25 m	2 s	$a_2 = 0{,}125\,\dfrac{m}{s^2}$
$F_3 = 0{,}4$ N	0,49 m	2 s	$a_3 = 0{,}245\,\dfrac{m}{s^2}$

Sehen wir von Streuungen der Meßwerte ab, so folgt:

> Bei doppelter Kraft ist die Beschleunigung doppelt so groß. Bei vierfacher Kraft ist die Beschleunigung viermal so groß;

also, die Kraft ist proportional der Beschleunigung; $F \sim a$, in Zahlen

$$a_1 : a_2 : a_3 = 6 : 12{,}5 : 24{,}5 = 1 : 2 : 4$$
$$F_1 : F_2 : F_3 = 10 : 20 : 40 = 1 : 2 : 4$$

Umgekehrt können wir auch sagen:

Die erzeugte Beschleunigung ist proportional der wirkenden Kraft.

1. Ergebnis: $\boxed{a \sim F}$ (bei gleichbleibender Masse)

2. Untersuchung: Änderung der Masse bei gleichbleibender Antriebskraft 1 N.

bewegte Masse m	zurückgelegter Weg s	benötigte Zeit t	errechnete Beschleunigung $a = \dfrac{2\,s}{t^2}$
Wagen leer, $m_1 = 0{,}5$ kg	0,37 m	2 s	$a_1 = 0{,}185\,\dfrac{m}{s^2}$
Wagen + 1 Zusatzgewicht, $m_2 = 1$ kg	0,18 m	2 s	$a_2 = 0{,}090\,\dfrac{m}{s^2}$
Wagen + 2 Zusatzgewichte, $m_3 = 1{,}5$ kg	0,12 m	2 s	$a_3 = 0{,}060\,\dfrac{m}{s^2}$

Aus den Zahlenwerten folgt:

> Eine gleichbleibende Kraft erteilt der halben Masse die doppelte Beschleunigung. Ist die Masse nur ein Drittel, so wird die Beschleunigung dreimal so groß.

Je größer die Masse, desto kleiner ist die Beschleunigung.

2. Ergebnis:

$$a \sim \frac{1}{m}$$

a ist umgekehrt proportional zu m.

(bei gleichbleibender Kraft)

Da $a \sim F$ und $a \sim 1/m$, so gilt auch $a \sim \dfrac{F}{m}$

Mit dem Proportionalitätsfaktor k folgt damit $a = k \cdot \dfrac{F}{m}$

Bei Verwendung geeigneter Maßeinheiten (vgl. Abschn. 1.21) wird $k = 1$. Damit lautet das dynamische Grundgesetz der Mechanik

wirkende Kraft = Masse · erteilte Beschleunigung	$F = m \cdot a$

Die wirkende Kraft ist gleich dem Produkt aus der Masse des bewegten Körpers und der erteilten Beschleunigung.

Umformung: Wirkt eine Kraft F an der Masse m, so beträgt die erteilte Beschleunigung $a = F/m$.

Ist uns die Beziehung $F = m \cdot a$ bekannt, so sind daraus Folgerungen zu ziehen, die mit unseren Versuchsergebnissen selbstverständlich übereinstimmen. Setzen wir z. B. $F = 0$, d. h. es soll keine Kraft wirken, so folgt $m \cdot a = 0$. Da $m \neq 0$ ist, so muß $a = 0$ sein. Die Folge davon ist $v =$ const. (keine Beschleunigung, d. h. kein Geschwindigkeitszuwachs pro s, bedeutet gleichbleibende Geschwindigkeit!). Wir haben also erkannt:

Bei der kräftefreien Bewegung ($F = 0$) ist die Geschwindigkeit konstant (3. Versuch in Abschn. 1.19: Ab Punkt A ist $v =$ const. Sorgen wir dafür, daß beim Fahrbahnversuch in Abschn. 1.16.6 das Antriebsgewicht nach Zurücklegung des halben Weges auf einem Blechteller aufliegt, so erfolgt die Bewegung des Wagens in der zweiten Weghälfte mit konstanter Geschwindigkeit; allgemein ist dies der Fall der Trägheit der Bewegung).

War die Geschwindigkeit ursprünglich Null, so bleibt sie Null. In diesem Fall hat die Konstante in $v =$ const. den Wert Null (Trägheit der Ruhe).

Wirkt also auf einen beschleunigten Körper plötzlich keine Kraft mehr ($F = 0$), so erfolgt die weitere Bewegung gleichförmig ($v =$ const.). So ist zu verstehen, warum wir in Abschn. 1.14.2 durch einen Stoß eine gleichförmige Bewegung erzeugen konnten.

1.20.3 Die Berechnung der Gewichtskraft aus der Masse

Wenden wir das Grundgesetz der Mechanik $F = m \cdot a$ auf einen fallenden Körper der Masse m an, so ist die wirkende Kraft die Gewichtskraft G und die Beschleunigung g.

Also gilt

Gewichtskraft = Masse · Fallbeschleunigung	$G = m g$

Wir erhalten die Gewichtskraft eines Körpers, wenn wir seine Masse mit der Fallbeschleunigung multiplizieren.

Experimentelle Überprüfung

Tatsächlich wurde festgestellt, daß die Werte der Fallbeschleunigung an der Erdoberfläche etwas schwanken, und zwar genau in derselben Weise wie die ermittelten Gewichtskräfte eines Körpers.
Größere Fallbeschleunigung am Pol bedeutet auch größere Gewichtskraft.

Es gilt: $G_1 : G_2 = g_1 : g_2$ oder $G \sim g$

Außerdem wissen wir, daß die Anziehungskraft der Erde in demselben Verhältnis wie die Masse zunimmt. Ein Körper von doppelt so großer Masse hat auch das doppelte „Gewicht".

Es gilt also auch: $G \sim m$

Hieraus folgt: $G \sim m \cdot g$, und mit dem Proportionalitätsfaktor 1 ergibt sich wie oben $G = m \cdot g$

Für die Anwendung des Grundgesetzes ist es also gleichgültig, ob eine Kraft F einer Masse m die Beschleunigung a, oder ob die Schwerkraft dieser Masse die Fallbeschleunigung g erteilt.

Es ist eine höchst merkwürdige Tatsache, daß sich aus derselben physikalischen Größe m die zur Überwindung der Trägheit notwendige Kraft $F = m \cdot a$ und das auf die Unterlage drückende „Gewicht" $G = m \cdot g$ berechnen läßt.

Je größer die Masse eines Körpers, desto größer ist einerseits sein „Gewicht" und andererseits seine Trägheit. Zwei so grundverschiedene Eigenschaften wie Schwere und Widerstand gegen Bewegungsänderungen hängen von derselben physikalischen Maßgröße m ab.

Um zum Ausdruck zu bringen, daß die physikalische Größe „Masse" in zwei so verschiedenen Beziehungen auftritt, bezeichnet man das m in $F = m \cdot a$ als „träge Masse", während das m in $G = m \cdot g$ die „schwere Masse" darstellt. Eine Unterscheidung ist im folgenden nicht notwendig, da $m_{\text{träge}}$ und m_{schwer} infolge der Wahl der Einheiten einander gleich sind.

1.21 Die Maßsysteme der Physik und der Technik

Beim Grundgesetz der Mechanik ist bisher die Frage noch offengeblieben, in welchen Maßeinheiten gemessen werden soll. Die Maßeinheiten müssen so aufeinander abgestimmt sein, daß sich aus dem Produkt von Masse und Beschleunigung die Maßeinheit einer Kraft ergibt. Dieses Ziel ist auf verschiedenen Wegen zu erreichen.

1.21.1 Die Einheit der Kraft im gesetzlichen Einheitensystem SI

Beim Rechnen mit dem Grundgesetz der Mechanik müssen die Maßeinheiten so aufeinander abgestimmt sein, daß sich aus dem Produkt (Masseneinheit) mal (Beschleunigungseinheit) die Maßeinheit der Kraft ergibt.

Das seit dem 30. 6. 1970 gesetzlich gültige Einheitensystem SI = Système International d'Unités — definiert die neue Krafteinheit 1 Newton als die *Kraft, die einem Körper der Masse 1 Kilogramm die Beschleunigung 1 „Meter durch Sekundequadrat"* erteilt.

Im gesetzlichen Einheitensystem SI sind nach dem Grundgesetz der Dynamik die Größenarten Masse, Weg und Zeit *Grundgrößenarten* und die Größenarten Beschleunigung und Kraft *abgeleitete Größenarten.*

Die Maßeinheiten der Grundgrößenarten sind

      für die Masse: 1 Kilogramm

      für den Weg: 1 Meter

      für die Zeit: 1 Sekunde

Die Maßeinheiten der abgeleiteten Größenarten sind

      für die Geschwindigkeit: 1 Meter durch 1 Sekunde

      für die Beschleunigung: 1 Meter durch 1 Sekunde durch 1 Sekunde

                = 1 „Meter durch Sekundequadrat"

Für die abgeleitete Größenart *Kraft* wurde eine spezielle neue Einheit zugleich mit einer neuen Bezeichnung festgelegt, um sie von der bisher benutzten Krafteinheit 1 Kilopond — und von anderen Krafteinheiten — zu unterscheiden und abzuheben.

Abgeleitete Größenart	SI-Einheit
Kraft	$1 \text{ Newton} = 1 \dfrac{\text{kg} \cdot \text{m}}{\text{s}^2}$

Während bei dem bis zum 31. 12. 1974 in Deutschland noch zugelassenen sogenannten Technischen Maßsystem — eigentlich auch „Einheitensystem" — die Krafteinheit als die orts- und zeitveränderliche Gewichtskraft eines Probekörpers definiert war, leitet das neue Internationale Einheitensystem die Krafteinheit aus der unveränderlichen Masse desselben Probekörpers und der Beschleunigungseinheit her. Die Beschleunigungseinheit entsteht aus den Einheiten der Länge (des Weges) und der Zeit, die beide mit sehr großer Genauigkeit dargestellt werden können und gesetzlich festgelegt sind. Eine noch verbleibende Schwäche des neuen Einheitensystems ist die Bindung der Masseneinheit an einen bestimmten und immerhin vergänglichen Probekörper.

Die Technische Krafteinheit wurde indessen nie international anerkannt.

Das Technische System benutzte im Gegensatz zum SI die **Gewichtskraft** des Probekörpers als **Grundeinheit** der Kraft und leitete daraus die Technische Einheit der Masse her (1 Technische Masseneinheit war mit $G = m \cdot g \rightarrow m = G/g \rightarrow 1$ TME $\approx 0{,}102$ kp $\cdot$ m^{-1} $\cdot$ s^2

Es sind also zu unterscheiden — je nach Wahl der Grundgrößenarten und der daraus abgeleiteten Größenarten:

Maßsysteme, z. B. das SI und das Technische Maßsystem, die sich zunächst grundsätzlich durch die Vereinbarung der Grundgrößenarten und der abgeleiteten Größenarten unterscheiden — ohne Rücksicht auf die Definition der darin verwendeten **Maßeinheiten** und **Einheitensysteme**, die sich grundsätzlich durch die gewählten Maßeinheiten unterscheiden.

Das SI benutzt also als **Maßsystem** die Masse als Grundgrößenart und leitet daraus mit der Beschleunigung die Kraft ab.

Für den praktischen und öffentlichen Gebrauch sind darin die Einheiten gesetzlich vorgeschrieben: N, kg, m/s^2.

Das Technische „Maßsystem" hatte die Gewichtskraft als Grundgrößenart und leitete daraus mit der Beschleunigung die Masse ab und benutzte die Einheiten Kilopond, Technische Masseneinheit.

Neben den genannten beiden Maß- und Einheitensystemen gab und gibt es weitere, hier nicht behandelte Maß- und Einheitensysteme, z. B. das in der theoretischen Physik lange gebräuchliche CGS(Zentimeter-Gramm-Sekunden)-System, das aber für den öffentlichen Gebrauch gesetzlich nicht zugelassen ist.

Ist eine Aufgabe in nicht zum gesetzlichen Einheitensystem gehörige Einheiten gestellt, so müssen die entsprechenden Größen in das SI umgerechnet werden; dabei sind fast immer die Annäherungen 1 Kilopond $\approx$ 10 Newton und $g \approx$ 10 m/s^2 zulässig.

1. Beispiel: Ein Fahrzeug wiegt 1200 kp. Es wird in 6 Sekunden auf 32 km/h beschleunigt. Wie hoch ist — abgesehen von Reibung und Luftwiderstand — die erforderliche Antriebskraft?

Lösung: 1200 kp $\approx$ 12 000 N; $\quad$ 32 km/h $= \dfrac{32\,000 \text{ m}}{3600 \text{ s}}$; $\quad g \approx 10 \dfrac{\text{m}}{\text{s}^2}$

$$a = \frac{v}{t} = \frac{32\,000}{3600 \cdot 6} \frac{\text{m}}{\text{s}^2} = 1{,}48 \frac{\text{m}}{\text{s}^2}$$

$$m = \frac{G}{g} = \frac{12\,000 \text{ N}}{10 \text{ m} \cdot \text{s}^2} \approx 1200 \text{ kg}; \quad F = m \cdot a \approx 1200 \text{ kg} \cdot 1{,}48 \frac{\text{m}}{\text{s}^2} \approx \underline{\underline{1780 \text{ N}}}$$

2. Beispiel: Ein Personenzug erfährt durch die Lokomotive die Anfahrbeschleunigung 0,12 m/s^2. Wie groß ist die Masse des Zuges?

Lösung: 11 500 kp ≈ 115 000 N

aus $F = m \cdot a$ folgt $m = \dfrac{F}{a} \approx \dfrac{115\,000}{0{,}12}\,\dfrac{N \cdot s^2}{m} \approx 9{,}6 \cdot 10^5\,N$

3. Beispiel: Ein Lastkraftwagen „wiegt" 2500 Kilopond. Der Motor zieht ihn mit der Kraft 420 Kilopond. Wie hoch ist die Beschleunigung?

Lösung: 2500 kp ≈ 25 000 N   420 kp ≈ 4200 N

aus $F = m \cdot a$ folgt $a = \dfrac{F}{m} \approx \dfrac{4200\,N}{2500\,kg} \approx 1{,}68\,\dfrac{m}{s^2}$

Rechenbeispiele zum dynamischen Grundgesetz im SI-System

1. Beispiel: Eine Güterzuglokomotive mit einer Masse von 88 600 kg = 88,6 t hat eine Geschwindigkeit von 56 km/h. Sie wird mit der Verzögerung $a_V = 0{,}15$ m/s² abgebremst. Wie groß bzw. wie lang sind Bremskraft und Bremsweg?

Lösung: $F = m \cdot a_V = 88\,600 \cdot 0{,}15\,\dfrac{kg \cdot m}{s^2} = 13290\,N$

Der Bremsweg folgt aus $v^2 = 2a_V s$ zu

$$s = \dfrac{v^2}{2a_V} = \dfrac{56^2}{3{,}6^2 \cdot 2 \cdot 0{,}15}\,\dfrac{m^2\,s^2}{s^2\,m} = 808\,m$$

2. Beispiel: Welche Beschleunigung tritt auf, wenn bei einem Motorrad (Gesamtmasse mit Fahrer 170 kg) eine Kraft von 330 N wirkt?

Lösung: $a = \dfrac{F}{m} = \dfrac{330}{170} \cdot \dfrac{kg \cdot m}{s^2\,kg} = 1{,}94\,m/s^2$

3. Beispiel: Welche Masse hat ein reibungsfrei auf glatter, ebener Unterlage bewegter Wagen, wenn dieser unter der Einwirkung einer Kraft von 0,2 N in 2 s einen Weg von 25 cm zurücklegt?

Lösung: Die Beschleunigung folgt aus

$$a = \dfrac{2s}{t^2} = \dfrac{2 \cdot 0{,}25\,m}{4\,s^2} = 0{,}125\,\dfrac{m}{s^2}$$

Somit wird

$$m = \dfrac{F}{a} = \dfrac{0{,}2}{0{,}125} \cdot \dfrac{kg\,m\,s^2}{s^2\,m} = 1{,}6\,kg$$

1.21.2 Ermittlung der Masse eines Körpers

Die Bestimmung der Größe einer Masse erfolgt am besten mit Hilfe der Balkenwaage. Herrscht Gleichgewicht, wenn die unbekannte Masse m_x und die bekannte Vergleichsmasse m_V in den Waagschalen liegen, so sind die Massen gleich groß, d. h. es ist $m_x = m_V$.

Im Gleichgewichtsfall ist $G_1 = G_2$ (vgl. Abschn. 1.11.6). Wegen $G = mg$ (vgl. Abschn. 1.20.3) folgt hieraus $m_1 g = m_2 g$, d. h. $m_1 = m_2$.

Die Massenbestimmung läßt sich grundsätzlich auch mit einer Federwaage durchführen. Dann ist zunächst festzustellen, welche Verlängerung beim Anhängen des Massenstücks m_X entsteht. Da zwei gleich große Massen an demselben Ort dieselbe Erdanziehung erfahren, so ist anschließend (an demselben Meßort) nur noch zu ermitteln, welche Vergleichsmasse m_V dieselbe Anzeige bewirkt. Bei gleicher Verlängerung der Federwaage gilt $m_X = m_V$. Die aus zwei Ablesungen bestehende Messung kann an jedem beliebigen Ort auf der Erde durchgeführt werden. Am Pol würde sich dasselbe Meßergebnis einstellen. Jedoch wären dort die sich einstellenden Verlängerungen größer.

Beide Meßverfahren nützen die Tatsache aus, daß die Gewichtskraft proportional der Masse ist.

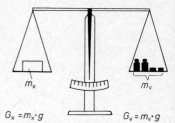

Massenvergleich mit der Balkenwaage $G_x = m_x \cdot g$ $\qquad$ $G_v = m_v \cdot g$

Aufgabengruppe Mechanik 12: Übungen zu 1.21

Das dynamische Grundgesetz

Die Kraft dient hier stets nur zur Überwindung der Trägheit. Reibung und Luftwiderstand sind also nicht berücksichtigt.

1. Ein Schnellzug, bestehend aus einer Lokomotive von 100 t Masse und 6 Wagen zu je 45 t, soll eine Anfahrbeschleunigung von 0,20 m/s² erhalten. Wie groß muß die erforderliche Zugkraft sein?

2. Auf einer ebenen Eisfläche wirkt auf einen Körper 8 s lang eine konstante Kraft. Nach Beendigung der Kraftwirkung beträgt der zurückgelegte Weg 6,50 m. Wie groß war die wirkende Kraft, wenn das „Gewicht" des Körpers 5,4 kp (!) betrug? Die Reibung wird vernachlässigt.

3. Welche Masse hat ein Körper, der ein „Gewicht" von 12 kp (981 kp, 2 Mp) hat?

4. Die Masse eines Eisenbahnzuges beträgt 420 000 kg. Die Zugkraft der Lokomotive beläuft sich auf 131 000 N. Welche Beschleunigung stellt sich beim Anfahren auf ebener Strecke ein?

5. Ein Kraftwagen mit einer Masse von 1400 kg ist mit 3 Personen zu je 75 kg besetzt. Welche Kraft muß der Motor entwickeln, um die Beschleunigung 1,5 m/s² zu erzielen?

6. Ein Verkehrsflugzeug entwickelt mit seinen 4 Strahltriebwerken einen Startschub von $4 \cdot 19\,500$ N = 78 000 N. Wie groß ist die erzielbare Beschleunigung bei einer Masse des Flugzeuges von 106 t?

7. Welche Kraft ist notwendig, um der Masse von 1 kg

   a) die Beschleunigung von 1 m/s²,

   b) die Beschleunigung des freien Falls $g = 9,81$ m/s² zu erteilen?

8. Bei dem Versuch mit Weinglas und Münze (Abschn. 1.19) beträgt die Reibungszahl zwischen Münze und Papier $\mu_0 = 0,25$. Mit welcher Beschleunigung ist das Papier mindestens wegzuziehen, damit die Münze ins Glas fällt? Welche Kraft ist dabei aufzuwenden? Die Masse der Münze beträgt 5 g. Die Masse des Papiers ist gegenüber der Masse der Münze zu vernachlässigen.

9. Ein Körper der Masse von 1 kg wird genau gewogen. Das „Gewicht" wird zu 9,79 N ermittelt. Welche Beschleunigung wird einem fallenden Stein am Meßort durch die Erdanziehung erteilt?

10. Man rechne die Kraft von 7,5 kp in N um.

1.22 Die mechanische Arbeit

1.22.1 Festlegung

$$\boxed{\text{Arbeit} = \text{Kraft} \cdot \text{Weg}}\qquad \boxed{W = F \cdot s}\qquad \text{in } N \cdot m$$

Da $W \sim F$ und $W \sim s$, so ist diese Festlegung sinnvoll.

1.22.2 Der einfachste Fall: *Die Hubarbeit*

Wird die Last senkrecht hochgehoben, so gilt

$$\text{Hubarbeit} = \text{Gewichtskraft} \cdot \text{Hubhöhe}\qquad W_h = G\,h$$

Beispiel: Bei Hebung einer Last von 2400 N um 4 m beträgt die verrichtete Hubarbeit

$$W_h = G\,h = 2400\ N \cdot 4\ m = 9600\ N \cdot m$$

1.22.3 Erweiterung zum Begriff der Arbeit

> **Nur derjenige Anteil der Kraft, der in Richtung des Weges fällt, ist bei der Berechnung der Arbeit zu berücksichtigen.**

Also

$$\boxed{\text{Arbeit} = \text{Teilkraft in Wegrichtung} \cdot \text{Weg}}$$

Bezeichnen wir die Teilkraft parallel zum Weg mit $F^{\parallel}$ (sprich F parallel), so lautet die Arbeitsformel

$$\boxed{W = F^{\parallel} \cdot s}$$

1. Beispiel: Ein Faß soll die schiefe Ebene hinaufbefördert werden. Die Formel Arbeit = Kraft · Weg oder $W = 600\ N \cdot 2,7\ m = 1420\ N$ führt zum falschen Ergebnis.

Für die Arbeitsberechnung darf nur der Kraftanteil in Wegrichtung, nämlich die zur Überwindung des Hangabtriebs notwendige Kraft $F^{\parallel}$, angesetzt werden.

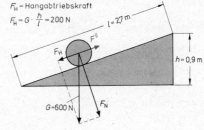

Damit wird die längs des Weges l verrichtete Arbeit

$$W = F^{\parallel} \cdot s = F_H \cdot l = 200\ N \cdot 2,7\ m = 540\ N \cdot m = 540\ \text{Joule}$$

Ein senkrechtes Anheben der Last G um die Höhe h erfordert die Hubarbeit

$$W_h = G \cdot h = 600\ N \cdot 0,9\ m = 540\ N \cdot m$$

> **Die Arbeit längs der schiefen Ebene ist unabhängig vom Weg. Maßgebend ist der zu überwindende Höhenunterschied.**

Für die Arbeit an der schiefen Ebene kommt es nicht auf den Neigungswinkel α an, sondern auf die Höhe h an.

Ist α der Neigungswinkel, so folgt aus der Figur für die notwendige Kraft $F^{\parallel} = F_H = G \cdot \sin\alpha$ und für den zu bewältigenden Weg $l = h/\sin\alpha$.

Damit wird die Arbeit

$$W = F^{\parallel} \cdot s = F_H \cdot l = G \cdot \sin\alpha \cdot \frac{h}{\sin\alpha} = G \cdot h$$

W wird also durch G und h bestimmt; α tritt in der Formel gar nicht auf.

2. Beispiel:

Welche Arbeit wird beim Verschieben des Karrens um 30 m in der Waagerechten verrichtet?

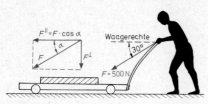

1. Lösung (Kraftbestimmung zeichnerisch):

Mit dem Kräftemaßstab 1 cm $\triangleq$ 50 N ergibt sich für die Länge des Kraftpfeils von $F^{\parallel}$ 8,6 cm. Also $F^{\parallel} = 430$ N.

Verrichtete Arbeit
$W = F^{\parallel} \cdot s = 430$ N $\cdot$ 30 m $= 12\,900$ N $\cdot$ m

2. Lösung (rechnerisch):

Die in die Wegrichtung fallende Teilkraft wird

$$F^{\parallel} = F \cos \alpha = 500 \text{ N} \cdot \cos 30° = 500 \text{ N} \cdot 0,866 = 433 \text{ N}$$

Damit $W = F^{\parallel} \cdot s = F \cdot \cos \alpha \cdot s = 433$ N $\cdot$ 30 m $= 12\,990$ N $\cdot$ m

1.22.4 Zeichnerische Darstellung der Arbeit

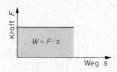

Bei konstanter Kraft ergibt sich im Kraft-Weg-Schaubild eine Parallele zur Wegachse.

Hat die Kraft F längs des Weges s gewirkt, so entspricht die Fläche unter der Geraden im F, s-Schaubild $W = F\,s$ der verrichteten Arbeit.

Die Fläche unter der Geraden im Kraft-Weg-Diagramm entspricht der verrichteten Arbeit.

Dieser Satz gilt allgemein, also auch bei nicht konstanter Kraft.

1.22.5 Zum Begriff der Arbeit in der Physik und im täglichen Leben

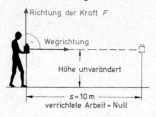

Wie groß ist die verrichtete Arbeit, wenn wir ein „Gewicht" von 50 N 10 m weit tragen? Das Gewicht befinde sich dabei stets in derselben Höhe von 1,20 m über dem Fußboden: Die Arbeit ist Null.

Dies folgt ganz einfach aus den Formeln: Mit der Hubhöhe $h = 0$ wird die Hubarbeit

$$W_h = G \cdot h = G \cdot 0 = 0$$

Die allgemeine Arbeitsformel $W = F^{\parallel} \cdot s = F \cdot s \cdot \cos \alpha$ liefert dasselbe Ergebnis. Da der Winkel zwischen Kraftrichtung und Weg $\alpha = 90°$ beträgt, wird mit $\cos 90° = 0$ die Arbeit $W = 0$.

Es bedeutet physikalisch keine Arbeit, wenn ein 5-kg-Gewichtsstück mit menschlicher Muskelkraft mehrere Minuten lang waagerecht hinausgehalten wird. Tatsächlich ist dies mit einer großen Anstrengung verbunden, die wir im täglichen Leben durchaus als Arbeit bezeichnen würden. Das Festhalten des Gewichts beansprucht die Muskeln sehr stark und ist mit komplizierten, Nährstoff verbrauchenden Vorgängen im Gewebe verbunden.

Von dieser in den Muskeln geleistete Arbeit sieht die Physik ab, da sie zu keiner sichtbaren Ortsveränderung führt. Somit verrichtet auch ein Aufhängehaken, der ein Gewichtsstück trägt, keine Arbeit.

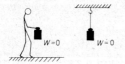

Dagegen verrichtet ein Wanderer, der sich auf ebener Strecke bewegt, Arbeit, wenn sich sein Schwerpunkt hebt und senkt; allerdings gewinnt er die Arbeit beim Senken nicht mehr nutzbringend zurück.

1.22.6 Die Arbeit im SI-System

Messen wir die Kraft in Newton und den Weg in Meter, so ergibt sich die Maßeinheit der Arbeit zu 1 N · 1 m = 1 Nm. Diese Einheit wird auch Joule[1]) genannt.
Wirkt eine Kraft von 1 Newton längs eines Weges von 1 m, so beträgt die verrichtete Arbeit

$$\boxed{\text{1 Newtonmeter = 1 Joule (1 Nm = 1 J)}}$$

Dieselbe Einheit Joule wird uns bei der Messung der Stromarbeit in der Elektrizitätslehre wieder begegnen.

(Zusammenhang von Newtonmeter und kpm)

Mit der Beziehung

$$1 \text{ kp} = 9{,}81 \text{ N}$$

erhalten wir

$$1 \text{ kpm} = 1 \text{ kp} \cdot 1 \text{ m} = 9{,}81 \text{ N} \cdot 1 \text{ m} = 9{,}81 \text{ Nm} = 9{,}81 \text{ J}$$

$$\boxed{\text{1 kpm} = 9{,}81 \text{ Nm}}$$

1.22.7 Verschiedene Arten von Arbeit

Je nach Art der Kraft, die beim Verrichten einer Arbeit überwunden werden muß, unterscheiden wir verschiedene Arten von Arbeit.

1) *Hubarbeit* = Arbeit gegen die Schwerkraft zur Hebung einer Last (Abschn. 1.22.2).

2) *Reibungsarbeit* = Arbeit gegen die Reibungskraft (Abschn. 1.9)

$F^{||}$ = Kraft zur Überwindung der Reibungskraft

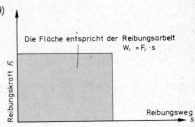

Die Fläche entspricht der Reibungsarbeit $W_r = F_r \cdot s$

$$\boxed{\text{Reibungsarbeit = Reibungskraft} \cdot \text{Weg}}$$

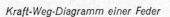

$$\boxed{W_r = F^{||} \cdot s = R \cdot s, \quad \text{bei waagerechter Unterlage } W_r = \mu \cdot G \cdot s}$$

Beispiel: Arbeit beim Ziehen eines Schlittens.

3) *Spannarbeit* = Arbeit gegen die Federkraft

Diese ergibt sich als Fläche im F, s-Schaubild zu $W_s = \dfrac{1}{2} \dfrac{s}{F}$

(vgl. Abschn. 1.1.4 und Abschn. 1.22.4).

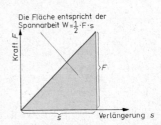

Die Fläche entspricht der Spannarbeit $W = \frac{1}{2} \cdot F \cdot s$

Kraft-Weg-Diagramm einer Feder

---

[1]) Zu Ehren von James Prescott Joule, engl. Physiker (1818—1889). Die Aussprache für Joule ist nicht einheitlich. Nach DIN 1345, Juli 1959, ist Joule wie „dschul" auszusprechen. Oft findet sich auch die Aussprache „dschaul"

Mit $F = D\,s$ erhalten wir

$$\text{Spannarbeit} = \frac{\text{Federkonstante} \cdot \text{Quadrat der Verlängerung}}{2}$$

$$W_s = \frac{1}{2}\,D\,s^2$$

Beispiel: Um eine Feder ($D = 25$ N/m) um 6 cm zu verlängern oder zu verkürzen, bedarf es der Spannarbeit $W_s = \frac{1}{2}\,D\,s^2 = \frac{1}{2}\,25\,\frac{\text{N}}{\text{m}} \cdot 0{,}06^2\ \text{m}^2 = 0{,}045\ \text{N} \cdot \text{m} = 0{,}045\ \text{J}$

4) Beschleunigungsarbeit (zur Überwindung der Trägheitskraft):

Auch hier gilt $W = F\,s$. Mit $F = m\,a$, $s = \frac{1}{2}\,a\,t^2$ und $v = a \cdot t$ (konstante Kraft, also gleichmäßig beschleunigte Bewegung, vgl. Abschn. 1.16) folgt

$$W_b = F \cdot s = \underbrace{m \cdot a}_{F}\,\underbrace{\frac{1}{2}\,a\,t^2}_{s} = \frac{1}{2}\,m\,\underbrace{a^2\,t^2}_{v^2} = \frac{1}{2}\,m \cdot (a\,t)^2 = \frac{1}{2}\,m \cdot v^2$$

$$\text{Beschleunigungsarbeit} = \frac{\text{Masse} \cdot \text{Quadrat der Geschwindigkeit}}{2}$$

$$W_b = \frac{1}{2}\,m\,v^2$$

Beispiel: Um ein Fahrzeug mit einer Masse von 1500 kg auf eine Geschwindigkeit von 36 km/h $\left(= 10\,\frac{\text{m}}{\text{s}}\right)$ zu beschleunigen, bedarf es der Beschleunigungsarbeit

$$W_b = \frac{1}{2}\,1500\ \text{kg} \cdot 10^2\,\frac{\text{m}^2}{\text{s}^2} = 75\,000\ \text{J}$$

1.23 Arbeit und Energie

1.23.1 Was ist Energie?

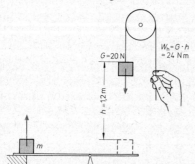

$W_h = G \cdot h = 24\ \text{Nm}$

$G = 20\ \text{N}$

$h = 1{,}2\ \text{m}$

m

An einem Körper vom „Gewicht" G werde die Hubarbeit $W_h = G \cdot h = 24\ \text{N} \cdot \text{m}$ verrichtet.

Durch plötzliches Loslassen des Körpers zu einem beliebigen späteren Zeitpunkt kann mit Hilfe eines zweiseitigen Hebels die Masse m nach oben geschleudert werden. Es wird also Beschleunigungsarbeit an der Masse m verrichtet.

Erkenntnis: Beim Hochheben der Last wurde Arbeit aufgespeichert, die beim Fallen wieder freigegeben wird. Wir nennen jede Art von aufgespeicherter Arbeit Energie[1]).

Energie = Arbeitsvorrat = aufgespeicherte Arbeit

Der Arbeitsvorrat oder die Energie des gehobenen Gewichtsstücks beträgt in unserem Beispiel 24 N · m = 24 J.

1.23.2 Verschiedene Arten von mechanischer Energie

Je nach der Art der aufgespeicherten Arbeit unterscheiden wir verschiedene Arten von Energie.

Art der Arbeit	Arbeit gegen	aufgespeicherte Arbeit = durch Arbeit gebildete Energie	Formel
Hubarbeit W_h	Schwerkraft	Lagenenergie	$E_L = W_h = G \cdot h$
Spannarbeit W_s	Federkraft	Spannenergie	$E_s = W_s = \frac{1}{2} D s^2$
Beschleunigungsarbeit W_b	Trägheitskraft	Bewegungsenergie[2])	$E_{kin} = W_b = \frac{1}{2} m v^2$

Die Höhe, auf die bei der Lagenenergie bezogen wird, ist grundsätzlich willkürlich. Ein 1-kg-Wägestück auf einer Tischplatte, die 235 m über dem Meeresspiegel liegt, hat eine Lagenenergie gegenüber

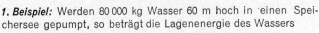

dem Fußboden   von 85 Nm
der Straße   von 80 Nm
dem Meeresspiegel von 2350 Nm

1. Beispiel: Werden 80 000 kg Wasser 60 m hoch in einen Speichersee gepumpt, so beträgt die Lagenenergie des Wassers

$$E_L = G\,h = 800\,000\ \text{N} \cdot 60\ \text{m} = 48\,000\,000\ \text{N} \cdot \text{m}$$

(80 000 kg Wasser „wiegen" 800 000 N!)

Straße

2. Beispiel: Eine Feder wird durch eine Kraft von 20 N um 8 cm zusammengedrückt.

Dann wird mit

$$D = \frac{F}{s} = \frac{20\ \text{N}}{0,08\ \text{m}} = 250\ \frac{\text{N}}{\text{m}}$$

die Spannenergie

$$E_s = \frac{1}{2} D s^2 = \frac{1}{2}\,250 \cdot 0,08^2\ \frac{\text{N m}^2}{\text{m}} = 0,8\ \text{N} \cdot \text{m}$$

3. Beispiel: Ein Kraftwagen mit einer Masse von 1520 kg prallt mit einer Geschwindigkeit von 108 km/h gegen einen Brückenpfeiler.

Welche Bewegungsenergie (auch kinetische Energie genannt) ist in diesem Augenblick vorhanden, um Zerstörungsarbeit zu verrichten?

$$E_{kin} = \frac{1}{2} m v^2 = \frac{1}{2}\,1520 \cdot 30^2\ \frac{\text{kg} \cdot \text{m}^2}{\text{s}^2} = 684\,000\ \text{J} = 0,684\ \text{MJ}$$

$v = 30$ m/s (vgl. Abschn. 1.14.1)

[1]) griech. energeia = Wirkungsfähigkeit, Vermögen
[2]) Bewegungsenergie = kinetische Energie; kinetisch = bewegend, aus dem Griechischen

Energie bedeutet also auch einen Zustand, in dem es ein Körper (ein „System") vermag, Arbeit zu leisten. Eine gespannte Feder (Spannenergie!) vermag ein „Gewicht" fortzuschleudern und somit Beschleunigungsarbeit zu verrichten. Ein Hammer (Bewegungsenergie!) kann einen Nagel in die Wand treiben (Arbeit gegen Reibungskraft). Bewegte Luftmassen vermögen Windmühlen und Segelschiffe anzutreiben.

Kinetische und potentielle Energie:

Die Lagenenergie verdankt ein Körper seiner Lage, was den Namen erklärt. Aufgrund der aufgespeicherten Hubarbeit ist der Körper nun fähig, Arbeit zu verrichten. Daher wird die Energie der Lage auch als potentielle Energie (von lat. potentia = Fähigkeit, Macht) bezeichnet. Auch eine gespannte Feder und eine zusammengedrückte Gasmenge haben potentielle Energie.

Im Gegensatz zur potentiellen Energie einer ruhenden Masse hat auch der bewegte Körper Arbeitsfähigkeit, d. h. Energie der Bewegung oder kinetische Energie. Ein Hammer, der eine Höhe von mehreren Metern durchfallen hat, vermag eine beachtliche Arbeit zu verrichten, z. B. Zerstörungsarbeit gegen die Kohäsionskräfte der Atome bzw. Moleküle (Anwendung schwerer Fallgewichte beim Abbau abgenutzter Betonfahrbahnen durch Zerschlagen in einzelne Blöcke).

Potentielle Energie (Lagenenergie eines Körpers, Spannenergie einer Feder) und kinetische Energie (Bewegungsenergie) sind verschiedene Energieformen der Mechanik.

1.23.3 Energieerhaltungssatz

Die Energie hat eine bemerkenswerte Eigenschaft. Schließen wir die Umwandlung von mechanischer Energie in Wärme durch Reibung aus, so gilt der *Energiesatz der Mechanik:*

> **Bei reibungsfreien mechanischen Vorgängen kann mechanische Energie nie verlorengehen. Auch eine Neuentstehung von Energie ist unmöglich. Bei allen mechanischen Vorgängen wird Energie immer nur von einer Energieart in eine andere umgewandelt.**

Der Energiesatz der Mechanik, auch Satz von der Erhaltung der mechanischen Energie genannt, war schon Huygens und Leibniz[1]) bekannt.

Beispiel: Ein Stein der Masse m in der Höhe h über dem Erdboden hat die Lagenenergie $E_L = G\,h = m\,g\,h$.

Läßt man den Stein los, so hat er beim Auftreffen die Bewegungsenergie $E_{kin} = \dfrac{1}{2}\,m\,v^2$. Von Verlusten abgesehen, hat sich E_L vollständig in E_{kin} umgewandelt. Also gilt $m\,g\,h = \dfrac{1}{2}\,m\,v^2$.

Hieraus folgt die Auftreffgeschwindigkeit $v = \sqrt{2\,g\,h}$ (vgl. die umfangreichere Ableitung in Abschn. 1.16 und Abschn. 1.18).

Der *Erhaltungssatz* gilt auch für die Arbeit. So besteht z. B. für einen Flaschenzug die Beziehung

> **aufgewendete Arbeit = an der Last verrichtete Arbeit**

Mit anderen Worten: Es gibt keine arbeitssparenden, sondern nur arbeitsumformende Maschinen (Satz von der Erhaltung der Arbeit). Das ist eine bessere Ausdrucksweise für die Goldene Regel der Mechanik (vgl. Abschn. 1.3.5).

1. Beispiel: Für den Differentialflaschenzug (Abschn. 1.11.2) ist der Zusammenhang von Kraftweg s_1 und Lastweg s_2 gesucht. Der Erhaltungssatz fordert $F_1 s_1 = F_2 s_2$. Setzen wir $F_1 = F_2\,\dfrac{R-r}{2R}$ ein, so folgt

---

[1]) Christian Huygens, holländischer Physiker (1629—1695); Gottfried Wilhelm Leibniz, Mathematiker und Philosoph (1646—1716)

$$s_1 = s_2 \frac{2R}{R-r} \cdot \quad s_1 > s_2, \text{ da } \frac{2R}{R-r} > 1$$

Wir finden, daß der Kraftweg s_1 größer ist als der Lastweg s_2. Der auftretende Faktor $2R/(R-r)$ stellt andererseits auch das Verhältnis F_2/F_1 dar. Dies entspricht den schon früher auf andere Weise gewonnenen Erkenntnissen über Kraft, Last und die zugehörigen Wege (vgl. S. 24).

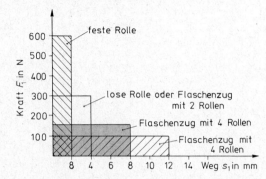

Kraft-Weg-Diagramm: Heben einer Last mit Hilfe verschiedener ,,einfacher Maschinen''

Eine Last von $F_2 = 600$ N soll um $s_2 = 2$ m gehoben werden. Der Erhaltungsatz der Arbeit gilt unabhängig davon, was für eine ,,einfache Maschine'' (vgl. Abschn. 1.3) dabei Verwendung findet.

Die an der hochgehobenen Last verrichtete Arbeit beträgt $F_2s_2 = 600$ N $\cdot$ 2 m $= 1200$ Nm. Unter Beachtung der in Abschn. 1.3 abgeleiteten Formeln beträgt die aufgewandte Arbeit bei der festen Rolle $F_1s_1 = 600$ N$\cdot$2 m, bei der losen Rolle $F_1s_1 = 300$ N $\cdot$ 4 m, beim gewöhnlichen Flaschenzug mit 4 Rollen $F_1s_1 = 150$ N $\cdot$ 8 m und beim gewöhnlichen Flaschenzug mit 6 Rollen 100 N $\cdot$ 12 m.

In allen Fällen sind die zum Heben der Last aufgewandten (zugeführten) Arbeiten gleich groß. Entsprechend weisen die Flächen im Kraft-Weg-Diagramm (vgl. Abschn. 1.22.4) wohl unterschiedliche Gestalt, aber dieselbe Größe auf.

Aufgabengruppe Mechanik 13: Übungen zu 1.23

Mechanische Arbeit und Energie; Erhaltung der Arbeit

1. Ein Fallhammer von 300 kg wird 3,50 m hochgehoben. Wie groß ist die erforderliche Hubarbeit?

2. Ein Sportler erzielt beim Hochsprung eine Höhe von 1,50 m. Er ist 1,60 m groß und 500 N schwer. Sein Schwerpunkt befinde sich auf halber Höhe. Wie groß ist die Hubarbeit, wenn der Schwerpunkt 20 cm über die Latte angehoben wird?

3. Ein Pumpwerk (650 m über dem Meeresspiegel) fördert 6000 l Wasser in einer 400 m langen Leitung in ein Staubecken, das 830 m ü. d. M. liegt und benötigt dazu 1 Minute. Wie groß ist die aufgewendete Hubarbeit?

4. Ein gefüllter Kohleneimer von 120 N ,,Gewicht'' wird vier Stockwerke (= 13,50 m) hochgetragen. Welche Hubarbeit wird verrichtet? Welche Lagenenergie hat der Kohleneimer gegenüber dem Boden des Kohlenkellers?

5. Bei einer Gebirgswanderung besteigt ein 90 kg ,,schwerer'' Mann einen 2400 m hohen Berg. Die Höhe der Unterkunft bei Beginn der Wanderung liegt 810 m ü. d. M. Welche Arbeit wurde verrichtet? Welche Energie der Lage hat der Wanderer auf dem Gipfel des Berges in bezug auf den Meeresspiegel?

6. Ein Schlitten mit einem „Gewicht" von 1200 N wird auf ebener Straße 500 m weit gezogen. (Reibungszahl für Stahlkufen auf Eis $\mu = 0,02$). Welche Reibungsarbeit wird dabei verrichtet?

7. An einer Kurbel wird mit einer Umfangskraft von 80 N 80mal gedreht. Die Länge des Hebelarmes beträgt 35 cm. Welche Last könnte mit dieser Arbeit 8 m hochgehoben werden?

8. Man weise mit Hilfe des Satzes von der Erhaltung der Arbeit nach, daß beim Potenzflaschenzug die Beziehung $s = h \cdot 2^n$ gilt, wenn s den Kraftweg, h den Lastweg und n die Anzahl der losen Rollen bedeuten.

9. Ein Sack von 70 kg Masse soll 4,50 m hochgehoben werden. Man gebe die notwendige Kraft und den Kraftweg für folgende Fälle an:

   a) feste Rolle

   b) lose Rolle

   c) Potenzflaschenzug mit 3 losen Rollen

   d) Faktorenflaschenzug mit 6 Rollen

10. Ein Rammbär (Fallhammer) mit einem „Gewicht" von 350 kp (!) befindet sich in einer Höhe von 2,80 m über dem Erdboden ($G \approx 3500$ N).

    a) Wie groß ist die Lagenenergie?

    b) Welche Arbeit kann verrichtet werden?

    c)*Mit welcher Geschwindigkeit in m/s und km/h trifft der Rammbär am Boden auf? (Dabei benutze man den Energiesatz.)

    d) Die Ramme treibt beim Auftreffen einen Pfahl 30 cm in die Erde. Wie groß ist die mittlere Reibungskraft, die dem Pfahl entgegenwirkt?

11. Die Zugkraft einer Schnellzuglokomotive beträgt 131 000 N. Welche Arbeit wird längs einer waagerechten Strecke von 60 km verrichtet, wenn die Zugkraft zu 90% ausgenutzt wird?

12. Ein Lastkraftwagen mit einer Leermasse von 5,2 t prallt in beladenem Zustand mit 70 km/h gegen eine Mauer. Die Masse der Ladung beträgt 5000 kg.

    a) Wie groß ist die Bewegungsenergie im Augenblick des Aufpralls?

    b) Wieviel Meter könnte man den leeren Lastwagen mit dieser Energie an einem Stahlseil senkrecht hochziehen?

13. Wie hoch kann ein Körper von 20 g mit einer Arbeit von 50 J gehoben werden?

14. Ein Schnellzugwagen der Eisenbahn wiegt 45 Mp. Wie groß ist seine Bewegungsenergie bei einer Geschwindigkeit von 80 km/h ($m = 45$ t)?

15. Ein Bierfaß mit einer Masse von 140 kg wird mittels einer Schrotleiter auf einen Lastwagen transportiert. Welche Arbeit wird benötigt?

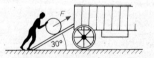

Man führe zwei Lösungen durch:

a) Längs der unter einem Winkel von 30° zur Waagerechten geneigten Schrotleiter von 2,70 m Länge ist der Hangabtrieb zu überwinden.

b) Man denke sich das Faß senkrecht hochgehoben.

16. Welche Wucht (Bewegungsenergie) besitzt das 12 g schwere Geschoß eines Gewehres, das den Lauf mit einer Geschwindigkeit von 800 m/s verläßt (Ergebnis in J)?

17. Wie ändert sich die Lagenenergie eines Körpers, wenn man seine Höhe (in bezug auf die Bezugshöhe) verdoppelt (verdreifacht)? Wie ändert sich die Bewegungsenergie eines Körpers, wenn man seine Geschwindigkeit verdoppelt (verdreifacht)?

18. *Ein Kraftwagen mit einer Gesamtmasse von 900 kg hat eine Geschwindigkeit von 100 km/h. Welche Entfernung könnte das Fahrzeug auf einer geraden Straße mit 7% Steigung noch zurücklegen, wenn der Motor abgeschaltet wird? Von Reibung und Luftwiderstand ist abzusehen ($g = 10$ m/s²).

19. Die Arbeit von 5 kpm ist in Nm umzurechnen.

1.24 Die mechanische Leistung

1.24.1 Arbeit und Zeit

Unter Leistung verstehen wir das Verhältnis von Arbeit zu Arbeitszeit

$$\text{Leistung} = \frac{\text{Arbeit}}{\text{Zeit}}$$

$$P = \frac{W}{t} \quad ^{1)}$$

Einheit der Leistung:

$$\frac{1\,\text{N}\cdot\text{m}}{\text{s}} = \frac{1\,\text{J}}{1\,\text{s}} = 1\,\text{Watt}.$$

Im Gegensatz zur Größenart *Arbeit* hängt die Größenart *Leistung* von der Zeit ab.

Bisher wurde die Leistung von Maschinen in der Einheit 1 PS angegeben (1 „Pferdestärke"):

$$1\,\text{PS} = 75\,\frac{\text{kp}\cdot\text{m}}{\text{s}}\,; \text{ mit 1 kp} = 9{,}81\,\text{N ergibt sich die Umrechnung}$$

1 PS = 736 Watt   **1000 W = 1 kW = 1,36 PS**

1. Beispiel: Eine Pumpe fördert in 2 Minuten 2 m³ Wasser 35 m hoch. Was leistet die Pumpe?

$$\textit{Lösung: } P = \frac{W}{t} = \frac{F\cdot s}{t} = \frac{m\cdot g\cdot h}{t} = \frac{2000\,\text{kg}\cdot 10\,\text{m}\cdot\text{s}^{-2}\cdot 35\,\text{m}}{2\cdot 60\,\text{s}} = 5830\,\text{W} = 5{,}83\,\text{kW} \approx 7{,}9\,\text{PS}$$

2. Beispiel: Wie groß ist die Leistung einer 736 N „schweren" Person, die über eine Treppe einen Höhenunterschied von 4 m in 4 Sekunden überwindet?

$$\textit{Lösung: } P = \frac{W}{t} = \frac{m\cdot g\cdot h}{t} = \frac{736\,\text{N}\cdot 4\,\text{m}}{4\,\text{s}} = 736\,\text{W; die Person leistet — kurzzeitig — 1 PS.}$$

Umrechnungsskala PS◄►kW

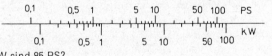

3. Beispiel: Wieviel kW sind 85 PS?

$$\textit{Lösung: } 85\,\text{PS}\cdot 0{,}736\,\frac{\text{kW}}{\text{PS}} = 62{,}6\,\text{kW (Probe auf der Umrechnungsskala).}$$

4. Beispiel: Rechnen Sie 2500 kW in PS um!

$$\textit{Lösung: } 2500\,\text{kW} = 1{,}36\,\frac{\text{PS}}{\text{kW}} = 3500\,\text{PS (Probe wie 3. Beispiel).}$$

Bemerkung: Die bisherige Leistungseinheit des Technischen Einheitensystems $\dfrac{1\,\text{kp}\cdot\text{m}}{\text{s}}$ unterscheidet sich rund um den Faktor 10 von der gesetzlichen Einheit $1\,\dfrac{\text{N}\cdot\text{m}}{\text{s}} : 1\,\dfrac{\text{kp}\cdot\text{m}}{\text{s}} = 9{,}81\,\dfrac{\text{N}\cdot\text{m}}{\text{s}}$

$= 9{,}81\,\text{W} \approx 10\,\text{W}$

---

¹) *P* von engl. power, *W* von engl. work, *t* von engl. time

1.24.2 Umformung der Leistungsformel

Setzen wir in die Leistungsformel $P = \dfrac{W}{t}$ für die Arbeit ihren Wert aus der Beziehung $W = F \cdot s$ ein, so erhalten wir

$$\text{Leistung} = \frac{\text{Kraft} \cdot \text{Weg}}{\text{Zeit}}$$

$$P = \frac{F \cdot s}{t} \qquad \text{in } \frac{N \cdot m}{s} = \frac{J}{s} = W$$

Wir beachten, daß $\dfrac{\text{Weg}}{\text{Zeit}} = $ Geschwindigkeit ist und erhalten

$$\boxed{\text{Leistung} = \text{Kraft} \cdot \text{Geschwindigkeit}} \qquad \boxed{P = F \cdot v}$$

Da in der Arbeitsformel nur die Kraft in Richtung des Weges zur Arbeit beiträgt, darf auch hier nur die Kraft in Bewegungsrichtung eingesetzt werden.

1. Beispiel: Beim Start eines Verkehrsflugzeuges beträgt die Schubkraft je Triebwerk 72 000 N, wenn die Geschwindigkeit den Wert von 210 km/h erreicht. Welche Leistung muß von den vier Strahltriebwerken aufgebracht werden?

Lösung: $P = F \cdot v = 4 \cdot 72\,000\text{ N} \cdot 210\text{ km/h} = 4 \cdot 72\,000\text{ N} \dfrac{210\text{ m}}{3,6\text{ s}} = 16\,800\,000 \dfrac{Nm}{s} = 16,8 \cdot 10^6 \dfrac{J}{s} =$
≈ 17 MW ($P \approx 22\,400$ PS)

2. Beispiel: Eine Motorramme verrichtet pro Schlag eine Arbeit von 4100 Nm. Wie groß ist die Leistung bei 60 Schlägen pro Minute?

Lösung: $P = \dfrac{W}{t} = \dfrac{4100\text{ Nm} \cdot 60}{60\text{ s}} = \dfrac{4100 \cdot 60}{60} \dfrac{N \cdot m}{s} = 4100$ W ($\approx 5,6$ PS)

3. Beispiel: Ein 50-kW-Motor treibt einen Motorschlitten, $m = 1000$ kg, auf einer Schneefläche, $\mu = 0,2$, an. Welche Geschwindigkeit ist höchstens zu erwarten?

Lösung: $F_R = \mu \cdot G = \mu \cdot m \cdot g \quad P = F_R \cdot v$

$$v = \frac{P}{\mu \cdot m \cdot g} = \frac{50\,000\text{ W}}{0,2 \cdot 1000\text{ kg} \cdot 10 \dfrac{m}{s^2}} = 25 \frac{m}{s} = 90 \frac{km}{h}$$

1.24.3 Leistung bei der Drehbewegung

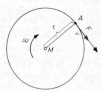

Ein Rad wird durch eine in Umfangsrichtung wirkende Kraft F in Drehung versetzt.

Bewegt sich der Kraftangriffspunkt A mit der Umfangsgeschwindigkeit v, so gilt $P = F \cdot v$.

Mit $v = r \cdot \omega$ (vgl. Abschn. 1.15.4) folgt hieraus $P = F \cdot r \cdot \omega = M \cdot \omega$, da $F \cdot r$ das Drehmoment der Kraft F darstellt.

$$\boxed{\text{Drehleistung} = \text{Drehmoment} \cdot \text{Winkelgeschwindigkeit}} \qquad \boxed{P = M \cdot \omega} \qquad \text{in } \frac{N \cdot m}{s} = \text{Watt}$$

Beispiel: Welche Leistung ist notwendig, um an einer Handkurbel von 300 mm Armlänge bei einem Kraftaufwand von 100 N mit einer Drehzahl von 20 Umdrehungen pro Minute zu drehen?

Lösung:

$$P = M \cdot \omega$$

$$M = F \cdot r = 100 \text{ N} \cdot 0{,}3 \text{ m} = 30 \text{ N} \cdot \text{m}$$

$$\omega = 2\pi n = 2\pi \cdot 20 \, \frac{1}{\text{min}} = 2\pi \cdot 20 \, \frac{1}{60 \text{ s}} = \frac{2}{3} \pi \, \frac{1}{\text{s}} \quad \text{(vgl. Abschn. 1.15.4)}$$

Somit erhält man

$$P = M \cdot \omega = 30 \text{ N} \cdot \text{m} \, \frac{2}{3} \pi \, \frac{1}{\text{s}} = 62{,}8 \, \frac{\text{Nm}}{\text{s}} = 62{,}8 \text{ W} \approx 0{,}1 \text{ PS}$$

Die erforderliche Leistung von etwa 0,1 PS kann ein Mensch längere Zeit gut aufbringen.

1.24.4 Der mechanische Wirkungsgrad

Die Umformung von Arbeit durch Maschinen kann infolge der Reibung nie vollkommen verlustlos erfolgen. Zur Kennzeichnung des Arbeitsverlustes dient der Wirkungsgrad η[1]).

$$\eta = \frac{\text{abgegebene Arbeit}}{\text{zugeführte Arbeit}} = \frac{W_{ab}}{W_{zu}}$$

Handelt es sich um eine zeitlich unveränderliche Leistung P, so folgt mit $W = P \cdot t$

$$\eta = \frac{W_{ab}}{W_{zu}} = \frac{P_{ab} \, t}{P_{zu} \, t}$$

$$\eta = \frac{P_{ab}}{P_{zu}} = \frac{\text{Nutzleistung}}{\text{aufgewendete Leistung}}$$

Da stets mehr zugeführt werden muß als abgegeben wird, so ist immer $\eta < 1$. $\eta = 1$ ist praktisch nie erreichbar. Die Leistung, die zugeführt wird, kann wegen der unvermeidlichen Reibung nie wieder herauskommen.

Ist $\eta = 0{,}65$, so bedeutet das $P_{ab} = 0{,}65 \cdot P_{zu}$, d. h. 65% der aufgewendeten Leistung (P_{zu}) werden als Nutzleistung (P_{ab}) ausgenutzt. Der Verlust beträgt damit $P_V = P_{zu} - P_{ab} = P_{zu} - 0{,}65 \, P_{zu} = 0{,}35 \, P_{zu}$, d. h. 35% der zugeführten Leistung gehen verloren.

Je größer der Wirkungsgrad η, desto kleiner ist der Verlust und desto größer ist die Brauchbarkeit (Güte) der Maschine.

Es versteht sich, daß P_{ab} und P_{zu} stets in denselben Maßeinheiten, z. B. beide in kW, einzusetzen sind. Für die Verhältnisgröße η ergibt sich eine unbenannte Zahl, d. h. eine reine Zahl ohne Angabe einer Maßbenennung. Die Dimension von η ist jedoch nicht „Null", sondern „Eins" (vgl. Abschn. 0.7).

1. Beispiel: Ein Flaschenzug mit 6 Rollen hebt eine Last von 2000 N um 5,5 m. Wie groß ist der mechanische Wirkungsgrad des Flaschenzuges, wenn die aufgewendete Hubarbeit 13 600 N · m beträgt?

Lösung: Nutzarbeit $W_{ab} = G \cdot h = 2000 \text{ N} \cdot 5{,}5 \text{ m} = 11\,000 \text{ Nm}$

Somit wird $\eta = \dfrac{W_{ab}}{W_{zu}} = \dfrac{11\,000 \text{ Nm}}{13\,600 \text{ Nm}} = 0{,}81$ oder 81%

---

[1]) η = griech. Buchstabe, sprich „eta"

2. Beispiel: Der Wirkungsgrad des Schlittenmotors in Beispiel 3. (1.24.2) beträgt 35% ($m = 1000$ kg, $P = 50$ kW, $\mu = 0,2$); wie hoch ist damit die Höchstgeschwindigkeit?

Lösung: $\eta = \dfrac{P_{\text{Nutz}}}{P_{\text{Aufwand}}}$ $\quad \eta \cdot P_{\text{Aufw}} = \mu \cdot m \cdot g \cdot v$

$$v_{\max} = \frac{\eta \cdot P}{\mu \cdot m \cdot g} = \frac{0,35 \cdot 50\,000 \text{ W}}{0,2 \cdot 1000 \text{ kg} \cdot 10\,\frac{m}{s^2}} = 8,75\,\frac{m}{s} = 25,7\,\frac{km}{h}$$

Eine andere Bedeutung von η

Benötigt man zur Hebung einer Last F_2 (Lastweg s_2) ohne Reibung die Kraft F (Kraftweg s), so ist die notwendige Kraft unter Berücksichtigung der Reibung $F_r = \dfrac{F}{\eta}$

Beweis am Beispiel der Hubarbeit beim Flaschenzug: Ohne Verluste gilt

$$\eta = \frac{W_{ab}}{W_{zu}} = \frac{F_2\,s_2}{F \cdot s} = 1$$

mit Reibung wird unter Beachtung von $F_r = F/\eta$

$$\frac{W_{ab}}{W_{zu}} = \frac{F_2\,s_2}{F_r\,s} = \frac{F_2\,s_2\,\eta}{F\,s} = \frac{F_2\,s_2}{F\,s} \cdot \eta = \eta$$

was der Festlegung von η entspricht.

Beispiel: Welche Kraft wird benötigt, um einen Kraftwagen von 11 000 N bei der Verladung 5 m anzuheben, wenn der Wirkungsgrad der Hebevorrichtung 70% beträgt? Kraftübersetzung 1:10.

Lösung: $F = \dfrac{F_2}{10} = \dfrac{11\,000}{10}\,\text{N} = 1100\,\text{N}$

Benötigte Kraft mit Reibung $\quad F_r = \dfrac{F}{\eta} = \dfrac{1100\,\text{N}}{0,7} = 1570\,\text{N}$

Der Zahlenwert von η liegt in vielen praktischen Fällen zwischen 0,7 und 0,9. (Einfache Rolle 0,9...0,96; Flaschenzug mit 2 Rollen 0,93, mit 4 Rollen 0,88 und mit 6 Rollen 0,85.)

Der in der angegebenen Weise festgelegte Wirkungsgrad ist auch bei Antrieb durch Elektromotoren zu verwenden. Dann sind in η auch elektrische Verluste (z. B. Stromwärme in den Spulen) enthalten.

Aufgabengruppe Mechanik 14: Übungen zu 1.24

Leistung und mechanischer Wirkungsgrad

1. Eine Pumpe fördert in zwei Minuten 4000 Liter Wasser 6 m hoch. Wie groß ist die Leistung?

2. Bei einem Wasserfall stürzen pro Sekunde 20 m³ Wasser 5 m tief herab. Welche Leistung in kW könnte ein Kraftwerk, das hier errichtet würde, günstigstenfalls erzielen? (in PS?)

3. Eine Pumpe fördert in 5 Minuten 9000 Liter Petroleum $\left(\varrho = 800\,\dfrac{kg}{m^3}\right)$ in einem Rohr von 40 m Länge 12 m hoch. Wie groß ist die Leistung der Pumpe in kW und in PS?

4. Ein viermotoriges Flugzeug hat eine Motorenleistung von $4 \cdot 3450$ PS. Die Reisegeschwindigkeit beträgt 550 km/h. Wie groß ist die wirksame Zugkraft der Motoren? (Umrechnen!)

5. Es sind die Wirkungsgrade von 2 Elektromotoren zu berechnen:
   1. Motor: zugeführte Leistung 24 kW, Nutzleistung 20 kW
   2. Motor: zugeführte Leistung 20 kW, Nutzleistung 19 kW

6. Die Höchstleistung, die ein Mensch an einer Handkurbel 15 Minuten lang aufbringen kann, beträgt 170 N · m/s.

a) Welcher Leistung entspricht dies in PS und in Watt?

b) Welche Drehzahl pro Minute kann damit erreicht werden, wenn die Umfangskraft 60 N und die Länge des Kurbelarmes 30 cm betragen?

7. Ein Elektromotor, der eine Leistung von 6 PS abgibt, ist 6 Stunden bei Vollast in Betrieb. Welche Arbeit in Nm hat er verrichtet?

8. Eine Güterzuglokomotive mit einer Zugkraft von 182 500 N hat eine Höchstgeschwindigkeit von 90 km/h. Über welche Höchstleistung (in PS und kW) verfügt die Lokomotive?

9. Das Drahtseil eines Flaschenzuges mit 4 Rollen ($\eta = 90\%$) wird an einer Last von 900 N befestigt.

a) Welche Kraft braucht man zum Hochziehen?

b) Wie groß wird der Kraftweg, wenn die Hubhöhe 2,50 m betragen soll?

10. Welcher Wasserstrom (Liter/min) ist erforderlich, wenn bei einem Gefälle von 4,5 m bei einer Wasserturbine eine Leistung von 70 PS abgenommen werden soll ($\eta = 80\%$)?

11. Der Wirkungsgrad einer Pumpe beträgt 65%. Wieviel kW müssen aufgewandt werden, damit in der Minute 5000 Liter Wasser aus einer Tiefe von 6 m gefördert werden können? (Wieviel PS?)

12. Eine Pumpe fördert Wasser aus 7 m Tiefe. Die Hubzahl beträgt 26 pro Minute. Bei jedem Hub werden 16 Liter Wasser gefördert. Wie groß ist die zugeführte Leistung, wenn durch Reibung 28% verlorengehen (in PS und in kW)?

13.*Durch ein einfaches Zahnradgetriebe soll die Leistung 12 kW von der einen Welle auf die andere übertragen werden. Von einem der beiden ineinandergreifenden Zahnräder ist der Teilkreisdurchmesser mit 630 mm und die Drehzahl mit 45 pro Minute bekannt. Welche Kraft (in Umfangsrichtung zu den Teilkreisen) tritt zwischen den beiden Zahnrädern auf?

Zur Anleitung: Der Teilkreisdurchmesser gibt die Länge des doppelten Hebelarmes an. Die Bewegung zweier Zahnräder kann man sich so vorstellen, wie wenn die Teilkreise der beiden Zahnräder aufeinander abrollen würden.

14. Ein Kraftwagen entwickelt bei einer Geschwindigkeit von 60 km/h zur Überwindung von Reibung, Luftwiderstand, Hangabtrieb und Trägheit eine Kraft von 1200 N. Wie groß ist die Leistung des Motors (in PS und in kW)?

15. Bei einem Differentialflaschenzug ($R = 64$ cm, $r = 48$ cm) steht eine Zugkraft von 300 N zur Verfügung.

a) Welche Last kann gehoben werden, falls keine Reibung vorhanden ist?

b) Welche Last kann gehoben werden, wenn $\eta = 0,68$ ist?

c) Wieviel Meter Seil laufen über die oberste Rolle, wenn die Last 3 m gehoben werden soll?

16. Eine Motorwinde hebt eine Last von 5000 kg in der Minute um 6,4 m. Die Verluste im Motor und beim Getriebe der Winde betragen zusammen 34%. Wie groß sind zugeführte Leistung (in PS und in kW) und Wirkungsgrad?

17. Bei einer Maschine beträgt der Wirkungsgrad $\eta = 85\%$. Die Nutzleistung ist 30 kW. Nun ersetzt man die Gleitlager durch Kugellager, wodurch man eine Leistung von 32 kW abnehmen kann. Die zugeführte Leistung bleibt unverändert. Wie groß ist nun der Wirkungsgrad?

18. Eine Pumpe soll je Stunde 16 m³ Wasser in einen 25 m höhergelegenen Behälter pumpen. Welche Leistung in PS und kW ist zuzuführen, wenn der Wirkungsgrad 75% beträgt?

19. Ein Motor, dem eine Leistung von 18 kW zugeführt wird, treibt ein Rädergetriebe. Der Verlust im Motor und Getriebe beträgt 32%. Wie groß ist die abnehmbare Leistung?

1.25 Trägheitskräfte bei der Kreisbewegung

Beobachten wir einen Athleten beim Hammerwurf, so sehen wir, daß er den Wurfkörper mit Hilfe seiner Körperkraft zunächst auf einer Kreisbahn führen muß. Diese zur Drehachse der Bewegung hinführende Kraft nennen wir **Zentripetalkraft** F_Z[1]).

Läßt der Athlet den Wurfkörper los, so fliegt dieser in tangentialer Richtung von der Kreisbahn weg; er bewegt sich — abgesehen von der Schwerkraft — kräftefrei.

Die Zentripetalkraft ergibt sich nach $F = m \cdot a$ aus der Zentralbeschleunigung a_Z, und zwar aus der Änderung der Geschwindigkeit, geteilt durch die Zeit, in der sich die Geschwindigkeit ändert. Dabei ist die Geschwindigkeit als Vektor (Pfeil) aufzufassen, der bei gleichbleibender Größe (= Betrag der Bahngeschwindigkeit) im Laufe der Zeit seine Richtung ändert. Die Zentripetalbeschleunigung ist eine zum Zentrum hin gerichtete Größe, ihr Betrag läßt sich durch die folgende Überlegung berechnen.

Den Weg eines Punktes auf der Kreisbahn von P_0 nach P_2 zerlegen wir in zwei gleichzeitig durchlaufene Teilwege: s_1 werde mit konstanter Geschwindigkeit von P_0 nach P_1 durchlaufen, so daß $s_1 = v \cdot t$ wird. Der Weg s_2 werde mit konstanter Beschleunigung von P_1 nach P_2 hin „frei" durchfallen, so daß $s_2 = \dfrac{1}{2} \cdot a_Z \cdot t^2$ wird. Man denke sich einen Massenpunkt bei P_0 einen Augenblick losgelassen, so daß er unbeschleunigt weiterfliege, während gleichzeitig von P_1 aus ein durch eine Zentralkraft bewirkter freier Fall erfolge. Die Fallzeit sei gleich der Bewegungszeit des ersten Punktes, die dazu erforderliche Fallbeschleunigung läßt sich aus der Geometrie des Dreiecks $P_0\,P_1\,P_2\,M$ (Satz des Pythagoras) berechnen:

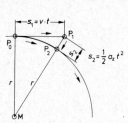

$$r^2 + s_1^2 = (r + s_2)^2 \qquad r^2 + (v \cdot t)^2 = r^2 + 2 \cdot r \cdot \frac{1}{2}\, a_Z\, t^2 + \left(\frac{1}{2}\, a_Z\, t^2 \right)^2$$

$$v^2 = r \cdot a_Z + \frac{a_Z \cdot t^2}{4}$$

Liegen P_0 und P_2 nahe genug beieinander, so wird die Zeit t so klein, daß der zweite Summand gegenüber dem ersten beliebig klein wird —, $\dfrac{a_Z^2\, t^2}{4}$ ist für hinreichend kleine Kreisbögen $P_0\,P_2$ „zu vernachlässigen". Hier führt die Vernachlässigung zu der streng richtigen Formel $v^2 = r \cdot a_Z$, woraus folgt $a_Z = v^2/r$.

Bei der Kreisbewegung mit konstanter Bahngeschwindigkeit ist die Zentralbeschleunigung

$$\boxed{a_Z = v^2/r}$$

nach dem Grundgesetz der Dynamik $F = m \cdot a$ folgt daraus für die Zentripetalkraft F_Z

$$\boxed{F_Z = m \cdot \frac{v^2}{r}}$$

Die Ursache der Zentripetalkraft liegt in der Trägheit des auf die Kreisbahn gezwungenen Körpers — sein Bewegungszustand = Geradeausbewegung wird von der Zentralkraft in jedem Augenblick zum Zentrum hin geändert. Wegen der zeitlichen Änderung des Geschwindigkeitsvektors sprechen wir also von einer Beschleunigung.

---

[1]) lat. centrum = Mittelpunkt; lat. petere = hinstreben. Also bedeutet F_Z eine auf den Mittelpunkt zustrebende Kraft

Der in diesem Beispiel beschriebene Athlet spürt bei der eigenen Drehbewegung selbst eine Kraft, die — von ihm aus gesehen — den Wurfkörper nach außen, vom Zentrum wegzieht. Wir nennen diese nur vom sich drehenden System aus spürbare Kraft die **Zentrifugalkraft**[1]) = **Fliehkraft**. Ihr Betrag ist gleich groß wie die von außen meßbare Zentripetalkraft, ihre Richtung jedoch umgekehrt.

Der technische Sprachgebrauch unterscheidet oft nicht streng zwischen dem mitbewegten (1) und dem nicht mitbewegten (2) Beobachtungsstandort. Daraus folgt die nicht korrekte allgemeine Verwendung des Begriffes ,,Zentrifugalkraft bzw. Fliehkraft'' anstelle von (2) Gegenkraft zur Zentripetalkraft und (1) Zentrifugalkraft.

1. Beispiel: Eine Schnellzuglokomotive mit der Masse 93,6 t durchfährt eine Kurve mit einem Krümmungshalbmesser von $r = 200$ m mit einer Geschwindigkeit von 60 km/h. Wie groß ist die von den Schienen aufzunehmende Kraft?

Lösung

$$v = 60 \text{ km/h} = \frac{60}{3,6} \frac{m}{s} = 16,7 \frac{m}{s}$$

$$F = m \frac{v^2}{r} = \frac{93,6 \cdot 10^3 \text{ kg} \cdot 16,7^2 \text{ m}^2}{200 \text{ m} \cdot \text{s}^2} = 130\,000 \text{ N}$$

2. Beispiel: Eine Stahlkugel mit der Masse 500 g wird an einem Draht von 70 cm Länge in einer lotrechten Ebene im Kreis herumgeschwungen. Wie groß ist die Mindestdrehzahl zum Zustandekommen einer Drehbewegung?

Lösung: In der höchsten Lage muß die Gegenkraft zur Zentripetalkraft gleich groß sein wie die Gewichtskraft.

$$F = G; \quad m \frac{v^2}{r} = m\,g. \quad \text{Hieraus } v^2 = g\,r; \quad \text{die Masse ist gleichgültig}$$

$$v = \sqrt{g\,r} = \sqrt{10 \cdot 0,7} \sqrt{\frac{m \cdot m}{s^2}} = \sqrt{7} \frac{m}{s} = 2,65 \frac{m}{s}$$

somit Drehzahl

$$n = \frac{v}{d \cdot \pi} = \frac{2,65}{2 \cdot 0,7 \cdot \pi} \frac{m}{s\,m} = \frac{2,65 \cdot 60}{2 \cdot 0,7 \cdot \pi} \frac{1}{min} = 36 \frac{1}{min}$$

3. Beispiel: Damit ein Satellit die Erde umkreisen kann, muß der Betrag der Zentripetalkraft = dem Betrag der Erdanziehungskraft sein. Aus $F = G$ folgt wie im 2. Beispiel $v = \sqrt{g\,r}$

Mit dem Erdhalbmesser $r = 6370$ km und $g = 10$ m/s² wird

$$v = \sqrt{g\,r} = \sqrt{6370 \cdot 1000 \text{ m } 10 \frac{m}{s^2}} = 7980 \frac{m}{s} \approx 8 \frac{km}{s}$$

1.25.1 Trägheitskräfte im Versuch

Mit Hilfe einer mitbewegten Federwaage können wir zeigen, daß die Fliehkraft mit größerer bewegter Masse und mit höherer Umfangsgeschwindigkeit größer wird, ebenso, daß sie bei gleicher Umfangsgeschwindigkeit und größerem Bahnradius kleiner wird. Die Abhängigkeit der Größe der Fliehkraft von Winkelgeschwindigkeit, Drehzahl, Umlaufzeit und Bahnradius ergibt sich aus:

---

[1]) lat. centrum = Mittelpunkt; fugere = fliehen. Also bedeutet Zentrifugalkraft eine Kraft, die einen Körper veranlaßt, den Mittelpunkt der Drehbewegung zu fliehen

$$v = d \cdot \pi \cdot n = 2\,\pi \cdot r \cdot n; \qquad \text{mit } -F_z = \frac{m \cdot v^2}{r} \text{ folgt}$$

$$= \omega \cdot r = \frac{2\,\pi}{T} \cdot r \qquad\qquad -F_z = m \cdot \frac{4\,\pi^2}{T^2} \cdot r = m \cdot 4\,\pi^2 \cdot n^2 \cdot r = m \cdot \omega^2 \cdot r$$

Folgen der Fliehkraft:

Zerspringen von Schleifscheiben bei zu hoher Drehzahl, Platzen von Autoreifen bei zu hoher Geschwindigkeit.

Auch die Form der Erde ist eine Folge der Fliehkraft: Zusammen mit der Gravitationskraft ergibt sich als Gleichgewichtsform ein abgeplattetes Rotationsellipsoid.

Anwendung der Fliehkraft in der Technik:

Fliehkraftregler, Fliehkraftkupplung, Zentrifuge (zum Trennen von Gemischen verschiedener Dichte).

Aufgabengruppe Mechanik 15: Übungen zu 1.25

Trägheitskräfte bei der Kreisbewegung

1. Ein beladener Lastkraftwagen mit einer Masse von 4300 kg durchfährt mit einer Geschwindigkeit von 40 km/h eine Kurve mit dem Halbmesser $r = 20$ m. Wie groß ist die auftretende Fliehkraft?

2. Um das Wievielfache vergrößert sich die Zentripetalkraft, wenn man die Masse, die Drehzahl, die Geschwindigkeit oder den Bahnhalbmesser verdoppelt? Alle anderen Größen sind jeweils als unverändert anzusehen.

3.*An einem Draht von 1 m Länge wird ein Klotz mit der Masse 1,5 kg in einer lotrechten Ebene im Kreis herumgeschleudert.
   a) Wie groß muß die Drehzahl mindestens sein, damit diese Kreisbewegung zustande kommt?
   b) Wie groß ist die Fliehkraft bei einer Drehzahl von 120 min^{-1}?
   c) Bei welcher Drehzahl würde der Draht reißen, wenn dieser bis zu 220 N belastet werden darf?
   Anleitung: Man setze in die Fliehkraftformel $v = d\pi n$ ein.

4. Bei einem schnellfliegenden Flugzeug kann die Beschleunigung beim Kurvenflug kurzzeitig etwa das Zehnfache der Erdbeschleunigung betragen. Wieviel wiegt dann scheinbar der Pilot, wenn er auf dem Erdboden ein Gewicht von 800 N besitzt?

5.*Auf einer sich drehenden Stahlscheibe mit lotrecht angeordneter Drehachse befindet sich in einer Entfernung von $r = 50$ cm vom Drehpunkt ein Stahlwürfel von 0,5 kg Masse. Bei welcher Drehzahl der Scheibe wird der Würfel nach außen gleiten ($\mu_0 = 0{,}2$)?

6. Um wieviel N verringert sich das Gewicht eines Körpers der Masse von 1 kg, wenn er am Äquator die Erddrehung mitmacht ($R = 6380$ km)?

7. Der Wagen eines Personenzuges mit einer Masse von 20 t hat in einer Kurve mit dem Halbdurchmesser $r = 460$ m eine Geschwindigkeit von 50 km/h. Wie groß ist F_z?

8. Ein Flugzeug hat beim Sturzflug in einer Kurve mit $r = 420$ m eine Geschwindigkeit von 510 km/h. Wie groß ist die Fliehkraft auf den 700 N schweren Piloten ($g = 10$ m/s²)?

9. Ein Schwungrad mit einer Masse von 2800 kg liegt mit seinem Schwerpunkt um 2 mm außerhalb des Drehpunktes. Welche Fliehkraft beansprucht die Drehachse, wenn die Drehzahl 220 · 1/min beträgt?

2. Mechanik der Flüssigkeiten

2.1 Druck und Druckausbreitung

2.1.1 Eigenschaften von Flüssigkeiten

Jede Flüssigkeitsmenge nimmt einen bestimmten **Raum** (Volumen) ein und hat eine bestimmte **Masse**. Infolge der Schwerkraft ist sie auch **schwer**, sie hat ein ,,Gewicht". Flüssigkeiten sind **wenig zusammendrückbar**, z. B. vermindert Wasser sein Volumen bei 1000 bar um 5%.

Flüssigkeitsmoleküle sind gegeneinander **leicht verschiebbar**. Folge: Flüssigkeiten nehmen die Gestalt von Gefäßen an. Außerdem können Flüssigkeiten wohl Druckkräfte, niemals aber Zugkräfte übertragen.

2.1.2 Die Einstellung der Flüssigkeitsoberfläche

Sie erfolgt stets waagerecht, d. h. senkrecht zur Richtung der Schwerkraft. Ursache hierfür ist die leichte **Verschiebbarkeit der Flüssigkeitsteilchen** gegeneinander.

Wasser
seitliches Abfließen
im Falle einer
unebenen Oberfläche

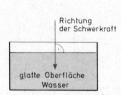

Richtung
der Schwerkraft

glatte Oberfläche
Wasser

Sind die Kohäsionskräfte größer als bei Wasser (z. B. bei Honig oder Schmierfett), so dauert die Einstellung einer ebenen Oberfläche entsprechend länger (Viskosität = Zähflüssigkeit).

Die Einstellung einer waagerechten Oberfläche gilt nicht nur für ein Einzelgefäß.

In miteinander verbundenen Gefäßen[1]) stehen die Flüssigkeitsspiegel gleich hoch.

Technische Anwendungen

Die Ablesungen h_1 und h_2 liefern den Höhenunterschied der Auflageflächen $\Delta h = h_2 - h_1$.

Das Zeichen Δ bedeutet allgemein die Differenz zweier Werte, z. B. $\Delta x = x_2 - x_1$. (Δ = großer griech. Buchstabe, sprich ,,delta".)

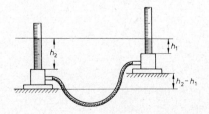

Schlauchwasserwaage

---

[1]) Verbundene Gefäße werden auch kommunizierende Gefäße genannt, von lat. communicare = verbinden

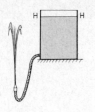

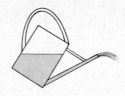

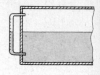

Springbrunnen   *Gießkanne*   *Wasserstandsanzeiger*

Wasserwaage

Die waagerechte Einstellung einer Flüssigkeitsoberfläche wird bei der Wasserwaage ausgenutzt. In einer mit Wasser, Alkohol oder Äther gefüllten Glasröhre befindet sich eine Luftblase, die sich entsprechend dem Neigungswinkel der Unterlage einstellt. Bei genau waagerechter Unterlage steht die Blase in der Mitte der sogenannten Libelle und nimmt die höchstmögliche Lage ein.

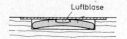

Luftblase

Während bei der Wasserwaage (Röhrenlibelle) zur Feststellung einer waagerechten Unterlage mindestens zwei Messungen in zueinander senkrechten Richtungen notwendig sind, erlaubt die Dosenlibelle mit entsprechender Wirkungsweise eine sofortige Ablesung.

2.1.3 Druckfortpflanzung in Flüssigkeiten (Stempeldruck)

> In einer Flüssigkeit pflanzt sich der Druck wegen der leichten Verschiebbarkeit der Teilchen gleichmäßig nach allen Seiten fort.

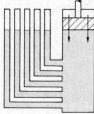

1. Versuch

Zur Bestätigung drückt man auf einen durchlöcherten, wassergefüllten Gummiball: Das Wasser spritzt nach allen Seiten mit gleicher Stärke.

2. Versuch

Wird der Kolben des Druckausbreitungsgerätes nach unten bewegt, so steigt die Flüssigkeit in den fünf Glasröhren um den gleichen Betrag. Da die Röhren in verschiedenen Richtungen angesetzt sind, ist damit der gleich große Druckanstieg in allen Richtungen nachgewiesen.

zu 2. Versuch

> **Erster Satz vom Flüssigkeitsdruck** (Größe des Drucks)
>
> Eine Kraft F, die auf die Stempelfläche A einwirkt, erzeugt einen Druck $p = \dfrac{F}{A}$, der im gesamten Flüssigkeitsvolumen herrscht (Stempeldruck).

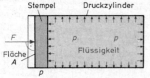

Stempel   Druckzylinder

F

Fläche
A

p

p

Flüssigkeit

p

Entsprechendes gilt bei herrschendem Druck p für die wirkende Kraft (vgl. Abschn. 0.6).

> Kraft = Angriffsfläche · Flüssigkeitsdruck

> $F = A p$

Beispiel: Auf die Stempelfläche $A = 20$ cm² wirke die Kraft $F = 1000$ N. Dann herrscht im gesamten Flüssigkeitsraum der Druck

$$p = \frac{F}{A} = \frac{1000\ \text{N}}{0,0020\ \text{m}^2} = 5 \cdot 10^5\ \frac{\text{N}}{\text{m}^2} = 5\ \text{bar}$$

Zweiter Satz vom Flüssigkeitsdruck (Druckrichtung)

Der Druck in einer Flüssigkeit hat keine bestimmte Richtung. Der Flüssigkeitsdruck ist ein Zustand.

Die vom Druck p verursachte Kraftwirkung hat eine bestimmte Richtung, nicht aber der Druck selbst. Die Richtung der Kraft ist erst anzugeben, wenn die Lage der Angriffsfläche im Raume bekannt ist.

Dritter Satz vom Flüssigkeitsdruck

Die vom Flüssigkeitsdruck verursachte Kraft wirkt stets senkrecht zur Angriffsfläche.

Zur Begründung des senkrechten Kraftangriffs

Ein prismatischer Körper von dreieckigem Querschnitt (Dicke b) befinde sich in einer Flüssigkeit, in der überall der Druck p herrscht[1]. Damit kein Auftrieb ins Spiel kommt, muß der Körper dasselbe Artgewicht haben wie die Flüssigkeit. Dann wirkt z. B. senkrecht zur Seitenfläche A_1 die Kraft $F_1 = A_1 p = l_1\, bp$. Da sich die Kräfte F_1, F_2 und F_3 verhalten wie die Seitenlängen l_1, l_2 und l_3, ergibt sich ein geschlossenes Krafteck, d. h. $R = 0$ (Gleichgewicht!). Durch Aufbringung eines allseitigen Flüssigkeitsdrucks p ist also bei dem prismatischen Körper keine Kraftwirkung hervorzurufen ($R = 0$!), was der Erfahrung entspricht. Vorausgesetzt war dabei der senkrechte Kraftangriff.

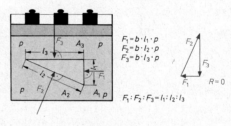

$F_1 = b \cdot l_1 \cdot p$
$F_2 = b \cdot l_2 \cdot p$
$F_3 = b \cdot l_3 \cdot p$

$R = 0$

$F_1 : F_2 : F_3 = l_1 : l_2 : l_3$

Versuch zum Flüssigkeitsdruck

20 N links halten 5 N rechts das Gleichgewicht. Warum?

Der von G_1 erzeugte Flüssigkeitsdruck ist $p_1 = 2\ \dfrac{\text{N}}{\text{cm}^2}$.

Dieser Druck erzeugt an der Fläche A_2 eine nach oben gerichtete Kraft

$$F_2 = A_2 \cdot p_1 = 2,5\ \text{cm}^2 \cdot 2\ \frac{\text{N}}{\text{cm}^2} = 5\ \text{N}$$

Das ist aber gerade das zur Erzielung des Gleichgewichts aufgelegte Gewicht.

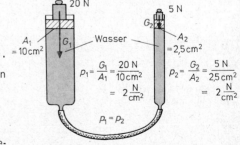

$A_1 = 10\ \text{cm}^2$

$A_2 = 2,5\ \text{cm}^2$

Wasser

$p_1 = \dfrac{G_1}{A_1} = \dfrac{20\ \text{N}}{10\ \text{cm}^2}$
$= 2\ \dfrac{\text{N}}{\text{cm}^2}$

$p_2 = \dfrac{G_2}{A_2} = \dfrac{5\ \text{N}}{2,5\ \text{cm}^2}$
$= 2\ \dfrac{\text{N}}{\text{cm}^2}$

$p_1 = p_2$

---

[1] Das Krafteck kann hier angewendet werden, als ob die Kräfte an einem Punkt wirken würden, da sich ihre Verlängerungen in einem Punkt schneiden. (Die Mittellote der Seiten eines beliebigen Dreiecks schneiden sich in einem Punkt.)

2.1.4 Technische Anwendungen der gleichmäßigen Druckausbreitung

1) Die hydraulische Presse

Am Druckkolben mit dem kleineren Querschnitt A_1 wirkt die Kraft F_1. Damit wird auf die Flüssigkeit des Druckzylinders (Fläche A_1) der Druck $p = \dfrac{F_1}{A_1}$ ausgeübt. Dieser Druck wirkt nun im gesamten Flüssigkeitsraum nach allen Seiten. Die Kraft am Arbeitskolben beträgt somit $F_2 = p \cdot A_2 = \dfrac{F_1}{A_1} \cdot A_2$, wenn für p sein Wert eingesetzt wird.

$$\text{Kraft am Arbeitskolben} = \text{Kraft am Druckkolben} \cdot \frac{\text{große Fläche}}{\text{kleine Fläche}}$$

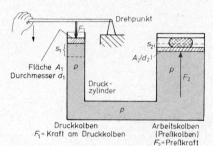

Fläche A_1
Durchmesser d_1

Druck-
zylinder

Druckkolben
F_1 = Kraft am Druckkolben

Arbeitskolben
(Preßkolben)
F_2 = Preßkraft

$$F_2 = F_1 \cdot \frac{A_2}{A_1} \qquad \text{oder} \quad \frac{F_1}{F_2} = \frac{A_1}{A_2}$$

Die Kräfte an den Kolben verhalten sich wie deren Querschnitte. Ist das Verhältnis der Durchmesser 1 : 5, so verhalten sich die Kräfte wie 1 : 25, da

$$F_1 : F_2 = \frac{\pi\,d_1{}^2}{4} : \frac{\pi\,d_2{}^2}{4} = d_1{}^2 : d_2{}^2$$

Erweiterung

Einbeziehung der Kolbenwege s_1 und s_2. Betrachtet man die von den beiden Kolben überstrichenen Räume in den Zylindern, so müssen diese gleich groß sein, da die Flüssigkeit nicht zusammendrückbar ist. Also gilt $V_1 = V_2$ oder $A_1 s_1 = A_2 s_2$. Mit dieser Beziehung folgt, wenn für A_2/A_1 der Bruch s_1/s_2 eingesetzt wird,

$$F_2 = F_1 \cdot \frac{A_2}{A_1} = F_1 \cdot \frac{s_1}{s_2}$$

woraus $F_2 \cdot s_2 = F_1 \cdot s_1$ hervorgeht.

Dieses Ergebnis ist uns als „Goldene Regel der Mechanik" (vgl. Abschn. 1.3.5) schon bekannt.

Aufgabe: Die beiden Stempel einer hydraulischen Presse haben die Flächen $A_1 = 4$ cm² und $A_2 = 360$ cm². Welche Kraftwirkung ist mit dieser Anordnung am Arbeitskolben zu erzielen, wenn die Kraft am kleinen Kolben 40 N beträgt? Wie verhalten sich die Kolbenwege beim Preßvorgang?

Lösung: Die Kraft am Arbeitskolben wird

$$F_2 = F_1 \cdot \frac{A_2}{A_1} = 40\,\text{N} \cdot \frac{360\ \text{cm}^2}{4\ \text{cm}^2} = 3600\,\text{N}$$

$F_1 : F_2 = s_2 : s_1$, $F_1 : F_2 = 4 : 360 = 1 : 90$. Also wird $s_1 : s_2 = 90 : 1$, d. h. die Wege von Druckkolben (s_1) und Arbeitskolben (s_2) verhalten sich wie 90 : 1. Der Weg des Druckkolbens ist 90mal größer als der des Arbeitskolbens.

Anwendung der hydraulischen Presse in der Praxis: bei Pressen zur Materialprüfung, bei Keltereien, bei der Verformung von Metallen, z. B. Herstellung von Autokarosserien, und zum Heben von Fahrzeugen und ganzen Brückenkonstruktionen. Hydraulische Hebeanlagen beim Schiffbau.

2) Flüssigkeitsbremse bei Kraftfahrzeugen

Der über einen Fußhebel auf eine Flüssigkeit ausgeübte Druck kann in eine beliebige Richtung gelenkt werden. Durch ein mit Bremsflüssigkeit gefülltes Rohr gelangt die Kraftwirkung vom Fußhebel auf die Bremsbacken (hydraulisches Gestänge).

Für gleich große Querschnitte wird $F_1 = F_2$.

3) Bourdonsche Röhre zur Druckmessung

Die unter Druck stehende Flüssigkeit wirkt auf die Innenwandung einer kreisförmig gebogenen elastischen Metallröhre von ellipsenförmigem Querschnitt (Bourdonsche Röhre). Die Kräfte erzeugen eine Verformung, die über ein Zahnradgetriebe zur Messung des Drucks benutzt werden kann. Ein solches Meßgerät heißt *Manometer*.

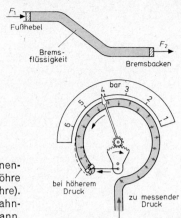

Manometer mit Bourdonrohr

2.1.5 Der Flüssigkeitsdruck durch eigene Schwere (Schweredruck)

Da auch Flüssigkeiten der Schwerkraft unterliegen, herrscht in ihnen ständig ein Druck, der nur vom Gewicht herrührt. Der Druck in einer ruhenden Flüssigkeit wird allgemein als „hydrostatischer Druck"[1]) bezeichnet. Der hydrostatische Druck kann von einer Kolbenkraft (hydraulische Presse) oder von der Schwerkraft herrühren. Hydrostatik bedeutet allgemein die Lehre von den Kräften in ruhenden Flüssigkeiten.

Die Kraft auf die Gefäßwandung wirkt stets senkrecht zur Angriffsfläche.

$$\text{Druckkraft} \quad F_1 = A_1 \cdot p_1$$

$$\text{Seitendruck} \quad p_1 = \frac{F_1}{A_1}$$

$$\text{Druckkraft} \quad F = A \cdot p \qquad \text{Bodendruck} \quad p = \frac{F}{A}$$

Versuch zum Schweredruck mit Druckdose und U-Manometer

Wird die Membran der Druckdose eingedrückt, so verschieben sich die Flüssigkeitsspiegel in der U-förmig gebogenen Röhre. Der sich einstellende Höhenunterschied stellt ein Maß für den am Ort der Druckdose herrschenden Druck dar.

Zwei Ergebnisse:

1) **Mit zunehmender Wassertiefe nimmt der Schweredruck gleichmäßig zu.**

2) Wird die Druckdose bei unveränderter Wassertiefe gedreht, so ändert sich die Druckanzeige nicht. Hieraus folgt:

Bodendruck und Seitendruck sind in gleicher Wassertiefe gleich groß.

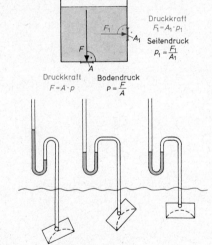

Druckdose mit Gummimembran

---

[1]) griech. hydor = Wasser und griech. statos = stehend. Entsprechend heißt die Mechanik der Flüssigkeit auch Hydromechanik

Berechnung des Schweredrucks in der Tiefe h

Der Druck auf die Fläche A in der Tiefe h ist zu berechnen. Da die Flüssigkeitsteilchen ohne Reibkräfte seitlich aneinander abgleiten, somit keine Scherkräfte[1]) übertragen, können wir uns über dem Umfang der Fläche A eine lotrechte Röhre denken, die eine Wassersäule abgrenzt. Die Gewichtskräfte von Molekülen außerhalb der Röhre tragen zur Kraftwirkung auf die Fläche A nichts bei. Siehe auch Abschn. 2.1.6.

Das „Gewicht" einer Flüssigkeitssäule von der Höhe h und dem Artgewicht (Wichte) γ ist $G = \gamma \cdot V = \gamma \cdot A \cdot h$; damit wird der Druck auf die Fläche A $p = \dfrac{G}{A} = \dfrac{\gamma \cdot A \cdot h}{A} = \gamma \cdot h$.

Meistens ist aber anstelle des Artgewichtes die Dichte ϱ von Stoffen bekannt (die Wichtezahl gilt nur am Normort!); somit ist umzurechnen:

$$\gamma = \frac{G}{V} = \frac{m \cdot g}{V} = \frac{\varrho \cdot V \cdot g}{V} = \varrho \cdot g$$

Also ergibt sich für den Druck

$$p = \gamma \cdot h = \varrho \cdot g \cdot h$$

Druckeinheiten im SI sind

$$1 \text{ Pascal} = 1 \text{ Pa} = 1 \frac{N}{m^2} \text{ bzw. } 1 \text{ Megapascal} = 1 \text{ MPa} = 10^6 \frac{N}{m^2} \left(\approx 0,1 \frac{kp}{mm^2} \right).$$

$$1 \text{ bar} = 0,1 \text{ MPa} \left(\approx 1 \frac{kp}{cm^2} \right).$$

Schweredruck = Artgewicht · Tiefe = Dichte · Erdbeschleunigung · Tiefe

---

Der Schweredruck in einer Flüssigkeit mit der Dichte ϱ beträgt in der Tiefe h

$$p = \varrho \cdot g \cdot h$$

1) Grauguß $\varrho = 7000 \dfrac{kg}{m^3}$; $g = 10 \dfrac{m}{s^2}$; $h = 1 \text{ m}$.

$$p = \varrho \cdot g \cdot h = 7000 \frac{kg}{m^3} \cdot 10 \frac{m}{s^2} \cdot 1 \text{ m} = 70\,000 \frac{N}{m^2} = 0,07 \text{ MPa} = 0,7 \text{ bar} \left(\approx 0,7 \frac{kp}{m^2} \right)$$

2) Wassersäule $h = ?$; $p = 1 \text{ bar} = 0,1 \text{ MPa}$; $\varrho = 1000 \dfrac{kg}{m^3}$.

$$h = \frac{p}{\varrho \cdot g} = \frac{10^5 \dfrac{N}{m^2}}{1000 \dfrac{kg}{m^3} \cdot 10 \dfrac{m}{s^2}} = \frac{10^5 \text{ m}}{10^4} = 10 \text{ m}$$

3) Die (veraltete) Angabe „1200 mm Wassersäule" ist in „bar" umzurechnen.

$$p = \varrho \cdot g \cdot h = 1000 \frac{kg}{m^3} \cdot 10 \frac{m}{s^2} \cdot 1,2 \text{ m} = 12\,000 \frac{N}{m^2} = 0,012 \text{ MPa} = 0,12 \text{ bar}$$

$$\left(p = \gamma \cdot h = \frac{1 \text{ kp} \cdot 120 \text{ cm}}{1000 \text{ cm}^3} = 0,12 \frac{kp}{cm^2} = 0,12 \text{ at} \approx 0,12 \text{ bar} \right)$$

---

[1]) Scherkräfte treten z. B. beim Zerschneiden eines Papiers mit einer Schere auf; Zugkräfte führen zum Zerreißen

2.1.6 Drei Versuche zum Schweredruck

Der Seitendruck

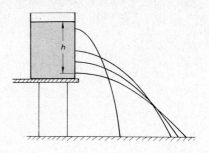

Der Seitendruck nimmt mit der Tiefe zu.

Größerer Druck bedeutet größere Ausfluß-
geschwindigkeit und damit auch größere Reich-
weite des Wasserstrahles.

Der Bodendruck

In eine Metallfassung wird ein rundes, unten
offenes Glasgefäß eingesetzt, das durch Gefäße
gleicher Grundfläche, aber verschiedener Form
ausgetauscht werden kann. Füllt man Wasser
ein, so wird die an der Unterseite der Fassung
angebrachte Gummimembran nach unten gedrückt. Die Stärke der Verformung, die ein Maß
für den herrschenden Druck darstellt, kann über
einen Zeiger auf einer Skala abgelesen werden.
Alle vier Gefäße zeigen bei gleicher Wasser-
höhe denselben Bodendruck, obwohl das Gefäß
Nr. 3 wesentlich mehr faßt als z. B. Nr. 1.

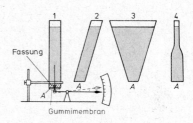

Der Bodendruck in einem Gefäß hängt nicht von der Gefäßform, sondern nur von der Flüssigkeitshöhe ab.

Diese zunächst unverständliche Erscheinung wird als
hydrostatisches Paradoxon[1]) bezeichnet.

Erklärung in einem einfachen Beispiel: Die Druckkräfte F und
F' auf die schrägen Flächen A_1 und A_1' können zerlegt werden.
F_1 und F_1' beanspruchen das Gefäß in der Waagerechten. Die
lotrechten Anteile F_2 und F_2' wirken schon bei der schrägen
Wandung auf das Gefäß. Also wirkt auf A nur die Druckkraft, die von der schrägen Wandung nicht aufgenommen
wurde.

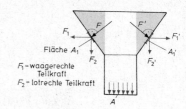

Der Aufdruck

Der allseitig wirkende Flüssigkeitsdruck kann auch eine nach oben
gerichtete Kraft hervorrufen. Wird ein beiderseits offener Standzylinder
mit einer Abdeckplatte am unteren Ende ins Wasser eingetaucht, so
drückt die Flüssigkeit die Platte an.

Die Platte fällt ab, wenn durch Eingießen (bei etwa gleich hohen Wasserspiegeln
innen und außen) Bodendruckkraft F_B und Aufwärtskraft F_A nahezu gleich groß
geworden sind.

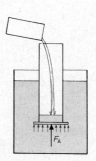

---

[1]) griech. paradox = widersinnig; der allgemein üblichen Meinung entgegenstehend

2.1.7 Berechnung von Boden- und Seitendruckkräften

Allgemein gilt

> **Kraft senkrecht zur Fläche = Fläche · herrschender Druck**

1. Beispiel (Bodendruck): Ein stehendes Blechfaß ist mit Schmieröl gefüllt. Mit welcher Kraft drückt die Füllung $\left(\varrho = 910\ \dfrac{kg}{m^3}\right)$ auf den Faßboden, wenn das Öl 87 cm hoch steht? Der Faßdurchmesser beträgt 56 cm.

Lösung: Der Druck am Boden beträgt

$$p = \varrho \cdot g \cdot h = 910\ \frac{kg}{m^3} \cdot 10\ \frac{m}{s^2} \cdot 0{,}87\ m = 7920\ \frac{N}{m^2} = 0{,}0079\ MPa = 0{,}079\ bar\ \left(\approx 0{,}08\ \frac{kp}{cm^2}\right)$$

Die Bodendruckkraft wird mit $A = \dfrac{\pi\,d^2}{4} = 0{,}2463\ m^2$

$$F = A \cdot p = 0{,}2463\ m^2 \cdot 7920\ \frac{N}{m^2} = 1950\ N \quad (\approx 200\ kp)$$

2. Beispiel (Seitendruck): An einem Stauwerk (Überfallwehr) wird das Wasser 2,50 m hoch gestaut. Mit welcher Kraft drückt es auf das Wehr, wenn dessen Breite 8 m beträgt?

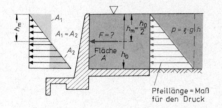

Pfeillänge = Maß für den Druck

Lösung: Hier taucht zunächst die Frage auf: Für welche Tiefe h ist der Druck p in $F = A \cdot p$ einzusetzen?

Für $h = 0$ ist $p = 0$, für $h = h_0$ wird $p = \varrho \cdot g \cdot h_0 = 1000\ \dfrac{kg}{m^3} \cdot 10\ \dfrac{m}{s^2} \cdot 2{,}5\ m = 25\,000\ \dfrac{N}{m^2}$.

Da der Druck mit wachsender Tiefe gleichmäßig zunimmt, so nehmen wir den Mittelwert. Damit wird

$$F = A\,p_m = 20\ m^2 \cdot 12\,500\ \frac{N}{m^2} = 250\,000\ N$$

> **Seitendruckkraft = gedrückte Fläche · mittlerer Druck**

> $F = A \cdot p_m$ $\quad\quad$ $p_m = \varrho \cdot g \cdot h_m$ $\quad\quad$ h_m = Abstand des Mittelpunktes[1]) der Fläche vom Flüssigkeitsspiegel

3. Beispiel (Bodendruck und Seitendruck): Ein Behälter mit 5 m Durchmesser ist bis zu einer Höhe von 6,50 m mit Benzol $\left(\varrho = 890\ \dfrac{kg}{m^3}\right)$ gefüllt. Der obere Rand einer kreisförmigen Öffnung von 10 cm Durchmesser befindet sich 14 cm über dem Boden.

a) Wie groß ist die Druckkraft auf den Boden?

b) Welche Kraft wird auf einen Sperrschieber ausgeübt, der die seitliche Öffnung verschließt?

---

[1]) Der Mittelpunkt ist nur bei regelmäßigen Flächen, wie z. B. Rechteck und Kreis, maßgebend. Bei beliebigen Flächen bedeutet h_m den Abstand vom Schwerpunkt (vgl. Abschn. 1.12.3)

Lösung:

a) $A = \dfrac{\pi D^2}{4} = \dfrac{\pi \cdot 5^2 \cdot \text{m}^2}{4} = 19{,}635 \text{ m}^2$

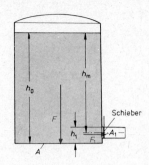

$p = \varrho \cdot g \cdot h_0 = 890 \dfrac{\text{kg}}{\text{m}^3} \cdot 10 \dfrac{\text{m}}{\text{s}^2} \cdot 6{,}5 \text{ m} = 57\,900 \dfrac{\text{N}}{\text{m}^2}$

Somit wird die Bodendruckkraft

$F = A\,p = 19{,}635 \text{ m}^2 \cdot 57\,900 \dfrac{\text{N}}{\text{m}^2}$

$= 1\,135\,000 \text{ N}$

b) Mit $h_m = h_0 - h_1 + d/2 = (6{,}50 - 0{,}14 + 0{,}05) \text{ m} = 6{,}41 \text{ m}$

$p_1 = \varrho \cdot g \cdot h_m = 890 \dfrac{\text{kg}}{\text{m}^3} \cdot 10 \dfrac{\text{m}}{\text{s}^2} \cdot 6{,}41 \text{ m} = 57\,000 \dfrac{\text{N}}{\text{m}^2}$ und $A_1 = \dfrac{\pi d^2}{4} = \dfrac{\pi \cdot 0{,}1^2 \cdot \text{m}^2}{4} = 0{,}00785 \text{ m}^2$

wird die Seitendruckkraft

$F_1 = A_1 p_1 = 0{,}00785 \text{ m}^2 \cdot 57\,000 \dfrac{\text{N}}{\text{m}^2} = 448 \text{ N}$

2.1.8 Technische Anwendungen des Schweredruckes

Druckmessung (Flüssigkeitsmanometer): Geräte zur Druckmessung (vgl. Abschn. 2.1) heißen Manometer.

Beim Flüssigkeitsmanometer wird eine U-förmig gebogene Glasröhre mit gefärbtem Wasser gefüllt. Zunächst stehen die Wasserspiegel in den beiden Schenkeln gleich hoch. Schließt man nun die Leuchtgasleitung an, so sinkt der linke Spiegel, während der rechte entsprechend ansteigt.

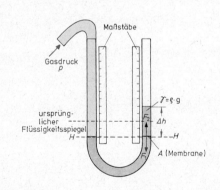

Ablesung: Der Höhenunterschied Δh (vgl. Abschn. 2.1.2) der beiden Flüssigkeitsspiegel beträgt 80 mm. — Man kann den Druck des Leuchtgases unmittelbar mit „80 mm Wassersäule = 80 mm WS" angeben, was in der Praxis vielfach üblich ist.

Zur *Wirkungsweise* des Flüssigkeitsmanometers ist zu sagen:

1) Die Flüssigkeit unter der Linie *HH* ist für sich im Gleichgewicht.

2) Denkt man sich die Flüssigkeitsröhre vom lichten Querschnitt *A* durch eine dünne, steife Membran der Fläche *A* versperrt, so wirkt auf diese nach unten das Gewicht der Flüssigkeitssäule Δh

$F_1 = A \cdot \varrho \cdot g \cdot \Delta h$

Der Gasdruck p wird über die Flüssigkeit im gebogenen Teil des U-Rohres übertragen und erzeugt an der Membran eine nach oben gerichtete Druckkraft

$$F_2 = A\,p$$

Aus $F_1 = F_2$ (Gleichgewichtsfall) folgt

$$\varrho \cdot g \cdot \Delta h = p$$

Der Schweredruck der Flüssigkeitssäule der Höhe Δh hält dem Gasdruck p das Gleichgewicht.

Aufgabe: Mittels eines Flüssigkeitsmanometers soll ein Druck von 90 mm Wassersäule gemessen werden. Welcher Höhenunterschied der beiden Flüssigkeitsspiegel stellt sich ein, wenn anstelle von Wasser als Füllflüssigkeit Alkohol $\left(\varrho = 790\ \dfrac{\text{kg}}{\text{m}^3}\right)$ benutzt wird?

Lösung: Üben zwei verschiedene Flüssigkeiten denselben Bodendruck aus, so gilt

$$\varrho_1 \cdot g \cdot h_1 = \varrho_2 \cdot g \cdot h_2 \quad \text{oder} \quad \frac{h_1}{h_2} = \frac{\varrho_2}{\varrho_1}$$

Die Höhen von Flüssigkeitssäulen mit gleichem Bodendruck verhalten sich umgekehrt wie deren Dichten.

Der Höhenunterschied bei Alkohol beträgt

$$\Delta h_\text{A} = \frac{\varrho_\text{Wasser}}{\varrho_\text{Alkohol}} \cdot \Delta h_\text{Wasser} = \frac{1000\ \text{kg/m}^3}{790\ \text{kg/m}^3} \cdot 0{,}09\ \text{m} = 0{,}114\ \text{m}$$

Anwendung des Schweredrucks — Messung des Artgewichts bzw. der Dichte von Flüssigkeiten, da wegen $\gamma = \varrho \cdot g$ Artgewicht und Dichte einander proportional sind, ergibt eine Vergleichsmessung auch den Zahlenwert der Dichte

Fall A: Nicht mischbare Flüssigkeiten

In einem U-Rohr befinden sich zwei nicht mischbare Flüssigkeiten von verschiedenem Artgewicht. Im Gleichgewichtsfall betragen die Flüssigkeitshöhen — von der Horizontalen HH aus gemessen — h_1 und h_2.

Die Flüssigkeit der größeren Dichte ϱ_2 unterhalb HH ist für sich im Gleichgewicht und dient nur als „Waage". Die Waagschalen sind die Querschnitte auf der Höhe HH. Auf der linken Seite wirkt nun anstelle eines Gasdrucks auch eine Flüssigkeitssäule.

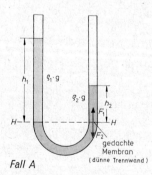

Fall A

Gleichgewichtsbedingung:

Kräftegleichgewicht $F_1 = F_2$, $A\,p_1 = A\,p_2$

$$p_1 = p_2$$

$$\gamma_1\,h_1 = \gamma_2\,h_2 \rightarrow \varrho_1 \cdot g \cdot h_1 = \varrho_2 \cdot g \cdot h_2$$

Aus der Gleichheit der Kräfte, die an demselben Flächenstück, aber an verschiedenen Seiten angreifen, folgt die Gleichheit der Drücke.

Ist das Artgewicht bzw. die Dichte einer Flüssigkeit bekannt, so kann man Artgewicht bzw. Dichte einer anderen bestimmen, wenn man die Höhen h_1 und h_2 mißt.

Beispiel: Im Gleichgewichtsfall wird für Benzin eine Höhe $h_1 = 12{,}0$ cm gemessen und für Wasser $h_2 = 8{,}4$ cm. Wie groß ist die Dichte von Benzin?

Lösung:

$$\gamma_{\text{Benzin}} = \gamma_1 = \frac{h_2}{h_1} \cdot \gamma_2 \rightarrow \varrho_{\text{Benzin}} = \varrho_1 = \frac{h_2}{h_1} \cdot \varrho_2 \quad ^1)$$

$$\varrho_1 = \frac{8,4\ \text{cm}}{12\ \text{cm}} \cdot 1000\ \frac{\text{kg}}{\text{m}^3}$$

$$\varrho_1 = 700\ \frac{\text{kg}}{\text{m}^3}$$

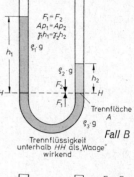

Fall B

Fall B: Mischbare Flüssigkeiten

Sollen die Dichten zweier mischbarer Flüssigkeiten miteinander verglichen werden, so benutzt man zur Trennung eine schwerere Flüssigkeit von der Dichte ϱ_3. Wenn es durch sorgfältiges Einfüllen gelingt, daß die Flüssigkeitsspiegel der 3. Flüssigkeit gleich hoch stehen, so gilt wie oben

$$\gamma_1 \cdot h_1 = \gamma_2 \cdot h_2 \rightarrow \varrho_1 \cdot h_1 = \varrho_2 \cdot h_2$$

Fall C:

Durch eine andere Reihenfolge des Einfüllens kann man den Gleichgewichtszustand auch erreichen, ohne daß die Trennflüssigkeit in beiden Schenkeln gleich hoch steht.

Gleichgewichtsbedingung:

$$\varrho_1 \cdot h_1 = \varrho_2 \cdot h_2 + \varrho_3 \cdot h_3$$

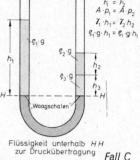

Flüssigkeit unterhalb *HH* zur Druckübertragung   *Fall C*

Beispiel: Im linken Schenkel befindet sich eine $h_1 = 24$ cm hohe Wassersäule. Wie groß ist die Dichte von Äther, wenn dieser im rechten Schenkel $h_2 = 5,1$ cm hoch steht? Die Quecksilbersäule h_3 beträgt 1,5 cm $\left(\varrho_{\text{Hg}} = 13\,550\ \dfrac{\text{kg}}{\text{m}^3}\ \text{bei 20 °C}\right)$.

Lösung: Nach ϱ_2 aufgelöst ergibt

$$\varrho_2 = \frac{\varrho_1 \cdot h_1 - \varrho_3 \cdot h_3}{h_2}$$

$$= \frac{1000 \cdot 0,240 - 13\,550 \cdot 0,015}{0,051}\ \frac{\text{kg}}{\text{m}^3} \cdot \frac{\text{m}}{\text{m}} = 720\ \frac{\text{kg}}{\text{m}^3}$$

Ein Sonderfall: Verschieden große Querschnitte bei der U-Röhre

In allen bisherigen Fällen waren die Querschnitte links und rechts gleich groß.

Auch bei ungleichen Querschnitten kommt es im Gleichgewichtsfall nur auf den Höhenunterschied der beiden Flüssigkeitsspiegel an. Ist der Höhenunterschied h, so beträgt der Gasdruck $p = \gamma \cdot h = \varrho \cdot g \cdot h$.

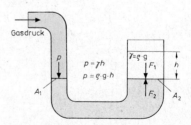

Begründung: Denkt man sich im rechten Querschnitt eine Membran vom Querschnitt A_2, so wirkt auf diese nach unten $F_1 = \gamma h A_2$. Nach oben drückt die Kraft $F_2 = p \cdot A_2$. Aus $F_1 = F_2$ folgt $p = \gamma \cdot h = \varrho \cdot g \cdot h$.

Auch bei zwei Flüssigkeitssäulen spielt der Querschnitt keine Rolle. Die an der Trennfläche A_2 nach oben wirkende Kraft F_2 ist eine Folge des Drucks, der vom Quecksilber übertragen wurde. — Daß der Querschnitt keinen Einfluß auf die Höhendifferenz der Flüssigkeitsspiegel haben kann, ist schon daraus ersichtlich, daß in allen verbundenen Gefäßen (gleich welchen Querschnitts) die Flüssigkeit gleich hoch steht.

---

^{1}) um g ist bereits gekürzt, ebenso in den folgenden Aufgaben

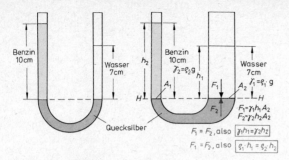

$$F_1 = \gamma_1 h_1 A_2$$
$$F_2 = \gamma_2 h_2 A_2$$

hieraus folgt

$$\boxed{\gamma_1 h_1 = \gamma_2 h_2}$$

und

$$\boxed{\varrho_1 \cdot h_1 = \varrho_2 \cdot h_2}$$

Eine Säule von 10 cm Benzin hält einer Säule von 7 cm Wasser das Gleichgewicht. Dabei spielt der Querschnitt der U-förmig gebogenen Röhre keine Rolle $\left(\varrho_{Benzin} = 700 \, \dfrac{kg}{m^3} \right)$.

Einstellung des Flüssigkeitsspiegels

Denkt man nicht an den bereits eingestellten Stand der beiden Flüssigkeitsspiegel, sondern an den Vorgang der Einstellung selbst, so liegen die Verhältnisse bei ungleichen Querschnitten etwas anders. Wir gehen von einem Flüssigkeitsmanometer aus, das den Druck $p = 0$ anzeigt, d. h. beide Spiegel sind gleich hoch.

Für $A_1 = A_2$ gilt dann: Senkung des linken Spiegels = Hebung des rechten Spiegels.

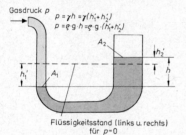

Flüssigkeitsstand (links u. rechts) für $p=0$

Für $A_1 \neq A_2$ muß gelten,
$$V_1 = V_2 \text{ (Volumgleichheit)},$$
da die Flüssigkeit nicht zusammendrückbar ist.

Also $A_1 h_1' = A_2 h_2'$
$$\frac{h_1'}{h_2'} = \frac{A_2}{A_1}$$

Die Flüssigkeit sinkt im engen Querschnitt stärker ab, als sie im weiten ansteigt; entsprechend ist auch der dazu erforderliche Gasdruck höher.

Aufgabengruppe Mechanik 16: Übungen zu 2.1

Gleichmäßige Druckausbreitung, Schweredruck und seine Anwendungen, Bodendruck und Seitendruck[1])

1. Bei einer hydraulischen Presse beträgt die Kraft, die auf den Druckkolben wirkt, 200 N. Der Durchmesser des Druckkolbens beträgt 15 mm, der des Arbeitskolbens 290 mm. Welche Kraft wird am Arbeitskolben erzielt? Welcher Druck herrscht in der Preßflüssigkeit?

2. Wie groß muß man den Durchmesser des Preßkolbens machen, wenn man bei einem gegebenen Flüssigkeitsdruck von 185 at eine Preßkraft von 160 Mp erzielen will (185 at $\approx$ 185 bar $= 18,5 \text{ MPa} = 18\,500\,000 \, \dfrac{N}{m^2}$; 1 Mp $\approx 10^4$ N)?

3. In einem zylindrischen Gefäß mit kreisförmigem Querschnitt von 1 m Durchmesser steht flüssiger Stahl 1,20 m hoch $\left(\varrho = 7700 \, \dfrac{kg}{m^3} \right)$. Wie groß ist der Bodendruck? Wie groß ist die Kraft auf den Gefäßboden?

4. Wie groß ist der Druck in 37,5 m Wassertiefe?

---

[1]) $g \approx 10 \, \dfrac{m}{s^2}$

5. Der Durchmesser des kreisförmigen Absperrschiebers einer Wasserleitung beträgt 32 cm. Welche Kraft muß er aushalten, wenn der Wasserspiegel im Wasserturm 22 m höher liegt?

6. In eine U-förmig gebogene Röhre wird zunächst Quecksilber eingefüllt $\left(\varrho = 13\,600\,\dfrac{kg}{m^3}\right)$. Dann bringt man in den linken Schenkel gesättigte Kochsalzlösung $\left(\varrho = 1200\,\dfrac{kg}{m^3}\right)$ und in den rechten Äther $\left(\varrho = 720\,\dfrac{kg}{m^3}\right)$. Auch nach dem Füllen stehen die beiden Quecksilberspiegel gleich hoch.

   a) Welche Höhe hat die aus Äther bestehende Flüssigkeitssäule im rechten Schenkel, wenn man eine Füllhöhe der Kochsalzlösung von 7,5 cm mißt?

   b) Wie ändert sich das Ergebnis, wenn der linke Quecksilberspiegel 1 cm höher liegt als der rechte? Die zur Verfügung stehende Menge an Kochsalzlösung sei dieselbe. In beiden Fällen soll Gleichgewicht herrschen.

7. Ein Behälter ist mit Benzin $\left(\varrho = 700\,\dfrac{kg}{m^3}\right)$ bzw. Schmieröl $\left(\varrho = 850\,\dfrac{kg}{m^3}\right)$ gefüllt. Wie hoch darf die Flüssigkeit in beiden Fällen stehen, damit der Bodendruck nicht größer wird als 0,25 bar?

8. In eine U-förmig gebogene Glasröhre von 1 cm² Querschnitt gießen wir zuerst 45 cm³ Wasser und dann 20 cm³ Benzin ($\varrho = 700$ kg/m³). Das Wasservolumen im gebogenen Rohrteil beträgt 15 cm³.

   a) Welcher Höhenunterschied zwischen Wasserspiegel und Benzinspiegel in den beiden Schenkeln stellt sich ein?

   b) Wie ändert sich das Ergebnis, wenn der Querschnitt der Röhre nur 0,8 cm² beträgt und die eingebrachten Mengen dieselben bleiben? Die Rundung fasse ebenfalls 15 cm³.

9. Ein Flüssigkeitsmanometer mit Glyzerin als Füllflüssigkeit ($\varrho = 1260$ kg/m³) zeigt einen Höhenunterschied von 180 mm. Welchem Druck in mm WS entspricht dies? Man rechne den Druck auf die Druckeinheiten MPa, bar und at um.

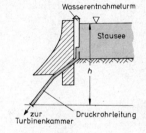

10. Bei einem Stausee befindet sich der Wassereinlauf zur Turbinenkammer $h = 150$ m unter dem Wasserspiegel.

   a) Wie groß ist der dort herrschende Druck?

   b) Welche Kraft drückt auf den Absperrschieber, wenn der lichte Rohrdurchmesser 1200 mm beträgt?

11. Ein Gasbehälter entspricht im Prinzip einer umgestülpten Tasse, die ins Wasser getaucht wird. Wird Gas in den Kessel hineingedrückt, so hebt sich die Glocke, wobei sich der Speicherraum vergrößert.

Im Winter muß durch Heizen das Einfrieren des Wassers verhindert werden. Zur Vergrößerung des Speicherraumes kann die Glocke in mehrere ausziehbare Hübe unterteilt werden, die teleskopartig ineinandergreifen.

Der Durchmesser des Wasserbehälters beträgt $d = 12$ m. Bei einer bestimmten Gasfüllung beträgt der äußere Wasserstand $h = 7$ m (vgl. Abb.).

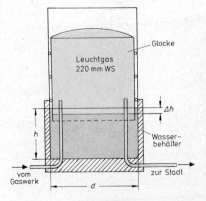

a) Wie groß sind die gesamten Seitendruckkräfte auf die Wandung des Wasserbehälters?

b) Man führe die Berechnung der Seitendruckkräfte noch in der folgenden Weise durch: Man unterteile die Mantelfläche in eine obere und eine untere Hälfte von je 3,50 m Höhe. Dann bestimme man den jeweils herrschenden mittleren Druck. Stellt sich ein anderes Ergebnis ein?

c) Der Gasdruck im Behälter betrage 220 mm Wassersäule. Um welchen Höhenunterschied Δh steht das Wasser in der Glocke tiefer?

d) Das Wasser steht im Behälter und in der Glocke nicht gleich hoch. Wie wirkt sich dies auf die Seitendruckkräfte aus, die auf die äußeren Gefäßwandung lasten?

e) Wie groß ist der Bodendruck in bar und at infolge der Wasserfüllung unterhalb der Glocke? Wie groß ist der gesamte Bodendruck (einschließlich Gasdruck)?

12. Bei einer hydraulischen Presse mit Handbetrieb (vgl. Abschn. 2.1.4, Abb. Seite 122) ist der kleine Hebelarm des einseitigen Hebels 8 cm, der große Hebelarm 72 cm lang. Wie groß ist die erzielte Preßkraft, wenn man eine Druckkraft von 180 N aufwendet und sich die Kolbendurchmesser wie 1 : 7 verhalten? Welche Preßkraft erhält man, wenn der Wirkungsgrad der Anordnung $\eta = 85\%$ beträgt?

13. Wie groß ist der Bodendruck in einem 200 m tiefen Bergwerksschacht, der bis zur Erdoberfläche mit Wasser überflutet ist?
Ist der Druck im Weltmeer in 200 m Tiefe größer?

2.2 Auftrieb und Schwimmen

2.2.1 Der Auftrieb in Flüssigkeiten

Versuch: Das ,,Gewicht'' eines Steines wird mittels einer Federwaage zu 0,5 N festgestellt. Taucht man nun den Stein in Wasser, so beträgt die Anzeige der Federwaage nur noch 0,33 N. Mit einem Überlaufgefäß wird das von dem Stein verdrängte Wasservolumen bestimmt. Es beträgt 17 cm³.

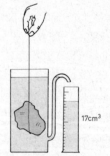

Gewichtsanzeige in Luft
$G_K = 0,5$ N

Gewichtsanzeige in Wasser
$G'_K = 0,33$ N

Verdrängtes Wasservolumen
17 cm³

Deutung des Versuchsergebnisses: Wird ein Körper in eine Flüssigkeit eingetaucht, so zeigt die Federwaage ein geringeres ,,Gewicht'' an als zuvor. Da sich an dem Körper nichts geändert hat, ist auch die auf ihn wirkende Schwerkraft unverändert geblieben. Sein ,,Gewicht'' ist immer dasselbe. Die geringere Anzeige der Federwaage ist nur so zu erklären, daß auf einen eingetauchten Körper, entgegen der Schwerkraft, eine nach oben gerichtete Kraft wirkt.

Erkenntnis:

Erster Satz vom Auftrieb

Auf jeden Körper wirkt beim Eintauchen in eine Flüssigkeit eine senkrecht nach oben gerichtete Kraft, die als Auftrieb bezeichnet wird.

Der Auftrieb F_a wirkt sich in einer verringerten Gewichtsanzeige aus.

> **Gewichtsanzeige, wenn Körper in Wasser = „Gewicht" in Luft — Auftrieb**

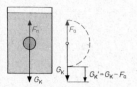

$$G'_K = G_K - F_a \qquad [1]$$

Die entstehende Auftriebskraft wirkt der Gewichtskraft entgegen. Wird also vom „Gewicht" des Körpers G_K der Auftrieb F_a abgezogen, so bleibt noch G'_K als nach unten wirkende Kraft übrig. Angezeigt wird also der Auftrieb nicht unmittelbar. An der Federwaage abgelesen wird nur der Unterschied von „Gewicht" in Luft und Auftrieb.

Wie groß ist der Auftrieb?

Versuchswerte:

„Gewicht" des Steines in Luft G_K .... = 0,50 N

Gewichtsanzeige der Federwaage bei Eintauchen des Steines in Wasser G'_K ..... = 0,33 N

Verringerung der Gewichtsanzeige = Auftrieb $F_a = G_K - G'_K$ .... = 0,17 N

Verdrängtes Wasservolumen .... = 0,000 017 m³

also „Gewicht" der verdrängten Wassermenge, da $\varrho_{Wasser} = 1000 \frac{kg}{m^3}$ .... = 0,17 N

Der Vergleich zeigt: Auftrieb $F_a = 0{,}17$ N

„Gewicht" des verdrängten Wassers $G_{Fl} = 0{,}17$ N. $\left(= 1000 \frac{kg}{m^3} \cdot 0{,}000017 \, m^3 \cdot 10 \frac{m}{s^2} \right)$

Zweiter Satz vom Auftrieb

> **Die Größe des Auftriebs ist gleich dem „Gewicht" der verdrängten Flüssigkeit (= Artgewicht der Flüssigkeit · Volumen der verdrängten Flüssigkeitsmenge).**

Die Ausdrucksweise „der Stein wiegt im Wasser 0,33 N" ist nicht ganz einwandfrei. Das „Gewicht" von 0,50 N — die Eigenschaft der Schwere — bleibt auch im Wasser unverändert. Der Körper wiegt nur scheinbar 0,33 N, da an ihm der Auftrieb mit 0,17 N wirkt.

Da die Auftriebskraft F_a stets nach oben gerichtet ist, versehen wir die Größe F_a noch mit einem Richtungspfeil ↑

$$F_a\uparrow = G_{Fl} = \gamma_{Fl} V_{Fl} = \varrho_{Fl} \cdot g \cdot V_{Fl} \qquad [2] \text{ Archimedisches Gesetz}$$

Dieses Gesetz ist nach seinem Entdecker Archimedes[1]) benannt.

Beispiel: Ein Holzbalken (Eichenholz $\varrho = 700$ kg/m³) von quadratischem Querschnitt 20 × 20 cm und 2 m Länge wird ganz in Wasser eingetaucht. Wie groß ist der Auftrieb? Wie groß ist die Tragkraft des Balkens?

---

[1]) Archimedes, bedeutender griechischer Mathematiker und Physiker des Altertums, geb. 287 v. Chr., wurde bei der Eroberung seiner Vaterstadt Syrakus (auf Sizilien) 212 v. Chr. von einem römischen Soldaten getötet

Lösung: Der Auftrieb beträgt $F_a = \varrho_{Fl} \cdot g \cdot V_{Fl} = 1000 \,\frac{kg}{m^3} \cdot 10 \,\frac{m}{s^2} \cdot 2 \cdot 0{,}2 \cdot 0{,}2 \,m^3 = 800 \,N$. Das ,,Gewicht'' des Balkens ist $G = \varrho \cdot g \cdot V = 700 \cdot 0{,}08 \cdot 10 \,N = 560 \,N$. Die Gewichtskraft ist dem Auftrieb entgegengesetzt.

Der Balken vermag also $F_t \uparrow = F_a \uparrow - G \downarrow = 800 \,N - 560 \,N = 240 \,N$ zu tragen.

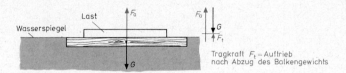

Tragkraft F_t = Auftrieb
nach Abzug des Balkengewichts

Setzen wir die Ausdrücke für F_a aus [1] und [2] einander gleich, so folgt

Dritter Satz vom Auftrieb

> ,,Gewicht'' in Luft — ,,Gewicht'' in einer Flüssigkeit = Artgewicht der Flüssigkeit · Volumen der verdrängten Flüssigkeit = Dichte der Flüssigkeit · Erdbeschleunigung · Volumen der verdrängten Flüssigkeit.

$$G_K - G_K' = \gamma_{Fl} \cdot V_{Fl} = \varrho_{Fl} \cdot g \cdot V_{Fl} \qquad [3]$$

In einer Flüssigkeit verliert ein Körper scheinbar so viel an ,,Gewicht'', wie die von ihm verdrängte Flüssigkeitsmenge wiegt.

Häufig ist die Tauchflüssigkeit Wasser. Dann ist in anderer Bezeichnungsweise auch zu schreiben $G_{Luft} - G_{Wasser} = \gamma \cdot V$, wobei G_{Luft} und G_{Wasser} das ,,Gewicht'' des Körpers in Luft und Wasser bedeuten.

Dieser Satz gilt auch dann, wenn der Körper nicht ganz, sondern nur teilweise eingetaucht wird. Zu beachten ist, daß dann das in die Formel einzusetzende verdrängte Wasservolumen kleiner ist als das Körpervolumen.

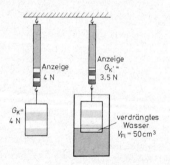

Bei teilweisem Eintauchen bezeichnen wir das eingetauchte Körpervolumen bzw. das gleichgroße verdrängte Wasservolumen stets mit $\bar{V}_{Fl}$ oder kurz mit $\bar{V}$. (Der Querstrich soll darauf hinweisen, daß dieses Volumen unter der Wasserlinie liegt.)

Beispiel: Ein Körper, der in Luft 4 N wiegt, taucht in Wasser und verdrängt 50 cm³. Die Gewichtsanzeige in Wasser beträgt dann

$$G_K' = G_K - \gamma_{Fl} \, \bar{V}_{Fl} = G_K - \varrho_{Fl} \cdot g \cdot \bar{V}_{Fl}$$

$$= 4{,}0 \,N - 1000 \,\frac{kg}{m^3} \cdot 10 \,\frac{m}{s^2} \cdot 0{,}00005 \,m^3 = 3{,}50 \,N$$

2.2.2 Anwendungen des Auftriebs zur Dichtebestimmung

Bestimmung der Dichte einer Flüssigkeit

Beispiel: Ein Kunststoffteil aus Polystyrol $\left(\varrho = 1050 \,\frac{kg}{m^3} \right)$ wiegt in Luft 0,86 N und in reinem Alkohol 0,21 N. Man bestimme hieraus die Dichte des Alkohols.

Lösung: Formel $G_K - G'_K = \gamma_{Fl} \, V_{Fl} = \varrho_{Fl} \cdot g \cdot V_{Fl}$

Gesucht ist: ϱ_{Fl}

Gegeben sind:

$G_K =$ Körpergewicht in Luft $= 0,86$ N, $\varrho_K = 1050 \, \dfrac{kg}{m^3}$

$G'_K =$ Körpergewicht in Alkohol $= 0,21$ N

Da der Körper ganz eingetaucht ist, ist sein Volumen V_K gleich dem der verdrängten Flüssigkeit V_{Fl}. Also wird

$$V_{Fl} = V_K = \frac{G_K}{\gamma_K} = \frac{G_K}{\varrho_K \cdot g} = \frac{0,86 \text{ N}}{1050 \, \dfrac{kg}{m^3} \cdot 10 \, \dfrac{m}{s^2}} = 0,0\,000\,819 \text{ m}^3$$

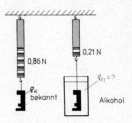

Zwei Wägungen zur Bestimmung von ϱ_{Fl}

Damit ergibt sich

$$\varrho_{Fl} = \frac{G_K - G'_K}{g \cdot V_{Fl}} = \frac{0,86 - 0,21}{10 \cdot 0,0\,000\,819} \, \frac{kg}{m^3} = 790 \, \frac{kg}{m^3}$$

Die Dichte von Alkohol beträgt $790 \, \dfrac{kg}{m^3}$.

Bestimmung der Dichte eines festen Körpers

Die Formel $G_K - G'_K = \varrho_{Fl} \cdot g \cdot V_{Fl}$ kann auch zur Bestimmung der Dichte eines festen Körpers benutzt werden. Die Dichte der Flüssigkeit ϱ_{Fl} muß nun bekannt sein. Durch zwei Wägungen werden G_K („Gewicht" in Luft) und G'_K („Gewicht" in der Flüssigkeit bekannter Dichte) ermittelt.

Beispiel: Ein Schlüssel wiegt in Luft 0,34 N, in Wasser 0,293 N. Wie groß ist die Dichte des Schlüsselwerkstoffes? Handelt es sich um Grauguß ($\varrho = 7250$ kg/m³) oder Stahl ($\varrho = 7800$ kg/m³)?

Lösung: Grundsätzlich können die beiden Wägungen, genau wie im vorhergehenden Beispiel, mit Hilfe einer Federwaage durchgeführt werden.

Mit den Werten $G_K = 0,34$ N, $G'_K = 0,293$ N und $\varrho_{Fl} = 1000 \, \dfrac{kg}{m^3}$ ergibt sich das verdrängte Flüssigkeitsvolumen zu

$$V_{Fl} = \frac{G_K - G'_K}{\gamma_{Fl}} = \frac{G_K - G'_K}{\varrho_{Fl} \cdot g} = \frac{0,340 - 0,293}{1000 \cdot 10} \text{ m}^3 = \frac{4,7}{1\,000\,000} \text{ m}^3 \, (= 4,7 \text{ cm}^3)$$

Bei völligem Eintauchen ist $V_{Fl} = V_K$. Also wird

$$\varrho_K = \frac{G_K}{g \cdot V_K} = \frac{0,34 \cdot 1\,000\,000}{10 \cdot 4,7} \, \frac{kg}{m^3} = 7230 \, \frac{kg}{m^3}$$

Ergebnis: Der Schlüssel besteht aus Grauguß $\left(\varrho = 7230 \, \dfrac{kg}{m^3}\right)$.

*

Zur Erzielung einer genügend großen Genauigkeit werden Wägungen von Körpern in Luft und Wasser in den beiden besprochenen Beispielen mit Hilfe einer hydrostatischen Waage durchgeführt.

Die hydrostatische Waage ist eine Balkenwaage mit einer kurzen Waagschale. Sie erlaubt unmittelbar die Bestimmung des Auftriebs.

Das Artgewicht bzw. die Dichte des Schlüsselwerkstoffes wird in zwei Schritten bestimmt.

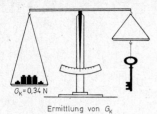

Ermittlung von G_K

1. Schritt: Das „Gewicht" des Körpers, der an der „kurzen Waagschale" hängt, wird in Luft in der üblichen Weise ermittelt.

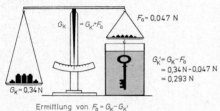

$F_a = 0,047\ N$

$G_K = G_K' + F_a$

$G_K' = G_K - F_a$
$= 0,34\ N - 0,047\ N$
$= 0,293\ N$

$G_K = 0,34\ N$

Ermittlung von $F_a = G_K - G_K'$

2. Schritt: Der Körper wird in Wasser getaucht. Der entstehende Auftrieb wird durch Gewichte, die auf die kurze Waagschale gelegt werden, ausgeglichen. Die Gewichtsauflage zur Einstellung des Gleichgewichts entspricht dem Auftrieb F_a.

Somit ist die bei der Berechnung von V_{Fl} auftretende Differenz $G_K - G_K'$ bekannt, da $F_a = G_K - G_K'$.

2.2.3 Ein historischer Versuch

Archimedes hatte beim Baden — durch Beobachtung des „verringerten" Körpergewichts unter Wasser — das Gesetz vom Auftrieb entdeckt. Der geniale und vielseitige Forscher erhielt den Auftrag, die von einem Goldschmied für den König gelieferte Krone zu untersuchen, ob sie aus reinem Gold bestünde. Ohne die Krone zu zerstören, konnte Archimedes Silberbeimengungen feststellen, indem er ihren Auftrieb mit dem eines gleich schweren Goldklumpens verglich.

Gedankengang: Die abgelieferte Krone hatte das vorgeschriebene „Gewicht". Allerdings konnten Silberbeimengungen enthalten sein, die das Artgewicht verändern. Mit Silber (Ag) „verfälschtes" Gold (Au) hat eine kleinere Dichte ($\varrho_{Au} = 19\,300\ kg/m^3$; $\varrho_{Ag} = 10\,500\ kg/m^3$).

Bei kleinerer Dichte hatte die Krone eine größere Wasserverdrängung und damit einen größeren Auftrieb im Wasser als der Goldklumpen.

Goldklumpen:

$$V_{Au} = \frac{G_{Au}}{\gamma_{Au}} = \frac{G_{Au}}{g \cdot \varrho_{Au}}$$

verfälschte Krone:

$$V_{Kr} = \frac{G_{Kr}}{\gamma_{Kr}} = \frac{G_{Kr}}{g \cdot \varrho_{Kr}}$$

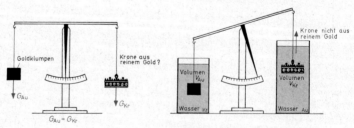

Da $\varrho_{Kr} < \varrho_{Au}$, so gilt stets $V_{Kr} > V_{Au}$, da $G_{Au} = G_{Kr}$, weil auch $\varrho_{Kr} < \varrho_{Au}$ ist.

Damit ist beim Eintauchen in Wasser der Auftrieb bei der „unechten" Krone größer als bei reinem Gold. (Der Gang der Archimedischen Rechnung entspricht auch der Übungsaufgabe 16., Seite 146.)

2.2.4 Steigen, Schweben und Sinken

Ein Körper sei ganz in Flüssigkeit eingetaucht. Dann gilt $V_K = V_{Fl}$, d. h. die Volumina von Körper und verdrängter Flüssigkeit sind gleich groß. Je nachdem, wie groß nun der Auftrieb im Verhältnis zum „Gewicht" ist, sind drei Fälle zu unterscheiden.

$F_a > G$

$\gamma_{Fl} V_{Fl} > \gamma_K V_K \mid \varrho_{Fl} V_{Fl} > \varrho_K V_K$

Bedingung für das Aufsteigen
$\gamma_{Fl} > \gamma_K \mid \varrho_{Fl} > \varrho_K$

Beispiele: Kork oder Holz in Wasser; Kupferwürfel in Quecksilber

$F_a = G$

Bedingung für das Schweben
$\gamma_{Fl} = \gamma_K \mid \varrho_{Fl} = \varrho_K$

Beispiel: Kunststoff von gleicher Dichte wie Wasser

$F_a < G$

Bedingung für das Sinken
$\gamma_{Fl} < \gamma_K \mid \varrho_{Fl} < \varrho_K$

Beispiele: Kupfer, Eisen, Gold in Wasser

Ist das Artgewicht der Flüssigkeit *größer / gleich groß / kleiner* als / wie das des Tauchkörpers, so tritt *Steigen / Schweben / Sinken* ein. Voraussetzung ist, daß der Körper aus einheitlichem Werkstoff (ohne innere Hohlräume) besteht.

Versuch zum Schweben, Steigen und Sinken: Cartesianischer Taucher

Ein kleiner Glaskörper[1], der hohl und unten offen ist, wird so weit mit Wasser gefüllt, daß er untergetaucht nach oben steigt. Sein Auftrieb ist also etwas größer als sein Gewicht.

Nun bringt man den Tauchkörper in eine ganz mit Wasser gefüllte Flasche. Drückt man nun mit dem Daumen auf den im Flaschenhals beweglichen Korken, so sinkt der Glaskörper; läßt man wieder los, so steigt er. Bei geeignetem Daumendruck läßt sich ein Schweben erreichen.

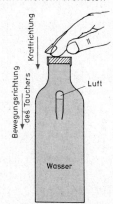

Ursache: Beim Drücken wird die Luft im Glaskörper zusammengepreßt. Das verdrängte Wasservolumen wird kleiner. Der Auftrieb wird geringer als das „Gewicht". Der Körper sinkt. Beim Loslassen dehnt sich die Luft wieder aus. Der Auftrieb wird größer, da mehr Wasser verdrängt wird. Der Körper steigt. Im Falle des Schwebens ist die am Glaskörper wirkende Auftriebskraft F_a gleich dem „Gewicht" des Glases. $F_a = \gamma_{Fl} \cdot V = \varrho_{Fl} \cdot g \cdot V$; V = das von Glas und Luftblase verdrängte Wasservolumen.

---

[1] Nach Cartesius (lateinischer Name des französischen Mathematikers Descartes, 1596—1650) als Cartesianischer Taucher bezeichnet

2.2.5 Berechnung der Eintauchtiefe beim Schwimmen (Körper teilweise eingetaucht)

(Zu den Bildern a) bis d) vgl. unten)

a) Ein zylindrischer Körper, dessen Auftrieb viermal so groß ist wie sein Gewicht, befindet sich ganz unter Wasser.

   $F_a = 4$ N $G = 1$ N $F_a > G$. Der Körper steigt auf.

b) Ein Viertel des Volumens ragt aus dem Wasser. Der Auftrieb vermindert sich um ein Viertel. Also $F_a = 3$ N $G = 1$ N $F_a > G$. Der Körper steigt weiter.

c) Ist das verdrängte Volumen nur noch halb so groß, so beträgt auch der Auftrieb nur noch die Hälfte.

   Also $F_a = 2$ N $G = 1$ N $F_a > G$. Der Körper steigt weiter.

d) Verdrängtes Volumen nur noch ein Viertel. Also auch Auftrieb nur noch ein Viertel.

   $F_a = 1$ N $G = 1$ N. Also $F_a = G$. Ein weiteres Steigen ist nicht mehr möglich. Der Körper schwimmt. Das Aufsteigen erfolgt also so lange, bis das noch eintauchende Volumen einen Auftrieb verursacht, der genau so groß ist wie das Gewicht.

(Die Frage, ob der Fall $F_a = G$, wie er in der Abbildung dargestellt ist, eine stabile Gleichgewichtslage darstellt, soll hier nicht untersucht werden. Auch in den folgenden Beispielen soll dies nicht geschehen. Stets wollen wir uns bei einer berechneten Schwimmlage eine seitliche Führung denken, die am Auftrieb nichts ändert, aber ein Umkippen gegebenenfalls verhindert.)

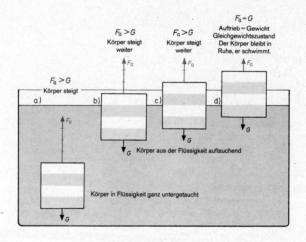

> **Bei einem schwimmenden Körper ist der Auftrieb stets gleich groß wie das Gewicht. Bedingung für das Schwimmen: Auftrieb = Gewicht, $F_a = G$.**

Aus der Bedingung für das Schwimmen $F_a = G$ läßt sich die Eintauchtiefe bestimmen.

Beispiel: Ein Würfel aus Holz mit der Kantenlänge $l = 30$ cm schwimmt auf Wasser. Wie tief taucht er ein, wenn die Dichte des Holzes $700 \frac{kg}{m^3}$ beträgt?

(Das Artgewicht des Holzes ist dann $\gamma = \varrho \cdot g \approx 7000 \frac{N}{m^3}$!)

Lösung: Der Würfel sinkt so tief ein, bis das ,,Gewicht'' der von ihm verdrängten Flüssigkeit gleich dem ,,Gewicht'' des Würfels ist.

Schwimmbedingung: Auftrieb = Gewicht

$$F_a = G$$

Mit $\overline{V}_{FI}$ = Körpervolumen unter der Wasserlinie (vgl. S. 134) gilt

$$F_a = \overline{V}_{FI} \cdot \gamma_{FI} = \overline{V}_{FI} \cdot \varrho_{FI} \cdot g$$

$$\overline{V}_{FI} = l^2 \cdot x$$

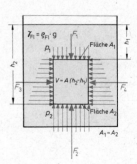

Somit wird

$$F_a = l^2 \cdot x \cdot \gamma_{FI} = l^2 \cdot x \cdot \varrho_{FI} \cdot g$$

Mit $G = \gamma_K V_K$ erhält man für $F_a = G$

$$l^2 \cdot x \cdot \gamma_{FI} = \gamma_K \cdot l^3 = \varrho_K \cdot g \cdot l^3$$

Hieraus folgt

$$x = \frac{\varrho_K \cdot g \cdot l^3}{\varrho_{FI} \cdot g \cdot l^2} = \frac{\varrho_K \cdot l}{\varrho_{FI}} = \frac{7000 \cdot 0,3 \text{ kg/m}^3}{1000 \cdot 10 \text{ kg/m}^3} \cdot m = 0,21 \text{ m}$$

Der Holzwürfel taucht also 21 cm tief ein.

2.2.6 Was verursacht den Auftrieb?

Gedankenversuch: Ein quaderförmiger Körper befinde sich in einer Flüssigkeit vom Artgewicht γ_{FI}. Die nach oben zeigende Quaderfläche A_1 befinde sich in der Tiefe h_1, die nach unten weisende Begrenzungsfläche A_2 in der Tiefe h_2.

Wir betrachten die Kräfte, die infolge des Flüssigkeitsdrucks auf den Quader wirken.

Die horizontal wirkenden Kräfte (F_3 und F_4) sowie die senkrecht zur Zeichenebene wirkenden Kräfte heben sich gegenseitig auf.

Nach unten wirkt die Kraft

$$F_1{\downarrow} = A_1 \cdot p_1 \text{ oder mit } p_1 = \gamma_{FI} h_1, \; F_1{\downarrow} = A_1 \gamma_{FI} h_1$$

Entsprechend wird $F_2 = A_2 \gamma_{FI} h_2$. Somit entsteht eine nach oben gerichtete Kraft

$$F{\uparrow} = F_2{\uparrow} - F_1{\downarrow} = \underbrace{A_1(h_2 - h_1)}_{V}\gamma_{FI} = V \gamma_{FI} = F_a = \text{Auftrieb(I)}.$$

$$(\gamma_{FI} = \varrho_{FI} \cdot g\,!)$$

Ursache für den Auftrieb ist also der in verschiedenen Tiefen unterschiedlich große Flüssigkeitsdruck.

Daß für den Auftrieb der an der Unterseite wirkende Druck entscheidend ist, läßt sich im Versuch zeigen. Der Auftrieb kann nämlich nur zustande kommen, wenn der Druck an der Unterseite auch tatsächlich wirken kann.

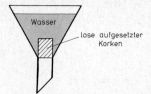

Versuch: Ein Korken in Wasser steigt „selbstverständlich" nach oben. Wir verschließen die Öffnung eines Trichters durch einen lose aufgesetzten Korken. Wir halten diesen mit dem Finger leicht fest und lassen Wasser einströmen. Wir können nun den Finger wegnehmen, und der Korken steigt **nicht** hoch.

Ursache: Am Korkboden kann sich der Wasserdruck nicht auswirken. Also entsteht auch keine Kraft nach oben.

Allgemein gilt: Der Auftrieb kann nur voll wirksam werden, wenn der Körper **allseitig** von Flüssigkeit umgeben ist.

2.2.7 Technische Anwendungen des Auftriebs

Bestimmung der Dichte von Flüssigkeiten mittels der Senkwaage

Versuch: In ein Reagenzglas mit dem Gewicht $G_K = 0,10$ N bringen wir $G_S = 0,08$ N Bleischrot. Wie tief taucht das Glas in Wasser ein?

Das Versuchsergebnis ist durch Rechnung zu überprüfen! Die Rundung am Ende des Glases darf dabei vernachlässigt werden. Es wird also so gerechnet, als ob es sich um einen unten eben abgeschlossenen Hohlzylinder handle. Der Außendurchmesser des Glases betrage 15 mm.

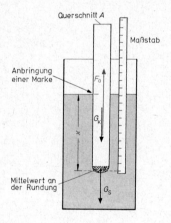

Lösung: Für das Schwimmen muß gelten

$$F_a = G$$

$$G = G_K + G_S$$

Nach dem 2. Satz vom Auftrieb ist

$$F_a = \gamma_{FI} \cdot \bar{V} = \varrho_{FI} \cdot g \cdot \bar{V}$$

Ist A der Querschnitt des Reagenzglases, so wird das eingetauchte Volumen

$$\bar{V} = A \cdot x$$

Damit gilt

$$\gamma_{FI} \cdot A x = G_K + G_S$$

Die Eintauchtiefe wird daher

$$x = \frac{G_K + G_S}{A \cdot \gamma_{FI}} = \frac{G_K + G_S}{A \cdot \varrho_{FI} \cdot g}$$

Mit den Zahlenwerten $G_K + G_S = 0,18$ N

$$\varrho_{FI} = 1000 \, \frac{kg}{m^3}$$

$$A = \frac{\pi \, d^2}{4} = 0,000\,177 \, m^2 = \frac{1,77}{10\,000} \, m^2$$

erhält man

$$x = \frac{0,18 \cdot 10\,000 \, m}{1,77 \cdot 1000 \cdot 10} = 0,102 \, m = 102 \, mm$$

In Höhe des Wasserspiegels bringen wir am Reagenzglas eine Marke an. Immer dann, wenn das Glas in eine Flüssigkeit mit der Dichte $\varrho = 1000 \, \frac{kg}{m^3}$ eintaucht, sinkt es bis zu dieser Marke ein.

Bei einer anderen Flüssigkeit erhält man eine andere Eintauchtiefe. Bei Terpentinöl $\left(\varrho = 870\,\dfrac{kg}{m^3}\right)$

ergibt sich $x = \dfrac{0{,}18 \cdot 10\,000}{1{,}77 \cdot 870 \cdot 10}\,m = 0{,}117\,m$ Eintauchtiefe.

Folgerung: Man kann auf dem Glas eine Skala anbringen, bei der man stets auf der Höhe des Flüssigkeitsspiegels die Dichte (bzw. das Artgewicht = Wichte) der Flüssigkeit ablesen kann, in die man das Glas eintaucht. Die Skala kann durch Versuche ermittelt oder errechnet werden.

Senkwaagen in der Praxis

Im täglichen Gebrauch verwendete Aräometer[1]) bestehen aus einem sehr langen Hohlkörper aus Glas, der an seinem unteren Ende ein Bleigewicht trägt. Damit erreicht man eine tiefe Schwerpunktslage (kein Kippen!).

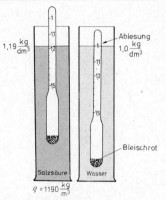

Zur Erzielung des notwendigen Auftriebs muß bei spezifisch leichten Flüssigkeiten mehr verdrängt werden, d. h. die stets gleich schwere Senkwaage muß tiefer eintauchen.

Die kleineren Dichtewerte finden sich daher am oberen Ende der Skala.

Überlege: Warum kann eine Aräometerskala sowohl Dichtezahlen wie auch Artgewichte enthalten?

Es gibt noch eine Reihe von Spezialaräometern, die man nur für eine bestimmte Flüssigkeitsart verwenden kann. Bei Lösungen oder Mischungen ändert sich je nach der Konzentration auch das Artgewicht. Um die Umrechnung zu sparen, schreibt man auf der Skala nicht den Wichtewert, sondern sofort die Konzentration an. Die Öchsle-Waage[2]) zur Bestimmung des Zuckergehalts beim frisch gekelterten Wein mißt praktisch das Artgewicht des Traubensaftes, das vom Zuckergehalt abhängt. Das Alkoholometer in Schnapsbrennereien mißt das Artgewicht der Mischung von Alkohol und Wasser.

2.2.8 Ausnutzung des Auftriebs im Schiffbau

Alle Körper mit einem größeren Artgewicht als Wasser gehen darin unter, wenn sie massiv sind.

Durch entsprechende Hohlräume kann man jedoch die Wasserverdrängung und damit den Auftrieb so groß machen, daß auch Eisen schwimmt.

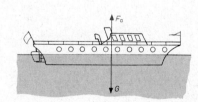

Der größte Teil des Raumes im Schiffsinnern ist hohl, also „gewichtslos".

Das gesamte Volumen unterhalb der Wasserlinie trägt jedoch zum Auftrieb bei.

Beispiel zum Schwimmen von Stahl

Ein Würfel aus Stahl ($\varrho = 7800\,kg/m^3$) mit dem Rauminhalt von $V_1 = 1\,dm^3$ geht in Wasser selbstverständlich unter. Man walzt den Würfel zu Blech aus und stellt einen Hohlwürfel her (ohne Verschnitt). Welche Außenmaße muß der Hohlwürfel haben, damit er

a) voll eingetaucht im Wasser gerade noch schwimmt;

b) zur Hälfte herausragend schwimmt?

---

[1]) Aus dem Griechischen stammende Wortbildung, die auf die Flüssigkeit hinweist

[2]) Ferdinand Öchsle (1774–1852), in der Nähe von Sulzbach im Schwarzwald geboren, verbrachte sechs Jahrzehnte seines Lebens in Pforzheim

Lösung: a) $F_a = G$

$\gamma_{Fl} \cdot a^3 = G$

Hieraus

$$a = \sqrt[3]{\frac{G}{\gamma_{Fl}}} = \sqrt[3]{\frac{\varrho_{St} \cdot g \cdot V_1}{\varrho_{Fl} \cdot g}}$$

$$= \sqrt[3]{\frac{7800 \cdot 1}{1000 \cdot 1000}} \text{ m}$$

$$= \sqrt[3]{\frac{7,8}{1000}} \text{ m} = 0,198 \text{ m}$$

(Werte aus Tabelle)

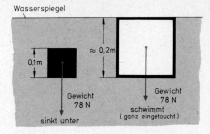

Zwei gleich schwere Stahlwürfel, der massive geht unter, der hohle mit etwa doppelter Kantenlänge schwimmt

b) $F_a = G$

$$\gamma_{Fl} \cdot \overline{V} = \varrho_{Fl} \cdot g \cdot \overline{V} = G$$

$$\gamma_{Fl} \cdot \frac{a^3}{2} = \varrho_{Fl} \cdot g \cdot \frac{a^3}{2} = G$$

Hieraus

$$a = \sqrt[3]{\frac{2G}{\varrho_{Fl} \cdot g}} = \sqrt[3]{\frac{2 \cdot \varrho_{St} \cdot g \cdot V_1}{\varrho_{Fl} \cdot g}}$$

$$= \sqrt[3]{\frac{2 \cdot 7800 \cdot 1}{1000 \cdot 1000}} \text{ m} = 0,25 \text{ m}$$

aus Tabelle

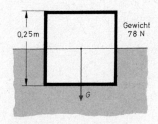

Ein gleich schwerer Stahlwürfel aus etwas dünnerem Blech, dem man die Kantenlänge 0,25 m gibt, schwimmt ebenfalls und sinkt nur bis zur Hälfte ein

Auch bei U-Booten wird der Auftrieb ausgenutzt. Durch Preßluft wird Wasser aus den Tanks gedrängt. Damit wird das „Gewicht" des Bootes verkleinert. Wird das „Gewicht" kleiner als der Auftrieb, so steigt das Boot auf.

Ein Schiff, das samt Ladung eine Masse von 15000 Tonnen besitzt, muß 15000 Tonnen Wasser = 15000 m³ Wasser verdrängen, damit $F_a = G_{Schiff}$ wird.

Zur Kennzeichnung der Größe eines Schiffes wird die Registertonne verwendet. Sie stellt ein Raummaß dar und bedeutet 100 (englische) Kubikfuß = 2,832 m³. Die Bruttoregistertonne gibt den gesamten umbauten Raum eines Schiffes an. Die Nettoregistertonne dient zur Messung des nutzbaren Laderaumes.

2.2.9 Wie werden Auftriebsaufgaben gelöst?

1) Bezeichnungen einführen, gleichgültig, ob es sich um gegebene oder gesuchte Größen handelt. Die unbekannte Eintauchtiefe sei z. B. x. Zunächst alles in Buchstaben ausdrücken!

2) Das nach unten wirkende Gesamtgewicht berechnen. Das Gesamtgewicht kann sich aus mehreren Einzelgewichten zusammensetzen, z. B. bei einem durch Bandstahl zusammengehaltenen Holzfloß.

3) Das Gewicht der verdrängten Flüssigkeit und damit den Auftrieb bestimmen. Dabei ist zu beachten, ob das gesamte Volumen eintaucht oder nur ein Teil ($\overline{V}$).

4) Auftrieb = Gewicht setzen und nach der unbekannten Größe auflösen, falls der Körper schwimmt. Wird der Körper z. B. an einem Faden gehalten und taucht nur in die Flüssigkeit ein, ohne zu schwimmen, so ist Auftrieb = Gewichtsverminderung. (Es gelten nur die Beträge!)

5) Besteht ein Körper aus zwei verschiedenen Stoffen, so kann mit einer mittleren Dichte gerechnet werden. Die Aufgabe wird dann so gelöst, als ob der Körper aus einheitlichem Werkstoff mittlerer Dichte bestehen würde.

Beispiel: An der Unterseite eines Korkwürfels ($\varrho = 200$ kg/m³) von 9 cm Kantenlänge ist ein quaderförmiges Kupfergewicht vom Querschnitt 9×9 cm² befestigt. Wie tief taucht der Körper ein, wenn das Kupferstück 5 N wiegt? ($\varrho_{\text{Kupfer}} = 8900$ kg/m³)

Lösung (mit mittlerer Dichte)*:*

$$F_a = G = \varrho \cdot g \cdot V$$

$$\varrho_{Fl} \cdot g \cdot A \cdot x = \varrho_m \cdot g \cdot A \cdot l$$

$$x = l \cdot \frac{\varrho_m}{\varrho_{Fl}}$$

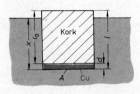

Die Größen l und ϱ_m sind zu berechnen. — Die Dicke der Kupferplatte wird

$$d = \frac{G}{\gamma\, a^2} = d = \frac{G}{\varrho \cdot g \cdot a^2} = \frac{5\ \text{N} \cdot 10\,000}{8900\ \dfrac{\text{kg}}{\text{m}^3} \cdot 10\ \dfrac{\text{m}}{\text{s}^2} \cdot 9 \cdot 9\ \text{m}^2} = 0{,}0069\ \text{m} = 6{,}9\ \text{mm}$$

Damit wird

$$l = l_0 + d = 6{,}9\ \text{mm} + 90\ \text{mm} = 96{,}9\ \text{mm}$$

ϱ_m errechnet sich aus der Gesamtmasse und dem Gesamtvolumen zu

$$\varrho_m = \frac{m_{Ko} + m_{Cu}}{V_{Ko} + V_{Cu}} = \frac{(0{,}146 + 0{,}500)\ \text{kg}}{(729 + 56) \cdot 10^{-6}\ \text{m}^3} = \frac{0{,}646}{785} \cdot 10^6\ \frac{\text{kg}}{\text{m}^3} = 823\ \frac{\text{kg}}{\text{m}^3}\ \text{mit}$$

$$m_{Ko} = \varrho_{Ko} \cdot V_K = \frac{200 \cdot 9 \cdot 9 \cdot 9}{10^6}\ \text{kg} = 0{,}146\ \text{kg}\,;\quad V_{Ko} = \frac{9 \cdot 9 \cdot 9}{10^6}\ \text{m}^3 = 729 \cdot 10^{-6}\ \text{m}^3$$

$$m_{Cu} = \frac{G_{Cu}}{g} = \frac{5\ \text{N}}{10\ \dfrac{\text{m}}{\text{s}^2}} = 0{,}500\ \text{kg}\,;\qquad\qquad V_{Cu} = \frac{m_{Cu}}{\varrho_{Cu}} = \frac{0{,}5}{8900}\ \text{m}^3 = 56 \cdot 10^{-6}\ \text{m}^3$$

(Kork = Ko; Kupfer = Cu)

Damit wird die Eintauchtiefe $x = 9{,}69\ \dfrac{0{,}82}{1}\ \text{cm}\ \dfrac{\text{p/cm}^3}{\text{p/cm}^3} = 8{,}0\ \text{cm}$ (genauer 7,95 cm)

$$x = 96{,}9\ \text{mm} \cdot \frac{823\ \text{kg/m}^3}{1000\ \text{kg/m}^3} \approx 80\ \text{mm}$$

Ausgesprochen falsch ist es, $\varrho_m = \dfrac{\varrho_{Cu} + \varrho_{Ko}}{2}$ anzusetzen, da ja dann die beiden Anteile der beiden Stoffe am Gesamtkörper gar nicht berücksichtigt sind.

(Soll die mittlere Dichte eines Stoffes bestimmt werden, der zu 30% aus dem 1. Stoff und zu 70% aus dem 2. Werkstoff besteht, so ist auch $\varrho_m = 0{,}3\,\varrho_1 + 0{,}7\,\varrho_2$ falsch. Stets gilt $\varrho_m = \dfrac{\text{Gesamtmasse}}{\text{Gesamtvolumen}}$ ·)

Auf die Eintauchtiefe hat es keinen Einfluß, wenn der Körper in umgekehrter Lage (im letzten Beispiel mit dem Kupfergewicht nach oben) auf der Flüssigkeit schwimmt. Voraussetzung ist jedoch, daß die geometrische Form des eingetauchten Körpers dieselbe bleibt. Bei einem aus zwei Werkstoffen aufgebauten Körper ist es unwesentlich, welcher der beiden Stoffe ins Wasser taucht.

Begründung im Beispiel: An einem quadratischen Holzfloß (Seitenlänge l_1, Dicke s_1) vom „Gewicht" G_1 ist eine quadratische Metallplatte (Seitenlänge l_2, Dicke s_2) vom „Gewicht" G_2 befestigt (vgl. Abb.). Für die Eintauchtiefen in den beiden Schwimmlagen folgt aus $F_a = G$

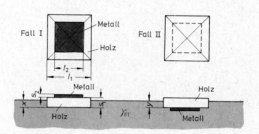

$$\gamma_{Fl}\, l_1{}^2\, x = G_1 + G_2 \qquad \gamma_{Fl}\, l_1{}^2\, y + \gamma_{Fl}\, l_2{}^2\, s_2 = G_1 + G_2 \qquad \text{mit } \gamma_{Fl} = \varrho_{Fl} \cdot g$$

$$x = \frac{G_1 + G_2}{\gamma_{Fl}\, l_1{}^2} \qquad\qquad y = \frac{G_1 + G_2 - \gamma_{Fl}\, l_2{}^2\, s_2}{\gamma_{Fl}\, l_1{}^2}$$

Ist die Metallplatte auf der Unterseite, so ergibt sich eine kleinere Eintauchtiefe des Holzfloßes (Zähler kleiner, Nenner unverändert). *Ursache:* Auftrieb der Metallplatte in Wasser ist wirksam. x ist von y verschieden, da die geometrische Form der eingetauchten Körper nicht dieselbe ist.

Setzen wir $l_1 = l_2$, d. h. Holzfloß und Metallplatte sollen dieselbe Seitenlänge erhalten, so folgt

$$y = \frac{G_1 + G_2}{\gamma_{Fl}\, l_1{}^2} - \frac{\gamma_{Fl}\, l_2{}^2\, s_2}{\gamma_{Fl}\, l_1{}^2} = \frac{G_1 + G_2}{\gamma_{Fl}\, l_1{}^2} - s_2$$

Für den *Fall II* wird also die Eintauchtiefe $y = x - s_2$, wie durch Vergleich mit dem Fall I folgt.

Beachten wir nun, daß die Eintauchtiefe im Fall II von der Unterkante des Holzfloßes aus gemessen wird, so ist die Gesamteintauchtiefe (einschließlich Metallplatte) durch Addition der Dicke s_2 zu erhalten. Damit ergeben sich in beiden Fällen gleich große Werte, da $y = x - s_2 + s_2 = x$.

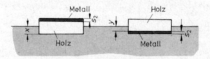

Gleiche Eintauchtiefen bei unterschiedlichen Schwimmlagen

Stillschweigende Voraussetzung bei diesen Überlegungen ist, daß die Metallplatte so leicht ist, daß ein Schwimmen überhaupt zustande kommt.

Aufgabengruppe Mechanik 17: Übungen zu 2.2

Auftrieb in Flüssigkeiten, Schwimmen $\left(g \text{ sei } 10 \frac{m}{s^2}\right)$

1. Ein Würfel aus Kunststoff mit der Kantenlänge $l = 20$ cm schwimmt auf Tetrachlorkohlenstoff $\left(\varrho = 1600 \frac{kg}{m^3}\right)$. Wie tief taucht er ein, wenn die Dichte des Kunststoffes (PVC hart) $\varrho = 1380 \frac{kg}{m^3}$ beträgt?

2. Beim Bau einer Schleuse soll ein Träger aus Baustahl ($\varrho = 7850$ kg/m³) unter Wasser gehoben werden. Die Masse des Trägers in Luft beträgt 3500 kg. Wie groß ist die scheinbare Gewichtsverminderung infolge des Auftriebs in N und %?

3. Ein Balken aus Tannenholz ($\varrho = 450$ kg/m³) hat einen quadratischen Querschnitt von 4 dm² und eine Länge von 2,50 m.

   a) Wie tief taucht der waagerecht schwimmende Balken in Wasser ein (zwei Rechteckflächen des Balkens parallel zur Wasseroberfläche)?

   b) Welche Last kann der Balken tragen, wenn er in Wasser gerade noch schwimmen soll?

   c) Wie ändern sich die beiden Ergebnisse, wenn der Balken aus Buchenholz ($\varrho = 720$ kg/m³) besteht?

   d) Wie groß ist die Eintauchtiefe x bei beiden Holzarten für die gezeichnete Schwimmlage? (Wegen der sich einstellenden stabilen Schwimmlage vgl. Abschn. 2.2.5)

4. Um wieviel Newton werden

   a) 0,5 kg Kupfer ($\varrho = 8900$ kg/m³)

   b) 200 g Gold ($\varrho = 19\,300$ kg/m³)

   c) 200 g Silber ($\varrho = 10\,500$ kg/m³)

   in Wasser scheinbar leichter?

zu Aufgabe 3. d)

5. Ein Hohlwürfel aus Stahlblech mit einer Kantenlänge $a = 20$ cm wiegt 3,20 N. Wie tief taucht er beim Schwimmen ein: a) in Wasser; b) in Leinöl ($\varrho = 930$ kg/m³); c) in Glyzerin ($\varrho = 1260$ kg/m³)? Wie ändern sich die Ergebnisse in den drei Fällen, wenn der gesamte Hohlraum mit Holz (Eiche $\varrho = 700$ kg/m³) ausgefüllt ist?

   Anleitung: Die Kantenlänge $a = 20$ cm bezieht sich auf das Außenmaß. Bei der Bestimmung des Blechvolumens benutze man den Dichtewert $\varrho_{Stahl} = 7850$ kg/m³! Beim Schwimmen sind die Würfelflächen parallel oder senkrecht zur Wasseroberfläche.

6. Ein Floß besteht aus 5 Balken ($\varrho_{Holz} = 500$ kg/m³) 30 × 30 cm² mit einer Länge von 2,20 m. Zum Zusammenhalt sind auf der Unterseite in gleichmäßigen Abständen 4 Stäbe aus Flachstahl 18×40 mm² ($\varrho = 7850$ kg/m³) angebracht. Stablänge jeweils 1,50 m.

   a) Wie tief taucht das Floß unbelastet in Wasser ein?

   b) Welche Eintauchtiefe wird erreicht, wenn eine Person mit 700 N das Floß betritt?

   c) Wieviel N kann das Floß höchstens tragen?

   Die Eintauchtiefe ist ab Unterkante des Holzes zu rechnen.

7. Wieviel Prozent des Volumens sind bei einem Eisberg unter Wasser ($\varrho_{Eis} = 920$ kg/m³; $\varrho_{Meerwasser} = 1030$ kg/m³)?

8. Durch Vereisung des Inneren bzw. der unmittelbaren Umgebung eines gesunkenen Schiffes wäre grundsätzlich eine Hebung möglich. Wieviel kg Eis würde man benötigen, um ein Wrack mit einer Masse von 30 000 kg Stahl ($\varrho = 7850$ kg/m³) durch den Auftrieb des Eises an die Oberfläche zu bringen (Dichtewerte wie in Aufgabe 7.)?

9. Eine Münze unbekannter Zusammensetzung mit 35 mm Durchmesser und einer Dicke von 2 mm schwimmt auf Quecksilber ($\varrho = 13\,600$ kg/m³) und taucht 1,3 mm tief ein. Wie groß ist die Dichte des Münzwerkstoffes? Um welchen Werkstoff kann es sich dabei handeln?

10. Ein Reagenzglas mit einer Masse von 10 g, einer Länge von 15,7 cm und einem Außendurchmesser von 15 mm wird mit 20 cm³ reinem Alkohol ($\varrho = 790$ kg/m³) gefüllt und dann in senkrechter Lage in ein Wasserbad gebracht. Schwimmt das Glas noch bzw. wie tief taucht es ein? — Bei der Rechnung ist die Rundung des Glases am unteren Ende zu vernachlässigen; in der angegebenen Länge wurde dies schon berücksichtigt.

11.*Ein massiver Körper besteht teilweise aus Holz ($\varrho = 700$ kg/m³) und teilweise aus Stahl ($\varrho = 7800$ kg/m³). Wieviel Volumen- und Gewichtsprozente bestehen aus Holz, wenn der Körper in Wasser schwebt? — Wie ändert sich das Ergebnis, wenn das Schweben in Glyzerin ($\varrho = 1260$ kg/m³) eintritt?

12. Wie groß muß die Wandstärke s eines hohlen Blechwürfels aus Kupfer ($\varrho = 8900$ kg/m³) mit der Kantenlänge $a = 20$ cm sein, damit dieser in Wasser schwimmend zur Hälfte eintaucht?
    Anleitung: Bei der Berechnung des Kupfervolumens kann näherungsweise $V = 6a^2s$ gesetzt werden. Man schätze die Größe des gemachten Fehlers hinsichtlich des tatsächlichen Kupfervolumens ab.
    Welche Kantenlänge müßte der Würfel erhalten, damit er in Azeton zur Hälfte eintaucht? Die Wandstärke sei dabei gleich groß, wie sie beim Eintauchen in Wasser berechnet wurde ($\varrho_{Azeton} = 800$ kg/m³).

13. Es soll ein Floß gebaut werden, das eine Tragkraft von 6500 N aufweist. Wieviel laufende Meter Fichtenholz ($\varrho = 470$ kg/m³) werden hierzu gebraucht, wenn die Rundhölzer einen Durchmesser von 25 cm aufweisen?

14. Wieviel dm³ Kork ($\varrho = 200$ kg/m³) benötigt man für einen Schwimmkorken mit der Tragkraft von 40 N?

15. Ist es möglich, daß das Wrack eines gesunkenen Schiffes in großer Tiefe schwebt oder gar aufsteigt? Das ganze Schiff bestehe aus Stahl. Alle Hohlräume sind von Wasser erfüllt. Die Zusammendrückbarkeit des Wassers beträgt bei 1000 bar Druck rund 5%.
    Man kläre die Frage a) bei Süßwasser ($\varrho = 1000$ kg/m³); b) bei Meerwasser ($\varrho = 1030$ kg/m³) für eine Tiefe von 10000 m (die größte bisher gemessene Meerestiefe liegt bei nahezu 11000 m, Marianen-Graben im Pazifischen Ozean). Was geschieht in den beiden Fällen mit einem Schiff aus Holz ($\varrho = 1050$ kg/m³), das sich in 10 000 m Tiefe befindet?

16.*Eine Metallkugel wiegt in Luft 0,45 N und in Wasser 0,39 N. Wieviel Gewichtsprozente Aluminium ($\varrho = 2700$ kg/m³) und Kupfer ($\varrho = 8900$ kg/m³) enthält sie?

17. Ein in einer Wanne schwimmender stählerner Hohlkörper geht unter, nachdem Wasser durch ein Leck eingedrungen ist. Hebt oder senkt sich der Wasserspiegel in der Wanne?

18. Ein Schiff hat mit einer Ladung von 17 000 Tonnen seine Tragfähigkeit erreicht. Das Wasser steht bis zu der außerbords angebrachten Lademarke. Um wieviel Meter hebt sich die Lademarke bei völliger Entladung? — Stark vereinfacht nehme man an, daß das Schiff in der Draufsicht ein Rechteck (Länge 140 m, Breite 17 m) darstellt. Von einer Änderung des Querschnitts durch unterschiedliche Eintauchtiefe soll abgesehen werden.
    Wieviel m³ Wasser verdrängt das Schiff, wenn es mit 17 000 Tonnen beladen wird?

19. Ein Stück Weichlot (Sn 30) enthält 30% Zinn und 70% Blei (Gewichtsprozente). Sein Gewicht beträgt in Luft 2 N ($\varrho_{Zinn} = 7280$ kg/m³; $\varrho_{Blei} = 11\,340$ kg/m³).
    a) Wie groß ist das Gewicht in Wasser?
    b) Gewichtsverlust in %?
    c) Gewichtsverlust von 200 g reinem Zinn in Wasser (in N und %)?
    d) Gewichtsverlust von 200 g reinem Blei in Wasser (in N und %)?

20. In einem Eimer schwimmt ein Eisblock auf Wasser. Wie verändert sich der Wasserspiegel, wenn das Eis schmilzt ($\varrho_{Eis} = 920$ kg/m³)? Begründung des Ergebnisses!

3. Mechanik der Gase

3.1 Luftdruck

3.1.1 Wirkungen des Luftdrucks

1. Versuch: Eine luftleere Blechbüchse (Vacuum[1])) wird vom Luftdruck zusammengedrückt. Die zunächst mit Wasserdampf gefüllte Blechdose ist zu verschließen und in Wasser abzukühlen. Bei der Kondensation des Wasserdampfes bildet sich ein luftleerer Raum. Der Luftdruck kommt zur Wirkung.

Genaugenommen handelt es sich hier und im folgenden häufig nicht um luftleere, sondern um mehr oder weniger stark luftverdünnte Räume.

2. Versuch: Das Wasser läuft aus dem unten offenen Standzylinder nicht heraus. Der Luftdruck läßt die Entstehung eines luftleeren Raumes nicht zu.

3. Versuch: Bei einer verbrauchten Glühlampe wird unter Wasser der gläserne Pumpstutzen abgebrochen. Die Flüssigkeit wird durch den Luftdruck in einem scharfen Strahl in das Innere gepreßt.

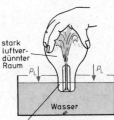

stark
luftver-
dünnter
Raum

P_L P_L

Wasser

Metallgewinde entfernt

3.1.2 Die Ursache des Luftdrucks

Der Druck der Luft wird durch die Stöße der Luftmoleküle verursacht. Unsere Erde ist von einem mehrere hundert Kilometer dicken Luftmantel umgeben, der die Erddrehung mitmacht. Auf dem Grunde dieses „Luftmeeres" herrscht ein Druck ähnlich dem Bodendruck einer schweren Flüssigkeit.

Versuch zum Nachweis des Luftgewichts. In einen Behälter bekannten Gewichts wird mittels einer Fahrradpumpe Luft gepumpt. Die durch eine Wägung ermittelte Gewichtszunahme rührt vom Gewicht der hineingepreßten Luft her. Durch Messung des Volumens der ausströmenden Luft folgt

1 Liter Luft wiegt (unter Normalbedingungen) 0,0127 N.

entspr. $\varrho_{Luft} \approx 1,29$ kg/m³

---

[1]) lat. vacuum = leer

3.1.3 Luftdruckgröße — Versuch von Torricelli

Die Größe des Luftdrucks ermittelte als erster Torricelli[1] im Jahre 1643.

Aus der unten offenen, Hg-gefüllten Glasröhre (vgl. Abbildung links) läuft nur das flüssige Metall heraus, das der Luftdruck nicht zu tragen vermag. Es kommt nur auf den Höhenunterschied der beiden Hg-Spiegel (in der Röhre und in der Wanne) an, nicht aber auf die Neigung der Röhre.

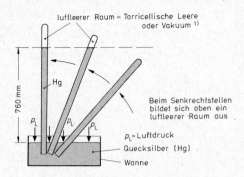

luftleerer Raum = Torricellische Leere oder Vakuum[1]

Hg

760 mm

p_L

p_L

p_L

Beim Senkrechtstellen bildet sich oben ein luftleerer Raum aus

p_L = Luftdruck
Quecksilber (Hg)
Wanne

> Der Luftdruck vermag eine Quecksilbersäule von 76 cm Höhe zu tragen (unter Normalbedingungen).

> Der Luftdruck ist genau so groß wie der Bodendruck, der von einer 76 cm hohen Quecksilbersäule erzeugt wird.

Zu Ehren Torricellis wurde eine Einheit für den Luftdruck festgelegt:

> „1 mm Quecksilbersäule" = 1 Torr

Der Luftdruck ist ständig Schwankungen unterworfen.

> Der Druck von 760 Torr entspricht einem Mittelwert des Luftdrucks auf Meereshöhe.

3.1.4 Barometer, Manometer

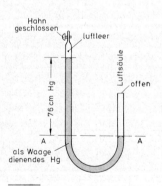

Hahn geschlossen

luftleer

Luftsäule

76 cm Hg

offen

A

A

als Waage dienendes Hg

U-Rohr zur Messung des Luftdrucks

Technische Geräte zur Messung von Gas- und Flüssigkeitsdrucken heißen allgemein *Manometer*[2]), Geräte zur Messung des Luftdrucks heißen *Barometer*[3]).

Aus dem Versuch von Torricelli wurde (zum Einsparen von Quecksilber) das im Wetterdienst gebräuchliche *Stationsbarometer* entwickelt. Es besteht aus einem einseitig geschlossenen U-Rohr, in dessen einem luftleeren Schenkel das Quecksilber vom Außenluftdruck hochgedrückt wird, bis Gleich-

---

[1] Evangelista Torricelli, ital. Physiker, 1608—1647
[2] von griech. manos = dünn
[3] von griech. baros = schwer

gewicht zwischen dem Druck des Quecksilbers und dem Luftdruck erreicht ist. Der Luftdruck in der freien Atmosphäre ist veränderlich (Abschn. 5.1.9). Seine Größe wird am Höhenunterschied zwischen den beiden Quecksilberkuppen im offenen und im geschlossenen Teil des Barometers abgelesen.

Das **Heberbarometer** ist die übliche Ausführungsform des Quecksilberbarometers.

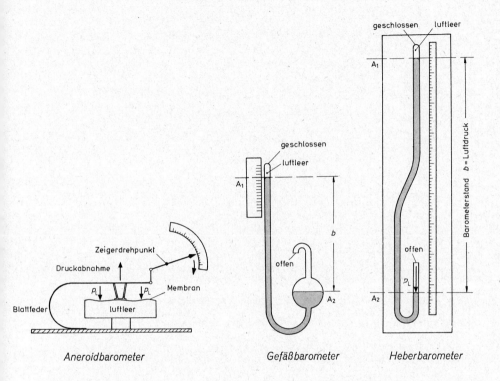

Aneroidbarometer   *Gefäßbarometer*   *Heberbarometer*

Das **Gefäßbarometer** bietet den Vorteil, daß nur am oberen Quecksilberspiegel abgelesen werden muß (A_1), da sich der untere (A_2) bei Druckschwankungen nur unmerklich verschiebt (vgl. Aufgabe 16. S. 158).

Beim **Dosenbarometer** $=$ Aneroidbarometer[1]) verformt der Luftdruck die elastische Membran[2]) einer geschlossenen luftleeren Dose. Das Gleichgewicht gegen den Luftdruck hält eine starke Blattfeder. Der Einfluß der Temperatur (vgl. Abschn. 5.3) wird gewöhnlich selbsttätig ausgeglichen (,,kompensiert''). Ein den Luftdruck fortlaufend aufzeichnendes Barometer heißt **Barograph**.

Auch die **Bourdonsche Röhre** (vgl. Abschn. 2.1.4.3) kann als Barometer verwendet werden. Der Luftdruck lastet auf der luftleeren verschlossenen Röhrenoberfläche und krümmt die gebogene Röhre verschieden stark (Zeigerübertragung). Zur Messung von sehr kleinen Drücken (Hochvakuum) verwendet man u. a. die elektrische Leitfähigkeit von Gasen (Ionisationsmanometer). Sehr hohe Drücke werden u. a. über elektrische Effekte an Kristallen gemessen (Piezomanometer).

---

[1]) von griech. aneros = trocken
[2]) lat. membrana = dünnes Häutchen

3.1.5 Die verschiedenen Maßeinheiten des Druckes

Die gesetzliche (SI-)Einheit des Druckes ist 1 Newton/m² = 1 Pascal = 1 Pa.

Der nach der Länge der Quecksilbersäule im Barometer gemessenen Luftdruck wird jedoch üblicherweise in die Einheit *bar* bzw. Millibar (mbar) umgerechnet: 1000 mbar = 1 bar; 1000 bar = 1 Kilobar (kb). 10^6 N/m² heißen auch 1 Megapascal (1 MPa).

Es gilt: | **750 mm Quecksilbersäule = 750 Torr = 1 bar = 100 000 N · m⁻² = 10⁵ Pa**

Umrechnungsskala Torr in Millibar:

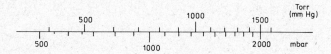

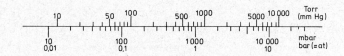

Weitere, nicht (ab 31. 12. 1974) mehr zulässige Druckeinheiten der Technik:

Aus der Beobachtung des durchschnittlichen Luftdrucks in Meereshöhe (p_0 = 760 Torr) wurde die Druckeinheit 1 physikalische Atmosphäre 1 atm = 760 Torr = 101 325 Pa definiert.

Die Technik verwendete die Druckeinheit 1 technische Atmosphäre (1 at)

1 at = 1 kp/cm²; 1 atm = 1,0336 at = 98 066,5 Pa;

1 at = 0,980665 bar; 1 bar = 1,02 at; 1 at = 736 Torr;

für die meisten Zwecke genügt

$$1 \text{ at} \approx 1 \text{ bar} = 10^5 \text{ Pa}$$

Von der Druckmessung mit einem U-Rohr-Manometer, das mit Wasser gefüllt ist, rührt die Druckeinheit 1 mm Wassersäule 1 mm WS her. (Dabei ist das Artgewicht von Wasser mit dem von Quecksilber zu vergleichen.)

1 mm WS = 9,8066 Pa (N/m²) .... 1 Pa = 0,102 mm WS.

Zu beachten ist, daß „mmWS" *keine* Längeneinheit sondern eine Druckeinheit ist. Nur so ist das Gleichheitszeichen zu vertreten.

Das neue gesetzliche Einheitensystem (SI) vereinfacht die bisherige Vielfalt der Maßeinheiten erheblich, wie man sieht.

3.1.6 Überdruck, Unterdruck und absoluter Druck

Beziehen wir die Druckangabe auf den herrschenden Luftdruck, so sind Überdruck und Unterdruck zu unterscheiden.

| Der **Überdruck** $p_{\ddot{u}}$ gibt an, um wieviel der herrschende Druck größer ist als der Luftdruck p_L. | Der **Unterdruck** p_U gibt an, um wieviel der herrschende Druck kleiner ist als der Luftdruck p_L. |

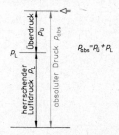

z. B. Überdruck in einem Autoschlauch

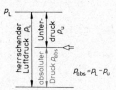

z. B. Unterdruck in einem luftverdünnten Raum (s. Versuch in 3.1)

| Überdruck = absoluter Druck — Luftdruck | Unterdruck = Luftdruck — absoluter Druck |

| $$p_{\ddot{u}} = p_{abs} - p_L$$ | $$p_U = p_L - p_{abs}$$ |

Früher wurde der Überdruck in ,,Atmosphären Überdruck'' = ,,atü'' angegeben und der absolute Druck in ,,ata'', so daß z. B. ein Autoreifen ,,von 2 atü'' unter einem absoluten Druck von 3 ata stand und ein plattgefahrener Reifen ,,Null atü'' hatte sowie den absoluten Druck von ca. 1 ata.

Die Gleichung ,,1 ata = 1 atü + 1'' zeigt, daß ,,1 atü'' *keine Maßeinheit* sein kann (Dimensionsprobe!).

Eine Luftpumpe bewirkt durch Absaugen der Luft aus einer Glasglocke in dieser einen *Unterdruck* p_U gegenüber dem Druck außerhalb der Glasglocke. Um diesen *Druckunterschied* ist der absolute Druck p_{abs} im Gefäß kleiner. p_U kann höchstens gleich dem äußeren Luftdruck sein. Ist p_{abs} zu Null geworden, dann ist $p_U = p_L$.

Beispiel:

Druck vor dem Abpumpen gleich 1000 mbar, nach dem Abpumpen 100 mbar, — Unterdruck p_U = 900 mbar.

Beim absoluten Druck wird von ,,Null'' aus gerechnet. So beträgt z. B. der absolute Druck in einem luftverdünnten Raum zunächst 500 mbar, bei weiterer Verdünnung 100 mbar oder nur noch 10 mbar. Im vollkommen luftleeren Raum ist $p_{abs} = 0$ mbar.

Ist p_{abs} größer als p_L, so ist für p_{abs} auch die Bezeichnung ,,Gesamtdruck'' gebräuchlich. Es ist dann $p_{ges} = p_L + p_{\ddot{u}}$.

Die Bezeichnungen ,,atü'' und ,,ata'' sind gesetzlich nicht mehr zulässig. Man verwendet die Druckeinheiten bar (bzw. mbar usw.) und Pascal = Pa (bzw. MPa, kPa usw.) und *schreibt dazu*, ob Überdruck oder Unterdruck gemeint ist. Zum Beispiel ,,Überdruck im Reifen gleich 2 bar'' — ,,Unterdruck = Druckmangel in der Kabine gleich 100 mbar'', wenn etwa außen 1050 mbar und innen 950 mbar gemessen worden sind.

3.1.7 Technische Herstellung luftleerer Räume

Geräte, die zur Herstellung eines Vakuums aus einem geschlossenen Raum die Luft absaugen, heißen Luftpumpen.

In diesem Sinne ist die Fahrradpumpe nicht als Luftpumpe, sondern als Verdichter zu bezeichnen. Genaugenommen ist also zwischen Saugluftpumpen und Verdichtungspumpen zu unterscheiden.

Die **Kolbenluftpumpe** von Guericke[1]) (1650) erlaubt die Herstellung eines Vakuums von etwa 1 mbar (Grobvakuum). Bei der Rechtsbewegung des Kolbens wird Luft aus der Glasglocke in das Pumpenrohr gesaugt (Hahnstellung I). Bei der Linksbewegung erfolgt der Ausstoß (Hahnstellung II). Häufige Wiederholung dieser Kolbenbewegung erforderlich.

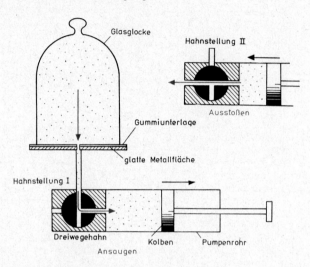

Die **Drehschieberpumpe** von Gaede erreicht eine Verdünnung von $^1/_{100}$ bis $^1/_{1000}$ mbar (Feinvakuum). Das bei A angesaugte Volumen wird durch die beiden Schieber eingeschlossen, weiterbewegt (B) und ausgestoßen (C).

In Wasserstrahlpumpen wird die Luft durch das mit großer Geschwindigkeit durch eine Düse strömende Wasser mitgerissen. In ähnlicher Weise arbeiten moderne Dampfstrahl- und Öl-Diffusionspumpen. Sie erreichen ein Vakuum, in dem in 1 cm³ noch einige 10^9 Moleküle sind (statt 10^{19}).

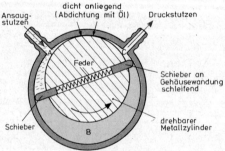

---

[1]) Otto von Guericke (1602—1686), Bürgermeister von Magdeburg, später Oberingenieur in schwedischen Diensten, u. a. Erfinder der Luftpumpe

3.1.8 Versuche zur Veranschaulichung des Luftdrucks

Magdeburger Halbkugeln

Zwei hohle Halbkugeln mit geschliffenen Rändern werden aufeinandergesetzt und luftleer gepumpt. Der Luftdruck hält die Halbkugeln zusammen.

Dieser Versuch wurde schon 1654 von Otto von Guericke auf dem Reichstag zu Regensburg vorgeführt. Erst 16 Pferde, acht auf jeder Seite, vermochten die Halbkugeln voneinander zu trennen. Die stattliche Anzahl von 16 Pferden wurde gewählt, um einen größeren Eindruck auf die Zuschauer zu machen. 8 Pferde der einen Seite hätte man auch durch einen Haken in der Stadtmauer ersetzen können (Wirkung = Gegenwirkung). Dieselbe Wirkung liegt auch bei Eindünstgläsern vor.

Die zum Trennen der beiden Halbkugeln notwendige Kraft ergibt sich bei einem Durchmesser von 42 cm mit $p_L = 1$ bar

$$= 10 \text{ N/cm}^2 = 10^5 \frac{\text{N}}{\text{m}^2}$$

$$F = A \cdot p_L = \frac{\pi \, d^2}{4} \cdot p_L = 13\,850 \text{ N}$$

Dabei darf so gerechnet werden, als handelte es sich um zwei einseitig verschlossene Hohlzylinder.

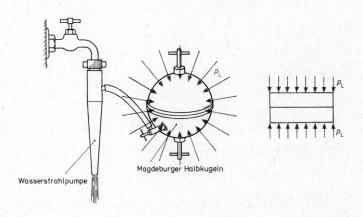

Magdeburger Halbkugeln

Wasserstrahlpumpe

Unterschiedliche Steighöhen bei gleichem Unterdruck

Der durch Absaugen von Luft entstandene Unterdruck in den beiden Röhren verursacht entsprechend den verschiedenen Artgewichten verschiedene Steighöhen (Bild S. 154 oben).

$$p_u = \gamma_1 h_1 = \gamma_2 h_2 = \varrho_1 \cdot g \cdot h_1 = \varrho_2 \cdot g \cdot h_2$$

Ein Unterdruck läßt sich durch die Höhe einer senkrechten Flüssigkeitssäule genauso messen wie durch die Höhendifferenz der zwei Flüssigkeitsspiegel bei einem offenen Flüssigkeitsmanometer (Bild S. 154 oben rechts).

Beispiel: Die Flüssigkeiten seien Alkohol ($\varrho = 790$ kg/m³) und Quecksilber ($\varrho = 13\,600$ kg/m³). Nach Beendigung des Absaugens steht der Alkohol in seiner Röhre $h_1 = 36$ cm hoch.

a) Wie hoch steht das Quecksilber?

b) Wie groß sind p_u und p_{abs} in der Absaugröhre in Torr? ($p = 752$ Torr ≈ 1 bar)

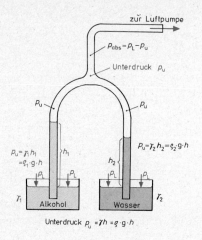

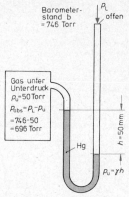

Offenes Hg-Manometer zur Messung des Unterdrucks (nach der Messung umzurechnen in mbar)

Lösung: a) $h_{Hg} = h_2 = h_1 \dfrac{\varrho_1}{\varrho_2} = 36$ cm $\cdot \dfrac{790 \text{ kg/m}^3}{13\,600 \text{ kg/m}^3} = 2{,}09$ cm $= 20{,}9$ mm

b) $p_u = 20{,}9$ Torr $p_{abs} = p_L - p_u = (752 - 20{,}9 \text{ mm}) = 731{,}1$ Torr $= 0{,}974$ bar

Volumvergrößerung bei Druckverminderung

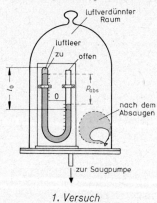

1. Versuch

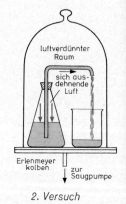

2. Versuch

Innerhalb der Glasglocke bläht sich ein leicht aufgeblasener Kinderluftballon stark auf, wenn der Druck in der Glocke durch Auspumpen vermindert wird. (1. Versuch)

Ballone platzen in größerer Höhe bei vermindertem Druck, wenn das sich ausdehnende Füllgas nicht durch ein Überdruckventil entweichen kann.

Der verminderte Druck unter der Glasglocke wird durch ein abgekürztes Barometer (Vakuummeter) gemessen. Dieses spricht erst bei sehr kleinen absoluten Drücken an (ab etwa 100 mbar). Eine Druckmessung wird erst möglich, wenn der Druck so klein geworden ist, daß er die Hg-Säule der Länge l_0 nicht mehr tragen kann. Bei größeren Druckwerten füllt das Hg den linken Schenkel vollständig aus.

Sowie in der Kuppe ein luftleerer Raum entstanden ist, gibt der Höhenunterschied der Hg-Spiegel den absoluten Druck an.

Sich ausdehnende Luft bringt Wasser zum Fließen (2. Versuch)

Ein Unterdruck innerhalb der Glasglocke läßt Wasser im Erlenmeyerkolben herausfließen, da sich die eingeschlossene Luft im Kolben ausdehnt.

3.1.9 Anwendungen des Luftdrucks

Der **Stechheber** (mit Volumskala = Pipette) dient zum Abmessen kleiner Flüssigkeitsmengen. Beim Hochziehen (obere Öffnung verschlossen) entweicht eine geringe Menge Flüssigkeit, was eine Verdünnung der Luft in der Glasröhre zur Folge hat. Entsprechend dem sich einstellenden Unterdruck p_u wird vom äußeren Luftdruck eine Flüssigkeitssäule der Höhe h getragen: $p_u = \gamma h = \varrho \cdot g \cdot h$.

Im Gleichgewichtszustand gilt:

$$\begin{array}{c} \text{Verminderter Druck im} \\ \text{oberen Teil des Hebers} \end{array} = \begin{array}{c} \text{äußerer} \\ \text{Luftdruck} \end{array} - \begin{array}{c} \text{Schweredruck der} \\ \text{Flüssigkeitssäule} \end{array}$$

$$p_{abs} = p_L - \gamma h = p_L - \varrho \cdot g \cdot h$$

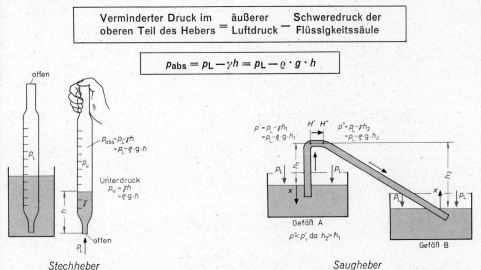

Stechheber

Saugheber

Der **Saugheber** dient zum Transport von Flüssigkeit aus dem Gefäß A mit dem höheren Flüssigkeitsspiegel nach Gefäß B.

Obwohl die beiden Punkte H′ und H″ im Innern der flüssigkeitsgefüllten Röhre auf der gleichen Höhe liegen, berechnen wir für beide Punkte unterschiedliche Drücke (p' und p''), da dem Luftdruck p_L verschieden hohe Wassersäulen entgegenwirken.

Es fließt so lange Flüssigkeit von H′ (Stelle höheren Drucks p') nach H″, bis der Ausgleich erfolgt ist. Endergebnis $h_1 + x = h_2 - x$, wobei x die Verschiebung der Flüssigkeitsspiegel bedeutet. Dabei sind für beide Gefäße gleich große Querschnitte angenommen.

Aufgabe: Aus einem zylindrischen Gefäß (Durchmesser $d_1 = 50$ cm) soll mittels eines U-förmig gebogenen Saughebers Wasser in ein zweites zylindrisches Gefäß ($d_2 = 20$ cm) transportiert werden. Um wieviel cm senkt sich der obere Wasserspiegel bis zur Erreichung der Gleichgewichtslage, wenn ursprünglich die Höhendifferenz $h_0 = 60$ cm beträgt? Wieviel Liter Wasser sind dabei ausgeflossen?

Lösung: Senkt sich der obere Wasserspiegel um x cm, während der untere um y cm steigt, so gilt für den Gleichgewichtsfall

$$p_L - \gamma(h_1 + x) = p_L - \gamma(h_2 - y) \text{ oder } h_1 + x = h_2 - y \quad [1] \quad \text{mit } \gamma = \varrho \cdot g$$

Aus der Volumenbedingung $A_1 x = A_2 y$ [2] wird y in [1] eingesetzt. Damit folgt $h_1 + x = h_2 - \dfrac{A_1}{A_2} x$

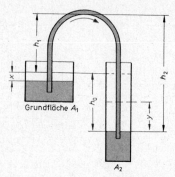

Grundfläche A_1

A_2

mit

$$x = \frac{h_2 - h_1}{1 + \dfrac{A_1}{A_2}} = \frac{60 \text{ cm}}{1 + \dfrac{1963,5 \text{ cm}^2}{314,2 \text{ cm}^2}} = 8,3 \text{ cm}$$

Ausgeflossene Wassermenge

$$V = A_1 \cdot x = 1963,5 \cdot 8,3 \text{ cm}^3 = 16,3 \, l$$

Sonderfall: Für $A_1 = A_2$ folgt aus der Formel

$$x = \frac{h_2 - h_1}{2} = \frac{h_0}{2}, \text{ wie zu erwarten.}$$

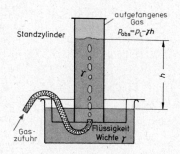

Standzylinder

aufgefangenes Gas
$p_{abs} = p_L - \gamma h$

Gas-
zufuhr

Flüssigkeit
Wichte γ

Pneumatische Wanne

Ergebnis: Der obere Wasserspiegel senkt sich um 8,3 cm. Zur Einstellung des Gleichgewichts fließen 16,3 l Wasser aus.

Anmerkung: Auf den beiden Flüssigkeitsspiegeln herrscht strenggenommen wegen der unterschiedlichen Höhen ein etwas verschiedener Luftdruck. Dieser Einfluß ist jedoch so gering, daß er vernachlässigt werden kann.

Die *pneumatische Wanne*[1]) dient in der Chemie zum Auffangen von Gasen.

Das aufgefangene Gas steht unter dem Druck

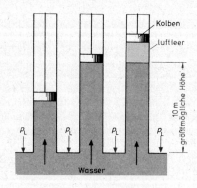

Kolben

luftleer

größtmögliche Höhe
10 m

p_L p_L p_L p_L

Wasser

$$\boxed{p_{abs} = p_L - \gamma h = p_L - \varrho \cdot g \cdot h}$$

Bei normalem Luftdruck kann Wasser in der *Saugpumpe* mittels eines Kolbens ungefähr 10 m hoch gehoben werden. Wegen Undichtigkeiten und Reibung ist die praktisch erreichbare Hubhöhe 6 bis 8 m.

---

[1]) Das Wort pneumatisch stammt aus dem Griechischen und deutet auf die Wirkung des Luftdruckes hin

Die *Saugpumpe* hat einen durchbohrten Kolben. Beim Aufwärtsgang drückt der auch auf dem Grundwasserspiegel lastende Luftdruck das Wasser durch das geöffnete Bodenventil in den Raum unterhalb des Kolbens. Das Wasser oberhalb des Kolbens wird angehoben und kann seitlich abfließen. Bei der Abwärtsbewegung (Bodenventil geschlossen) strömt das Wasser von unten nach oben durch das Kolbenventil.

Die *Druckpumpe* bietet den Vorteil, daß das Wasser unter Druck entweicht und daß sie somit auch bei größeren Förderhöhen verwendet werden kann, z. B. im Bergwerk. Beim Abwärtsgang des Kolbens wird das Wasser in das Steigrohr gepreßt. Bei der Aufwärtsbewegung ist das Druckventil geschlossen und das Saugventil geöffnet: Ansaugvorgang.

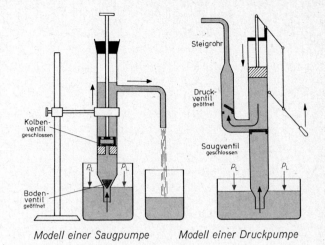

Modell einer Saugpumpe   *Modell einer Druckpumpe*

Aufgabengruppe Mechanik 18: Übungen zu 3.1

Verschiedene Druckeinheiten, Anwendungen des Luftdrucks

1. Der Druck von 1,5 at ist umzurechnen in
   a) Torr, b) mm Wassersäule, c) atm, d) Millibar, e) Pascal, f) bar.

2. Der Druck in der Leitung des Stadtgases beträgt beim Verbraucher etwa 60 bis 80 mm Wassersäule. Im Behälter des Gaswerkes schwankt der Druck zwischen 160 und 260 mm WS. Wieviel Torr bzw. wieviel bar sind dies?

3. Wieviel Torr entsprechen einer technischen Atmosphäre? Man rechne mit $\varrho_{Hg} = 13\,600$ kg/m³. Wieviel mm Wassersäule ergeben denselben Druck? Wieviel $\frac{N}{m^2}$; wieviel bar?

4. Der höchste auf der Erde gemessene Luftdruckwert beträgt 1080 mbar, der niedrigste 920 mbar.
   a) Wieviel Torr entsprechen diesen Werten?
   b) Wie groß ist die hier vorliegende Luftdruckschwankung, ausgedrückt in Prozenten des Größtwertes und des Kleinstwertes?

5. Wieviel Millibar entsprechen a) 1 atm; b) 1 at; c) wieviel Torr entsprechen 1000 mbar; d) wieviel $\frac{N}{m^2}$?

6. Ein dünnwandiger Blechwürfel von 2 cm Kantenlänge wird an eine Luftpumpe angeschlossen. Herrscht innen und außen derselbe Druck, so wirkt auf die Würfelflächen keine Kraft. Durch das Absaugen der Luft entsteht im Würfelinnern ein Unterdruck, der an einem Manometer abgelesen werden kann.

   Welche Kraft F (senkrecht zur Würfelfläche) drückt nun auf jede der Flächen, wenn der Unterdruck a) 270 mbar, b) 1000 mbar beträgt (Barometerstand $b = 1020$ mbar)?

   c) Wie groß kann die Kraft F höchstens werden, wenn der absolute Druck im hergestellten Vakuum praktisch auf Null absinkt (in Newton)?

7. Bei einem Autoreifen soll der normale Betriebsdruck „1,6 atü" betragen. Wie groß ist der absolute Druck in bar?

8. Der absolute Druck in einem gasgefüllten Metallbehälter beträgt 1,4 bar. Welcher Höhenunterschied der beiden Quecksilberspiegel stellt sich ein, wenn dieser Druck mittels eines offenen Hg-Manometers gemessen wird (Barometerstand $b = 752$ Torr)?

9. Der Torricellische Versuch soll mit Hilfe einer Glasröhre (oben durch Hahnen verschlossen) mit Wasserfüllung durchgeführt werden. Wie hoch muß das Wasser in der Röhre stehen, wenn der Luftdruck am Meßort a) 750 Torr; b) 700 Torr; c) 980 mbar beträgt?

10. Zwei beiderseits offene Glasröhren werden mittels Gummischläuchen gemeinsam an eine Saugluftpumpe angeschlossen. Mit dem anderen Ende taucht die erste Röhre in Quecksilber, die zweite in gefärbten Alkohol ($\varrho = 790$ kg/m³). Nach Abstellen der Pumpe ist der Alkohol in der Röhre 54 cm hoch gestiegen.

   a) Wie hoch muß dann das Quecksilber steigen?

   b) Wie groß ist der Unterdruck im Absaugrohr in Torr und bar?

   c) Wie groß ist der absolute Druck in Torr in der Absaugröhre? Der Barometerstand beträgt $b = 1028$ mbar.

   d) Wie hoch würde Wasser steigen, wenn es anstelle von Quecksilber benutzt wird?

11. Mittels einer pneumatischen Wanne wird Sauerstoff aufgefangen. Wie groß sind der Unterdruck und der absolute Druck des aufgefangenen Gases, wenn die Wassersäule im Auffangzylinder vom Wasserspiegel aus gerechnet 27 cm beträgt (Barometerstand $b = 1020$ mbar)?

12. Wie groß sind Unterdruck und absoluter Druck in Torr im Luftraum eines Stechhebers, wenn nach dem Herausziehen aus Salzsäure ($\varrho = 1100$ kg/m³) eine Flüssigkeitssäule von 14 cm Höhe getragen wird (Barometerstand $b = 1003$ mbar)?

13. In einem Stechheber befindet sich eine 8 cm hohe Wassersäule (Barometerstand $b = 1020$ mbar).

   a) Wie groß ist der Unterdruck der Luft in mbar im Stechheber?

   b) Wie groß ist der Unterdruck, wenn die 8 cm hohe Flüssigkeitssäule aus Salpetersäure ($\varrho = 1300$ kg/m³) oder Salmiakgeist ($\varrho = 940$ kg/m³) besteht?

14. In einer Hochebene wird oberhalb einer undurchlässigen Schicht nach Wasser gebohrt. Welche größtmögliche Förderhöhe ist mit einer Saugpumpe zu erreichen, wenn der Luftdruck 733 mbar beträgt?

15. Ein Saugheber soll zur Umfüllung von 70%igem Alkohol ($\varrho = 890$ kg/m³) benutzt werden. Zu Beginn des Umfüllens soll der wirksame Druck zur Erzielung der Strömung 60 cm Wassersäule betragen. Der kürzere Schenkel ragt $h_1 = 25$ cm über den Flüssigkeitsspiegel. Wie lang muß dann der längere Schenkel h_2 des U-förmig gebogenen Saughebers sein?

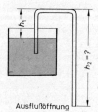

Ausflußöffnung

Der Alkohol aus dem langen Schenkel des Saughebers ströme in ein Becken, dessen Flüssigkeitsspiegel unterhalb der Ausflußöffnung liegt. Wie ändert sich das Ergebnis, wenn man berücksichtigt, daß der Flüssigkeitsspiegel des zu entleerenden Gefäßes und die Ausflußöffnung nicht genau denselben Luftdruck aufweisen? (8,0 m Höhenunterschied soll 1 mbar entsprechen.)

16.*Bei einem Gefäßbarometer beträgt der Durchmesser der Glasröhre 3 mm. Das Gefäß hat auf Höhe des Hg-Spiegels einen Durchmesser von 6 cm. Die Ablesung sei genau richtig bei einem Luftdruck von 1000 mbar = 750 Torr.

   Welcher Fehler tritt nun auf, wenn die Druckanzeige bzw. die Ablesung am linken Hg-Spiegel 735 (775) Torr beträgt?

17. Mittels eines Flüssigkeitsmanometers wird festgestellt, daß der Unterdruck in einem Gasraum 425 mm Wassersäule beträgt. Wie groß ist der absolute Gasdruck in mm Quecksilbersäule, wenn der Barometerstand 752 Torr beträgt? Wie groß ist er in bar?

18. Ein offenes Flüssigkeitsmanometer mit Quecksilber als Füllflüssigkeit soll zur Messung eines Dampfdruckes benutzt werden. Der an den Dampfraum angrenzende Hg-Spiegel liegt 40 cm tiefer als der äußere. Wie groß ist der Überdruck in Torr und bar?

3.2 Boyle-Mariottesches Gesetz

3.2.1 Das Gesetz von Boyle-Mariotte

Beobachtung: Abgeschlossene Gasmengen lassen sich unter Kraftaufwand zusammendrücken; läßt die Kraft nach, so nehmen sie ihr ursprüngliches Volumen wieder an. Man könnte diese Eigenschaft „Volumenelastizität" nennen.

Beispiel: Fahrradpumpe mit geschlossener Öffnung
Der Kraftaufwand zur Volumenverringerung wird nach kleineren Volumen hin erheblich größer.

Versuch: Im linken Schenkel des Schlauchmanometers sind bei einem Barometerstand von 1000 mbar 20 cm³ Luft eingeschlossen. Die beiden Quecksilberspiegel stehen gleich hoch. Durch Heben des rechten Schenkels läßt sich der Druck erhöhen, durch Senken erniedrigen.

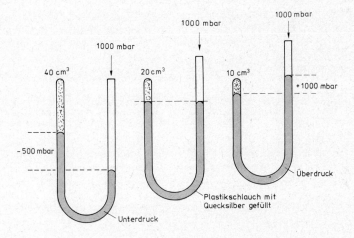

Versuch zum Boyle-Mariotteschen Gesetz

Versuchsergebnisse:

p_{abs} = 375 Torr	p_{abs} = 750 Torr	p_{abs} = 1500 Torr
= 500 mbar	= 1000 mbar	= 2000 mbar
V = 40 cm³	V = 20 cm³	V = 10 cm³
$p \cdot V$ = 15 000 Torr · cm³	$p \cdot V$ = 15 000 Torr · cm³	$p \cdot V$ = 15 000 Torr · cm³
= 20 000 mbar · cm³	= 20 000 mbar · cm³	= 20 000 mbar · cm³

Hieraus folgt

Boyle-Mariottesches Gesetz[1])

Bei jeder abgeschlossenen Gasmenge ist das Produkt aus absolutem Druck und Volumen eine unveränderliche Größe, wenn die Temperatur unverändert bleibt.

$$p \cdot V = \text{const. bei konstanter Temperatur}$$

Mit anderen Worten: Wird ein Volumen V_1 vom absoluten Druck p_1 auf das Volumen V_2 vom absoluten Druck p_2 vergrößert oder verkleinert, so gilt $p_1 V_1 = p_2 V_2$.

Besonders zu beachten: Beim $p \cdot V$-Gesetz ist immer der absolute Druck in die Formel einzusetzen.

1. Beispiel: Wieviel Liter Sauerstoff können einer Stahlflasche mit einem Rauminhalt von 40 l entnommen werden, wenn das Gas unter einem Überdruck von 150 bar steht?

Lösung: $p_1 = (150 + 1)$ bar $= 151$ bar; $V_1 = 40\ l$; $p_2 = p_L \approx 1$ bar. Somit

$$V_2 = \frac{p_1 V_1}{p_2} = \frac{151 \text{ bar} \cdot 40\ l}{1 \text{ bar}} = 6040\ l$$

Da die letzten 40 l in der Flasche bleiben, können nur 6000 l entnommen werden.

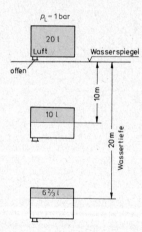

2. Beispiel: Luft im offenen Behälter unter Wasserdruck in verschiedenen Tiefen. Ein geöffneter 20-l-Behälter wird mit der Öffnung nach unten in verschiedene Tiefen gebracht.

$$p_{abs} = p_0 = 1 \text{ bar}$$

$$V_0 = 20\ l \qquad p_0 V_0 = 20 \text{ bar} \cdot l$$

In 10 m Wassertiefe: Wasserdruck 1 bar, Luftdruck $p_L = 1$ bar
Gesamtdruck $p_{abs} = p_{10} = 2$ bar

Aus $p_{10} V_{10} = p_0 V_0 = 20 \text{ bar} \cdot l$, $V_{10} = \dfrac{20 \text{ bar} \cdot l}{p_{10}} = \dfrac{20 \text{ bar} \cdot l}{2 \text{ bar}} = 10\ l$

In 20 m Wassertiefe: Wasserdruck 2 bar

$$p_{abs} = p_{20} = 3 \text{ bar}$$

Aus $p_{20} V_{20} = p_0 V_0 = 20 \text{ bar} \cdot l$, $V_{20} = \dfrac{20 \text{ bar} \cdot l}{p_{20}} = \dfrac{20 \text{ bar} \cdot l}{3 \text{ bar}} = 6,67\ l$

3.2.2 Zusammenhang von Gasdruck und Gasdichte

Eine Folgerung aus dem $p \cdot V$-Gesetz ist der Zusammenhang von Gasdruck und Gasdichte (ϱ):

Die Dichte eines Gases ist dem absoluten Druck proportional.

$$\frac{\varrho_1}{\varrho_2} = \frac{p_1}{p_2}$$

---

[1]) Das $p \cdot V$-Gesetz wurde von dem englischen Physiker R. Boyle 1662 und unabhängig von ihm von dem französischen Forscher E. Mariotte 1676 entdeckt

Begründung: Eine bestimmte Gasmenge (Masse m) habe beim Druck p_1 das Volumen V_1 und beim Druck p_2 das Volumen V_2. Dann beträgt die Dichte $\varrho_1 = \dfrac{m}{V_1}$ bzw. $\varrho_2 = \dfrac{m}{V_2}$. Durch Division mit p_1 bzw. p_2 erhalten wir

$$\frac{\varrho_1}{p_1} = \frac{m}{p_1 V_1} \quad \text{und} \quad \frac{\varrho_2}{p_2} = \frac{m \cdot}{p_2 V_2}$$

Da die rechten Seiten wegen $p_1 V_1 = p_2 V_2$ einander gleich sind, so gilt für die linken entsprechend

$$\frac{\varrho_1}{p_1} = \frac{\varrho_2}{p_2} \quad \text{oder} \quad \frac{\varrho_1}{\varrho_2} = \frac{p_1}{p_2}$$

Dieselbe Beziehung besteht zwischen dem Artgewicht γ und dem absoluten Druck p, da $\gamma = \varrho \cdot g$, weil $G \sim m$ $(G = m\,g!)$.

Beispiel: 1 m³ Luft wiegt bei $p_L = 1033$ mbar (und 0 °C) 12,93 N; dann wiegt 1 m³ Luft bei 935 mbar noch 11,70 N, da

$$\gamma_2 = \gamma_1 \cdot \frac{p_2}{p_1} = 12{,}93\ \frac{N}{m^3} \cdot \frac{935\ \text{mbar}}{1033\ \text{mbar}} = 11{,}70\ \text{mbar}$$

3.2.3 Anwendungen

Aus dem Boyle-Mariotteschen Gesetz (Druckerzeugung durch Volumverminderung) ergeben sich verschiedene Anwendungen. In der Chemie wird die *Spritzflasche* verwendet.

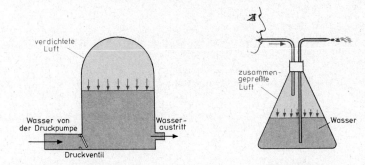

Windkessel   Spritzflasche

Der *Windkessel* (das Wort „Wind" wird hier im Sinne von Luft benutzt) findet bei Druckpumpen und Wasserversorgungsanlagen Verwendung.

Entsprechend der Kolbenbewegung erfolgt die Wasserförderung durch die Druckpumpe stoßweise. Leitet man jedoch das Wasser hinter dem Druckventil in den Windkessel, so fließt es von dort sehr gleichmäßig, z. B. im Steigrohr, weiter. Das „Luftpolster" im Kesseloberteil sorgt für einen gleichmäßigen Druck auf die Wasseroberfläche.

*3.2.4 Zwei Flüssigkeitsmanometer

Das geschlossene Flüssigkeitsmanometer

Das offene Flüssigkeitsmanometer (vgl. 2.1.8) eignet sich wegen der zu groß werdenden Baulänge nur zur Messung niederer Drücke. Wird der rechte Schenkel oben geschlossen, so rücken bei zunehmendem Druck die Skalenwerte immer enger zusammen. Nach dem Boyle-Mariotteschen Gesetz wird das Ausgangsvolumen bei einem Meßdruck von 1 bar (Überdruck) entsprechend 2 bar (absoluter Druck) auf das halbe Volumen und bei 4 bar (Überdruck) entsprechend 5 bar (absoluter Druck) auf $V_0/5$ zusammengedrückt (vgl. Abb. S. 162 oben links).

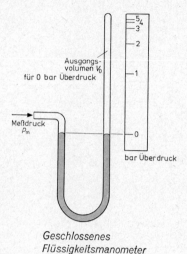

Ausgangs-volumen V_0 für 0 bar Überdruck

Meßdruck p_m

bar Überdruck

Geschlossenes Flüssigkeitsmanometer

$p_L = 1\,bar$

l_1

l_0

x_{mm}

Meßdruck p_m

Querschnitt A

Zur Berechnung der Skala eines geschlossenen Flüssigkeitsmanometers

Beim geschlossenen Quecksilbermanometer ist bei der Berechnung der Druckskala zu beachten, daß dem Meßdruck noch der Druck der Quecksilbersäule der Länge x mm entgegensteht (vgl. Abb.).

Beispiel: Wie groß ist der Meßdruck p_m, wenn über einer Quecksilbersäule der Länge $x = 40$ mm ein Gasvolumen der Länge 400 mm steht? p_0 sei 1000 mbar = 1 bar.

Lösung: $V_0 = A \cdot l_0 = A \cdot \left(l_1 + \dfrac{x}{2}\right) \quad V_1 = A \cdot l_1 \quad p_1 = p_0 \cdot \dfrac{V_0}{V_1} = \dfrac{p_0 \cdot \left(l_1 + \dfrac{x}{2}\right)}{l_1}$

$$p_m = p_1 + \Delta p \quad \Delta p + \frac{x\,mm}{750\,mm} \cdot (1\,bar)$$

$$p_m = \frac{p_0\left(l_1 + \dfrac{x}{2}\right)}{l_1} + \frac{x\,mm}{750\,mm} \cdot (1\,bar) = \left(\frac{420\,mm}{400\,mm} + \frac{40\,mm}{750\,mm}\right) \cdot 1\,bar = (1{,}050 + 0{,}053)\,bar$$

$$p_m = 1{,}103\,bar = 1103\,mbar$$

Überlege: Welche Skalenwerte sind bei der unkorrigierten Skala am meisten fehlerbehaftet?

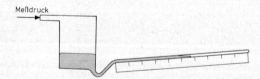

Meßdruck

Das Feinmanometer

Da es für den Meßdruck nur auf den Höhenunterschied der Flüssigkeitsspiegel ankommt, ist mit einem schräggestellten Rohr eine wesentlich größere Ablesegenauigkeit zu erreichen.

3.2.5 Die Ursache des Gasdrucks

Um die Ursache des Gasdrucks zu erklären, macht man — wie auch in anderen Gebieten der Physik — vereinfachende Annahmen (Hypothesen), die dann durch die Erfahrung entweder bestätigt oder verworfen werden. Solche Vereinfachungen nennt man auch ein *Modell*.

Annahme:

1) Der Inhalt einer Gasflasche besteht aus einer sehr großen Anzahl von Molekülen (kleinsten Teilchen).

2) Diese haben jeweils eine bestimmte Masse und sind vollkommen elastisch.

3) Sie fliegen mit großer Geschwindigkeit regellos durcheinander.

4) Dabei stoßen sie gelegentlich aufeinander und prallen auch an den Gefäßwänden elastisch ab.

5) **Durch den Aufprall üben die Moleküle eine Kraftwirkung auf die Gefäßwände aus, die sich als Gasdruck äußert.**

Gasmoleküle mit ihren augenblicklichen Bewegungsrichtungen

Dieses Modell ist der Inhalt der kinetischen Gastheorie, die damit das durch Versuche ermittelte Boyle-Mariottesche Gesetz herleiten kann. Danach ist der Gasdruck um so größer, je größer die Anzahl der beteiligten Moleküle ist und je schneller diese aufprallen. Steht den Molekülen weniger Raum zur Verfügung, dann ist bei gleicher Molekülanzahl die Anzahl der Aufprallereignisse entsprechend größer und damit auch der Gasdruck.

3.3 Der Auftrieb in Gasen

Das Archimedische Gesetz gilt sinngemäß auch für Gase. Hier ist der Auftrieb gleich dem Gewicht der verdrängten Gasmenge. Somit wird für einen Freiballon

> **Tragkraft = Auftrieb — Gewicht des Füllgases**

oder

> $F_t = V_{Ballon} (\gamma_{Luft} - \gamma_{Füllgas}) = V_{Ballon} \cdot (\varrho_{Luft} - \varrho_{Füllgas}) \cdot g$

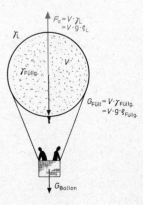

Die Steigkraft (freier Auftrieb), die den Ballon am Startplatz nach oben zieht, erhält man nach Abzug des gesamten Ballongewichts (einschließlich Zubehör und Besatzung).

Beispiel: Mit welcher Steigkraft F_s zieht ein 1250 m³ fassender, mit Leuchtgas gefüllter Ballon nach oben? Der leere Ballon wiegt einschließlich Zubehör 5100 N $\left(\varrho_{Leuchtgas} = 0,590 \text{ kg/m}^3,\right.$

$\varrho_{Luft} = 1,29 \dfrac{\text{kg}}{\text{m}^3}\Big).$

Lösung: $F_s = V(\gamma_L - \gamma_{Füllg.}) - G_{Ballon} =$

$$F_s = 1250 \text{ m}^3 \cdot 10 \frac{\text{m}}{\text{s}^2} (1,290 - 0,590) \frac{\text{kg}}{\text{m}^3} - 5100 \text{ N} = 3650 \text{ N}$$

Versuch zum Nachweis des Auftriebs in Luft: Während in Luft Gleichgewicht herrscht, geht im luftverdünnten Raum die Glaskugel nach unten, da bei dieser der in Wegfall kommende Auftrieb größer ist als bei dem Messinggewicht.

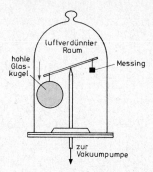

Der Auftrieb in Luft hat zur Folge, daß das genaue „Gewicht" eines Körpers mit Feder- oder Balkenwaage grundsätzlich nur im Vakuum ermittelt werden kann. Wägungen in der Luft sind stets durch den Auftrieb verfälscht (Ausnahme: gleiches Artgewicht bei Wägegut und Gewichtsstücken).

Dasymeter[1]) im luftverdünnten Raum

Aufgabengruppe Mechanik 19: Übungen zu 3.2 und 3.3

Boyle-Mariottesches Gesetz, Auftrieb in Luft

(Das Ergebnis ist in bar anzugeben, sofern nichts anderes verlangt wird. Wird der Barometerstand nicht angegeben, so ist der Luftdruck $p_L = 1$ bar zu setzen.)

1. Aus einer Sauerstoffflasche mit 40 l Wasserinhalt können durch Öffnen des Verschlusses 3580 l Sauerstoff entnommen werden (Barometerstand 720 Torr). Unter welchem absoluten Druck stand das Gas in der Flasche?

2. In einem Windkessel befinden sich 6 m³ Luft von Atmosphärendruck.

Welchen Druck hat das Wasser in der Abflußleitung, wenn 4,4 m³ Wasser in den Kessel gepumpt werden und die Mitte des kreisförmigen Abflußrohres 1,80 m unterhalb des Wasserspiegels liegt?

3. Für Unterwasserarbeiten bedient man sich der Taucherglocke, einem unten offenen eisernen Behälter. Die Glocke wird mittels einer Kette auf den Grund gesenkt. In welcher Wassertiefe wird das Luftvolumen der Glocke auf die Hälfte (ein Drittel, ein Fünftel) zusammengedrückt? Eine Luftzufuhr von oben erfolge nicht.

4. Wie groß ist das „Gewicht" eines Liters Sauerstoff, wenn der Überdruck in der Gasflasche 132 bar beträgt? (Im Normalzustand 0 °C und 1,033 bar wiegt 1 m³ Sauerstoff 14,6 N.)

5. Eine Gasmenge steht unter dem Überdruck von 2,4 bar. Wie groß ist der absolute Druck noch, wenn das Gas auf das 3-, 4-, 8- bzw. 20fache seines Ausgangsvolumens ausgedehnt wird?

6. Eine Flasche von 1,8 l Fassungsvermögen ist ganz mit Luft gefüllt. Sie wird mit der Öffnung nach unten in eine solche Wassertiefe gebracht, daß das Luftvolumen nur noch 0,26 l beträgt. Wie tief befindet sich die Flasche unter Wasser?

7. Aus einem gasgefüllten Behälter (Wasserinhalt 160 l) strömen bei Öffnen des Ventils 2000 l Gas aus. Unter welchem Überdruck stand das Gas im Behälter?

Taucherglocke (Caisson)
in einem Flußbett (Schnitt)

---

[1]) griech. dasys = leicht

8. Welchen Druck muß ein Stahlbehälter aushalten (Fassungsvermögen 40 l), damit man 200 l Stickstoff darin aufbewahren kann?
   Vor der Füllung ist der Behälter luftleer.

9. Ein mit Preßluft gefüllter Behälter (Fassungsvermögen 60 l Wasser) befindet sich in 125 m Meerestiefe. Öffnet man nun den Verschluß (Öffnung nach unten!), so dringt Wasser ein, das die Luft auf die Hälfte des Ausgangsvolumens zusammendrückt.
   a) Unter welchem Druck stand das Gas ursprünglich im Behälter?
   b) In welcher Wassertiefe wird die erste Luftblase austreten, wenn der Behälter gehoben wird?
   c) Wieviel Liter Luft von Atmosphärendruck sind insgesamt entwichen, wenn die Behälteröffnung (nach unten!) langsam aus dem Wasser auftaucht?
   d) Wieviel wiegt die unter a) angeführte Preßluftfüllung ($\varrho_{Luft} = 1,293$ kg/m³ bei 0 °C und 1 bar)?

10. Eine luftgefüllte, offene, mit der Öffnung nach unten gehaltene Halbliterflasche wird in Wasser getaucht.
    a) Welches Luftvolumen liegt bei 10 m, 20 m, 90 m Wassertiefe noch vor?
    b) Wie tief muß die Flasche getaucht werden, damit das Luftvolumen noch 10 cm³ beträgt?

11.*Bei einem geschlossenen Manometer (mit Hg als Sperrflüssigkeit) beträgt die Länge des abgeschlossenen röhrenförmigen Luftvolumens $l = 500$ mm. Bei 1 bar zeigt das Manometer den Überdruck Null an.
    a) Wie groß ist der Überdruck in bar, wenn der rechte Hg-Spiegel um $x = 20$ mm nach oben verschoben wird?
    b) Um wieviel hebt sich der rechte Hg-Spiegel (gegenüber Normaldruck), wenn der Meßdruck 6 bar Überdruck beträgt?

12. Eine Gasmenge nimmt bei einem Überdruck von 4 bar einen Raum von 5,8 l ein. Wie ändert sich der Druck im Gasraum, wenn der zur Verfügung stehende Raum
    a) um 2,5 l vergrößert,
    b) um 2,5 l verkleinert wird?

13. In einem Gasraum befinden sich 1,5 l Sauerstoff unter dem absoluten Druck von 1033 mbar. Wie groß ist der Unterdruck in mbar, wenn das Volumen auf 3,4 l vergrößert wird? Welche Höhendifferenz der beiden Flüssigkeitsspiegel würde sich bei einem offenen Flüssigkeitsmanometer mit Hg als Sperrflüssigkeit ergeben (Barometerstand $b = 752$ mm Hg)?

14. Ein Kinderballon hat die Masse 4,5 g und soll bis zu seinem Fassungsvermögen von 6,5 l aufgeblasen werden.
    a) Wie groß sind Tragkraft und Steigkraft bei Füllung mit ungereinigtem Wasserstoff ($\varrho = 0,12$ kg/m³)?
    b) Vernachlässigt man die Spannung der Ballonhülle, so ist der Gasdruck im Innern des Ballons gleich dem äußeren Luftdruck (Barometerstand 980 mbar. Der Ballon werde nun 8,5 m unter die Wasseroberfläche eines Sees gebracht. Welches Volumen stellt sich ein, wenn der Ballon dabei nicht platzt?
    c) Welche Kraft muß in 8,5 m Tiefe aufgewendet werden, um ein Aufsteigen des Ballons im Wasser zu verhindern?

15. Ein Freiballon für Sportflüge hat einen Rauminhalt von 1800 m³. Wie groß ist seine Tragkraft bei Füllung mit ungereinigtem Wasserstoff ($\varrho = 0,13$ kg/m³) und mit Helium ($\varrho = 0,18$ kg/m³)? Welche Steigkraft verbleibt in den beiden Fällen, wenn der leere Ballon mit Zubehör 7800 N wiegt?

16. Das Luftschiff LZ 129 hatte einen Gasinhalt von 200 000 m³. Die Füllung bestand aus reinem Wasserstoff $\left(\varrho = 0{,}09\ \dfrac{\text{kg}}{\text{m}^3}\right)$. Die Leermasse betrug 118 000 kg.

    a) Wie groß war die Tragkraft des Luftschiffes $\left(\varrho_{\text{Luft}} = 1{,}29\ \dfrac{\text{kg}}{\text{m}^3}\right)$?

    b) Welche Steigkraft war beim Start noch vorhanden, wenn 121 500 kg zugeladen wurden?

    c) Welche Tragkraft hätte man bei Verwendung des zwar teureren, aber unbrennbaren Heliums $\left(\varrho = 0{,}18\ \dfrac{\text{kg}}{\text{m}^3}\right)$ erhalten?

17. Welcher absolute Druck in mbar herrschte in einer Glühlampe, wenn sich diese nach Abbrechen des Absaugstutzens unter Wasser zu 85 % mit Wasser füllt (Barometerstand 1000 mbar)?

18.* In 22,41 l Luft sind unter Normalbedingungen $6 \cdot 10^{23}$ Moleküle. Wieviel Moleküle sind noch in 1 cm³ des Restgases in einer Fernsehröhre, die bis auf einen Druck von 10^{-7} mbar leergepumpt ist? (Überschlagsrechnung!)

19. Ein Holzkeil $(\varrho = 0{,}5\ \text{kg/dm}^3)$ hat eine Masse von 3 kg. Um wieviel N und % ist das „Gewicht" in Luft infolge des Auftriebs scheinbar kleiner? Um wieviel N wäre also die Anzeige einer genauen Federwaage kleiner?

20.* Bei einer Präzisionswägung mittels einer Balkenwaage wird dem Wägegut in Luft durch ein Messinggewicht G_{Ms} das Gleichgewicht gehalten.

Man beweise: Das genaue „Gewicht" des Wägegutes im Vakuum beträgt dann in guter Näherung $G_{\text{K}} = G_{\text{Ms}} \left(1 + \dfrac{\gamma_{\text{L}}}{\gamma_{\text{K}}} - \dfrac{\gamma_{\text{L}}}{\gamma_{\text{Ms}}}\right)$.

Hierbei bedeuten $\gamma_{\text{L}} =$ Artgewicht der Luft, $\gamma_{\text{K}} =$ Artgewicht des Wägegutes und $\gamma_{\text{Ms}} =$ Artgewicht der Messinggewichtsstücke $(\gamma = \varrho \cdot g)$.

Anleitung: Die Gewichtsangabe G_{Ms} auf den Gewichtsstücken bedeutet das „Gewicht" im Vakuum. Man stelle das Momentengleichgewicht für „Gewicht" und Auftrieb von Gewichtsstück und Wägegut auf. Man beachte, daß für kleine x angenähert $\dfrac{1}{1-x} = 1 + x$ gesetzt werden darf! (Begründung hierfür s. S. 188.)

21.* Das „Gewicht" eines Eisbrockens wird in Luft mittels einer Balkenwaage zu 10 N ermittelt. Was würde das Eis im Vakuum wiegen $(\varrho_{\text{Eis}} = 0{,}9\ \text{g/cm}^3;\ \varrho_{\text{Ms}} = 8{,}4\ \text{g/cm}^3$ und $\varrho_{\text{L}} = 1{,}3\ \text{g/}l)$?

22.* Das „Gewicht" eines Holzkeiles $(\varrho = 0{,}5\ \text{g/cm}^3)$ wird mittels einer Balkenwaage in Luft unter Verwendung von Messinggewichten mit 30 N ermittelt. Wieviel N würde der Holzkeil im Vakuum wiegen?

23.* Unter welcher Voraussetzung wiegt ein mit der Balkenwaage gewogener Körper im Vakuum weniger als das in der Luft zum Ausgleich benötigte Gewichtsstück?

3.4 Strömende Flüssigkeiten und Gase

3.4.1 Die Strömungsgeschwindigkeit

Beobachten wir eine Wasserströmung, die eine engere Stelle passiert, z. B. bei einem Fluß, so erkennen wir:

> Bei einer bewegten Flüssigkeit ist an Stellen verengten Querschnitts die Strömungsgeschwindigkeit stets größer.

Erklärung: Durch die Querschnittsfläche A_1 fließt bei einer Strömungsgeschwindigkeit v_1 je Sekunde die Flüssigkeitsmenge $Q_1 = A_1 \cdot v_1$ (sekundliche Durchflußmenge = Querschnitt · Geschwindigkeit). Die sekundlich durchgeflossene Menge entspricht also einer Flüssigkeitssäule vom Querschnitt A_1 und einer Höhe, die zahlenmäßig gleich der Geschwindigkeit v_1 ist. Entsprechend fließt durch den Querschnitt A_2 je Sekunde die Menge $Q_2 = A_2 \cdot v_2$.

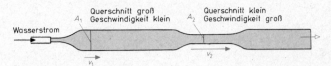

Da Wasser weder gestaut wird noch neu entsteht, so muß gelten $Q_1 = Q_2$ oder $A_1 v_1 = A_2 v_2$

> **Die Strömungsgeschwindigkeiten stehen im umgekehrten Verhältnis wie die Querschnitte.**

$$\frac{v_1}{v_2} = \frac{A_2}{A_1}$$

Fließen durch eine Röhre je s 10 cm³, so beträgt bei einem Querschnitt von 1 cm² die Geschwindigkeit 10 cm/s, bei einem Querschnitt von 10 cm² jedoch nur 1 cm/s.

3.4.2 Der seitliche Druck

In einer ruhenden Flüssigkeit herrscht überall derselbe Seitendruck.

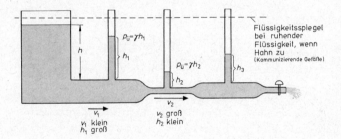

In einer *strömenden Flüssigkeit* dagegen hängt der Druck von der Geschwindigkeit ab.

Erkenntnis aus Versuch: Enge Röhre — große Geschwindigkeit — kleiner Druck.
Weite Röhre — kleine Geschwindigkeit — großer Druck.

> **Der seitliche Druck einer Flüssigkeit wird um so kleiner, je größer die Strömungsgeschwindigkeit ist.**

Alle drei Röhren zeigen einen Überdruck an, d. h. der Flüssigkeitsdruck ist größer als der Luftdruck ($p_{abs} = p_L + h$ mm WS). Der Druck kann aber auch kleiner werden als der Luftdruck. Dann entsteht ein Unterdruck (Sog) (h mm WS müssen in die Druckeinheit von p_{abs} und von p_L umgerechnet werden).

3.4.3 Druck bei strömenden Gasen

Ganz entsprechend liegen die Verhältnisse bei strömenden Gasen. Mit Hilfe eines Föns wird in einer Röhre, die eine Verengung aufweist, eine Luftbewegung erzeugt.

Versuchsergebnis: Weiter Querschnitt — Überdruck. Enger Querschnitt — Unterdruck.

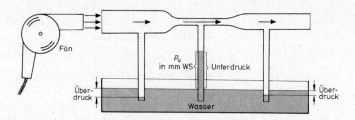

Die eingetauchten Glasröhren können auch durch Gummischläuche mit den Schenkeln von zwei offenen Flüssigkeitsmanometern verbunden werden. Überdruck und Unterdruck lassen sich dann als Höhenunterschied zweier Flüssigkeitsspiegel ablesen (s. Seiten 127 und 154).

Obwohl es sich um eine strömende Flüssigkeit handelt, spricht man hier von einem „statischen Druck", da die Druckmessung wie bei einer ruhenden Flüssigkeit mit dem Manometer erfolgt.

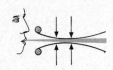

Versuch (Hydrodynamisches Paradoxon): Blasen wir zwischen zwei Papierbogen hindurch, so gehen diese durch die Luftströmung nicht auseinander. Im Gegenteil, infolge der Druckverminderung gegenüber dem Normaldruck werden die Blätter zusammengedrückt. In Abschnitt 2.1.6 haben wir bereits das hydrostatische Paradoxon kennengelernt. Dort wurde auch die Herkunft des Wortes „Paradoxon" geklärt.

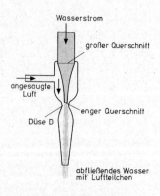

3.4.4 Anwendungen

Wasserstrahlpumpe

Das mit großer Geschwindigkeit durch die Düse D strömende Wasser saugt Luft aus der Umgebung an und reißt sie mit. Erreichbarer absoluter Druck: 15 bis 30 Torr $\approx$ 20 bis 26 mbar.

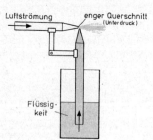

Zerstäuber

An der engen Öffnung der Düse tritt ein Unterdruck auf. Die Flüssigkeit steigt hoch und wird vom Luftstrom mitgerissen.

Sonstige Anwendungen

Bunsenbrenner (Ansaugen von Luft), *Vergaser* (Zerstäubung von Kraftstoff)

4. Schwingungen und Wellen

4.1 Allgemeines zu Schwingungsbewegungen

> Schwingungen entstehen, wenn auf einen aus seiner Ruhelage ausgelenkten Körper stets eine Kraft wirkt, die ihn in seine ursprüngliche Lage zurückzutreiben versucht. Ein schwingungsfähiges Gebilde heißt auch „Oszillator"[1]).

Ursache der Schwingungen sind die Schwerkraft oder elastische Kräfte.

1. Beispiel: Fadenpendel (Schwerependel)

Die durch die Schwerkraft verursachte rücktreibende Kraft F_r (vgl. Abschn. 1.8.7) treibt die ausgelenkte Pendelmasse in ihre Ruhelage (Gleichgewichtslage) zurück. Bei Erreichen derselben ist jedoch die Geschwindigkeit so groß geworden, daß als Folge der Trägheit ein Ausschlag nach der Gegenseite erfolgt. Nach Erreichen des linken Umkehrpunktes (Geschwindigkeit = 0) wiederholt sich der Vorgang.

Wir messen die Auslenkung x in horizontaler Richtung (Begründung hierzu im folgenden).

Statt der Auslenkung x kann auch der Winkel α bzw. statt der Amplitude a der Winkel α_0 angegeben werden.

Schwingungsbewegung = Hin- und Herbewegung eines Körpers um seine Gleichgewichtslage.

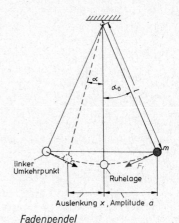

Fadenpendel

2. Beispiel: Federpendel (schwingende Masse)

Wird die an einer Schraubenfeder befestigte Masse etwas nach unten gezogen und losgelassen, so zieht die geweckte Federkraft diesen Körper in die Ruhelage zurück. Genau wie beim Fadenpendel kommt eine Schwingung zustande.

Die rücktreibende Kraft ist bei jeder Schwingung stets auf die Ruhelage hin gerichtet. Wir begründen dies beim Federpendel. Hier gilt

$$F_r = F_s - G$$

F_s = Federspannkraft

G = konstantes Gewicht

In der Ruhelage ist $F_s = G$ (Gleichgewicht). Also $F_r = 0$, d. h. keine rücktreibende Kraft.

---

[1]) lat. oscillare = sich schaukeln

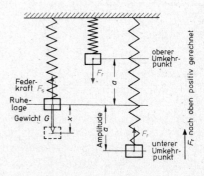

Federpendel

Ausschlag unterhalb Ruhelage	Verlängerung nimmt zu	Federkraft F_s nimmt zu, d. h. $F_s > G$	also $F_r > 0$, d. h. F_r nach oben gerichtet
oberhalb Ruhelage	nimmt ab	nimmt ab, d. h. $F_s < G$	also $F_r < 0$, d. h. F_r nach unten gerichtet

Selbst wenn die Auslenkung nach oben so groß ist, daß die Ruhelage der unbelasteten Feder überschritten wird, ändert sich nichts; nun kommt eben eine von der Zusammendrückung der Feder herrührende nach unten gerichtete Spannkraft F_s hinzu. Damit wird F_r dem Betrage nach größer.

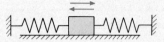

horizontale Schwingung = horizontale Hin- und Herbewegung um die Ruhelage

Mittels zweier Federn kann eine Masse in horizontaler Richtung in Schwingungen versetzt werden. Hieraus ist ersichtlich, daß die rücktreibende Kraft von der elastischen Federkraft und nicht vom „Gewicht" herrührt. Das „Gewicht" G führt beim vertikalen Schwinger nur zu einer Verschiebung der Ruhelage.

eingespannte Blattfeder

Weitere Beispiele sind: Schwingungsbewegung eines Korkens auf unruhiger Wasseroberfläche, Stimmgabel, Schwingungen eines eingespannten elastischen Stabes aus Holz oder Metall.

4.2 Begriffsbestimmungen

Ausschlag x oder Auslenkung = augenblickliche Entfernung aus der Ruhelage.

Amplitude a oder Schwingungsweite = größter Ausschlag aus der Ruhelage.

Schwingungsdauer T = Periode = Zeit für eine ganze Schwingung, d. h. einen vollen Hin- und Hergang.

Bei einer vollen Schwingung werden also folgende Punkte durchlaufen: Ruhelage—Umkehrpunkt I—Ruhelage—Umkehrpunkt II (der Gegenseite)—Ruhelage oder Umkehrpunkt I—Ruhelage—Umkehrpunkt II—Ruhelage—Umkehrpunkt I.

Frequenz f oder Schwingungszahl = Zahl der Schwingungen je Sekunde.

Zu Ehren des deutschen Physikers Hertz[1]) wurde festgelegt
1 Schwingung je Sekunde = 1 Hertz (Hz)

$$f = \frac{1}{T} \qquad \text{Schwingungsfrequenz} = \frac{1}{\text{Schwingungsdauer}} \frac{1}{s}, s^{-1} \text{ oder Hz}$$

Beispiel: Ein Körper mit einer Masse von 100 g führt in einer Minute 150 Schwingungen aus. Dann beträgt die Schwingungsdauer $T = 0{,}4$ s. Die Frequenz wird also $f = 1/T = 1/0{,}4 \; s^{-1} = 2{,}5$ Hz.

4.3 Harmonische Schwingungen

Eine Schwingung heißt harmonisch, wenn die rücktreibende Kraft der Auslenkung aus der Ruhelage proportional ist.

---

[1]) Heinrich Rudolph Hertz (1857—1894), Entdecker der elektromagnetischen Wellen

Die Beziehung $F \sim x$ bedeutet, daß die rücktreibende Kraft um so größer wird, je größer die Auslenkung aus der Ruhelage ist.

Fadenpendel und Federpendel führen harmonische Schwingungen aus.

Zur Begründung: Beim *Fadenpendel* ist $F_r = G \frac{x}{l}$, d. h. $F_r \sim x$ (vgl. Abschnitt 1.8.7). Beim Fadenpendel wäre als Auslenkung eigentlich der Bogen zu nehmen. Für kleine Ausschläge ($\alpha < 15°$) kann näherungsweise statt des Bogens die waagerechte Halbsehne gesetzt werden. Nur bei kleinen Auslenkungen führt also das Fadenpendel harmonische Schwingungen aus.

Beim *Federpendel* ist $F_r = F_s - G$. Die Federkraft F_s ist nach dem Hookeschen Gesetz der Auslenkung x proportional (vgl. Abschnitt 1.1.4). G ist konstant, folglich wird $F_r \sim x$. Wenn auch die Feder mit G vorbelastet wird, so ist dennoch die zusätzliche Belastung (z. B. beim Anstoß nach unten) der zusätzlichen Auslenkung proportional.

4.3.1 Weg-Zeit-Schaubild

Tragen wir die zu verschiedenen Zeitpunkten gehörenden Auslenkungen einer harmonischen Schwingung in ein Schaubild ein, so erhalten wir eine wellenförmige Kurve, die Sinuslinie genannt wird.

Beispiel: Zeitlicher Verlauf der Auslenkung eines Pendels von 1 m Fadenlänge. Ablenkungen nach links/rechts sind nach oben/unten abgetragen.

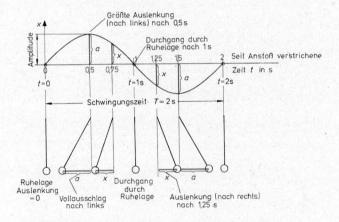

Aus der Darstellung ist zu entnehmen: Bei $t = 0$ wird die Pendelmasse angestoßen. Nach 0,5 s erreicht sie den Vollausschlag nach links. Nach 1 s geht sie durch die Ruhelage, um nach der Gegenseite auszuschwingen.

4.3.2 Herstellung von Sinuslinien im Versuch

Ein an zwei Fäden aufgehängter, sandgefüllter Trichter (nur in einer Ebene schwingend) erzeugt auf einem mit konstanter Geschwindigkeit bewegten Papierstreifen eine sinusförmige Sandspur.

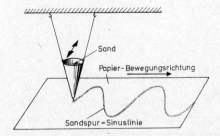

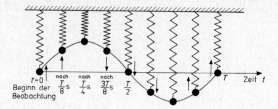

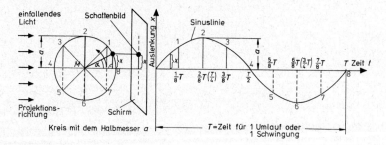

Federschwingung

> **Eine Schwingung mit linearem Kraftgesetz (d. h. $F_r \sim x$) ergibt im Weg-Zeit-Schaubild eine Sinuslinie.**

4.3.3 Darstellung der Schwingung als Projektion einer gleichförmigen Kreisbewegung

Eine kleine Stahlkugel führt (z. B. in einer lotrechten Ebene wie in der Abb.) eine Kreisbewegung mit konstanter Geschwindigkeit aus. Projiziert man diese Anordnung auf einen Schirm, so führt der Schatten der bewegten Kugel eine Schwingungsbewegung aus. Hat sich α um 360° geändert (1 Umlauf), so ist die Zeit T (1 Periode) verstrichen. Einem Umlauf entspricht also eine Periode. Der Winkel α wächst proportional zur Zeit t an: $\alpha \sim t$; 90° $\triangleq T/4$; 180° $\triangleq T/2$; 360° $\triangleq T$.

Aus der Figur folgt $x = a \cdot \sin \alpha$, womit die „sinusförmige" Abhängigkeit der Auslenkung x vom Winkel α und damit von der Zeit ($\alpha \sim t$) erklärt ist.

Werden also die Projektionen (Schattenlängen) des Halbmessers, dessen Ende die Stahlkugel trägt, gegen die Zeit aufgetragen, so entsteht eine Sinuslinie.

Die jeweilige Projektion des Halbmessers a auf den Schirm ergibt die Auslenkung x einer Schwingungsbewegung

4.4 Dämpfung von Schwingungen

Durch Energieverluste (Luft- und Lagerreibung, Erwärmung der verformten Feder) wird die Amplitude jeder Schwingung immer kleiner, bis schließlich Stillstand eintritt.

> Die Dämpfung vergrößert die Schwingungsdauer.

Auch die gedämpfte Schwingung hat eine konstante Schwingungsdauer. Diese ist immer größer als ohne Dämpfung. Oft erfolgt die Abnahme der Amplitude derart, daß das Verhältnis zweier aufeinanderfolgender Ausschläge nach derselben Seite einen konstanten Wert annimmt.

172

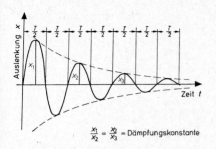

$$\frac{x_1}{x_2} = \frac{x_2}{x_3} = \text{Dämpfungskonstante}$$

Abnahme der Schwingungsamplitude durch Dämpfung

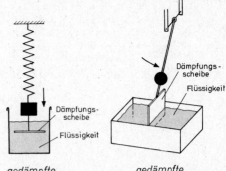

gedämpfte Federschwingung

gedämpfte Pendelschwingung

Nachweis der Dämpfung im *Versuch:* Bewegen sich die Dämpfungsscheiben in genügend zähen Flüssigkeiten, so werden die Ausschläge sehr rasch kleiner. Bei größerer Dämpfung erfolgt nach der Gegenseite nur noch ein einziger Ausschlag. Bei sehr starker Dämpfung kommt gar keine Schwingung mehr zustande (Kriechbewegung = langsame Rückkehr in die Ruhelage).

Anwendung: Luftdämpfung bei Präzisionswaagen und bei elektrischen Meßinstrumenten. Die Bewegung der Dämpfungsscheiben erfolgt in Kammern, aus denen die Luft nur langsam verdrängt werden kann. So wird der Zeiger rascher zum Stillstand gebracht, damit die Ablesung erfolgen kann. Öldämpfung bei gefederten Fahrzeugen.

4.5 Resonanz

4.5.1 Freie Schwingungen

Ein einmal angestoßenes und sich selbst überlassenes Pendel (wie auf Seite 169) führt Schwingungen einer ganz bestimmten Frequenz aus, der sogenannten Eigenfrequenz f_0 (freie Schwingung). f_0 hängt nicht von der Amplitude ab.

> **Erhält ein schwingungsfähiger Körper einen Anstoß, so kommt stets eine freie Schwingung der Eigenfrequenz f_0 zustande.**

Die Eigenfrequenz hängt beim Fadenpendel von der Fadenlänge ab. Ein Pendel der Fadenlänge $l = 1$ m macht 30 Schwingungen pro Minute. Damit ist $T = 2$ s oder $f_0 = 1/T = 0,5$ Hz. Für $l = 0,5$ m dagegen wird mit 43 Schwingungen pro Minute $f_0 = 43/60$ 1/s $= 0,72$ Hz.

Beim Federpendel hängt f_0 von der Starre der Feder und — im Gegensatz zum Fadenpendel — auch von der schwingenden Masse ab.

4.5.2 Erzwungene Schwingungen

Durch eine sich drehende Scheibe wird die Pendelmasse gehoben und gesenkt. Das Federpendel kann nun nicht in seiner Eigenfrequenz schwingen. Es ist gezwungen, die Frequenz des Motors (Erregerfrequenz oder Zwangsfrequenz = sekundliche Drehzahl des Motors) mitzumachen.

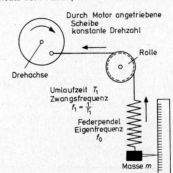

> **Ein schwingungsfähiger Körper der Eigenfrequenz f führt unter der Wirkung einer Zwangsfrequenz f_1 erzwungene Schwingungen der Frequenz f_1 aus.**

173

4.5.3 Entstehung der Resonanz

Zunächst sei die Zwangsfrequenz f_1 kleiner als die Eigenfrequenz. Läßt man nun f_1 anwachsen, so werden die Amplituden des Federpendels durch Energiezufuhr immer größer.

> **Stimmt die Zwangsfrequenz f_1 mit der Eigenfrequenz f_0 überein, so wächst die Amplitude der erzwungenen Schwingung bei schwacher Dämpfung stark an (Resonanz).**

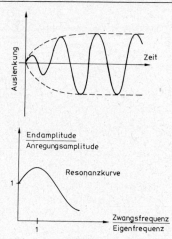

Einschwingvorgang: Anwachsen der Amplitude bei Resonanz

Resonanz bei einem Stabpendel

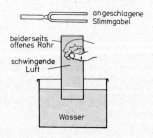

Die Resonanz kann zur Zerstörung des Schwingers führen.

Ohne Dämpfung würde die Amplitude bei Resonanz unendlich groß werden. Die Dämpfung verhindert allzu große Resonanzamplituden. Sie verschiebt auch die Frequenz, bei der die größte Amplitude auftritt, nach etwas kleineren Werten.

Bei einer Kinderschaukel wird die Amplitude der Schwingung immer größer, wenn jeweils in demselben Umkehrpunkt, d. h. in gleichen Zeitabständen, ein Anstoß erfolgt. Auch hier stimmt dann die Eigenfrequenz der Schaukel mit der Zwangsfrequenz der äußeren Kraft überein.

1. Versuch: Wir regen ein Stabpendel (lose gehaltenes Lattenstück) durch hin- und herbewegen des oberen Endes zu Schwingungen an. Dabei vergleichen wir das Verhältnis der Amplituden von oberem Stabende zu unterem Stabende mit dem Verhältnis der Zwangsfrequenz zur Eigenfrequenz.

Ergebnis: Das größte Amplitudenverhältnis tritt auf, wenn die Zwangsfrequenz nahe bei der Eigenfrequenz liegt.

2. Versuch: Nur bei ganz bestimmten Eintauchtiefen, d. h. bestimmten Längen der Luftsäule, wird der Stimmgabelton lauter hörbar. Resonanzfall: Eigenfrequenz der Luftsäule = Stimmgabelfrequenz (Zwangsfrequenz).

Damit ist auch die Herkunft des Wortes Resonanz geklärt (lat. resonare = widerhallen, mittönen).

3. Versuch: Tippt man mit einem Fingernagel an ein Weinglas, so klingt es. Der Ton entspricht genau der Eigenfrequenz. Erzeugt man nun einen genügend lauten Ton dieser Frequenz mit einer geeigneten Schallquelle, so kann das Glas zum Zerspringen gebracht werden.

4.5.4 Bedeutung der Resonanz

Jedes schwingungsfähige Gebilde, ob Maschine, Fahrzeug, Motor, Turbine usw., hat mindestens eine Eigenfrequenz, deren Anregung zu Schwingungen mit möglicherweise gefährlich großer Amplitude führen kann. Drehzahlen, bei denen Resonanz auftritt, heißen kritische Drehzahlen. — Bei bestimmten Drehzahlen zeigen Schleifsteine einen unruhigen Lauf. Stimmen die von einem Automotor erzeugten Schwingungen im Fahrzeug mit der Eigenfrequenz von Türen oder Karosserieteilen überein, so ist ein Klirren und Dröhnen die Folge. Über eine Brücke darf nicht im Gleichschritt marschiert werden, da die Anregung der Eigenfrequenz ungünstigstenfalls zum Einsturz des Bauwerks führen kann.

4.6 Wellen

4.6.1 Wesen und Begriffsbestimmungen

Ein Stein wird ins Wasser geworfen. Zunächst schwingen nur die Wasserteilchen unmittelbar an der Einwurf-stelle. Durch die Zusammenhangskräfte werden die Nachbarteilchen mitgerissen, so daß sich die Schwingungs-bewegung ziemlich rasch ausbreitet und zur Entstehung einer Welle führt. Es bilden sich Wellenberge und -täler aus (d. h. Stellen mit Größtausschlägen nach oben bzw. unten). Die Wasserteilchen schwingen in lot-rechter Richtung auf und ab. Es findet also kein Materialtransport statt. Nur die Schwingungsenergie pflanzt sich fort. Durch Ausbreitung des Schwingungszustandes in Wasser entsteht eine fortschreitende Welle.

> **Wellen entstehen durch das Zusammenwirken zahlreicher schwingender Teilchen. Die einzelnen Punkte führen alle gleichartige Schwingungen aus. Jedoch gehen sie nicht alle gleichzeitig, sondern nacheinander durch die Ruhelage.**

Welle = Schwingung, die sich räumlich ausbreitet

Der **Schwingungszustand** eines Wellenpunktes — auch *Phase* genannt — wird durch die Aus-lenkung aus der Ruhelage gekennzeichnet.

Eine **Wellenfront** wird von dicht beieinanderliegenden Punkten gebildet, die sich zum gleichen Zeitpunkt in gleichem Schwingungszustand befinden. Benachbarte Punkte, die z. B. alle durch die Ruhelage schwingen, bilden eine Wellenfront.

Wellen mit geraden Wellenfronten = gerade Wellen

Wellen mit kreisförmigen Wellenfronten = Kreiswellen (z. B. bei Steinwurf in Wasseroberfläche beobachtbar)

4.6.2 Wellenarten

> **Bei Quer- oder Transversalwellen schwingen die einzelnen Teilchen senkrecht zur Fort-pflanzungsrichtung der Welle.**

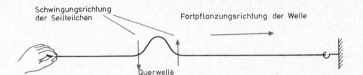

Schwingungsrichtung der Seilteilchen

Fortpflanzungsrichtung der Welle

Querwelle

Die *Seilwelle* entsteht, wenn dem Ende eines leicht gespannten Seiles (oder eines Gummischlau-ches) ein kräftiger Stoß senkrecht zur Seilrichtung erteilt wird. Die Verformung pflanzt sich längs des ganzen Seiles fort.

Wird das Seilende hin- und herbewegt, so sind mehrere Wellenberge der entstehenden Welle beobachtbar.

Bei *Wasserwellen* ist das Auf- und Abschwingen der Wasserteilchen senkrecht zur Fortpflan-zungsrichtung, z. B. an schwimmenden Korken, gut zu beobachten.

Wasserwellen lassen sich in einer Wanne, deren Boden mit Wasser bedeckt ist, mit Hilfe eines nur wenig ein-getauchten, gleichmäßig schwingenden Körpers er-zeugen. Mittels eines Spiegels können die Wellen an der Zimmerdecke beobachtet werden. — Bei einem punktförmigen Erreger entstehen Kreiswellen, bei einem stabförmigen gerade Wellen.

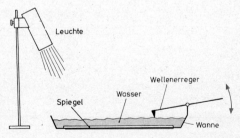

Leuchte

Wellenerreger

Wasser

Spiegel

Wanne

Genauere Untersuchungen zeigen, daß es sich bei Wasserwellen nicht um reine Querwellen handelt. Trotzdem werden wir der großen Anschaulichkeit wegen die Wasserwelle als wichtige Vertreterin der Querwellen noch verschiedentlich erwähnen.

Die *Lichtwellen* sowie allgemein *elektromagnetische Wellen* sind Querwellen (vgl. Abschn. 7.21).

Querwellen führen zur Bildung von Wellenbergen und Wellentälern.

> **Bei Längs- oder Longitudinalwellen fällt die Schwingungsrichtung der Teilchen mit der Ausbreitungsrichtung der Welle zusammen.**

Schraubenfeder

Die *Druck*- bzw. *Längswelle* ist bei der *Schraubenfeder* zu beobachten. Die durch das Zusammendrücken mehrerer Windungen entstandene Verdichtung pflanzt sich beim Loslassen durch die

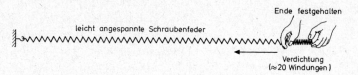

ganze Schraubenfeder fort. *Ursache:* Bei der Wiederausdehnung der verdichteten Stelle werden die benachbarten Windungen zusammengedrückt. Da sich in der Feder ein Druckzustand fortpflanzt, spricht man auch von Druckwelle.

4.6.3 Wellenmaschine

Es gibt verschiedene Wellenmaschinen. Die hier angegebene stammt von E. Mach (1838—1916): Eine Anzahl von Fadenpendeln sind in einer Reihe angeordnet. Die Aufhängung geschieht jeweils an zwei Fäden, damit die Schwingung nur in einer Ebene erfolgen kann. Durch Vorbeischieben eines Holzklotzes mit konstanter Geschwindigkeit werden die Pendel nacheinander zu Schwingungen angestoßen. Nach kurzer Zeit hat sich das Bild einer fortschreitenden Längswelle eingestellt (vgl. Abb.).

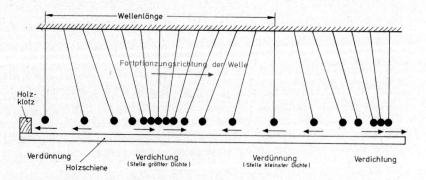

Apparat zur Erzeugung fortschreitender Längswellen

Die unterschiedlichen Höhen der Pendelmassen über der Schiene sind in der Abbildung nicht beachtet. Bei größerer Pendellänge und kleinem Ausschlag wird der Höhenunterschied der Kugeln kaum bemerkt.

4.6.4 Zusammenhang und Auftreten der beiden Wellenarten

Bei Längswellen wechseln Verdichtungen und Verdünnungen miteinander ab.

Jedes einzelne Teilchen führt eine Schwingung aus.

Im Zusammenspiel ergeben sich dann Stellen, an denen sich die Teilchen einander nähern (Verdichtung) oder voneinander entfernen (Verdünnung).

Auch bei Querwellen führt jedes Teilchen eine Schwingung aus. Dreht man die Schwingungsebene aller Pendel um 90° und stößt sie nacheinander an, so ergibt sich das Bild einer Querwelle.

Bei Querwellen ergibt nicht nur das Weg-Zeit-Schaubild (wie bei der Längswelle) eine Sinuslinie, sondern auch die fotografische Momentaufnahme der schwingenden Teilchen.

Während Längswellen in allen Arten von Stoffen (gasförmig, flüssig und fest) auftreten können, sind Querwellen nur in festen Stoffen möglich. Bei einem Erdbeben treten beide Arten auf. Da sich jedoch die Längswellen schneller fortpflanzen, treffen sie zuerst am Beobachtungsort ein (Vorläufer), während die langsameren Querwellen das Hauptbeben bilden. Die Tatsache, daß Längswellen ihren Weg über das Erdinnere nehmen können, läßt auf einen flüssigen Erdkern schließen.

Wasserwellen (d. h. Wellen an der Wasseroberfläche), die wir zu den Querwellen rechnen, stellen eine Ausnahme dar. Unter der Oberfläche, d. h. im Wasserinnern, gibt es wie in jeder Flüssigkeit nur Längswellen.

4.6.5 Wellenlänge und Fortpflanzungsgeschwindigkeit

> **Wellenlänge = Abstand zweier sich in gleichem Schwingungszustand befindender Punkte einer Welle — Formelzeichen λ; griech., sprich „Lambda"**

Der Abstand zweier aufeinanderfolgender Durchgänge durch die Ruhelage ist keine Wellenlänge (nur λ/2), da sich diese beiden Punkte nicht in demselben Schwingungszustand befinden. Der eine Punkt geht nach unten, der andere nach oben.

Wellenlänge bei Querwellen

= Wellenberg + Wellental

= Abstand der höchsten Punkte zweier Wellenberge

= Abstand der tiefsten Punkte zweier Wellentäler

Wellenlänge bei Längswellen

= Verdichtung + Verdünnung

= Abstand der Mitten zweier Verdichtungen

= Abstand der Mitten zweier Verdünnungen

Betrachten wir 9 Punkte, die jeweils um $T/8$ später zur Schwingung angeregt werden, so kann dem x, t-Schaubild (vgl. Seite 171) zu jedem Zeitpunkt die zugehörige Auslenkung entnommen werden. Punkt 0 beginnt als erster zu schwingen. In dem folgenden Bild (S. 178 oben) geben die Pfeile die Bewegungsrichtung an. Sie zeigen, wie die rote Kurve (nach T) aus der schwarzen (nach ¾ T) entstanden ist.

Nach der Zeit T wird ein Teilchen im Abstand λ von der Schwingung erfaßt. Also folgt

$$\text{Geschwindigkeit} = \frac{\text{Weg}}{\text{Zeit}} = \frac{\lambda}{T} \text{ oder mit } f = \frac{1}{T}$$

> **Ausbreitungsgeschwindigkeit einer Welle = Wellenlänge · Frequenz**

$c = \lambda \cdot f$ für Längs- und Querwellen

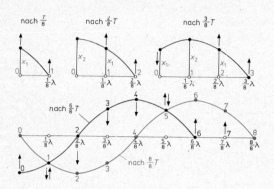

Entstehung einer fortschreitenden Querwelle

Beispiel: Die Fortpflanzungsgeschwindigkeit des Schalls betrage 340 m/s. Wie groß ist dann die Wellenlänge der Schallwelle, die beim Anschlagen einer Stimmgabel mit 440 Hz entsteht?

Lösung: Aus $c = \lambda \cdot f$ folgt $\lambda = \dfrac{c}{f} = \dfrac{340}{440} \dfrac{m \cdot s}{s} = 0{,}773$ m

.4.6.6 Interferenz (= Überlagerung von Wellen)

Überlagern sich zwei Wellen, so findet eine geometrische *Addition* (vgl. Abschn. 1.6.2) der Ausschläge statt, was vergrößerte oder verkleinerte Amplituden zur Folge haben kann.

Zwei fortschreitende Wellen gleicher Wellenlänge können zur völligen Auslöschung führen, falls die Amplituden gleich groß sind.

Wellenberg + Wellenberg = „Verstärkung"

Wellenberg + Wellental = „Schwächung" oder völlige „Auslöschung"

Die Fähigkeit der Interferenz ist eine grundlegende Eigenschaft aller Wellen.

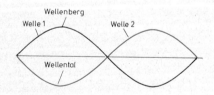

„Auslöschung"

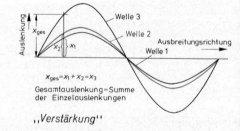

$x_{ges} = x_1 + x_2 = x_3$
Gesamtauslenkung = Summe der Einzelauslenkungen

„Verstärkung"

Läßt man auf eine ruhende Wasseroberfläche an zwei verschiedenen Stellen je ein Steinchen fallen, so entstehen zwei sich kreisförmig ausbreitende Wellen. An schwimmenden Korken ist deutlich zu beobachten, daß es nun Stellen an der Wasseroberfläche gibt, an denen die Wellenberge höher sind (Verstärkung) oder keine Bewegung mehr stattfindet (Auslöschung).

178

4.6.7 Reflexion (= Zurückwerfung von Wellen)

Die *Längswelle* in einer Schraubenfeder (vgl. Abschn. 4.6.2) kann am Federende reflektiert werden. Die *Seilwelle* geht bei der Reflexion an einer festen Wand in einen Ausschlag nach der Gegenseite über (Phasenumkehr).

festes Seilende

Die Reflexion *gerader Wellen* in der Wellenwanne läßt das Reflexionsgesetz

Einfallswinkel = Ausfallswinkel	$\alpha = \beta$

erkennen. Es gilt auch für Lichtstrahlen (vgl. Abschn. 6.1.3).

> *Reflexion* = gesetzmäßige Richtungsänderung einer Welle an einem Hindernis oder an der Begrenzungsfläche des Fortpflanzungsmittels

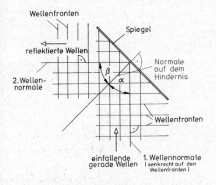

Reflexion gerader Wellen

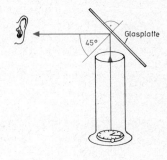

Reflexion von Schall

Das Ticken einer Stoppuhr, die sich am Boden eines Standzylinders befindet, ist besser zu hören, wenn der Schall durch eine Glasplatte reflektiert wird.

Anwendung: Der z. B. von einer Bergwand zurückgeworfene Schall wird als Echo bezeichnet. Aus der Laufzeit des Schalls, d. h. aus der Zeitspanne der Erregung des Schalls bis zum Eintreffen des Echos, kann auf die Entfernung der reflektierenden Wand geschlossen werden. Zur Messung von Meerestiefen wird das Echolot benutzt.

4.6.8 Beugung von Wellen

An Hindernissen und in ihrer Umgebung ändert sich die Ausbreitungsrichtung von Wellen. *Diese für Wellen charakteristische Erscheinung heißt Beugung.* Sie ist besonders auffällig bei Hindernissen, deren Ausmaße mit der Wellenlänge vergleichbar sind. Schallwellen z. B. (λ = 20 m bis 0,02 m) umlaufen entsprechende Hindernisse.

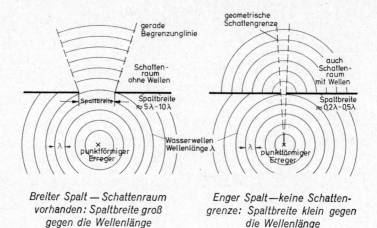

Breiter Spalt — Schattenraum
vorhanden: Spaltbreite groß
gegen die Wellenlänge

Enger Spalt —keine Schattengrenze: Spaltbreite klein gegen
die Wellenlänge

4.6.9 Akustik — Lehre vom Schall

Der Schall pflanzt sich in Form von Längswellen durch die Luft fort.

Sog- und Druckzustände wechseln in gleichbleibenden Abständen miteinander ab. Unser Ohr vermag Schwingungen von Luftteilchen als Schall wahrzunehmen. Wir unterscheiden Töne (harmonische Schwingungen), Klang (Gemisch von mehreren Tönen) und Geräusch (unregelmäßige Schallschwingungen). Die Lautstärke wird durch die Größe der Schwingungsamplitude bestimmt.

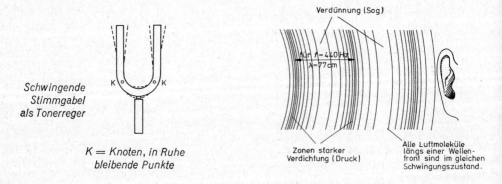

Schwingende Stimmgabel als Tonerreger

K = Knoten, in Ruhe bleibende Punkte

Zum Nachweis der Luftschwingungen: Im luftleeren Raum kann sich der Schall nicht ausbreiten (Versuch mit Klingel unter einer luftleer gepumpten Glasglocke).

Die *Tonhöhe* wird durch die Schallfrequenz bestimmt.

Je mehr Schwingungen in der Sekunde unser Ohr treffen, desto höher ist der Ton. Das menschliche Ohr vermag Schallwellen von 16 Hz bis rund 20000 Hz wahrzunehmen.

Mit Hilfe der Lochsirene (drehbare, durchlöcherte Scheibe) kann ein Ton von 24 Hz erzeugt werden, wenn bei einer Umdrehung pro Sekunde gegen eine Reihe mit 24 Löchern geblasen wird. Dann wird der Luftstrom 24mal unterbrochen. Es entsteht eine Schallwelle mit 24 Druckstößen (Verdichtungen) und 24 Verdünnungen. Bei größerer Drehzahl steigt die Tonhöhe an.

Tonfrequenz der Lochsirene = Lochzahl · Drehzahl je Sekunde

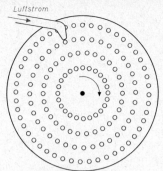

Lochsirene mit den Lochzahlen 24, 30, 36 und 48

Entstehung des Schalls: Zur Erzeugung von Tönen dienen Körper, die in der Lage sind, regelmäßige Schwingungen auszuführen. Die Schwingungsbewegung muß sich auf die Moleküle der umgebenden Luft übertragen und kann sich über den Raum ausbreiten.

Tonerzeuger (Tonerreger)

Die Stimmgabel wird mit einer Zinke kräftig gegen einen Hammerstiel geschlagen. Zum Nachweis der Stimmgabelschwingungen läßt man einige Tropfen Wasser auf den vorderen Teil einer Zinke fallen; sie spritzen weg!

Wird ein beiderseits eingespannter, geeigneter Metalldraht oder eine *Saite* aus einem anderen Werkstoff angezupft bzw. mit dem Geigenbogen angestrichen, so entsteht ein Ton.

Eine höhere Frequenz entsteht durch Verkürzung der Saite oder Erhöhung der Saitenspannung.

Grundton (Grundschwingung)

Oberton (Oberschwingung)

Legt man einen Finger auf die Mitte der Saite, so kann diese nicht im Grundton schwingen. Es bildet sich die Oberschwingung aus (halbe Wellenlänge, doppelte Frequenz).

Auch ohne unser Zutun treten bei fast allen Musikinstrumenten Obertöne mit der doppelten, dreifachen, vierfachen ... usw. Frequenz des angeregten Grundtones auf.

Klang = Grundton + mitschwingende Obertöne

Auf diese Weise entstehen die unterschiedlichen Klangfarben bei den verschiedenen Instrumenten.

Bei der *Lippenpfeife* wird die Luft mittels eines Mundstücks zuerst durch eine Kammer und dann gegen eine Schneide geblasen. Dadurch wird eine ganze Anzahl verschiedener Schwingungen angeregt. Jedoch ist nur der Ton zu hören, der zur Eigenfrequenz der abgegrenzten Luftsäule paßt.

Die Resonanz hat also zur Folge, daß die Tonhöhe einer Pfeife durch die Länge der mitschwingenden Luftsäule und damit durch die Länge der Luftsäule gegeben ist.

181

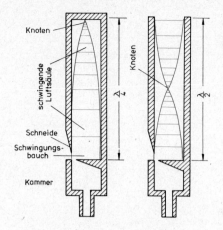

Im Innern der Pfeife bildet sich eine Welle aus, bei der die Punkte mit der Auslenkung = 0 (Knoten) immer an derselben Stelle liegen (stehende Welle). Die größte Auslenkung herrscht im Schwingungsbauch.

Bei der gedeckten Pfeife wird die Frequenz des Grundtones doppelt so hoch wie bei der offenen, da die sich einstellende Wellenlänge nur halb so groß ist.

Die *Schallgeschwindigkeit* beträgt in trockener, ruhender Luft von 0 °C 332 m/s.

Bei höherer Temperatur ist die Schallgeschwindigkeit größer (bei 20 °C) wird $c \approx 340$ m/s). Je Grad Temperaturzunahme steigt die Geschwindigkeit um rund 0,5 m/s.

In Flüssigkeiten und erst recht in Festkörpern ist die Schallgeschwindigkeit größer (Wasser: 1485 m/s, Messing: 3800 m/s, Stahl: 5100 m/s).

Gedeckte und offene Lippenpfeife

Die **Tonleiter** (nach der musikalischen Tonlehre): Unser Gehör empfindet nur dann eine Tonleiter, wie sie in der Musik verwendet wird, wenn die Schwingungszahlen in gesetzmäßiger Weise abgestuft sind. Der Absolutbetrag der Frequenz ist dabei ohne Bedeutung.

Entscheidend ist das Verhältnis der Frequenz zweier Töne zueinander (relative Schwingungszahl = Intervall).

$$\text{Intervall} = \frac{\text{höhere Schwingungszahl}}{\text{niedere Schwingungszahl}}$$

Schwingungszahl der Dur-Tonleiter (8 Töne)

Lochzahl = Frequenz in Hz bei 1 Umdrehung/s	24	27	30	32	36	40	45	48
Frequenz in Hz bei n Umdrehungen/s	$n \cdot 24$	$n \cdot 27$	$n \cdot 30$	$n \cdot 32$	$n \cdot 36$	$n \cdot 40$	$n \cdot 45$	$n \cdot 48$
Bezeichnung des Tones	c	d	e	f	g	a	h	c' (c¹)
Name des Tones	Prime (Prim)	Sekunde	Terz	Quarte	Quinte	Sexte	Septime	Oktave
Intervall = Frequenzverhältnis zum Grundton	$\frac{27}{24} = \frac{9}{8}$		$\frac{30}{24} = \frac{5}{4}$	$\frac{4}{3}$	$\frac{3}{2}$	$\frac{5}{3}$	$\frac{15}{8}$	$\frac{2}{1}$

Bei beliebigen Drehzahlen der hier benutzten Lochsirene ergeben sich stets Dur-Tonleitern, da die Zahl der Umdrehungen je Sekunde bei der Bildung des Verhältnisses (zum Grundton) herausfällt.

Als Normalton, auf den alle Tonhöhen bezogen werden, wurde der Kammerton a' mit 440 Hz eingeführt.

Das Frequenzverhältnis von Oktave zu Grundton (Prime) ist mit 2 : 1 besonders einfach. Die Oktave hat also die doppelte Schwingungszahl wie der Grundton. Der Zusammenklang dieser beiden Töne wird als besonders angenehm empfunden.

182

5. Wärmelehre

5.1 Wirkungen der Wärme

Der Begriff Temperatur[1]) kennzeichnet den Zustand der Wärme. Alle Körper ändern unter dem Einfluß der Wärme ihre Eigenschaften. Es gibt zahlreiche Wirkungen der Wärme.

5.1.1 Ausdehnung

> Alle Körper dehnen sich bei Erwärmung aus, gleichgültig, ob sie fest, flüssig oder gasförmig sind. Bei Abkühlung ziehen sie sich zusammen.

Ausdehnung eines Gases

 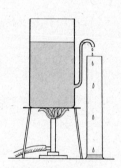 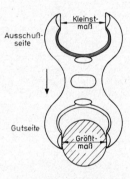

Es genügt schon Handwärme, um das Aufsteigen von Luftblasen infolge der Ausdehnung beobachten zu können

Ausdehnung einer Flüssigkeit (Wasser)

Maßhaltiges Werkstück: Gutseite der Grenzrachenlehre geht herüber

Ausdehnung eines festen Körpers

Bei der Bezugstemperatur von 20 °C läßt sich die Gutseite der Grenzrachenlehre (durch ihr Eigengewicht) über die zu messende Welle schieben. Das Werkstück ist maßhaltig. Es genügt eine geringe Erwärmung der Welle (Handwärme), und die Gutseite geht nicht mehr über die Welle, da der Durchmesser größer geworden ist.

Die Grenzrachenlehre erlaubt in der Massenfertigung sehr rasch die Kontrolle, ob der Durchmesser gefertigter Werkstücke zwischen zwei zulässigen Grenzen (Größtmaß und Kleinstmaß) liegt. Geht die Seite mit dem Größtmaß nicht über die Welle, so ist diese zu dick. Sie ist jedoch kein Ausschuß, da man sie nacharbeiten kann; daher Gutseite. Geht die Seite mit dem Kleinstmaß über die Welle, so ist diese zu dünn und gehört zum Ausschuß; daher Ausschußseite. Die Gutseite muß sich leicht über die zu messende Welle schieben lassen, die Ausschußseite dagegen gar nicht.

---

[1]) griech. thermos = warm

5.1.2 Farbänderungen

Glühfarben: Alle Körper senden bei Erwärmung auf etwa 600 °C Licht aus. Zum Beispiel glüht Stahl dunkelrot bei 650...700 °C und hellrot bis 750...900 °C. Weißglut tritt bei 1300...1500 °C auf.

Anlaßfarben: Sie sind z. B. an Auspuffrohren von Motorrädern zu beobachten. Entstehung: Auf Metalloberflächen bilden sich dünne, durchsichtige Oxidschichten unterschiedlicher Dicke. Sie sind den Farben von Ölflecken auf Wasser ähnlich. Bei Erwärmung von Stahl auf 290...330 °C bildet sich z. B. eine blaue Anlaßfarbe. Anlaßfarben treten nur an der Oberfläche auf (mit Messer abkratzbar), im Gegensatz zu den Glühfarben. Anlaßfarben gibt es zwischen 220 °C und 400 °C.

Temperaturumschlagfarben: Stoffe bestimmter chemischer Zusammensetzung ändern nach Erreichen einer gewissen Temperatur ihre Farbe. So schlägt z. B. eine Silber-Quecksilber-Jodverbindung bei 35 °C von Gelb nach Rot um. Bei Temperaturrückgang stellt sich wieder Gelb ein. Es gibt jedoch auch Umschlagfarben von Dauer, d. h. ohne Farbänderung bei Abkühlung.

Die Erscheinung der Umschlagfarben dient z. B. zur Temperaturkontrolle von Trockenöfen oder bei Motoren. Umschlagfarben umfassen den Temperaturbereich von etwa 50 °C bis fast 700 °C.

Weitere Wirkungen der Wärme werden in den Abschnitten 5.7 und 7. behandelt.

5.2 Temperatur-Maßeinheit und Quecksilberthermometer

5.2.1 Fixpunkte der Temperaturskala

> Zur Messung der Temperatur kann grundsätzlich jede von der Wärme herrührende Eigenschaftsänderung eines Stoffes ausgenutzt werden.

Ein in Wissenschaft und Technik sehr häufig benutztes Gerät zur Temperaturmessung ist das Quecksilberthermometer. Es beruht auf der sehr gleichmäßigen und verhältnismäßig raschen Ausdehnung des Quecksilbers bei Temperaturerhöhung bzw. seiner Zusammenziehung bei Temperaturrückgang. In einer engen Glasröhre oder Kapillare[1]) bleibt die Thermometerflüssigkeit sichtbar und kann demzufolge beobachtet werden. Eine bestimmte Länge des Quecksilberfadens entspricht einer bestimmten Temperatur.

Das chemische Zeichen für Quecksilber ist Hg; wo es im folgenden auftritt, bedeutet also Hg stets Quecksilber[2]).

Eichen bedeutet: Die Temperatur, die bei einer bestimmten Stellung des Hg-Spiegels herrscht, auf oder neben die Glasröhre schreiben[3]).

Man braucht diese Eichung nicht für jede Temperatur vorzunehmen. Es genügen im unteren Temperaturbereich für die technische Praxis zwei Eichpunkte. Die anderen Temperaturgrade erhält man dann durch gleichmäßige Unterteilung.

> *Die Festlegung der Eichpunkte* (Fundamental- oder Fixpunkte)
>
> Das Thermometer wird von Eis oder schmelzendem Schnee umgeben. Die Stelle, bis zu welcher der Hg-Faden reicht, wird gekennzeichnet. Damit ist der *Gefrierpunkt* oder Eispunkt festgelegt.
>
> Zur Ermittlung des *Siedepunktes* wird das Meßgerät von den Dämpfen siedenden Wassers umspült.

---

[1]) enge Glasröhre = Kapillare oder Haarröhre von lat. capillus = Haar

[2]) Quecksilber von griech. hydrargyrum = Wassersilber

[3]) besser: kalibrieren (von Kaliber = Meßwerkzeug); das Recht zu „eichen", d. h. ein Meßwerkzeug mit einem Eichschein zu versehen, hat nur die Eichbehörde

5.2.2 Die Temperaturskala nach Celsius

> Der Abstand vom Gefrierpunkt bis zum Siedepunkt wird nach dem Schweden Celsius (1742) in 100 gleiche Teile oder Grade[1]) eingeteilt.

5.2.3 Die Temperaturskala nach Fahrenheit[2])

Fahrenheit[3]), der Erfinder des Hg-Thermometers, legte andere Fixpunkte fest (vgl. Abb.). Den Nullpunkt der Zählung bildet die Temperatur einer Kältemischung (Mischung von Eis + Wasser + festem Salmiak). Der Abstand Eispunkt—Siedepunkt wird in 180 Grade unterteilt.

Kältemischungen ergeben je nach Art und Menge des verwendeten Salzes Temperaturen bis —50 °C.

Die Fahrenheitskala ist in den USA, England und einigen englisch sprechenden Ländern noch in Gebrauch.

Im folgenden sollen Temperaturunterschiede in K („Kelvin" — s. u.) bezeichnet werden.

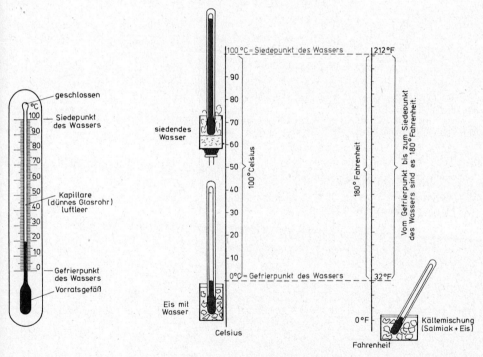

Fixpunkte der Temperaturskala nach Celsius und nach Fahrenheit

---

[1]) Von lat. gradus = Schritt

[2]) Diese Skala ist künftig nicht mehr zugelassen

[3]) Daniel Gabriel Fahrenheit; Danziger Glasbläser, 1686—1736, verwendete erstmals eine mit Fixpunkten versehene Thermometerskala

Die Umrechnung der Fahrenheitskala in die Celsiusskala und umgekehrt erfolgt am besten nach der untenstehenden Umrechnungsskala.

100 Celsiusgrade entsprechen 180 Fahrenheitgraden. Man fragt: Um wieviel Grade (Fahrenheit bzw. Celsius) liegt die betreffende Temperatur über bzw. unter dem Eispunkt?

Dann rechnet man in die der anderen Skala entsprechende Anzahl von Graden um und trägt den Wert sinngemäß vom Eispunkt her ab.

1. Beispiel: Ein Kranker hat 39 °C „Fieber"; wieviel Grad Fahrenheit sind das?

Lösung: 39 Celsiusgrade entsprechen $\frac{180}{100} \cdot 39 = 70,2$ Fahrenheitgraden über dem Eispunkt; da der Eispunkt der Fahrenheitskala bei 32 °F liegt, heißt das Ergebnis: 102,2 °F.

2. Beispiel: Eine Kältemischung habe 0 °F; welche Temperatur ist auf der Celsiusskala abzulesen?

Lösung: 32 Fahrenheitgrade entsprechen $\frac{100}{180} \cdot 32 = 17,8$ Celsiusgraden. Da der Eispunkt der Celsiusskala bei 0 °C liegt, heißt das Ergebnis: minus 17,8 °C.

Umrechnungsskala:

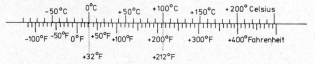

Regel: °C nach °F: Den Zahlenwert der Celsiusskala mit 1,8 multiplizieren und 32 hinzuzählen.

°F nach °C: Vom Zahlenwert der Fahrenheitskala 32 abziehen, das Ergebnis durch 1,8 teilen.

Fahrenheit glaubte im Winter 1709 die tiefste Temperatur gemessen zu haben.

Die tiefste denkbare Temperatur liegt jedoch bei −273 °C (s. 5.6.2).

Das beachtliche Absinken der Temperatur bei einer Kältemischung rührt daher, daß Energie in Form von Wärme verbraucht wird, um die Moleküle des Salzes in frei bewegliche Ionen überführen zu können (vgl. Abschn. 7.9.2). Bei der Ionenbildung muß Arbeit gegen die elektrischen Anziehungskräfte verrichtet werden. Außerdem schmilzt Eis, wobei die benötigte Schmelzwärme der Umgebung entzogen wird (vgl. Abschn. 5.15).

5.3 Die Wärmeausdehnung von festen Körpern

5.3.1 Die Längenausdehnungsformel

Ist l_0 die Ausgangslänge bei 0 °C, so zeigt die Erfahrung, daß die Verlängerung Δl mit l_0 und der Temperaturerhöhung $\Delta\vartheta$ zunimmt.

$\Delta l \sim l_0$ (bei gleichbleibender Temperaturerhöhung)

$\Delta l \sim \Delta\vartheta$ (bei gleichbleibender Ausgangslänge)

Also $\Delta l \sim l_0 \cdot \Delta\vartheta$

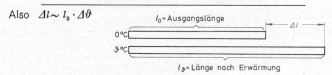

Mit dem Proportionalitätsfaktor α gilt somit

Verlängerung = Wärmedehnzahl · Temperaturerhöhung · Länge bei 0 °C

$$\Delta l = \alpha \cdot \Delta\vartheta \cdot l_0 \qquad [1]$$

Δl = Verlängerung = Unterschied der Längen vor und nach der Erwärmung; l_0 = Länge bei 0 °C.

Die Größe α heißt Wärmedehnzahl, genauer lineare Wärmedehnzahl, da es sich nur um die Ausdehnung in einer Richtung handelt. Die Wärmedehnzahl α beschreibt die Eigenschaft der Wärmedehnung. Der Wert von α ist von Stoff zu Stoff verschieden.

Maßbenennung von α: Aus $\Delta l = l_0 \cdot \alpha \Delta \vartheta$ folgt

$$\alpha = \frac{\Delta l}{l_0 \cdot \Delta \vartheta} \quad \frac{m}{m \cdot K}$$

Die Einheit von α ist damit $\frac{1}{K}$

Bedeutung von α: Setzen wir in $\Delta l = l_0 \cdot \alpha \cdot \Delta \vartheta$ $l_0 = 1$ m und $\Delta \vartheta = 1$ K, so folgt $\Delta l = \alpha$, d. h.

die Wärmedehnzahl α gibt uns zahlenmäßig an, um wieviel m sich ein bei 0 °C 1 m langer Stab bei Erwärmung um 1 K verlängert.

Zahlenbeispiel: Die Wärmedehnzahl (Ausdehnungszahl) von Messing beträgt $\alpha = 18,5 \cdot 10^{-6} \frac{1}{K}$.

Die Verlängerung eines 1 m langen Stabes bei Erwärmung um 1 K beträgt

$$\Delta l = l_0 \cdot \alpha \Delta \vartheta = 1 \text{ m} \cdot \frac{18,5 \cdot 10^{-6}}{K} \cdot 1 \text{ K} = 18,5 \cdot 10^{-6} \text{ m}$$

Mathematische Anmerkung

In der Wärmelehre erweist sich bei Berechnungen die Anwendung der einfachen Potenzrechengesetze vielfach von sehr großem Nutzen. Eine kurze Einführung ist daher hier zu empfehlen. Sehr kleine Zahlen lassen sich als Zehnerpotenzen erheblich einfacher darstellen: $0,000012 = 12 \cdot 10^{-6} = 1,2 \cdot 10^{-5}$. Weiter ist zu beachten:

$$0,001 = \frac{1}{1000} = \frac{1}{10^3} = 10^{-3} \text{ bzw. allgemein } \frac{1}{10^n} = 10^{-n}; \ 10^m \cdot 10^n = 10^{m+n} \quad \frac{10^m}{10^n} = 10^{m-n}$$

Umformung: Aus $\Delta l = l_\vartheta - l_0$ folgt

$$l_\vartheta = l_0 + \Delta l = l_0 + l_0 \alpha \Delta \vartheta \text{ oder}$$

$$\boxed{l_\vartheta = l_0 (1 + \alpha \Delta \vartheta)} \qquad [2]$$

l_ϑ = Länge nach Erwärmung

l_0 = Länge bei 0 °C

$\Delta \vartheta$ = Temperaturerhöhung

Aufgabe: Ein Kupferstab hat bei 0 °C eine Länge von 4,0 m. Die Ausdehnungszahl des Kupfers beträgt $\alpha = 0,0000165 \cdot \frac{1}{K} = 1,65 \cdot 10^{-5} \cdot \frac{1}{K}$. Welche Verlängerung tritt bei Erwärmung auf 90 °C ein? Wie groß ist die Länge nachher?

Lösung: $\Delta \vartheta = l_0 \cdot \alpha \Delta \vartheta = 4000 \cdot 0,0000165 \cdot 90 \text{ mm} \cdot \frac{1}{K} \cdot K = 5,9 \text{ mm}$

Gesamtlänge nach Erwärmung $l_\vartheta = l_0 + \Delta l = 4005,9 \text{ mm}$

5.3.2 Eine wichtige Näherung zur Ausdehnungsformel

Hat der Ausdehnungsstab zu Beginn der Erwärmung nicht eine Temperatur von 0 °C, sondern die Temperatur ϑ_1, so liefert [1] nicht sofort die Verlängerung, da ja l_0 nicht bekannt ist. l_0 ist zunächst aus [2] zu berechnen

$$l_0 = \frac{l_1}{1 + \alpha \Delta \vartheta} = \frac{l_1}{1 + \alpha \vartheta_1}, \text{ da } \Delta \vartheta = \vartheta_1 - 0° = \vartheta_1$$

Damit folgt für die Verlängerung

$$\Delta l = l_0 \alpha \Delta \vartheta = \frac{l_1}{1 + \alpha \vartheta_1} \cdot \alpha \Delta \vartheta, \text{ mit } \Delta \vartheta = \vartheta_2 - \vartheta_1 \; (\vartheta_2 > \vartheta_1)$$

Unter Benutzung der für kleine Werte von x gültigen Näherungsformel $\dfrac{1}{1 + x} = 1 - x$ wird

$$\Delta l = l_1 (1 - \alpha \vartheta_1) \cdot \alpha \Delta \vartheta$$
$$= l_1 \alpha \Delta \vartheta - l_1 \alpha^2 \vartheta_1 \Delta \vartheta \approx 0$$

Man überzeugt sich leicht von der Richtigkeit dieser Näherungsformel, wenn man über Kreuz multipliziert. Dann erhält man $(1 + x)(1 - x) = 1 - x^2$. Nimmt man an, x sei ein Tausendstel, so wird x^2 1 Millionstel. x^2 kann also gegen 1 ohne Bedenken gestrichen werden.

Da α schon sehr klein ist (Größenordnung Millionstel $= 10^{-6}$), wird α^2 noch viel kleiner (Größenordnung Billionstel $= 10^{-12}$). Somit gilt in sehr guter Näherung

$l_1 =$ Stablänge bei ϑ_1 °C

$l_2 =$ Stablänge bei ϑ_2 °C

$\Delta_\vartheta = \vartheta_2 - \vartheta_1 \quad \Delta l = l_2 - l_1$

$$\Delta l = l_1 \cdot \alpha \cdot \Delta \vartheta \quad \text{und}$$
$$l_2 = l_1 + \Delta l = l_1 (1 + \alpha \Delta \vartheta)$$

Die Endlänge l_2 (bei ϑ_2 °C) ist aus der Ausgangslänge l_1 (bei ϑ_1 °C) zu berechnen, wenn α und die Temperaturerhöhung $\Delta \vartheta$ bekannt sind. Die Kenntnis der Länge l_0 bei 0 °C ist also nicht notwendig.

1. Beispiel:

Eine Stahlschiene hat bei Zimmertemperatur ($\vartheta_1 = 20$ °C) eine Länge von 2,40 m. Welche Verlängerung tritt ein, wenn eine Erwärmung auf $\vartheta_2 = 95$ °C erfolgt

$$\left(\alpha_{Stahl} = 0,000012 \; 1/K = 1,2 \cdot 10^{-5} \cdot \frac{1}{K} \right)?$$

Lösung: $\Delta l = l_1 \alpha (\vartheta_2 - \vartheta_1) = 2400 \cdot 0,000012 \cdot 75 \text{ mm} \cdot \dfrac{1}{K} \cdot K$

$= 2,4 \cdot 10^3 \cdot 12 \cdot 10^{-6} \cdot 7,5 \cdot 10^1 \text{ mm} = 2,2 \text{ mm}$

Es ist zweckmäßig, l_1 in mm einzusetzen, da das Ergebnis in dieser Größenordnung zu erwarten ist.

2. Beispiel:

Bei einer Temperatur von $+15$ °C werden 30 m lange Eisenbahnschienen verlegt. Wie groß muß man den Zwischenraum zwischen den einzelnen Schienen (Stoßfugen) machen, damit bis zu einer Temperatur von 50 °C eine freie Ausdehnung erfolgen kann $\left(\alpha = 12,3 \cdot 10^{-6} \dfrac{1}{K} \right)?$

Stoßfuge

in Ruhe bleibend $\quad \dfrac{l_1}{2} \quad \dfrac{\Delta l}{2} \quad$ in Ruhe bleibend

Lösung:

Denkt man sich die Schienenmitten festgehalten, womit diese bei der Ausdehnung in Ruhe bleiben, so darf sich jeweils eine halbe Schienenlänge um den Betrag einer halben Stoßfuge verlängern. Die Stoßfuge muß also gleich groß gemacht werden wie die zu erwartende Verlängerung einer ganzen Schienenlänge.

$$\Delta l = l_1 \cdot \alpha (\vartheta_2 - \vartheta_1) = 30 \cdot 10^3 \cdot 12,3 \cdot 10^{-6} \cdot 35 \text{ mm} \frac{1}{K} \cdot K = 12,9 \text{ mm}$$

188

Zwei Anmerkungen zur Ausdehnungsformel

1) Im Falle einer Temperaturverringergung $\Delta\vartheta$ tritt in der Formel für die Endlänge l_2 ein Minuszeichen auf $l_2 = l_1(1 - \alpha\,\Delta\vartheta)$.

2) Wir rechnen hier und im folgenden immer mit einer konstanten Wärmedehnzahl. Genaugenommen ist α nicht konstant.

Beispiel: Erwärmt man Stahl ($l_0 = 1$ m) von 0 °C auf 100 °C, so dehnt er sich um 1,2 mm. Bei Erwärmung auf 200 °C beträgt die Verlängerung 2,51 mm (statt 2,4 mm). Bei Erwärmung auf 300 °C beträgt sie 3,92 mm (statt 3,6 mm).

α stellt stets einen Mittelwert über einen bestimmten Temperaturbereich dar.

5.3.3 Durchmesseränderung

Hohlzylinder

Bei der Abwicklung beträgt die Verlängerung der Länge u_1 bei Erwärmung um $\Delta\vartheta$ K

$$\Delta u = u_2 - u_1 = u_1 \cdot \alpha \cdot \Delta\vartheta$$

Aufgrund der immer gültigen Beziehung zwischen Umfang und Durchmesser eines Kreises ist auch zu schreiben

$$d_2\pi - d_1\pi = d_1 \cdot \pi\,\alpha\Delta\vartheta$$

Damit folgt für die Durchmesseränderung

$$\boxed{\Delta d = d_2 - d_1 = d_1 \cdot \alpha \cdot \Delta\vartheta}$$

$u_1 =$ Umfang vor der Erwärmung

$d_1 =$ Durchmesser vor Erwärmung $d_2 =$ Durchmesser nach Erwärmung

---

Der Durchmesser eines Hohlzylinders vergrößert sich bei Temperaturerhöhung genauso, als wenn ein gerader Stab von der Länge des Durchmessers und aus demselben Werkstoff erwärmt würde.

Beispiel: Ein Kupferrohr hat bei 90 °C einen Durchmesser von 24,2 cm. Welchen Durchmesser hat es bei 20 °C $\left(\alpha = 16,5 \cdot 10^{-6}\,\dfrac{1}{K}\right)$?

Lösung: $d_2 = d_1 - \Delta d$

$$\Delta d = d_1\,\alpha\Delta\vartheta = 242 \text{ mm} \cdot 16,5 \cdot 10^{-6}\,\frac{1}{K} \cdot 70 \text{ K} = 0,28 \text{ mm}$$

Somit wird $d_2 = 242$ mm $- 0,3$ mm $= 241,7$ mm

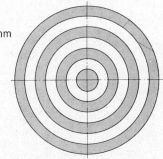

Vollzylinder

Für einen massiven Metallzylinder (Vollzylinder) gilt genau dasselbe wie beim Hohlzylinder.

Grund: Einen Vollzylinder kann man sich aus einer größeren Anzahl ineinandergeschachtelter Hohlzylinder unterschiedlicher Durchmesser vorstellen.

Verallgemeinerung

Ein Hohlkörper dehnt sich bei Erwärmung so aus, als ob der gesamte Hohlraum mit dem Werkstoff ausgefüllt wäre, aus dem die Wandung besteht.

5.3.4 Durchmesseränderung im Versuch

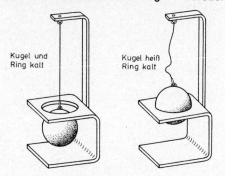

Kugel und
Ring kalt

Kugel heiß
Ring kalt

In kaltem Zustand geht die Metallkugel streifend durch den Ring. Die erwärmte Kugel bleibt im kalten Ring hängen (Durchmesservergrößerung). Der erwärmte Ring läßt die kalte Kugel bequem durch (Vergrößerung der Öffnung).

Faßt man den Umfang der kreisförmigen Bohrung als Länge auf, die sich bei Erwärmung ausdehnt, so ist verständlich, warum die Öffnung größer wird (und nicht etwa kleiner!).

5.3.5 Flächenvergrößerung durch Erwärmung

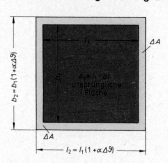

Bei der Temperatur ϑ_1 ist die Fläche $A_1 = l_1 b_1$

Nach Erwärmung auf ϑ_2 wird

$$A_2 = l_2 b_2 = l_1 b_1 (1 + \alpha \Delta\vartheta)^2 = l_1 b_1 (1 + 2\alpha\Delta\vartheta + \overset{\approx 0}{\alpha^2 \Delta\vartheta^2})$$

$$A_2 = A_1 (1 + 2\alpha \Delta\vartheta) = A_1 + \Delta A$$

> Vergrößerung der Fläche = Ausgangsfläche · doppelte lineare Ausdehnungszahl · Temperaturerhöhung

$$\boxed{\Delta A = A_1\, 2\alpha\, \Delta\vartheta}$$

Beispiel: Ein Schaufenster hat bei −10 °C die Abmessungen 2 m · 3 m. Um wieviel cm² ändert sich seine Fläche, wenn es einer Temperatur von +30 °C ausgesetzt wird $\left(\alpha_{Glas} = 8 \cdot 10^{-6}\,\dfrac{1}{K}\right)$?

Lösung: $\Delta A = A_1 \cdot 2\alpha \cdot \Delta\vartheta = 200\ \text{cm} \cdot 300\ \text{cm} \cdot 2 \cdot 8 \cdot 10^{-6}\,\dfrac{1}{K} \cdot 40\ \text{K} = 38{,}4\ \text{cm}^2$

5.3.6 Volumenvergrößerung durch Erwärmung

Ein Würfel hat bei der Temperatur ϑ_1 die Kantenlänge l_1 und das Volumen $V_1 = l_1^3$

Bei der Temperatur ϑ_2 beträgt die Kantenlänge $l_2 = l_1(1 + \alpha \Delta\vartheta)$ und das Volumen

$$V_2 = l_2^3 = V_1 + \Delta V = l_1^3 (1 + \alpha \Delta\vartheta)^3 = V_1(1 + 3\alpha \Delta\vartheta + 3 \cdot \overset{\approx 0}{\alpha^2 \Delta\vartheta^2} + \overset{\approx 0}{\alpha^3 \Delta\vartheta^3}) = v_1 + v_1 \cdot 3\alpha \Delta\vartheta$$

$$\boxed{\beta = 3\alpha = \text{räumliche Wärmedehnzahl}} \qquad \boxed{\Delta V = V_1 \beta \Delta\vartheta}$$

> Volumvergrößerung = Ausgangsvolumen · räumliche Wärmedehnzahl · Temperaturerhöhung

> räumliche Wärmedehnzahl = 3mal lineare Wärmedehnzahl

Beispiel:

Ein Körper aus Flußstahl hat bei 720 °C eine Raumerfüllung von 1 dm³. Wie groß ist die Volumverkleinerung bei Abkühlung auf Zimmertemperatur (20 °C)? Wie groß ist die Verkürzung der Kantenlänge, wenn der Körper von würfelförmiger Gestalt ist? Die mittlere Ausdehnungszahl für

den Temperaturbereich von 0 bis 700 °C beträgt $\alpha = 15{,}2 \cdot 10^{-6}\,\dfrac{1}{K}$. $\left(\text{Im Bereich bis 100 °C rech-}\right.$

net man nur mit $\alpha = 12 \cdot 10^{-6}\,\dfrac{1}{K}\Big)$.

Lösung:

$$\beta = 3\alpha = 45{,}6 \cdot 10^{-6}\,\frac{1}{K}$$

$$\Delta V = V_1 \cdot \beta \cdot \Delta\vartheta = 1000\ cm^3 \cdot 45{,}6 \cdot 10^{-6}\,\frac{1}{K} \cdot 700\ K = 31{,}92\ cm^3$$

$$\Delta l = l_1 \cdot \alpha\,\Delta\vartheta = 100\ mm \cdot 15{,}2 \cdot 10^{-6}\,\frac{1}{K} \cdot 700\ K = 1{,}06\ mm$$

5.3.7 Die Bestimmung der Längenausdehnungszahl α durch den Versuch

Ein an einer Seite starr eingespanntes hohles Metallrohr liegt auf einer drehbaren Rolle auf, die mit einem Zeiger verbunden ist. Leitet man Dampf durch das Rohr, so ist infolge der damit verbundenen Ausdehnung am Zeiger ein Ausschlag festzustellen.

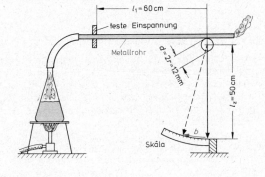

Zugrunde liegende Formel:

$$\Delta l = l_1 \cdot \alpha\,\Delta\vartheta \quad [1]$$

Aus der Figur folgt

$$\frac{\Delta l}{b} = \frac{r}{l_z} \qquad \Delta l = \frac{r \cdot b}{l_z} \quad [2]$$

Da das Rohr sich auf der Rolle liegend ausdehnte, entspricht die Verlängerung Δl unmittelbar dem gleich langen Bogen vom Halbmesser r.

Durch Gleichsetzen der Werte für Δl aus [1] und [2]

folgt

$$\alpha = \frac{r \cdot b}{l_1 \cdot l_z \cdot \Delta\vartheta}$$

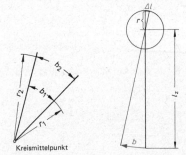

Dabei fand der Satz Anwendung, daß sich bei gleichen Winkeln die Bogen wie die zugehörigen Halbmesser verhalten, d. h. $b_1 : b_2 = r_1 : r_2$.

Begründung: Ist der Bogen jeweils der n-te Teil des Umfangs, so gilt $b_1 = U_1/n = 2\pi\,r_1/n$ und $b_2 = U_2/n = 2\pi\,r_2/n$. Hieraus folgt

$$\frac{b_1}{b_2} = \frac{2\pi\,r_1}{n}\,\frac{n}{2\pi\,r_2} = \frac{r_1}{r_2}$$

Zahlenbeispiel

Zimmertemperatur $\vartheta_1 = 20\,°C$ (Anfangstemperatur)

Dampftemperatur $\vartheta_2 = 100\,°C$ (Endtemperatur)

Temperaturunterschied $\Delta\vartheta = \vartheta_2 - \vartheta_1 = 80\,K$

Benutzt man zur Durchführung des Versuchs ein Kupferrohr, so ergibt sich der Zeigerausschlag $b = 6,6$ cm.

Mit den Werten $l_1 = 60$ cm, $l_z = 50$ cm und $r = 6$ mm wird damit

$$\alpha_{Cu} = \frac{6\ mm \cdot 66\ mm}{600\ mm \cdot 500\ mm \cdot 80\ K} = 16,5 \cdot 10^{-6}\ \frac{1}{K}$$

5.4 Wärmeausdehnung in der technischen Praxis

5.4.1 Kräfte

Wird ein Körper an der Ausdehnung oder Zusammenziehung gehindert, so treten beachtliche Kräfte auf.

Versuch: Ein sich bei Abkühlung zusammenziehender Eisenstab kann zum Bruch eines Grauguß-bolzens führen (,,Bolzensprenger'').

5.4.2 Berücksichtigung der Wärmedehnung

Um Zerstörungen von Bauteilen zu verhindern, ist es bei zahlreichen Konstruktionen der verschiedensten Arten notwendig, bei Temperaturschwankungen auftretende Längen- oder Volumänderungen zu berücksichtigen. Zur Aufnahme der Wärmedehnung erhalten Brücken aus Stahl ein bewegliches Lager. Bei Öl-, Gas- oder Dampfleitungen sorgen U-förmig ausgeführte Krümmungen dafür, daß Temperaturschwankungen zu keinen Schäden führen. *Sonstige Beispiele:* Stoßfugen bei Eisenbahnschienen, Fugen bei Betonböden, Betonwegen und bei Bauwerken.

Neuerdings werden Eisenbahnschienen auf größere Längen, die viele Kilometer betragen können, zusammengeschweißt. Die Lücken zwischen den aneinanderstoßenden Schienen, die sogenannten Schienenstöße, die bei Temperaturerhöhung eine freie Ausdehnung erlauben, entfallen damit (ruhigerer Lauf).

Um zu verhindern, daß bei Erwärmung Gleisverwerfungen auftreten oder gar ein Ausknicken erfolgt oder bei zu starker Zusammenziehung das Gleis zerreißt, müssen die zusammengeschweißten Schienen auf gut eingebetteten Schwellen besonders starr befestigt werden. Durch eine entsprechende Befestigung wird also verhindert, daß sich die eigentlich zur Temperaturerhöhung gehörige Dehnung einstellt. Statt dessen treten Kräfte auf, die aufgenommen werden müssen.

Werden die ebenfalls zusammengeschweißten Schienen der Straßenbahn bei Bauarbeiten freigelegt, so können im Sommer oft starke Gleisverwerfungen beobachtet werden.

5.4.3 Ausnutzung der Wärmedehnung

Die Wärmedehnung kann zur Verbindung zweier Teile genutzt werden.

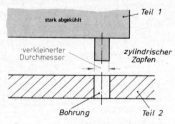

Herstellung einer Preßverbindung

Ein in stark abgekühltem Zustand (z. B. in flüssiger Luft bei —190 °C) in die Bohrung eingeführter Zapfen dehnt sich nach Wiedereinstellung der normalen Temperatur aus, was zu einer Preßverbindung führt.

Zur Befestigung eines Eisenreifens auf einem Holzrad (Aufschrumpfen) wird der Reifen stark erwärmt und dann aufgebracht. Nach der Abkühlung entsteht ein Schrumpfdruck, der den Reifen festhält. Dasselbe Verfahren wird bei Eisenbahn- und Straßenbahnrädern angewendet.

Etwa gleiche Ausdehnungszahlen bei Stahl und Beton $\left(\alpha \approx 9 \cdot 10^{-6} \dfrac{1}{K}\right)$ erlauben die Verwendung von Stahlbeton.

Um den luftleeren Raum in Glühlampen, Fernsehröhren und anderen Geräten dauernd erhalten zu können, müssen die Zuführungsdrähte beim Eintritt in den Glaskolben und das verwendete Glas dieselbe Ausdehnungszahl besitzen. Platin sowie Speziallegierungen (z. B. Eisen mit 50% Nickel) erfüllen diese Forderung.

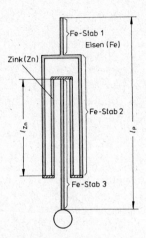

Die Verschiedenheit der Ausdehnungszahlen hat aber auch zahlreiche unerwünschte Folgen: Abspringen von Emaille bei Kochtöpfen, Rissigwerden der Glasur bei Steinguttöpfen und Kachelöfen, Abspringen von Lack und Farbe bei Anstrichen auf Holzunterlage.

Unterschiedliche Ausdehnungszahlen werden beim *Kompensationspendel* zur Erreichung einer stets gleichbleibenden Pendellänge l_P (unabhängig von der Temperatur) ausgenützt: Die Länge des Zinkstabes l_{Zn} muß so bemessen werden, daß bei Temperaturerhöhung die Aufwärtsbewegung der Pendellinse durch die Ausdehnung des Zinks gleich groß ist wie die Abwärtsbewegung durch die Verlängerung der drei Eisenstäbe.

Bedingung für $l_P = $ const. trotz Temperaturschwankungen
$(l_P + l_{Zn}) \alpha_{Fe} \, \Delta\vartheta = l_{Zn} \, \alpha_{Zn} \, \Delta\vartheta$

Mit $l_P = 50$ cm, $\alpha_{Fe} = 12 \cdot 10^{-6} \dfrac{1}{K}$ und $\alpha_{Zn} = 36 \cdot 10^{-6} \dfrac{1}{K}$ ist
die notwendige Länge des Zinkstabes

Kompensationspendel oder Rostpendel

$$l_{Zn} = \frac{\alpha_{Fe}}{\alpha_{Zn} - \alpha_{Fe}} \cdot l_P = \frac{12 \cdot 10^{-6} \cdot 50}{36 \cdot 10^{-6} - 12 \cdot 10^{-6}} \frac{1/K \cdot cm}{1/K} = 25 \text{ cm}$$

Das *Kompensationspendel* hat heute keine praktische Bedeutung mehr, da es Legierungen mit äußerst kleinen α-Werten gibt, z. B. *Invar* (36% Ni, 64% Fe) $\alpha = 1{,}5 \cdot 10^{-6} \dfrac{1}{K}$; *Supra-Invar* (63% Fe, 32% Ni, 5% Co, 0,3% Mn) $\alpha = 0{,}1 \cdot 10^{-6} \ldots 0{,}5 \cdot 10^{-6} \dfrac{1}{K}$, im Gegensatz zu *Stahl* mit $\alpha = 11{,}5 \cdot 10^{-6} \dfrac{1}{K}$ (Mittelwert verschiedener Sorten).

Aufgabengruppe Wärme 1: Übungen zu 5.2 … 5.4

Temperaturangaben in Celsius- und Fahrenheitgraden
Längendehnung, Flächendehnung und Volumdehnung von festen Körpern

$\left(\text{Statt } \dfrac{1}{K} \text{ schreiben wir } K^{-1} \text{ gemäß } \dfrac{1}{a} = a^{-1}\right)$

1. Ein Kunststoffrohr (aus PVC) hat bei Zimmertemperatur (20 °C) einen äußeren Durchmesser von 31,6 mm. Welcher Durchmesser stellt sich ein, wenn durch das Rohr Wasser von 65 °C fließt? ($\alpha = 8 \cdot 10^{-5}$ K⁻¹)

2. Eine Dampfrohrleitung aus Stahl ($\alpha = 11{,}5 \cdot 10^{-6}\ K^{-1}$) hat bei Zimmertemperatur (20 °C) eine Länge von 5 m. Welche Längenänderung ergibt sich, wenn Dampf von 180 °C durch das Rohr geleitet wird?

3. Zinkblech, das zur Abdeckung eines Daches verwendet wird, hat bei der Anbringung (Temperatur 10 °C) eine Fläche von 4,25 m². Um wieviel cm² vergrößert sich das Blech, wenn infolge Sonnenbestrahlung eine Temperatur von 60 °C entsteht ($\alpha = 3{,}6 \cdot 10^{-5}\ K^{-1}$)?

4. Ein Bleirohr von 2,50 m Länge und einem Durchmesser von 28 mm ändert bei Erwärmung seine Länge um 5,8 mm. Wie groß war die Temperaturerhöhung? Welchen Durchmesser hat das Rohr nach der Erwärmung ($\alpha = 2{,}9 \cdot 10^{-5}\ K^{-1}$)?

5. Längenmeßgeräte zeigen bei einer Bezugstemperatur von 20 °C die richtige Länge an. Welcher Meßfehler (in mm und %) ergibt sich, wenn mittels eines Stahlbandmaßes folgende Werte abgelesen werden: a) bei —5 °C 8,50 m, b) bei +38 °C 9,20 m? Die Länge der zu messenden Strecke soll von der Temperatur nicht beeinflußt werden. Wann wird zuviel und wann wird zuwenig angegeben ($\alpha = 12 \cdot 10^{-6}\ K^{-1}$)? (a) u. b) bei verschiedenen Maßobjekten!)

6. Um wieviel mm verändert der 300 m hohe, aus Stahl erbaute Eiffelturm in Paris (1889) seine Höhe, wenn man eine Temperaturschwankung von —12 °C auf +33 °C in Betracht zieht ($\alpha = 1{,}2 \cdot 10^{-5}\ K^{-1}$)?

7. Eine Messingkugel ($\varrho = 8600\ kg/m^3$) wiegt 2,50 N. Um wieviel mm³ verkleinert sich das Volumen der Kugel, wenn eine Abkühlung von 80 °C auf —5 °C eintritt ($\alpha = 18{,}5 \cdot 10^{-6}\ K^{-1}$)?

8. Der Rauminhalt eines Dampfkessels aus Stahl beträgt bei +5 °C 9,6 m³. Welche Volumzunahme in dm³ ergibt sich bei einer Betriebstemperatur von 185 °C ($\alpha = 12 \cdot 10^{-6}\ K^{-1}$)?

9. Ein Metallstab erfährt bei einer Erwärmung um 92 K eine Längenänderung von 1,2⁰/₀₀. Wie groß ist die Ausdehnungszahl? Um welches Material kann es sich handeln?

10. Ein 4 km langes Schienenstück ist zusammengeschweißt und auf den Schwellen gut befestigt. Um wieviel mm würde sich die Länge zwischen Winter (—16 °C) und Sommer (+45 °C) ändern, wenn eine ungehinderte Ausdehnung möglich wäre ($\alpha = 12 \cdot 10^{-6}\ K^{-1}$)?

11. Eine Kugel aus Chrom-Nickel-Stahl besitze einen Durchmesser von 50 mm (bei Zimmertemperatur 20 °C). Um wieviel K ist die Kugel zu erwärmen, damit sie in einem kreisförmigen Ring von 50,2 mm Innendurchmesser gerade hängen bleibt? (Bei dem verwendeten Chrom-Nickel-Stahl kann bis zu 600 °C mit $\alpha = 16 \cdot 10^{-6}\ K^{-1}$ gerechnet werden.) — *Anleitung:* Man lege der Rechnung zugrunde, daß die Kugel nicht mehr durchgeht, wenn beide Durchmesser gleich groß sind!

12. Ein Eisenstab habe bei 0 °C eine Länge von 1400 mm ($\alpha = 12{,}3 \cdot 10^{-6}\ K^{-1}$); ein Messingstab ($\alpha = 18{,}5 \cdot 10^{-6}\ K^{-1}$) habe bei derselben Temperatur die Länge von 1398 mm. Wie stark muß man beide Stäbe gemeinsam erwärmen, damit sie gleich lang werden?

13. Wieviel °F entsprechen der Zimmertemperatur von 20 °C? Man gebe die Temperatur des absoluten Nullpunktes von —273,16 °C in °F an!

Für die Festlegung des Meters, des „normalen Luftdrucks von 760 mm Hg-Säule" und für den Normalzustand der Gase ist die Bezugstemperatur 0 °C. Wieviel °F sind das?

14. Fahrenheit benutzte als Fixpunkt auch die Temperatur des menschlichen Körpers, die er gleich 100 Grad setzte. Welche Körpertemperatur, in °C ausgedrückt, hat er also zugrunde gelegt? Wieviel °C sind 100 °F, 200 °F und 1000 °F?

15. Welche Längenänderung muß das Lager einer Brücke aus Stahl ausgleichen, wenn bei einer Brückenlänge von 80 m die höchste Temperatur im Sommer +40 °C, die tiefste Temperatur im Winter —25 °C betragen könnte ($\alpha = 12 \cdot 10^{-6}\ K^{-1}$)?

5.5 Die Wärmeausdehnung von Flüssigkeiten

5.5.1 Die Ausdehnungszahl

Die Ausdehnungszahl β ist bei Flüssigkeiten wegen der geringeren Kohäsionskräfte erheblich größer als bei festen Körpern. Der β-Wert ist bei Wasser 14mal und bei Alkohol 32mal so groß wie bei Stahl ($\beta_{Stahl} = 3\alpha_{Stahl} = 3,45 \cdot 10^{-5}\ K^{-1}$; $\beta_{Wasser} = 48 \cdot 10^{-5}\ K^{-1}$).

Die Volumänderung bei Heizöl war schon Gegenstand gerichtlicher Auseinandersetzungen, wenn das Öl (nach Literzahl) bei tieferer Temperatur in der Raffinerie abgeholt und nach Erwärmung auf dem Transport an die Kunden (nach Literzahl) abgegeben wurde.

Bei Erwärmung eines mit Wasser gefüllten Glaskolbens steigt nicht der gesamte Volumzuwachs der Flüssigkeit in der Röhre hoch, weil sich das Gefäß auch ausdehnt ($\Delta V_{Gefäß} = V\, \beta_{Glas}\, \Delta\vartheta$).

Nur die Volumvergrößerung $\Delta V = \Delta V_{flüssig} - \Delta V_{Gefäß} =$
$= V \cdot (\beta_{Fl} - \beta_G) \cdot \Delta\vartheta$, ist an der Steigröhre zu beobachten.

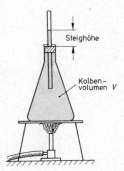

Steighöhe

Kolben-volumen V

> **Bei Erwärmung eines ganz mit Flüssigkeit gefüllten Glas-behälters um $\Delta\vartheta$ K ist das austretende Flüssigkeitsvolumen**
>
> $$\Delta V = V_1 \cdot \beta_s\, \Delta\vartheta$$
>
> $V_1 = $ Ausgangsvolumen
>
> $\beta_s = $ scheinbare Ausdehnungszahl $= \beta_{Fl} - \beta_{Gl}$

Auch beim Hg-Thermometer wird nur der Unterschied der Volumvergrößerungen von Flüssigkeit und Glas beobachtet. β_{Hg} ist rund 10mal, in Sonderfällen je nach Glassorte über 100mal so groß wie β_{Glas}.

Beispiel: Ein Glaskolben von 1 l Inhalt ($\beta_{Gl} = 9 \cdot 10^{-6}\ K^{-1}$) ist ganz mit Alkohol gefüllt. Wieviel Flüssigkeit läuft über, wenn der Kolben um 30 K erwärmt wird ($\beta_{Alkohol} = 110 \cdot 10^{-5}\ K^{-1}$)? Welchen Fehler würde man begehen, wenn die Ausdehnung des Glases nicht beachtet würde?

Lösung: $\Delta V = V_1 \beta_s\, \Delta\vartheta = 1000 \cdot (110 \cdot 10^{-5} - 0,9 \cdot 10^{-5}) \cdot 30\ cm^3 \cdot \dfrac{1}{K} \cdot K = 32,7\ cm^3$

Ohne Ausdehnung des Glaskolbens würde sich eine übergelaufene Flüssigkeitsmenge von $\Delta V = V_1 \cdot \beta_{Fl}\, \Delta\vartheta = 33\ cm^3$ ergeben. Der Fehler beträgt 0,3 cm³, was etwa 1% ausmacht.

5.5.2 Dichteänderung mit der Temperatur

Ein Stoff der Masse m besitzt bei der Temperatur ϑ_1 (Volumen V_1) die Dichte $\varrho_1 = \dfrac{m}{V_1}$. Bei der Temperatur ϑ_2 hat sich das Volumen auf $V_2 = V_1(1 + \beta\Delta\vartheta)$ vergrößert (m bleibt unverändert). Damit wird

$$\varrho_2 = \frac{m}{V_2} = \frac{\overset{\varrho_1}{m}}{V_1(1 + \beta\Delta\vartheta)} = \frac{\varrho_1}{1 + \beta\Delta\vartheta}$$

Mit zunehmender Temperatur wird also die Dichte kleiner. Da $G \sim m$ und damit $\gamma \sim \varrho$, so zeigt das Artgewicht γ dasselbe Verhalten.

5.5.3 Das eigentümliche Verhalten des Wassers

Wasser bildet eine Ausnahme. Mit steigender Temperatur (von 0 °C bis 4 °C) wird seine Dichte zunächst größer. Erst bei Überschreitung von 4 °C wird ϱ kleiner.

> **Wasser hat bei 4 °C seine größte Dichte und damit auch sein größtes Artgewicht (Dichteanomalie[1]).**

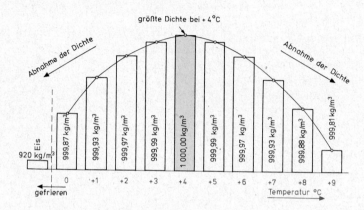

Dichte des Wassers bei verschiedenen Temperaturen

Wird Wasser von 4 °C um 1 K erwärmt oder um 1 K abgekühlt, so verkleinert sich die Dichte um 1/100000[2])

Ursache: Unterhalb 4 °C rücken die einzelnen Moleküle der Wasserteilchen besonders nahe zusammen, so daß sich trotz Temperaturerhöhung (von 0 °C bis 4 °C) das Volumen nicht vergrößert, sondern verkleinert, was zu einer Dichtesteigerung führt. Oberhalb 4 °C nimmt das Volumen bei Temperaturerhöhung zu (und die Dichte ab), was dem normalen Verhalten entspricht.

Bei Salzwasser hängt das Dichtemaximum von der Konzentration ab. Das Dichtemaximum einer 0,5%igen Kochsalzlösung liegt bei 2,9 °C, für 2% Salzgehalt bei −0,7 °C. Bei Meerwasser mit einer Dichte von 1006 bis 1028 kg/m³ schwankt die Temperatur des Dichtemaximums von 2,45 °C bis −3,9 °C. Wir vermerken, daß eine Salzlösung nicht bei 0 °C gefriert. Bei 2% Salzgehalt ist der Gefrierpunkt −0,95 °C, bei 4% −2 °C.

5.6 Volum- und Druckänderung bei der Erwärmung von Gasen

5.6.1 Ausdehnung eines Gases bei konstantem Druck

Gase dehnen sich bei Erwärmung erheblich stärker aus als Flüssigkeiten, insbesondere sehr gleichmäßig.

Versuch: Ein luftgefüllter Glaskolben mit einem Volumen von 200 cm³ befindet sich im Wasserbad. Über einen Gummischlauch ist dieser mit einer Anordnung ähnlich einem Flüssigkeitsmanometer verbunden. Der linke Schenkel trägt eine Volumskala (Bürette), der rechte endet in einem Trichter.

---

[1] Anomalie = Regelwidrigkeit

[2] Strenggenommen beträgt die Dichte des Wassers bei 4 °C nicht ganz genau 1000 kg/m³. Der tatsächliche Wert weist eine geringfügige historisch bedingte Abweichung auf, die wir hier außer acht lassen

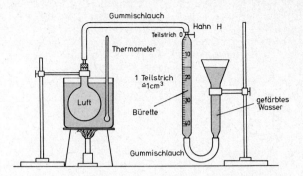

Versuchsaufbau zur Bestimmung der Ausdehnung von Gasen bei Temperaturerhöhung (p= const.)

Zu Beginn des Versuchs stehen beide Flüssigkeitsspiegel auf der Höhe des Hahns H (Teilstrich 0). Bei Erwärmung dehnt sich die Luft aus, was zu einer Verschiebung der Wasserspiegel führt. Damit die eingeschlossene Luft stets unter demselben Druck steht, sorgen wir durch Senken des Trichters für gleiche Höhe der beiden Wasserspiegel. Wir steigern die Temperatur im Wasserbad bis zum Siedepunkt und lesen zu mehreren Temperaturwerten die zugehörigen Volumvergrößerungen ab.

Versuchsergebnis: $\Delta V \sim \Delta\vartheta$, d. h. die Volumvergrößerung ist der Temperatursteigerung proportional. Also muß gelten (vgl. Abschn. 5.3.1).

$$\Delta V = V_0 \cdot \beta \cdot \Delta\vartheta \quad V_0 = \text{Ausgangsvolumen bei 0 °C} \quad \beta = \text{Gasausdehnungszahl}$$

Setzt man in 5.3.6 $\vartheta_1 = 0°$ C, so ist für das dortige V_1 hier V_2 zu schreiben.

Die Ausdehnungszahl $\beta = \dfrac{\Delta V}{V_0 \cdot \Delta\vartheta}$ bedeutet also die Volumvergrößerung, bezogen auf 1 K Temperatursteigerung und auf das Ausgangsvolumen bei 0 °C.

Bestimmung von β im Versuch: Es genügen zwei Messungen. Bei 15 °C (Anfangstemperatur des Wasserbades) ist $V = 200$ cm³, bei 98 °C ($\Delta\vartheta = 83$ K) wird $\Delta V = 47$ cm³. Da die Luft in der Bürette und im Kolben von unterschiedlicher Temperatur ist, können die Gasmengen von 47 cm³ und 200 cm³ nicht miteinander verglichen werden. Kunstgriff: Sind 47 cm³ aus dem Kolben verdrängt worden, so müssen sich die verbliebenen 153 cm³ wieder auf 200 cm³ ausgedehnt haben. Also wird

$$\beta = \frac{\Delta V}{\Delta\vartheta \cdot V_0} = \frac{47 \text{ cm}^3}{83 \text{ K} \cdot 153 \text{ cm}^3} = \frac{1}{270} \frac{1}{\text{K}}$$

Dabei wurde die Näherung gemacht, daß das Ausgangsvolumen bei 15 °C V_0 gleichgesetzt wurde. Bei genaueren Messungen muß bei Beginn des Versuchs die Lufttemperatur im Kolben 0 °C betragen, was durch Eiszugabe in das Wasserbad zu erreichen ist. Die übrigen Messungen verlaufen unverändert.

Genauere Messungen zeigen

> **Alle Gase, gleich welcher Art, z. B. Luft, Sauerstoff und Wasserstoff, haben näherungsweise dieselbe Ausdehnungszahl β.**

Wert der Gasausdehnungszahl $\beta = 1/273$ K^{-1} = 0,00366 K^{-1} [1]).

Der β-Wert für Gase ist rund 100mal größer als der für Stahl.

Hält man den Druck konstant, so erfährt das Volumen eines Gases bei Erwärmung um 1 K dieselbe Vergrößerung, gleichgültig, ob die Temperatur von 0 °C auf 1 °C oder z. B. von 250 °C auf 251 °C gesteigert wird.

> **Die Volumzunahme eines beliebigen Gases beträgt je K Temperaturerhöhung rund 1/273 des Volumens, das die Gasmenge bei 0 °C einnimmt.**

---

[1]) Der genauere Wert ist 1/273,16 K^{-1}. Auch im folgenden begnügen wir uns mit dem Wert 1/273 K^{-1}

273 l eines Gases von 0 °C dehnen sich also bei Erwärmung um 1 K auf 274 l aus.

Erwärmt man ein Gasvolumen V_0 von 0 °C auf die Temperatur ϑ °C, so vergrößert sich sein Volumen auf

$$V_\vartheta = V_0 \left(1 + \frac{\vartheta}{273}\right), \text{ falls } p = \text{const. (Gasgesetz von Gay-Lussac [1802][1])}$$

Begründung: Bei Temperaturerhöhung von 0 °C auf ϑ °C beträgt $\Delta\vartheta = \vartheta - 0 = \vartheta$ K. Also wird $\Delta V = V_0 \cdot \beta \cdot \vartheta$. Hieraus folgt

$$V_\vartheta = V_0 + \Delta V = V_0 + V_0 \beta\,\vartheta = V_0(1 + \beta\,\vartheta), \text{ wobei } \beta = \frac{1}{273} \text{ K}^{-1}$$

5.6.2 Eine Folgerung aus dem Gay-Lussacschen Gesetz: der absolute Nullpunkt

Zeichnen wir die Volumina, die eine bestimmte Gasmenge bei verschiedenen Temperaturen (und konstantem Druck) einnimmt, in ein Schaubild ein, so liegen die Meßpunkte alle auf einer Geraden (im Versuch war $\Delta V \sim \Delta t$, was dasselbe bedeutet). Da die hergeleiteten Gesetze sowohl für die

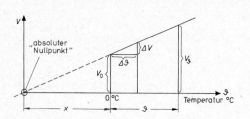

Ausdehnung als auch für die Zusammenziehung gelten, ist es naheliegend, die Gerade in den Bereich „negativer" Temperaturen zu verlängern. Mit abnehmender Temperatur schrumpft das Gas zusammen. Schneidet die Gerade die ϑ-Achse, so muß das Gasvolumen den Wert Null annehmen. Das ist ein Grenzfall. Ein noch tieferer Temperaturwert ist physikalisch nicht mehr sinnvoll. Aus der Figur folgt

$$\frac{x}{x + \vartheta} = \frac{V_0}{V_\vartheta} = \frac{V_0}{V_0(1 + \beta \cdot \vartheta)}; \text{ also } \frac{x}{x + \vartheta} = \frac{1}{1 + \beta \cdot \vartheta}; \quad \frac{\vartheta}{x} = \beta\,\vartheta \text{ oder } x = 1/\beta = -273 \text{ °C}$$

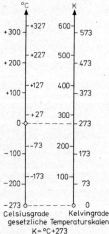

Celsiusgrade   Kelvingrade
gesetzliche Temperaturskalen
K = °C + 273

Die tiefste überhaupt mögliche Temperatur liegt bei −273 °C (absoluter Nullpunkt!).

Die vom absoluten Nullpunkt aus gerechnete Temperatur $T = \vartheta$ °C + 273 K heißt absolute Temperatur. Diese wird in K = Kelvin[2]) gemessen.

Der Zimmertemperatur von 20 °C entspricht also eine absolute Temperatur von 293 K.

Unter Einführung der absoluten Temperatur lautet das Gay-Lussacsche Gesetz

$$V_\vartheta = V_0 \left(1 + \frac{\vartheta}{273 \text{ K}}\right) = V_0 \left(\frac{273 \text{ K} + \vartheta}{273 \text{ K}}\right) = V_0 \cdot T \cdot \beta$$

---

[1]) Louis Josef Gay-Lussac, französischer Physiker und Chemiker (1778–1850)
[2]) William Thomson, geadelt als Lord Kelvin, englischer Physiker (1824–1907)

Hieraus folgt $\boxed{V \sim T}$

$\boxed{\begin{array}{l}\textbf{Das Volumen eines Gases ist seiner absoluten Tem-}\\ \textbf{peratur proportional (für } p = \text{const.).}\end{array}}$

Somit gilt $\boxed{\dfrac{V_1}{V_2} = \dfrac{T_1}{T_2} \text{ falls } p = \text{const. (2. Fassung des Gay-Lussacschen Gesetzes)}}$

Beispiel: Ein Gasvolumen von 4 l wird von Zimmertemperatur (20 °C) auf 250 °C erwärmt. Wie groß ist die Volumvergrößerung, wenn der Gasdruck bei der Ausdehnung immer gleich groß bleibt?

Lösung: $V_1 = 4 \, l \quad T_1 = 293 \text{ K} \quad T_2 = 250 \, °\text{C} + 273 \text{ K} = 523 \text{ K}.$

Somit $V_2 = \dfrac{T_2}{T_1} V_1 = \dfrac{523 \text{ K}}{293 \text{ K}} \cdot 4 \, l = 7{,}14 \, l$

Also wird $\Delta V = 3{,}14 \, l.$

5.6.3 Temperaturerhöhung eines Gases bei konstantem Volumen, Gesetz von Amontons

Wird bei der Erwärmung eines Gases die Volumvergrößerung verhindert, so findet eine Druck-steigerung statt. Dies läßt sich mit der in Abschnitt 5.6.1 beschriebenen Versuchsanordnung nachweisen. Zur Druckmessung kann auch ein offenes Hg-Manometer an den Glaskolben ange-schlossen werden. Der rechte Schenkel muß beweglich sein, damit der Hg-Spiegel links stets wieder auf dieselbe Höhe eingestellt werden kann ($V = $ const.!).

Versuchsergebnis: $\Delta p \sim \Delta \vartheta$, d.h. die Druckzunahme ist der Temperaturerhöhung proportional. Mit einer Größe β' als Proportionalitätsfaktor (vgl. Abschn. 5.3.1 und Abschn. 5.6.1) muß gelten

$\boxed{\Delta p = p_0 \cdot \beta' \cdot \Delta \vartheta}$ $\boxed{p_0 = \text{absoluter Gasdruck bei } 0° \text{ C} \quad \beta' = \text{Spannungszahl}}$

Bestimmung von β' im Versuch:

Bei 0 °C (Eis im Wasserbad) beträgt der Höhenunterschied der Hg-Spiegel des Manometers 37 mm. Barometerstand $b = 734$ Torr. Somit $p_0 = 771$ Torr. Bei 99 °C wird der Höhenunterschied 317 mm. Also $p_\vartheta = (734 + 317)$ Torr $= 1051$ Torr. Somit wird

$$\beta' = \frac{\Delta p}{p_0 \cdot \Delta \vartheta} = \frac{(1051 - 771) \text{ mm}}{771 \text{ mm} \cdot 99 \text{ K}} = \frac{1}{272} \frac{1}{\text{K}}$$

Genauere Messungen zeigen:

$\boxed{\begin{array}{l}\textbf{Bei allen Gasen stimmt näherungsweise die Ausdehnungszahl mit der Spannungszahl}\\ \textbf{überein.}\end{array}}$

Wegen $\beta = \beta'$ ist eine Unterscheidung der beiden Größen künftig nicht mehr notwendig.

$\boxed{\begin{array}{l}\textbf{Steigert man die Temperatur eines eingeschlossenen Gasvolumens um 1 K, so erhöht}\\ \textbf{sich der absolute Druck um 1/273 des Wertes, der beim Eispunkt (0 °C) vorliegt (Bedingung}\\ V = \textbf{const.).}\end{array}}$

$\boxed{\begin{array}{l}\textbf{Erhöht man die Temperatur eines eingeschlossenen Gasvolumens, das bei 0 °C den}\\ \textbf{absoluten Druck } p_0 \textbf{ aufweist, auf } \vartheta \, °\textbf{C, so vergrößert sich der absolute Druck auf}\\[4pt] p_\vartheta = p_0 \left(1 + \dfrac{\vartheta}{273 \text{ K}}\right) \text{ falls } V = \text{const. (Spannungsgesetz, Gesetz von Amontons')).}\end{array}}$

---

[1] G. Amontons, französischer Physiker (1663—1705)

Bei Erwärmung auf $+273\,°C$ wird also $p_\vartheta = p_0\,(1 + 1) = 2\,p_0$ (Druckverdopplung!)

Das Spannungsgesetz läßt sich genau wie das Gay-Lussacsche Gesetz noch in einer anderen Form aussprechen (Begründung wie in Abschn. 5.6.1 und Abschn. 5.6.2, wenn statt V nun p geschrieben wird).

$$\frac{p_1}{p_2} = \frac{T_1}{T_2} \quad \text{falls } V = \text{const.}$$

Die absoluten Drücke einer Gasmenge, deren Volumen stets gleich groß gehalten wird, verhalten sich bei verschiedenen Temperaturen wie die zugehörigen absoluten Temperaturen.

Beispiel: Ein Blechbehälter wird bei einer Temperatur von $30\,°C$ bei einem Druck von 1 bar luftdicht verschlossen. Unter welchem Druck steht die eingeschlossene Luft bei $-10\,°C$?

Lösung: $p_1 = 1$ bar; $T_1 = 30\,°C + 273\,K = 303\,K$; $T_2 = 273\,K - 10\,°C = 263\,K$

Somit wird $p_2 = p_1 \cdot \dfrac{T_2}{T_1} = 1$ bar $\cdot \dfrac{263\,K}{303\,K} = 0,87$ bar

5.6.4 Der Normzustand eines Gases

Eine Gasmenge ist somit nur dann eindeutig angegeben, wenn neben dem Volumen auch Druck und Temperatur bekannt sind. Ein Gas in physikalischem Normzustand (oder Normalzustand) hat eine Temperatur von $0\,°C$ und einen absoluten Druck von 1033 mbar (760 Torr).

1 Nm^3 (Normkubikmeter) ist die Gasmenge, die bei $0\,°C$ und 760 Torr das Volumen von 1 m^3 aufweist (Bezeichnung entfällt künftig).

5.6.5 Zustandsgleichung der Gase (allgemeine Gasgleichung)

Wir fassen zusammen:

Gay-Lussacsches Gesetz $V = V_0\,(1 + \beta\vartheta)$ oder $V = V_0\beta T$ also $V \sim T$ $p = \text{const.}$

Spannungsgesetz $\quad\quad p = p_0\,(1 + \beta\vartheta)$ oder $p = p_0\beta T$ also $p \sim T$ $V = \text{const.}$

Aus mathematischen Gründen folgt hieraus

$$p \cdot V \sim T \quad \text{oder}$$
$$p \cdot V = C \cdot T; \quad C = \text{Konstante}$$

Für eine bestimmte konstante Temperatur ist also $p \cdot V = \text{const.}$ (das Boyle-Mariottesche Gesetz).

Die Beziehung $p \cdot V = C \cdot T$ heißt die „Zustandsgleichung der Gase". Sie läßt sich auch in der Form $p \cdot V/T = \text{const.}$ schreiben. Wird also ein Gasvolumen V_1 (Temperatur T_1, absoluter Druck p_1) durch Druck- und Temperaturänderung auf das Volumen V_2 vergrößert oder verkleinert (neuer Temperaturwert T_2, neuer Druckwert p_2), so muß zwischen den beiden Zuständen die Beziehung

$$\frac{p_1 \cdot V_1}{T_1} = \frac{p_2 \cdot V_2}{T_2} \quad \text{bestehen.}$$

Die Konstante C nimmt für jede Gasart einen anderen Wert an, falls man jeweils die Gasmenge mit einer Masse von 1 g zugrunde legt. Betrachtet man jedoch stets ein Mol des betreffenden Gases, so ergibt sich C für alle Gase gleich groß. C wird dann die allgemeine Gaskonstante R genannt. Die Zustandsgleichung lautet nun $p \cdot V = R \cdot T$.

Das Mol ist eine Stoffmenge, deren Masse genauso groß ist wie die relative Molmasse angibt, also z. B. 2 g Wasserstoff H_2, 32 g Sauerstoff O_2 oder 44 g Kohlendioxid CO_2.

Aufgabengruppe Wärme 2: Übungen zu 5.5 und 5.6

Ausdehnung von Flüssigkeiten und Gasen, Gefäßausdehnung, Drucksteigerung bei Gasen

(Bei der Ausdehnung von Flüssigkeiten kann bei diesen Aufgaben wie bei festen Körpern eine Umrechnung auf die Bezugstemperatur von 0 °C gemäß Abschn. 5.3.2 unterbleiben.)

1. Ein Gefäß aus Jenaer Glas (Sorte 16 III) enthält 80 cm³ Quecksilber und ist bei Zimmertemperatur (20 °C) ganz gefüllt. Wieviel cm³ Hg fließen bei Erwärmung um 90 K aus? Die lineare Ausdehnungszahl des Glases ist $\alpha = 8{,}1 \cdot 10^{-6}$ K⁻¹. Die räumliche Ausdehnungszahl von Hg ist $\beta = 18{,}1 \cdot 10^{-5}$ K⁻¹.

2. Ein offener Stahlbehälter ist bis zum Rande mit Benzol gefüllt (Fassungsvermögen 25 l). Wieviel cm³ laufen aus, wenn eine Temperaturerhöhung um 35 K stattfindet? ($\alpha_{\text{Stahl}} = 12 \cdot 10^{-6}$ K⁻¹; $\beta_{\text{Benzol}} = 10{,}6 \cdot 10^{-4}$ K⁻¹)

3. Zwei Hg-Thermometer haben Vorratsgefäße mit einem Fassungsvermögen von 1 cm³ und 2 cm³ (bei 0 °C). Der Querschnitt der Kapillarröhren beträgt in beiden Fällen 1 mm². Wie hoch steigt das Quecksilber in den Kapillaren, wenn eine Erwärmung auf 100 °C erfolgt? Die Ausdehnung der Kapillaren ist nicht zu berücksichtigen. Vor der Erwärmung (bei 0 °C) sind die beiden Vorratsgefäße gerade ganz gefüllt. Ausdehnungszahlen wie in Aufgabe 1.

4. Die Dichte von Alkohol beträgt bei 18 °C 790 kg/m³. Wie groß ist die Dichte bei 60 °C, wenn mit einer konstanten Ausdehnungszahl $\beta = 0{,}0011$ K⁻¹ gerechnet werden darf?

5. Ein Aluminiumkanister von 25 l Fassungsvermögen (bei 20 °C) wird zum Transport von Maschinenöl ($\beta_{\text{Öl}} = 0{,}00076$ K⁻¹) benutzt. Wieviel Öl darf bei 20 °C höchstens eingefüllt werden, wenn mit einer Erwärmung bis 45 °C gerechnet werden muß? Die Ausdehnung des Behälters ist zu berücksichtigen ($\alpha_{\text{Al}} = 23{,}8 \cdot 10^{-6}$ K⁻¹). Der Verschluß sei nicht luftdicht, so daß die sich ausdehnende Flüssigkeit die Luft verdrängen kann.

6. Eine Tankstelle erhält bei einer Temperatur von −10 °C 10000 l Benzin ($\beta = 0{,}0014$ K⁻¹). Wieviel l erhält der Tankwart weniger, wenn dieselbe Lieferung an einem Tage mit +30 °C ausgeführt wird? Die beiden Ölvolumina sind bei −10 °C miteinander zu vergleichen. Das gesamte Öl soll die angegebenen Temperaturen angenommen haben. Die Meßuhr zeigt die Literzahl an, unabhängig von der Temperatur.

7. Ein Klassenzimmer mit den Abmessungen 8×12×3,5 m³ wird angeheizt. Wieviel m³ Luft müssen hinausströmen, wenn die Temperatur von −2 °C auf +22 °C gesteigert wird?

8. Wie groß war die Temperaturerhöhung, wenn einem Raum von 180 m³ bei Erwärmung 10 m³ Luft entströmen (Anfangstemperatur 10 °C)?

9. Ein Freiballon ist mit 2200 m³ Leuchtgas gefüllt. Der Start erfolgt bei einer Temperatur von +20 °C. Um wieviel m³ schrumpft der Ballon zusammen, wenn eine Abkühlung auf +6 °C erfolgt? Der Druck soll dabei gleichbleibend angenommen werden.

10. In einem Lagerraum befindet sich eine Sauerstoffflasche, in der die Gasfüllung noch unter einem Überdruck von 90 bar steht. Infolge eines Brandes findet eine beträchtliche Temperaturerhöhung statt. Welchen Druck erreicht das Gas in der Flasche, wenn die Temperatur auf 200 °C bzw. auf 520 °C gesteigert wird, sofern die Flasche nicht zerplatzt? Die Raumtemperatur betrug zuvor 20 °C.

11. Ein Autoreifen steht bei 0 °C unter einem Überdruck von 1,5 bar. Durch Sonneneinstrahlung findet eine Temperaturerhöhung auf +35 °C statt. Welcher Druck stellt sich ein?

12. In einer verschlossenen Gasflasche erhöht sich der Gasdruck von 2,5 bar bei +10 °C auf 5 bar. Wie groß war die Temperaturerhöhung? Welche Temperaturerniedrigung wäre notwendig, damit der Druck von 2,5 bar bei +10 °C auf 1,8 bar sinkt?

13. Eine Wasserstoffflasche weist bei 10 °C noch einen Überdruck von 145 bar auf. Ist es möglich, daß durch Sonneneinstrahlung der Überdruck auf 150 bar (normaler Füllüberdruck) ansteigt? Man gebe die dazu notwendige Temperatursteigerung an.

5.7 Temperaturmeßgeräte

5.7.1 Flüssigkeitsthermometer

Das gewöhnliche *Hg-Thermometer* hat nur einen begrenzten Meßbereich (Hg: Erstarrungspunkt —39 °C, Siedepunkt +357 °C). Die Kapillare ist gasleer. Schon bei etwa 150 °C beginnt das Hg merklich zu verdampfen.

Beim *Stickstoffthermometer* wird die Haarröhre mit Gas unter Druck (z. B. Stickstoff oder Kohlendioxid) gefüllt; dadurch kann das Verdampfen und Sieden von Hg verhindert werden.

Das Füllgas steht bei Zimmertemperatur unter einem Überdruck von 10 bar. Bei 600 °C kann sich der Überdruck auf über 50 bar steigern.

> **Quecksilberthermometer mit Gasfüllung erlauben Temperaturmessungen bis rund 800 °C.**

Nur bis etwa 450 °C findet Normalglas Verwendung; bei höheren Temperaturen (bis etwa 600 °C) schwer schmelzbares Glas, z. B. Supremax, feuerfestes Quarzglas bis etwa 800 °C.

Kältethermometer eignen sich zur Messung tiefer Temperaturen; sie enthalten Flüssigkeiten mit niedrigem Erstarrungspunkt.

> **Kältethermometer mit Füllungen von Alkohol oder Toluol[1]) erlauben Temperaturmessungen bis —100 °C. Pentanthermometer[2]) sind bis —200 °C zu verwenden.**

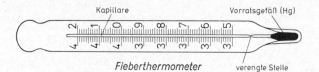

Kapillare   Vorratsgefäß (Hg)

Fieberthermometer   verengte Stelle

Spiritus wird für einfache Zimmer- und Fensterthermometer, rot oder blau gefärbtes Petroleum für einfache Industriethermometer verwendet. Neben dem gewöhnlichen Alkohol (= Äthylalkohol = Spiritus = Weingeist; Erstarrungspunkt —112 °C) findet auch der giftige Methylalkohol (= Holzgeist; Erstarrungspunkt —94 °C) Verwendung.

5.7.2 Sonderausführungen des Flüssigkeitsthermometers

Das *Fieberthermometer* gestattet die Ablesung des Höchstwertes der aufgetretenen Temperatur (Höchstwert = Maximum, daher Maximumthermometer genannt). Durch eine verengte Stelle etwas oberhalb des Vorratsgefäßes (15...20 mm) wird das in die Kapillare vorgedrungene Hg bei Abkühlung am Rückfließen gehindert. Vor der nächsten Benutzung muß der Hg-Faden durch eine ruckartige Bewegung in das Vorratsgefäß zurückgeschleudert werden.

---

[1]) Toluol = Methylbenzol. Hier ist im Benzolring C_6H_6 ein H-Atom durch die Atomgruppe CH_3 (= Methylgruppe) ersetzt

[2]) Pentan (C_5H_{12}) = farblose, leicht entzündliche Flüssigkeit, kommt in Benzin und Petroleum vor

Das *Maximum-Minimum-Thermometer* gestattet die Messung der höchsten und der tiefsten Temperatur, die z. B. im Verlaufe eines Tages und einer Nacht auftritt.

Bei Temperaturerhöhung dehnt sich der Alkohol im Gefäß B aus, was zu einer Verschiebung des Hg-Fadens führt. Die Thermometerflüssigkeit ist also Alkohol; Hg dient der Anzeige (ΔV_{Hg} rund 6mal kleiner als $\Delta V_{Alkohol}$).

Bei Abkühlung drückt der in A befindliche Alkoholdampf den Hg-Faden zurück (Gefäß A ist nur teilweise gefüllt).

Die in den beiden Schenkeln (vgl. Bild) befindlichen Glasstäbchen, von federnden Eisenhäkchen an die Kapillarwandung gedrückt, werden von den wandernden Hg-Spiegeln nach oben mitgenommen. Vor Benutzung sind die Stäbchen mit Hilfe eines Magneten an die Hg-Spiegel heranzuschieben.

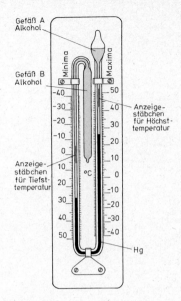

Maximum-Minimum-Thermometer nach Six

5.7.3 Deformationsthermometer

Diese Thermometer beruhen auf der Ausnützung der Verformung durch Wärme.

Das *Bimetallthermometer*[1]) hat einen Meßbereich von −50 °C bis +600 °C. Zwei miteinander verschweißte Metallstreifen verschiedener Ausdehnungszahlen (Bimetallstreifen) erfahren bei Erwärmung infolge der unterschiedlichen Verlängerung eine Krümmung.

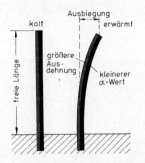

Kalter (gerader) und erwärmter (gekrümmter) Bimetallstreifen

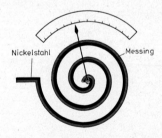

Bimetallthermometer

Verwendete Metalle:

Mit der größeren Ausdehnungszahl: Konstantan, Messing, rostbeständiger Stahl oder Nickel-Mangan-Eisen-Legierungen; mit dem kleineren α-Wert: Invar (Nickelstahl mit 36% Nickel), Nickelstahl mit 42 bis 46% Nickel.

---

[1]) lat. bi bedeutet zwei oder doppelt

Erhält das Bimetall Spiralform und wird es an einem Ende befestigt, so liegt nach Anbringen eines Zeigers bereits ein Thermometer vor, das nur noch geeicht werden muß.

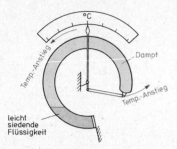

Beim *Bourdonthermometer* wird die Bourdonröhre (vgl. Abschn. 2.1.4) teilweise mit Amylalkohol gefüllt. Der sich je nach der Temperatur einstellende Dampfdruck verursacht eine Verformung, die zur Temperaturmessung ausgenützt wird. Die Röhre kann auch vollständig mit Flüssigkeit gefüllt werden. Dann wird die Verformung durch die Ausdehnung der Flüssigkeit verursacht.

5.7.4 Ausnützung des Schmelzpunktes

Segerkegel[1]) sind 6 cm hohe, pyramidenförmige Körper aus keramischer Substanz von geeigneter chemischer Zusammensetzung (Ton, Flußmittel, Quarz u. a.); sie beginnen bei einer ganz bestimmten Temperatur zu schmelzen.

Zum Beispiel schmilzt der Segerkegel Nr. 11 bei 1320 °C. Segerkegel finden Verwendung zur Temperaturkontrolle beim Brennen von Tonwaren und Schleifscheiben (verwendbar von +600 °C bis +2000 °C).

5.8 Was ist Wärme?

Ein Körper ist in heißem und in kaltem Zustand stets gleich schwer. Folglich kann es sich bei Wärme nicht um einen Stoff handeln, da jede Masse ein Gewicht besitzt. Vielmehr ist Wärme ein *Bewegungszustand*.

Winzige Stäubchen und kleine Metallteilchen in Flüssigkeiten oder Teilchen von Tabakrauch in der Luft führen eine ständig wimmelnde, völlig ungeordnete Zitterbewegung durch, die bei erhöhter Temperatur zunimmt. Dies konnte schon fotografiert, gefilmt und mit dem Mikroskop beobachtet werden.

Erklärung dieser Erscheinung: Die Rauchteilchen zittern, weil sie ständig zahlreiche Stöße von den umgebenden, in ungeordneter Bewegung befindlichen Luftmolekülen erhalten. Entsprechend werden kleine Teilchen (z. B. eines nichtlöslichen Farbstoffes oder sehr feinen Kohlestaubs) in einer Flüssigkeit (z. B. Wasser) von den sich bewegenden Flüssigkeitsmolekülen andauernd hin- und hergestoßen. Der erste, der auf diese unregelmäßigen, ruckartigen Bewegungen, die bei Zimmertemperatur niemals zur Ruhe kommen, hinwies, war der englische Botaniker Brown (1827; sogenannte **Brownsche Molekularbewegung**).

Die eigentliche Molekularbewegung, d. h. die Bewegung der Wasser- oder Luftmoleküle, kann wegen der Kleinheit der Moleküle niemals beobachtet werden. Der Beobachtung zugänglich ist nur die Bewegung der sichtbaren Teilchen, die von den Molekülen angestoßen werden.

Die Vorstellung sich bewegender Moleküle erklärte schon das Zustandekommen des Gasdrucks (s. Abschn. 3.2.5).

Folgerung

> Ursache der Wärme ist die ununterbrochene Bewegung der Atome und Moleküle.

---

[1]) nach dem Keramiker H. Seger (1839—1893)

Die Moleküle aller Körper, ob gasförmig, flüssig oder fest, sind fortdauernd in Bewegung (Wärmebewegung!). Völlige Ruhe herrscht erst am absoluten Nullpunkt (—273 °C). In festen Körpern (Kristallen) schwingen die Moleküle (Atome, Ionen) um ihre Ruhelage hin und her.

Schnelle Bewegung der Atome bedeutet hohe, langsame Bewegung tiefe Temperatur.

Bei einem heißen Eisenstück ist die Bewegung der Eisenatome so stark, daß wir uns die Finger verbrennen. Bei einem Stück Eis ist die Bewegung der Wassermoleküle so langsam, daß unsere Hand „kalt" empfindet. (Weiteres zur Wärmebewegung in den Abschn. 5.9, 5.10.3 und 5.14.)

5.8.1 Eine Folge der Wärmebewegung: die Diffusion

> **Die durch die immer vorhandene Wärmebewegung der Moleküle verursachte Durchmischung von Gasen bezeichnet man als Diffusion[1]). Die Diffusionsbewegung findet auch entgegen der Schwere statt.**

Läßt man ein mit Kohlendioxid (CO_2) gefülltes, oben offenes Becherglas in einem zugfreien Raum stehen, so ist in diesem Gefäß nach einiger Zeit nur noch soviel CO_2 enthalten wie in der übrigen Zimmerluft, obwohl das Artgewicht von CO_2 um rund 50% größer ist als das der Luft.

Die Diffusion ist besonders augenfällig bei der Ausbreitung von Duftstoffen (Parfüm) oder penetranten Gerüchen (z. B. Schwefelkohlenstoff).

Die Diffusion in Flüssigkeiten geht langsamer vor sich. Eine dünne Schicht konzentrierter Lösung von Kupfersulfat am Gefäßboden verteilt sich allmählich über den ganzen Gefäßraum.

Auch bei Festkörpern gibt es eine Diffusion. So läßt man Kohlenstoffatome in die Oberfläche von Stahl *eindiffundieren* (900 °C), um dort den Kohlenstoffgehalt wegen der späteren Härtung zu erhöhen. Zur Erzielung eines metallischen Schutzüberzuges kann man Chromatome in die Stahloberfläche eindiffundieren lassen (Inchromieren, etwa 1000 °C). In beiden Fällen wird das zu behandelnde Metall in Pulver oder Salze eingepackt, die bei hoher Temperatur (Diffusion sonst nicht genügend stark!) die C- bzw. Cr-Atome abgeben.

5.8.2 Begriff der Wärmeenergie

Ist Wärme eine Energieform, so muß sie die Fähigkeit haben, Arbeit zu verrichten, genau wie ein gehobenes Gewicht — als Träger von Lagenenergie — beim Fallen Arbeit (z. B. Zerstörungsarbeit) verrichten kann.

Der im Glasbehälter (Bild) entstehende Dampf verschiebt den Kolben und verrichtet Reibungsarbeit.

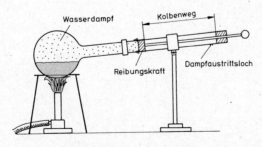

Wärme kann Arbeit verrichten

---

[1]) von lat. diffundere = zerstreuen, verbreiten

Wärme der Flamme

↓

Wärmebewegung der Wassermoleküle im Raum des Behälters

↓

Aufprall der Moleküle auf den Kolben

Bei genügend großer Geschwindigkeit der Moleküle wird der Aufprall so stark, daß der Kolben verschoben wird

↓

Somit   Überwindung der Reibungskraft

↓

Somit   **Verrichtung einer Arbeit**

Folgerung: **Wärme besitzt Arbeitsvermögen, ist also eine Energieart.**

Es liegt nun der Schluß nahe, daß dann Wärme nichts anderes sei als Bewegungsenergie der Moleküle. Dies ist jedoch nur bedingt richtig. Die Gründe hierfür werden wir bei der Schmelzwärme (Abschn. 5.15) kennenlernen.

5.8.3 Wärmekraftmaschinen (Wärmeenergiemaschinen)

Erhitzter Wasserdampf und die bei der Verbrennung eines Gemisches von Benzin mit Luft entstehenden Gase können beachtliche Druckkräfte hervorrufen, wenn der zur Verfügung stehende Gasraum nicht zu groß ist. Hierauf beruhen Dampf- und Verbrennungskraftmaschinen, die beide unter dem Begriff Kolbenkraftmaschinen zusammengefaßt werden können. Diesen ist gemeinsam, daß die Hin- und Herbewegung eines Kolbens in eine Kreisbewegung umgewandelt wird. Dies geschieht mit Hilfe des Kurbeltriebes,

Dampfmaschinen

Die Spannkraft des Dampfes vermag mehr als nur den Deckel eines Kochtopfes zu heben. Bei der Dampfmaschine wird die Spannkraft des Dampfes ausgenützt, um einen Kolben in einem Zylinder zu verschieben.

1 Liter Wasser nimmt nach dem Verdampfen ein Volumen von rund 1700 Liter ein. Durch Temperaturerhöhung wird der Dampfdruck erheblich gesteigert.

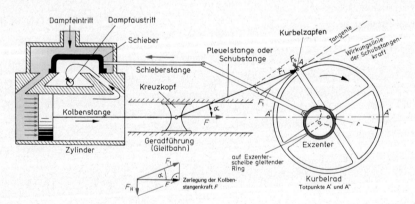

Kolbendampfmaschine mit Schiebersteuerung (vereinfachte Darstellung; schematisch; Exzenter vergrößert)

In der Abbildung treibt der Dampf den Kolben nach rechts. Über Kolbenstange, Kreuzkopf und Pleuelstange wird die Kraft auf den Kurbelzapfen des Kurbelrades übertragen.

Anstelle des hier gezeichneten Kurbelrades wird heute meist die Kurbelwelle benutzt, die dieselbe Aufgabe erfüllt. Der Kreuzkopf fällt bei Verbrennungskraftmaschinen fast immer weg. Die Pleuelstange greift dann unmittelbar am Kolben an.

Die Kolbenstangenkraft F erfährt am Kreuzkopf eine Zerlegung nach dem Kräfteparallelogramm. Die Normalkraft $F_N = F \cdot \tan \alpha$ drückt auf die Gleitbahn. Die andere Teilkraft $F_1 = F/\cos \alpha$ wirkt über die Schubstange am Kurbelzapfen, wo eine zweite Kräftezerlegung stattfindet. Nur der Anteil F_t der Schubstangenkraft in Richtung der jeweiligen Kreistangente im Punkt A bewirkt eine Drehung des Kurbelrades.

Sonderfall: $\alpha = 0$ bedeutet $F_1 = F$ und $F_N = 0$. Da auch die Kraft in Umfangsrichtung $F_t = 0$ wird, so ist keine Drehkraft wirksam (Totpunkt). Bei jeder Umdrehung des Kurbelrades gibt es zwei Totpunkte. — Überwindung des Totpunktes durch ein Schwungrad oder Zusammenschalten mehrerer Kolbenmaschinen mit verschiedenen Totpunktlagen.

Die mit dem Exzenter verbundene Schieberstange bewirkt, daß jeweils nach einem Kolbenhub, d. h. nach einer halben Umdrehung des Kurbelrades, der Dampf von der anderen Seite auf den Kolben drückt. Der Exzenter besteht aus einem Ring, der auf einer runden Scheibe gleitet. Diese ist mit dem Kurbelrad so verbunden, daß der Scheibenmittelpunkt nicht mit der Drehachse des Kurbelrades zusammenfällt.

Erfinder der Dampfmaschine ist der englische Ingenieur James Watt, der 1782 das erste betriebsfähige Modell fertigstellte.

Verbrennungsmotoren

Die beiden wichtigsten Arten von Verbrennungskraftmaschinen sind Ottomotoren und Dieselmotoren.

Beim Ottomotor wird im geschlossenen Kolbenraum ein Kraftstoff-Luftgemisch zur Entzündung gebracht. Die Verbrennungsgase, die durch die Temperaturerhöhung noch eine beachtliche Drucksteigerung erfahren, drücken auf den Kolben und bewegen ihn.

Die Arbeitsweise des Viertakt-Ottomotors:

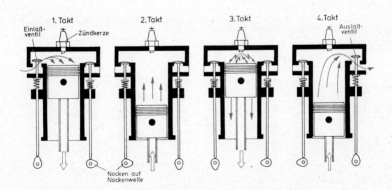

Die vier Takte beim Verbrennungsmotor (schematische Darstellung)

1. Takt (Ansaughub): Ansaugen des Kraftstoff-Luftgemisches beim Abwärtsgang.

2. Takt (Verdichtungshub): Hat der Kolben die untere Totpunktstellung erreicht, so schließt sich das Einlaßventil. Bei der Aufwärtsbewegung wird das Gasgemisch zusammengedrückt, d. h. verdichtet (Druckanstieg bis über 10 bar).

3. Takt (Arbeitshub): In der oberen Totpunktstellung wird durch einen Funken der Zündkerze die Verbrennung des Gasgemisches ausgelöst. Es entsteht ein hoher Druck (30...45 bar) und eine hohe Temperatur (2000 °C). Der Kolben wird nach unten getrieben.

4. Takt (Auspuffhub): Die Verbrennungsgase werden über das Auslaßventil ins Freie gestoßen.

Das Öffnen und Schließen der Ventile wird durch die Nockenwelle gesteuert. Die Nockenwelle hat pro Arbeitszylinder zwei Nocken, einen für das Auslaß- und einen für das Einlaßventil. Je Arbeitsspiel dreht sich die Nockenwelle einmal. Ihre Drehzahl ist also halb so groß wie die der Kurbelwelle.

Das Arbeitsspiel des Viertaktmotors umfaßt vier Hübe: Ansaugen, Verdichten, Arbeiten und Ausstoßen. Auf vier Kolbenhübe kommen zwei Umdrehungen der Kurbelwelle.

Dieselmotoren benötigen keine Zündkerze. Die angesaugte reine Luft wird höher verdichtet. Dadurch steigt die Temperatur so stark an (über 500 °C), daß sich der bei Erreichen der oberen Totpunktstellung eingespritzte Kraftstoff von selbst entzündet. Die übrigen Vorgänge verlaufen wie bei den Ottomotoren.

Sowohl Otto- als auch Dieselmotoren können nicht nur als Viertakt-, sondern auch als Zweitaktmotoren gebaut werden. Dann entspricht ein Arbeitsspiel zwei Kolbenhüben (= 1 Umdrehung der Kurbelwelle).

Ottomotoren verbrauchen Leichtkraftstoffe (Benzin, Benzol) und arbeiten mit Fremdzündung (Zündkerze).

Dieselmotoren verbrauchen Schwerkraftstoffe (Dieselöl). Die Verbrennung im Zylinder erfolgt durch Selbstzündung.

Historisches: Die Deutschen N. A. Otto und Eugen Langen bauten seit 1867 Viertaktmotoren, die allerdings anfangs mit Gas betrieben wurden (Gasmotoren). — Der deutsche Ingenieur Rudolf Diesel (1858—1913) entwickelte das Arbeitsverfahren für Schwerölmotoren. Der erste betriebsfähige Dieselmotor wurde 1897 fertiggestellt.

Dampfturbinen nützen die Bewegungsenergie eines aus einer Düse austretenden Dampfstrahles zum Antreiben eines Schaufelrades aus.

Der wirtschaftliche *Wirkungsgrad*, d. h. das Verhältnis von abgegebener mechanischer Arbeit (oder Energie) und aufgewendeter Energie (Wärme, d. h. chemische Energie des Brennstoffs), ist wegen der großen Wärmeverluste nicht sonderlich hoch.

Bei den Verbrennungsmotoren gehen z. B. rund 25% an das Kühlwasser und 50% über die Abgase durch den Auspuff und durch Wärmestrahlung verloren. Für die Verbrennung ist nur der Sauerstoff von Bedeutung. Die 80% Stickstoff der Luft müssen ebenfalls miterwärmt werden.

Einige wirtschaftliche Wirkungsgrade

Dampfmaschinen verschiedener Bauarten	8...25%
Dampfturbinen	15...30%
Ottomotoren (Benzinmotoren)	20...30%
Dieselmotoren (Schwerölmotoren)	25...40%

Der Wirkungsgrad schwankt je nach Bauart, benutztem Brennstoff und den auftretenden Temperaturen.

5.9 Die Ausbreitung der Wärme

Es gibt drei verschiedene Arten der Ausbreitung oder Fortpflanzung von Wärme: die Wärmeleitung, die Wärmeströmung und die Wärmestrahlung.

5.9.1 Wärmeleitung

Nach dem folgenden Bild (S. 209) fließt die Wärme der Flamme über den Metallstab (z. B. aus Messing) zum Wasser, dessen Temperatur ansteigt.

Alle Metalle sind gute Wärmeleiter.

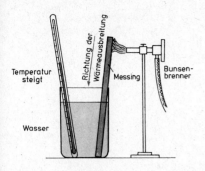
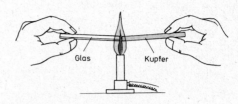

Metalle fühlen sich kalt an, da die Handwärme rasch abgeleitet wird.

Ein Kupferstab erreicht wesentlich schneller als der Glasstab eine so hohe Temperatur, daß er nicht mehr in der Hand gehalten werden kann.

> **Verschiedene Werkstoffe leiten die Wärme nicht gleich gut.**

Ein Holzstab brennt an dem einen Ende, ohne daß sich das andere merklich erwärmt.

Aus Versuchen ergibt sich folgende Reihenfolge der Wärmeleitfähigkeit: Kupfer (sehr gut), Aluminium, Messing, Eisen, Glas, Holz (sehr schlecht).

Wärmeleitfähigkeit, bezogen auf Wasser = 1

Silber 750	Zink 205	Eisen 100	Holz 0,4
Kupfer 700	Messing 190	Glas 1,6	Kork 0,09
Aluminium 400	Platin 130	Wasser 1	ruhende Luft 0,05

Silber leitet also 15000mal besser als ruhende Luft, Eisen 100mal besser als Wasser.

Wird auf die Gasflamme in dem folgenden Bild ein Drahtnetz (z. B. aus Kupfer) herabgesenkt, so zeigt sich oberhalb des Netzes keine Flamme mehr, da die Wärme so rasch abfließt, daß die Entzündungstemperatur des Gases nicht mehr erreicht wird. — Anwendung in der Grubenlampe nach Davy: Grubengas explodiert nicht an einer offenen Flamme, die mit einem feinmaschigen Drahtnetz umgeben ist.

Modellversuch zur Grubenlampe *Zum Nachweis der schlechten Wärmeleitung des Wassers*

Anwendung der Wärmeleitung

Schlechte Wärmeleiter sind als Isolierstoffe zu verwenden.

Die Griffe von Metallgefäßen sind aus Porzellan oder Holz, Ofengriffe aus Porzellan. Die Leitfähigkeit von Porzellan ist rund 50mal schlechter als die von Eisen. Um den Einfluß der Handwärme auszuschalten, versieht man Meßwerkzeuge, an die hohe Genauigkeitsansprüche gestellt werden, mit Handgriffen aus schlecht leitendem Material.

Ruhende Luft ist ein sehr schlechter Wärmeleiter. Poröse Stoffe, die stillstehende Luft enthalten, sind daher besonders gut wärmeisolierend. Die sehr schlechte Wärmeleitung ruhender Luft macht es möglich, Gebäck herzustellen, das im Innern Speiseeis enthält. Das Eis schmilzt in der Hitze des Backofens nicht, da es vom Schaum geschlagenen Eiweißes umgeben ist. Dieser Eisschnee enthält genügend ruhende Luft zur Wärmeisolierung.

Lufthaltige Stoffe sind Stroh, Glaswolle, Hohlziegel beim Wohnungsbau, künstlich hergestellte Schaumstoffe (Kunststoffe). Wasserleitungen werden mit Glaswolle umwickelt.

Guten Wärmeschutz bieten Doppelfenster. Durch das Luftpolster ist der Wärmedurchgang bei Doppelfenstern etwa nur halb so groß wie bei Einfachfenstern.

Kühlräume stellt man mit doppelten Wänden her, die mit porösen, lufthaltigen Stoffen ausgefüllt werden.

Schlechte Wärmeleitung kann auch schädlich wirken!

Kesselstein leitet Wärme sehr schlecht. Die Wärme staut sich. Örtliche Überhitzung der Kesselwandung kann zu Explosionen führen. Daher ist Kesselstein zu entfernen.

5.9.2 Wärmeströmung (Konvektion)

Wärmeströmungen (Konvektionen[1]) größten Ausmaßes gibt es in der Natur. In den warmen Luftmassen von Föhn und Monsun findet ein beachtlicher Wärmetransport statt. Aber auch Wärmeströmungen geringeren Ausmaßes lassen sich gut beobachten.

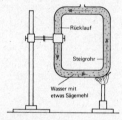

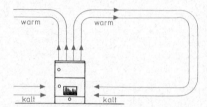

Erwärmtes Wasser steigt in einem Glasrohr hoch und führt zu einer Strömung, die durch Zugabe von Sägemehl besser zu beobachten ist. Anwendung: Warmwasserheizung

Wärmeströmung der Luft: Am Ofen erwärmte Luft steigt hoch. Kältere Luft in Bodennähe strömt nach

Ursache für die Strömung ist in beiden Fällen das Aufsteigen des wärmeren und spezifisch leichteren Mittels (Wasser, Luft). Nach der Abkühlung ist das Artgewicht größer. Es erfolgt ein Absinken.

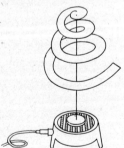

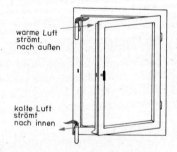

Die hochsteigende Warmluft versetzt die Papierschlange in Drehung

Feststellung der Strömungsrichtungen an einem geöffneten Fenster mit Hilfe von zwei brennenden Kerzen

---

[1] Konvektion (lat.) bedeutet Mitführung

In dem oben aufgezeigten Versuch zum Nachweis der schlechten Wärmeleitung des Wassers kann eine Wärmeströmung nicht auftreten, da das leichtere, wärmere Wasser von Anfang an oben ist.

Nun wird auch verständlich, warum nur ruhende Luft eine so hervorragende Fähigkeit zur Isolierung der Wärme besitzt. Tritt Konvektion auf, so geht auf diese zweite Art der Wärmeausbreitung dennoch Wärme verloren.

5.9.3 Wärmestrahlung

Die Wärme der Sonnenstrahlen kann mit Hilfe einer Sammellinse (vgl. Abschn. 6.12) ein Stück Papier zur Entzündung bringen. Diese Wärme wird in Form von Wärmestrahlen, d. h. elektromagnetischen Wellen, 150 Millionen km durch die Luftleere des Weltraumes und durch die Lufthülle der Erde transportiert.

Die Wärmestrahlen sind unsichtbar (warmer, d. h. wärmeabstrahlender Ofen im Dunkeln). Alle heißen Körper senden Wärmestrahlung aus. Diese durchdringt den Raum. Erst beim Auftreffen auf einen Körper wird die Wärme wahrnehmbar.

Wärmestrahlen verhalten sich wie Lichtstrahlen (vgl. Abschn. 6.1.1). Befindet sich eine Wärmequelle, z. B. eine glühende Stahlkugel, im Brennpunkt eines Hohlspiegels, so entstehen Parallelstrahlen, die im Brennpunkt eines 2. Hohlspiegels gesammelt werden können.

5.9.4 Überblick

Art des Wärmeübergangs	Fortpflanzungsmittel für die Wärme	Vorgang der Wärmeausbreitung
Wärmeleitung	Bei Festkörpern, Flüssigkeiten und Gasen. Nur innerhalb eines Körpers oder wenn direkte Berührung stattfindet	Die stärker schwingenden Atome einer heißen Stelle bringen die benachbarten Atome zum Mitschwingen. Die Wärme bewegt sich fort. Die beteiligten Atome bleiben im wesentlichen an ihren Plätzen
Wärmeströmung	Nur bei Flüssigkeiten und Gasen	Strömung kommt durch Dichteänderung bei Erwärmung zustande (Auftrieb). Das sich bewegende Mittel führt Wärme mit sich fort; die Wärme bewegt sich mit den schwingenden Atomen
Wärmestrahlung	Fortpflanzung im leeren Raum (Vakuum) und durch Erdatmosphäre	Keinerlei Materie notwendig. Die Wärmeenergie pflanzt sich in Form von elektromagnetischer Energie im leeren Raum fort. Geschwindigkeit 300000 km/s. Energietransport durch elektromagnetische Wellen

5.9.5 Die drei Wärmeübergangsarten bei der Thermosflasche

Thermosflaschen oder Isolierflaschen — in der Wärmelehre auch Kalorimeter genannt — haben die Aufgabe, Wärmeverluste zu vermeiden bzw. die Wärme möglichst lange zu halten.

Bei den meisten Wärmequellen treten alle drei Wärmeübergangsarten gleichzeitig auf.

Beim Betrieb eines mit Kohle beheizten Dampfkessels überwiegt die Strahlungswärme, bei der Dampfheizung die Wärmeströmung und bei einem Metallgefäß auf einer elektrischen Herdplatte die Wärmeleitung.

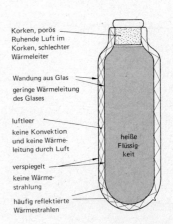

Korken, porös
Ruhende Luft im
Korken, schlechter
Wärmeleiter

Wandung aus Glas
geringe Wärmeleitung
des Glases

luftleer
keine Konvektion
und keine Wärmeleitung durch Luft

verspiegelt
keine Wärmestrahlung

häufig reflektierte
Wärmestrahlen

heiße
Flüssigkeit

5.10 Die Maßeinheit für die Wärmemenge

5.10.1 Der Begriff Wärmemenge

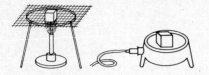

Einen Körper, z. B. einen Metallklotz, können wir erwärmen, indem wir ihn mit einer Flamme aufheizen oder ihn auf eine Elektroheizplatte legen oder auch ihn mechanisch reibend so bearbeiten (z. B. feilen), daß er warm wird (s. Abschn. 9.5.9).

Möglichkeiten, einen Körper zu erwärmen

Da jedesmal die gleiche Wirkung — höhere Temperatur — eintritt, vermuten wir, daß dem Körper beim Erwärmen etwas zugeführt wird. Im letzten Fall war es mechanische Arbeit, die an ihm verrichtet wurde. Versuche ergaben, daß mechanische Arbeit sogar vollständig zur Erwärmung eines Körpers aufgebraucht werden kann.

Die verwandelte mechanische Arbeit nennen wir *Wärmemenge*.

In einem Meßversuch bestimmen wir die Erwärmung eines Kupferzylinders mit Hilfe eines empfindlichen elektrischen Thermometers, während ein um den Zylindermantel gelegtes und belastetes Band längs des Zylinderumfangs Reibarbeit verrichtet.

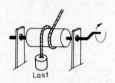

Ergebnis: Die Temperatur des Kupferzylinders steigt um so höher, je mehr Umdrehungen gemacht wurden; auf die Umdrehungsgeschwindigkeit kommt es dabei nicht an.

Umwandlung mechanischer Arbeit in Wärme

Umdrehungen	0	20	40	60	80
Temperatur °C	22,00	22,15	22,35	22,60	22,80

Wir wiederholen den Versuch mit einem Kupferzylinder, der die halbe Masse hat: (Reibkraft und Zylinderradius bleiben gleich)

Umdrehungen	0	20	40	60
Temperatur °C	22,00	22,30	22,70	23,20

Ergebnis: Es sind nur halb so viele Umdrehungen des Kupferzylinders notwendig, um auf die gleiche Temperatur wie beim schweren Zylinder zu kommen.

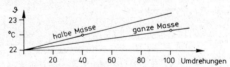

Auswertung des Versuchs zur Umwandlung mechanischer Arbeit in Wärme

5.10.2 Die Einheit der Wärmemenge

Wegen der vollständigen Verwandelbarkeit der mechanischen Arbeit in ,,Wärmearbeit'' sollen Wärmemengen in der gleichen Maßeinheit gemessen werden wie die mechanische Arbeit:

1 Wärmemengeneinheit = 1 Newton · Meter = 1 Joule (= 1 Watt · 1 Sekunde)

Das Formelzeichen der Wärmemenge (= Wärmearbeit) ist Q, während das Formelzeichen der mechanischen Arbeit W heißt.

Versuche ergaben, daß auch von anderen Wärmequellen verrichtete Wärmearbeit vollständig zur Erwärmung von Probekörpern verwendet werden kann — also z. B. chemische Arbeit aus der Flamme und elektrische Arbeit aus einer Heizplatte. Es wird darum nunmehr kein Unterschied zwischen den Maßeinheiten dieser Erwärmungsarbeiten gemacht.

Bisher war die Einheit der Wärmemenge anders definiert:

Die Wärmemengeneinheit war diejenige Wärmemenge, die 1 kg Wasser (unter genormten Bedingungen) um 1 °C erwärmte: 1 Kilokalorie (1 kcal[1])

$$1 \text{ kcal} = 4186,8 \text{ N} \cdot \text{m} = 4,1868 \text{ kJ}; \quad 10^6 \text{ J} = 1 \text{ MJ} = 240 \text{ kcal}$$

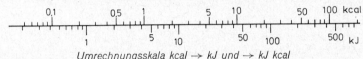

Umrechnungsskala kcal → kJ und → kJ kcal

Den Umrechnungsfaktor, also das Verhältnis der beiden Energieeinheiten, nennt man

das ,,mechanische Äquivalent der Wärme''

Der Zahlenwert wurde durch Präzisionsmessungen ermittelt, bei denen mechanische Arbeit (Reibungsarbeit) vollständig zur Erwärmung von Wasser verwendet wurde.

Die Tatsache, daß jede mechanische Arbeit über die Reibung vollständig in Wärmeenergie verwandelbar ist, nennt man den

,,Satz von der Erhaltung der Energie'' bezüglich der Mechanik und Wärmelehre.

Als Entdecker des Energiesatzes gilt der Heilbronner Arzt Julius Robert Mayer (1814—1878). Ein Verstoß gegen den Energieerhaltungssatz konnte bisher noch nicht festgestellt werden.

J. R. Mayer überlegte im Rahmen eines ,,Gedankenversuchs'', in welcher Weise und in welchem Maße die mechanische Kompressionsarbeit beim Zusammendrücken von Luft in deren Erwärmung verwandelt wird. Bekannt waren die spezifischen Wärmekapazitäten der Luft bei konstantem Druck und bei konstantem Volumen — allerdings in den zwischen Mechanik und Wärmelehre ,,nichtkohärenten'' Einheiten.

J. R. Mayers Verdienst war es, die Wesensgleichheit von mechanischer und Wärmeenergie erkannt zu haben (1842). Die Allgemeingültigkeit des Erhaltungssatzes der Energie bei der Umwandlung beliebiger Energieformen ineinander sprach der deutsche Physiker H. v. Helmholtz aus.

5.10.3 Unterschied der Größenarten, Temperatur und Wärmemenge

Versuch: Wir erwärmen eine größere und eine kleinere Wassermenge (Verhältnis 2 : 1) mit dem Tauchsieder jeweils gleich lange.

Erkenntnis: Die kleinere Wassermenge kommt dabei auf die höhere Temperatur, die größere Wassermenge bewirkt den halben Temperaturunterschied.

---

[1] von lat: calor = Wärme

Trotz hoher Temperatur der Flamme eines Gasbrenners läßt sich mit dem Brenner ein ganzer Schulsaal nicht aufheizen.

Die Angabe der Temperatur kennzeichnet einen *Zustand* im Inneren eines Körpers: große bzw. kleine mittlere Geschwindigkeit der Moleküle, aus denen er zusammengesetzt ist.

Die Angabe der *Wärmemenge* kennzeichnet den Gesamtgehalt des Körpers an „Innerer Energie".

Zwei Kilogramm siedendes Wasser enthalten die doppelte Wärmemenge, die ein Kilogramm siedendes Wasser enthält.

Viele bewegte Moleküle — große Wärmemenge.

Schnell bewegte Moleküle — hohe Temperatur.

5.11 Die spezifische Wärmekapazität

5.11.1 Die Abhängigkeit der Temperaturerhöhung von der Art des erwärmten Stoffes

Versuch: Wir setzen ein Metallstück, z. B. 1 kg Eisen, und nachher die gleiche Menge (1 kg) Wasser in einem dünnwandigen Gefäß nacheinander gleich lange auf dieselbe Wärmequelle: die Flamme eines Gasbrenners.

Ergebnis: Trotz gleicher Wärmezufuhr erwärmen sich die beiden Körper sehr verschieden: Das Metall kann mit der Hand nicht mehr angefaßt werden, während das Wasser nur handwarm geworden ist. Für die Temperaturerhöhung ist also nicht allein die zugeführte Menge der Wärmeenergie maßgebend, sondern es ist auch die Art des Stoffes entscheidend. Wir führen diese Stoffeigenschaft als Proportionalitätskonstante in der nachfolgenden Formel ein.

Die Erkenntnis der Abhängigkeit der Temperaturerhöhung von der Stoffmenge und der Wärmemenge, die zugeführt worden ist, drücken wir so aus:

Die Temperaturerhöhung $\Delta\vartheta$ ist proportional der Wärmezufuhr ΔQ.

Die Temperaturerhöhung $\Delta\vartheta$ ist proportional dem Kehrwert der Masse $1/m$.

Beide Aussagen können wir zusammenfassen:

Die Temperaturerhöhung $\Delta\vartheta$ ist proportional $\dfrac{\Delta Q}{m}$ oder $\Delta Q \sim m \cdot \Delta\vartheta$.

Die Proportionalitätskonstante führen wir in eine Gleichung ein:

$$\Delta Q = c \cdot m \cdot \Delta\vartheta$$

und nennen die Konstante c die *spezifische Wärmekapazität* (des erwärmten Stoffes) mit

$\Delta\vartheta =$ Endtemperatur minus Anfangstemperatur $\Delta\vartheta = \vartheta_2 - \vartheta_1$

5.11.2 Definition der spezifischen Wärmekapazität [1])

Setzen wir in den Ausdruck für die Masse $m = 1$ kg und für die Temperaturerhöhung $\Delta\vartheta = 1\ °C$ ein, so gewinnen wir eine Begriffsbestimmung für die Stoff-Kenngröße „Spezifische Wärmekapazität":

Die spezifische Wärmekapazität c gibt an, wieviel Joule zur Erwärmung von **1 Kilogramm** eines bestimmten Stoffes um **1 °C** aufzuwenden sind.

Die gesetzliche Einheit ist 1 Kilojoule pro Kilogramm und Kelvin.

---

[1]) früher „spezifische Wärme"

Einige spezifische Wärmekapazitäten und ihre auf die nicht mehr gesetzlichen Einheiten kcal/kg · grd umgerechneten Werte.

	kJ/kg · K	kcal/kg · grd		kJ/kg · K	kcal/kg · grd
Wasser	4,19	1,000	Glas	0,79	0,19
Alkohol	2,47	0,59	Stahl	0,50	0,12
Kork	2,01	0,48	Eisen	0,46	0,11
Olivenöl	1,97	0,47	Kupfer	0,38	0,09
Eis	1,80	0,43	Quecksilber	0,14	0,033
Benzol	1,72	0,41	Blei	0,13	0,031
Aluminium	0,88	0,21			

Wasser hat eine wesentlich größere spezifische Wärmekapazität als alle anderen festen und flüssigen Stoffe. Darum erwärmt sich das Meer weniger schnell als das Festland durch Sonneneinstrahlung, kühlt sich aber auch langsamer ab als das Festland. Daher ist das „Seeklima" ausgeglichener als das „Landklima".

5.11.3 Temperaturerhöhung und Wärmemenge

1. Beispiel: Um ein Aluminiumstück von 0,25 kg Masse um $\Delta\vartheta = 120\,°C$ zu erwärmen, benötigt man

$$Q = c \cdot m \cdot \Delta\vartheta = 0,88\,\frac{kJ}{kg \cdot K} \cdot 0,25\ kg \cdot 120\ K = 22,64\ kJ\ (= 6,3\ kcal)$$

Wie in früher verwendeten Formelausdrücken sollen nur die gesetzlichen Einheiten eingesetzt werden.

2. Beispiel: Ein Tauchsieder liefert je Sekunde „0,20 Kilokalorien". Welche Temperaturerhöhung erfolgt bei 5 *l* Wasser, wenn das Gerät nach 15 Minuten abgeschaltet wird?

Lösung: Umrechnung 1 Kilokalorie = 4,19 Kilojoule, also ist die abgegebene Wärmemenge

$$\Delta Q = 0,20 \cdot 4,19 \cdot 15 \cdot 60\,\frac{kJ \cdot s}{s} = 750\ kJ$$

$$\Delta\vartheta = \frac{\Delta Q}{m \cdot c} = \frac{750\ kJ \cdot kg \cdot K}{5\ kg \cdot 4,19\ kJ} = 36\ K\ \text{bzw. } 36\,°C$$

(Lösung in alten Einheiten: In 900 Sekunden werden $0,2\,\dfrac{kcal}{s} \cdot 900\ s = 180\ kcal$ geliefert.

$$\Delta\vartheta = \frac{\Delta Q}{m \cdot c} = \frac{180\ kcal}{5\ kg \cdot 1\,\dfrac{kcal}{kg\ grd}} = 36\ grd)$$

Der Vorteil der Rechnung mit den neuen gesetzlichen Einheiten zeigt sich vor allem bei Aufgaben zur elektrischen Erwärmung.

3. Beispiel: Die Flamme eines Bunsenbrenners liefert $0,180\,\dfrac{kcal}{s}$. Wieviel kg Olivenöl können damit in 15 Minuten von 20 °C auf 70 °C erwärmt werden?

Lösung: $0,180\ kcal/s = 0,754\ kJ/s$ $c_{Öl} = 1,97\,\dfrac{kJ}{kg \cdot K}$ $\Delta\vartheta = 50\ K$

$$m = \frac{\Delta Q}{c \cdot \Delta\vartheta} = \frac{900\ s \cdot 0,754\ kJ/s}{1,97\ kJ/kg \cdot K \cdot 50\ K} = 6,9\ kg\ \text{(nicht Liter!)}$$

Tatsächlich treten durch Abstrahlung und Lufterwärmung Verluste auf.

5.11.4 Die Wärmekapazität (Wasserwert)

Auch der Behälter, in dem eine Flüssigkeit erwärmt wird, bedarf einer Wärmezufuhr. Die Wärmeaufnahme läßt sich über die Wärmekapazität des Gefäßes berechnen.

(Der Ausdruck „Wasserwert" bezog sich auf die auf Wasser bezogene Einheit der Wärmemenge 1 Kalorie.)

Die **Wärmekapazität** gibt an, welche Wärmemenge einem Körper der Masse m_K und der spezifischen Wärmekapazität c_K zugeführt werden muß, um seine Temperatur um $\Delta\vartheta = 1\,°C = 1$ Kelvin $= 1$ K zu erhöhen.

$$\text{Wärmekapazität} = (m_K \cdot c_K) \text{ in } \frac{\text{Joule}}{\text{Kelvin}}$$

Beispiel: Um 0,05 kg Kupfer um 1 °C zu erwärmen, benötigen wir

$$Q = m \cdot c \cdot \Delta\vartheta = 0{,}05 \text{ kg} \cdot 0{,}38 \frac{\text{kJ}}{\text{kg} \cdot \text{K}} \cdot 1 \text{ K} = 0{,}019 \text{ kJ}$$

Es sind also $0{,}019 \frac{\text{kJ}}{\text{K}}$ notwendig; die Wärmekapazität des Kupferstückes beträgt $0{,}019 \frac{\text{kJ}}{\text{K}}$.

Enthält ein Kupfergefäß der Masse 0,05 kg 0,20 l Wasser, so nimmt das Wasser $0{,}2 \cdot 4{,}19 \frac{\text{kJ}}{\text{K}} = 0{,}838 \frac{\text{kJ}}{\text{K}}$ auf und das Kupfergefäß $0{,}019 \frac{\text{kJ}}{\text{K}}$. Gefäß und Wasser nehmen also zusammen $(0{,}838 + 0{,}019) \frac{\text{kJ}}{\text{K}} = 0{,}857 \frac{\text{kJ}}{\text{K}}$ auf.

Beispiel: In einem Aluminiumgefäß, $m_K = 0{,}2$ kg, werden 2 l Wasser erwärmt.

a) Wie groß ist die Wärmekapazität des Gefäßes?

b) Welche Wärmemenge ist zur Erwärmung des Wassers um 50 °C erforderlich — bei Vernachlässigung der Wärmekapazität des Gefäßes?

c) Wie ändert sich das Ergebnis bei Berücksichtigung der Wärmekapazität des Gefäßes?

Lösung:

a) Die Wärmekapazität des Gefäßes ist $0{,}2 \text{ kg} \cdot 0{,}88 \frac{\text{kJ}}{\text{kg} \cdot \text{K}} = 0{,}176 \frac{\text{kJ}}{\text{K}}$

b) $Q = m_W \cdot c_W \cdot \Delta\vartheta = 2 \text{ kg} \cdot 4{,}19 \frac{\text{kJ}}{\text{kg} \cdot \text{K}} \cdot 50 \text{ K} = 419 \text{ kJ}$

c) $Q' = (m_W c_W + m_{Al} c_{Al}) \cdot \Delta\vartheta = (2 \cdot 4{,}19 + 0{,}2 \cdot 0{,}88) \cdot 50 \frac{\text{kJ}}{\text{K}} = (8{,}380 + 0{,}176) \cdot 50 \frac{\text{kJ}}{\text{K}} =$

$8{,}556 \frac{\text{kJ}}{\text{K}} \cdot 50 \text{ K} = 427{,}8 \text{ kJ} \quad \Delta Q = 8{,}8 \text{ kJ entspr. } 2{,}1 \%$

5.12 Bestimmung der Mischungstemperatur von Flüssigkeiten (Mischungsrechnung I)

Um die Endtemperatur beim Mischen von Flüssigkeiten verschiedener Temperaturen festzustellen, wird eine *Mischungsrechnung* aufgestellt. Zur Unterscheidung von etwas anders gelagerten Fällen von Mischungsrechnung, die noch folgen, nennen wir das nachstehende Berechnungsverfahren Mischungsrechnung I.

Ein Gefäß enthält die Menge m_1 kalten Wassers (Temperatur ϑ_1). Nun wird die Menge m_2 heißen Wassers (Temperatur ϑ_2) zugeschüttet. Um eine möglichst rasche, gleichmäßige Verteilung der Wärme in der Mischung zu erreichen, wird umgerührt. Nach kurzer Zeit hat sich eine Mischungstemperatur ϑ_m eingestellt.

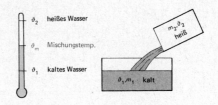

5.12.1 Physikalischer Grundgedanke zur Mischungsrechnung

Zur Berechnung der Mischungstemperatur bei Mischungen *beliebiger Art* sind zwei Erfahrungstatsachen von Bedeutung:

1) Wärme verhält sich wie ein unzerstörbarer Stoff.

Eine einmal vorhandene Wärmemenge kann niemals spurlos verschwinden. Sieht man von Wärmeverlusten ab, so gilt nach dem Wärmeausgleich:

Wärmeverlust des ursprünglich heißen Wassers = Wärmegewinn des ursprünglich kalten Wassers

2) Haben zwei Körper unterschiedliche Temperaturen, so wird die Wärme so lange vom wärmeren zum kälteren übergehen, bis sich überall dieselbe Temperatur, die „Mischungstemperatur" ϑ_m, eingestellt hat.

Etwas Gegenteiliges wurde noch nie beobachtet. Noch nie hat sich in einer Flüssigkeit überall gleicher Temperatur plötzlich ein Teil der Flüssigkeit erwärmt und ein anderer dafür abgekühlt. Es findet immer ein Temperaturausgleich statt.

Durchführung der Rechnung für beliebige Flüssigkeiten

Die Flüssigkeitsmengen $m_1(\vartheta_1, c_1)$ und $m_2(\vartheta_2, c_2)$ werden gemischt.

Schreiben wir für Wärmeverlust $=$ Wärmeabgabe Q_{ab} und für

Wärmegewinn $=$ Wärmezufuhr Q_{zu}, so gilt

Mischungs-bedingung	Q_{ab}	$=$	Q_{zu}
	Wärmeabgabe des heißen Wassers	$=$	Wärmezufuhr des kalten Wassers

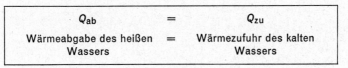

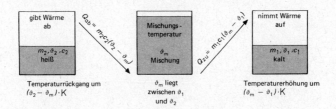

ϑ_m folgt aus $m_2 c_2 (\vartheta_2 - \vartheta_m) = m_1 c_1 (\vartheta_m - \vartheta_1)$

$$m_2 c_2 \vartheta_2 - m_2 c_2 \vartheta_m = m_1 c_1 \vartheta_m - m_1 c_1 \vartheta_1$$

Hieraus $\vartheta_m = \dfrac{m_1 c_1 \vartheta_1 + m_2 c_2 \vartheta_2}{m_1 c_1 + m_2 c_2}$

Bei der Mischung zweier Flüssigkeiten der Menge m_1 (Temperatur ϑ_1, spezifische Wärmekapazität c_1) und der Menge m_2 (Temperatur ϑ_2, spezifische Wärmekapazität c_2) stellt sich die Mischungstemperatur

$$\vartheta_m = \frac{m_1 c_1 \vartheta_1 + m_2 c_2 \vartheta_2}{m_1 c_1 + m_2 c_2} \text{ ein.}$$

Beispiel: Werden 2,5 l Wasser von 20,5 °C und 1,5 l Wasser von 51 °C gemischt, so wird die Mischungstemperatur

$$\vartheta_m = \frac{(2,5 \cdot 4,19 \cdot 20,5 + 1,5 \cdot 4,19 \cdot 51)}{(2,5 \cdot 4,19 + 1,5 \cdot 4,19)} \cdot \frac{kg \cdot \dfrac{kJ \cdot K}{kg \cdot K}}{kg \cdot \dfrac{kJ}{kg \cdot K}} = 31,9 \text{ K über dem Gefrierpunkt, also}$$

stellt sich $\vartheta_m = +31,9$ °C ein.

Die durch den Versuch ermittelte Mischungstemperatur von 30,5 °C lag niedriger als die berechnete. *Ursache:* Das ursprünglich kalte Gefäß wurde miterwärmt. Bei der Rechnung blieb diese Wärmeaufnahme unberücksichtigt. Auch der Wärmeverlust an die Umgebung führt zu einem kleineren Wert von ϑ_m.

Bei mehreren Summanden ist es empfehlenswert, die zugehörigen Maßeinheiten rechts neben den Maßzahlen zusammengefaßt anzugeben (vgl. Abschn. 0.8.1 und Abschn. 1.25). Da jeder Summand — die Richtigkeit der Formel vorausgesetzt — dieselbe Maßbenennung aufweisen muß, so genügt es, diese nur einmal anzuschreiben. Bei Zähler und Nenner eines Bruches (wie im vorliegenden Beispiel) ist beim Auftreten mehrerer Summanden entsprechend zu verfahren, so daß die Maßbenennungen auf einem zweiten Bruchstrich erscheinen.

5.12.2 Die Wärmeabgabe an das Mischungsgefäß

Das ursprünglich kalte Gefäß (Temperatur ϑ_1, Masse m_K, spezifische Wärmekapazität c_K) nimmt nach der Mischung die Temperatur ϑ_m an. Die dem Gefäß zugeführte Wärme wird dann (vgl. Abschn. 5.12.1)

$$Q_{zu} = m_1 c_1 (\vartheta_m - \vartheta_1) + m_K c_K (\vartheta_m - \vartheta_1) = (m_1 c_1 + W)(\vartheta_m - \vartheta_1)$$

wobei $W = (m_K c_K)$ den „Wasserwert" des Gefäßes bedeutet. Damit gilt

$$Q_{ab} \qquad = \qquad Q_{zu}$$
$$m_2 c_2 (\vartheta_2 - \vartheta_m) = (m_1 c_1 + (m_K c_K)) \cdot (\vartheta_m - \vartheta_1)$$

Es ist dieselbe Formel wie in 5.12.1.

5.12.3 Der Wärmeverlust an die Umgebung

Bisher kam die abgegebene Wärme nur dem kalten Wasser oder dem Mischungsgefäß zugute. Nun soll eine bestimmte Wärmemenge Q_v an die Umgebung, z. B. zur Erwärmung der Luft, verlorengehen.

Was der heiße Körper mehr abgibt, als dem kalten zugeführt wird, ist Verlust. Also gilt

$$Q_{ab} - Q_{zu} = Q_v$$
$$m_2 c_2 (\vartheta_2 - \vartheta_m) - m_1 c_1 (\vartheta_m - \vartheta_1) = Q_v$$

Die Auflösung nach ϑ_m liefert:

> Erfolgt bei der Mischung zweier Flüssigkeitsmengen m_1 (c_1, ϑ_1) und m_2 (c_2, ϑ_2) ein Wärmeverlust Q_v durch Erwärmen der Umgebung, so beträgt die Mischungstemperatur nur noch
>
> $$\vartheta_m = \frac{m_1 \cdot c_1 \cdot \vartheta_1 + m_2 \cdot c_2 \cdot \vartheta_2 - Q_v}{m_1 \cdot c_1 + m_2 \cdot c_2}$$

5.12.4 Die Wärmekapazität und der Wärmeverlust

Beide Einflüsse, sowohl die Berücksichtigung des „Wasserwertes" ($m_K \cdot c_K$) des Gefäßes als auch die Beachtung der Wärmeabgabe Q_v an die Umgebung, führen zu einer niedrigeren Mischungstemperatur. Jedoch ist zu beachten, daß sich die Wärmeaufnahme des Gefäßes nur dann in diesem Sinne bemerkbar macht, wenn die Mischung im Gefäß des kalten Wassers stattfindet. Bei Mischung im Gefäß des heißen Wassers würde sich das Gefäß auf die Mischungstemperatur abkühlen, was mit einer Wärmeabgabe an das Wasser verbunden wäre.

Treten beide Einflüsse gleichzeitig auf, so ist bei der Formel in Abschnitt 5.12.3 für m_1c_1 wieder $m_1c_1 + m_K \cdot c_K$ zu schreiben.

> Hat das Gefäß, das bei der Mischung verwendet wird, den „Wasserwert" $m_K \cdot c_K$, und findet eine Wärmeabgabe Q_v an die Umgebung statt, so wird die Mischungstemperatur
>
> $$\vartheta_m = \frac{(m_1c_1 + m_Kc_K) \cdot \vartheta_1 + m_2c_2 \cdot \vartheta_2 - Q_v}{m_1c_1 + m_2c_2 + m_Kc_K}$$

Beispiel: In einem Behälter befindet sich 1 l Wasser von 18 °C. Es werden 1,5 l Wasser von 56 °C hinzugeschüttet. Welche Mischungstemperatur stellt sich ein,

a) wenn die Wärmeabgabe an Gefäß und Umgebung unberücksichtigt bleibt;

b) wenn man beachtet, daß das Mischungsgefäß, das ursprünglich das kalte Wasser enthielt, aus Glas ist, die Masse 2 kg hat $\left(c_{Gl} = 0{,}79 \dfrac{kJ}{kg \cdot K} \text{ und Zimmertemperatur 18 °C}\right)$;

c) wenn man beachtet, daß zusätzlich noch ein Wärmeverlust von 17,60 kJ an die Umgebung stattfindet?

Lösung: a) Die Mischungstemperatur wird mit $c_1 = c_2 = 4{,}19 \dfrac{kJ}{kg \cdot K}$ $c_K = 0{,}79 \dfrac{kJ}{kg \cdot K}$

$m_1 = 1$ kg $\vartheta_1 = 18$ °C $\vartheta_2 = 56$ °C

$m_K = 2$ kg $m_2 = 1{,}5$ kg

$$\vartheta_m = \frac{m_1c_1\vartheta_1 + m_2c_2\vartheta_2}{m_1c_1 + m_2c_2} = \frac{1{,}0 \cdot 4{,}19 \cdot 18 + 1{,}5 \cdot 4{,}19 \cdot 56}{2{,}5 \cdot 4{,}19} \text{ K, entsprechend } + 40{,}8 \text{ °C}$$

b) Die Wärmekapazität des Mischungsgefäßes ist $m_K \cdot c_K = 2 \cdot 0{,}79 \dfrac{kg \cdot kJ}{kg \cdot K} = 1{,}58 \dfrac{kJ}{K} = W$

Damit wird

$$\vartheta_m = \frac{(m_1c_1 + W)\vartheta_1 + m_2c_2\vartheta_2}{m_1c_1 + m_2c_2 + m_Kc_K} = \frac{(1 \cdot 4{,}19 + 1{,}58) \cdot 18 + 1{,}5 \cdot 4{,}19 \cdot 56}{2{,}5 \cdot 4{,}19 + 1{,}58} \text{ K, entsprechend } + 37{,}8 \text{ °C}$$

c) Mit dem zusätzlichen Wärmeverlust $Q_v = 17,6$ kJ wird

$$\vartheta_m = \frac{(m_1 c_1 + m_K c_K)\,\vartheta_1 + m_2 c_2 \vartheta_2 - Q_v}{m_1 c_1 + m_2 c_2 + m_K c_K}$$

$$= \frac{(1 \cdot 4,19 + 2 \cdot 0,79) \cdot 18 + 1,5 \cdot 4,19 \cdot 56 - 17,6}{2,5 \cdot 4,19 + 1,58} \text{ K, entsprechend } + 36,3\,°C$$

Zum Vergleich: Beim Mischungsversuch wurde für die Mischungstemperatur im obigen Fall 37,0 °C gemessen.

5.12.5 Wärmeenergie (Wärmeinhalt) eines Körpers

Wärme stellt eine Energieform dar. Für eine bestimmte Wassermenge muß daher sofort anzugeben sein, welche Wärmeenergie in ihr enthalten ist. Genauso wie bei der Lagenenergie eines Körpers die Bezugshöhe beliebig gewählt werden kann (vgl. Abschn. 1.23.2), so ist auch die Bezugstemperatur für die Wärmeenergie willkürlich wählbar. Aus Zweckmäßigkeitsgründen legen wir fest:

Die Wärmeenergie eines Körpers soll von 0 °C an gerechnet werden. Ein Körper von 0 °C hat demnach die Wärmeenergie Null, bezogen auf die Temperatur 0 °C.

Beispiel: Bei einer Mischung werden 1,5 l Wasser von 56 °C hinzugeschüttet. Der Wärmeverlust an die Umgebung betrage 5% der Wärmeenergie des heißen Wassers. Die Wärmeenergie des Wassers beträgt, bezogen auf die Temperatur 0 °C,

$$Q = m \cdot c \cdot \vartheta = 1,5 \text{ kg} \cdot 4,19 \frac{\text{kJ}}{\text{kg} \cdot \text{K}} \cdot 56 \text{ K} = 352 \text{ kJ}$$

5% von 352 kJ sind 17,6 kJ

Es sei besonders darauf hingewiesen, daß die Formel $Q = m \cdot c \cdot \vartheta$ nur zur Berechnung des Wärmeinhalts des *flüssigen* Wassers, gemessen von 0 °C an, benutzt werden kann.

Bei der Bestimmung des gesamten Wärmeinhalts eines Körpers (durch Zählen vom absoluten Nullpunkt aus) müßte auch die Temperaturabhängigkeit der spezifischen Wärmekapazität berücksichtigt werden. Außerdem wären auch die Umwandlungswärmen, wie z. B. die Schmelzwärme, einzubeziehen (Näheres über die Schmelzwärme in Abschn. 5.15).

Aufgabengruppe Wärme 3: Übungen zu 5.11 und 5.12

Mischungsrechnung I (bei Flüssigkeiten), spezifische Wärmekapazität, Wärmekapazität, Wärmeverluste

(Zahlenwerte für die spezifische Wärmekapazität sind der Tabelle in Abschn. 5.11.2 zu entnehmen.)

1. Um wieviel Grad erhöht sich die Temperatur eines Aluminiumkörpers von 400 g, wenn man ihm eine Wärmemenge von 63 kJ zuführt?

2. Wieviel Liter Wasser können mit einer bestimmten Wärmemenge um 5 °C erwärmt werden, wenn diese ausreicht, 200 g Eisen um 500 °C zu erwärmen?

3. Wie groß ist die spezifische Wärmekapazität eines Körpers, wenn eine Wärmezufuhr von 12,6 kJ bei einer Masse von 0,5 kg eine Temperaturerhöhung um 20 °C bewirkt?

4. Man gebe an, welche Massen an Wasser, Kupfer, Eisen und Blei durch Zufuhr von 63 kJ um 40 °C erwärmt werden können.

5. Welche Wärmemenge hat ein Aluminiumbecher von 90 g aufgenommen, wenn seine Temperatur durch eine heiße Flüssigkeit auf 85 °C erhöht wurde (Zimmertemperatur 20 °C)?

6. In einem Kupfergefäß mit einer Masse von 280 g werden 1,5 l Wasser mittels eines Tauch-
   sieders $\left(\text{Heizleistung } 0,84 \, \dfrac{\text{kJ}}{\text{s}}\right)$ 10 min lang erwärmt. Wie groß ist die Temperaturerhöhung
   a) ohne und b) mit Berücksichtigung der Wärmeaufnahme des Behälters?

7. Welche Temperaturerhöhung kann durch Zufuhr von 378 kJ bei 1,2 l Wasser erzielt werden?
   a) Wie ändert sich das Ergebnis, wenn die Wärmeaufnahme des Aluminiumgefäßes berücksichtigt wird? ($m = 0,24$ kg)
   b) Wie groß ist die Temperaturerhöhung, wenn die Erwärmung in einem Glasgefäß (0,8 kg)
   durchgeführt wird?

8. Welche Mischungstemperatur stellt sich ein, wenn in 100 l Wasser von 90 °C 1 l von 20 °C
   geschüttet wird? (Wärmeverluste durch Gefäß und Energieabgabe an die Umgebung sind zu
   vernachlässigen.)

9. In einem Aluminiumbehälter ($m = 0,45$ kg) befinden sich 4 l Wasser von 20 °C. Welche
   Mischungstemperatur stellt sich ein, wenn 2,5 l Wasser von 80 °C zugegossen werden,
   a) ohne Berücksichtigung von Wärmeabgabe an Gefäß und Umgebung;
   b) unter Berücksichtigung der Wärmeaufnahme des Gefäßes;
   c) unter Berücksichtigung einer zusätzlichen Wärmeabgabe von 4% der Wärmeenergie des
   heißen Wassers an die Umgebung? (Vgl. Abschn. 5.12.5.)

10. Wieviel Liter Wasser von 50 °C müssen 6 l Wasser von 80 °C hinzugegossen werden, damit eine
    Mischungstemperatur von 60 °C entsteht? Wie ändert sich das Ergebnis, wenn man beachtet,
    daß bei der Mischung 8% der Wärmeenergie des heißen Wassers an das Gefäß abgegeben
    werden bzw. an die Umgebung verlorengehen? (Vgl. Abschn. 5.12.5.)

11. Welche Mischungstemperatur stellt sich beim Zusammengießen von 2 l Wasser von 40 °C
    und 3 l Wasser von 70 °C ein, wenn die Wärmekapazität des Mischungsgefäßes 0,378 $\dfrac{\text{kJ}}{\text{K}}$ beträgt?
    Das Mischungsgefäß enthält ursprünglich das kalte Wasser.

12. In einem Glasgefäß (1,2 kg) befinden sich 4 l Wasser von 22 °C. Nach dem Hinzugießen
    von 6 l Wasser von 60 °C stellt sich eine Mischungstemperatur von 41 °C ein. Wie groß war
    bei der Mischung die Wärmeabgabe an die Umgebung in kJ und in Prozent der Wärme-
    energie des heißen Wassers? (Vgl. Abschn. 5.12.5.) Die Wärmekapazität des Gefäßes ist zu
    berücksichtigen.

13. Welche Heizleistung (kJ/s) liefert ein Tauchsieder, wenn 500 g Wasser in einem Glasgefäß
    von 136 g in 2 min von 15,5 °C auf 35 °C erwärmt werden (auch in kJ/min und in cal/min)?

14. Wieviel kJ sind notwendig, um einen Lötkolben aus Kupfer mit einer Masse von 0,28 kg
    von 15 °C auf 300 °C zu erwärmen?

15. Wie lautet die Formel für die Mischungstemperatur in Abschnitt 5.12.2, wenn das kalte
    Wasser in das Gefäß des heißen Wassers geschüttet wird?

5.13 Wärmeaustausch zwischen Flüssigkeit und festem Körper (Mischungsrechnung I)

Beim Eintauchen eines heißen Stahlstückes in kaltes Wasser stellt sich sehr rasch ein Temperaturausgleich zwischen Stahl und Wasser ein. Für die Berechnung der Mischungstemperatur ϑ_m
(nach Mischungsrechnung I) ist es völlig gleichgültig, ob der Wärmeaustausch zwischen zwei
Flüssigkeiten oder zwischen einer Flüssigkeit und einem festen Körper erfolgt. Die Berechnung
der Mischungstemperatur erfolgt daher genau wie in Abschnitt 5.12.

Schreiben wir anstelle m_1, c_1, ϑ_1 für Wasser nun m_W, c_W, ϑ_W
und anstelle m_2, c_2, ϑ_2 für Stahl nun $m_{St}, c_{St}, \vartheta_{St}$, so lautet die Beziehung

$$Q_{ab} = Q_{zu}$$

Wärmeverlust des Stahles = Wärmegewinn des Wassers

$$m_{St}c_{St}(\vartheta_{St} - \vartheta_m) = m_W c_W(\vartheta_m - \vartheta_W) \qquad \vartheta_m = \text{Mischungstemperatur}$$

Bei der praktischen Anwendung müssen bei dieser Formel alle Größen bis auf eine gegeben sein. Die fehlende Größe kann dann aus der Gleichung bestimmt werden.

1. Fall: Bestimmung der Mischungstemperatur

Auflösung nach ϑ_m liefert

$$\vartheta_m = \frac{m_W c_W \vartheta_W + m_{St} c_{St} \vartheta_{St}}{m_W c_W + m_{St} c_{St}} \; °C$$

2. Fall: Bestimmung der spezifischen Wärmekapazität des eingebrachten Metalls

Einige Stahlkugeln (m_{St}), die in kochendem Wasser eine Temperatur von 100 °C erreicht haben (ϑ_{St}), werden im Kalorimeter (Mischgefäß zur Wärmemengenmessung) abgekühlt. Die Mischungstemperatur wird bestimmt.

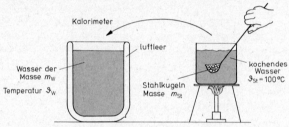

Ermittlung der spezifischen Wärmekapazität von Stahl

Bei mehreren kleinen Kugeln erfolgt der Wärmeausgleich rascher als bei einer großen. ϑ_m wird genauer, da der Wärmeverlust an die Umgebung kleiner bleibt.

Alle Temperaturen und Massen sind bekannt. Die spezifische Wärmekapazität des Stahles läßt sich dann durch Auflösen nach c_{St} bestimmen: $m_W c_W \vartheta_W + m_{St} c_{St} \vartheta_{St} = m_W c_W \vartheta_m + m_{St} c_{St} \vartheta_m$

$$c_{St} = \frac{m_W c_W(\vartheta_m - \vartheta_W)}{m_{St}(\vartheta_{St} - \vartheta_m)} \; \frac{kJ}{kg \cdot K}$$

3. Fall: Bestimmung der Körpertemperatur

Ist die spezifische Wärmekapazität des festen Körpers bekannt, so kann seine Temperatur vor der Mischung berechnet werden. Befand sich ein Stahlstück zur Erwärmung einige Zeit in einem Ofen, so entspricht ϑ_{St} der Ofentemperatur. (— Dabei ist allerdings c_{St} als temperaturunabhängig vorausgesetzt.)

Durch Auflösung nach ϑ_{St} erhalten wir

$$\vartheta_{St} = \frac{\vartheta_m(m_W c_W + m_{St} c_{St}) - m_W c_W \vartheta_W}{m_{St} c_{St}} \; °C$$

Beispiel: Ein Stahlkörper $m = 0{,}295$ kg $\left(\text{spezifische Wärmekapazität } c_{St} = 0{,}50 \; \frac{kJ}{kg \cdot K}\right)$ wird in 0,5 l Wasser von 19 °C abgekühlt. Welche Temperatur hatte der Stahlkörper, wenn sich eine Mischungstemperatur von 51,5 °C einstellt? Wärmeverluste sind zu vernachlässigen.

Lösung: Gesucht: ϑ_{St} = Temperatur des Stahlkörpers vor der Mischung, d. h. Einbringung

Gegeben: ϑ_W = Wassertemperatur vor der Mischung = + 19 °C

ϑ_m = Mischungstemperatur = + 51,5 °C

m_{St} = Masse des Stahlkörpers = 0,295 kg

c_{St} = spezifische Wärmekapazität von Stahl = 0,50 $\dfrac{kJ}{kg \cdot K}$

m_W = Wassermenge = 0,5 kg

Aus $Q_{ab} = Q_{zu}$ folgt nach Umformung

$$\vartheta_{St} = \frac{m_W \cdot c_W \,(\vartheta_m - \vartheta_W)}{m_{St} \cdot c_{St}} + \vartheta_m = \frac{0,5 \cdot 4,19 \,(51,5 - 19,0)}{0,295 \cdot 0,5} \cdot K + 51,5\,K = 513,1\,K,$$

entsprechend + 513,1 °C

$\vartheta_{St} \approx + 513$ °C

Ist an der Mischung eine Wassermenge der Temperatur ϑ_W = 0 °C beteiligt, so wird jeder Ausdruck zu Null, der ϑ_W als Faktor enthält (ϑ_W = 0). Im übrigen behält die Beziehung $Q_{ab} = Q_{zu}$ ihre volle Gültigkeit.

Aufgabengruppe Wärme 4: Übungen zu 5.13

Mischungsrechnung I (Flüssigkeiten und feste Körper)

1. Eine Messingkugel (m = 0,3 kg) wird unmittelbar aus dem Glühofen in 3 l Wasser abgekühlt. Wie groß ist die spezifische Wärmekapazität des Messings, wenn die Ofentemperatur 356 °C betrug und sich eine Temperaturerhöhung des Wassers von 20 °C auf 23 °C einstellt?

2. Welche Mischungstemperatur stellt sich ein, wenn rotglühender Stahl mit der Masse 7 kg (Temperatur 700 °C) in 120 l Wasser von 20 °C abgeschreckt wird? Wie ändert sich das Ergebnis, wenn beim Mischungsvorgang 8% der Wärmeenergie des Stahles an die Umgebung verlorengehen? (Vgl. Abschn. 5.12.5.)

3. In einem Mischungsgefäß $\left(\text{Wärmekapazität } 1,26 \dfrac{kJ}{K}\right)$ befinden sich 2 l Wasser von 20 °C. Nach Zugabe eines Kupferstückes mit einer Temperatur von 500 °C stellt sich eine Mischungstemperatur von 27 °C ein. Wie schwer war das Kupferstück? Wie ändert sich das Ergebnis, wenn man den Einfluß des Gefäßes vernachlässigt?

4. 300 g Bleischrot werden in siedendem Wasser erhitzt. Dann wird das Blei in ein Wasserbad von 0,3 l mit der Temperatur von 20 °C gebracht. Wie groß ist die spezifische Wärmekapazität des Bleies, wenn sich eine Mischungstemperatur von 22,4 °C einstellt? Wärmeverluste sind zu vernachlässigen.

5. Ein Stahlwürfel mit der Masse von 287 g wird aus dem Glühofen in Wasser abgeschreckt. Das Wasserbad (1,5 l) hat vor dem Einbringen die Temperatur von 12,5 °C. Die Mischungstemperatur beträgt 25,5 °C. Wie hoch war die Ofentemperatur?

6. Beim Herausnehmen aus dem Ofen bis zum Einbringen in das Wasserbad soll der heiße Stahlwürfel in Aufgabe 5 gerade 5% seiner Wärmeenergie an die Umgebung verlieren. Wie ändert sich damit die berechnete Ofentemperatur? (Vgl. Abschn. 5.12.5.)

7. Welche Ofentemperatur errechnet sich für die Aufgabe 5 unter Beachtung folgender Forderungen:

a) Die Wärmeaufnahme des Mischungsgefäßes (Glasbehälter, $m = 1,4$ kg) ist zu berücksichtigen;

b) neben dieser Wärmeabgabe an das Mischungsgefäß soll der Wärmeverlust gemäß Aufgabe 6 noch zusätzlich auftreten?

8. Ein heißer Stahlwürfel von 0,287 kg Masse wird in 1,5 l Wasser abgeschreckt. Die Wassertemperatur ändert sich dadurch von 17 °C auf 30 °C. Welche Temperatur hatte der Stahlwürfel, wenn man Verluste vernachlässigt? Man vergleiche das Ergebnis mit demjenigen von Aufgabe 5 und erkläre es.

5.14 Die Zustandsformen (Aggregatzustände)

Jeder Körper kann grundsätzlich in drei verschiedenen Zustandsformen oder Aggregatzuständen[1]) auftreten: fest, flüssig und gasförmig. Welche Zustandsform jeweils tatsächlich vorliegt, ist für einen bestimmten Stoff fast immer nur eine Frage der Temperatur (vom Einfluß des Druckes sehen wir hier ab).

Die übliche Beurteilung der Zustandsform eines Stoffes erfolgt bei Zimmertemperatur (20 °C) und ist damit rein zufällig. Hier sind z. B. Wasser flüssig, Eisen fest und Stickstoff gasförmig. Erhöht man die Temperatur, so wird Wasser bei 100 °C dampfförmig. Eisen muß man auf 1530 °C erwärmen, bis es flüssig wird. Erst bei 2840 °C verdampft schließlich auch Eisen.

Stickstoff dagegen ist in weiten Temperaturbereichen gasförmig. Erst bei Abkühlung auf —195,8 °C wird Stickstoff flüssig. Bei — 210,1 °C wird der bei Zimmertemperatur gasförmige Stickstoff fest.

5.14.1 Die Umwandlungstemperaturen (Umwandlungspunkte)

Die Änderung der Zustandsformen findet nur bei ganz bestimmten Temperaturen statt, die von Stoff zu Stoff verschieden sind.

Umwandlungstemperaturen	Was geschieht?	Art der Umwandlung
Schmelztemperatur (= Schmelzpunkt)	fester Körper schmilzt	fest ⟶ flüssig
Erstarrungstemperatur (= Erstarrungspunkt oder Gefrierpunkt)	flüssiger Körper erstarrt	flüssig ⟶ fest
Siedetemperatur (= Siedepunkt)	flüssiger Körper verdampft	flüssig ⟶ Dampf
Verflüssigungstemperatur (= Kondensationspunkt[2]))	Dampf wird zu Flüssigkeit	Dampf ⟶ flüssig

Umwandlungspunkte

Stoff	Schmelzpunkt °C	Siedepunkt °C
Wasser	0	100
Alkohol	—112	78
Blei	327	1755
Quecksilber	—38,8	357
Stickstoff	—210,1	—195,8
Sauerstoff	—218,8	183

[1]) lat. aggregare = anhäufen, hinzuscharen

[2]) lat. condensare = verdichten

Die Erfahrung zeigt

Schmelztemperatur = Erstarrungstemperatur
Siedetemperatur = Verflüssigungstemperatur

1. Beispiel: Wasser gefriert bei 0 °C. Eis schmilzt bei 0 °C. Wasser verdampft bei 100 °C. Auf 100 °C abgekühlter Dampf wird zu Wasser.

2. Beispiel: Quecksilber

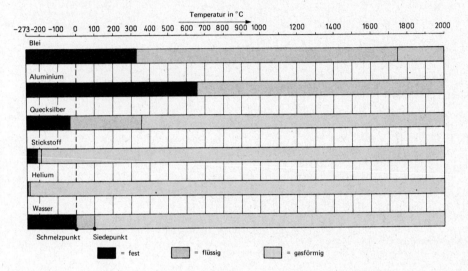

5.14.2 Die Temperaturbereiche für verschiedene Zustandsformen einiger Stoffe

Alle Körper sind oberhalb ihres Siedepunktes gasförmig, unterhalb ihres Schmelzpunktes fest und zwischen Schmelzpunkt und Siedepunkt flüssig.

5.14.3 Die Erklärung der verschiedenen Aggregatzustände

Die Zustandsformen werden auch Aggregatzustände genannt. Der Aggregatzustand besagt, wie sich die einzelnen Atome zu einem Körper „zusammenscharen", so daß ein fester Körper, eine Flüssigkeit oder ein Gas entsteht.

Ursache für die verschiedenen Aggregatzustände eines Stoffes sind die verschieden starken Wärmebewegungen (vgl. Abschn. 5.8).

Im festen Körper, z. B. in einem Stück Eis, schwingen die Moleküle um feste Ruhelagen (ähnlich einem Pendel, das immer wieder in seine Ruhelage zurückkehrt).

Bei Temperaturerhöhung schmilzt das Eis. Es wird zu Wasser.

In einer Flüssigkeit ist die Bewegung der Moleküle so stark, daß eine Rückkehr in die Ruhelage nicht mehr möglich ist. Die Moleküle sind nun frei beweglich.

Bei weiterer Temperatursteigerung erlangen die Moleküle der Flüssigkeit eine so hohe Geschwindigkeit, daß sie aus der Wasseroberfläche heraustreten. Die Flüssigkeit verdampft.

In einem Gas oder Dampf bewegen sich die Moleküle mit hoher Geschwindigkeit frei im Raum. Dämpfe lassen sich ohne Temperaturminderung durch Druckerhöhung verflüssigen.

Sauerstoffmoleküle haben in der Luft die Geschwindigkeit von Gewehrkugeln (480 m/s im Mittel).

Übersicht

Aggregratzustand	fest	flüssig	gasförmig, dampfförmig
Molekularbewegung	verhältnismäßig gering	mittelmäßig	sehr heftig
Gefäß zur Aufbewahrung	keines	kann oben offen sein	muß allseitig geschlossen sein
Atomabstände und dementsprechend	klein	mittel	groß
Kohäsionskräfte	am größten	wesentlich kleiner	sehr gering, aber noch nachweisbar

Beim festen Körper kann man sich die schwingenden Atome durch Gummiseile an ihren Plätzen festgehalten denken. Bei höherer Temperatur werden die Schwingungen so stark, daß sich die Atome gegenseitig stören. Der Atomverband lockert sich. Die (gedachten) Gummiseile zerreißen. Die Kohäsionskräfte sind überwunden. Es tritt Schmelzen ein. Nun macht sich die Schwerkraft bemerkbar. Die Atome bzw. Moleküle fließen seitlich weg, sofern sie nicht durch die Gefäßwandung daran gehindert werden. Bei noch weiterer Temperaturerhöhung wird die Bewegung so stark, daß diese auch der Schwerkraft entgegengesetzt erfolgen kann: Dampfbildung.

5.14.4 Verdunsten und Sublimieren

Das Verdunsten *(langsames Verdampfen)*

Durch Zusammenstöße der einzelnen Flüssigkeitsmoleküle untereinander kann es sehr wohl vorkommen, daß einzelne Moleküle eine überdurchschnittlich große Geschwindigkeit erlangen: Es erfolgt ein Austritt durch die Oberfläche der Flüssigkeit in den Luftraum. Dies kann bei jeder Temperatur geschehen.

> **Verdunsten = Übergang einer Flüssigkeit in den dampfförmigen Zustand unterhalb der Siedetemperatur**

Im Gegensatz zum Sieden, bei dem sich die Dampfbildung auch auf das Innere der Flüssigkeit erstreckt (Dampfblasen!), ist das Verdunsten auf die Oberfläche beschränkt.

Die Sublimation *(Verdunsten fester Körper)*

Auch bei festen Stoffen können einzelne Moleküle so viel Bewegungsenergie erhalten, daß sie die Oberfläche verlassen. Es erfolgt dann ein Übergang direkt in den dampfförmigen Zustand. Dabei wird die flüssige Zustandsform übersprungen. Grundsätzlich ist Sublimation bei allen festen Körpern möglich.

> **Sublimation = direkter Übergang vom festen Zustand in den Dampfzustand**

Beispiel: Das Eis gefrorener Wasserpfützen kann auch im Winter verschwinden, ohne daß vorher ein Schmelzen eintritt. Auch gefrorene Wäsche trocknet. Bei Schwefel und Jod ist die Sublimation besonders gut zu beobachten. Kampferkugeln werden im Lauf der Zeit kleiner.

Die Umkehrung der Sublimation heißt Verfestigung: Dampf schlägt sich als fester Körper nieder, ohne vorher flüssig zu werden. Der Schwefelniederschlag ist an einem Reagenzglas mit geschmolzenem Schwefel gut zu sehen.

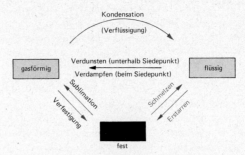

Überblick: Die Änderung der Zustandsformen

5.14.5 Dichteänderung beim Erstarren

Normalerweise zieht sich ein Körper beim Erstarren zusammen, d. h. seine Dichte in festem Zustand ist größer als in flüssigem.

Beispiele:	*Dichte* $\left(\dfrac{kg}{m^3}\right)$	*Dichte* $\left(\dfrac{kg}{m^3}\right)$
	flüssig	*fest*
Grauguß	6900...7000	7250
Kupfer	8220	8600...8900
Zink	6480	6700...7000

Eine Ausnahme bildet das Wasser. Neben dem Dichtemaximum von 4 °C (vgl. Abschn. 5.5.3) hat Wasser noch eine zweite bemerkenswerte Eigenschaft:

Wasser dehnt sich beim Erstarren (Gefrieren) aus. Seine Dichte wird also kleiner.

$$\varrho_{Wasser} = 1000 \, \frac{kg}{m^3} \qquad \varrho_{Eis} = 920 \, \frac{kg}{m^3}$$

Versuch: Eine gußeiserne Kugel wird mit Wasser gefüllt und dann in einer Kältemischung stark abgekühlt. Das entstehende Eis sprengt die Kugel.

5.14.6 Folgen der geringen Dichte von Eis

Eis schwimmt auf Wasser. — Eis hat ein größeres Volumen als die gleich schwere Wassermenge: gefrorene Rohrleitungen bersten (Wasserrohrbrüche). — Wasser dringt in feine Risse und Ritzen ein, gefriert und sprengt das Material: Gesteine verwittern.

*Wasserschichtung in einem zugefrorenen See. Entsprechend der abnehmenden **Dichte** lagern die Wasserschichten abnehmender Temperatur übereinander.*

Wasser von 0 °C (kleinste Dichte) bildet die oberste flüssige Schicht

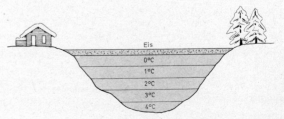

Die Bedeutung der beiden ausgefallenen Eigenschaften des Wassers in der Natur

Seen gefrieren stets von oben her zu: das spezifisch leichtere Eis schwimmt oben. Auf dem Grunde lagern die schwersten Wasserschichten mit +4 °C. Die Folge ist, daß entsprechend tiefe Gewässer nicht bis auf den Grund zufrieren.

5.14.7 Volumänderung beim Erstarren von Metallschmelzen

Beim Gießen von flüssigem Metall in Formen (Stahlguß, Grauguß, Leichtmetallguß usw.) findet während der Abkühlung und Erstarrung eine vom Werkstoff abhängige Volumverringerung statt. Dieser Vorgang heißt Schwinden oder Schwindung. Wir unterscheiden drei Anteile:

Flüssige Schwindung bei Abkühlung der Schmelze von Gießtemperatur auf Erstarrungstemperatur;

Erstarrungsschrumpfung bei der Erstarrungstemperatur;

feste Schwindung bei Abkühlung der erstarrten Schmelze von Erstarrungstemperatur auf Zimmertemperatur.

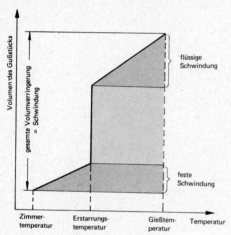

Schwindung ist demnach der Volumunterschied der kalten Gußform und dem darin hergestellten Gußstück nach der Erkaltung. Um die richtigen Fertigmaße zu erhalten, müssen die Formen etwas größer sein als das fertige Gußstück. Die entsprechenden Zugaben heißen Schwindzugaben oder Schwindmaße.

Beträgt z. B. das Schwindmaß 10 mm auf 1 m, d. h. 1% (Grauguß), so muß die Form in dieser Richtung 1,01 m lang gemacht werden, wenn das kalte Gußstück die Abmessung von 1 m erhalten soll. Die Schwindzugabe in Prozent bezieht sich stets auf die Abmessungen des abgekühlten Gußstückes.

Die Form muß um das Schwindmaß des abgekühlten Gußstückes größer gemacht werden.

Zur Herstellung der Formen benutzt man daher einen *Schwindmaßstab*. Bei Graugußformen wird die Länge von 101 cm in 100 gleiche Teile geteilt.

Einige Schwindmaße für die Länge

Zinn	0,5%
Grauguß	1%
Messing	1,5%
Zink	1,6%
Aluminium	1,8%
Stahlguß	2%

Das Schwindmaß beim Volumen ist rund dreimal so groß wie bei der Länge. Die Volumschwindung bei Stahlguß beträgt z. B. 6%.

Das Schwindmaß ist ein Erfahrungswert, der von zahlreichen Einflüssen abhängt: Art des Gießwerkstoffes, Form und Wanddicke des Gußstückes, Werkstoff der Gießformen, insbesondere ob aus Sand oder Metall. Entsprechend schwanken die gemachten Angaben in der Praxis.

Aufgabe: Eine rechteckige Platte aus Stahlguß soll die Abmessungen 800 mm und 1400 mm erhalten. Welche Seitenlängen muß die Form haben?

Lösung: Schwindzugabe 2%, also werden die Seiten 800 mm + 2% = 816 mm und 1400 mm +2% = 1428 mm.

Aufgabengruppe Wärme 5: Übungen zu 5.14
Die Aggregatzustände, das besondere Verhalten des Wassers

(Vgl. die Tabelle über Umwandlungstemperaturen in Abschn. 5.14.)

1. Für die Gruppe der Halogene gelten folgende Werte:

Element	Schmelzpunkt	Siedepunkt
Fluor	—223 °C	—187 °C
Chlor	—101,5 °C	—34,7 °C
Brom	—7,3 °C	+58,8 °C
Jod	+113,5 °C	+184,5 °C

   a) In welchem Aggregatzustand befinden sich demnach diese vier Elemente bei Zimmertemperatur von 20 °C?

   b) Von welcher Temperatur ab sind alle gasförmig?

   c) Unterhalb welcher Temperatur sind alle fest?

2. Bei der Zersetzung von Quecksilberoxid im Reagenzglas durch Hitze bildet sich ein Niederschlag von flüssigem Quecksilber in Tropfenform. Welche Temperatur muß bei der Reaktion mindestens geherrscht haben?

3. In welchem Temperaturbereich ist Sauerstoff fest? In welchem ist er flüssig?

4. In einem offenen Behälter befindet sich flüssige Luft von —200 °C. Welches Gas wird bei Erwärmung zuerst verdampfen: Stickstoff oder Sauerstoff?

5. In welcher Reihenfolge werden die Aggregatzustände gasförmig, fest und flüssig bei allen Körpern durchlaufen, wenn man die Temperatur genügend stark absinken läßt?

6. In welchem Temperaturbereich sind die Metalle Quecksilber und Blei flüssig?

7. Wie groß ist die Volumdehnung des Wassers beim Erstarren in % $\left(\varrho_{Eis} = 920 \dfrac{kg}{m^3} \right)$?

8. Warum gibt es nach der Eisschmelze im Frühjahr (vgl. Abb. in Abschn. 5.14.6) keine Wasserschicht mit einer Temperatur von 2 °C? Eine 4-°C-Schicht dagegen ist vorhanden.

9. Um wieviel Liter dehnen sich 1000 l Wasser bei Abkühlung von 4 °C auf 0 °C (ohne Eisbildung!) aus? Wasser von 0 °C hat die *Dichte* ϱ = 999,87 kg/m³ (vgl. Abschn. 5.5.3).

   Um wieviel Liter dehnen sich 1000 l Wasser von 0 °C beim Gefrieren aus?

10. Grauguß hat in festem Zustand die Dichte $\varrho = 7250 \dfrac{kg}{m^3}$. Für die Metallschmelze ist $\varrho = 7000 \dfrac{kg}{m^3}$. Wie groß ist die Schwindung des Volumens in Prozent bei Abkühlung und Erstarrung?

5.15 Wärmeverbrauch durch Schmelzen
5.15.1 Die Schmelzwärme

Versuch: Eine Mischung von Wasser und Eis bringen wir über die Flamme des Bunsenbrenners. Obwohl ständig Wärme zugeführt wird, bleibt die Temperatur unverändert 0 °C, solange noch Eis vorhanden ist.

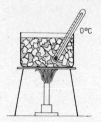

> ## Zum Schmelzen von Eis wird Wärme verbraucht.

Die zugeführte Wärme dient also nicht zur Temperaturerhöhung, sondern zur Umwandlung der festen Zustandsform (Eis) in die flüssige.

Festlegung

> **Schmelzwärme nennt man die Wärmemenge, die notwendig ist, um 1 kg eines festen Stoffes bei der Schmelztemperatur in 1 kg Flüssigkeit von derselben Temperatur überzuführen.**

5.15.2 Bestimmung der Schmelzwärme des Eises

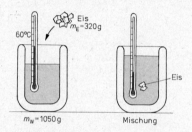

1050 g Wasser von 60 °C werden in einem Kalorimeter mit 320 g Eis gemischt. Nach dem Schmelzen des Eises beträgt die Mischungstemperatur $\vartheta_m = 28$ °C [1]).

Vom Wasser abgegebene Wärme:

$$Q_{ab} = m_W c_W \cdot \Delta\vartheta = 1,05 \cdot 4,19 \cdot 32 \text{ J} = \quad 141,0 \text{ kJ}$$

Zur Erwärmung des Schmelzwassers von
0 °C auf $\vartheta_m = 28$ °C benötigte Wärme:

$$Q_{zu} = m_E c_W \vartheta_m = 0,32 \cdot 4,19 \cdot 28 \text{ J} \quad = - 37,5 \text{ kJ}$$

Übrigbleibende Wärmemenge, die
somit zum Schmelzen des Eises (320 g) diente: 103,5 kJ

Zum Schmelzen von 1 kg Eis benötigen wir also $\dfrac{103,5 \text{ kJ}}{0,32} = 323$ kJ

Dieser Wert ist etwas zu klein. Unter Berücksichtigung des Wasserwertes des Gefäßes ergibt sich aus mehreren Versuchen der genauere Wert der Schmelzwärme von 333 kJ/kg.

> **Die Schmelzwärme des Eises beträgt 333 kJ/kg (rund 80 kcal/kg).**

(Diesen Wert werden wir auch sämtlichen Aufgaben zugrunde legen.)

Eis hat im Vergleich zu vielen Stoffen eine hohe Schmelzwärme. Wäre die Schmelzwärme des Eises nicht so groß, so wäre jede Schneeschmelze mit einer wesentlich größeren Überschwemmungsgefahr verbunden.

---

[1]) Die spezifische Wärmekapazität von Eis bei Temperaturen unter 0° C ist etwa halb so groß wie die von Wasser. Ihr Einfluß bleibt im folgenden unberücksichtigt, da bei den üblichen Versuchsbedingungen die Temperatur des Eises 0 °C beträgt

Schmelzwärme einiger Stoffe

	in kJ/kg	in kcal/kg
Aluminium	397	94,6
Paraffin	147	35
Zink	105	25
Zinn	58,7	14
Schwefel	42,8	10,2
Blei	24,7	5,9
Quecksilber	11,3	2,7

Es ist einleuchtend: Diejenige Wärmemenge, die beim Schmelzen zugeführt werden muß, wird bei der Erstarrung wieder abgegeben. Also gilt:

Schmelzwärme = Erstarrungswärme

Die Flüssigkeit erstarrt, wenn ihr die Erstarrungswärme entzogen wird.

5.15.3 Mischungstemperatur unter Berücksichtigung der Schmelzwärme (Mischungsrechnung II)

Aufgabe: In ein Gefäß mit $2\,l$ Wasser von 50 °C geben wir 300 g Eis. Welche Mischungstemperatur stellt sich ein ($\vartheta_{Eis} = 0\,°C$)?

Neuer Gesichtspunkt: Das Eis verbraucht zunächst Wärme zum Schmelzen. Erst dem geschmolzenen Eis, d. h. dem Eiswasser zugeführte Wärme, führt zu einer Temperaturerhöhung. — Auch hier gilt die Bedingung:

$$Q_{ab} = Q_{zu}$$

abgeführte Wärmemenge = zugeführte Wärmemenge

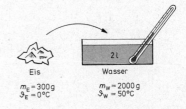

Eis   Wasser
$m_E = 300\,g$ $m_W = 2000\,g$
$\vartheta_E = 0\,°C$ $\vartheta_W = 50\,°C$

Welcher Körper verliert Wärme?

Die Wassermenge m_W wird von ϑ_W auf ϑ_m abgekühlt. Somit abgegebene Wärme des Wassers

$$Q_{ab} = m_W c_W (\vartheta_W - \vartheta_m)$$

Welcher Körper gewinnt an Wärme?

Das Eis. Es wird ihm die Schmelzwärme $q_s m_E$ zugeführt. Außerdem wird das Schmelzwasser von $\vartheta = 0\,°C$ auf ϑ_m erwärmt: $m_E c_W \vartheta_m$.

Also ist

$$Q_{zu} = q_s m_E + m_E c_W \vartheta_m$$

Hieraus folgt mit $\quad Q_{ab} = Q_{zu}$

$$m_W c_W (\vartheta_W - \vartheta_m) = q_s m_E + m_E c_W \vartheta_m$$

abgegebene Wärme   zugeführte Wärme zum Schmelzen und Erwärmen

Durch Umstellung folgt die Grundgleichung für die Mischungsrechnung **II** (mit Schmelzwärme):

$$m_W c_W \vartheta_W - q_s m_E = (m_W c_W + m_E c_W)\, \vartheta_m$$

m_E = Eismenge	c_W = spez. Wärmekapazität des Wassers
m_W = Wassermenge	ϑ_m = Mischungstemperatur
q_s = Schmelzwärme des Eises	

Gegenüber der Mischungsrechnung I ist hier neu, daß die vom Wasser abgegebene Wärme auch zum Schmelzen des Eises dient, was mit keiner Temperatursteigerung verbunden ist. — In jedem Falle ist diese Gleichung aufzustellen. Nun kann nach der gesuchten Größe aufgelöst werden.

Mischungstemperatur gesucht:

Es ergibt sich

$$\vartheta_m = \frac{m_W c_W \vartheta_W - q_s m_E}{m_W c_W + m_E c_W} \, °C$$

Die Zahlenwerte vom Beispiel eingesetzt, liefert mit $\quad m_W = 2 \text{ kg}; \quad c_W = 4{,}19 \, \frac{\text{kJ}}{\text{kg} \cdot \text{K}}; \quad q_s = 333 \, \frac{\text{kJ}}{\text{kg} \cdot \text{K}}$

$$m_E = 0{,}3 \text{ kg}; \quad \vartheta_W = +50 \, °C$$

$$\vartheta_m = \frac{2 \cdot 4{,}19 \cdot 50 - 333 \cdot 0{,}3}{2 \cdot 4{,}19 + 0{,}3 \cdot 4{,}19} \, K = 33 \text{ K, entsprechend } +33 \, °C$$

Eismenge gesucht: Es ist nach der Eismenge gefragt, die zur Erzielung einer bestimmten Mischungstemperatur erforderlich ist (alle anderen Größen sind bekannt). Dann folgt aus der Grundgleichung

$$m_W c_W \vartheta_W - m_W c_W \vartheta_m = q_s m_E + m_E c_W \vartheta_m$$

und hieraus

$$m_E = \frac{m_W c_W (\vartheta_W - \vartheta_m)}{q_s + c_W \vartheta_m} = \frac{m_W c_W \Delta\vartheta}{q_s + c_W \vartheta_m} \, g$$

Dabei bedeutet $\Delta\vartheta$ die Temperaturverringerung bei der Mischung.

Beispiel: Wieviel Gramm Eis werden benötigt, um bei 100 l Wasser von 100 °C eine Temperaturverringerung um 50 °C zu erreichen?

$$m_E = \frac{m_W c_W \Delta\vartheta}{q_s + c_W \vartheta_m} = \frac{100 \cdot 4{,}19 \cdot 50}{333 \cdot 4{,}19 + 50} \, kg = 38{,}5 \text{ kg}$$

Wassermenge gesucht, die zum Schmelzen einer bestimmten Eismenge benötigt wird (alle anderen Größen gegeben). Aus der Grundgleichung folgt

$$m_W = \frac{q_s m_E + m_E c_W \vartheta_m}{c_W (\vartheta_W - \vartheta_m)} = \frac{m_E (q_s + c_W \vartheta_m)}{c_W \Delta\vartheta}$$

Beispiel: Wieviel Liter Wasser von 50 °C braucht man, um 10 kg Eis zum Schmelzen zu bringen, wenn die Mischungstemperatur 30 °C betragen soll?

Mit $q_s = 333 \, \frac{\text{kJ}}{\text{kg}}$

$$m_W = \frac{m_E (q_s + c_W \vartheta_m)}{c_W \Delta\vartheta} = \frac{10 \, (333 + 4{,}19 \cdot 30)}{4{,}19 \cdot 20} \, kg = 55 \text{ kg} \, (\hat{=} 55 \, l)$$

5.15.4 Der allgemeinste Fall der Mischungsrechnung II
(Vgl. Abschn. 5.12.)

Das Mischungsgefäß (Wärmekapazität $m_K c_K$) wird von der Temperatur des warmen Wassers auf ϑ_m abgekühlt und gibt somit Wärme ab. Die Berücksichtigung der Wärmekapazität führt mit $Q_{ab} = Q_{zu}$ auf

$$\underbrace{m_W c_W (\vartheta_W - \vartheta_m)}_{\substack{\text{Wärmeabgabe} \\ \text{des Wassers}}} + \underbrace{m_K c_K (\vartheta_W - \vartheta_m)}_{\substack{\text{Wärmeabgabe} \\ \text{des Gefäßes}}} = \underbrace{q_s m_E}_{\substack{\text{Wärme zum} \\ \text{Schmelzen}}} + \underbrace{m_E c_W \vartheta_m}_{\substack{\text{Erwärmung des} \\ \text{Eiswassers}}}$$

$$\underbrace{\qquad\qquad\qquad\qquad}_{\substack{Q_{ab} \\ \textbf{\textit{abgegebene Wärme}}}} \qquad\qquad \underbrace{\qquad\qquad\qquad\qquad}_{\substack{Q_{zu} \\ \textbf{\textit{zugeführte Wärme}}}}$$

Tritt außerdem noch ein Wärmeverlust Q_v an die Umgebung auf, so folgt aus $Q_{ab} - Q_{zu} = Q_v$

$$\vartheta_m = \frac{(m_W c_W + m_K \cdot c_K)\vartheta_W - q_s m_E - Q_v}{m_W c_W + m_E c_W + m_K \cdot c_K}$$

$Q_v =$ Wärmeverlust an die Umgebung

5.15.5 Wärme und mechanische Bewegungsenergie

Wir haben nunmehr zwei Tatsachen auseinanderzuhalten:

1) Mit steigender Temperatur nimmt die Stärke der Molekularbewegung und damit auch die Bewegungsenergie der Moleküle zu. Sind m die Masse und v die Geschwindigkeit eines Moleküls, so beträgt dessen Bewegungsenergie $E_{kin} = \frac{1}{2} mv^2$. (Vgl. Abschn. 5.8 und Abschn. 1.22.7.)

2) Trotz Wärmezufuhr tritt am Schmelzpunkt keine Temperaturerhöhung und damit auch keine Erhöhung der Bewegungsenergie auf.

Allgemein gilt somit:

Die Wärmezufuhr bewirkt eine Zunahme an Bewegungsenergie der Atome und Moleküle, sofern man von den Umwandlungspunkten absieht.

Was aber ist mit der Wärmeenergie geschehen, wenn bei schmelzendem Eis trotz Wärmezufuhr keine Erhöhung von E_{kin} auftritt? Die Antwort ist einfach: Am Schmelzpunkt muß Arbeit gegen die Anziehungskräfte (Kohäsionskräfte, vgl. Abschn. 0.10), die z. B. zwischen den Wassermolekülen des Eises wirken, verrichtet werden. Das ist mit einer Erhöhung der gegenseitigen potentiellen Energie der Moleküle untereinander verbunden.

Vergleich: Wird eine Masse emporgehoben, so wird gegen die gegenseitige Anziehungskraft zwischen Erde und Massenstück Arbeit verrichtet, was zu einer Erhöhung der Energie der Lage (potentielle Energie) führt.

Aufgabengruppe Wärme 6: Übungen zu 5.15
Schmelzwärme des Eises, Mischungsrechnung II

1. Welche Mischungstemperatur entsteht, wenn in 40 l Wasser von 60 °C 2 kg Eis eingebracht werden?

2. Welche Eismenge muß 2 l Wasser von 50 °C zugesetzt werden, damit eine Mischungstemperatur von $\vartheta_m = 33$ °C entsteht?

3. Wieviel kg Wasser von 14 °C sind notwendig, um 200 kg Eis zum Schmelzen zu bringen? Die Temperatur des Wassers soll dabei auf 0 °C absinken. Wie ändert sich das Ergebnis, wenn die Mischungstemperatur 8 °C betragen soll?

4. Wasser wird mit Eis gemischt. Wie wirkt sich die Wärmekapazität des Mischungsgefäßes auf die Mischungstemperatur aus, wenn

   a) das warme Wasser sich im Gefäß befindet und das Eis zugegeben wird;

   b) das Eis sich im Gefäß befindet und das Wasser zugegeben wird?

5. Zur Bestimmung der Schmelzwärme des Eises werden 300 g Eis in 940 cm³ Wasser von 60 °C eingebracht. Wie groß wird die Schmelzwärme des Eises, wenn sich eine Mischungstemperatur von 28 °C einstellt? — Welcher Wert für die Schmelzwärme ergibt sich, wenn man beachtet, daß das Mischungsgefäß aus Glas $\left(c_{Glas} = 0,79 \frac{kJ}{kg \cdot K} ; \ m_{Glas} = 0,5 \ kg \right)$ ist?

6. In 70 l Wasser werden 8 kg Eis eingebracht. Welche Temperatur hatte das Wasser, wenn sich eine Mischungstemperatur von 32 °C einstellt?

7. Wieviel kg Eis müßten 20 l Wasser von 40 °C zugesetzt werden, damit die Temperatur um 12 °C sinkt?

8.*In einem Kalorimeter $\left(m_K c_K = 0{,}21 \dfrac{kJ}{K} \right)$ sind 250 g Wasser von 20 °C. Welche Mischungstemperatur stellt sich ein, wenn 20 g Eis von —10 °C zugesetzt werden? $\left(c_{Eis} = 2{,}1 \dfrac{kJ}{kg \cdot K} \right)$.

9.*In 200 l Wasser von 50 °C werden 40 kg Eis eingebracht. Der Wert $m_K \cdot c_K$ des Mischungsgefäßes beträgt 4,19 $\dfrac{kJ}{K}$. Welche Mischungstemperatur stellt sich ein, wenn bis zum Einstellen der Ausgleichstemperatur 2% der Wärmeenergie des heißen Wassers an die Umgebung verlorengehen ($\vartheta_{Eis} = 0$ °C)?

10. 12 kg Stahl von 770 °C werden in 120 l Wasser von 20 °C abgeschreckt. Wieviel kg Eis müßte man zusetzen, damit sich die ursprüngliche Wassertemperatur wieder einstellt? Bei der Zugabe des Eises ist zu unterscheiden, ob der eingebrachte Stahl sich noch im Wasser befindet oder ob er bereits wieder herausgenommen wurde.

11. Wieviel kg Eis von 0 °C können in 5 l Wasser von 40 °C geschmolzen werden?

12. Auf eine Metallplatte mit einer Masse von 0,25 kg und einer Temperatur von 600 °C werden 0,225 kg Eis aufgebracht. Wie groß ist die spezifische Wärmekapazität des Metalls, wenn die gesamte Eismenge schmilzt und in Wasser von 0 °C übergeht? Von Wärmeverlusten ist abzusehen ($\vartheta_{Eis} = 0$ °C).

5.16 Wärmeverbrauch durch Verdampfen

5.16.1 Die Verdampfungswärme

Versuch: Wasser wird in einem Gefäß über dem Bunsenbrenner erwärmt. Die Temperatur steigt allmählich auf 100 °C an. Jetzt beginnt das Wasser zu verdampfen. Die Messung zeigt, daß nun die Temperatur nicht weiter ansteigt, obwohl die Gasflamme ständig Wärme liefert.

Folgerung: Beim Verdampfen wird Wärme verbraucht.

> **Die Verdampfungswärme eines Stoffes gibt an, wieviel kJ benötigt werden, um 1 kg der bis zum Siedepunkt erhitzten Flüssigkeit ohne Temperaturerhöhung in Dampf umzuwandeln.**

Bei der Kondensation (Verflüssigung) des Dampfes wird die beim Verdampfen zugeführte Wärme wieder abgegeben.

> **Verdampfungswärme = Verflüssigungswärme**

5.16.2 Bestimmung der Verdampfungswärme des Wassers

1. Verfahren: Ein Tauchsieder, der 0,394 kJ/s liefert, bringt Wasser zum Sieden. Durch zweimaliges Wiegen des Gefäßes wird festgestellt, daß in 60 s gerade 10 g Wasser verdampft sind. Für 10 g wurden also $60 \cdot 0{,}394$ kJ $= 23{,}7$ kJ verbraucht. Die Verdampfungswärme des Wassers wird damit $q_D = 2370$ kJ/kg ($= 564$ kcal/kg).

Bei dieser Berechnung wird so verfahren, als ob die gesamte vom Tauchsieder gelieferte Wärmemenge *nur* zum Verdampfen verbraucht worden sei. Tatsächlich entstehen auch Wärmeverluste. Die zum Verdampfen benötigte Wärme ist daher in Wirklichkeit kleiner, d. h. der erhaltene Wert der Verdampfungswärme liegt zu hoch.

2. Verfahren: Die Bestimmung der Verflüssigungswärme, die gleich groß ist, liefert ein genaueres Ergebnis. In ein Gefäß, das 200 g Wasser von 17,7 °C enthält, wird Dampf eingeleitet. Durch die freiwerdende Verflüssigungswärme tritt eine Temperaturerhöhung auf $\vartheta_m = 38{,}5$ °C auf. Die Massenzunahme durch das entstandene Kondenswasser beträgt 7 g.

Energiebilanz: Die vom Kühlwasser aufgenommene Wärmemenge ist

$$Q_{zu} = m\,c\,\Delta\vartheta = 0,2 \cdot 4,19\,(38,5 - 17,7)\,\frac{kg \cdot kJ \cdot K}{kg \cdot K} = 17,40\ kJ$$

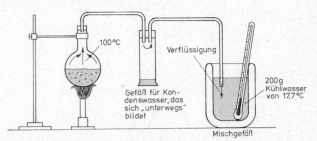

Messung der Verflüssigungswärme

Die Wärmeabgabe der 7 g Kondenswasser bei Abkühlung von 100 °C auf die Mischtemperatur beträgt

$$Q_{ab} = m_D \cdot c\,(\vartheta_D - \vartheta_m) = 0,007 \cdot 4,17\,(100 - 38,5)\,\frac{kg \cdot kJ \cdot K}{kg \cdot K} = 1,80\ kJ$$

Die übrigbleibende Wärmemenge von 15,60 kJ

muß bei der Umwandlung von Dampf in Flüssigkeit aufgetreten sein.

Somit beträgt die Verdampfungswärme des Wassers $\dfrac{15,60\ kJ}{0,007\ kg} = 2240\ \dfrac{kJ}{kg}$

Wird die Wärmeabgabe an das Gefäß berücksichtigt, so wird Q_{zu} größer als 17,4 kJ, da nun auch die dem Gefäß zugeführte Wärme zu beachten ist. (Alle gemessenen Werte, wie z. B. Mischungstemperatur und Massenzunahme, bleiben dieselben!) Für die Verdampfungswärme q_D errechnet sich dann ein etwas größerer Wert.

Genauere Messungen ergeben:

> **Die Verdampfungswärme des Wassers beträgt** $2260\ \dfrac{kJ}{kg}\left(= 539\ \dfrac{kcal}{kg}\right)$

Verdampfungswärmen verschiedener Stoffe

	in kJ/kg	in kcal/kg		in kJ/kg	in kcal/kg
Alkohol	**844**	201	Aluminium	**10 550**	2517
Äther	**360**	86	Kupfer	**4 710**	1146
Tetrachlorkohlenstoff	**193**	46	Blei	**873**	208
			Quecksilber	**285**	68

5.16.3 Mischungsrechnung unter Beachtung der Verflüssigungswärme (Mischungsrechnung III)

Dampf wird in Wasser geleitet. Dabei tritt eine Erwärmung auf. Ganz entsprechend wie bisher kommen wir zur Grundgleichung der Mischungsrechnung III.

Q_{ab}		=	Q_{zu}
$q_D m_D$	$+\quad m_D c_W(\vartheta_D - \vartheta_m)$	$=$	$m_W c_W(\vartheta_m - \vartheta_W)$
Wärmeabgabe des Dampfes bei Verflüssigung	$+$ Wärmeabgabe des Kondenswassers	$=$	Wärmezufuhr an das Kühlwasser

ϑ_D = Temperatur des Dampfes = 100 °C

m_W = Wassermenge zu Beginn (Kühlwasser)

ϑ_W = Wassertemperatur am Anfang

m_D = zugeführte Dampfmenge

ϑ_m = Endtemperatur = Mischungstemperatur von Kühlwasser und verflüssigtem Dampf

q_D = Verdampfungswärme des Wassers

c_W = spezifische Wärmekapazität des Wassers

1. Beispiel: Die Auflösung nach q_D liefert,

$$q_D = \frac{m_W c_W(\vartheta_m - \vartheta_W) - m_D c_W(\vartheta_D - \vartheta_m)}{m_D}$$

Mit den Zahlenwerten des obigen Versuches wird

$$q_D = \frac{0{,}2 \cdot 4{,}19\,(38{,}5 - 17{,}7) - 0{,}007 \cdot 4{,}19\,(100 - 38{,}5)}{0{,}007}\,\frac{kJ}{kg} = 2240\,\frac{kJ}{kg}$$

2. Beispiel: In 5 *l* Wasser von 18 °C werden 120 g Dampf von 100 °C eingeleitet. Welche Mischungstemperatur stellt sich ein? — Die Auflösung nach ϑ_m liefert,

$$\vartheta_m = \frac{m_D(q_D + c_W\vartheta_D) + m_W c_W\vartheta_W}{m_W c_W + m_D c_W} = \frac{0{,}12 \cdot (2260 + 4{,}19 \cdot 100) + 5 \cdot 4{,}19 \cdot 18}{5{,}12 \cdot 4{,}19}\,K = 32{,}6\,K,$$

entsprechend + 32,6 °C

5.16.4 Verdunstungskälte

Verdunsten verbraucht wie das Verdampfen Wärme. Diese wird der Umgebung entzogen.

1. Versuch: In 2 Tonbehältern, von denen der erste eine glasierte, der andere eine poröse Oberfläche hat, befindet sich Wasser derselben Temperatur. Nach einiger Zeit ist die Temperatur des Gefäßes mit der unglasierten Oberfläche wegen der stärkeren Verdunstung niedriger.

Anwendung: Zur Aufbewahrung von Getränken benutzt man in heißen Ländern poröse Tongefäße, die kühlen. Anwendung der Verdunstungskälte auch beim Kühlschrank. Das Auftrocknen von Wasserpfützen erfolgt u. a. durch Verdunsten.

2. Versuch: Man läßt Äther in einem Uhrglas verdampfen und beobachtet die Abkühlung.

5.17 Wärme und mechanische Arbeit

In Abschn. 5.10.1 haben wir gesehen, daß durch Reibung am Umfang eines zylindrischen Körpers dieser erwärmt werden konnte.

> **Die Reibarbeit wurde in Wärme verwandelt.**

Auch die Reibarbeit wurde aus einer Energiequelle gewonnen — die Person, die die Kurbel drehte, mußte dazu **arbeiten**.

Ein Fahrzeug, dessen Geschwindigkeit durch Abbremsen vermindert wird, hatte vor der Bremsung mehr Bewegungsenergie. Der Unterschiedsbetrag zur verbleibenden Bewegungsenergie wurde in der Bremstrommel in Wärme verwandelt.

Die Spannenergie in einer Armbrust wird in Bewegungsenergie des Geschosses umgewandelt, diese wird verbraucht, wenn das Geschoß an Lageenergie gewinnt, also wenn es in die Höhe geschossen wird; fällt das Geschoß herunter, so bleibt es schließlich in einer Zielscheibe stecken:

Seine inzwischen mehrfach umgewandelte Energie wird endlich in der Zielscheibe in *Wärme* umgewandelt.

Die Umwandelbarkeit der verschiedenen mechanischen Energieformen ineinander und schließlich die Umwandelbarkeit jeder mechanischen Energie in Wärme ist der Grund, warum alle Energiegrößen in der gleichen Einheit 1 Newton · Meter = 1 Joule gemessen werden.

Die Umwandlung mechanischer Energie in Wärme geschieht durch Anstoßen der Moleküle zu schnellerer Bewegung.

Dies ist möglich durch

direkten Anstoß in Form von Kompressionsarbeit (Beispiel: Fahrradpumpe oder Schlagen oder Verbiegen von Metallen, bis Erwärmung eintritt)

oder durch Verrichtung von Reibungsarbeit an Oberflächen fester Körper oder im Innern von Flüssigkeiten oder Gasen.

Dabei geht die Bewegungsenergie ,,von selbst'' von wärmeren Stellen der Körper zu vorher kälteren über, d. h., die Moleküle geben in weiteren Zusammenstößen ihre Bewegungsenergie an ihre Nachbarn ab, bis eine regellose, aber maximale Unordnung in der Verteilung der Energie erreicht ist: Der Körper befindet sich nunmehr auf einer einheitlichen — höheren — Temperatur.

Der gesamte Energieinhalt eines ,,abgeschlossenen Systems'' (z. B. eines Gasvolumens) wird als ,,Innere Energie U'' bezeichnet. Der Zuwachs an innerer Energie ΔU ergibt sich (erfahrungsgemäß) als Summe der zugeführten Wärmeenergie ΔQ und der eingebrachten mechanischen Arbeit ΔW (= Erster Hauptsatz der Thermodynamik).

Allerdings läßt sich — wegen des Charakters der Wärmeenergie als ungeordnete Bewegungsenergie der Moleküle — Wärme nicht in beliebigem Maße in mechanische Energieformen zurückverwandeln. Die Umwandelbarkeit der Wärmeenergie (durch periodisch arbeitende Maschinen) in mechanische Energie drückt der (ebenfalls aus Erfahrung gewonnene) ,,Zweite Hauptsatz der Thermodynamik'' (u. a.) so aus:

,,Der maximale Wirkungsgrad η (= Quotient aus nutzbarer Energie durch aufgewandte Energie) ergibt sich aus dem Verhältnis der Differenz zwischen Betriebstemperatur und Kühltemperatur durch die Betriebstemperatur

$$\eta = \frac{\text{nutzbare Energie}}{\text{aufgewandte Energie}} = \frac{T_{\text{Betrieb}} - T_{\text{Kühlung}}}{T_{\text{Betrieb}}}$$

Dieser Wert ist immer kleiner als 1 und immer größer als der technisch erreichbare Wirkungsgrad von Wärmekraftmaschinen (s. Abschn. 5.8.3).

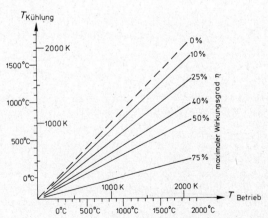

Maximal erreichbare Wirkungsgrade von Wärmekraftmaschinen

237

Beispiel: In zwei Bremstrommeln eines Fahrzeugs ($m_1 = 1000$ kg) werde beim Abbremsen von 72 km/h auf 36 km/h die Hälfte der Reibarbeit in Wärme umgewandelt. Die Masse einer Bremstrommel aus Stahl sei 5 kg. Die Bremszeit betrage 5 Sekunden.

a) Um welche Temperaturdifferenz werden die Bremstrommeln erwärmt?

b) Welche Bremsleistung muß die gesamte Bremsanlage aufbringen?

Lösung:

a)
$$\Delta Q = \eta \cdot \Delta W = \eta \cdot m_1 \frac{V_1^2 - V_2^2}{2} = m_2 \cdot c \cdot \Delta\vartheta$$

$m_2 = 2 \cdot 5$ kg $\qquad \Delta\vartheta = \dfrac{\eta \cdot m_1 (V_1^2 - V_2^2)}{2 \cdot m_2 \cdot c} = \dfrac{0,5 \cdot 1000 \,(20^2 - 10^2)}{2 \cdot 10 \quad 460}$ K

$\eta = 0,5$

$c = 460 \dfrac{J}{kg \cdot K}$ $\quad \Delta\vartheta = 32,6$ K

b) Die restlichen 50% der Bewegungsenergiedifferenz wurden zwar in der Bremsanlage in Wärme umgewandelt, gelangten aber nicht in die Bremstrommeln. (Sie erwärmten die Bremsbacken und die umgebende Luft.) Die **Bremsanlage** muß also die volle umgewandelte Bewegungsenergie(-differenz) aufnehmen:

$$P = \frac{\Delta W}{\Delta t} = \frac{W_1 - W_2}{\Delta t} = \frac{m}{2\,\Delta t} (v_1^2 - v_2^2) = \frac{1000\ kg}{2 \cdot 5\ s} \cdot (20^2 - 10^2) \frac{m^2}{s^2} = 30\ 000\ \frac{J}{s}$$

Diese Leistung ist mit der Leistung eines Kfz-Motors vergleichbar.

5.18 Erzeugung von Wärme — Der Heizwert

Genaugenommen kann Wärme nie erzeugt werden. Sie entsteht nur durch Umwandlung aus anderen Energieformen.

5.18.1 Unerwünschte Wärmeentstehung

Die Umwandlung von mechanischer Energie in Wärme oder Reibungsarbeit in Wärme ist fast immer unerwünscht.

Beispiele: Dampfende Bremsspuren eines Fahrzeuges auf nassem Asphalt, rauchender Freilauf eines Fahrrades, Warmlaufen eines Lagers, Erwärmen eines Bohrers oder eines sonstigen Werkzeuges.

Bei vielen Maschinen muß die entstehende Wärme durch geeignete Kühlflüssigkeiten abgeführt werden, die gleichzeitig auch zur Schmierung dienen.

Sonderfall: gewollte Wärmeentstehung durch Reibung zur Feuererzeugung in der Vorzeit (vor Jahrtausenden).

5.18.2 Wärmeerzeugung in der technischen Praxis

Der größte Teil der in Haushalt und Industrie benötigten Energie, sei es in Form von Wärme oder in der umgewandelten Form der elektrischen Energie, wird durch Verbrennung von Kohle und Öl gewonnen. Bei der Verbrennung erfolgt eine Umwandlung von chemischer Energie in Wärme. Ein mit Kohle oder Öl betriebenes Elektrizitätswerk formt die Wärme in elektrische Energie um.

In der Bundesrepublik Deutschland wurde der Energiebedarf im Jahre 1974 zu etwa 33% aus Kohle gedeckt. Die übrigen 67% entfielen auf Mineralöl, Naturgas, Wasserkraft, Kernenergie, Brennholz und Brenntorf.

Man unterscheidet feste, flüssige und gasförmige Brennstoffe. Die bei der Verbrennung frei-werdende Wärmemenge hängt nicht nur von der Brennstoffmenge, sondern auch erheblich von der Art des Brennstoffes ab.

Festlegung

> Unter dem Heizwert eines Stoffes versteht man diejenige Wärmemenge, die bei der vollständigen Verbrennung von 1 kg freigesetzt wird.

Bei Gasen bezieht man nicht auf 1 kg, sondern auf 1 m³ unter Normalbedingungen.

Heizwerte einiger Brennstoffe	in kJ/kg	in kcal/kg
Heizöl	40 200...41 500	9600...9900
Anthrazit	31 000...35 600	7600...8500
Steinkohle	27 200...33 500	6500...8000
Koks	22 200...30 600	5300...7300
Braunkohlebriketts	19 300...22 300	4600...5300
Leuchtgas, Stadtgas	16 000...22 300	3800...5000 kcal/m³
trockenes Holz	10 500...15 100	2500...3600

Die Heizwerte schwanken bei einem Brennstoff je nach Herkunft.

Oberer und unterer Heizwert

Der im Brennstoff chemisch gebundene Wasserstoff ergibt bei der Verbrennung Wasserdampf. Ebenso wird im Brennstoff enthaltenes Wasser dampfförmig. Das Wasser kann auch nur teilweise dampfförmig in den Verbrennungsgasen vorliegen. Wir betrachten zwei Grenzfälle: Ist das gesamte Wasser in den Verbrennungsgasen in dampfförmigem Zustand vorhanden, so ergibt sich der untere Heizwert (H_u). Wandelt sich dagegen der bei der Verbrennung entstandene Wasserdampf vollkommen in Wasser um, so wird noch die Verflüssigungs-wärme frei. Der Heizwert ist also höher (oberer Heizwert H_o).

Gewöhnlich rechnet man mit dem unteren Heizwert H_u, der oft kurz als „Heizwert" bezeichnet wird. Auch die Tabelle bezieht sich auf die H_u-Werte.

> Bei der Verbrennung von m_B kg eines Brennstoffes mit dem Heizwert H entsteht die Wär-memenge $Q = m_B \cdot H$.

Die Entstehung von Wärme aus elektrischer Energie wird in Abschnitt 7.6 und aus Atomenergie in Abschnitt 8.4 behandelt.

1. Aufgabe: Welche Wärmemenge wird frei, wenn 5 kg trockenes Holz verbrannt werden ($H = 3200$ kcal/kg; Berechnung in den bisher gebräuchlichen Einheiten)?

Lösung: $Q = m_B \cdot H = 5 \text{ kg} \cdot 3200 \dfrac{\text{kcal}}{\text{kg}} = 16000 \text{ kcal} = 67\,000 \text{ kJ} = 67 \text{ Megajoule (MJ)}$

2. Aufgabe: Wieviel kg Kohle ($H = 7500$ kcal/kg) benötigt man, um 250 l Wasser von Zimmer-temperatur (20 °C) auf 100 °C zu erhitzen? Welche Kohlenmenge wird gebraucht, um das gesamte Wasser von Siedetemperatur ohne Temperaturerhöhung zu verdampfen? Der Wirkungsgrad der Dampfkesselanlage betrage $\eta = 80\%$.

Lösung: Die benötigte Wärmemenge ist $Q = m_{WC} \Delta\vartheta = 250 \cdot 80 \dfrac{kg \cdot kcal \cdot grd}{kg \cdot grd} = 20000 \text{ kcal} \approx 84 \text{ MJ}$

Die nutzbare Wärme des Brennstoffes beträgt

$$Q_B = m_B \cdot H \cdot \eta$$

Mit $Q = Q_B$ folgt   mit $H = 31,4$ MJ/kg:

$$m_B = \frac{Q}{H \cdot \eta} = \frac{20000 \cdot 100}{7500 \cdot 80} \frac{kcal \cdot kg}{kcal} = 3,3 \text{ kg} \qquad\qquad = \frac{84 \cdot 100 \text{ MJ} \cdot kg}{31,4 \text{ MJ}}$$

Für das Verdampfen gilt

$$q_D \cdot m_W = m_B \cdot H \cdot \eta$$

Hieraus folgt   mit $q_2 = 2,26$ MJ/kg

$$m_B = \frac{q_D \cdot m_W}{H \cdot \eta} = \frac{539 \cdot 250 \cdot 100}{7500 \cdot 80} \frac{kcal \cdot kg \cdot kg}{kg \cdot kcal} = 22,5 \text{ kg} \qquad = \frac{2,26 \cdot 250 \cdot 100 \text{ MJ} \cdot kg \cdot kg}{31,4 \cdot 80 \text{ kg} \cdot \text{MJ}}$$

Ergebnis: Zum Erhitzen des Wassers auf 100 °C werden 3,3 kg, zum Verdampfen weitere 22,5 kg Brennstoff verbraucht.

Übungsaufgaben hierzu in Aufgabengruppe Wärme 7 im Anschluß an den Abschnitt 5.19.6, Seite 252 ff.

5.19 Einblick in die Meteorologie (Wetterkunde)

Die Meteorologie[1]) ist die Lehre vom Wettergeschehen und den Witterungserscheinungen. Sie wird auch Physik der Atmosphäre genannt.

Das Wort „Atmosphäre" wird also in doppeltem Sinne benutzt: Einmal bedeutet es eine veraltete Druckeinheit, zum anderen die Lufthülle der Erde.

Die Wetterkunde ist heute ein sehr großes Wissensgebiet; ihr Ziel ist die Erforschung des Aufbaues der Erdatmosphäre und der Vorgänge in ihr. Eine praktische Hauptaufgabe ist es, über die Weiterentwicklung des Wetters Aussagen zu machen (Wettervorhersage).

Die Wetterkunde spielt für alle vom Wetter abhängigen Wirtschaftszweige eine große Rolle. Beispiele: *Verkehr:* Straßenzustand, Eingefrieren von Flüssen. *Weinbau:* Frostwarnung. *Bauwirtschaft:* Frostwarnung, Niederschläge, Sturmwarnungen. *Luftfahrt:* Gewitter, Vereisung, Sturm, Böigkeit auf der Flugroute (Bö = Windstoß), Landewetter (z. B. Nebel und Wolkenhöhe).

Die meteorologische Bezeichnung für eine Luftmenge (Luftquantum), die wegen einheitlichen Ursprungs und einheitlichen Weges einheitliche Eigenschaften besitzt, ist *Luftmasse*. Der Begriff der Luftmasse wird gekennzeichnet nach Art, Eigenschaft und Herkunft (warme, kalte, feuchte, kühle, trockene Luftmassen, polare Luftmassen, Meeresluftmassen). Die am Wettergeschehen beteiligten Luftmassen stehen nicht unmittelbar im Zusammenhang mit dem physikalischen Begriff der Masse (gemäß Abschn. 1.20).

5.19.1 Was versteht man unter „Wetter"?

Will man sich nicht auf die oberflächliche Feststellung beschränken, das Wetter sei gut oder schlecht, so ist eine ganze Reihe von Angaben notwendig, um ein bestimmtes Wetter zu charakterisieren. Zur Kennzeichnung des Wetters dienen zahlreiche *Wetterelemente (meteorologische Elemente)*, wie *Luftdruck*, *Temperatur*, *Windrichtung*, *Windgeschwindigkeit*, *Luftfeuchtigkeit*, *Bewölkung*, *Sonnenschein*, *Sicht* und *Niederschläge* (Regen, Schnee, Hagel).

---

[1]) vgl. hierzu Abschn. 3.1 über den Luftdruck

Zur Beurteilung der Wetterentwicklung in Deutschland ist es notwendig, über die meteorologischen Elemente am Boden und in bestimmten Höhen eines Großteiles der nördlichen Halbkugel Bescheid zu wissen. Die hierzu erforderlichen Beobachtungen und Messungen werden von zahlreichen Wetterstationen (auf der nördlichen Halbkugel sind es über 8000) verschiedener Länder durchgeführt. Durch Eintragung der gefundenen Werte in eine Landkarte entsteht die *Wetterkarte*.

Auf den Ozeanen erfolgt die Beobachtung auf entsprechend eingerichteten Schiffen, u. a. regelrechten Wetterschiffen. Außerdem können durch Ballonaufstiege Messungen (z. B. von Temperatur, Luftdruck, Feuchtigkeit, Windrichtung und Windgeschwindigkeit) in verschiedenen Höhen durchgeführt werden. Die Meßwerte der Wetterstationen werden von den Sendern der verschiedenen Länder in dreistündigen Abständen ausgestrahlt. Dabei werden Zahlengruppen benutzt, deren Bedeutung den Empfängern bekannt ist. Jede große Wetterstelle ist in der Lage, diese Funksignale zu empfangen. Sie vermag nun zahlreiche Orte der Landkarte eines bestimmten Gebietes mit den Daten, z. B. des Luftdrucks und der Temperatur, zu versehen (Wetterkarte). Seit einigen Jahren kommen Fernsehaufnahmen von Wettersatelliten hinzu.

5.19.2 Drei wichtige Wetterelemente

1) Der Luftdruck

Beim Torricellischen Versuch (vgl. Abschn. 3.1.3) konnte man sich zunächst nicht erklären, warum das Quecksilber nicht die ganze Röhre füllte, sondern ein luftleerer Raum entstand. Man sprach in wenig wissenschaftlicher Weise vom „horror vacui", der Furcht vor dem leeren Raum. Wenige Jahre später wurde auf Anregung Pascals (1648) ein Versuch durchgeführt, der die physikalische Erklärung dafür brachte, warum Quecksilber nicht in den leeren Raum vordringen kann.

Die Erforschung der Atmosphäre begann mit der Messung des Luftdruckes.

In größerer Höhe, z. B. auf einem Berg, wurde für den Luftdruck ein kleinerer Wert gefunden als auf Meereshöhe. Beim Torricellischen Versuch entsteht bei größerer Höhe über dem Meeresspiegel (ü. d. M.) in der Glasröhre ein größerer luftleerer Raum, weil der Luftdruck nur noch eine Hg-Säule geringerer Höhe zu tragen vermag.

Mit zunehmender Höhe des Meßortes ü. d. M. nimmt der Luftdruck ab.

Beispiele: München   526,4 m ü. d. M. 954 mbar

Zugspitze 2962,2 m ü. d. M. 706 mbar

(Mittelwerte über den Zeitraum von 1881—1925).

Je höher wir uns über dem Meeresspiegel befinden, desto kleiner wird das Gewicht der Luft über uns und desto niedriger wird der Luftdruck, der nichts anderes bedeutet als das Gewicht der über 1 cm² Fläche lastenden Luftsäule.

Bei einem aufsteigenden U-Boot nimmt der Wasserdruck mit geringer werdender Tiefe h gleichmäßig ab ($p = \gamma \cdot h$; vgl. Abschn. 2.1.5). Die Druckabnahme im „Luftmeer" dagegen erfolgt nicht linear (der Ausdruck „linear" wurde in Abschn. 1.1.4 erklärt), da die Luft — im Gegensatz zum Wasser — sehr wohl zusammendrückbar (kompressibel) ist.

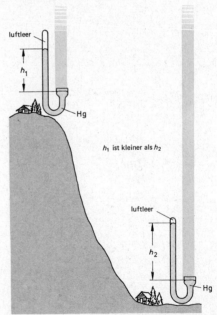

Auf dem Berge trägt der Luftdruck nur die kleinere Hg-Säule von der Höhe h_1. Entsprechend dem größeren Luftdruck im Tale wird dort einer größeren Hg-Säule (h_2) das Gleichgewicht gehalten

Die Lufthülle der Erde, auch Atmosphäre genannt, wird nach oben immer dünner.

Die Dichte der Luft ist am Erdboden am größten, da die unteren Luftschichten durch die darüber lagernden zusammengedrückt werden. Je größer die Höhe über dem Meeresspiegel, desto langsamer nehmen Luftdruck und Dichte ab (vgl. auch Abschn. 3.2). Derselben Druckabnahme entspricht daher in größerer Höhe ein wesentlich größerer Höhenunterschied als in Bodennähe.

Ab 4 km Höhe treten Atmungsschwierigkeiten auf; ab 12 km erlischt eine Kerze infolge Sauerstoffmangels; ab 140 km erfolgt keine Schallausbreitung mehr.

Höhe über dem Meeresspiegel (gerundete Werte)	herrschender Luftdruck in Bruchteilen des Bodendruckes	in mbar	in Torr
5 000 m	die Hälfte		
11 000 m	ein Viertel	**rund 270**	rund 200
16 000 m	ein Achtel		
18 km	ein Zehntel	**rund 100**	rund 76
30 km	ein Hundertstel	**rund 11**	rund 8
50 km	ein Tausendstel	**rund 1**	rund 0,8
100 km	ein Millionstel	**rund 10^{-3}**	rund 0,0008

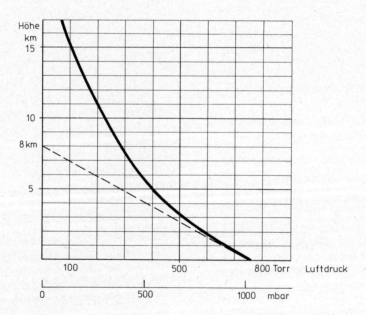

Abnahme des Luftdruckes mit der Höhe.
Da die Luft zusammendrückbar ist und die Temperatur mit der Höhe abnimmt, ist auch in großer Höhe noch ein Rest des Luftdruckes vorhanden.

Die gestrichelte Linie entspricht der Druckabnahme einer gleichbleibend dichten Modellatmosphäre, deren Obergrenze bei 8 km Höhe liegen müßte

Aus der Graphik auf S. 242 läßt sich entnehmen, daß, wenn man von der Zusammendrückbarkeit der Luft absieht, die obere Grenze einer isothermen Atmosphäre bei etwa 8 km Höhe liegen müßte. Für Höhen bis ca. 2 km kann man daraus als Faustregeln herleiten:

10 Meter Höhenunterschied entsprechen einem Druckunterschied von 1 Torr.

75 Meter Höhenunterschied entsprechen einem Druckunterschied von 10 mbar.

Tatsächlich reicht die Atmosphäre zu Höhen über 1000 km, wie am Aufleuchten der von Sonnenwindpartikeln getroffenen Hochatmosphäre zu sehen ist: Die Polarlichter (Nordlicht, Südlicht) treten in Höhen von 100 km, gelegentlich bis zu 1000 km Höhe auf.

Der Verlauf der Druckabnahme mit der Höhe wird zur Berechnung von Flughöhen und der Höhe von Bergen (z. B. auf Expeditionen) verwendet.

Aus dem Modell einer gleichmäßig dichten und gleichmäßig warmen (isothermen) Atmosphäre gewinnt man eine Vorstellung über die Größe möglicher Molekülgeschwindigkeiten, wenn man die Endgeschwindigkeit eines diese Modellatmosphäre frei durchfallenden Körpers berechnet (s. Abschn. 1.16.4):

$$v_{Ende} = \sqrt{2 \cdot g \cdot h} = \sqrt{2 \cdot 10 \cdot 8000 \, \frac{m^2}{s^2}} = 400 \text{ m/s}$$

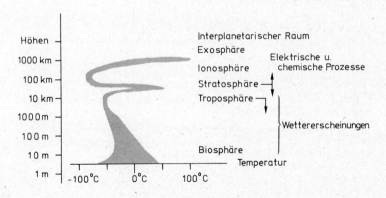

Temperaturbereiche in der Atmosphäre

2) Die Temperatur

Bis zu einer Höhe von rund 11 km (in den Tropen rund 8 km, in Polnähe rund 12 km) nimmt die Temperatur einigermaßen gleichmäßig bis auf rund —50 °C ab, so daß man als Faustregel folgern kann:

100 Meter Höhenunterschied entsprechen einer Temperaturabnahme von ca. 0,6 °C bis 0,7 °C.

Die Atmosphäre bis ca. 11 km Höhe heißt *Troposphäre* (in Bewegung befindliche und durchmischte Luftschicht). Die darüber liegende *Stratosphäre* (von wasser- und eishaltigen Wolken frei) reicht bis etwa 80 km Höhe. (Zahlenwerte gelten für gemäßigte Breiten.)

Der Temperaturverlauf in größeren Höhen weist beachtliche Schwankungen auf, da die Lufthülle nicht einheitlich aufgebaut ist, sondern aus einer Reihe verschiedener Schichten besteht, in denen sich verwickelte Vorgänge abspielen.

Nach Erreichen der Höhe von 11 km bleibt die Temperatur bis etwa 30 km zunächst fast unverändert, um dann auf etwa +50 °C (bei 50 km) anzusteigen. Nach einem Temperaturabfall bei 80 km Höhe auf etwa −100 °C erfolgt bei 300...400 km ein Anstieg auf + 1600...2000 °C.

Ein dorthin gebrachter Körper braucht allerdings diese Temperatur nicht anzunehmen. Dieser Temperaturwert entspricht nur der Geschwindigkeit der dort befindlichen Atome (vgl. Abschn. 5.8.1 und Abschn. 5.10.3). Die Temperatur, die sich bei einem Körper dort einstellen würde, hängt davon ab, wieviel Wärme von der Sonne zugeführt und wieviel in den Raum abgestrahlt wird. Auf der Sonnenseite würde große Hitze, auf der Schattenseite große Kälte herrschen.

3) Die Luftfeuchtigkeit

Infolge der Verdunstung von Flüssen, Seen und Meeren enthält die Luft Wasserdampf. Der Wasserdampfgehalt der Luft kann bei steigender Temperatur größere Werte einnehmen. 1 m³ Luft kann bei 0 °C 4,8 g, bei 5 °C 6,8 g und bei 15 °C 12,8 g Wasserdampf enthalten.

Wasserdampf ist stets unsichtbar. Im täglichen Sprachgebrauch ist Dampf, der z. B. aus einer Waschküche aufsteigt, kondensiertes Wasser in feinster Verteilung.

Die Luft heißt *gesättigt*, wenn sie die Höchstmenge an Wasserdampf enthält, die bei einer bestimmten Temperatur möglich ist. Luft von 5 °C ist bei 6,8 g/m³ gesättigt. 8 g/m³ kann sie also nicht enthalten. Dagegen ist Luft von 15 °C mit 8 g/m³ ungesättigt, da sie bis zu 12,8 g/m³ enthalten könnte.

Warme Luft kann mehr Wasserdampf enthalten als kalte Luft.

Die Angabe der enthaltenen Wassermenge in g/m³ heißt *absolute Luftfeuchtigkeit*. Das Verhältnis der absoluten Feuchtigkeit zur höchstmöglichen bezeichnet man als *relative Feuchtigkeit*. Luft von 15 °C mit 8 g Wasser im m³ besitzt also die relative Feuchtigkeit

$$f_r = \frac{8 \text{ g/m}^3}{12,8 \text{ g/m}^3} = 0,625 \text{ oder } 62,5\%$$

Gesättigte Luft hat also eine relative Luftfeuchtigkeit von 100%.

Unterschied von Gas und Dampf

Dampf ist ein Sonderfall des gasförmigen Zustandes. Gase befolgen von kleinen bis zu großen Drücken recht gut das Boyle-Mariottesche Gesetz (vgl. Abschn. 3.2). Gase, die dem Gesetz kaum oder gar nicht gehorchen, heißen Dämpfe.

Nur solange bei der Dampfbildung am Boden noch Flüssigkeit vorhanden ist, kann gesättigter Dampf entstehen. Erhitzt man den gesättigten Dampf in einem geschlossenen Gefäß weiter, auch wenn keine Flüssigkeit mehr vorhanden ist, so entsteht ungesättigter oder überhitzter Dampf. Dieser könnte entsprechend seiner Temperatur mehr Wasser enthalten. Ungesättigte Dämpfe befolgen das pV-Gesetz um so besser, je weiter sie vom Verflüssigungspunkt entfernt sind. Mit zunehmender Temperatur erfolgt also mehr und mehr der Übergang zum Gas. So gibt es z. B. Chlordampf und Chlorgas. Bei Wasser findet die Bezeichnung ,,Gas" keine Verwendung.

5.19.3 Zustandekommen des Wetters

Das Wettergeschehen spielt sich hauptsächlich in den unteren Luftschichten bis 11 km Höhe ab. 75% der gesamten Luftmasse befinden sich unterhalb dieser Höhe (vgl. Tabelle zur Druckabnahme mit der Höhe). Die Entstehung des Wetters stellt ein sehr verwickeltes Zusammenspiel verschiedenartiger Erscheinungen dar. (Das Wettergeschehen unterliegt den Gesetzen der Bewegungs-, Strömungs- und Wärmelehre sowie der allgemeinen Gasgleichung.) Dennoch seien hier einige Fragen getrennt betrachtet.

1) Wie entstehen Wolken?

Bei der Abkühlung ungesättigter Luft wird allmählich Sättigung erreicht. Bei weiterem Temperaturrückgang beginnt sich der Wasserdampf in Form von winzig kleinen Tröpfchen (Durchmesser 4 bis etwa 10 μm) abzuscheiden. Diese sinken sehr langsam ab und führen zu Nebel- und Wolkenbildung.

Bei genügend starker Abkühlung feuchter Luft bilden sich Wassertröpfchen.

Wird Sättigung, d. h. eine relative Luftfeuchtigkeit von 100%, erst unter 0 °C erreicht, so bilden sich Eiskristalle (Eis und Schnee). Wolken müssen nicht immer aus Wassertröpfchen bestehen. Cirruswolken (Cirren) sind feine Wolken von faserigem Aufbau (in 6 bis 10 km Höhe) und bestehen vollständig aus Eisteilchen.

In Wirklichkeit sind die Vorgänge verwickelter, da vom Vorgang der Unterkühlung abgesehen wurde. Darunter versteht man die Erscheinung, daß Wasser bei Unterschreitung der Temperatur von 0 °C nicht gefriert. In der Natur kommt es häufig vor, daß Wassertröpfchen erst bei −10 °C zu Eis werden.

Die Temperatur, für die beim Abkühlen ungesättigten Dampfes Sättigung eintritt, heißt *Taupunkt*. Erklärung der *Taubildung*: Wenn in der Nacht eine Wärmeabstrahlung durch den Erdboden erfolgt, bewirkt die damit verbundene Abkühlung bei Unterschreitung des Taupunktes, daß sich der Wasserdampf in Form von Tröpfchen, z. B. auf Pflanzen, niederschlägt (Tau).

2) Wie entsteht Regen?

Die bei der Abkühlung feuchter Luftmassen entstandenen Wassertröpfchen nehmen bei weiterem Temperaturrückgang an Größe zu, bis sie schließlich nicht mehr schweben können, sondern fallen. Der Durchmesser der auf dem Erdboden ankommenden Regentropfen beträgt etwa 1 bis 3 mm.

Das „Schweben" ist eigentlich ein infolge der Reibung sehr langsames Fallen. Die anfangs sehr kleine Fallgeschwindigkeit nimmt mit der Tropfengröße zu. Erklärung: Der Luftwiderstand hängt vom Tropfenquerschnitt ($\sim r^2$; r = Tropfenhalbmesser) ab, das Gewicht vom Tropfenvolumen ($\sim r^3$). Wenn r wächst, nimmt das Gewicht stärker zu als der Luftwiderstand (doppeltes r bedeutet vierfachen Luftwiderstand, aber achtfaches Gewicht). Wir vermerken noch, daß bei größerer Fallgeschwindigkeit v auch der Luftwiderstand wieder zunimmt ($\sim v^2$). Von einer möglichen Verformung der Tropfen beim Fallen, d. h. einer Abweichung von der Kugelgestalt, sehen wir hier ab.

Genaugenommen erfolgt die Niederschlagsbildung fast immer auf dem Umweg über Eiskriställchen. Diese bilden sich in großer Höhe, nehmen beim Fallen durch Anlagerung von unterkühltem Wasser, das sofort gefriert, an Gewicht zu und schmelzen schließlich in tieferen, wärmeren Luftschichten. Reicht die Fallzeit zum Schmelzen nicht aus, so fällt der Niederschlag als Graupel oder Hagel.

3) Wie entsteht der Wind?

Unter Wind versteht man im allgemeinen horizontal bewegte Luft. Eine Strömung dagegen kann auch eine vertikale Luftbewegung sein.

Die Lufthülle der Erde macht die Erddrehung mit. Der Wind stellt daher eine Bewegung von Luftmassen relativ zur Erdoberfläche dar.

Bei zwei gleich hohen Luftsäulen von jeweils einheitlicher Temperatur ist der Bodendruck bei der kälteren größer. Die kältere Luftsäule mit der größeren Wichte besitzt das größere Gewicht je cm² Bodenfläche. Die Pfeile geben die Richtung des Druckausgleichs an (sehr stark vereinfachende Darstellung)

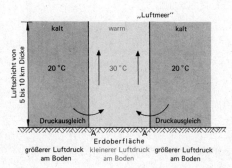

Ohne Temperaturunterschiede bzw. Temperaturänderungen in der Lufthülle würde es keine Luftströmungen und damit auch keinerlei Wetterveränderung, d. h. kein Wettergeschehen geben. Die Sonneneinstrahlung verursacht entsprechend den unterschiedlichen Wärmekapazitäten von Wasser und Land eine ungleichmäßige Erwärmung der Erdoberfläche. Die Erde gibt die Wärme an die Luft weiter.

Die über der Erde lagernde Luft wird nur wenig erwärmt, wenn sie von Sonnenstrahlen durchdrungen wird. Eine Temperaturerhöhung der Luft wird also von der Wärme verursacht, die von der Erde wieder abgestrahlt wird. Das ist die ,,Glashauswirkung" der Erdatmosphäre. Die kurzwelligen Sonnenstrahlen werden gut zur Erdoberfläche durchgelassen, während die langwellige Ausstrahlung (vgl. Abschn. 7.21) der Erde von der Lufthülle absorbiert (verschluckt) wird. Fensterglas zeigt ein ähnliches Verhalten: Es läßt Licht durch, ist aber für die langwelligeren Wärmestrahlen undurchlässig.

Temperaturänderungen in den Luftmassen bewirken meist Änderungen des am Boden gemessenen Luftdruckes.

Sind Druckunterschiede in einem Gas vorhanden, so gleichen sich diese schnell aus. Der Ausgleich vollzieht sich überwiegend in den unteren Luftschichten. Es entsteht eine Luftbewegung, der Wind.

Der Wind ist die Folge von Druckunterschieden in der Atmosphäre.

Diese Betrachtung ist stark vereinfacht. Tatsächlich sind die Luftdruckwerte ständigen Schwankungen unterworfen. Außerdem führt die Sonneneinstrahlung zu Strömungen riesigen Ausmaßes (Konvektionsströmung, vgl. Abschn. 5.9.2).

Entstehung von Land- und Seewind an der Meeresküste

Trotz gleicher Sonneneinstrahlung erfährt der Erdboden eine größere Temperaturerhöhung als das Wasser. Die Luft über dem Land wird stärker erwärmt und steigt hoch. Damit kein ,,Luftloch" entsteht, strömt kühle Luft von der See her nach (Seewind). Bei schönem Wetter herrscht daher von der See ein angenehmer, kühler Wind. Nach Sonnenuntergang bzw. am Abend ist die Windrichtung umgekehrt. Das Land kühlt sich stärker ab als das Wasser. Die Luft über dem relativ warmen Wasser steigt hoch, und die kühle Landluft strömt nach (Landwind).

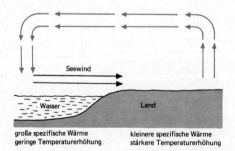 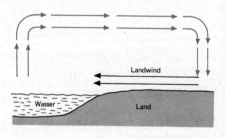

Aus der Abbildung ist ersichtlich, daß ein Kreislauf der Luftmassen (Zirkulation) entsteht. In der Höhe bildet sich jeweils Wind entgegengesetzter Richtung aus

Der Aufstieg erwärmter Luft kann ganz allmählich erfolgen. Bei einem plötzlichen Aufsteigen erwärmter Luftmassen, wie z. B. bei einem Gewitter, sind Stürme die Folge. Heranströmende Luftmassen — Geschwindigkeiten bis über 100 km/h — gleichen den Druckunterschied wieder aus.

5.19.4 Die Wetterkarte

Nach Eintragung der Wetterelemente enthält die Wetterkarte zunächst eine unübersichtliche Menge von Angaben. Erst durch Einzeichnen von Linienzügen, wie z. B. den Isobaren und den Fronten (Näheres folgt), entsteht ein anschauliches Bild der herrschenden Wetterlage.

1) Umrechnung auf Meereshöhe

Um die in verschiedenen Höhen über dem Meeresspiegel gemessenen Luftdruckwerte miteinander vergleichen zu können, müssen diese auf „Meereshöhe umgerechnet" werden. Liegt z. B. der Meßort 800 m ü. d. M., so ist zum Meßwert noch der Bodendruck einer 800 m hohen über dem Meeresspiegel lagernden Luftsäule zu addieren. Dabei ist zu berücksichtigen, daß die Lufttemperatur mit abnehmender Meereshöhe zunimmt (vgl. Abschn. 5.19.2, 2).

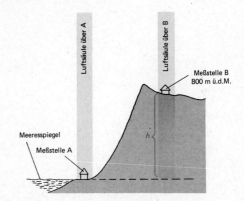

Der in A gemessene Luftdruck kann sofort in die Wetterkarte eingetragen werden. Bei B ist der Bodendruck einer Luftsäule zur Höhe h zu addieren (nach der Faustregel sind es 80 Torr = 107 mbar)

Auch die in Aufgabe Mechanik 18/4 angegebenen Werte sind auf Meereshöhe umgerechnet.

Bei der Druckmessung mit dem Hg-Barometer ist der Meßwert jeweils auf 0 °C und Meereshöhe umzurechnen. Zwei Hg-Säulen derselben Höhe können nämlich bei unterschiedlichen Temperaturen verschiedene Bodendrücke aufweisen. Gewicht und damit auch Bodendruck einer Hg-Säule bestimmter Höhe nehmen mit zunehmender Meereshöhe ab (vgl. Abschn. 0.5.1).

In der Meteorologie wird der Luftdruck nicht in Torr, sondern in Millibar (mbar) angegeben (750 Torr = 1000 mbar; vgl. Abschn. 3.1.5).

2) Hoch- und Tiefdruckgebiete

Verbinden wir auf einer Wetterkarte die Punkte gleichen Luftdruckes miteinander, so entstehen in sich geschlossene Kurven, die als Isobaren (griech. isos = gleich, baros = Gewicht, Schwere, Druck) bezeichnet werden.

Isobaren = Linien gleichen Luftdruckes zu einem bestimmten Zeitpunkt

Die ineinandergeschachtelt verlaufenden Isobaren umschließen ein Zentrum (Kern) höchsten bzw. tiefsten Luftdruckes. Ein Tiefdruckgebiet wird auch Zyklone genannt.

3) Windrichtung beim Druckausgleich

Die Annahme, daß sich zwischen einem „Hoch" (H) und einem „Tief" (T) sehr rasch ein Druckausgleich einstellen würde, ist falsch. Ein Hoch kann sich tage- und wochenlang halten. Eine Ursache hierfür ist die Erddrehung, die eine von H nach T verlaufende Strömung geradliniger Bahn verhindert.

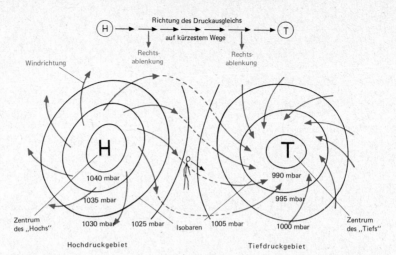

Luftströmung zum Druckausgleich zwischen Hochdruckgebiet.(H) und Tiefdruckgebiet (T). Ohne die Erddrehung würde die Luftbewegung in Richtung des größten Druckgefälles, d. h. senkrecht zu den Isobaren, erfolgen. Die Erddrehung bewirkt durch ihre Rechtsablenkung[1] eine Strömung parallel zu den Isobaren. Der beim Umströmen der Kerne von H und T entgegengesetzte Richtungssinn ist leicht aus der Figur zu erkennen, wenn man auf der Verbindungslinie der beiden Kerne von H nach T fortschreitet und sowohl beim Verlassen von H als auch beim Erreichen von T eine Rechtsablenkung vornimmt. Schließlich wird die Windrichtung unter der Wirkung der Bodenreibung nochmals gedreht: Der Wind weht — wie die Abbildung zeigt — aus dem Hoch heraus und in das Tief hinein

Die zum Druckausgleich aus dem Hoch herausfließenden und (zur Auffüllung) in das Tief hineinströmenden Luftmassen führen spiralähnliche Bahnen um die Zentren der Hoch- und Tiefdruckgebiete aus. Die Rechtsablenkung bewirkt:

> **Gebiete hohen Druckes werden im Uhrzeigersinn, Gebiete tiefen Druckes im Gegenuhrzeigersinn umflossen. Windregel von Buys-Ballot[2] (für die Nordhalbkugel).**

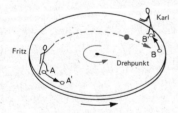

Zum Verständnis betrachten wir zwei Ballspieler auf einer bewegten Drehscheibe. Fritz wirft den Ball in Richtung Karl, so daß er diesen bei ruhender Scheibe treffen würde. Infolge der Drehung geht der Ball an Karl vorbei, weil dieser inzwischen von B nach B' gelangt ist. Ein Beobachter, der von oben auf die Scheibe schaut, stellt eine geradlinige Bewegung des Balles fest. Karl und Fritz dagegen beobachten eine Ablenkung. Ganz entsprechend erfolgt auch die Ablenkung von Luftmassen; die Erde dreht sich sozusagen unter ihnen weg.

Auf der bewegten Drehscheibe wandern während des Ballwurfes Punkt A nach A' und Punkt B nach B'

---

[1] Dies gilt auf der Nordhalbkugel, auf der Südhalbkugel der Erde erfolgt eine Linksablenkung

[2] Christophorus Henricus Didericus Buys-Ballot, holländischer Wetterforscher (1817—1890)

248

Die *Windregel* läßt sich auch in der folgenden Form aussprechen: Blickt man in die Richtung des Windes, so weht der Wind auf der Nordhalbkugel so, daß der tiefe Druck links *vor* dem Beobachter, der hohe Druck rechts *hinter* ihm liegt. Sofern die Reibung in den bodennahen Schichten außer Betracht bleibt, d. h. also in der freien Atmosphäre, weht der Wind parallel zu den Isobaren.

Die Wetterkarte enthält immer die Luftdruckwerte für den Erdboden und die sich hieraus ergebenden Isobaren. Wird jedoch der Luftdruck in einer Höhe von z. B. 5000 m gemessen (Ballonaufstiege), so lassen sich ebenfalls Karten der Druckverteilung zeichnen. Die sich nun ergebenden Isobaren können einen völlig anderen Verlauf aufweisen als die der Bodenwetterkarte.

4) Warm- und Kaltfronten

Dort, wo warme und kalte Luftmassen aufeinandertreffen, bildet sich eine Grenzfläche aus, deren Schnittlinie mit der Erdoberfläche als Front bezeichnet wird. Man unterscheidet Warmfronten und Kaltfronten.

Die Fronten bewegen sich mit den Luftmassen. Die Wetterkarte kann also nur den augenblicklichen Stand der Fronten angeben.

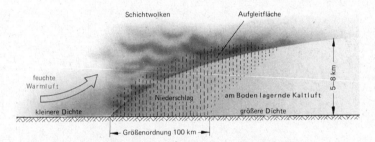

Senkrechter Schnitt durch eine Warmfront

Bei einer *Warmfront* ist die warme Luft im Vordringen gegen die vorgelagerte Kaltluft. Da die warme Luft eine kleinere Dichte besitzt (als die kalte), verläßt sie den Erdboden und gleitet an der Kaltluft auf. Ausgedehnte Niederschläge sind die Folge (anhaltender Landregen, Schnee-fall; ,,Aufgleitregen''). Im Bereich der Grenzfläche der verschiedenen Luftmassen bilden sich große Schichtwolken.

Bei der *Kaltfront* ist die kalte Luft im Vordringen gegen die vorgelagerte Warmluft. (Die Kaltfront bringt also Abkühlung.)

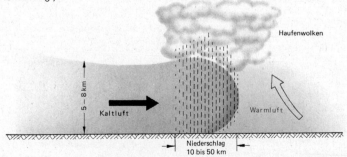

Senkrechter Schnitt durch eine Kaltfront

249

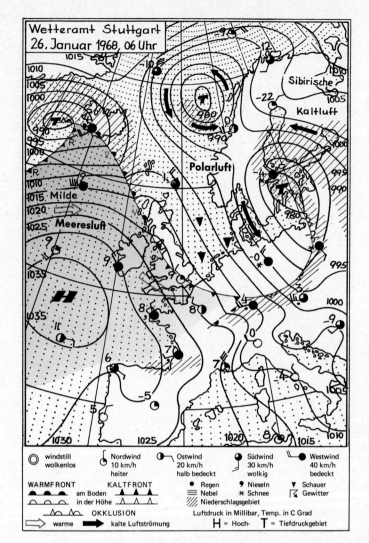

Eine Wetterkarte
aus der Tageszeitung

Man erkennt, daß es dort (nordwestlich Großbritanniens) zu ausgedehnten Niederschlägen kommt, wo feuchtwarme Luftmassen (milde Meeresluft, in der Abb. rot) auf der vorgelagerten, schweren Kaltluft aufgleiten. Man achte auf den Umlaufsinn der Luftströmungen bei den Hoch- und Tiefdruckgebieten. Im Entwicklungsstadium haben die meisten Tiefdruckgebiete einen Warmluftsektor, der von zwei Fronten begrenzt wird, wie es beim Tief westlich von Island deutlich zu sehen ist. Die Warmfront (auch Vorderseite des Tiefs genannt) ist in der Abb. mit VV gekennzeichnet, die Kaltfront (auch Rückseite des Tiefs) mit RR. An diesen beiden Fronten spielen sich die im vorhergehenden Abschnitt näher betrachteten typischen Wettererscheinungen ab. Bei Weiterentwicklung der Wetterlage verengt sich der Warmluftsektor des Tiefs immer mehr, da sich die kalte Luft auf der Rückseite des Tiefs (RR) im allgemeinen rascher bewegt als die warme Luft auf der Vorderseite (VV). Schließlich holt die vorrückende Kaltluft die Warmluft ein: Die beiden Fronten treffen aufeinander und vereinigen sich. Dieser Vorgang bzw. dessen Ergebnis heißt Okklusion (von lat. occludere = einschließen). Damit hat das Tief seinen Höhepunkt überschritten. Die Weiterentwicklung führt zum Absterben des Tiefs. Bei dem Tiefdruckgebiet mit Kern über der Ostsee ist eine derartige Okklusion in der Karte ersichtlich. Die zu dem okkludierten Tief über der Ostsee gehörende Rest-Kaltfront geht über den Britischen Inseln in eine Warmfront über, die in das neue Tief bei Island mündet. Ein- und zweistellige Zahlen bedeuten Temperaturen.
(Mit Genehmigung des Deutschen Wetterdienstes, Wetteramt Stuttgart)

Die Kaltluft schiebt sich unter die leichtere Warmluft. Die zum raschen Hochsteigen gezwungene Warmluft kühlt sich stark ab. Die Folge sind starke, schauerartige Niederschläge (Regen, jedoch nur vorübergehend; Hagel; im Sommer oft von Gewittern begleitet). Die damit verbundene Umlagerung der Luftmassen führt zur Bildung von Haufenwolken.

Das Wettergeschehen spielt sich vorzugsweise an den Fronten ab. Vielfach sind Fronten mit Niederschlägen verbunden. Tritt ein Luftmassenwechsel ein, so führt dies meist zu einem Witterungsumschlag.

> Neben der Verteilung des Luftdruckes sind für das Wetter auch die beteiligten Luftmassen, vor allem aber deren Begrenzungen, die Fronten, von großer Wichtigkeit.

5) Eine Wetterlage als Beispiel

Die Wetterkarten, die täglich von den Wetterämtern herausgegeben werden, enthalten neben dem Luftdruck noch eine Reihe weiterer Eintragungen. Die wichtigsten Angaben sind Druckverteilung (Isobaren) und Temperatur.

Warmluft und Kaltluft sind relative Begriffe. Was im Winter Warmluft ist, kann im Sommer sehr wohl als Kaltluft bezeichnet werden. Für die Angabe, ob es sich um Warm- oder um Kaltluftmassen handelt, ist die auf der Wetterkarte angegebene Temperatur am Erdboden nicht maßgebend.

5.19.5 Zusammenhang von Schönwetterlage und Luftdruck

Bei Barometern findet man häufig bei hohem Luftdruck die Angaben „Schön" und „Beständig", bei niedrigem Druck dagegen „Regen".

Selbstverständlich kann ein Barometer niemals das Wetter anzeigen. Jedoch gilt als Erfahrungstatsache, die sich (in Mitteleuropa) in 80 bis 90% aller Fälle als richtig erweist:

> Im Hochdruckgebiet herrscht meist schönes Wetter (niederschlagsfrei und wolkenarm).
> Im Tiefdruckgebiet liegt schlechtes Wetter (Bewölkungszunahme, Niederschläge) vor.

Erklärung: Die Abbildung, die ein Hoch- und ein Tiefdruckgebiet im Schnitt zeigt, läßt erkennen:

Im Hoch sinkt die Luft nach unten, im Tief herrscht aufsteigende Luftbewegung.

Die *im Hochdruckgebiet absinkende Luft* (durch Messungen in verschiedenen Höhen nachzuweisen) gelangt unter einen größeren Druck und wird etwas zusammengedrückt. Das ist ähnlich wie beim Betrieb einer Fahrradpumpe mit einer Erwärmung verbunden. Die Luft wird trockener, d. h. sie entfernt sich mehr und mehr von der Sättigung. Die Wolken lösen sich auf. Die Sonne scheint.

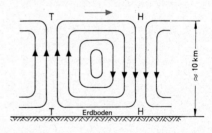

Vertikalströmungen im Hoch- und im Tiefdruckgebiet

Entsprechend erfolgt *im Tief* durch die *aufsteigende und sich ausdehnende Luft* eine Abkühlung, was zu Kondensation, Wolkenbildung und Regen führt.

Beim Absinken der Luft ist je 100 m Höhenverlust mit einer Temperaturzunahme um 0,7 °C zu rechnen. Entsprechend findet beim Aufsteigen eine Temperaturabnahme statt.

Die aufsteigende Luft kühlt sich jedoch nur dann je 100 m um soviel ab, wenn sie relativ trocken ist. Bei feuchter Luft geht nämlich nach Erreichen der Sättigung, die sich beim Abkühlen einstellt, Wasserdampf in den flüssigen Zustand über. Dabei wird die Verflüssigungswärme frei. Dies hat zur Folge, daß die Temperatur bei gesättigter feuchter Luft je 100 m Steighöhe nur um 0,5 °C abnimmt.

Die Luftströmungen von H nach T sind bis zu einer Höhe von etwa 4,5 km vorhanden, wie es durch Messung der Windrichtung in verschiedenen Höhen festgestellt wurde. Der Anteil, den jedoch Strömungen in der Höhe zur Auffüllung des Tiefs beitragen, ist schon wegen der kleineren Dichte der Luft gering. — In großer Höhe strömt auch Luft vom niederen zum hohen Druck. Das ist auch ein Grund dafür, warum die Luftdruckgebilde H und T oft so lange am Leben bleiben, ohne sich gegenseitig auszugleichen.

5.19.6 Wettervorhersage

Bei den *kurzfristigen Wettervorhersagen* (1 bis 2 Tage) bedient man sich in einfachen Fällen der ,,Extrapolation". Wenn ein Schlechtwettergebiet (Front) in einer bestimmten Richtung gewandert ist, so nimmt man unter bestimmten Voraussetzungen an, daß dies auch am folgenden Tage noch der Fall sein wird.

Hierzu werden neben Bodenwetterkarten auch Höhenkarten benötigt, die den Luftdruck und die Strömungen in einigen Kilometern Höhe angeben. Die Eintreffwahrscheinlichkeit der Kurzfristvorhersagen liegt bei rund 85%. Stets zeigt das Wetter ein Erhaltungsbestreben, d. h., in rund 60% aller Fälle wird das Wetter morgen so sein wie heute.

Die Wahrscheinlichkeit für die Richtigkeit einer Wettervorhersage nimmt ab mit der Größe des Zeitraumes, über den etwas ausgesagt werden soll.

Bei *Langfristvoraussagen* (6 Tage und länger) werden vielfach ähnliche Wetterlagen aus früheren Zeiten mit der jetzigen verglichen und daraus Schlüsse für die Wetterentwicklung gezogen.

Zusammenfassung: **Das gesamte Wettergeschehen ist ein Spiel zwischen Luftmassen unterschiedlicher Temperatur und unterschiedlicher Feuchtigkeit. Ursache für alle Vorgänge in der Atmosphäre ist die Sonneneinstrahlung. Als Wärmequelle sorgt die Sonne einerseits durch das Verdunsten von Wasser für die Luftfeuchtigkeit. Andererseits entstehen als Folge unterschiedlicher Erwärmung auf der Erde Druckunterschiede in der Lufthülle, die den Wind verursachen.**

Aufgabengruppe Wärme 7: Übungen zu 5.16 ... 5.19

Verdampfungswärme, Mischungsrechnung III, Heizwert, Mechanisches Wärmeäquivalent

1. Welche Wärmemenge wird benötigt, um 15 kg Wasser von 0 °C zum Verdampfen zu bringen?

2. Wieviel kJ sind notwendig, um 1 kg Eis in Dampf von 100 °C überzuführen?

3. Welche Heizleistung (kJ/s) hat ein Tauchsieder, wenn er 2 *l* Wasser von 20 °C in 5 min zum Sieden bringt?
Wie lange dauert es, bis die Hälfte des siedenden Wassers verdampft ist? (Die Zeit ist erst vom Beginn der Verdampfung an zu rechnen.)

4. 7 kg Stahl von 850 °C werden in 60 *l* Wasser abgeschreckt. Welche Temperatur hatte das Wasser vor der Abschreckung, wenn sich eine Mischungstemperatur von 28 °C einstellt und beim Abkühlungsvorgang 30 g Wasser verdampfen?

5. Aus Wasser von 20 °C soll durch Verdampfen destilliertes Wasser hergestellt werden.
   a) Wieviel kJ sind für 1 *l* destilliertes Wasser notwendig?
   b) Welche Kosten entstehen für 1 *l*, wenn der Preis für 1 m³ Leuchtgas 18 Pf beträgt ($H = 16\,000$ kJ/m³)?
   c) Was kostet 1 *l*, wenn Heizöl verwendet wird ($H = 40\,000$ kJ/kg, Preis 14 Pf/kg)?
   d) Wie hoch ist der Literpreis bei Verwendung von Steinkohle ($H = 31\,400$ kJ/kg)? Der Zentner kostet 8,60 DM.

6. Von der obersten Spitze des Eiffelturmes (300 m) fällt ein Eisenstück mit einer Masse von 5 kg herunter. Um wieviel Grad erwärmt es sich, wenn die gesamte Lagenenergie in Wärme übergehen soll?

7. Um wieviel Grad erwärmt sich das Wasser des Rheinfalles, wenn es 19 m tief herabstürzt? Welche Temperaturerhöhung tritt beim Wasser des Niagarafalles ein (Fallhöhe 50 m)? Man gehe von derselben Annahme aus wie in Aufgabe 6.

8. Ein Rammbär von 400 kg fällt 3 m herab. Welche Wärmemenge kann dabei frei werden?

9. Ein Eisenbahnzug von 450 t Masse fährt auf einer abfallenden Gebirgsstrecke. Der Höhenunterschied beträgt 380 m. Welche Wärmemenge wird frei beim Bremsen des Zuges? Nach Erreichen der Ebene soll der Zug dieselbe Geschwindigkeit haben wie bei Beginn des Gefälles.

10. In einer 1 m langen, beiderseits geschlossenen Röhre befindet sich 1 kg Bleischrot. Dreht man die Röhre in der senkrechten Lage um 180 °, so durchfällt das Blei die Höhe von 1 m. Welche Wärmemenge wird frei, wenn das Rohr 213mal jeweils um 180° gedreht wird? Um wieviel Grad erwärmen sich 0,5 l Wasser, wenn das erwärmte Blei zugegeben wird? Die Röhre selbst besteht aus Pappe und erfahre keine Erwärmung. Von Wärmeverlusten ist abzusehen (c_{Blei} = 0,13 kJ/kg · K). Blei und Wasser befinden sich vor dem Versuch beide auf Zimmertemperatur (20 °C).

11. Aus einer Höhe von 1,50 m fällt eine Messingkugel von 1000 g auf eine Bleiplatte von 20 g. Um wieviel Grad erwärmt sich das Blei, wenn man von Wärmeverlusten absieht? ($c_{Messing}$ = 0,385 kJ/kg · K).

Die Berechnung der Temperaturerhöhung erfolge unter folgenden Voraussetzungen:

a) Zwischen Messing und Blei soll sich ein völliger Wärmeausgleich einstellen,

b) die gesamte freiwerdende Wärme soll nur dem Blei zugute kommen.

12. In einem Schmiedefeuer (Wirkungsgrad 10%) sollen 10 kg Stahl (c = 0,5 kJ/kg · K) von Zimmertemperatur (20 °C) auf helle Rotglut (900 °C) gebracht werden. Wieviel kg Kohle (H = 29 300 kJ/kg) werden benötigt?

13. In einer Dampfkesselanlage mit einem Wirkungsgrad von 85% wird Ruhrkohle (H = 31 500 kJ/kg) verbrannt. Wieviel kg Brennstoff werden benötigt, um 2000 kg Dampf von 100 °C zu erzeugen? Die Anfangstemperatur des Speisewassers beträgt 20 °C.

Anmerkung: Bei sämtlichen Aufgaben, die verschiedene Brennstoffe miteinander vergleichen, ist zu beachten, daß die Preise je nach den Zufahrtswegen zum Verbraucher und den abgenommenen Mengen stark schwanken. Außerdem ist die Rentabilität einer Heizungsanlage niemals nur nach den Brennstoffkosten zu beurteilen.

14. Wieviel mm Hg (ϱ = 13 600 kg/m³) entsprechen einer Luftsäule von 20 m (ϱ = 1,3 kg/m³)?

15. Auf einer Beobachtungsstation (1145 m ü. d. M.) werden 870 mbar gemessen. Wie groß ist der Luftdruck auf Meereshöhe umgerechnet? Es genügt eine näherungsweise Berechnung, bei der Temperaturunterschiede in der zu berücksichtigenden Luftsäule außer Betracht bleiben.

16. Bei einer Wanderung wird am Fuße eines Berges ein Barometerstand von ,,746 Torr'' abgelesen. Auf dem Gipfel beträgt der Luftdruck nur noch ,,625 Torr''. Wie groß ist der Höhenunterschied? (Die Wetterlage soll sich während der Zeit zwischen den beiden Ablesungen nicht geändert haben.)

17. Wie groß müßte die Dicke der Lufthülle sein, wenn die Luft nicht zusammendrückbar wäre und überall die Temperatur von 0 °C aufweisen würde (ϱ_L = 1,29 kg/m³)?

6. Optik, die Lehre vom Licht

6.1 Einige Eigenschaften des Lichtes

6.1.1 Lichtquellen

Lichtstrahlen selbst sind nicht sichtbar; angestrahlte Gegenstände werden durch Licht sichtbar gemacht.

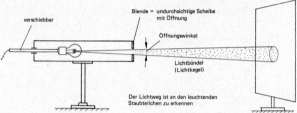

Versuch: Kreidestaub oder Tabakrauch machen einen Lichtstrahl im dunklen Raum, ähnlich einem Scheinwerfer im Nebel, erkennbar. Staubteilchen streuen das Licht nach allen Seiten, so daß der Lichtkegel deutlich zu sehen ist.

Demgemäß unterscheiden wir **Lichtquellen = selbstleuchtende Körper** (Sonne, Fixsterne, Glühlampen) und **nichtselbstleuchtende Körper,** die nur deshalb zu sehen sind, weil sie das auffallende Licht einer Lichtquelle zurückwerfen (Mond, Katzenauge am Fahrrad, Gegenstände wie ein Baum, ein Tisch, eine Türklinke usw.).

Lichtstrahlen im streng geometrischen Sinne gibt es nicht, wie es auch keine ideal punktförmigen Lichtquellen gibt. Bei unseren Versuchen ist die Lichtquelle stets der mehr oder weniger ausgedehnte Glühdraht (Wendel) einer Glühlampe. Es entstehen Lichtbündel mit möglicherweise kleinem Querschnitt, die wie Strahlen erscheinen; in diesem Sinne sprechen wir im folgenden von Lichtstrahlen.

6.1.2 Ausbreitung des Lichtes

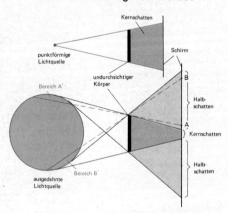

Entstehung von Kern- und Halbschatten

Das Licht breitet sich geradlinig aus. Eine Folge hiervon ist die deutliche Begrenzung des Schattens, des dunklen Raumes hinter einem undurchsichtigen Körper.

Nur bei punktförmigen Lichtquellen entsteht eine scharfe Schattengrenze. Bei ausgedehnten Lichtquellen gibt es Räume, die nicht von allen Strahlen der Lichtquelle getroffen werden (Halbschatten).

Der *Kernschatten* (lichtleerer Raum völliger Dunkelheit) geht allmählich über den Halbschatten (lichtarmer Raum) in den schattenfreien Raum über. In der Abbildung oben wird A nur von den leuchtenden Punkten des Bereichs A′ angestrahlt, während B nur von den Punkten des Bereichs B′ nicht erreicht wird. Folglich herrscht in A größere Dunkelheit.

Weil Lichtquellen nie punktförmig sind, entstehen mehr oder weniger unscharfe Schattenbilder.

Beispiel: Schatten des Mondes auf der Erde, wenn sich dieser auf seiner Bahn zwischen Sonne und Erde befindet.

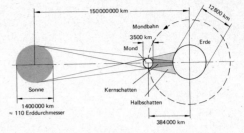

Sonnenfinsternis
(nicht maßstabgerecht)

6.1.2.1 Lichtfilter

Einen lichtdurchlässigen Körper, der das Licht beim Durchgang schwächt, nennt man *Filter*. In der Optik unterscheidet man

a) *Graufilter:* ein Filter, das alle Farben gleichmäßig schwächt; z. B. läßt ein 30%-Graufilter noch 70% jeden Lichtes durch.

b) *Buntfilter:* ein Filter, das verschiedene Farben verschieden stark schwächt. Z. B. läßt ein bestimmtes Rotfilter 5% Blau, 0% Grün, 0% Gelb und 80% Rot hindurchgehen; ein bestimmtes Grünfilter hingegen läßt 50% Blau, 90% Grün, 50% Gelb, 10% Rot hindurchgehen; ein anderes Grünfilter z. B. 50% Blau, 80% Grün, 40% Gelb, 3% Rot.

Die vom Betrachter gesehene Filterfarbe hängt dabei noch stark von der Farbe der Lichtquelle und auch von der Einstimmung seines Sehorgans ab (Blendung, Gewöhnung u. a.).

Rotfilter, Grünfilter

6.1.3 Reflexion des Lichtes

Lichtstrahlen werden von einer spiegelnden Fläche reflektiert (= zurückgeworfen). Der einfallende Strahl, das Lot und der reflektierte Strahl liegen stets in *einer* Ebene.

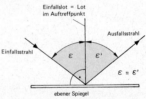

Ebener Spiegel

Bezeichnet man den Winkel zwischen Lot im Auftreffpunkt und Einfallsstrahl als Einfallswinkel ε und legt den Ausfallswinkel ε' entsprechend fest, so lautet das Reflexionsgesetz

Einfallswinkel = Ausfallswinkel $\varepsilon = \varepsilon'$ [1])

6.2 Anwendungen des Reflexionsgesetzes in der Technik

6.2.1 Geneigte Spiegel

Die Wirkung zweier geneigter Spiegel wird z. B. bei der Beobachtung mit Hilfe eines Grabenspiegels und beim Periskop eines getauchten Unterseebootes genutzt.

Grabenspiegel

6.2.2 Der Winkelspiegel

Der Winkelspiegel wird von zwei ebenen Spiegelflächen gebildet, die unter einem Winkel von $\alpha = 45°$ zueinander geneigt sind. Der

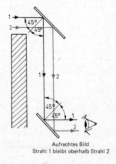

Aufrechtes Bild
Strahl 1 bleibt oberhalb Strahl 2

---

[1]) ε griech., sprich „Epsilon"

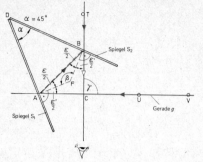

einfallende und der nach zweimaliger Reflexion ausfallende Strahl schließen immer einen Winkel von 90° miteinander ein (Winkel γ am Punkt C).

Beweis: Die Winkelsumme im Viereck beträgt 360°. Wendet man diesen Satz auf das Viereck AFBD an, so folgt

$$\beta = 360° - 180° - \alpha = 135°,$$

da $\overline{AF}$ und $\overline{BF}$ Lote sind und α nach Voraussetzung 45° beträgt. Für die Winkelsumme im $\triangle$ AFB gilt

$$\frac{\varepsilon}{2} + \frac{\varepsilon}{2} + \beta = 180°,$$

womit $\frac{\varepsilon}{2} + \frac{\varepsilon}{2} = 45°$ wird.

γ ist als Außenwinkel im Dreieck gleich der Summe der Basiswinkel, also $\gamma = \varepsilon + \varepsilon = 90°$, was zu beweisen war.

Winkelspiegel

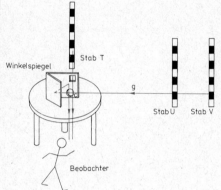

Handhabung: U, V und T seien Fluchtstäbe, die von Meßgehilfen gehalten bzw. im Boden befestigt werden. Der Fluchtstab T kann durch ein Fenster oberhalb des Spiegels S_2 unmittelbar beobachtet werden. Werden die Spiegelbilder von U und V in derselben Richtung sichtbar wie der Stab T, so beträgt der Winkel γ bei C 90°. Im Punkt C der Geraden g wurde also ein rechter Winkel abgesteckt.

6.2.3 Spiegelablesung

Dreht sich der Draht, der z. B. mit dem Meßwerk eines Galvanometers verbunden ist, um den Winkel α, so verschiebt sich der Lichtstrahl um $\delta = 2\alpha$.

Begründung: Gesamte Richtungsänderung = Einfallswinkel + Ausfallswinkel, also nach Drehung um α

$$(\varepsilon + \alpha) + (\varepsilon' + \alpha) = (\varepsilon + \varepsilon') + 2\alpha$$

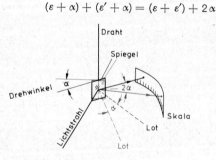

Ablenkung des gespiegelten Strahls nach Drehung des Spiegels

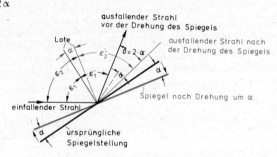

Spiegelablesung

256

6.3 Der ebene Spiegel

6.3.1 Abbildungseigenschaften

Versuch: Ein Gegenstand G, wird *hinter* einer durchsichtigen und gleichzeitig reflektierenden Glasplatte so lange verschoben, bis er mit dem Spiegelbild eines gleichen Gegenstandes G₂, der vor der Glasplatte steht, zusammenfällt.

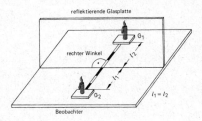

> **Beim ebenen Spiegel sind Gegenstand und Spiegelbild gleich groß. Das Spiegelbild befindet sich im gleichen Abstand hinter dem Spiegel wie der Gegenstand vor dem Spiegel.**

6.3.2 Das virtuelle Bild

Das Spiegelbild kann nicht auf einem Schirm aufgefangen werden. Es ist also nur scheinbar vorhanden.

Beim ebenen Spiegel entsteht ein scheinbares oder virtuelles[1]) Bild.

Die vom Gegenstand ausgehenden Strahlen 1 und 2 sowie das Strahlenbündel 3 gelangen nach der Reflexion ins Auge.

Der Beobachter vermutet den Gegenstand stets in der geradlinigen Verlängerung der eintreffenden Strahlen nach rückwärts (bis zu deren Schnitt).

> **Das virtuelle Bild entsteht immer im Schnittpunkt der nach rückwärts verlängerten Strahlen, die in das Auge gelangen.**

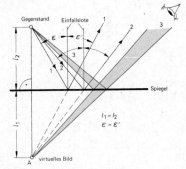

Entstehung eines Spiegelbildes

Das virtuelle Bild kann niemals auf einem Schirm aufgefangen werden. Der Beobachter kann nicht unterscheiden, ob die Strahlen von einem Gegenstand in A herrühren oder ob in A nur ein virtuelles Bild vorliegt.

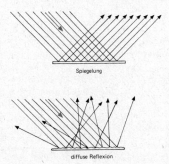

Das Spiegelbild ist seitenvertauscht (Spiegelschrift). In Ausbreitungsrichtung gesehen, ist der rote Strahl ursprünglich links und nach der Reflexion rechts.

Eine Spiegelung erfolgt nur an glatten Flächen. Trifft Licht auf eine rauhe Fläche, z. B. Papier, so findet eine Verteilung des Lichtes nach allen Seiten statt (Streuung).

Die unregelmäßige Streuung des Lichtes nach allen Seiten bezeichnet man als diffuse Reflexion (von lat. diffusus = zerstreut).

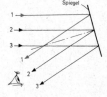

[1]) franz. virtuel = wirkungsfähig, aus unbekanntem Grund wirkend

6.4 Der Hohlspiegel (Konkavspiegel)

Von den gekrümmten Spiegeln hat der Hohlspiegel oder konkave (von lat. concavus = hohl) Spiegel die größte Bedeutung. Die meisten Hohlspiegel sind Kugelflächen oder Oberflächen eines Parabeldrehkörpers (durch Drehung einer Parabel um ihre Achse entstanden). Legt man bei diesen Spiegelflächen senkrecht zur Symmetrieachse einen Schnitt, so ergeben sich Kreise.

6.4.1 Reflexion an gekrümmten Flächen

Das Reflexionsgesetz gilt auch für gekrümmte Flächen.

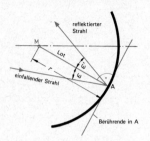

Reflexion an einer gekrümmten Fläche

Das Einfallslot ist nun auf der Berührenden im Auftreffpunkt zu errichten.

Beim Kugelspiegel — auch als sphärischer[1]) Hohlspiegel bezeichnet — fällt das Einfallslot in A mit dem Halbmesser (allgemein Krümmungshalbmesser) zusammen, da der Kreishalbmesser auf der Berührenden senkrecht steht.

6.4.2 Der Brennpunkt

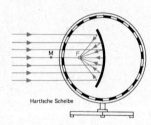

Parallele Strahlen werden im Brennpunkt vereinigt.

Die Sammlung eines parallelen Strahlenbündels in einem Punkt, dem Brennpunkt F[2]), ist eine Folge des Reflexionsgesetzes.

Versuch: Wird in den Brennpunkt F eines Hohlspiegels eine Glühlampe gebracht, so entsteht nach der Zurückwerfung ein paralleles Strahlenbündel.

Strahlen, die vom Brennpunkt ausgehen, werden Parallelstrahlen.

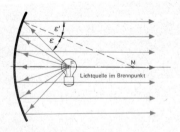

Hieraus folgt:

> **Der Strahlengang des Lichtes ist umkehrbar.**

Die Lage des Brennpunktes wird durch die Brennweite f (Abstand vom Scheitel S zum Brennpunkt F) gegeben.

> **Brennweite des sphärischen Hohlspiegels** $f = \dfrac{r}{2}$

---

[1]) von griech. sphaira = Kugel
[2]) von lat. focus = Brennpunkt

Einschränkung: Das Ergebnis gilt nur näherungsweise. Nur für achsennahe Strahlen, d. h. solche Strahlen, die parallel zur optischen Achse und in einem geringen Abstand von ihr verlaufen, stimmt die Beziehung $f = \dfrac{r}{2}$ gut. Unter der *optischen Achse* verstehen wir die Verbindungslinie vom Krümmungsmittelpunkt, d. h. dem Mittelpunkt M des Hohlspiegels, zum Scheitel S.

Bei achsenfernen Strahlen ergeben sich stärkere Abweichungen.

Begründung:
Der Winkel ε ($\overline{PM}$ = Einfallslot) tritt bei M nochmals auf (Wechselwinkel an Parallelen). Wegen $\varepsilon = \varepsilon'$ (Reflexionsgesetz) ist $\triangle$ PFM gleichschenklig, also $\overline{PF} = \overline{FM}$ [1]. Näherungsweise gilt für achsennahe Strahlen $\overline{PF} \approx \overline{SF}$ [2]. Hieraus folgt durch Addition von [1] und [2]: $2\overline{PF} \approx \overline{FM} + \overline{SF} = r$. Also wird $\overline{PF} \approx r/2$ und wegen [2] Brennweite $\overline{SF} \approx \dfrac{r}{2}$

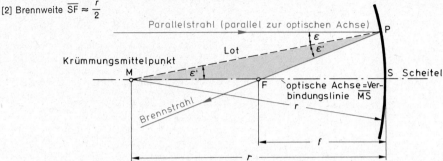

Die Näherungsformel $f = r/2$ stimmt um so besser, je größer der Krümmungshalbmesser r gegenüber der Breite des einfallenden Parallelstrahlenbündels ist. Man überzeugt sich davon, indem man die obige Figur für verschiedene Werte von r, z. B. $r = 4$ cm, 6 cm, 8 cm usw., bei gleichbleibendem Abstand des Parallelstrahles von der optischen Achse, z. B. 1 cm, zeichnet. Mit wachsendem r wird der Unterschied $\overline{PF}-\overline{SF}$ ständig kleiner. Die zugrunde gelegte Näherungsgleichung [2] ist also in zunehmendem Maße besser erfüllt.

Der achsennahe Raum heißt auch ,,Gaußscher Raum'' [1]).

6.4.3 Bildkonstruktion beim Hohlspiegel

Dort, wo sich die von einem Gegenstandspunkt ausgehenden Strahlen nach der Reflexion schneiden, entsteht ein Bildpunkt. Eine Vielzahl von Bildpunkten, die aus einer entsprechenden Anzahl von Gegenstandspunkten entstanden sind, läßt vom Gegenstand an einer bestimmten Stelle ein Bild entstehen.

> **Schneiden sich die vom Gegenstand kommenden Strahlen vor dem Spiegel, so entsteht ein wirkliches (reelles) Bild, das auf einem Schirm aufgefangen werden kann.**

Beim virtuellen Bild schneiden sich die Verlängerungen (vgl. Abschn. 6.3.2).

Zur Bildkonstruktion werden drei Strahlen benutzt, deren Verlauf vor und nach der Reflexion leicht zu übersehen ist:

Nach der umstehenden Abbildung fällt der **Parallelstrahl (1)** parallel zur optischen Achse ein und geht nach der Reflexion durch den Brennpunkt.

Der **Brennstrahl (2)** fällt durch den Brennpunkt ein und wird nach der Reflexion zum Parallelstrahl.

Der durch den Mittelpunkt M einfallende Strahl, der **Mittelpunktsstrahl (3)**, verläuft auch nach der Reflexion durch den Mittelpunkt. Dieser Strahl erfährt eine Richtungsänderung um 180°. Er wird in sich selbst reflektiert, da er senkrecht zur Spiegeloberfläche, d. h. senkrecht zur Berührenden im Einfallspunkt P, auftrifft.

---

[1]) K. F. Gauß, dt. Mathematiker (1777—1855)

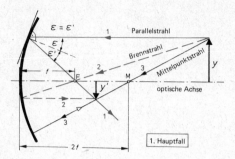

1. Hauptfall

1. Hauptfall

Der Gegenstand befindet sich außerhalb M, d. h. außerhalb der doppelten Brennweite. — *Bild:* zwischen F und M, verkleinert, umgekehrt, reell.

Parallelstrahl wird Brennstrahl — Brennstrahl wird Parallelstrahl. Mittelpunktsstrahl bleibt Mittelpunktsstrahl.

Wird der Gegenstand durch einen Pfeil dargestellt, so genügt es aus Symmetriegründen, zur Bildkonstruktion die Lage der Pfeilspitze des Bildes zu ermitteln.

Zur Bestimmung eines Bildpunktes reichen grundsätzlich zwei Strahlen aus. Jeder weitere Strahl dient nur zur Kontrolle.

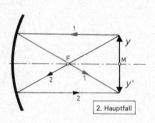

2. Hauptfall

2. Hauptfall

Der Gegenstand befindet sich im Spiegelmittelpunkt M. — *Bild:* im Spiegelmittelpunkt gleich groß, umgekehrt, reell.

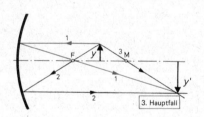

3. Hauptfall

3. Hauptfall

Der Gegenstand befindet sich zwischen M und F. — *Bild:* außerhalb M, vergrößert, umgekehrt, reell.

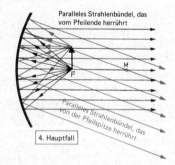

4. Hauptfall

4. Hauptfall

Der Gegenstand befindet sich im Brennpunkt. — Ein *Bild* entsteht nicht, da sich die reflektierten (parallelen) Strahlen nicht schneiden. Die von verschiedenen Gegenstandspunkten ausgehenden Strahlenbündel sind gegeneinander geneigt. Der bei der Pfeilspitze beginnende Strahl, dessen rückwärtige Verlängerung durch M geht, verläuft nach der Reflexion wieder durch M. Damit ist die Richtung des ganzen von der Pfeilspitze verursachten (rot eingezeichneten) Parallelstrahlenbündels festgelegt.

5. Hauptfall

Beim **virtuellen Hohlspiegelbild** befindet sich der Gegenstand innerhalb der Brennweite. Die drei zur Bildkonstruktion benutzten Strahlen können vor dem Spiegel nicht zum Schnitt gebracht werden. Die Verlängerungen der drei am Spiegel reflektierten Strahlen nach rückwärts schneiden sich jedoch und liefern einen scheinbaren Bildpunkt. — *Bild:* virtuell, vergrößert, aufrecht. [Anwendung: Rasierspiegel.]

Ein gelegentlich mit Vorteil verwendeter Konstruktionsstrahl geht von der Pfeilspitze zum Scheitel S, wo er reflektiert wird (optische Achse als Einfallslot).

Je näher der Gegenstand an den Spiegel heranrückt, desto weiter entfernt sich das reelle, umgekehrte Bild. Mit abnehmender Entfernung des Gegenstands geht die Verkleinerung des Bildes in eine Vergrößerung über. Ein virtuelles Bild entsteht erst innerhalb der einfachen Brennweite.

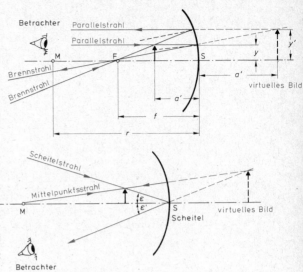

6.5 Berechnung der Abbildung über gekrümmte Spiegel

(Die nachstehend hergeleiteten Ausdrücke gelten nur für hinreichend nahe der optischen Achse verlaufende Strahlen; sonst treten Abweichungen bis zu 50% und mehr auf.)

Vorzeichenvereinbarung (DIN 1335)

In Konstruktionen und Berechnungen sei die Lichteinfallsrichtung von links nach rechts. Längen, die gegen die Lichtrichtung gemessen werden, sind negativ und entsprechend mit der Lichtrichtung positiv zu zählen. Die Brennweite von Hohlspiegeln ist positiv, die Brennweite von Wölbspiegeln negativ einzusetzen. Gegenstands- und Bildgrößen, die nach oben gerichtet sind, werden positiv und nach unten negativ gezählt.

Abb. zur Herleitung der Gleichung [1]

Der Abstand x (Brennpunkt — Gegenstand) ist in der Figur also negativ, ebenso der Abstand x' (Brennpunkt — Bild); die Brennweite ist positiv.

Dann ergibt sich aus der Ähnlichkeit der Dreiecke mit gleicher Schraffur

$$\frac{y}{x} = \frac{y'}{f} \quad \text{und} \quad \frac{y}{f} = \frac{y'}{x'} \quad \text{woraus folgt:}$$

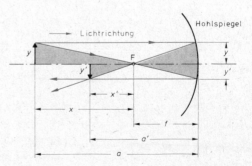

$$\frac{y'}{y} = \frac{x'}{f} = \frac{f}{x} = \text{Abbildungsmaßstab}$$

und weiter $\boxed{x \cdot x' = f^2}$ [1]

(Newtonsche Abbildungsformel für Spiegel)

Wegen der Gültigkeit des Reflexionsgesetzes ($\varepsilon = \varepsilon'$) folgt aus der Ähnlichkeit der beiden schraffierten Dreiecke in der Abb. für den Abbildungsmaßstab

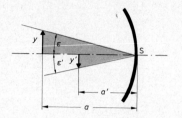

$$\frac{y}{y'} = \frac{-a'}{a} \qquad [2]$$

Da die Gegenstandsweite sich aus der Brennweite und der Strecke x ergibt:

$a = -f + x$, entsprechend die Bildweite $a' = -f + x'$, kann man

$x = a + f$ und $x' = a' + f$ in [1] einsetzen:

$(a + f) \cdot (a' + f) = f^2$, woraus $a \cdot a' + a \cdot f + a' \cdot f = 0$ folgt; teilen durch $(a \cdot a' \cdot f)$ ergibt

$$\frac{1}{f} + \frac{1}{a} + \frac{1}{a'} = 0 \text{ bzw.} \qquad -\frac{1}{f} = \frac{1}{a} + \frac{1}{a'} \qquad [3]$$

mit den Auflösungen

$$f = \frac{-a \cdot a'}{a + a'} \qquad\qquad a = \frac{-a' \cdot f}{a' + f} \qquad\qquad \text{und } a' = \frac{-a \cdot f}{a + f}$$

1. Beispiel: Von einem Hohlspiegel der Brennweite 0,5 m wird ein aufrechtstehender 0,1 m hoher Gegenstand, der 1,5 m vor dem Spiegelscheitel steht, abgebildet. Wo entsteht das Bild, wie groß ist es, und welche Stellung (aufrecht, umgekehrt) hat es?

Lösung: $f = + 0,5$ m, $y = + 0,1$ m, $x = -1,0$ m; $(a = -1,5$ m$)$

Aus $x \cdot x' = f^2$ folgt $x' = \dfrac{f^2}{x} = \dfrac{0,5 \cdot 0,5 \text{ m}^2}{-1 \text{ m}} = -0,25$ m

Das Bild findet sich 0,25 m *vor* f, also 0,75 m vor dem Spiegelscheitel.

Aus $\dfrac{y'}{y} = -\dfrac{a'}{a} = \dfrac{-(-0,75 \text{ m})}{-1,5 \text{ m}} = \dfrac{-1}{2}$

Das (reelle) Bild ist halb so groß wie der Gegenstand und steht umgekehrt.

Mit $a' = \dfrac{-a \cdot f}{a + f} = \dfrac{-(-1,5 \text{ m}) \cdot 0,5 \text{ m}}{(-1,5 + 0,5) \text{ m}} = \dfrac{0,75 \text{ m}}{-1,0} = -0,75$ m

ergibt sich eine weitere Berechnungsmöglichkeit für a'.

2. Beispiel: $a = -3$ m, $a' = -1,5$ m. Welche Brennweite muß ein Hohlspiegel für diese Abbildung aufweisen?

Lösung: mit $f = \dfrac{-a \cdot a'}{a + a'} = \dfrac{-(-3 \text{ m}) \cdot (-1,5 \text{ m})}{(-3 \text{ m}) + (-1,5 \text{ m})} = \dfrac{-4,5 \text{ m}^2}{-4,5 \text{ m}} = \underline{\underline{+ 1,0 \text{ m}}}$

3. Beispiel: Ein 20 mm großer Gegenstand steht 40 mm vor einem Hohlspiegel, dessen Brennweite 27 mm beträgt; wo entsteht das Bild, ist es reell oder virtuell, welche Größe hat es?

Lösung: Hier verlaufen die Strahlen nicht mehr im achsennahen Raum. Die Näherungsrechnung

$$\text{ergibt } a' = \frac{-a \cdot f}{a + f} = -\frac{-40 \text{ mm} \cdot 27 \text{ mm}}{(-40 + 27) \text{ mm}} = -83 \text{ mm}$$

$$\text{Der Abbildungsmaßstab } \frac{-a'}{a} = \frac{-(-83) \text{ mm}}{-40 \text{ mm}} \approx -\frac{2}{1}$$

Eine zeichnerische Nachprüfung ergibt mit einer Konstruktion aus Achsenstrahlen und Brennstrahlen den gleichen Wert (für Schnittpunkte mit einer Ebene durch den Spiegelscheitel); zeichnet man jedoch streng nach dem Reflexionsgesetz ($\varepsilon = \varepsilon'$), so ergeben sich Werte für a' zwischen 60 mm und 100 mm. Das reelle Bild ist umgekehrt und doppelt so groß wie der Gegenstand.

4. Beispiel: Der Gegenstand steht 0,3 m vor dem Scheitel eines Hohlspiegels der Brennweite 0,4 m; wo entsteht das Bild?

Lösung: $a' = -\dfrac{a \cdot f}{a + f} = -\dfrac{-0,3 \text{ m} \cdot 0,4 \text{ m}}{(-0,3 + 0,4) \text{ m}} = -\dfrac{-0,12 \text{ m}}{0,10} = +1,2 \text{ m}$

Der positive Wert bedeutet: Das Bild entsteht *hinter* dem Scheitel des Spiegels. Das Bild ist virtuell!

5. Beispiel: Welche Brennweite muß ein Hohlspiegel haben, damit er von einem 8 cm vom Scheitel entfernten Gegenstand ein 14 cm hinter dem Spiegel stehendes Bild erzeugt?

Lösung: a' ist + 14 Zentimeter! Das Bild ist virtuell!

$$f = -\frac{a' \cdot a}{a' + a} = -\frac{(+14 \text{ cm}) \cdot (-8 \text{ cm})}{14 \text{ cm} - 8 \text{ cm}} = +18,7 \text{ cm}$$

6.6 Der Wölbspiegel

Der Wölbspiegel (Konvexspiegel) oder erhabene Spiegel entsteht, wenn eine nach außen, zum Lichteinfall hin, gewölbte Fläche spiegelt (Christbaumkugel, Radzierkappe).

Alle reflektierten Strahlen eines einfallenden Parallelstrahlbündels scheinen von einem gemeinsamen Punkt hinter dem Spiegel her zu kommen. Wir nennen diesen Punkt entsprechend dem Verfahren beim Hohlspiegel ebenfalls Brennpunkt, obwohl kein Licht dorthin kommen kann. Den Abstand von diesem „Brennpunkt" zum Scheitel nennen wir ebenfalls Brennweite, aber rechnen diese Strecke entsprechend mit einem *negativen* Wert.

Die Bilder hinter einem Wölbspiegel sind immer virtuell, d. h. die von ihnen scheinbar zurückkommenden Strahlen laufen auseinander. Das Auge sieht am Bildort ein virtuelles Bild, das aber dort nicht auf einem Schirm aufgefangen werden kann.

> Wölbspiegel erzeugen von reellen Gegenständen virtuelle, aufrechte und verkleinerte Bilder.

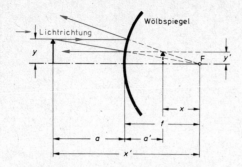

Für die genäherte Berechnung
von Bildort, Abbildungsmaßstab usw. gelten die gleichen
Formeln wie bei Hohlspiegeln.

1. Beispiel: Ein Wölbspiegel von 35 cm Brennweite bildet einen 2 cm großen Gegenstand aus 20 cm Entfernung (von S aus) ab. Gesucht sind Ort, Art und Größe des Bildes.

Lösung: $a' = -\dfrac{a \cdot f}{a + f} = -\dfrac{-2 \text{ cm} \cdot -35 \text{ cm}}{-20 \text{ cm} - 35 \text{ cm}} = +12,7 \text{ cm}$

$y' = -y \cdot \dfrac{a'}{a} = -\dfrac{-2 \text{ cm} \cdot 12,7 \text{ cm}}{-20 \text{ cm}} = +1,27 \text{ cm}$ (aufrechtes Bild)

2. Beispiel: Welchen Durchmesser d muß eine spiegelnde Kugel haben, die von einem 1 m entfernten Gegenstand ein virtuelles Bild im Maßstab 1 : 10 liefert?

Lösung: $a' = -a \dfrac{y'}{y} = -(-1 \text{ m}) \cdot \dfrac{1}{10} = +0,1 \text{ m}$

$f = -\dfrac{a \cdot a'}{a + a'} = \dfrac{(-1) \cdot (-1 \text{ m}) \cdot (+0,1 \text{ m})}{-1 \text{ m} + 0,1 \text{ m}} = -\dfrac{0,1}{0,9} \text{ m} = -0,11 \text{ m}$

da $r = 2 \cdot f$ und $d = 2 \cdot r$ folgt $|d| = 4 \cdot 0,11 \text{ m} = 0,44 \text{ m}$

6.7 Zur Anwendung gekrümmter Spiegel

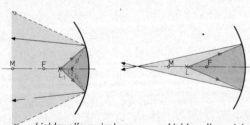

Nach dem Verwendungszweck hat man
zwischen Beleuchtungsspiegel (Scheinwerfer) und Abbildungsspiegel (Rückspiegel beim Auto) zu unterscheiden.

*Lichtquelle zwischen
Scheitel und Brennpunkt*

*Lichtquelle zwichen
Krümmungsmittelpunkt
und Brennpunkt*

6.7.1 Hohlspiegel

Je nach Lage der punktförmigen Lichtquelle laufen die reflektierten Strahlen in einem Punkt zusammen (konvergentes Strah-
lenbüschel; konvergent von lat. con = zusammen, vergere = sich
neigen) oder stieben auseinander (divergente Strahlen; divergent
von lat. dis = auseinander, vergere = sich neigen).

Für Scheinwerfer sind Parabolspiegel besonders geeignet.

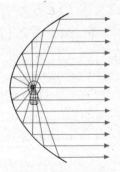

Parabolspiegel

Eine Parabel ist eine Kurve, die sich durch die geometrische Eigenschaft auszeichnet, daß jeder ihrer Punkte von einer gegebenen Linie, der Leitlinie, und einem festen Punkt F, denselben Abstand hat (vgl. Abb.).

Der durch Drehung der Parabel um ihre Achse entstandene Körper heißt Parabeldrehkörper. Die Form der entstandenen Fläche bezeichnet man als parabolisch (Paraboloid).

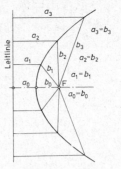

Parabel

Ein sphärischer Hohlspiegel erzeugt keinen scharfen Brennpunkt, auch wenn die einfallenden Lichtstrahlen streng parallel verlaufen. Umgekehrt liefert der sphärische Hohlspiegel mit einer Lichtquelle im Brennpunkt kein einwandfrei paralleles Licht.

Parabolspiegel hingegen haben aufgrund ihrer geometrischen Form die Eigenschaft, parallele Strahlen genau im Brennpunkt zu vereinigen bzw. streng paralleles Licht zu spenden, wenn sich die Lichtquelle im Brennpunkt befindet.

Zur Abblendung des Autoscheinwerfers wird auf den zwischen M und F befindlichen Abblendfaden umgeschaltet. Beim *Ohr- oder Rachenspiegel* des Arztes wird durch eine seitliche Lichtquelle ein konvergentes Lichtbüschel erzeugt. Beobachtung erfolgt durch ein Loch im Spiegelscheitel.

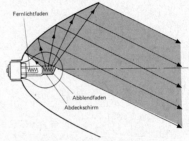

Parabolischer Scheinwerferspiegel

6.7.2 Wölbspiegel

Der Rückspiegel beim Auto liefert wohl verkleinerte (virtuelle) Bilder, dafür ist jedoch das Gesichtsfeld größer als beim ebenen Spiegel.

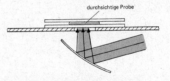

Beleuchtungsspiegel beim Mikroskop

Aufgabengruppe Optik 1: Übungen zu 6.3 . . . 6.7

Ebener Spiegel, gekrümmte Spiegel, reelle und virtuelle Bilder

1. Welche Höhe muß ein an der Wand hängender Spiegel haben, damit sich ein Mann von 1,74 m Größe darin ganz sehen kann? Die Augenhöhe liegt bei 1,60 m. In welcher Höhe über dem Fußboden muß sich der obere Spiegelrand befinden?

   Anleitung zur Lösung: Man beachte, daß das Spiegelbild gleich groß ist wie der Gegenstand. Spiegelbild und Gegenstand liegen symmetrisch zur spiegelnden Fläche. Man zeichne die Strahlen ein, die durch den Spiegelrand gehen.

2. Ein Hohlspiegel hat eine Brennweite von $f = 36$ cm. Wo liegt das Bild, wenn der Gegenstand folgende Lagen einnimmt: $a = -80$ cm, $a = -60$ cm und $a = -20$ cm? Welcher Natur sind die Bilder? Es ist insbesondere rechnerisch zu untersuchen, ob eine Vergrößerung oder eine Verkleinerung vorliegt.

3. Wie ändern sich die Ergebnisse der Aufgabe 2, wenn es sich um einen Wölbspiegel derselben Brennweite handelt?

4. Ein sphärischer Hohlspiegel vom Halbmesser $r = 25$ cm entwirft von einem 70 cm entfernten 6,5 cm großen Gegenstand ein Bild. Wo liegt das Bild und wie groß ist es? Welche Brennweite hat der Hohlspiegel?

5. Ein Hohlspiegel mit $f = 5$ cm Brennweite bildet einen 14 cm entfernten Gegenstand ab. Dabei ergibt sich eine Bildgröße von 4 cm. Welche Werte müssen dann Bildweite und Gegenstandsgröße annehmen? Man überprüfe die Rechnung durch die Zeichnung.

6. Wo liegt das Bild, das von einem Hohlspiegel mit $f = 35$ cm bei einer Gegenstandsweite von 1,20 m erzeugt wird?

7. Wie groß muß die Brennweite eines Hohlspiegels sein, damit von einem 40 cm entfernten Gegenstand ein reelles, dreifach vergrößertes Bild entsteht?

8. Ein Wölbspiegel erzeugt von einem 15 cm entfernten Gegenstand von 1 cm Größe ein Bild. Man bestimme rechnerisch und zeichnerisch Größe und Lage des Bildes für eine Brennweite des Spiegels von $f = -40$ cm.

9. Wie groß ist die Brennweite eines parabolischen Hohlspiegels, wenn bei einer Gegenstandsweite $a = -9$ cm der Gegenstand $y = 0,8$ cm ein 2 cm großes, reelles Bild erzeugt?

10. In welchen Abstand muß ein Gegenstand gebracht werden, damit bei einem Hohlspiegel vom Krümmungshalbmesser $r = 24$ cm eine vierfache Vergrößerung entsteht? Es ist zu unterscheiden, ob das Bild reell oder virtuell wird. Wo liegen die Bilder?

11. Wie nahe muß man einen 1,5 cm großen Gegenstand an einen Hohlspiegel ($f = 4$ cm) heranbringen, damit ein virtuelles Bild von 4,5 cm Größe entsteht? Rechnerische und zeichnerische Lösung.

    Anleitung: Der Brennstrahl muß vor dem Spiegel durch den Brennpunkt gehen und hinter dem Spiegel in 4,5 cm Abstand parallel zur optischen Achse verlaufen. — Wie groß müssen Bildweite und Gegenstandsweite sein, wenn das Bild reell sein soll (rechnerische Lösung!)?

12. Ein 2 cm großer Gegenstand befindet sich zwischen Mittelpunkt und Scheitel eines Hohlspiegels (Halbmesser $r = 7$ cm) in 1 cm Entfernung vom Mittelpunkt. Gesucht sind Größe und Lage des Bildes. Wie ändert sich das Bild, wenn der Gegenstand 1 cm innerhalb des Brennpunktes gerückt wird? — In beiden Fällen rechnerische und zeichnerische Lösung.

6.8 Die Brechung des Lichtes

6.8.1 Brechung = Richtungsänderung

Brechung = gesetzmäßige Richtungsänderung eines Lichtstrahles an der Grenzfläche zweier Medien[1]).

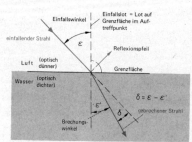

Im optisch dünneren[2]) Mittel ist der Winkel zwischen Strahl und Lot größer, im optisch dichteren kleiner.

Die Richtungsänderung $\delta = \varepsilon - \varepsilon'$ wird um so größer, je flacher der Lichteinfall erfolgt. Bei senkrechtem Einfall wird $\delta = 0$.

Beim Übergang vom optisch dünneren/dichteren ins optisch dichtere/dünnere Mittel wird der Lichtstrahl zum Lot hin/vom Lot weg gebrochen.

---

[1]) Medien = Stoffe oder Räume, in denen das Licht sich ausbreitet

[2]) „optisch dünn" bzw. „optisch dicht" bedeutet: Die Ausbreitungsgeschwindigkeit des Lichtes ist groß bzw. klein; s. a. S. 269

6.8.2 Die Richtung des gebrochenen Strahles

Descartes[1]) fand folgendes Konstruktionsverfahren für den gebrochenen Strahl:

> Zieht man um den Auftreffpunkt A einen Kreis (beliebiger Radius) und projiziert die durch den Kreis erzeugten Strahlabschnitte $\overline{AE}$ und $\overline{AH}$ auf die Grenzfläche, so stehen die beiden Projektionen in einem konstanten Verhältnis zueinander. (Vgl. Abb. 1.)

Die Konstante $\overline{FA} : \overline{AG}$ heißt Brechungszahl oder Brechzahl oder Brechungsindex mit der Kurzbezeichnung n.

Ist n bekannt, so ist eine vereinfachte Konstruktion möglich (vgl. Abb. 2 Brechungskonstruktion).

Schlage um den Auftreffpunkt A zwei Kreise mit den Radien $r = 1,00$ und $r = n$.
Ziehe vom Schnittpunkt B (Strahl — Kreis 1) eine Lotparallele.
Ziehe vom Schnittpunkt C (Lotparallele — Kreis n) eine Gerade über A hinweg.
Diese Gerade gibt die Richtung des gebrochenen Strahles an.

Herleitung: $\overline{AC''} = \overline{CC'} = \overline{BB'}$; $\quad \dfrac{\overline{CA}}{\overline{BA}} = n$; $\quad \dfrac{\overline{CC'}}{\overline{CA}} : \dfrac{\overline{BB'}}{\overline{BA}} = n$

Abb. 1:

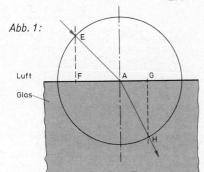

Abb. 2:

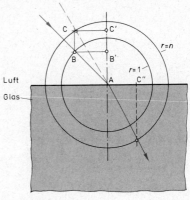

6.8.3 Erklärung optischer Täuschungen mit Hilfe der Lichtbrechung

Wir verfolgen in einigen Fällen die Strahlen, die von einem bestimmten Gegenstandspunkt ausgehen. Ist eine Grenzfläche vorhanden, so wird die Brechung berücksichtigt. Die in das Auge gelangenden Strahlen werden nach rückwärts zum Schnitt gebracht. Tritt Brechung auf, so sieht das Auge den Gegenstand an einer anderen Stelle, d. h. es kann die tatsächliche Gegenstandslage nicht wahrnehmen.

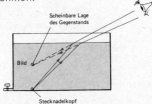

Der Stecknadelkopf, der in dem wassergefüllten Gefäß dicht über den Behälterrand hinweg gerade noch zu sehen ist, verschwindet nach Ablassen des Wassers aus dem Blickfeld.

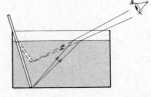

Ein ins Wasser gestellter Holzstab erscheint geknickt.

---

[1]) R. Descartes, franz. Mathematiker (1596—1650)

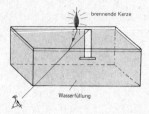

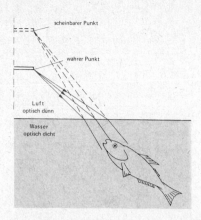

Bei schräger Beobachtung erscheint die Kerze gegenüber der Flamme verschoben. Das Kerzenlicht — oberhalb der Wasseroberfläche gesehen — wird richtig, die Kerze dagegen an einer „falschen Stelle" beobachtet.

Ein Fisch oder ein Taucher sieht einen Gegenstand über Wasser an einer höheren Stelle, als es der Wirklichkeit entspricht.

Eine Brechung des Lichtes erfolgt auch dann, wenn sich innerhalb ein und desselben Stoffes die Dichte ändert. Die Lufthülle der Erde wird nach oben auch optisch dünner. Die Folge davon ist, daß ein Stern nicht genau an der Stelle beobachtet wird, an der er sich befindet (scheinbare Erhebung bis zu 0,5 Grad).

Über einer heißen Herdplatte tritt als Folge von Dichteschwankungen der Luft ein Flimmern auf. Bei der Mischung verschiedener Flüssigkeiten ändert sich mit der Dichte auch die Brechungszahl. Wird z. B. Säure in Wasser gegossen, so sind als Folge dieser Dichteänderungen Schlieren zu beobachten.

6.8.4 Das Brechungsgesetz

Ein Lichtstrahl fällt in Luft auf eine Wasseroberfläche. Zu verschiedenen Einfallswinkeln ε werden die Brechungswinkel ε' gemessen (Einfallsstrahl, gebrochener Strahl und Einfallslot liegen in einer Ebene).

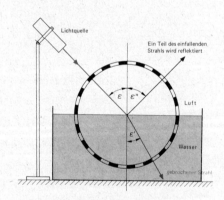

Versuchsergebnis

Einfallswinkel ε	Brechungswinkel ε'	sin ε	sin ε	sin ε/sin ε'
20°	15°	0,3420	0,2588	1,32
45°	32°	0,7071	0,5299	1,33
60°	40,5°	0,8660	0,6494	1,33
70°	44,5°	0,9397	0,7009	1,34
			Mittelwert	1,33

Aus den Versuchswerten folgt das Brechungsgesetz nach Snellius[1]).

$$\frac{\sin \varepsilon}{\sin \varepsilon'} = \text{const.} = n$$

$n =$ Brechungszahl von Wasser gegen Luft.

Der Sinus des Einfallswinkels dividiert durch den Sinus des Brechungswinkels ergibt für eine bestimmte Grenzfläche einen stets gleichbleibenden Wert.

Die Beziehung $\sin \varepsilon / \sin \varepsilon' = n$ folgt auch aus der Darstellung nach Descartes (vgl. Abb. S. 267). Wir betrachten das dort behandelte *Beispiel:* Übergang Luft—Glas. Die Winkel ε und ε' treten als Wechselwinkel auch bei E und H auf. Aus den rechtwinkligen Dreiecken AEF und AHG folgt

$$\sin \varepsilon : \sin \varepsilon' = \frac{\overline{FA}}{r} : \frac{\overline{AG}}{r} = \frac{\overline{FA}}{\overline{AG}} = 1{,}33 = n_{\text{Wasser}}$$

Zur **Bestimmung der Brechungszahl** von Glas lassen wir einen Lichtstrahl auf die Mitte der ebenen Grenzfläche eines halbzylinderförmigen Glaskörpers fallen.

Beispiel: Für $\varepsilon = 80°$ wird $\varepsilon' = 41°$. Damit erhalten wir

$$n = \frac{\sin 80°}{\sin 41°} = \frac{0{,}985}{0{,}656} = 1{,}5$$

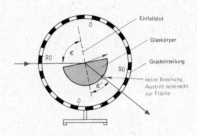

Hartlsche Scheibe

Brechungszahlen gegen Luft, d. h. für den Übergang aus Luft in das betreffende Mittel

Wasser 4/3 = 1,33	gewöhnliches Spiegelglas 1,50	Schwefelkohlenstoff 1,63
Alkohol 1,36	Benzol 1,50	Diamant 2,42
Glas, je nach Sorte 1,45…1,8	Zedernholzöl 1,51	

Der optisch „dichtere" Stoff hat den größeren n-Wert.

Wegen der Umkehrbarkeit des Strahlenganges gilt unabhängig von der Strahlrichtung
$$\frac{\sin \varepsilon}{\sin \varepsilon'} = n$$
Der Winkel im optisch dichteren Mittel wird dabei mit ε' bezeichnet.

Da $n > 1$, muß der größere Winkel immer ε sein. Für den Übergang vom optisch dichten ins optisch dünne Mittel liegt der Einfallswinkel (ε') im optisch dichten, der Brechungswinkel (ε) im optisch dünnen Mittel.

Wir betrachten hier nur solche Übergänge des Lichtes, bei denen das eine Mittel Luft ist. Auch beim Übergang zwischen beliebigen Mitteln, z. B. zwischen Glas und Wasser, findet eine Brechung statt. Die Richtungsänderung ist größer, wenn sich die Brechungszahlen (gegen Luft) der aneinandergrenzenden Mittel stärker voneinander unterscheiden.

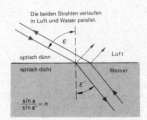

---

[1]) Der Holländer Snellius fand 1618 diese Gesetzmäßigkeit

6.8.5 Parallelverschiebung

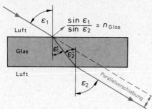

Beim Durchdringen einer planparallelen Platte erfährt ein Lichtstrahl keine Richtungsänderung, sondern nur eine Parallelverschiebung.

Für den Übergang Glas—Luft gilt $\sin \varepsilon / \sin \varepsilon_2' = n_{Glas}$. Wegen $\varepsilon_1' = \varepsilon_2'$ (Wechselwinkel) folgt mit $\sin \varepsilon_1 / \sin \varepsilon_1' = n_{Glas} \sin \varepsilon_1 = \sin \varepsilon_2$, d. h. $\varepsilon_1 = \varepsilon_2$.

1. Beispiel zum Brechungsgesetz

Ein Lichtstrahl fällt aus Luft auf eine Wasseroberfläche so ein, daß er mit dieser einen Winkel von 50° einschließt. Wie groß ist der Brechungswinkel? Um welchen Winkel wird der Lichtstrahl abgelenkt?

Lösung: Aus $\dfrac{\sin \varepsilon}{\sin \varepsilon'} = n$ folgt $\sin \varepsilon' = \dfrac{\sin \varepsilon}{n}$. Mit $\varepsilon = 40°$ (gegen das Lot!) und $n = 4/3$ wird

$$\sin \varepsilon = \frac{\sin 40°}{1,33} = \frac{0,6428}{1,33} = 0,482. \quad \text{Aus Tabelle } \varepsilon = 28,8° \text{ oder} \approx 28° \, 50'.$$

Damit wird die Ablenkung $\delta = \varepsilon - \varepsilon' = 40° - 28,8° = 11,2°$

2. Beispiel zum Brechungsgesetz

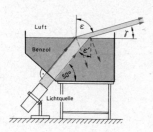

Eine Lichtquelle am Boden eines mit Benzol gefüllten Behälters sendet ein paralleles Strahlenbündel aus, das mit dem Gefäßboden den Winkel von 50° einschließt. Unter welchem Winkel γ zur Flüssigkeitsoberfläche tritt das Lichtbündel in die Luft aus?

Lösung: $\sin \varepsilon = n \cdot \sin \varepsilon'$. Mit $n_{Benzol} = 1,5$ und $\varepsilon' = 40°$ (optisch dichteres Mittel!) wird

$$\sin \varepsilon = 1,5 \cdot \sin 40° = 1,5 \cdot 0,6428 = 0,9642$$

Somit $\varepsilon = 74,6°$ und $\gamma = 90° - \varepsilon = 15,4°$

6.9 Totalreflexion (vollständige Zurückwerfung des Lichtes)

6.9.1 Der Grenzwinkel ε_0'

Ein Lichtstrahl tritt aus Wasser in Luft über. Mit zunehmendem Einfallswinkel in Wasser (ε') wird ε immer größer.

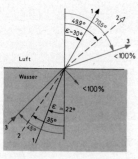

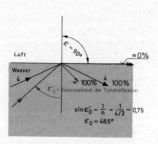

Für $\varepsilon' = 22°$ wird $\sin \varepsilon = 1{,}33 \cdot \sin 22° = 0{,}5$ $\varepsilon = 30°$
Für $\varepsilon' = 45°$ wird $\sin \varepsilon = 1{,}33 \cdot \sin 45° = 0{,}943$ $\varepsilon = 70{,}5°$

Schließlich stellt sich ein Grenzfall ein: Für $\varepsilon = 90°$ verläuft der gebrochene Strahl parallel zur Grenzfläche. Der hierzu gehörige Wert von ε' heißt Grenzwinkel ε_0'.

Der **Grenzwinkel** ε_0' (für $\varepsilon = 90°$!) berechnet sich zu

$$\sin \varepsilon_0' = \frac{\sin \varepsilon}{n} = \frac{\sin 90°}{n} = \frac{1}{n} \qquad \text{Also gilt} \qquad \boxed{\sin \varepsilon_0' = \frac{1}{n}}$$

> **Für $\varepsilon' > \varepsilon_0'$ erfolgt Totalreflexion nach dem Reflexionsgesetz.**

Für $\varepsilon' < \varepsilon_0'$ erfolgt Brechung nach dem Brechungsgesetz. Totalreflexion ist nur dann möglich, wenn der Lichtstrahl vom optisch dichteren Mittel ins optisch dünnere übergeht.

Zum Begriff der Totalreflexion: Bei der Brechung eines z. B. auf die Grenzfläche Luft—Wasser einfallenden Strahles gibt es neben dem gebrochenen auch einen reflektierten Strahl (vgl. Abb. S. 272). Es erfolgt also eine Zerlegung in zwei (verschieden große) Anteile. Bei der Totalreflexion gibt es nach der Richtungsänderung nur *einen* Strahl, da der einfallende Strahl total, d. h. vollständig, reflektiert wird.

6.9.2 Lichtquelle unter Wasser

Der Lichtkegel einer Unterwasserleuchte kann nur mit dem Öffnungswinkel $2\varepsilon_0' = 97{,}2°$ aus der Flüssigkeitsoberfläche austreten.

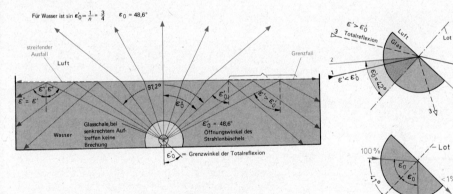

6.9.3 Bestimmung des Grenzwinkels

Der Grenzwinkel ε_0' läßt sich mit Hilfe eines Halbzylinders aus Glas durch Versuch ermitteln. Für streifenden Austritt des gebrochenen Strahles messen wir $\varepsilon_0' = \varepsilon_0'' = 42°$.

Bei gewöhnlichem Spiegelglas ($n \approx 1{,}5$) errechnet sich ε_0' aus

$$\sin \varepsilon_0' = \frac{1}{n} = \frac{2}{3} \text{ zu } 41{,}8°. \text{ Für Diamant wird } \varepsilon_0' = 24{,}4°.$$

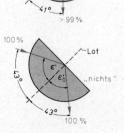

Bestimmung des Grenzwinkels für Glas

6.9.4 Unerwünschtes Auftreten der Totalreflexion

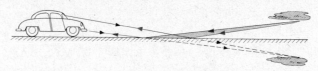

Luftspiegelung auf der Straße

Im Sommer glaubt der Autofahrer gelegentlich vor sich auf der heißen Asphaltstraße dunkle Wasserflächen zu sehen, was sich beim Näherkommen als Irrtum erweist.

Ursache: Totalreflexion des Himmels an der dünnen heißen, auf der Straße lagernden Luftschicht, die auch optisch dünner ist als die darüberliegende kältere Luft.

Auch die Luftspiegelung in tropischen Sandwüsten (Fata morgana) ist mit Hilfe der Totalreflexion an einer am Boden lagernden, sehr heißen (optisch dünnen) Luftschicht zu erklären.

6.9.5 Technische Anwendung

Totalreflektierende Flächen haben ausgezeichnete Spiegeleigenschaften, was bei optischen Instrumenten ausgenützt wird. Man läßt den Lichtstrahl z. B. unter 45° auf die Grenzfläche auftreffen, womit der Grenzwinkel ($\beta_0 = 42°$ für Glas) überschritten ist.

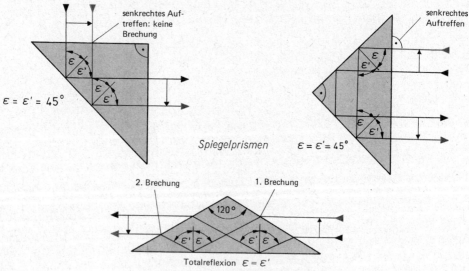

Keine Richtungsänderung, aber Bildumkehr

6.9.6 Überblick über Totalreflexion und Brechung

Trifft das Licht, aus dem Quadrant A kommend, auf Glas, so erfolgt bei allen Strahlen eine Brechung zum Lot.

Daher wird der Lichtkegel von 90° auf den Winkel ε'_0 zusammengedrückt.

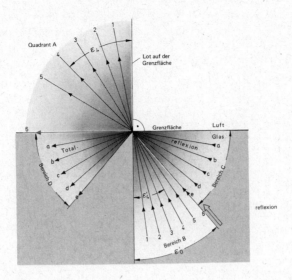

Tritt dagegen umgekehrt das Licht aus Glas in Luft, so erfüllt wegen der Brechung vom Lot der Lichtkegel aus B bereits den ganzen Quadranten A. Das Licht aus dem Bereich C kann überhaupt nicht mehr austreten, sondern wird nach D totalreflektiert.

In beiden Fällen ist jeweils ein zusammengehöriges Winkelpaar ε_4, ε_4' eingezeichnet, um den Strahlenverlauf deutlicher zu machen.

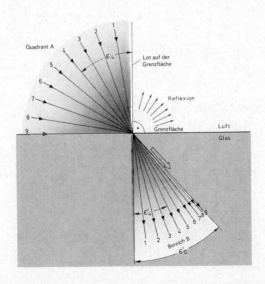

6.10 Lichtbrechung durch Prismen

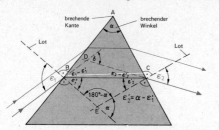

Der Strahlengang durch ein Prisma[1] läßt sich durch zweimalige Anwendung des Brechungsgesetzes berechnen.

ε_1 sei gegeben. ε_1' folgt aus $\dfrac{\sin \varepsilon_1}{\sin \varepsilon_1'} = n$. ε_2' ist der Abb. zu entnehmen. ε_2 folgt aus $\sin \varepsilon_2 = n \cdot \sin \varepsilon_2'$.

Parallel einfallende Strahlen bleiben parallel. Bei einem anderen brechenden Winkel α ergibt sich eine andere Ablenkung δ.

Auch bei einem abgestumpften Prisma (Kante bei A abgeschnitten) ist α durch den Winkel gegeben, den die beiden Flächen miteinander bilden.

> **Die Ablenkung des Strahles erfolgt stets von der brechenden Kante weg und auf das dickere Ende des Prismas zu.**

> **Für die Richtungsänderung eines Strahles beim Durchdringen eines Prismas gilt**
> $$\delta = \varepsilon_1 + \varepsilon_2 - \alpha.$$
> $\varepsilon_1 =$ Einfallswinkel in Luft, $\varepsilon_2 =$ Brechungswinkel in Luft beim Austritt, $\alpha =$ brechender Winkel des Prismas.

Beweis: Der Außenwinkel im Dreieck DBC ist $\delta = \varepsilon_1 - \varepsilon_1' + \varepsilon_2 - \varepsilon_2'$, also $\delta = \varepsilon_1 + \varepsilon_2 - (\varepsilon_1' + \varepsilon_2')$.

Der brechende Winkel α tritt auch bei E auf, da die Winkelsumme im Viereck ABEC 360° beträgt und $\overline{BE}$ und $\overline{CE}$ Lote darstellen. Der Außenwinkel bei E wird daher $\alpha = \varepsilon_1' + \varepsilon_2'$ und damit $\delta = \varepsilon_1 + \varepsilon_2 - \alpha$.

6.11 Die Farbzerlegung des Lichtes

Versuch: Läßt man ein durch eine spaltförmige Blende begrenztes Bündel paralleler Sonnenstrahlen auf ein Prisma fallen, so entsteht auf einem Schirm ein farbiges Band, das über 100 Farbtönungen enthält. Wir nennen in der Reihenfolge ihres Auftreffens einige Farben:

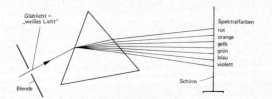

Rot, Orange, Gelb, Grün, Blau und Violett.

Diese Farben, die nicht mehr weiter zerlegt werden können, heißen Spektralfarben (über Farben des Lichtes vgl. Abschn. 7.22.5).

(Spreizung in der Abb. übertrieben!)

> **Das „weiße" Licht ist aus verschiedenen Farben zusammengesetzt.**

> **Licht verschiedener Farbe wird verschieden stark gebrochen.**

Rot erfährt die schwächste, Violett die stärkste Richtungsänderung.

> **Die unterschiedlich starke Ablenkung der verschiedenen Farben führt zur Farbzerlegung.**

[1] Unter „Prisma" verstehen wir einen Körper, der zwei keilförmig zueinander geneigte Flächen aufweist

Aufgabengruppe Optik 2: Übungen zu 6.8. . . 6.10

Brechung und Totalreflexion

(Brechungszahlen sind der Tabelle auf Seite 269 zu entnehmen.)

1. Ein in Diamant eingedrungener Lichtstrahl trifft auf die Grenzfläche zur Luft auf. Für welche Winkel ist ein Austritt aus dem Diamanten möglich?

2. In eine Glaswanne fällt von unten ein Lichtstrahl ein, der innerhalb des Gefäßes mit dem Boden einen Winkel von 55° einschließt. Die Wanne ist bis zu einer Höhe von 12 cm mit Benzol gefüllt.
   a) Welchen Winkel schließt der gebrochene Strahl beim Austritt in die Luft mit der Flüssigkeitsoberfläche ein?
   b) Der Lichtstrahl tritt im Punkt A in die Luft über. Ein von der punktförmigen Lichtquelle ausgehender zweiter Strahl, der beim Übertritt von Benzol in Luft keine Brechung erfährt, verläßt die Benzoloberfläche in B. Wie groß ist $\overline{AB}$?

3. Unter einem Einfallswinkel von 25° trifft ein Lichtstrahl in Wasser auf die Grenzfläche gegen Luft auf.
   a) Wie groß ist der Brechungswinkel in Luft?
   b) Bei welchen Einfallswinkeln kann der Strahl in Luft austreten?
   c) Wie groß ist der Brechungswinkel in Wasser, wenn der Einfallswinkel in Luft 25° beträgt?

4. In einem unbekannten Mittel fällt ein Lichtstrahl auf die Grenzfläche gegen Luft. Welche Brechungszahl hat das Mittel, wenn bei einem Einfallswinkel von 41,8° gerade noch Totalreflexion stattfindet?

5. Ein Lichtstrahl fällt in Luft auf die Oberfläche von Schwefelkohlenstoff.
   a) Unter welchem Winkel zur Flüssigkeitsoberfläche verläuft der gebrochene Strahl, wenn der Einfallswinkel in Luft 30° (50°) beträgt?
   b) Welches Ergebnis stellt sich ein, wenn der Strahl in Schwefelkohlenstoff unter einem Einfallswinkel von 30° (50°) auf die Grenzfläche gegen Luft auftrifft?

6. Eine als punktförmig anzusehende Strahlenquelle befindet sich am Boden eines mit Flüssigkeit gefüllten Behälters.
   a) Wie groß ist der Öffnungswinkel des Strahlenkegels, dessen Licht aus der Flüssigkeitsoberfläche austreten kann
      1) bei Wasserfüllung; 2) bei Füllung mit Alkohol; 3) bei Füllung mit Benzol?
   b) Wie groß ist der Durchmesser des Strahlenkegels beim Durchstoßen der Flüssigkeitsoberfläche, wenn die Füllhöhe jeweils $h = 30$ cm beträgt?

7. Auf ein Glasprisma ($n = 1,5$) mit einem brechenden Winkel $\alpha = 60°$ fällt in Luft unter dem Einfallswinkel $\varepsilon_1 = 36°$ ein Lichtstrahl. Wie groß ist die Richtungsänderung des Strahles bei Durchdringung des Prismas?

6.12 Sammellinsen

Unter Linsen verstehen wir durchsichtige Glaskörper mit zwei, meist kugelförmigen Begrenzungsflächen. Linsen, bei denen die Begrenzungsflächen Kugelgestalt aufweisen (sphärische Linsen), sind für die Herstellung (Schleifen und Polieren) am besten geeignet.

Eine Reihe von Bezeichnungen, die schon beim Hohlspiegel eingeführt wurden, gelten sinngemäß auch hier, z. B. Brennpunkt, Brennweite usw.

6.12.1 Lichtbrechung durch Sammellinsen

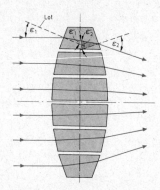
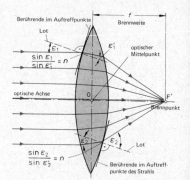

Denkt man sich eine Linse aus mehreren aufeinandergestellten Prismen (Ablenkung jeweils dem dicken Ende zu!) zusammengesetzt, so ist verständlich, warum die gebrochenen Strahlen zusammenlaufen.

> Eine Linse, die in der Mitte dicker ist als am Rand, hat eine sammelnde Wirkung (Sammellinse).

> Eine Sammellinse sammelt parallel einfallendes Licht im Brennpunkt F'. Der Abstand vom Brennpunkt zum optischen Mittelpunkt[1]) heißt Brennweite.

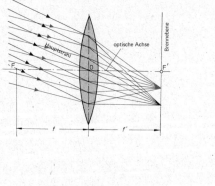

Parallele Strahlen, die nicht allzu schräg zur optischen Achse einfallen, werden in einem Punkt der Brennebene vereinigt. — Zur Konstruktion des Vereinigungspunktes bedient man sich zweckmäßig des unveränderten Hauptstrahles durch O.

Umgekehrt verlaufen alle Strahlen, die von einem beliebigen Punkt der Brennebene ausgehen, nach der Brechung durch die Sammellinse parallel zueinander.

Wegen der Umkehrbarkeit des Strahlenganges erzeugt eine im Brennpunkt befindliche Lichtquelle ein paralleles Strahlenbündel.

Zeichenvereinfachung: Die Strahlen werden beim Durchdringen der Linse zweimal gebrochen (beim Eintritt und beim Austritt). Zur Vereinfachung zeichnen wir nur eine einzige Richtungsänderung ein, die in einer Ebene senkrecht zur optischen Achse durch den optischen Mittelpunkt stattfindet. Die optische Achse einer sphärischen Linse ist die Verbindungslinie der Mittelpunkte der beiden Linsenflächen (vgl. Abb. in Abschn. 6.12.3).

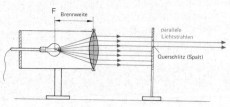

---

[1]) beachte die Einschränkung 6.12.3!

6:12.2 Abbildung durch Lochkamera und Sammellinse

Im Schnittpunkt der von einem Gegenstandspunkt ausgehenden Strahlen entsteht auf der anderen Seite der Linse ein Bildpunkt.

Wird die Hälfte der Linse durch eine Blende abgedeckt, so entsteht trotzdem ein Bild. Jedoch kann nun nur die Hälfte der Strahlen zur Bildentstehung beitragen. Hieraus folgt: Auch ein Linsenbruchstück erzeugt ein Bild. Die Helligkeit ist geringer, da sich entsprechend weniger Strahlen, die von einem bestimmten Gegenstandspunkt ausgehen, im zugehörigen Bildpunkt wiedervereinigen können.

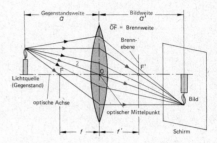

Abbildung durch eine Sammellinse

Eine Abbildung kommt auch dann zustande, wenn die Linse durch eine Blende mit einer kleinen Öffnung ersetzt wird (Lochkamera).

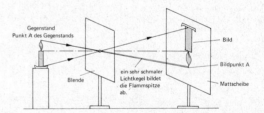

Abbildung durch eine Lochkamera

Jedoch ist das Bild vermittels der Linse erheblich heller, da alle Strahlen, die von einem Gegenstandspunkt ausgehen und die Linse treffen, in einem Punkt hinter der Linse vereinigt werden. Bei der Lochkamera erzeugt ein einziges dünnes Lichtbündel, das von einem Gegenstandspunkt ausgeht, einen Bildpunkt auf der Mattscheibe.

Wohl kann durch Vergrößerung der Blendenöffnung ein helleres Bild erzielt werden. Da sich aber nun die Strahlenkegel der einzelnen Bildpunkte überlappen, wird das Bild unscharf. Bei zu großer Öffnung gibt es gar keine Abbildung mehr, weil nun ein Punkt der Mattscheibe von Lichtbündeln getroffen wird, die von sehr verschiedenen Gegenstandspunkten ausgehen.

Konstruktion der Abbildung

Wie beim Hohlspiegel, benutzen wir zur Konstruktion der Abbildung vornehmlich drei Strahlen:

Der achsenparallele Strahl (1) wird nach der Brechung zum Brennstrahl. Der Brennstrahl (2) wird Parallelstrahl. Der Strahl durch den optischen Mittelpunkt (3) — Hauptstrahl genannt — bleibt unverändert.

6.12.3 Eine wichtige Einschränkung: dünne Linsen

Die erörterten Stahlengänge und die folgenden Ausführungen gelten nur für dünne Linsen.

> Eine Linse heißt dünn, wenn die Krümmungshalbmesser groß sind gegenüber der Linsendicke.

> Ein Lichtstrahl geht nur bei einer dünnen Linse ungebrochen und unversetzt durch den optischen Mittelpunkt.

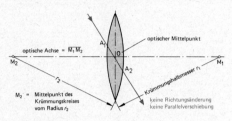

„dünne Linse"

Auch bei einer dicken Linse ($r_1 = r_2$ nicht Voraussetzung) gibt es einen Strahl, der ohne Richtungsänderung durchgeht. Dort, wo dieser die optische Achse schneidet, liegt der optische Mittelpunkt. Jedoch erfolgt nun eine Parallelverschiebung des Strahles (diese ist bei dünnen Linsen vernachlässigbar klein). Es lassen sich nämlich zwei parallele Ebenen einzeichnen, die die Linse in den Punkten A_1 und A_2 berühren. Damit verhält sich die Linse für einen Strahl durch O wie eine planparallele Platte (vgl. Abb.).

Bei einer dünnen Linse fällt der optische Mittelpunkt mit der Linsenmitte zusammen. Bei der dicken Linse ist das nur für $r_1 = r_2$ der Fall. Läßt man das Licht aus verschiedenen Richtungen auf eine Linse fallen, so ergeben sich zwei verschiedene Brennpunkte (F und F'). Ist das Mittel vor und hinter der Linse dasselbe, so sind die beiden Brennweiten für dünne wie für dicke Linsen (r_1 kann von r_2 verschieden sein!) gleich groß.

6.12.4 Die fünf Hauptfälle bei der Sammellinse

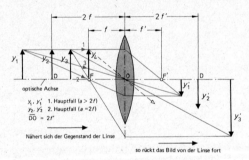

1. Hauptfall: Gegenstand y_1 ($a > 2f$) erzeugt ein verkleinertes, umgekehrtes Bild y_1'. „Umgekehrt" bedeutet auf dem Kopf stehend und seitenvertauscht.

2. Hauptfall: y_2 ($a = 2f$) erzeugt Bild y_2' ($b = 2f$). y_2' und y_2 sind gleich groß. (Die Konstruktionsstrahlen sind wegen der Übersichtlichkeit in der Abb. nicht eingezeichnet.)

3. Hauptfall: y_3 (z. B. $a = 1,5\,f$) erzeugt ein vergrößertes Bild y_3'.

Der 3. Hauptfall entsteht aus dem ersten, wenn Bild und Gegenstand miteinander vertauscht werden.

4. Hauptfall: Gegenstand im Brennpunkt ($a = f$). Die von y_4 ausgehenden Strahlen verlaufen nach der Brechung parallel. Es entsteht kein Bild im Endlichen.

5. Hauptfall: Für $a < f$ erhalten wir nur einen Schnittpunkt, wenn die Strahlen nach rückwärts verlängert werden. Gegenstand y erzeugt Bild y'. Der näher an F herangerückte Gegenstand y_1 erzeugt das größere Bild y_1'.

> Befindet sich der Gegenstand innerhalb der einfachen Brennweite einer Sammellinse, so entsteht ein virtuelles, vergrößertes Bild.

Das scheinbare Bild liegt auf derselben Seite wie der Gegenstand. y' wird größer, wenn der Gegenstand näher an die Brennebene der Linse heranrückt. (Der gleich große Gegenstand y_1 erzeugt das größere virtuelle Bild y'_1.)

Rückt der Gegenstand schließlich nach F, so liegt der 4. Hauptfall vor. Dieser Grenzfall ist praktisch von großer Bedeutung, da parallele Strahlenbündel im entspannten, d. h. nicht angestrengten Auge, ein scharfes Netzhautbild hervorrufen (vgl. Abb.).

Die Sammellinse ist nun nicht mehr, wie in den Hauptfällen 1 bis 3, eine „Zeichenlinse", die das Bild auf den Schirm zeichnet. Sie ist zur „Schaulinse" geworden. Man kann das Bild nur noch wahrnehmen, wenn man in die Linse schaut.

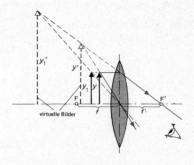

Entstehung eines virtuellen Bildes (5. Hauptfall)

Überblick über die Abbildungen bei der Sammellinse

Lage des Gegenstandes (Abstand von der Linse)		Bildort (Abstand von der Linse)		Bildgröße	Art des Bildes	
1. Hauptfall						
außerhalb doppelter Brennweite $a > 2f$	näher zur Linse	zwischen einfacher und doppelter Brennweite Abstand: f' bis $2f'$ $2f' > a' > f'$	von der Linse weg	verkleinert	umgekehrt	reell
2. Hauptfall						
$a = 2f$		$a' = 2f'$		gleich groß	umgekehrt	reell
3. Hauptfall						
f bis $2f$ $2f > a > f$		außerhalb doppelter Brennweite $a' > 2f'$		vergrößert	umgekehrt	reell
4. Hauptfall						
$a = f$		parallele Strahlen: kein auffangbares Bild, da kein Schnittpunkt im Endlichen				
5. Hauptfall						
innerhalb einfacher Brennweite $a < f$		auf derselben Seite der Linse wie der Gegenstand		vergrößert	aufrecht	virtuell

Die Übersicht gilt auch für den *sphärischen Hohlspiegel*, wenn man folgende Änderungen beachtet:
a) der Abstand wird nicht von der Linse, sondern vom Hohlspiegel gemessen;
b) statt „auf derselben Seite der Linse" (beim virtuellen Bild) muß es heißen „hinter dem Spiegel".

Es gibt nur eine Gegenstandsweite ($a = 2f$), für die das Bild gleich groß ist wie der Gegenstand.

Je näher der Gegenstand an die Linse heranrückt, desto weiter entfernt sich das reelle Bild, und desto größer wird es. Grenzfall: $a = f$; $a' = \infty$. Man sagt: „Das Bild liegt im Unendlichen".

6.12.5 Vergleich Hohlspiegel und Sammellinse

Beim sphärischen Hohlspiegel ist $f = r/2$ ($r = $ Krümmungshalbmesser der Spiegelfläche). Bei der (dünnen) Linse dagegen hängt f' von den beiden Krümmungsradien r_1 und r_2 sowie von der Brechungszahl des Glases ab. Für den Sonderfall $r_1 = r_2 = r$ und $n = 1,5$ wird $f' = r$.

6.13 Die genäherte Berechnung der Abbildung mit Linsen

Wie beim Hohlspiegel beschränken wir uns auf Strahlen im achsennahen (Gaußschen) Raum.

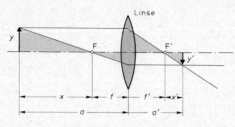

Vorzeichenvereinbarung:

Strecken und Ausdehnungen quer zur optischen Achse werden wie beim Hohlspiegel gezählt: von der Linse (Mitte) gegen die Lichtrichtung negativ, mit der Lichtrichtung positiv. Die Brennweite einer Sammellinse ist daher $f' =$ positiv zu rechnen. Dagegen ist der Abstand Linse zum Brennpunkt F — gegenstandsseitiger Brennpunkt — negativ zu zählen.

Entsprechendes gilt dann auch bei den Zerstreuungslinsen.

Herleitung der Abbildungsformeln:

$$\frac{y'}{y} = \frac{f}{x} = \frac{x'}{f'} \; ; \quad \text{da } f = -f' \text{ folgt } \frac{f'}{x} = -\frac{x'}{f'} \text{ und}$$

$$\boxed{x \cdot x' = -(f')^2 \quad [1]} \qquad \text{Newtonsche Abbildungsformel für Linsen}$$

$$\left.\begin{array}{l} \text{mit } a' = f' + x' \text{ folgt } x' = a' - f' \\ a = f + x \text{ folgt } x = a + f' \end{array}\right\} \text{ dieses in [1] eingesetzt ergibt}$$

$$(a + f') \cdot (a' - f) \rightarrow a \cdot a' + a' \cdot f' - a \cdot f' = 0 \quad \text{teilen durch } a \cdot a' \cdot f$$

$$\text{ergibt: } \frac{1}{f'} + \frac{1}{a} - \frac{1}{a'} = 0 \text{ und} \qquad \boxed{-\frac{1}{f'} = \frac{1}{a} - \frac{1}{a'} \quad [2]}$$

Aus der nebenstehenden Abb. folgt der Abbildungsmaßstab.

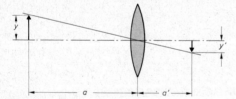

$$\boxed{\frac{y'}{y} = \frac{a'}{a} \quad [3]}$$

Auflösungen von [2]:

$$a' = \frac{a \cdot f'}{a + f'} \qquad f' = \frac{a \cdot a'}{a - a'} \qquad a = \frac{a' \cdot f}{f' - a'}$$

1. Beispiel: Soll mittels einer Sammellinse der Brennweite $f' = 20$ cm in 6 m Entfernung ein Bild erzeugt werden, so muß die Gegenstandsweite nach [1]

$$a = \frac{a' \cdot f}{f' - a'} = \frac{6 \text{ m} \cdot 0{,}20 \text{ m}}{0{,}2 \text{ m} - 6 \text{ m}} = -0{,}207 \text{ m betragen.}$$

2. Beispiel: Wie groß muß die Brennweite einer Linse sein, damit bei einer Gegenstandsweite von 35 cm von einem 12 cm großen Gegenstand ein 90 cm großes reelles Bild entsteht?

Lösung: Aus [3] folgt $\dfrac{y'}{y} = \dfrac{a'}{a} = M$

$$f' = \frac{a \cdot a'}{a - a'} = \frac{a}{1 - \frac{a'}{a}} = \frac{a}{1 - \frac{y'}{y}} = \frac{y \cdot a}{y - y'} = \frac{12 \text{ cm} \cdot (-35 \text{ cm})}{12 \text{ cm} - (-90 \text{ cm})} = +30{,}9 \text{ cm}$$

6.13.2 Bestätigung der Abbildungsgleichung durch Versuch (optische Bank)

Als Gegenstand dient ein beleuchteter Pfeil ($y = 3$ cm), der auf einem Schirm abgebildet wird. Nach Scharfstellung des Bildes werden a, a', y' gemessen.

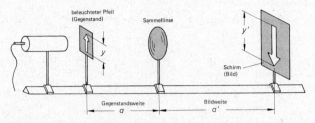

Versuchswerte (Maße in cm bzw. cm⁻¹)

a vorgegeben	$1/a$	a' gemessen	$1/a'$	$1/a + 1/a'$ $1/a - 1/a'$	a'/a	y' gemessen	y'/y
−20	−0,05	180	0,006	−0,056	9,0	27	9
−30	−0,033	45	0,022	−0,055	1,5	4,5	1,5
−40	−0,025	33	0,030	−0,055	0,83	2,5	0,83
−50	−0,02	28	0,036	−0,056	0,56	1,7	0,57
−60	−0,017	26	0,038	−0,055	0,43	1,3	0,43
			Mittelwert ... −0,055		a'/a	=	y'/y

Die Verhältnisse $\dfrac{a'}{a}$ und $\dfrac{y'}{y}$ sind einander gleich. Beziehung [2] ist also erfüllt. Für $\dfrac{1}{a} - \dfrac{1}{a'}$ ergibt sich ein konstanter Wert. Also ist auch [1] bestätigt. Die Brennweite wird

$$f' = \frac{1}{0,055} \text{ cm} = 18,1 \text{ cm}$$

Die Abbildungsgleichungen gelten auch für virtuelle Bilder (5. Hauptfall). Jedoch ist dann in $\dfrac{1}{a'} = \dfrac{1}{f'} - \dfrac{1}{a}$ wie beim Hohlspiegel mit einer negativen Bildweite a' zu rechnen.

6.14 Zerstreuungslinsen („konkave" Linsen)

Linsen, die in der Mitte dünner sind als am Rand, wirken als Zerstreuungslinsen. Parallel einfallendes Licht scheint nach der Brechung von einem Punkt hinter der Linse zu kommen (F' = virtueller Brennpunkt).

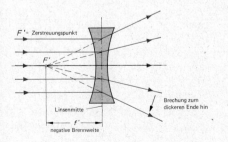

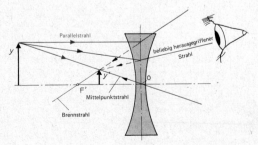

> **Das von einer Zerstreuungslinse erzeugte Bild ist stets aufrecht, virtuell und verkleinert.**

Es liegt auf derselben Seite wie der Gegenstand.

6.15 Zusammenfassung: Linsen und gekrümmte Spiegel — Vergleich

1. Sonderfall: Die Bildweite a' wird negativ (virtuelle Bilder)

a) bei Sammellinsen und Hohlspiegeln, wenn der Betrag der Gegenstandsweite kleiner als der Betrag der Brennweite ist,

b) immer bei Zerstreuungslinsen und Wölbspiegeln (virtuelle Bilder).

2. Sonderfall: Bei Zerstreuungslinsen und Wölbspiegeln wird die Brennweite immer negativ gerechnet.

Die Beziehung [3] $\dfrac{v'}{y} = \dfrac{a'}{a}$ gilt unabhängig vom Vorzeichen in allen Fällen.

Alle Abbildungsformeln sind nur bei achsennahen Strahlengängen und bei „dünnen'' Linsen und hinreichend „flachen'' Spiegeln ohne wesentliche Fehler gültig.

Bei Spiegeln und bei Linsen ergeben sich verwandte Abbildungskonstruktionen, was zu ähnlichen Formeln für die Spiegel- und Linsenabbildung führt.

6.16 Das menschliche Auge

Der optisch wirksame Teil des Auges besteht aus der Hornhaut mit unveränderlicher Krümmung, der Flüssigkeit hinter der Hornhaut (Kammerwasser) und der Linse mit dem dahinter liegenden Glaskörper aus gallertartigem Gewebe.

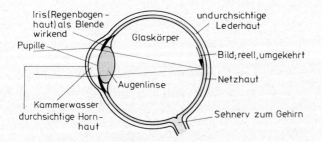

Bau des Auges (vereinfacht)

Die Brechzahl der Linse ist etwas größer als die Brechzahl der sie umgebenden Flüssigkeit. Durch Anspannen der die Linsen umgebenden Ringmuskeln kann die Linse flacher gezogen und damit ihre und die Gesamtbrennweite vergrößert werden (Hornhaut plus Linse). So wird ermöglicht, daß nahe und ferne Gegenstände auf der Netzhaut jeweils scharf eingestellt werden können. (Der Normalzustand ist also „das angespannte'' Auge!)

Obwohl das Bild auf der Netzhaut umgekehrt entsteht, empfinden wir es als aufrecht stehend.

a) Einstellung auf *ferne* Gegenstände: Die Strahlen fallen parallel durch die Pupille ein und sammeln sich punktweise auf der Netzhaut (Brennpunkt auf der Netzhaut) = „entspanntes" Auge.

b) Einstellung auf *nahe* Gegenstände: Anpassung der Linse (Akkommodation) derart, daß die nicht mehr parallelen Strahlen über das optische System des Auges gebrochen und auf der Netzhaut vereinigt werden. Der Brennpunkt des Auges liegt jetzt vor der Netzhaut; die Brennweite für das Nahsehen ist also verkürzt.

Die Größe, unter der ein Gegenstand dem Auge erscheint, wird durch den Sehwinkel bestimmt (vgl. Abb.). Der **Sehwinkel** wird von zwei Strahlen gebildet, die vom Rand des Gegenstandes ausgehen und (durch den optischen Mittelpunkt) in das Auge treten. Die Größe des Netzhautbildes hängt vom Sehwinkel ab.

Die Abbildung zeigt, daß der Sehwinkel nicht nur durch die Größe des Gegenstandes bestimmt wird. Verschieden große Gegenstände in entsprechenden Entfernungen können sehr wohl unter demselben Sehwinkel erscheinen.

Der Sehwinkel kann vergrößert werden, wenn man den Gegenstand dem Auge nähert ($\varphi_2 > \varphi_1$, da A_2 näher am Auge als A_1). Der Abstand vom Auge kann jedoch nicht beliebig verkleinert werden, weil die Augenlinse ihre Brennweite nur in bestimmten Grenzen vergrößern kann.

> Die kleinste Gegenstandsentfernung, die ohne Überanstrengung des normalen Auges ein deutliches Sehen erlaubt, ist die deutliche Sehweite $s = 25$ cm (Vereinbarung).

6.17 Die Lupe

Die Lupe[1]) ist eine Sammellinse, die in geringem Abstand vor dem Auge benutzt wird. Sie dient wie auch andere optische Instrumente der Vergrößerung des Sehwinkels. Allgemein gilt

$$\frac{\text{Vergrößerung eines}}{\text{optischen Instruments}} = \frac{\text{Sehwinkel mit Instrument}}{\text{Sehwinkel ohne Instrument}} \qquad V = \frac{\varphi_m}{\varphi_0}$$

Zur Erzielung eindeutiger Werte wird der Sehwinkel ohne Gerät auf den Gegenstand in der deutlichen Sehweite bezogen. (Nach DIN 1335 ist das Kurzzeichen für Vergrößerung Γ.) (Γ = großer griechischer Buchstabe, sprich „Gamma". Jedoch ist auch V zulässig.)

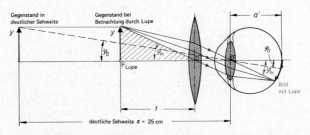

Entstehung des Netzhautbildes im Auge ohne und mit Benutzung einer Lupe

[1]) von franz. loupe = Vergrößerungsglas

Im Gegensatz zum Abbildungsmaßstab setzt diese Vergrößerung (Winkelvergrößerung) einen Beobachter voraus. Sie wird daher auch subjektive Vergrößerung genannt. Trigonometrische Betrachtungen zeigen, daß V auch das Verhältnis der Netzhautbilder mit und ohne Gerät bedeutet.

Beim normalen, entspannten Auge müssen die Strahlen von einem Gegenstandspunkt parallel einfallen, d. h. der Gegenstand wird zur Scharfstellung unwillkürlich in die Brennebene der Lupe gebracht.

In der Abbildung erfolgt vereinfacht die Brechung durch das Auge nur an einer Ebene durch O'. Zum Strahlenverlauf: Die Hauptstrahlen beider Linsen (jede Linse hat einen Hauptstrahl!) werden nur einmal gebrochen, alle anderen zweimal.

Aus der Abb. folgt $\varphi_0 \approx \tan \varphi_0 = \dfrac{y}{s}$ und $\varphi_m \approx \tan \varphi_m = \dfrac{y}{f'}$. Folglich $V = \dfrac{\varphi_m}{\varphi_0} = s/f'$. Hier wurde davon Gebrauch gemacht, daß für kleine Winkel $\varphi \approx \tan \varphi$ gesetzt werden darf.

$$\text{Lupenvergrößerung} = \frac{\text{deutliche Sehweite 25 cm}}{\text{Brennweite der Lupe}}$$

Lupen werden im allgemeinen bis zu 10facher Vergrößerung verwendet. Für $V = 10$ ist $f' = 25$ mm.

Mathematische Anmerkung: Bei der Beziehung $\tan \varphi \approx \varphi$ ist der Winkel φ im Bogenmaß zu messen. Der Winkel φ im Bogenmaß ist zahlenmäßig durch die Länge des Kreisbogens im Einheitskreis (Kreis mit $r = 1$ Längeneinheit) gegeben, der zum Mittelpunktswinkel φ gehört. Der volle Winkel entspricht also 2π, 180° entsprechen π. Man schrieb bisher für den Winkel im Bogenmaß arc φ (von lat. arcus = Bogen). Danach ist

arc 360° $= 2\pi = 6,2832$; arc 90° $= \pi/2 = 1,5708$ und arc 1° $= \pi/180 = 0,0175$.

Die neue Schreibweise unter Benutzung des Einheitenzeichens rad ist 1° $= 0,0175$ rad bzw. 90° $= \dfrac{\pi}{2}$ rad, wobei das Zeichen arc nicht mehr auftritt.

Abbildung mit und ohne Akkommodation des Auges

Bei optischen Instrumenten sind allgemein zwei Benutzungsarten zu unterscheiden. Am Beispiel der Lupe sei dies näher erläutert: Beim *entspannten Auge* befindet sich der Gegenstand im Brennpunkt der Lupe. Die von einem Gegenstandspunkt ausgehenden Strahlen treffen das Auge parallel. Die rückwärtigen Verlängerungen ergeben im Endlichen keinen Schnittpunkt. Das Bild liegt im Unendlichen (4. Hauptfall). Da der Brennpunkt der ruhenden Augenlinse auf der Netzhaut liegt, entsteht dort (wegen des parallelen Strahleneinfalles) ein scharfer Bildpunkt (vgl. Abb. S. 283).

Beim *akkommodierten*, d. h. *angespannten Auge* (erhöhter Brechwert) befindet sich der Gegenstand innerhalb der Lupenbrennweite (vgl. Abb. 5. Hauptfall in Abschn. 6.12.4). Die von einem Gegenstandspunkt ausgehenden Strahlen treffen das Auge mehr oder weniger divergent. Die rückwärtigen Verlängerungen schneiden sich. Es entsteht ein virtuelles Bild. Auch hier erhalten wir ein scharfes Netzhautbild, weil das akkommodierte Auge auch diese Strahlen zu vereinigen vermag. (Der Strahlengang unter Einbeziehung der Augenlinse wurde hier nicht wiedergegeben.) Für diesen Fall, der uns beim Mikroskop und Fernrohr noch begegnen wird, gilt:

Die Lupe entspricht dem 5. Hauptfall.

Welche der beiden Möglichkeiten ist praktisch wichtiger?

Die Erfahrung zeigt, daß ein optisches Instrument am wirksamsten ausgenutzt und das Auge am wenigsten angestrengt wird, wenn von den verschiedenen Gegenstandspunkten parallele Strahlenbündel in das Auge treten. Diese Beobachtungsweise ist für das Auge am angenehmsten, weil es nicht zu akkommodieren braucht. Unter dieser Voraussetzung wurde hier die Lupenvergrößerung hergeleitet.

Reelles bzw. virtuelles Bild und Netzhautbild

Es sei noch zwischen dem mit Hilfe von ausgewählten Strahlen konstruierten reellen oder virtuellen Bild B und dem Netzhautbild B_N unterschieden. Die Konstruktion des Bildes B erfolgt völlig unabhängig vom Vorgang des Sehens durch das Auge.

Damit ein Bild B als solches überhaupt wahrgenommen werden kann, muß ein Bild B_N auf der licht- und farbempfindlichen Netzhaut des Auges entstehen, dessen Größe vom Sehwinkel abhängt. Hierzu bedarf es der Einbeziehung in den Strahlenverlauf, wie es bei der Lupe in diesem Abschnitt geschehen ist. Das Netzhautbild kann in Verbindung sowohl mit einem reellen als auch mit einem virtuellen Bild auftreten.

Schließlich sei noch betont, daß bei allen Strahlenverläufen immer die Strahlen eingezeichnet werden, die von einem Gegenstandspunkt ausgehen (nicht etwa in umgekehrter Richtung!).

6.18 Der Fotoapparat

Von einem Gegenstand außerhalb der doppelten Brennweite entsteht ein umgekehrtes, reelles und verkleinertes Bild.

> **Die Abbildung im Fotoapparat entspricht dem 1. Hauptfall.**

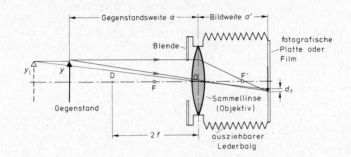

Grundsätzlich ist ein scharfes Bild bei eingestellter Bildweite a' nur für eine einzige Gegenstandsweite a möglich. Nur für einen Wert von a ist nämlich bei festem a' und f die Gleichung $\dfrac{1}{f'} = \dfrac{1}{a} - \dfrac{a}{a'}$ zu erfüllen.

Bei weiter entfernten Gegenständen (a größer) muß der Auszug verkleinert werden (a' kleiner), um Scharfstellung zu erreichen. Am besten ist dies an der Form der Linsengleichung $x \cdot x' = -f'^2$ zu ersehen. Größeres x (Abstand von F) verlangt kleines x' (Abstand von F'). F' ist der bildseitige Brennpunkt, F der dingseitige (Ding = Gegenstand).

Beim Gegenstand y_1 (in größerer Entfernung) ergibt sich kein scharfer Bildpunkt (z. B. für die Pfeilspitze), sondern ein kleiner Kreis vom Durchmesser d_z (Zerstreuungs- oder Unschärfekreis). Trotzdem erhalten wir von verschieden weit entfernten Gegenständen in derselben Aufnahme eine scharfe Abbildung, weil sich der Zerstreuungskreis erst ab einer bestimmten Größe bemerkbar macht.

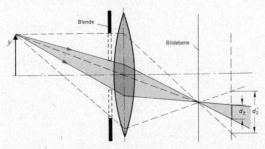

Zusammenhang von Blendenöffnung und Tiefenschärfe

Der zulässige Unschärfekreis beträgt $\frac{1}{1000}$ bis $\frac{1}{1500}$ der Brennweite, also z. B. $^1/_{30}$ mm bei einer Kleinbildkamera mit $f' = 5$ cm.

Die Länge der Zone, innerhalb welcher für eine bestimmte feste Einstellung der Linse (festes a') ein scharfes Bild erzeugt wird, da der Zerstreuungskreis genügend klein bleibt, bezeichnet man als Schärfentiefe (auch Tiefenschärfe).

Man erkennt, daß auch solche Strahlen zur Konstruktion des Bildes herangezogen werden können, die in Wirklichkeit gar nicht zur Abbildung beitragen, da sie von Blenden zurückgehalten werden.

Durch Abblenden werden die Unschärfekreise kleiner, was zu einer Zunahme der Tiefenschärfe führt. (Durchmesser des Unschärfekreises vor der Abblendung d_z', nach der Abblendung nur noch d_z.)

6.19 Der Bildwerfer

Beim Bildwerfer, auch Projektionsapparat (von lat. proicere = vorwärtswerfen) genannt, befindet sich der Gegenstand (ein von hinten beleuchtetes Glasbild, auch Diapositiv genannt) zwischen einfacher und doppelter Brennweite der Abbildungslinse. Das vergrößerte und umgekehrte Bild, das auf einem Schirm aufgefangen wird, liegt außerhalb der doppelten Brennweite.

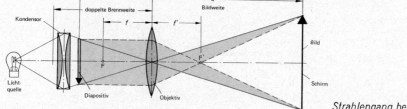

Strahlengang beim Bildwerfer

Die Abbildung im Bildwerfer entspricht dem 3. Hauptfall.

Statt Gegenstand wird auch das aus dem Lateinischen stammende Wort Objekt benutzt. Entsprechend nennt man die dem Objekt zugewandte Linse allgemein Objektiv.

Der Kondensor (von lat.: condensare = verdichten) ist ein Linsensystem, über das das Diapositiv gleichmäßig so ausgeleuchtet wird, daß alles Licht durch das Objektiv geführt wird.

Das Filmvorführgerät ist grundsätzlich ein Bildwerfer, bei dem in kurzen Abständen nacheinander verschiedene Bilder projiziert werden. Ab 16 Bildern je Sekunde kann das Auge die einzelnen Eindrücke nicht mehr voneinander trennen, was zur „Vortäuschung" eines sich bewegenden Bildes führt.

6.20 Das Mikroskop

Das Mikroskop besteht aus zwei Sammellinsen, dem Okular[1]) (dem Auge zugewandt) und dem Objektiv. Vom Gegenstand, der sich etwas außerhalb der Brennebene des Objektivs befindet, entsteht ein vergrößertes, reelles Bild B (Zwischenbild; 3. Hauptfall). Das entstandene Zwischenbild, das sich optisch wie ein Gegenstand verhält, wird durch eine zweite Sammellinse betrachtet, die als Lupe wirkt.

Mikroskop = Bildwerfer + Lupe = 3. + 5. Hauptfall.
---

[1]) von lat. oculus = Auge

Die Objektivbrennweite ist sehr klein, bis herab zu 2 mm. Vergrößerung bei handelsüblichen Mikroskopen bis 2000fach. Das Bild ist gegenüber dem Gegenstand verkehrt, was jedoch bei der Anwendung nicht stört.

Es kommt allerdings nicht so sehr auf die Vergrößerung an, wie auf das Auflösungsvermögen. Dieses hängt davon ab, in welchem Abstand sich zwei Gegenstandspunkte befinden dürfen, damit sie noch deutlich als getrennte Punkte im Bild zu erkennen sind. Der kleinste noch trennbare Abstand entspricht etwa der halben Wellenlänge des benutzten Lichtes, d. h. höchstens 0,2 μm (vgl. Abschn. 7.22.5).

Als Erfinder des Mikroskops gilt der holländische Brillenschleifer Zacharias Janssen (1590).

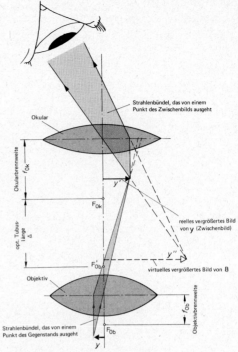

Bildentstehung beim Mikroskop

6.21 Fernrohre

6.21.1 Astronomisches Fernrohr[1])

Beim Astronomischen Fernrohr entwirft eine Sammellinse großer Brennweite, das Objektiv, von einem fernen Gegenstand in der Brennebene ein verkleinertes, umgekehrtes, reelles Bild (Zwischenbild).

Dieses Bild wird durch ein zweites sammelndes Linsensystem, das als Lupe wirkt und unmittelbar am Auge des Betrachters liegt (Okular), betrachtet. Er sieht das von der Lupe erzeugte virtuelle Bild, nun entsprechend stark vergrößert in der Ferne (umgekehrt).

Die Vergrößerung eines Astronomischen Fernrohrs ergibt sich aus dem Verhältnis von Objektivbrennweite zur Okularbrennweite.

6.21.2 Holländisches Fernrohr[2])

Im Holländischen Fernrohr besteht das Objektiv ebenfalls aus einer Sammellinse; das Bild, das sie erzeugt, kommt aber nicht als reelles Zwischenbild zustande, da eine Zerstreuungslinse als Okular vorgeschaltet ist. Der Brennpunkt F des Okulars und der Brennpunkt F' des Objektives fallen zusammen, so daß der Betrachter in der Ferne ein vergrößertes, aber aufrechtes und virtuelles Bild zu sehen bekommt. Der Vorteil dieser Bauart ist die kurze Baulänge, ein Nachteil u. a. das enge Gesichtsfeld.

[1]) nach Johannes Kepler, dt. Astronom (1571—1630) auch „Keplersches Fernrohr"
[2]) in Holland um 1600 erfunden; in die Wissenschaft eingeführt von Galilei, daher auch Galileisches Fernrohr

Andere Fernrohrtypen sind u. a. die Prismenfernrohre (Bildumkehrung bei einem Astronomischen Fernrohr durch Spiegelprismen).

Zielfernrohr (terrestrisches Fernrohr): Bildumkehrung durch eine Zwischenlinse.

Spiegelteleskop: Astronomisches Fernrohr, dessen Objektiv anstelle einer Sammellinse ein Hohlspiegel ist.

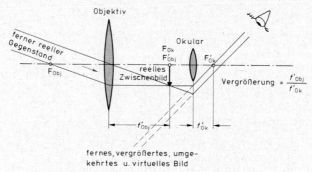

Abbildungsstrahlengang im Astronomischen Fernrohr

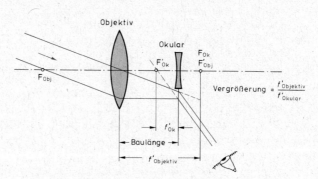

Abbildungsstrahlengang im Holländischen Fernrohr

Aufgabengruppe Optik 3: Übungen zu 6.12...6.19

Abbildung durch Linsen, Fotoapparat und Bildwerfer

1. Eine Glühlampe mit einer 4 cm langen Wendel befindet sich 80 cm vor einer Sammellinse mit der Brennweite von $f' = 35$ cm. — Wo entsteht das Bild? Wie groß wird es? Wie groß ist der Abbildungsmaßstab?

2. Wie groß müssen Bildweite und Gegenstandsweite sein, wenn ein 6 cm großer Gegenstand mit einer Sammellinse von der Brennweite $f' = 13,5$ cm (3,5 cm) auf 120 cm vergrößert werden soll?

3. Man untersuche mit Hilfe der Strahlensätze, inwiefern die Linsengleichungen auch für die virtuellen Bilder von Sammellinsen und von Zerstreuungslinsen gelten. (Man vergleiche hierzu die Beweisführung für die entsprechenden Aufgaben bei gekrümmten Spiegeln.)

4. Wie groß muß die Gegenstandsweite eines 75 cm (45 cm) großen Gegenstandes sein, wenn durch eine Sammellinse mit $f' = 30$ cm ein 6 cm großes Bild entstehen soll?

5. Wie groß muß die Bildweite eines Gegenstandes sein, wenn er mit einer Sammellinse der Brennweite $f' = 7,5$ cm auf das 4fache vergrößert werden soll?

Lösung rechnerisch und zeichnerisch. (Bei der Zeichnung nehme man eine geeignete Gegenstandsgröße an.) — Man stelle eine Formel für die Bildweite auf, wenn die Vergrößerung n-fach sein soll.

6. Gegeben sind eine Sammellinse der Brennweite $f' = 30$ mm sowie ein Gegenstand der Größe $y = 20$ mm.

Man konstruiere die Bilder für folgende Gegenstandsweiten: 75 mm; 60 mm; 45 mm und 15 mm. Man kontrolliere die Ergebnisse durch die Rechnung.

7. Mit einem Fotoapparat der Objektivbrennweite $f' = 13,5$ cm soll ein Gegenstand aufgenommen werden, der 40 m (20 m; 4 m) entfernt ist. Wie groß muß der Abstand Objektiv—Filmebene jeweils sein, wenn man ein scharfes Bild bekommen will? (Die Schärfentiefe bleibt außer Betracht.)

8. Ein Plattenapparat ($f' = 15$ cm) und eine Kleinbildkamera ($f' = 5$ cm) nehmen beide einen 4 m entfernten Gegenstand auf. Wie groß muß dann die Bildweite sein (Bildweite = Abstand Linse—lichtempfindliche Schicht)? Welcher Wert der Bildweite ist einzustellen, wenn sich der Gegenstand in einer Entfernung von 3 m befindet? Was folgt aus dem Ergebnis für die Schärfentiefe kurzbrennweitiger Objektive?

9. Ein Diapositiv vom Format 24 mm × 36 mm befindet sich in einem Abstand von 9,2 cm von der Projektionslinse (Brennweite $f' = 9$ cm). Wie weit muß dann der Schirm vom Objektiv entfernt sein? Welche Abmessungen hat das Bild?

10. Es steht ein Bildwerfer mit der Objektivbrennweite von $f' = 12$ cm zur Verfügung. Welche Bildgröße ist dann bei einem höchstmöglichen Schirmabstand von 6 m vorhanden, wenn das Diapositiv die Abmessungen 24 mm × 24 mm aufweist? Wie groß wird der Abstand vom Dia zum Objektiv?

11. Für die Projektion größerer Formate wird ein Bildwerfer der Objektivbrennweite $f' = 33$ cm benutzt. Wie groß muß der Abstand Linse—Diapositiv gemacht werden, wenn bei einem Schirmabstand von 6 m gearbeitet werden soll? Welchen Abbildungsmaßstab erhält man?

12. Welche Bildgröße kann man bei einem Dia des Formats 7,5 cm × 7,5 cm bekommen, wenn der Abstand Objektiv—Dia 34,5 cm und die Brennweite 33 cm betragen? Welcher Schirmabstand ist erforderlich?

13. Bei einem 16-mm-Schmalfilmgerät beträgt die Brennweite des Objektivs 65 mm. Der Projektionsabstand sei 12,50 m. Wie groß muß der Abstand Linse—Filmebene gewählt werden? Welche Seitenlängen hat das Bild, wenn die Abmessungen auf dem Film 7,21 mm (Breite) und 9,65 mm (Höhe) betragen?

14. Bei einem 16-mm-Schmalfilm soll in 8 m Entfernung ein 1,80 m breites Bild erzielt werden. Welche Brennweite ist zu wählen (Breite des Filmbildes 9,65 mm)?

15. Das Filmbild eines 8-mm-Schmalfilmes hat ein Format von 3,28 mm (Breite) und 4,37 mm (Höhe). Welche Bildgröße kann man bekommen, wenn der Projektionsabstand 7 m und die Objektivbrennweite 25 mm betragen sollen? Um wieviel mm ist der Abstand Filmebene—Objektiv zu ändern, wenn ein Objektiv mit der Brennweite von 20 mm (17 mm) benutzt wird? Welche Bildgröße erhält man dann?

16. Man stelle eine Formel auf, mit deren Hilfe man aus Filmbildbreite, gewünschter Schirmbildbreite und Abstand zum Schirm in jedem Einzelfall sofort die benötigte Brennweite ausrechnen kann.

7. Elektrizitätslehre

7.1 Magnetismus

7.1.1 Magnetische Stoffe

Ein Körper, der Eisenteile anzieht und festhält, heißt Magnet.

Herkunft des Namens: In der Landschaft Magnesia (Thessalien, Griechenland) wurde schon im Altertum ein Eisenerz (Magneteisenstein Fe_3O_4) mit magnetischen Eigenschaften (natürlicher Magnetismus) gefunden.

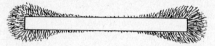

1. *Versuch:* Ein Stabmagnet wird auf Eisenfeilspäne oder lose verteilte Nägel gelegt und hochgehoben. — *Ergebnis:* Die Anziehungskraft ist an den Stabenden am größten.

Die Stellen der größten magnetischen Kraftwirkung heißen Pole. Jeder Magnet besitzt zwei Pole. Die beiden Pole desselben Magneten verursachen immer gleich große Kräfte.

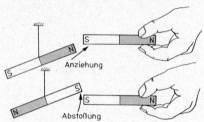

Anziehung

Abstoßung

2. *Versuch:* Dem einen Ende eines an einem Faden aufgehängten Stabmagneten nähern wir das linke Ende eines zweiten Stabmagneten. Es erfolgt Abstoßung. Nähern wir dagegen das rechte Ende, so erfolgt Anziehung.

Erkenntnis

Es gibt zwei verschiedene Arten von Magnetpolen.

Eine frei bewegliche Magnetnadel (z. B. auf Spitze gelagert) stellt sich stets in die Nord-Süd-Richtung ein. — *Ursache:* Die Erde stellt selbst einen riesigen Magneten dar (vgl. Abschn. 7.1.6).

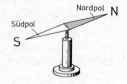

Südpol
S

Nordpol N

> *Willkürliche Festlegung*
>
> **Der nach Norden weisende Pol einer Magnetnadel heißt Nordpol (N), der andere Südpol (S).**

Versuchsergebnis

Gleichnamige Pole (N und N bzw. S und S) stoßen einander ab. Ungleichnamige Pole (N und S) ziehen einander an.

Die Eigenschaft des Magnetismus — genauer Ferromagnetismus[1]) genannt — tritt außer bei Eisen mehr oder weniger stark auch bei Nickel, Kobalt und Legierungen aus Kupfer, Mangan und Aluminium (Heuslersche Legierungen, entdeckt 1903) auf.

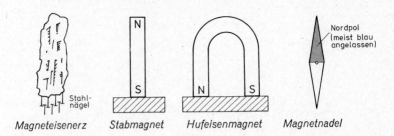

Verschiedene Magnetformen

Magneteisenerz   Stabmagnet   Hufeisenmagnet   Magnetnadel

7.1.2 Das magnetische Feld

Bringen wir in die Nähe eines Magneten einen magnetischen Probekörper, z. B. eine Kompaß-nadel, so stellt sich dieser in der Richtung des Feldes ein. Verfolgt man diese Richtung mit dem Probekörper, so bewegt man sich auf einer diese Kraftwirkung des Feldes anzeigenden Linie, einer **Feldlinie** oder **Kraftlinie**.

Die ,,Anzahl'' der Feldlinien hängt also davon ab, wie oft man einen Probekörper im Feld neu angesetzt hat.

Die **Feldlinien** sind ein Mittel zur Beschreibung des magnetischen Zustandes im Raum; sie sind eine physikalische Modellvorstellung, ein ,,Modell'' des magnetischen Feldes.

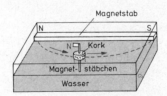

Versuch: Ein mit Hilfe eines Korkens schwimmendes Magnetstäbchen bewegt sich längs einer Feldlinie. Der Südpol befindet sich so tief im Wasser, daß die bei diesem auftretende entgegen-gesetzte Kraftwirkung wegen der größeren Entfernung wesentlich kleiner ist.

Eine beweglich gelagerte Magnetnadel stellt sich stets in Richtung der magnetischen Feldlinien ein (genauer gesagt, in Richtung der Tangenten der Feldlinien).

Willkürliche Festlegung
Die magnetischen Feldlinien verlaufen (im Außenraum) stets vom Nordpol zum Südpol.

Damit zeigt der Nordpol einer Magnetnadel stets in Richtung der Feldlinien. Daraus folgt:

Nordpol = Quellpunkt der Feldlinien (Ausgangspunkt)
Südpol = Senke für die Feldlinien (Endpunkt)

---

[1]) von lat. ferrum = Eisen

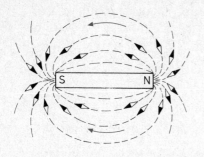

Feldlinienverlauf beim Stabmagneten: Hauptansicht und Seitenansicht (in Stabrichtung auf den Südpol gesehen). Man erkennt: Das Magnetfeld ist räumlich

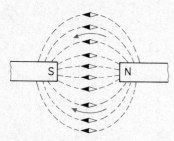
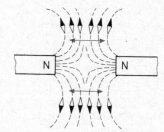

Anziehung zweier ungleichnamiger Pole als Folge einer Zugkraft in Richtung der Feldlinien

Abstoßung zweier gleichnamiger Pole als Folge einer Druckkraft quer zu den Feldlinien

7.1.3 Der magnetische Zustand

Eine durch Streichen an einem Magneten magnetisch gemachte Stricknadel wird mit einer Zange zerteilt. Jedes Bruchstück stellt wieder einen vollständigen Magneten mit zwei Polen dar. Körper mit nur einem Magnetpol gibt es nicht.

Magnetpole treten stets nur paarweise auf.

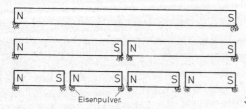

Eisenpulver. *Stricknadelversuch*

Dieser Versuch sowie andere Beobachtungen und Überlegungen von Ampère (vgl. hierzu Abschn. 7.5.5) führten den deutschen Forscher H. Weber (1852) zu der *Annahme:*

> Jeder magnetische Körper besteht aus sehr kleinen Magneten, den Molekularmagneten, die gegeneinander verdrehbar sind.

Es gibt also keine besondere magnetische Substanz.

Bei magnetischen Stoffen sind demnach zwei Zustände zu unterscheiden:

unmagnetischer Zustand
Die Molekularmagnete sind regellos verteilt (alle Richtungen möglich) und heben sich in ihrer Wirkung gegenseitig auf.

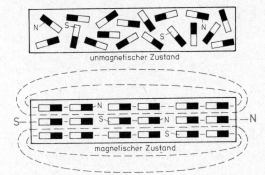

unmagnetischer Zustand

magnetischer Zustand
Die Molekularmagnete sind ausgerichtet. Geordneter Zustand: Alle N-Pole zeigen in dieselbe Richtung. Der Stoff ist magnetisiert.

magnetischer Zustand

Damit ist das *Magnetischwerden* eines Körpers durch Einwirkung eines Magnetfeldes, das alle Molekularmagnete in eine Richtung zwingt, zu erklären.

Die Ausrichtung der Molekularmagnete ist je nach Art des zu magnetisierenden Werkstoffes und nach Stärke des gegebenen Magneten durch Berühren oder Bestreichen (evtl. mehrmals mit dem gleichen Pol in derselben Richtung) zu erreichen. Schon durch bloße Annäherung eines magnetischen Nordpols wird das dem Magneten zugewandte Ende eines Eisenstückes zum Südpol. Es erfolgt Anziehung (magnetische Influenz[1]).

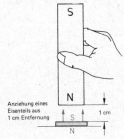

Anziehung eines Eisenteils aus 1 cm Entfernung

Künstliche Magnete werden dadurch hergestellt, daß man den Magnetwerkstoff kurzzeitig der Einwirkung eines starken Magnetfeldes aussetzt.

Der Magnetismus wird durch Erschütterung und Erhitzung zerstört. Die Molekularmagnete verteilen sich wieder regellos. (Durch Ausglühen wird eine magnetische Stricknadel wieder unmagnetisch.)

Ein magnetischer Körper braucht nicht unbedingt ein Magnet zu sein, der zwei ausgeprägte Pole hat. Es muß jedoch möglich sein, die Eigenschaft des Magnetismus in ihm zu wecken und einen Körper aus magnetischem Werkstoff, z. B. unter Einwirkung eines Magnetfeldes, wenigstens vorübergehend zu einem Magneten zu machen. Eisen ist also — auch im unmagnetischen Zustand — ein magnetischer Werkstoff. Kupfer ist ein unmagnetischer Werkstoff. Unmißverständlich dagegen wäre das Wort magnetisierbar (Eisen ist magnetisierbar, Kupfer dagegen nicht).

7.1.4 Sichtbarmachung des Feldes durch Eisenfeilspäne

Auf einem Papierbogen ausgebreitete Eisenfeilspäne ordnen sich bei Vorhandensein eines Magnetfeldes durch leichtes Klopfen in Richtung der Feldlinien an.

In den Polgebieten, wo die Kraftwirkung am stärksten ist, finden sich die meisten Feldlinien. Die Dichte der Feldlinien ist also ein Maß für die Stärke des Magnetfeldes. Ungleichnamige Pole sind stets durch Feldlinien miteinander verbunden, gleichnamige dagegen nie.

Beziehen wir den Innenraum des Magneten mit ein, so sind die magnetischen Feldlinien stets in sich geschlossen.

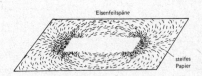

Eisenfeilspäne

steifes Papier

---
[1] von franz. influence = Einwirkung, Einfluß

7.1.5 „Weiche" und „harte" magnetische Werkstoffe

Eine Stricknadel aus Stahl bleibt magnetisch, wenn sie einmal in ein genügend starkes Feld gebracht worden ist und nicht gewaltsam entmagnetisiert wurde. — Stahl ist also ein dauermagnetischer Werkstoff, man nennt ihn „magnetisch hart".

Dauermagnete bestehen aus kohlenstoffhaltigem Stahl, oft mit Zusätzen aus Chrom, Kobalt, Nickel, Wolfram u. a. Manche Dauermagnetwerkstoffe bestehen sogar aus eisenfreien Legierungen und Sintermaterialien.

Ein ausgeglühter Nagel verliert dagegen seinen Magnetismus, sobald er aus dem magnetisierenden Feld entfernt ist; man nennt ihn „weichmagnetisch". Weichmagnetische Werkstoffe wie z. B. siliziumlegiertes Eisen werden für Elektromagnete, Elektromotoren usw. verwendet.

Die magnetischen Eigenschaften dieser sogenannten ferromagnetischen Materialien sind an den festen, kristallinen Zustand gebunden.

7.1.6 Das Magnetfeld der Erde

Die Erde ist — wie manche anderen Himmelskörper — von einem Magnetfeld umgeben, das weit in den Weltraum hinaus reicht. Seine Ursachen sind wenig bekannt.

Da die Lage des magnetischen Südpols der Erde (definitionsgemäß auf der Nordhalbkugel) nicht mit der des geographischen Nordpols übereinstimmt, ergibt sich für die Richtung der Kompaßnadel im allgemeinen eine Abweichung von der Meridianrichtung, die Deklination = Mißweisung. Sie beträgt in Mitteleuropa wenige Grade in westlicher Richtung und ändert sich zudem im Laufe der Zeit. An anderen Orten auf der Erde kann dagegen ein Kompaß in völlig andere Richtungen als in die Nordrichtung zeigen. Karten für die Navigation (Seefahrt, Luftfahrt) enthalten daher Angaben über die Deklination.

Überlegung: An welchen Orten der Erde zeigt ein Kompaß nach Süden?

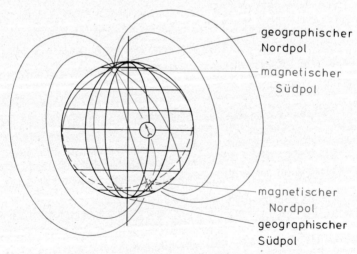

geographischer
Nordpol

magnetischer
Südpol

magnetischer
Nordpol

geographischer
Südpol

Das Magnetfeld der Erde

7.2 Die elektrische Ladung

Zwei mit einem Stück Tierfell oder einem seidenen Tuch geriebene Hartgummistäbe werden einander genähert. Wir beobachten eine Abstoßung.

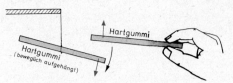

Abstoßung gleichartiger Ladungen

Einen mit einem Wollappen geriebenen Glasstab bringen wir in die Nähe eines geriebenen Hartgummistabes. Es erfolgt eine Anziehung.

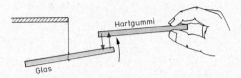

Anziehung ungleichartiger Elektrizitäten

Ursache der aufgetretenen Kraftwirkungen ist die Elektrizität, die offenbar durch Reibung entstanden ist. Dabei handelt es sich — was ausdrücklich betont sei — um eine völlig andere Erscheinung als den bereits besprochenen Magnetismus. — Da sowohl anziehende als auch abstoßende Kräfte auftreten, muß es zwei verschiedene Arten Elektrizität geben.

> *Willkürliche Festlegung*
> **Geriebenes Glas ist „positiv elektrisch". Alle Stoffe, die, elektrisch aufgeladen, von geriebenem Glas angezogen werden, sind „negativ elektrisch".**

Aus den beiden Versuchen folgt:

> **Gleichartig elektrisch geladene Körper (positiv und positiv oder negativ und negativ) stoßen sich gegenseitig ab. Ungleichartig elektrisch geladene Körper (positiv und negativ) ziehen sich gegenseitig an.**

Wir berühren mit einem Holundermarkkügelchen einen geriebenen Hartgummistab, mit einem zweiten Kügelchen das Reibzeug. Bringen wir nun die beiden Kügelchen auf geringen Abstand, so ziehen sie sich gegenseitig an.

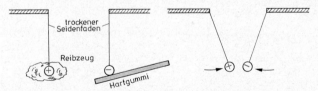

Hieraus folgt zweierlei: 1) Geriebener Körper und Reibzeug sind entgegengesetzt geladen; 2) ein ungeladener Körper kann durch Berühren mit einem geladenen ebenfalls elektrisch werden. Als Ursache der Elektrizität sehen wir elektrische Ladungen an.

> *Begriffsfestlegung*
> **Elektrizitätsmengen = elektrische Ladungen**
> **Elektrische Ladungen können von einem geladenen auf einen ungeladenen Körper durch bloßes Berühren übergehen.**

7.3 Grundbegriffe der Atomphysik

Auf die Atomphysik wird ausführlicher in Abschnitt 8. eingegangen.

Alle Stoffe bestehen aus kleinsten Teilchen, den Atomen[1]).

Schon um 400 v. Chr. vermutete der griechische Philosoph Demokrit den Aufbau aller Stoffe aus kleinsten Teilchen, die er für unteilbar hielt und daher Atome nannte. Zwei Jahrtausende blieben die Überlegungen des Demokrit unbeachtet, bis die Atomlehre von dem englischen Gelehrten John Dalton (1766—1844) wieder aufgegriffen wurde.

Es gibt jedoch nicht nur kleinste Stoffteilchen, sondern auch kleinste elektrische Ladungen. Die kleinste überhaupt mögliche elektrische Ladung heißt Elektron.

> kleinste negative Ladungen = Elektronen = „Atome" der Elektrizität

Um die Mitte des vorigen Jahrhunderts setzten verschiedene Untersuchungen ein, aus denen auf das Vorhandensein von Elektronen geschlossen werden konnte. Allerdings gelang es erst nach der Jahrhundertwende, die Ladung des Elektrons zu bestimmen.

Heute wissen wir mit Sicherheit, daß auch die Atome wieder aus verschiedenen, noch kleineren Teilchen zusammengesetzt sind. Alle Atome bestehen aus dem Atomkern und der Atomhülle.

> Atom = Kern + Hülle

> Der Atomkern ist stets positiv geladen.

Der Kern enthält eine Anzahl positiv geladener Teilchen, die als Protonen bezeichnet werden.

> Die Atomhülle wird von Elektronen gebildet, die sich um den Kern herumbewegen.

Somit sind zu unterscheiden:

> Protonen = positiv geladene Teilchen (Kernbausteine)
> Elektronen = negativ geladene Teilchen (Bausteine der Elektronenhülle)

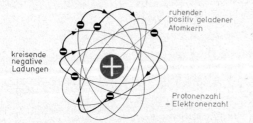

ruhender positiv geladener Atomkern

kreisende negative Ladungen

Protonenzahl = Elektronenzahl

Die Ladungen von Elektron und Proton sind gleich groß, aber von entgegengesetztem Vorzeichen. Die Masse eines Protons ist rund 2000mal größer als die Masse eines Elektrons.

Normalerweise verhält sich ein Atom elektrisch neutral[2]), d. h. es zeigt weder positive, noch negative Ladung.

Modell eines Atoms aus Kern und kreisenden Elektronen am Beispiel des Kohlenstoffatoms

> Bei jedem neutralen Atom heben sich die gesamte positive Ladung des Kerns und die gesamte negative Ladung der kreisenden Elektronen gegenseitig auf.

---

[1]) von griech. atomos = unteilbar, vgl. auch Abschn. 0.9, S. 8ff.
[2]) von lat. neutrum = keines von beiden

Es muß also gelten:

Protonenzahl im Kern = Elektronenzahl in der Hülle

Ist die Anzahl der Elektronen größer oder kleiner, so überwiegt die negative bzw. positive Ladung. Es entstehen elektrisch geladene Atome, die als Ionen bezeichnet werden (vgl. Abschn. 7.9.2).

Die Überlegungen für das Zustandekommen eines neutralen Atoms gelten sinngemäß auch für einen Körper, der aus sehr vielen Atomen aufgebaut ist.

Ein elektrisch neutraler Körper muß gleich viel positive und negative Ladungen haben.

Überwiegen die *negativen/positiven* Ladungen, so ist der Körper *negativ/positiv* elektrisch geladen.

In die Abbildung wurden zur Vereinfachung nur einige wenige Ladungen eingezeichnet. (Bildtext!)

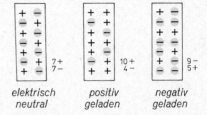

elektrisch   positiv   negativ
neutral   geladen   geladen

Beim Reiben eines Hartgummistabes entsteht „Reibungselektrizität". Zur Erklärung dieses Vorganges gibt es zwei Möglichkeiten: 1) Positive Elektrizität ist vom Stab auf das Reibzeug übergegangen. 2) Negative Elektrizität ist vom Reibzeug auf den Stab übergegangen. Das Endergebnis ist in beiden Fällen das gleiche. Über lange Zeit hinweg konnte man nicht entscheiden, welcher Fall der Wirklichkeit entspricht. Heute wissen wir:

In festen Körpern sind nur die negativen Ladungen, d. h. die Elektronen, beweglich. Die positiven Ladungen, die in den Atomkernen sitzen, sind fest mit der Materie verankert.

Die negative Elektrizität ist von der Materie verhältnismäßig leicht abtrennbar und kann von der Stelle gehen. Die positive Elektrizität hingegen ist wesentlicher Bestandteil der Atomkerne und nicht in der Lage, ihren „festen Platz" zu verlassen.

7.4 Grundtatsachen der Elektrostatik

Die Lehre von der ruhenden Elektrizität wird als Elektrostatik bezeichnet. Die Vorstellungen über den Atombau erlauben, in einfacher Weise verschiedene Versuche der Elektrostatik zu erklären.

7.4.1 Ladungsnachweis

Die Eigenschaft der gegenseitigen Abstoßung gleichnamiger Ladungen wird beim Blättchenelektroskop[1]) zum Nachweis der Ladung ausgenutzt.

Streift man mit dem geriebenen Hartgummistab über das kugelförmig ausgebildete Ende des Metallstabes M, so erfährt das drehbar befestigte Al-Blättchen eine Abstoßung, die bei größerer Ladung zunimmt.

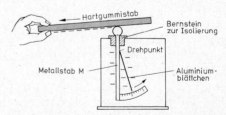

Aufladung eines Blättchenelektroskops

---

[1]) von griech. skopein = sehen; durch dieses Gerät wird die sonst nicht unmittelbar wahrnehmbare Ladung sichtbar

7.4.2 Reibungselektrizität

Elektrische Ladungen können grundsätzlich nie neu erzeugt werden. Die Elektrizitätsmengen verschiedenen Vorzeichens sind immer schon vorher vorhanden. Damit sie sich aber bemerkbar machen können, müssen sie voneinander getrennt werden.

Es gibt keine Ladungserzeugung, sondern nur eine Ladungstrennung.

Durch die Reibung findet eine innige Berührung von Hartgummistab und Fell statt. Da die beweglichen Elektronen nicht von allen Körpern gleich stark festgehalten werden, treten an Berührungsstellen einige vom Fell auf den Stab über. Nachher sind auf dem Stab mehr Elektronen als zuvor, auf dem Fell weniger. Der Hartgummistab wird daher negativ elektrisch (Elektronenüberschuß), das Fell wird positiv elektrisch (Elektronenmangel). Reibzeug und geriebener Stab sind stets entgegengesetzt und gleich stark aufgeladen.

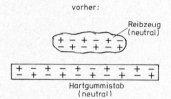
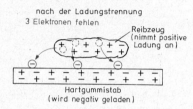

Für die Reibungselektrizität geeignete Körper

geriebener Körper	Ladung	Reibzeug	Ladung
Glas	+	Wollappen	—
Siegellack	—	Katzenfell oder seidener Lappen	+
Hartgummi	—	Katzenfell oder seidener Lappen	+
Schwefel	—	Fell oder Tuch	+
Bernstein	—	Lappen aus Seide	+

7.4.3 Leiter und Nichtleiter

Zwei ungleichnamig geladene Elektroskope (mit gleich großen Ausschlägen) werden miteinander verbunden. — Besteht die Verbindung aus Hartgummi, Paraffin, Holz oder Bernstein, so geschieht nichts. — Bei Herstellung einer metallischen Verbindung werden beide Elektroskope vollständig entladen (Ausschlag Null).

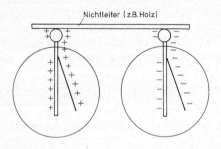
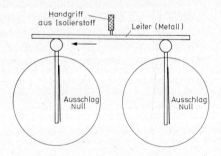

Hieraus folgt:

1) Zum Ausgleich ist elektrische Ladung über die metallische Verbindung geflossen. Es gibt Stoffe, die die Elektrizität fortzuleiten vermögen (Leiter), und solche, auf denen eine Fortbewegung elektrischer Ladungen nicht erfolgen kann (Nichtleiter oder Isolatoren¹).

2)
Positive und negative Ladungen heben sich in ihrer Wirkung gegenseitig auf.

7.4.4 Aufladung

Zur Aufladung eines Elektroskops muß mit der Hartgummistange über den Elektrometerkopf gestrichen werden. Eine Berührung allein ergibt keinen vollen Ausschlag. Da Hartgummi ein Nichtleiter ist, können nur die Elektronen auf das Elektroskop übertreten, die bei der unmittelbaren Berührung „abgestreift" werden.

Auch positive Aufladung mittels eines Glasstabes ist die Folge einer Elektronenbewegung. Elektronen gehen vom Metall des Elektroskops auf die Glasstange über, die einen Elektronenmangel aufweist. Da dem Metall nun Elektronen fehlen, überwiegen die positiven Ladungen, und das Elektroskop zeigt eine positive Aufladung.

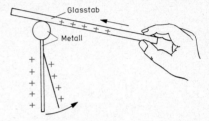

7.4.5 Bestimmung der Ladungsart

Vergrößert (verkleinert) sich der Ausschlag, wenn man mit einem geriebenen Hartgummistab (—) über den Kopf eines geladenen Elektroskops streicht, so ist dieses negativ (positiv) geladen.

Begründung: Nur ungleichnamige Ladungen können sich gegenseitig aufheben.

7.4.6 Elektrische Influenz

Nähert man einem Holundermarkkügelchen einen geriebenen Hartgummistab, so findet zunächst eine Anziehung und nach der Berührung eine Abstoßung statt.

Das Probekügelchen wird zur Erzielung einer leitenden Oberfläche mit einer dünnen Metallfolie überzogen.

Zunächst erfolgt bei Annäherung des Hartgummistabes auf der Oberfläche des ursprünglich neutralen Kügelchens eine Ladungsverschiebung. Die beweglichen Elektronen werden abgestoßen. Dadurch erhält der dem Stab zugewandte Teil des Kügelchens infolge Elektronenmangels eine positive Ladung.

Anziehung

Hartgummi

Holundermark

vor der Berührung

Abstoßung

nach der Berührung

---
¹) von lat. isolare = allein stehen

Man bezeichnet diese Art der Ladungstrennung als Influenz. (Diese ist auch der Grund, warum ein Elektroskop schon bei Annäherung eines geladenen Stabes einen Ausschlag zeigt, nicht erst bei der Berührung.)

Influenz = Trennung der Ladungen auf einem zunächst nicht geladenen Körper in der Nähe von elektrischen Ladungen

---

Da die positiven Ladungen auf der Kugel dem Hartgummistab näher liegen als die negativen, überwiegt die Wirkung der ungleichnamigen Ladung, und es erfolgt eine Anziehung.

Bei der Berührung erfolgt ein Ausgleich von positiver und negativer Ladung. Durch Elektronen-übergang vom Stab auf das Kügelchen werden dort die positiven Ladungen neutralisiert. Das Kügelchen weist nun nur noch negative Ladungen auf und wird daher vom ebenfalls negativen Hartgummistab abgestoßen.

Die Masse der bei elektrostatischen Versuchen umgesetzten Ladungen ist so klein, daß sie die Versuche nicht beeinflußt.

7.4.7 Historisches

Die Eigenschaft geriebener Körper, andere leichte Körper anzuziehen, ist seit langem bekannt. Schon im Altertum machte Thales von Milet (um 600 v. Chr.) in Griechenland die Beobachtung, daß geriebener Bernstein leichte Körper anzieht. Das griechische Wort für Bernstein ist „elektron". Hieraus leitet sich der Begriff der Elektrizität ab. Der Leibarzt der Königin Elisabeth I. von England, Gilbert (1540—1603), stellte fest, daß noch zahlreiche andere Stoffe die Eigenschaft des Bernsteins besitzen. Er benutzte als erster das Wort „elektrisch". Otto von Guericke (1602—1686) beobachtete, daß eine geriebene Schwefelkugel eine anfänglich angezogene Flaumfeder nach der Berührung abstößt. Er gilt als der Entdecker der elektrischen Abstoßung (1672).

Es bedurfte einer sehr langen Zeit, bis diese Erscheinungen immer weitgehender gedeutet und schließlich ganz geklärt werden konnten (18. bis 20. Jahrhundert).

7.4.8 Ladungsverteilung und Erdung

Verbinden wir ein geladenes und ein ungeladenes Elektroskop leitend miteinander, so zeigen beide Metallblättchen denselben Ausschlag. Die Ladung hat sich verteilt.

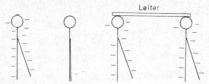

Die elektrischen Ladungen verteilen sich auf leitend miteinander verbundenen Körpern; dabei stoßen sie sich gegenseitig ab.

Sonderfall: Wird ein geladenes Elektroskop mit dem Finger berührt, so geht der Ausschlag sofort zurück. Über unseren Körper erfolgt ein Ladungsausgleich zwischen Elektroskop und Erde.

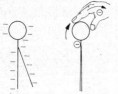

Allerdings darf man dabei nicht auf einer isolierten Unterlage stehen, da sonst die leitende Verbindung zur Erde unterbrochen wird. Um eine Entladung zur Erde zu vermeiden, mußten bei den obigen Versuchen wiederholt Isolierstoffe verwendet werden.

Erdung eines Elektroskops

7.4.9 Das elektrische Feld

Im Raume außerhalb des geladenen Hartgummistabes tritt eine Kraftwirkung auf, und zwar schon *vor* der Berührung der Probekugel (vgl. Versuch mit Holundermarkkugel). Ursache dieser Kräfte sind elektrische Ladungen.

Elektrische Ladungen üben durch den Raum Kräfte aufeinander aus.

---

elektrisches Feld = räumliches Kraftfeld zwischen elektrischen Ladungen bzw. geladenen Körpern

---

Das sich zwischen einer positiven und einer negativen Ladung ausbildende elektrische Kraftfeld entspricht dem magnetischen Feld zwischen Nord- und Südpol. Auch hier gibt in jedem Punkt die Tangente an die Feldlinie die jeweilige Kraftrichtung an.

Die Größe und Richtung einer Kraft auf eine Ladung im elektrischen Feld setzten sich stets nach dem Kräfteparallelogramm zusammen. Ist die betrachtete Ladung positiv, so wird sie mit der Kraft F_1 vom Pluspol abgestoßen und mit der Kraft F_2 vom Minuspol angezogen. Die Resultierende ist Tangente an die Feldlinie.

Ein elektrisches Feld läßt sich zwischen geladenen Körpern mit beliebigem Ladungsvorzeichen aufbauen. Der Nachweis der dem magnetischen Feld entsprechenden elektrischen Feldlinien geschieht z. B. durch Aufstreuen von Kunststoff-Fasern auf ein trockenes Papierblatt, auf dem geladene Metallstücke liegen. Die Fasern werden durch Influenz selbst elektrisch geladen und ordnen sich entlang den elektrischen Feldlinien an.

Beim Vergleich der elektrischen mit den magnetischen Feldlinienbildern fällt auf, daß die elektrischen Feldlinien immer von einem Punkt mit der Ladung eines Vorzeichens zu einem Punkt entgegengesetzten Ladungsvorzeichens gehen, während magnetische Feldlinien in sich geschlossen sind — es gibt keine magnetischen Ladungen.

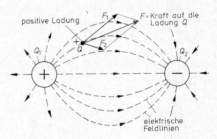

7.5 Das Wesen des elektrischen Stromes

7.5.1 Der elektrische Strom

Verbindet man verschieden stark elektrisch geladene oder mit Ladungen verschiedenen Vorzeichens versehene Metallstücke mit einem Draht, so findet ein Ladungsausgleich statt: Er ist z. B. als Blitz (Funken) zu sehen oder auch über das Aufleuchten einer „Glimmlampe".

Das gleiche Aufleuchten ist auch nach dem Anschluß an ein elektrisches Leitungsnetz (Steckdose) zu sehen. (Vorsicht!)

Der Versuch zeigt, daß es sich bei dem bisher betrachteten elektrostatischen Ladungsausgleich um den gleichen Vorgang wie bei dem an das elektrische Leitungsnetz angeschlossenen „Verbraucher" handelt.

Zum ersten Verständnis des Ladungsausgleichsvorgangs, den wir elektrischen Strom nennen, bedienen wir uns wiederum eines „Modells":

7.5.2 Das Wasserleitungsmodell des elektrischen Stromes

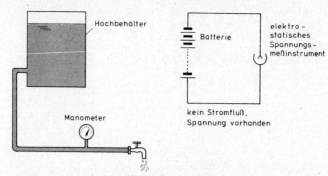

Wasserleitungsmodell

Das Wasser fließt über eine Leitung bestimmter Länge und von bestimmtem Querschnitt zum Verbraucher, dem Wasserhahn. Vor dem geschlossenen Hahn können wir einen Wasserdruck feststellen; die Ursache des Herausfließens ist der Wasserdruck. Die Stärke des Wasserstrahls ergibt sich aus der Menge Wasser, die herausfließt, geteilt durch die Zeit, in der das Wasser fließt.

In diesem Bild = Modell vertritt das Wasser die Stelle der elektrischen Ladung.

Auch der Begriff der Stromstärke läßt sich aus dem Bild übertragen als die Ladungsmenge, geteilt durch die Zeit des Fließens. Das Fließen der Ladung im Draht muß wie das Fließen des Wassers im Rohr eine Ursache haben; wir geben dieser Ursache zunächst einen Namen: elektrische Spannung.

Länge und Querschnitt (sogar die Rauhigkeit) der Wasserleitung beeinflussen die Wasserstromstärke; Länge, Querschnitt und „Güte der Leitung" beeinflussen die elektrische Stromstärke[1].

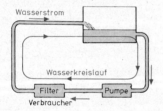
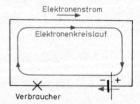

Dieses mechanische Bild unterscheidet sich allerdings noch vom elektrischen Stromkreis: Die Wasserleitung ist nicht geschlossen.

Wollen wir eine begrenzte Wassermenge immer wieder durch dieselbe Stelle in der Leitung transportieren, so benötigen wir eine Pumpe in einer geschlossenen Leitung. Im elektrischen Stromkreis ist dies die „Spannungsquelle" oder der „Generator".

Dieses Modell soll wohlgemerkt nicht begründen oder gar erklären, sondern es soll nur die Begriffe etwas verständlicher machen[2].

---

[1] s. Abschn. 7.5.5
[2] s. Abschn. 7.5.5

Versuche sollen uns mehr über das Wesen und über die Wirkungen des elektrischen Stromes zeigen:

1) Wir schalten eine technische Spannungsquelle (,,Batterie") mit zwei Drähten und einem Verbraucher (Lämpchen) zu einem ,,Stromkreis" zusammen. Der dünne Draht in der Lampe glüht auf. Der elektrische Strom **erwärmt** einen genügend dünnen Draht: **Wärmewirkung.**

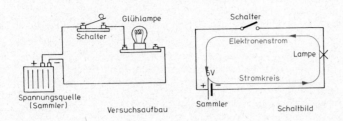

2) Wir wickeln einen etwa 1 Meter langen, isolierten Draht in vielen Windungen um einen dicken und langen Nagel; die beiden Drahtenden verbinden wir wieder mit der Quelle: Der vom elektrischen Strom umflossene Nagel wird magnetisch, er hält einige kleine Nägel fest: **magnetische Wirkung.**

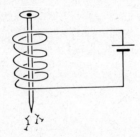

3) Die Quelle verbinden wir mit zwei Kohlestäben, die wir in eine Kupfersulfatlösung tauchen; nach kurzer Zeit scheidet der Strom metallisches Kupfer an dem einen Kohlestab ab: **chemische Wirkung.**

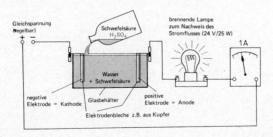

(Die chemische Wirkung spüren wir auch, wenn wir die beiden Metallkontakte der Batterie an die Zunge halten).

7.5.3 Was fließt beim elektrischen Strom?

Aus der chemischen Stromwirkung können wir entnehmen, daß in Flüssigkeiten mindestens unter anderm wägbare chemische Stoffe, hier Kupfer, transportiert werden; in den anderen beiden Fällen aber, bei denen die elektrische Entladung über Metalle erfolgt, ist zwischen elektrisch geladenen und ungeladenen Stoffen auf der Waage kein Unterschied festzustellen. Aus hier nicht erörterten Versuchen ist erwiesen, daß die elektrische Leitung in Metallen durch frei bewegliche kleinste Ladungsteilchen, durch **Elektronen**, erfolgt. Ihre Masse ist winzig klein gegenüber der Masse eines einzelnen Atoms. Im allgemeinen bewegen sich die Elektronen in starken elektrischen Feldern um die Atomkerne, nur die jeweils äußersten schwach geladenen Elektronen der Metalle sind frei beweglich und stellen die Ursache für die große elektrische Leitfähigkeit dar.

Nach dieser Vorstellung liegen in Metallen keine neutralen Atome mehr, sondern positiv geladene Atome (= Ionen) vor. Die freien Elektronen bewegen sich, ähnlich den Molekülen eines Gases, im Raum zwischen Metallionen (,,Elektronengas") auf wirren Zickzackwegen. In 1 cm³ eines Metalles ist die Anzahl der freien Elektronen sehr groß — Größenordnung $10^{20}/cm^3$ —; entsprechend ist auch die große elektrische Leitfähigkeit der Metalle zu erklären.

Stoffe, die den elektrischen Strom nicht leiten, heißen **Isolatoren**. Auch sie enthalten elektrische Ladungen, die aber nicht frei beweglich sind.

7.5.4 Die physikalische Stromrichtung

Wenn wir davon ausgehen, daß sich in einem Leiter Elektronen als Strom bewegen, dann ergibt sich die Richtung des Stromes von selbst. Allerdings geschah die Festlegung der Stromrichtung in der Technik zu einer Zeit, in der man noch nicht die Existenz der Elektronen bewiesen hatte:

In der Technik ist als Stromrichtung der Lauf von ,,Plus" nach ,,Minus" vereinbart.

In der Technik wird also die Stromrichtung entgegen der Fließbewegung der Elektronen gezählt.

Nichtleiter sind z. B. Kunststoffe, Glas, Porzellan, Öl, Glimmer. In ihnen können elektrische Ladungen nicht transportiert, sondern nur sozusagen elastisch verschoben werden; sie können sich aber auf der Oberfläche von Isolatoren ansammeln (elektrostatische Aufladung). Die Leitung in wäßrigen Lösungen von Säuren, Salzen und Laugen sowie in Salzschmelzen geschieht durch elektrisch geladene Teilchen (= Ionen). Sie bewegen sich durch die Kraftwirkung elektrischer Felder wegen der mit ihnen fest verbundenen Elektronen oder der ihnen mangelnden Elektronen. Diese Stoffe heißen **Elektrolyte**.

Den Übergang zwischen Leitern und Nichtleitern bilden die **Halbleiter**. Ihre Leitfähigkeit hängt von der Art und Dichte der Störstellen ab, die in ihrem kristallinen Aufbau auftreten. Es können sich in ihnen sowohl Elektronen als auch Fehlstellen von Elektronen (,,Löcher") unter der Kraftwirkung angelegter elektrischer Felder bewegen. Ihre Leitfähigkeit ist mit der Temperatur stark veränderlich. (Auch andere äußere Einflüsse ändern die Leitfähigkeit, so daß die Halbleiter wegen dieser Eigenschaften in großem Umfang in der Technik verwendet werden.)

Schließlich gibt es noch die Möglichkeit, daß bei sehr hoher Temperatur in Gasen oder Dämpfen Ionen und freie Elektronen nebeneinander vorkommen und den Ladungsausgleich besorgen können. Man nennt einen solchen ,,Stoff" **Plasma**[1]).

Zusammenfassung:

> **Metallische Leiter** leiten den Strom sehr gut, da sie viele frei bewegliche Elektronen enthalten.

> **Halbleiter** leiten über die Beweglichkeit weniger freier Elektronen bzw. über die Beweglichkeit von Elektronenfehlstellen.

---

[1]) grch., soviel wie undefinierbar Durcheinanderfließendes; Mehrzahl: Plasmen; plasmatische elektrische Leitung

Isolatoren leiten nicht (bzw. sehr schlecht).

Elektrolyte leiten über Ionen = elektrisch geladene Atome bzw. Atomverbände.

Plasmen leiten über Ionen und Elektronen in Gasform.

7.5.5 Stromstärke, Spannung, Arbeit, Leistung und Widerstand in einem Stromkreis

Zur Messung der Stromstärke (Formelzeichen I) muß eine Einheit festgelegt werden.

Die gesetzlich gültige Maßeinheit der Stromstärke ist 1 Ampere, 1 A. Sie ist an die uns bereits bekannten Einheiten der Mechanik angeschlossen über die magnetische Kraftwirkung, die zwei parallele Stromleitungen im Abstand von einem Meter aufeinander ausüben:

> „Zwei hinreichend dünne, von einem Strom der Stärke 1 A durchflossene Leitungen, die unendlich lang sind und im Abstand von 1 m parallel nebeneinander verlaufen, üben aufeinander pro Meter eine Kraft von $2 \cdot 10^{-7}$ Newton aus.''

(Ein Berechnungsverfahren für technische Leiteranordnungen, Schleifen, Spulen usw. steht uns in diesem Buch nicht zur Verfügung; es würde zu kompliziert werden.)

Wir können uns jedoch von der Größe der Stromstärke 1 A eine Vorstellung machen, wenn wir eine bisher gültige Ampere-Definition verwenden:

> „Ein Gleichstrom hat die Stärke 1 A, wenn er in einer Sekunde aus einer wässrigen Silbernitratlösung ($AgNO_3$) 1,118 Milligramm Silber abscheidet.''

Ein geringer, zwischen den beiden Systemen bestehender Unterschied, hat für unsere Betrachtungen keinen Einfluß.

Die Anzahl der einen Leiterquerschnitt in einer Sekunde durchlaufenden Elektronen ergibt sich aus folgender Überlegung: 96 500 Ampere · Sekunden scheiden 107,9 Gramm Silber ab. Diese enthalten $6,02 \cdot 10^{23}$ freie Leitungselektronen. Ein Strom der Stärke 1 Ampere transportiert also in 1 s

$$\frac{6,02 \cdot 10^{23} \text{ Elektronen}}{96\,500 \text{ s}} = 6,2 \cdot 10^{18} \text{ Elektronen/s}$$

Die Geschwindigkeit der den Leiterquerschnitt durchlaufenden Elektronen ist allerdings sehr klein: 96 500 A · s transportieren 107,9 Gramm Silber ab. Der Schwerpunkt dieser Silbermenge läuft bei der Stromstärke 1 A in 1 s den Abscheidungsweg im Elektrolyten, z. B. ca. 1 cm in 96 500 s, also ungefähr in 1 Tag. Dies ergibt $v =$ ca. 10^{-5} cm/s als mittlere Elektronengeschwindigkeit auch in der Leitung.

Meßinstrumente für die Stromstärkemessung nennt man **Amperemeter**. Ihre Wirkung beruht auf der elektromagnetischen Kraftwirkung (s. u.).

Die **elektrische Ladung** (Formelzeichen: Q) könnte man über die vom Strom abgeschiedene Silbermenge messen. Eine solche Meßvorrichtung mit Wägemöglichkeit und Uhr heißt **Coulombmeter** (nach der Einheit für die elektrische Ladung 1 Coulomb[1]) $= 1$ A · 1 s.

Mit Coulombmetern kann man Amperemeter eichen (s. Abschn. 7.10.2).

Wir schalten ein Amperemeter, also einen geeichten Stromstärkemesser in einen Stromkreis ein. Als technische Quelle verwenden wir wieder „Batterien'' (aus Monozellen). Als Verbraucher dient eine bei diesem Versuch nicht aufleuchtende Haushaltsglühlampe.

Ergebnis: mit **einer** Quelle im Stromkreis fließt ein Strom, dessen Stärke wir messen.

Schalten wir mehrere Quellen ein, z. B. zwei, drei und mehr, so messen wir eine entsprechend größere Stromstärke.

---

[1]) nach dem französischen Forscher C. A. de Coulomb (1736—1806)

Ergebnis: Je höher die „Spannung"einer Quelle ist, desto größer ist auch die durch die Spannung bewirkte Stromstärke.

Wenn wir bedenken, daß die Ladungsträger unter Aufwand von **Arbeit** durch die Leitung getrieben werden, dann ist einzusehen, daß die elektrische Arbeit um so größer war, je mehr Ladung pro Zeit transportiert wurde. Die (konstante) **Stromstärke** I läßt sich ausdrücken als Ladung Q : Zeit t:

$$I = \frac{Q}{t}$$

(Die Einheit der Ladung ist dann 1 Ampere · 1 s = 1 Coulomb, 1 A · s)

Man definiert deswegen die elektrische **Spannung** als Arbeit, geteilt durch die transportierte Ladungsmenge: $W_{el} : Q = U$

$$\text{Spannung (Formelzeichen } U) \quad U = \frac{W_{el}}{Q^{1)}} \qquad \text{in Volt}$$

Die Einheit der Spannung ist 1 Volt. Sie ist die Arbeit 1 Newton · 1 Meter, geteilt durch die Ladungsmenge 1 Ampere · 1 Sekunde.

Allerdings ist die Einheit 1 J/A · s nicht üblich. Da die Arbeit auch als Leistung pro Zeit definiert ist, $P = W/t$, so wird die elektrische Spannung dargestellt als Leistung/Stromstärke:

$$U = \frac{P}{I} \qquad \left(U = \frac{W_{el}}{Q} = \frac{W_{el}}{I \cdot t} = \frac{P \cdot t}{I \cdot t} = \frac{P}{I} \right)$$

Spannungsmeßinstrumente heißen **Voltmeter**.

Bei den prinzipiell einfacher gebauten elektrostatischen Voltmetern beruht ihre Wirkung auf elektrostatischen Kräften auf elektrisch geladene bewegliche Teile.

Die gebräuchlichen technischen Voltmeter messen die Spannung über die durch sie fließende Stromstärke.

Die gebräuchlichen technischen Voltmeter messen die Spannung über die Stromstärke, die in ihrem elektromagnetischen Meßwerk fließt. Voltmeter sind also gewöhnlich umgeeichte Stromstärkemeßgeräte (Amperemeter mit hohem Innenwiderstand) (s. u.).

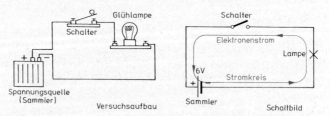

Das Fließen des Stromes wird durch eine Glühlampe angezeigt

Verbraucher: In der Glühlampe wird die elektrische Spannung zur Erzeugung von Licht bzw. Wärme verbraucht. Daher nennt man die Glühlampe einen Verbraucher. Andere Verbraucher sind Bügeleisen, Heizöfen, Tauchsieder usw.

Verbraucher sind Geräte, die im Stromkreis liegen und vom Strom durchflossen werden.

---

¹) Q ist hier nicht zu verwechseln mit dem Formelzeichen Q der Wärmelehre für Wärmemengen

Widerstand[1]): Jeder Verbraucher, der vom Strom durchflossen wird, stellt für die Elektronen ein Hemmnis dar. Man bezeichnet daher einen Verbraucher auch als Widerstand.

Spannungsverbrauch: Der Strom, d. h. die Elektronen selbst, wird nicht verbraucht. Die Elektronen sind nach wie vor vorhanden. Nur die Spannung, also das Arbeitsvermögen pro Ladung, wird verbraucht. Genaugenommen ist also der Ausdruck ,,Stromverbrauch'' unrichtig.

Kurzschluß: Verbindet man die beiden Pole einer Spannungsquelle durch einen Leiter ohne Zwischenschaltung eines Verbrauchers, so herrscht Kurzschluß.

7.5.6 Schaltung von Strom- und Spannungsmessern

Zur Einschaltung des *Strommessers* ist der Stromkreis an einer beliebigen Stelle zu unterbrechen.

Der Strommesser liegt stets im Stromkreis, damit er von demselben Strom durchflossen wird wie der Verbraucher (Hauptschluß).

An welcher Stelle das Gerät in den Stromkreis eingeschaltet wird, ob vor oder hinter dem Verbraucher, ist völlig ohne Bedeutung, da im gesamten Stromkreis je Sekunde die gleiche Elektronenzahl durch den Querschnitt wandert. Die Elektronen können sich nicht stauen und nicht plötzlich verschwinden.

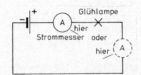

Schaltung eines Strommessers

Der *Spannungsmesser* hat die Aufgabe, die Spannung, d. h. das ,,Ausgleichsbestreben'' der Elektronen zwischen zwei verschiedenen Punkten des Stromkreises (z. B. zwischen A und B vor und hinter dem Verbraucher), zu messen. Die Anschlüsse des Spannungsmessers sind daher mit A und B zu verbinden.

Der Spannungsmesser wird mit den beiden Punkten des Stromkreises verbunden, zwischen denen die Spannung gemessen werden soll (Nebenschluß: Meßgerät neben Verbraucher).

Merke: Eine Spannung kann immer nur *zwischen zwei Punkten* gemessen werden.

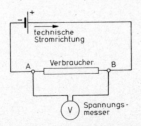

Schaltung eines Spannungsmessers

---

[1]) Ein Verbraucher muß allerdings nicht unbedingt ein Drahtwiderstand (ohmscher Widerstand, vgl. Abschn. 7.12) sein. Er kann bei Wechselstrom z. B. auch aus einer Spule bestehen (vgl. induktiver Widerstand, Abschn. 7.12.2)

Mechanik	Elektrizitätslehre
Wasserstrom	*Elektronenstrom*
Stromstärke:	
Theoretisch mögliche Einheit: Wassermoleküle/s durch den Rohrquerschnitt	Elektronen/s durch den Leiterquerschnitt
Praktische Einheit: Liter/s	Einheit: Ampere
Wasserdruck oder Druckhöhe	Elektrische Spannung
Das Wasserleitungsrohr ist mit Wassermolekülen angefüllt	Im metallischen Leiter befinden sich sehr viele freie Elektronen
Wasser fließt nur, wenn ein Druck vorhanden ist	Ein Strom fließt nur, wenn eine Spannung vorhanden ist

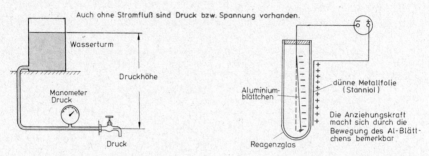

Auch ohne Stromfluß sind Druck bzw. Spannung vorhanden.

Wasserturm

Druckhöhe

Manometer Druck

Druck

Aluminium-blättchen

dünne Metallfolie (Stanniol)

Die Anziehungskraft macht sich durch die Bewegung des Al-Blätt-chens bemerkbar

Reagenzglas

Bei geschlossenem Wasserhahn fließt kein Wasser. Der Druck ist trotzdem vorhanden	Der Stromkreis ist nicht geschlossen. Es fließt kein Strom. Zwischen den beiden Metallteilen, die mit den Polen einer Spannungsquelle (z. B. Steckdose) verbunden sind, macht sich eine Kraftwirkung bemerkbar. Also ist auch eine Spannung vorhanden
Eine Wasserpumpe erzeugt kein Wasser, sondern setzt es nur unter Druck	Eine Spannungsquelle erzeugt keine Elektronen, sondern sorgt nur für die Spannung zwischen den Polen
Eine Pumpe treibt Wasser durch die Rohre	Eine Spannungsquelle treibt Elektronen durch den Draht

Die Spannungsquelle wirkt als Elektronenpumpe

Wasserpumpe

Spannungsquelle

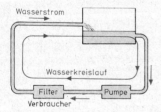

Wasserstrom

Wasserkreislauf

Filter   Pumpe

Verbraucher

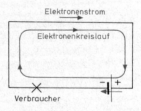

Elektronenstrom

Elektronenkreislauf

Verbraucher

Wasser wird nicht verbraucht, sondern nur umgewälzt	Elektronen werden nicht verbraucht, sondern immer wieder durch den Leitungsdraht bewegt
Eine Umwälzpumpe preßt Schmutzwasser zur Reinigung durch ein Filter	Die Spannungsquelle „drückt" die Elektronen durch den Verbraucher

7.5.7 Gleichstrom und Wechselstrom

Es gibt zwei verschiedene Stromarten: Gleichstrom und Wechselstrom.

Bei *Gleichspannung* hat z. B. stets der eine Pol Elektronenüberschuß und der andere Elektronenmangel.

> **Eine Gleichspannung verursacht einen Gleichstrom (Kurzzeichen —). Ein Gleichstrom fließt stets in der gleichen Richtung.**

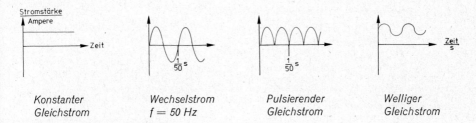

| Konstanter Gleichstrom | Wechselstrom $f = 50\ Hz$ | Pulsierender Gleichstrom | Welliger Gleichstrom |

Bei einem Gleichstrom kann sich die Größe der Stromstärke auch ändern (pulsierender Gleichstrom), aber nicht die Richtung.

Bei *Wechselspannung* wechseln die Pole sehr rasch ihre Vorzeichen, d. h. Elektronenüberschuß und Elektronenmangel lösen einander in rascher Folge ab. Der Strom kann immer nur von Minus nach Plus fließen. Er muß also sehr häufig seine Richtung umkehren.

> **Eine Wechselspannung ruft einen Wechselstrom hervor (Kurzzeichen ∼). Wechselstrom ändert in rascher Folge seine Richtung. Dabei ändert sich die Stromstärke in gesetzmäßiger Weise.**

Jeweils nach der Richtungsänderung steigt die Stromstärke zu einem Höchstwert (Maximum) an, um dann wieder auf Null abzusinken (vgl. hierzu das Weg-Zeit-Schaubild harmonischer Schwingungen in Abschn. 4.3).

Die Netzwechselspannung zeigt den Verlauf einer Schwingung („Sinus-Linie").

Wir vermerken jedoch, daß es auch nichtsinusförmige Wechselströme gibt.

Die Zeit, in der alle Stromstärkenwerte (nach beiden Richtungen!) *einmal* angenommen wurden, heißt Periode (vgl. Abschn. 4.3, Periode ≙ Umlauf).

Der technische Wechselstrom der öffentlichen Energieversorgung in Europa hat eine Frequenz von 50 Hz. in den USA 60 Hz (vgl. S. 310), d. h. die Stromstärke durchläuft das Anschwellen und Abnehmen (in beiden Richtungen) 50mal je Sekunde. Die Periode wird $T = 1/50$ s. Der Größtwert wird unter Beachtung beider Richtungen in jeder Sekunde 100mal erreicht.

Im Anfangszeitpunkt $t = 0$ ist die Stromstärke Null. Nach $^1/_{200}$ s ($T/4$) ist der Größtwert erreicht. Nach $^1/_{100}$ s ($T/2$) ist die Stromstärke auf Null abgesunken. Nun erfolgt die Richtungsumkehr. Nach $^3/_{200}$ s wird der Größtwert in der Gegenrichtung durchlaufen. Nach $^4/_{200} = ^1/_{50}$ s ist die Periode beendet, d. h. der Anfangszustand ist wieder erreicht. Wechselstrom stellt also eine Schwingungsbewegung der Leitungselektronen dar. Dabei bewegen sich die Elektronen nur um Bruchteile eines Millimeters hin und her.

Wechselspannungen haben gegenüber Gleichspannungen den Vorteil, daß sie einfacher zu erzeugen sind und die Umwandlung einer gegebenen Spannung in eine größere oder kleinere sehr bequem möglich ist (vgl. Transformator, Abschn. 7.16.2).

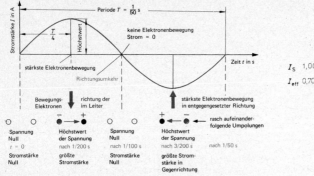

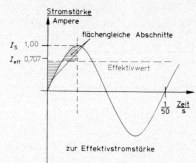

zur Effektivstromstärke

Strom-Zeit-Schaubild des technischen Wechselstromes

Messung des Wechselstromes: Ein Meßinstrument, dessen Ausschlag von der Stromrichtung abhängt, kann den Stromschwankungen des Wechselstromes nicht folgen (Trägheit!). Der Zeiger bleibt in Ruhe oder zittert schwach. Ein von der Stromrichtung unabhängiges Meßgerät dagegen (vgl. S. 311, Hitzdrahtinstrument, und S. 315, Weicheiseninstrument) zeigt einen Mittelwert des Stromes an. Dieser Mittelwert heißt Effektivwert. Werden richtungsunempfindliche Meßinstrumente mit Gleichstrom geeicht, und benutzt man sie zur Messung von Wechselstrom, so werden Effektivwerte angezeigt. Der Effektivwert beträgt 70,7% des Höchstwertes der sich sinusförmig ändernden Stromstärke (vgl. Abb.) bzw. der sich sinusförmig ändernden Spannung.

7.6 Erste Stromwirkung: Wärme

Versuch: An ein etwa 10 cm langes Stück Konstantandraht (ϕ 0,35 mm) wird eine Spannung von einigen Volt angelegt. Der gesamte Draht beginnt zu glühen, um schließlich an der dünnsten Stelle durchzuschmelzen.

Erkenntnis: **Der elektrische Strom erzeugt Wärme.**

Wir unterscheiden:

1) *Nützliche oder ausnutzbare Stromwärme:* elektrische Heizgeräte, Bügeleisen, Tauchsieder, Warmwasserbereiter.

   Ausnutzung der Stromwärme in großem Stil zum Schmelzen von Metallen, z. B. bei der Stahlherstellung (Elektroschmelzöfen).

2) *Unerwünschte oder schädliche Wärme:* Erwärmung der Zuleitungen und der Wicklungen eines Elektromotors führt zu Verlusten. Auch die Erwärmung einer Glühlampe ist unerwünscht. Die elektrische Energie soll in Licht und nicht in Wärme übergehen.

7.6.1 Technische Anwendungen der Stromwärme

Hitzdrahtstrommesser

Grundgedanke: An den in der Mitte durch ein Gewicht belasteten Konstantandraht von etwa 1 m Länge wird eine Spannung von 2 V bis 20 V angelegt. Mit wachsender Spannung steigt die Stromstärke an. Die Erwärmung nimmt zu und damit auch die Wärmedehnung. Das Gewicht hängt stärker durch.

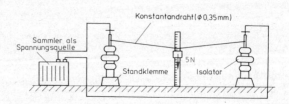

310

Praktische Anwendung der Stromwärme im Hitzdrahtinstrument: Mit zunehmender Stromstärke verlängert sich der Platindraht, dessen Mitte M immer mehr nach unten gezogen wird. Die Rolle erfährt über den Faden eine Dehnung, was zu einer Zeigerbewegung führt.

Die Stromrichtung hat auf die Anzeige keinen Einfluß. Das Gerät ist daher auch bei Wechselstrom zu benutzen.

Schmelzsicherungen

Zur Vermeidung von Brandgefahr infolge zu starker Erwärmung wird in den Stromkreis künstlich eine „schwache Stelle" eingebaut. Bei unzulässig hoher Stromstärke schmilzt der dünne Silberfaden durch, und der Stromkreis ist unterbrochen. Der ebenfalls unterbrochene Haltefaden gibt das farbige Kennblättchen frei, das durch eine Feder am Kopfkontakt abgeworfen wird. Man erkennt nun sofort, daß die Sicherung nicht mehr verwendbar ist.

Schmelzsicherungen werden für verschiedene höchstzulässige Stromstärken gebaut und durch Farben gekennzeichnet. So bedeutet z. B. Grün einen sogenannten Nennstrom von 6 A, Rot 10 A, Blau 20 A und Gelb 25 A. Die angegebenen Stromstärken dürfen innerhalb einer bestimmten Zeit (bis ca. 2 Sekunden) um 30 bis 50% überschritten werden, ohne daß der Faden durchschmilzt.

Der zur Einbettung des Schmelzfadens benutzte Sand verhindert die Ausbildung eines Lichtbogens. Darunter versteht man eine länger andauernde, mit starker Lichtaussendung verbundene elektrische Entladung durch die Luft, wobei (besonders an der Kathode) sehr hohe Temperaturen auftreten (mehrere tausend °C).

Thermobimetall-Schalter

Bei Überlastung (d. h. zu hoher Stromstärke) krümmt sich der stromdurchflossene Bimetallstreifen infolge Erwärmung so stark, daß der Stromkreis unterbrochen wird.

Anwendung: Sicherungsautomaten, Temperaturregler und Zeitschalter für Treppenhausbeleuchtungen (vgl. Abschn. 5.7.3).

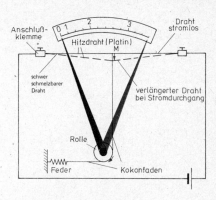

Aufbau eines Hitzdrahtinstrumentes

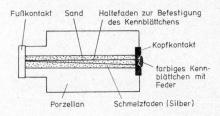

Schmelzsicherung

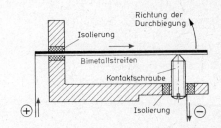

7.7 Zweite Stromwirkung: Licht

Alle heißen Körper senden bei höherer Temperatur Licht aus (ab etwa 600 °C).

(Vgl. Glühfarben S. 184.) Die Temperatur ist für diese Leuchterscheinung von entscheidender Bedeutung (daher der Begriff Temperaturstrahler).

7.7.1 Technische Anwendungen

Glühlampen (Temperaturstrahler)

In der Wendel einer Glühlampe wird Wärme in Licht umgewandelt.

Sehr geeignet sind Wolframdrahtlampen (1905) mit einer Betriebstemperatur über 2000 °C bis nahe 3000 °C (Schmelzpunkt von Wolfram sehr hoch: 3370 °C).

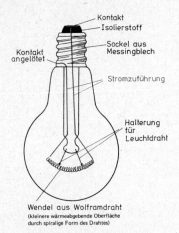

Kontakt
Isolierstoff
Sockel aus
Messingblech
Kontakt
angelötet
Stromzuführung

Halterung
für
Leuchtdraht

Wendel aus Wolframdraht
(kleinere wärmeabgebende Oberfläche
durch spiralige Form des Drahtes)

Damit der dünne Wolframfaden (ϕ 0,01 bis 0,05 mm) im Sauerstoff nicht verbrennt, muß die Luft aus dem Glaskolben entfernt werden. Um der Zerstäubung des Wolframs entgegenzuwirken, wird Gas (Argon, Krypton, Stickstoff), das den Metallfaden nicht angreift, unter einem Druck von 0,5 bar eingefüllt.

Erfinder der Glühlampe ist der Deutsche Heinrich Goebel (1855). Als Glühfaden benutzte er eine verkohlte Bambusfaser in einem luftleer gepumpten Glaskolben. Der Amerikaner Edison verbesserte diese Kohlenfadenlampe (1879). Er erreichte mit einem Kohlefaden bereits eine ununterbrochene Leuchtdauer von fast zwei Tagen. Ein wesentlicher Fortschritt war die Einführung von schwer schmelzbaren Metallen (Osmium und Tantal) als Werkstoff für die Glühfäden (Auer von Welsbach um 1900).

Glühlampe. Durch spiralige Form des Wolframdrahtes wird eine kleinere wärmeabgebende Oberfläche erreicht

Glimmlampen (kalte Strahler)

Alle Gase sind unter Atmosphärendruck und bei Zimmertemperatur Isolatoren. Genaugenommen ist eine sehr geringe Leitfähigkeit vorhanden. — Wird der Druck im Gasraum durch Evakuieren herabgesetzt, so kann ein Stromdurchgang stattfinden, der mit einer Leuchterscheinung verbunden ist. Der Strom bringt also das Gas zum Leuchten.

Ursache des Leuchtens: Die Elektronen stoßen auf ihrem Weg von der negativen zur positiven Elektrode mit Gasatomen zusammen; diese werden zum Leuchten angeregt, indem Elektronen auf höhere Bahnen „hinaufgestoßen" werden (vgl. Abschn. 8., Atomphysik S. 396). Bei den Zusammenstößen können auch Gasionen entstehen, die ihrerseits zur negativen Elektrode wandern und dabei wiederum mit anderen Gasatomen zusammenprallen. Wir begnügen uns mit dem Hinweis, daß der Vorgang — besonders was die Zündung betrifft — genauer betrachtet ziemlich verwickelt ist.

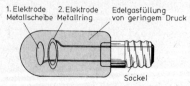

1. Elektrode   2. Elektrode   Edelgasfüllung
Metallscheibe   Metallring   von geringem Druck

Sockel

Glimmlampe

Die Glimmlampe besteht aus einem Glaskolben, der zur Anlegung einer Spannung mit zwei Elektroden versehen ist. Als Füllung dient ein Edelgas von niedrigem Druck (einige mbar).

Bei der Glimmlampe leuchtet das Gas zwischen den Elektroden.

Die Glimmlampe ist als *Polsucherlampe* zu verwenden, da sich das Leuchten auf die negative Elektrode (Kathode) beschränkt. — Bei Anlegen einer Wechselspannung leuchtet das Gas in der Umgebung beider Elektroden. — Auch als *Kontrollampe* ist sie sehr geeignet, da die Stromstärke sehr gering (weniger als 1 mA bis etwa 10 mA) ist. Die Lampe bleibt kalt und wird daher als „kalter Strahler" bezeichnet.

Die Farbe des leuchtenden Gases hängt von der Art des Füllgases, dem Gasdruck und der angelegten Spannung ab. Die wahrnehmbare Farberscheinung wird vom verwendeten Glas beeinflußt. Das Leuchten kann sich über den gesamten Gasraum erstrecken. Verwendung als Leuchtstofflampen und Reklamebuchstaben.

Argon leuchtet bei 4 mbar rot, bei ca. 25 mbar weiß. Die Farbe von leuchtendem Helium geht bei Druckminderung von Hellgelb nach Grün über. Die angelegte Spannung kann über 1000 V betragen. Zur Füllung finden neben Edelgasen auch gewöhnliche Gase wie Stickstoff, Kohlendioxid und Wasserstoff sowie Metalldämpfe (Natrium und Quecksilber) Verwendung.

7.8 Dritte Stromwirkung: Magnetfeld

7.8.1 Strom und Magnetfeld

Eine Magnetnadel erfährt in der Nähe eines geraden stromdurchflossenen Leiters eine Ablenkung.

Diese magnetische (genauer gesagt elektromagnetische) Wirkung des Stromes wurde von dem dänischen Physiker H. C. Ørsted entdeckt (1820). Oberhalb und unterhalb des Leiters ergeben sich Ausschläge nach verschiedenen Richtungen. Beim Umpolen erfolgt die Ablenkung nach der Gegenseite. Fließt kein Strom, so stellt sich die Nadel auf die Nord-Süd-Richtung ein.

Erkenntnis: **Ein stromdurchflossener Leiter ist von einem Magnetfeld umgeben.**

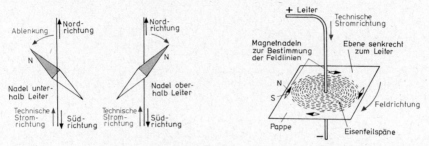

Zur Bestimmung von Verlauf und Richtungssinn der magnetischen Feldlinien dienen Eisenpulver und Magnetnadeln (vgl. Feld eines Stabmagneten, Abschn. 7.1).

Erkenntnis

Die magnetischen Feldlinien verlaufen in konzentrischen[1]) Kreisen um den Stromleiter (in Ebenen senkrecht zum Leiter).

7.8.2 Stromrichtung und Richtungssinn des Magnetfeldes

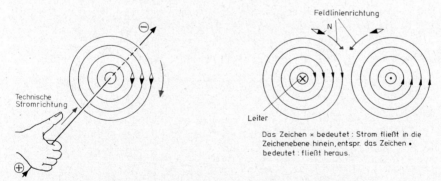

Das Zeichen × bedeutet: Strom fließt in die Zeichenebene hinein, entspr. das Zeichen • bedeutet: fließt heraus.

Die Richtung der magnetischen Feldlinien stimmt mit dem Uhrzeigersinn überein, wenn man in Richtung des Stromes blickt. Völlig gleichwertig ist die ,,*Rechte-Hand-Regel*'' *für den Stromleiter:* Umfaßt man den Stromleiter mit der rechten Hand derart, daß der Daumen in die technische Stromrichtung zeigt, so weisen die den Leiter umschließenden Finger in die Richtung der magnetischen Feldlinien.

[1]) konzentrisch (lat.) = denselben Mittelpunkt besitzend

Das *Magnetfeld einer Spule* setzt sich aus den Feldern der einzelnen Leiterschleifen zusammen. Zwischen den Windungen (an den Stellen z im Bild) verlaufen die Feldlinien entgegengesetzt, was zur gegenseitigen Aufhebung führt. Es entstehen feldfreie Räume.

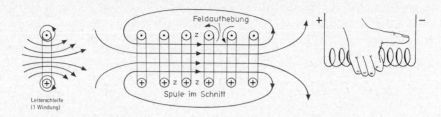

Leiterschleife
(1 Windung)

Magnetfeld mehrerer Windungen

Rechte-Hand-Regel für die Spule: Legt man die Finger der rechten Hand in Stromrichtung um die Spule, so weist der ausgestreckte Daumen stets zum Nordpol.

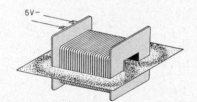

Darstellung des Feldes einer stromdurchflossenen Spule mit Eisenfeilspänen

7.8.3 Elektromagnetische Kraftwirkungen (Grundversuche)
Stromdurchflossener Leiter

Ein stromdurchflossener Leiter erfährt im Feld eines Magneten eine Kraftwirkung.

Richtung der Ablenkung

Feldschwächung durch gegenseitige Aufhebung
Verdichtung-Querdruck

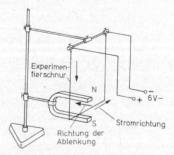

Leiterschaukel

Ursache: Auf der einen Seite des Leiters entstehen gleichgerichtete Feldlinien (≙ Verdichtung) und auf der anderen Seite einander entgegengesetzte Feldlinien (≙ Verdünnung).

Der Leiter wird in das Gebiet des schwächeren Feldes getrieben.

Spule und Stabmagnet

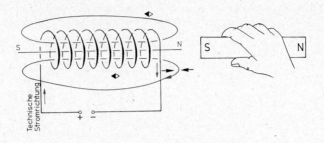

Eine stromdurchflossene Spule und ein Stabmagnet ziehen sich gegenseitig an, wenn deren ungleichnamige Pole einander genähert werden. Die beweglich aufgehängte Spule nähert sich dem festgehaltenen Stabmagneten; ist die Spule fest, bewegt sich der Magnet.

Eine stromdurchflossene Spule verhält sich hinsichtlich Kraftwirkung und Feldlinienbild wie ein stabförmiger Dauermagnet.

Spule mit Eisenkern

Die an einer Federwaage aufgehängte Stativstange wird in das Innere einer stromdurchflossenen Spule hineingezogen. — Die Anziehungskraft wird bei zunehmender Spannung bzw. Stromstärke größer und kann daher zur Strommessung ausgenutzt werden (vgl. Abschn. 7.15.3).

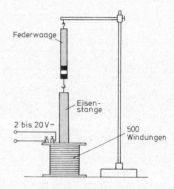

Das abgebildete Strommeßgerät, das auf der magnetischen Wirkung des Stromes beruht, wurde schon 1884 von F. Kohlrausch entwickelt. — Wesentlich ist, daß das Weicheisen seinen Magnetismus sofort verliert, wenn der Strom ausgeschaltet wird. Die Hin- und Herbewegung des Eisenkerns läßt sich auch in die Drehbewegung eines Zeigers umsetzen.

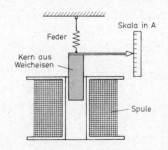

Vorteile des Weicheiseninstrumentes

Der Ausschlag ist unabhängig von der Stromrichtung, daher für Gleich- und Wechselstrom zu benutzen. (Bei Wechselstrom wird der Eisenkern in rascher Folge ummagnetisiert.)

Weicheisenstrommesser (Spule fest, Eisenkern beweglich)

Nachteile

Keine große Genauigkeit; also für Schalttafelinstrumente, nicht aber für Präzisionsmessungen (Fremdfelder beeinflussen das Meßergebnis leicht) zu benutzen.

Die Magnetfelder stromdurchflossener Leiter

Die Magnetfelder stromdurchflossener Leiter überlagern sich. Sind die Ströme gleichgerichtet, so entsteht ein schwächeres Feld. — Folge: Die Leiter ziehen sich gegenseitig an, d. h. sie werden ins schwächere Feld hineingezogen.

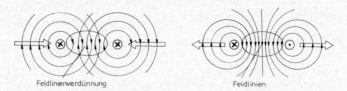

Feldlinienverdünnung   Feldlinien

Bei entgegengesetzt gerichteten Strömen entsteht zwischen den Leitern eine erhöhte Feldliniendichte — ein stärkeres Feld. — Folge: Die Leiter stoßen sich gegenseitig ab, da quer zu den Feldlinien eine Kraft wirkt (vgl. Abschn. 7.1).

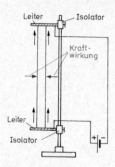

Als Leiter sind dünne Kupferdrähte oder Lamettafäden geeignet. Kurzzeitiges Schließen des Stromkreises erlaubt die Verwendung größerer Stromstärken (mehrere A), so daß die Kraftwirkung gut zu beobachten ist.

Anziehung gleichgerichteter Ströme

Elektromagnet

Bringen wir in das Innere einer stromdurchflossenen Zylinderspule einen Kern aus Weicheisen, so erhalten wir an den Endflächen des Kerns ein erheblich stärkeres Magnetfeld und damit auch eine wesentlich größere Kraftwirkung. — *Ursache der Feldverstärkung:* Die durch das Magnetfeld der Spule ausgerichteten Molekularmagnete im Innern des Eisenkörpers verursachen ein zusätzliches Magnetfeld, das sich dem Spulenfeld (ohne Eisenkern) überlagert.

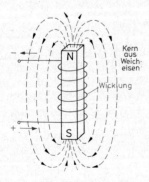

Zylinderspule mit Eisenkern

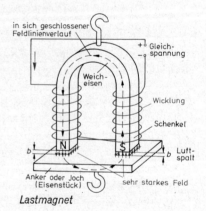

Lastmagnet

Die Stärke des Spulenfeldes ohne Eisenkern nimmt mit Stromstärke *und* Windungszahl zu. Sie hängt auch von den geometrischen Abmessungen der Wicklung (z. B. bei einer Zylinderspule von Windungsdurchmesser und Spulenlänge) ab. Das Magnetfeld kann durch Einbringen von Eisen bis auf etwa das 5000fache, bei Benutzung von Sonderlegierungen noch erheblich mehr verstärkt werden.

Elektromagnet = Weicheisenkern + isolierte Drahtbewicklung

Im weiteren Sinne stellt auch eine stromdurchflossene Spule *ohne* Eisenkern — im Gegensatz zum Dauermagneten — einen *Elektromagneten* dar. *Ursache* des Spulenfeldes ist der fließende *elektrische Strom.*

Eine wichtige Anwendung des Elektromagnetismus ist der *Lastmagnet.* Die Stärke des Magnetfeldes im Luftspalt *b* zwischen Anker und Magnetpolen und damit auch die Kraft, mit der der Anker angezogen wird, ist bei sehr engem Luftspalt besonders groß.

Enger Luftspalt bedeutet einen kleinen Feldlinienweg in Luft und einen großen Feldlinienweg im Eisen. Wird nur ein einziges Blatt Papier zwischen Anker und Magnetpole geschoben, so wird die Tragkraft wegen des vergrößerten Luftspaltes erheblich vermindert. Damit der Lastmagnet beim Ausschalten des Stromes seine Last sofort loslassen kann, muß der Weicheisenkern seinen Magnetismus sofort verlieren, wenn das Magnetfeld der Wicklung nicht mehr wirkt (Umpolung der Magnete zum raschen Abwerfen der Last).

Anwendungen: Lasthebemagneten, Aufspannen von Werkstücken bei Werkzeugmaschinen, elektromagnetisch betätigte Schalter (Schütze). — Es finden Elektromagnete Verwendung, die bei 12-V-Gleichspannung (Sammler) eine Tragkraft von 10 000 N ($\approx$ 1000 kp) aufweisen.

Erzeugung einer Hebelbewegung

Bei der *Gleichstromklingel* ist die Spule fest, ein Eisenstück — Anker genannt — beweglich.

Bei Einschalten des Stromes zieht die Spule den an einer Feder befestigten Anker an, und der Klöppel schlägt gegen die Glocke. Dadurch wird der Strom unterbrochen, und die Feder geht in ihre Ausgangslage zurück. Nun ist der Stromkreis wieder geschlossen, und der Vorgang wiederholt sich in rascher Folge.

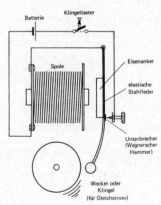

Der *Telegraph* (Morse-Fernschreiber) hat eine feste Spule und einen beweglichen Eisenanker.

Vertauscht man bei der Gleichstromklingel die Glocke gegen eine Schreibrolle und den Klöppel gegen einen Schreibstift, so erhält man bei Weglassen des Unterbrechers einen Schreibtelegraphen. Auf große Entfernungen können so über die Zuleitungen Zeichen (Morsezeichen) gegeben werden.

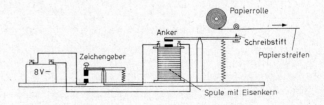

Morseapparat

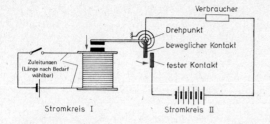

Relais

Beim *Relais*, einer Vorrichtung zum Ein- bzw. Ausschalten großer Leistungen mit Hilfe kleiner Ströme, bewegt ein Schwachstrom-Elektromagnet einen Anker. In der abgebildeten Anordnung wird durch Schließen bzw. Öffnen des Stromkreises I (kleine Stromstärke) ein zweiter (mit sehr großer Stromstärke) geschlossen bzw. geöffnet.

Erzeugung einer Drehbewegung

Die Ausschläge liegen im allgemeinen bei etwa 90° und reichen bis über 180°, oder aber die Spule wird in Dauerdrehung versetzt.

Versuch: Im Innern einer Spule befinden sich zwei Stativstangen. Bei Stromdurchgang werden beide Eisenstäbe gleichsinnig magnetisch, z. B. ist der Nordpol bei beiden Stäben vorne. Somit erfolgt eine gegenseitige Abstoßung, die zur Strommessung ausgenutzt wird.

Beim Dreheiseninstrument sind in einer Zylinderspule zwei kleine parallele Eisenblechstreifen angebracht, ein Streifen ist fest mit der Spule, der andere mit dem um die Spulenachse beweglichen Zeiger verbunden. Das Magnetfeld der Spule bewirkt Abstoßung der beiden Bleche, eine den Zeiger zurückführende Spiralfeder liefert die Gegenkraft, so daß sich ein der Spulenstromstärke entsprechender Zeigerausschlag einstellt.

Beim *Drehspulinstrument* ist der Magnet fest und die Spule beweglich. Grundsätzliche Wirkungsweise: Eine im Feld zweier Scheibenmagnete aufgehängte Spule führt bei Anlegen einer Spannung eine Drehbewegung aus.

Je größer die Spannung bzw. die Stromstärke, desto größer ist der Drehwinkel.

Bei der Ausnutzung zur Strommessung wird im Feld eines Dauermagneten eine Spule drehbar gelagert. Die Stromzufuhr (für die Spule) erfolgt über zwei mit der Drehachse verbundene Spiralfedern (in der Abbildung ist eine eingezeichnet), die mit ihrer elastischen Gegenkraft der drehenden Kraft der stromdurchflossenen Spule das Gleichgewicht halten. Fließt kein Strom mehr, so bewirken die Federn eine Rückführung des Zeigers in die Nullstellung.

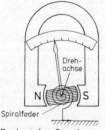

Drehspulmeßwerk

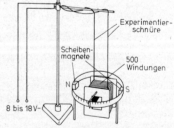

Versuchsaufbau zum Drehspulinstrument

Drehspulmeßwerke finden für Gleichstrommessungen viel Verwendung, da sie sich durch große Empfindlichkeit und Genauigkeit auszeichnen. Hochempfindliche Drehspulinstrumente zur Messung schwacher Ströme heißen Galvanometer.

Vorteil: Von allen Meßwerken die höchste Genauigkeit, sehr empfindlich (keine Störung durch Fremdfelder), große Zuverlässigkeit.

Nachteil: Ausschlag von Stromrichtung abhängig, daher nur für Gleichstrom verwendbar.

Elektromotor[1])

Eine frei bewegliche Spule im Magnetfeld kann nie eine volle Umdrehung ausführen. Verlaufen die Feldlinien von Spule und Dauermagnet überwiegend parallel zueinander (Stellung II), so wirken auf die Spule nur gleich große Zugkräfte von entgegengesetzter Richtung. Eine Weiterdrehung ist jedoch möglich, wenn in Stellung II die Stromrichtung in der Spule umgekehrt, d. h. umgepolt wird. Das nach rechts weisende Spulenende wird dann zum Südpol.

In Stellung I bewirken Anziehungskräfte zwischen ungleichnamigen Polen und Abstoßungskräfte zwischen gleichnamigen Polen eine Drehung

---

Um eine Dauerdrehung zu erreichen, muß die Stromzufuhr über Schleifkontakte = Bürsten erfolgen, die auf zwei isolierten Halbringen schleifen.

Die auf der Drehachse befestigten isolierten Metallhalbringe (Lamellen) werden als Stromwender oder Kommutator[2]) bezeichnet.

$V =$ *Feldlinienverdichtung*

$L =$ *Feldlinienverdünnung*

Feldlinienverlauf (entstanden aus den Feldern von Leiterschleife und Dauermagnet)

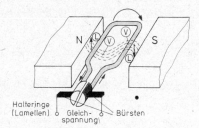

Zur Wirkungsweise des Gleichstrommotors

Die Abbildung zeigt die Stromzufuhr über den Stromwender für eine Leiterschleife.

Der Stromwender des Gleichstrommotors hat die Aufgabe, im richtigen Augenblick die Stromrichtung in den Windungen zu ändern, damit eine Dauerdrehung zustande kommt.

Einen Kommutator mit mehr als zwei Lamellen nennen wir Kollektor. (Vielfach wird zwischen den Begriffen Stromwender, Kommutator und Kollektor nicht unterschieden; alle drei bedeuten dasselbe.) Bei zwei beweglichen Magnetpolen läuft der Motor stoßartig. Wenn mehrere gegeneinander versetzte Spulen bei entsprechend weiterer Unterteilung des Kommutators verwendet werden, erhalten die Motoren einen ruhigeren Lauf.

Beispiel: Drei Spulen (drei Magnetpole), deren Wicklungsenden mit je zwei benachbarten Lamellen des dreiteiligen Kollektors verbunden sind.

---

[1]) Der Elektromotor kann hier übergangen und auch erst im Anschluß an den Generator (nach Abschn. 7.16.5) behandelt werden

[2]) von lat. commutare = vertauschen, wenden

Hat sich ein Pol der Spule, z. B. der Nordpol, dem Südpol des Dauermagneten auf den kürzesten Abstand genähert, so geht die Bürste auf die nächste Lamelle über, und der Nordpol der Spule wird zum Südpol. Die Drehung geht weiter, da die Anziehung (N S) zur Abstoßung (S S) wird.

Auch hier wird jeder N-Pol nach Drehung um 180° zum S-Pol und umgekehrt. Liegt die Spule im Stromkreis oberhalb (unterhalb) der Bürsten, so entsteht ein Nordpol (Südpol). In der gezeichneten Stellung der Abbildung sind es unterhalb zwei S-Pole. Beim Weiterdrehen entstehen oberhalb zwei N-Pole.

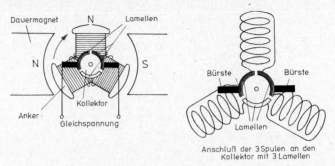

Anschluß der 3 Spulen an den
Kollektor mit 3 Lamellen

Um ein stärkeres Magnetfeld zu erhalten, gibt man den Spulenwicklungen einen Eisenkern. Außerdem sorgt man durch geeignete Formgebung bei Dauermagnetpol und Eisenkern für einen kleinen Kraftlinienweg in Luft.

Der bewegliche Teil des Gleichstrommotors, d. h. der Eisenkern mit Wicklung und Welle, wird als Anker bezeichnet.

Gleichstrommotor = feststehender Dauermagnet + sich drehender Anker + Kollektor + Bürsten

---

Bei praktischen Ausführungsformen werden die Wicklungen in Nuten gelegt, die in den Umfang des Ankerkerns eingelassen sind.

Weiteres über Gleichstrommotoren folgt beim Gleichstromgenerator, der genau denselben Aufbau aufweist (vgl. Abschn. 7.16.1).

Der elektrische Stromzähler (magnetomotorischer Zähler für Gleichstrom) arbeitet wie ein Elektromotor. Anstelle des Dauermagneten werden zwei stromdurchflossene Spulen verwendet. Die Anzahl der Ankerdrehungen ist ein Maß für die zu bezahlende Stromarbeit.

7.9 Vierte Stromwirkung: Chemische Zersetzung

7.9.1 Flüssigkeiten als Leiter

Der Stromkreis kann über eine Flüssigkeit geschlossen werden.

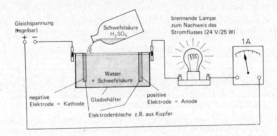

linke Anschlußklemme der Lampe mit rechtem Pol der Gleichspannungsquelle unmittelbar verbunden	Lampe leuchtet hell	gemessene Stromstärke 1 A (bei 24 V)
destilliertes Wasser Leitungswasser	kein Leuchten; auch bei Spannungserhöhung, z. B. auf 100 V, kein Leuchten	< 1 mA (bei 24 V) ≈ 50 mA (bei 24 V)
nach Zugabe von Ätznatron (NaOH) oder Schwefelsäure (H_2SO_4) oder Kochsalz (NaCl)	Lampe leuchtet nach Erhöhung der Spannung auf (z. B. 60...90 V)	volle Stromstärke von 1 A wieder vorhanden

Die angegebenen Zahlenwerte können nur als Anhalt dienen. Die zugesetzten Mengen wurden nicht abgemessen, da es uns nur auf die grundsätzliche Feststellung ankommt:

> **Lösungen von Salzen in Wasser sowie mit Wasser verdünnte Säuren und Laugen sind Leiter des elektrischen Stromes.**

Reines Wasser leitet den elektrischen Strom praktisch nicht.

Durch Zusätze wird Wasser ein Leiter. Die dann zum Betrieb einer Glühlampe notwendige Spannung hängt von der zugesetzten Menge sowie von Größe und Abstand der Elektrodenbleche ab. Werden stärkere Zusätze gegeben, so kann man mit geringeren Spannungen auskommen.

Aus Gründen der Unfallverhütung (vgl. Abschn. 7.17) sollen bei Schülerversuchen keine höheren Spannungen als 20...30 V benutzt werden.

7.9.2 Elektrolyse von verdünnter Schwefelsäure

Wir beobachten, daß beim Stromdurchgang (Lampe brennt!) an den Elektroden Gasblasen aufsteigen. Die den Strom leitende Flüssigkeit — als Elektrolyt[1]) bezeichnet — wird also zersetzt. Diese Zersetzung ist ein wesentlicher Unterschied gegenüber der Stromleitung durch feste Körper (z. B. Kupferdraht).

> **Wird eine Flüssigkeit vom elektrischen Strom durchflossen, so findet dabei eine chemische Zersetzung statt.**

Die Zersetzung einer Flüssigkeit durch den elektrischen Strom heißt Elektrolyse.

Mit Hilfe des Hofmannschen Apparates stellen wir bei der Elektrolyse von verdünnter Schwefelsäure als Zersetzungsprodukte die Gase Wasserstoff (Kathode) und Sauerstoff (Anode) fest.

Sauerstoffnachweis mit glimmendem Span. Wasserstoffnachweis: Ein Gemisch von Wasserstoff und Luft im Reagenzglas verbrennt schlagartig, evtl. mit einem scharf pfeifenden Geräusch.

Im Endergebnis wird also nur Wasser zersetzt gemäß der Reaktionsgleichung

$$2H_2O \longrightarrow 2H_2 + O_2$$

Wir müssen O_2 schreiben und nicht O, da gasförmige Grundstoffe — ausgenommen die Edelgase — bei Zimmertemperatur stets als zweiatomige Moleküle auftreten.

Die sich abspielenden Vorgänge sind mit Hilfe der Ionenaufspaltung zu verstehen.

> **Die Moleküle von Säuren, Basen und Salzen zerfallen in Wasser mehr oder weniger stark in elektrisch geladene Atome bzw. Atomgruppen (Ionenaufspaltung).**

---

[1]) von griech. lytikos = zur Auflösung bestimmt

Der schwedische Chemiker Svante Arrhenius entwickelte schon im Jahre 1887 seine Theorie der Aufspaltung in Ionen (elektrolytische Dissoziation). Etwa 50 Jahre vorher hatte Faraday[1]) den Begriff des „Ions" eingeführt. Die Annahme freier Ionen im Elektrolyten machte als erster Clausius[2]) (1857).

Die elektrisch geladenen Atome wandern bei Anlegen einer Spannung im elektrischen Feld zwischen den Elektroden in Richtung auf den ungleichnamigen Pol zu. Sie werden daher „Ionen"[3]) genannt. (Der Begriff des Ions wurde schon in Abschn. 7.3 eingeführt.)

Ionen = elektrisch geladene Atome oder Atomgruppen

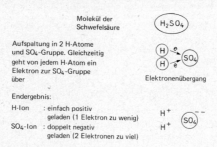

Molekül der Schwefelsäure H_2SO_4

Aufspaltung in 2 H-Atome und SO₄-Gruppe. Gleichzeitig geht von jedem H-Atom ein Elektron zur SO₄-Gruppe über — Elektronenübergang

Endergebnis:

H-Ion : einfach positiv geladen (1 Elektron zu wenig)

SO₄-Ion : doppelt negativ geladen (2 Elektronen zu viel)

H^+ H^+ $(SO_4)^{--}$

Das Schwefelsäuremolekül wird in Wasser in zwei positiv geladene Wasserstoffionen und in ein doppelt negativ geladenes SO₄-Ion aufgespalten.

Ionenaufspaltung (Kurzschreibweise):

$$H_2SO_4 \longrightarrow 2H^+ + SO_4^{--}$$

Die Aufspaltung in Ionen ist bei einer Lösung immer vorhanden, also schon *vor* Anlegen einer elektrischen Spannung.

Nach Anlegen der Spannung erfolgt eine Ionenwanderung nach beiden Richtungen. An der Kathode werden Wasserstoffionen durch Elektronenaufnahme zu Wasserstoffgas.

$$2H^+ \xrightarrow{\text{Elektronenaufnahme}} 2H \longrightarrow H_2$$
Ionen   Atome   Molekül

Vorgang an der Anode: $SO_4^{--} \xrightarrow{\text{Elektronenabgabe}} SO_4$

Die SO₄-Gruppe reagiert sofort mit Wasser.

$$2SO_4 + 2H_2O \longrightarrow 2H_2SO_4 + O_2$$

Die zunächst gespaltene und verbrauchte Schwefelsäure wird also ständig zurückgebildet.

Je verbrauchtes Molekül H_2SO_4 entstehen ein Molekül H_2 und eine SO₄-Gruppe. Zur Bildung von einem Molekül O_2 werden jedoch zwei SO₄-Gruppen benötigt. Also kann nur halb soviel Sauerstoff entstehen wie Wasserstoff[4]).

Auch für Wechselstrom erweist sich der Elektrolyt als Leiter. Allerdings lassen sich dann die Zersetzungsprodukte nicht getrennt auffangen, da andauernd umgepolt wird.

---

[1]) Michael Faraday, engl. Forscher (1791—1867); [2]) Rudolf Clausius, deutscher Physiker (1822—1888)
[3]) Ion stammt aus dem Griechischen und bedeutet das Wandernde bzw. das wandernde Teilchen
[4]) Hier sei auf den Satz des italienischen Physikers Amedeo Avogadro (1811) hingewiesen: Gleich große Volumina aller Gase enthalten unter gleichen Bedingungen gleich viele Moleküle

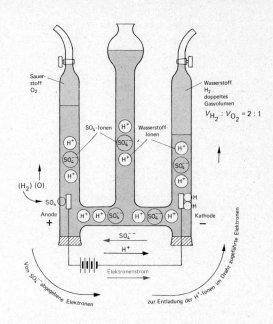

Wasserzersetzungsapparat nach Hofmann

Wir erkennen einen zweiten wesentlichen Unterschied gegenüber der Stromleitung bei festen Körpern:

> **Beim Stromfluß durch eine Flüssigkeit bewegen sich nicht Elektronen, sondern Ionen, d. h. elektrisch geladene Atome oder Atomgruppen (Ausnahme: flüssige Metalle).**

Bei der Elektrolyse von Salzsäure (HCl) entstehen Wasserstoff und Chlor.

Ionenaufspaltung HCl $\longrightarrow$ H$^+$ + Cl$^-$

Anode: $2Cl^- \xrightarrow{\text{Elektronenabgabe}} 2Cl \longrightarrow Cl_2$

Kathode: $2H^+ \xrightarrow{\text{Elektronenaufnahme}} 2H \longrightarrow H_2$

Im Hofmannschen Wasserzersetzungsapparat ist das aufgefangene Volumen an Chlor wesentlich kleiner als bei Wasserstoff, da sich in einer bestimmten Wassermenge rund 100mal mehr Chlor löst als Wasserstoff.

Allgemein gilt für die Ionenaufspaltung:

Metalle und H bilden immer positive Ionen (Na$^+$, K$^+$, Cu^{++}, H$^+$ usw.). Die OH-Gruppe und der Säurerest bilden immer negative Ionen (SO$_4^{--}$, NO$_3^-$, Cl$^-$, OH$^-$ usw.).

Die positiven/negativen Ionen wandern stets zur Kathode/Anode und werden durch Elektronenaufnahme/Elektronenabgabe elektrisch neutral.

Die entstandenen neutralen Atome bzw. Moleküle können unmittelbar die Zersetzungsprodukte darstellen. (Entstehung von H$_2$ aus H$^+$ oder von Cl$_2$ aus Cl$^-$.)

Es können jedoch noch weitere Reaktionen ablaufen (Sekundärreaktionen[1]), wobei neue Stoffe gebildet werden; z. B. entstehen sofort aus der SO$_4$-Gruppe mit Wasser Schwefelsäure und Sauerstoff.

---

[1]von lat. secundus = der zweite

7.9.3 Elektrolyse von Laugen und Salzen

Elektrolyt	Ionenaufspaltung	Vorgang an der Anode	Vorgang an der Kathode
wäßrige Lösung von Kochsalz $NaCl + H_2O$	Natriumionen Na^+ und Chlorionen Cl^-	Je zwei Chlorionen geben ihr Elektron an die Anode ab und vereinigen sich dabei zu einem Chlorgasmolekül Cl_2	Zwei Natriumionen nehmen von der Kathode je ein Elektron auf und reagieren dabei mit Wasser zu Natriumhydroxid (= Sekundärreaktion), wobei je zwei neutrale Wasserstoffmoleküle H_2 entstehen
wäßrige Lösung von Kaliumhydroxid $KOH + H_2O$	Kaliumionen K^+ und $(OH)^-$-Ionen	Je zwei $(OH)^-$-Ionen geben ihr Elektron an die Anode ab; es entsteht dabei Sauerstoffgas: O_2 und Wasser: H_2O	Je zwei Kaliumionen reagieren mit Wasser zu Kaliumhydroxid, wobei je zwei Wasserstoffmoleküle H_2 entstehen

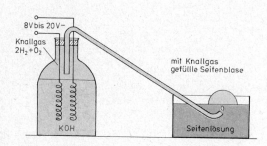

Das bei der Zersetzung von Kalilauge entstehende Knallgas (Wasserstoff und Sauerstoff im Verhältnis 2 : 1) ist explosiv. In einer Seifenblase kann es (nach Entfernen der Knallgaszelle) gefahrlos entzündet werden.

Elektrolyse von Kalilauge

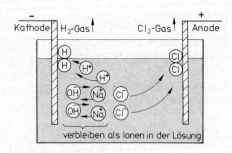

Elektrolyse von Kochsalzlösung (stark vereinfacht)

7.9.4 Leiter erster und zweiter Art

Allgemein gilt:

Der Elektronenstrom im metallischen Leiter hat denselben Umlaufsinn wie der Strom negativer Ionen im Elektrolyten. Die positiven Ionen wandern in entgegengesetzter Richtung.

Kreislauf der Elektronen

Die negativen Ionen im Elektrolyten wandern zur Anode und geben dort ihre Elektronen ab (I). Diese Elektronen werden von der Spannungsquelle durch den äußeren Stromkreis gepumpt (II). An der Kathode dienen sie zur Neutralisation der dorthin gewanderten positiven Ionen (III).

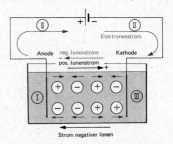

Wir unterscheiden also:

Leiter 1. Art	feste Stoffe	hauptsächlich Metalle	Stoff bleibt unverändert	nur Elektronen bewegen sich
Leiter 2. Art	Flüssigkeiten	z. B. verdünnte Säuren	chemische Zersetzung	beachtlicher Materialtransport durch Ionen

Die bewegte Masse ist bei Leitern zweiter Art bis über 100000mal größer als bei der Elektronenleitung.

7.9.5 Polreagenzpapier

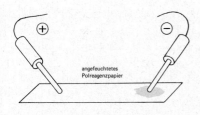

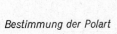

Bestimmung der Polart

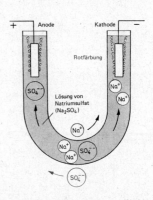

Bestimmung der Polart durch Elektrolyse

Einer Lösung von Natriumsulfat in Wasser setzen wir etwas farbloses Phenolphthalein zu, das bei Vorhandensein einer Lauge nach Rot umschlägt. Nach Anlegen einer Spannung bildet sich an der Kathode Natronlauge, was zu einer Rotfärbung des Elektrolyten führt.

Die Rotfärbung der Kathode wird zur Bestimmung der Polarität ausgenutzt.

Filterpapier wird mit einer alkoholischen Lösung von Phenolphthalein und Natriumsulfat getränkt und dann getrocknet. Wird das angefeuchtete Papier vom Strom durchflossen, so färbt sich der Minuspol rot.

7.10 Die elektrische Ladung und ihre Messung; Ladungsmenge und Metallabscheidung

7.10.1 Die Ladungseinheit

Die Stromstärke I wurde durch die Zahl von Elektronenladungen festgelegt, die je Sekunde durch den Drahtquerschnitt wandern. Die Größe I ist also von der Dimension Ladung/Zeit (vgl. Abschn. 7.5.5).

Somit gilt:

---

transportierte elektrische Ladung = Stromstärke · Zeit des Stromflusses

$$Q = I \cdot t \quad \text{in A · s}$$

Die Maßeinheit der Ladung wird 1 Ampere · 1 Sekunde = 1 Amperesekunde.

Festlegung

---

1 Amperesekunde = 1 Coulomb[1])
1 A · s   = 1 C

Ein Strom von 1 A transportiert in 1 s die Ladung von 1 C.

1. Beispiel: Bei einer gleichbleibenden Stromstärke von 0,5 A fließen durch einen Draht in 30 min

$$Q = I \cdot t = 0{,}5 \text{ A} \cdot 1800 \text{ s} = 900 \text{ A · s} = 900 \text{ C}$$

2. Beispiel: Soll eine Ladung von 42000 C transportiert werden, so muß ein Strom von 1,2 A über eine Zeit

$$t = \frac{Q}{I} = \frac{42000 \text{ A · s}}{1{,}2 \text{ A}} = \frac{42000}{1{,}6} \frac{\overset{s}{\min}}{60} = 583{,}3 \text{ min (9 h, 43 min)}$$

fließen.

7.10.2 Die Ladungsmessung

Je größer die bei der Elektrolyse (vgl. Abschn. 7.9) an Anode und Kathode abgeschiedenen Mengen (z. B. Metallniederschläge oder Gase) sind, desto größer ist die durchgegangene Ladung. Geräte, die die elektrolytische Abscheidung zur Ladungsmessung benutzen, heißen Coulombmeter.

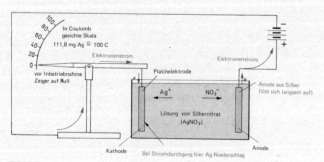

Silber-Coulombmeter

---

[1]) Die Ladungseinheit wurde benannt nach Charles Augustin de Coulomb, französischer Physiker und Ingenieur (1736—1806)

Beim *Silber-Coulombmeter* dient die an der Kathode abgeschiedene Silbermenge zur Messung der durchgegangenen Ladung.

Begründung: Jedes Silberion benötigt zur Abscheidung als neutrales Metallatom ein Elektron, das zuvor über den Draht zur Kathode geflossen sein muß. Gleichzeitig wird an der Anode von jedem NO_3-Ion ein Elektron abgegeben.

Steht der Zeiger auf Null, so befindet sich der gemeinsame Schwerpunkt von Waagebalken und Platinelektrode unterhalb des Unterstützungspunktes. Der Silberniederschlag führt zu einer Drehung (rechtsdrehendes Moment). Der Schwerpunkt ändert damit seine Lage. Je nach der abgeschiedenen Silbermenge stellt sich bei einer anderen Neigung des Waagebalkens das Gleichgewicht ein. Welche Bedeutung hat der Auftrieb?

Das abgeschiedene Silber kann auch einfach durch Wägung der Platinelektrode ermittelt und hieraus auf die durchgegangene Ladung geschlossen werden.

Mit Hilfe der Ausscheidung von Kupfer aus Kupfersulfat (Näheres in Abschn. 7.10.3) läßt sich entsprechend ein Kupfer-Coulombmeter bauen.

Beim *Knallgas-Coulombmeter* wird das bei der Zersetzung von Kalilauge entstehende Knallgas in einem Meßzylinder aufgefangen.

Fließt ein Strom von 1,25 A 80 s lang, so ist die durchgegangene Ladung 1,25 A · 80 s = 100 C. Die abgeschiedene Gasmenge beträgt dann 17,4 cm³.

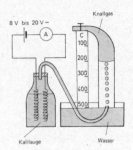

Erstes Faradaysches Gesetz

Allgemein gilt:

Die abgeschiedenen Stoffmengen sind der durch den Elektrolyten geflossenen Ladungsmenge proportional (erstes elektrolytisches Gesetz von Faraday[1]).

Die Beziehung $m \sim Q$ ist auch als $m \sim I \cdot t$ oder $m \sim I$ (bei gleichen Abscheidungszeiten) *und* $m \sim t$ (falls I = const.) zu schreiben.

Beispiel: In 20 min werden für $I = 0,5$ A $m = 0,2$ g und für $I = 1$ A $m = 0,4$ g Kupfer abgeschieden. In 40 min beträgt bei $I = 1$ A die abgeschiedene Kupfermenge 0,8 g.

Also doppelte Stromstärke — doppelte Abscheidung und doppelte Zeit — doppelte Abscheidung.

Im Quecksilber-Coulombmeter wird beim Stromdurchgang aus einer Lösung von Quecksilberjodid (HgJ_2) Hg ausgeschieden.

Der Hg-Elektrolytzähler des Engländers Wright — auch Stia-Zähler genannt — war das erste Ladungsmeßgerät dieser Art, das sich in der Praxis durchsetzte.

Die abgeschiedene Hg-Menge ist proportional der durchgegangenen Ladung. Für eine bestimmte (konstante) Spannung U kann sofort das Produkt $Q \cdot U$ angeschrieben werden, das den Stromverbrauch in kWh (vgl. Abschn. 7.19.4) angibt.

*Quecksilber-Coulombmeter
(Stia-Zähler)*

---

[1] Michael Faraday, engl. Physiker und Chemiker (1791—1867)

7.10.3 Die galvanische Metallabscheidung

Einen Sonderfall der Elektrolyse einer Lösung, die geeignete Metallionen enthält, stellt die galvanische Metallabscheidung dar. Die positiven Metallionen wandern im „galvanischen Bad" zur Kathode und werden dort entladen. Die entstandenen neutralen Atome bilden auf der negativen Elektrode einen metallischen Überzug.

Beispiel: Verkupferung

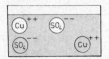

Kupfersulfatlösung

Eine Lösung von Kupfersulfat ($CuSO_4$) in Wasser enthält zweifach positiv geladene Kupferionen (Cu^{++}) und zweifach negativ geladene SO_4-Ionen (SO_4^{--}).

Die Ionenaufspaltung wurde bei der Elektrolyse von verdünnter Schwefelsäure (vgl. S. 322) schon erklärt. Anstelle des Cu^{++}-Ions hatten wir es dort mit zwei H^+-Ionen zu tun.

Beim Anlegen einer elektrischen Spannung (z. B. 4 bis 8 V) wandern die positiven Kupferionen zur Kathode und nehmen Elektronen auf. Die negativen SO_4-Ionen wandern zur Anode und geben ihre überschüssigen Elektronen ab. Die Spannungsquelle sorgt dafür, daß die von den SO_4^{--}-Ionen an der Anode abgegebenen Elektronen über den Leitungsdraht zur Kathode gepumpt werden, wo sie zur Neutralisation der Cu^{++}-Ionen dienen.

Die Ionenaufspaltung ist vor Anlegen der Spannung vorhanden.

Dies läßt sich im Versuch nachweisen:

Eine senkrecht stehende, beiderseits verschließbare Glasröhre ist ganz mit Silbernitratlösung ($AgNO_3$) gefüllt. Werden die an den Rohrenden befindlichen Silberelektroden über ein empfindliches Galvanometer miteinander verbunden, so ist ein schwacher Strom nachweisbar. Die schwereren Ag^+-Ionen sinken nach unten und bilden dort einen Pluspol. Entsprechend entsteht oben ein Minuspol. Bei waagrechter Lage der Röhre ergibt sich kein Ausschlag des Meßinstrumentes.

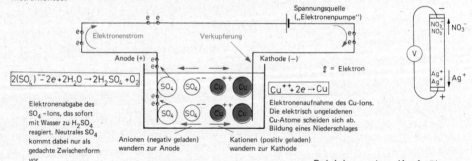

Entstehung eines Kupferüberzuges

Hinweis zur praktischen Galvanotechnik

Galvanische Überzüge erfüllen einen doppelten Zweck: Korrosionsschutz und schöneres Aussehen. In der Praxis wird zur Herstellung galvanischer Silberüberzüge nie die Ausscheidung aus einer Silbernitratlösung benutzt, da der Niederschlag viel zu grobkörnig wird. Zur Erzielung eines feinkörnigen, glatten und porenfreien Silberüberzugs bedarf die Badlösung einer Reihe von

Zusätzen, insbesondere der sehr giftigen Salze der Blausäure (Cyanide). Bei Kupferüberzügen verhält es sich ähnlich. Eine reine Lösung von Kupfersulfat würde zu mangelhaften Niederschlägen führen.

Das Grundprinzip jedoch, daß positiv geladene Metallionen an der Kathode entladen und dann abgeschieden werden, ist immer dasselbe.

Von zahlreichen weiteren Gesichtspunkten sei nur noch einer angeführt: Die Stromstärke darf nicht beliebig eingestellt werden. Bei einer Oberfläche der Kathode von 1 dm² soll sie für eine Kupfersulfatlösung etwa 2 A betragen.

Versuch: Benutzt man beim Stromdurchgang durch eine Lösung von Kupfersulfat Elektroden aus Kohle, so läßt sich der Cu-Niederschlag auf der Kathode sehr gut beobachten. Beim Umpolen löst sich der Kupferbelag wieder auf, und die Kohleplatte nimmt ihre schwarze Farbe wieder an. Die Ausscheidung erfolgt nun an der anderen Elektrode.

Bei der galvanischen Metallabscheidung sind kathodischer Niederschlag und anodische Lösung zu unterscheiden.

Anwendung löslicher Anoden

Bei galvanischen Bädern werden lösliche Anoden benutzt (beim Versilbern Silberanoden, beim Vernickeln Nickelanoden, beim Verkupfern Kupferanoden usw.). Damit werden der Badlösung, die bei der Abscheidung an Metallionen verarmt, neue Metallionen zugeführt.

Bei der *elektrolytischen Reinigung,* z. B. von Kupfer, dienen als Anoden aus gegossenem Kupfer, das aus dem Schmelzofen stammt und eine Reihe von Fremdatomen enthält, z. B. Kohlenstoff, Nickel und verschiedene Edelmetalle. Bei Stromdurchgang (Stromstärke z. B. 20000 A, Spannung wenige V) geht die Anode in Lösung. An der Kathode schlägt sich sehr reines Elektrolytkupfer nieder. (Tagesproduktion einer Anlage mehrere hundert Tonnen Elektrolytkupfer, Masse einer Anode z. B. 250 kg.)

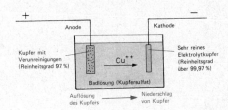

Herstellung von Elektrolytkupfer

Zweites Faradaysches Gesetz

Der zahlenmäßige Zusammenhang von abgeschiedener Menge und durchgegangener Ladung läßt sich für die verschiedensten Elektrolyten durch Versuch bestimmen. Werden Stromstärke und Zeit so gewählt, daß stets eine Ladung von 96500 C durch die Badlösung geht, so ergeben sich folgende Werte:

Elektrolyt	abgeschiedene Menge an Metall in g	Metallion	Wertigkeit des Ions	relative Atommasse[1]) des abgeschiedenen Metalls
Silbernitrat AgNO₃	107,9	Ag^+	I	107,9
Kupferchlorür CuCl	63,5	Cu^+	I	63,5
Kupfersulfat CuSO₄	31,75	Cu^{++}	II	63,5
Nickelsulfat NiSO₄	29,35	Ni^{++}	II	58,7

[1]) vgl. Abschn. 8.2.4

Begriffsfestlegung: Die Menge eines Elements in Gramm, die zahlenmäßig gleich der relativen Atommasse ist, heißt Grammatom. 1 Grammatom Silber sind also 107,9 g. (Vgl. Definition des Mols in Abschn. 5.6.5.)

Damit folgt:

Die Ladung von 96500 C scheidet bei Elektrolyten mit einwertigen Ionen jeweils ein Grammatom ab. Bei mehrwertigen Ionen ist die

$$\text{abgeschiedene Menge} = \frac{\text{Grammatom}}{\text{Wertigkeit}}$$

(zweites elektrolytisches Gesetz von Faraday, 1834).

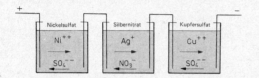

Transportierte Ladung: 96500 C, abgeschiedene Mengen: 29,35 g Nickel, 107,9 g Silber, 31,75 g Kupfer

Folgerung: Da jedes einwertige Ion beim Übergang in ein neutrales Atom ein Elektron aufnimmt, so muß das Grammatom eines beliebigen Elements stets gleich viel Atome enthalten. (Die Zahl der Atome je Grammatom — 6,023 · 10²³ — wurde erstmals 1865 von dem österreichischen Physiker und Chemiker Loschmidt näherungsweise bestimmt.) Bei Elementen, die zweiwertige Ionen bilden, beträgt die von 96500 C abgeschiedene Menge nur ein halbes Grammatom, da hier je Ion zur Abscheidung als Atom zwei Elektronen „verbraucht" werden.

7.10.4 Berechnung der Schichtdicke eines galvanischen Überzuges

Ist O die Oberfläche des im Bad hängenden Gegenstandes, s die Schichtdicke des Überzuges, ϱ die Dichte und m die Masse des abgeschiedenen Metalls, so gilt

$$m = \varrho \cdot O \cdot s$$

Beispiel: Ein Teil eines Kraftfahrzeuges mit einer Oberfläche von 7 dm² soll einen Nickelüberzug erhalten. Der Elektrolyt besteht aus Nickelsulfat ($NiSO_4$). Das Teil wird bei einer Stromstärke von 42 A während einer Zeit von 32 min in die Badlösung gehängt (Nickel: relative Atommasse $A = 58,7$; Wertigkeit $W = 2$; Dichte $\varrho = 8,9$ g/cm³).

a) Wieviel Gramm Nickel vermögen 96500 C abzuscheiden?

b) Welche Nickelmenge wird von 1 Amperestunde (Ah) abgeschieden?

c) Wie groß ist die gesamte abgeschiedene Nickelmenge?

d) Welche Schichtdicke s erhält der Überzug?

Lösung

a) 96500 C scheiden $A/W = 58,7/2$ g $= 29,35$ g Ni ab.

b) 96500 C $= 96500$ As $= 96500$ A $\cdot \dfrac{h}{3600} = 26,8$ Ah

also Nickelabscheidung je Ah $= \dfrac{29,35 \text{ g}}{26,8 \text{ Ah}} = 1,095$ g/Ah

c) Die durchgegangene Ladung ist

$$Q = I \cdot t = 42 \ A \cdot \frac{32}{60} \ h = 22,4 \ Ah$$

Die Ladungen verhalten sich wie die abgeschiedenen Mengen 26,8 : 22,4 = 29,35 : m

Also wird die abgeschiedene Metallmenge

$$m = \frac{29,35 \cdot 22,4}{26,8} = 24,5 \ g \ Nickel$$

d) Aus $m = \varrho \ V = \varrho \ O \ s$ folgt für die Schichtdicke

$$s = \frac{m}{\varrho \cdot O} = \frac{24,5 \ g}{8,9 \ g/cm^3 \cdot 700 \ cm^2} = 0,00394 \ cm = 3,94 \cdot 10^{-3} \ cm = 39,4 \cdot 10^{-4} \ cm = 39,4 \ \mu m$$

Aufgabengruppe Elektrizität 1: Übungen zu 7.9 und 7.10

Stromstärke und Ladung, elektrolytische Abscheidungen, galvanische Überzüge

Die benötigten Zahlenwerte (relative Atommasse, Wertigkeit) für Silber, Kupfer und Nickel sind Abschnitt 7.10.3 zu entnehmen.

1. Durch einen Kupferdraht wird in 30 Minuten eine elektrische Ladung von 2500 C transportiert. Wie groß muß die Stromstärke sein?

2. Durch eine Zuleitung sollen 120000 C fließen. Wie lange dauert dies bei einer Stromstärke von 20 A?

3. Durch eine Glühlampe fließt ein Strom von 0,5 A. Welche Ladung wurde durch die Glühwendel während fünfstündiger Betriebszeit transportiert?

4. Bei einem Knallgas-Coulombmeter wird ein Gasvolumen von 31,2 cm³ ermittelt. Wie groß ist die durchgegangene Ladung? Wie lange hat die Abscheidung gedauert, wenn die Stromstärke 1,8 A betrug?

   Zur Lösung: 1 C scheidet 0,174 cm³ aus.

5. Aus verdünnter Kalilauge werden an den beiden Elektroden in vier Minuten insgesamt 30 cm³ Gas abgeschieden. Welche Stromstärke hat geherrscht?

6. Bei einem elektrolytischen Quecksilberzähler werden 120 g Hg ausgeschieden.

   a) Wie groß ist die durchgeflossene Ladung?

   b) Wieviel Gramm Hg werden von 96500 C abgeschieden?

   (Quecksilber: relative Atommasse 200,6; Wertigkeit II)

7. In einem galvanischen Silberbad soll ein Silberniederschlag mit 6 g erzielt werden.

   a) Wieviel C werden hierzu benötigt?

   b) Wie lange dauert die Abscheidung, wenn die Stromstärke 6 A beträgt?

   c) Wieviel cm³ Knallgas könnte man mit derselben Ladungsmenge zur Ausscheidung bringen?

8. Bei einer elektrolytischen Abscheidungsanlage zur Gewinnung von Kupfer floß ein Strom von 20000 A über 24 Stunden.

   a) Welche Ladungsmenge wurde durch eine Zelle transportiert?

   b) Wieviel Gramm Cu vermögen 96500 C abzuscheiden?

c) Welche Kupfermenge konnte abgeschieden werden, wenn 20 Zersetzungszellen hintereinandergeschaltet wurden?

(Wertigkeit des Kupfers II; bei a) und c) herrschte dieselbe Stromstärke.)

9. Ein rechteckiges Metallschild wird bei einer Stromstärke von 20 A in ein Bad von Kupfersulfat eingehängt ($CuSO_4$). Der Strom fließt 45 Minuten lang. Die Verkupferung soll beidseitig erfolgen. Die Seitenlängen betragen 2 dm und 2,5 dm.

a) Welche Kupfermenge wird abgeschieden?

b) Wie stark ist die Schichtdicke des Überzuges?

(Dichte des Kupfers 8,9 g/cm³)

10. Ein Messingpokal mit einer Oberfläche von 18 dm² soll bei einer Stromstärke von 9 A versilbert werden.

a) Wie lange muß versilbert werden, damit die Schichtdicke 16 µm beträgt?

b) Wieviel wiegt die gesamte Silberauflage?

c) Welche Schichtdicke würde man bei einer Einhängezeit in das stromdurchflossene Bad von 70 Minuten erreichen?

(Dichte des Silbers 10,5 g/cm³)

11. Eine Autostoßstange mit einer Oberfläche von 54 dm² soll einen Nickelüberzug erhalten. Wie lange dauert es, bis die gewünschte Schichtdicke von 42 µm erreicht ist, wenn bei einer Stromstärke von 104 A gearbeitet wird? Wie ändert sich das Ergebnis, wenn die Stromausbeute an der Kathode nur 95% beträgt (Dichte des Nickels 8,9 g/cm³)?

Anleitung: Bei einer Stromausbeute von 95% werden nur 95% der durchgegangenen Ladung zur Bildung des gewünschten Niederschlages ausgenutzt. 5% gehen bei Nebenreaktionen, z. B. unerwünschter Gasentwicklung, verloren. In der Praxis liegt die Stromausbeute je nach Art des Bades zwischen 10 und 100%.

7.11 Spannungsquellen

7.11.1 Galvanische Elemente

Volta-Element

Grundversuch: Zwischen einer Zink- und einer Kupferplatte wird beim Eintauchen in verdünnte Schwefelsäure (H_2SO_4) eine elektrische Spannung ($\approx$ 1 V) gemessen.

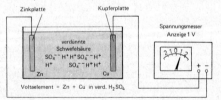

Voltaelement = Zn + Cu in verd. H_2SO_4

Die in stromlosem Zustand gemessene Spannung heißt Urspannung (U_0).

Beim Anschließen des Spannungsmessers fließt praktisch kein Strom. Es wird also U_0 gemessen (vgl. Abschn. 7.13), früher als EMK = elektromotorische Kraft bezeichnet.

Zwei verschiedene Metalle in einem Elektrolyten erzeugen Spannung U_0. Eine Anordnung zur Spannungserzeugung aus zwei Leitern 1. Art (z. B. zwei Metallen) und einem Elektrolyten (Leiter 2. Art) heißt allgemein galvanisches Element.

Leiter 1. und 2. Art wurden in Abschnitt 7.9.4 unterschieden. Bei anderen Metallen und anderen Elektrolyten, z. B. Kalilauge oder Kochsalzlösung, erhält man andere U_0-Werte. Größe und Abstand der Elektroden haben keinen Einfluß auf die U_0. Andere Konzentrationen (des Elektrolyten) ergeben etwas verschiedene U_0-Werte. Zwei gleiche Metalle liefern keine Spannung.

Historisches

Die benutzte Bezeichnung geht auf den italienischen Arzt und Forscher Luigi Galvani zurück. Dieser stellte an einem mittels eines Kupferhakens aufgehängten Froschschenkel jedesmal ein Zucken fest, wenn dieser ein Eisengeländer berührte (1789). Galvani erklärte diese Erscheinung fälschlicherweise mit ,,tierischer Elektrizität". Volta (vgl. Abschn. 7.5.2) erkannte den wesentlichen Zusammenhang: Zwei Metalle und ein Elektrolyt (Froschschenkel) bilden einen geschlossenen Stromkreis. Ursache für das Zucken ist die entstandene elektrische Spannung. Volta schuf das nach ihm benannte Element (Zn/wässeriger Elektrolyt/Cu).

7.11.2 Vorgang der galvanischen Spannungserzeugung

Die Schwefelsäuremoleküle sind in Ionen (H^+ und SO_4^{--}) aufgespalten (vgl. Abschn. 7.9). Die Zinkatome gehen als Ionen Zn^{++} in Lösung. Die dabei freiwerdenden zwei Elektronen je Zinkion wandern über den Leitungsdraht zum Pluspol und entladen dort zwei H^+-Ionen.

$$2H^+ + 2 \text{ Elektronen} \longrightarrow 2 \text{ H-Atome} \longrightarrow H_2\text{-Molekül}$$

Der elektrische Strom über den Leitungsdraht kommt dadurch zustande, daß mit zunehmender Auflösung des Zinks auf der Zinkelektrode ein Elektronenüberschuß entsteht (je Zinkion werden 2 Elektronen frei!), der zur Bildung eines Minuspols führt.

Die Spannung wird dadurch erzeugt, daß Zink in Lösung geht.

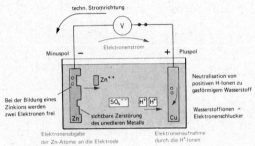

Volta-Element
Elektronenabgabe der   *Elektronenaufnahme*
Zn-Atome an die Elektrode   *durch die H^+-Ionen*

Fragestellung	Antwort	
	Im Sonderfall für das Volta-Element $Zn/H_2SO_4/Cu$:	Im allgemeinen Fall bei zwei verschiedenen Metallen in einem Elektrolyten:
1) Warum löst sich Zink auf und nicht Kupfer?	Zn löst sich leichter auf	Die Elektrode aus dem unedleren Metall wird aufgelöst
2) Welche Elektrode bildet den Minuspol der Spannungsquelle?	Zn bildet den Minuspol und wird aufgelöst	Das unedlere Metall wird Minuspol und geht in Lösung

1. Versuch: Ein eiserner Nagel (fettfreie Oberfläche) wird in eine Lösung von Kupfersulfat ($CuSO_4$) getaucht. Das unedlere Eisen geht in Lösung. Das edlere Kupfer wird aus der Lösung verdrängt und bildet auf dem Nagel einen Niederschlag.

2. Versuch: Ein Kupferstreifen wird in eine Lösung von Silbernitrat ($AgNO_3$) eingetaucht. Es entsteht ein Silberniederschlag. Das hier unedlere Kupfer geht in Lösung.

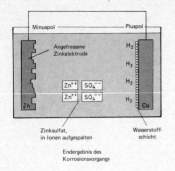

Zinksulfat,
in Ionen aufgespalten

Wasserstoff-
schicht

Endergebnis des
Korrosionsvorgangs

Bei jedem galvanischen Element wird das unedlere Metall, das stets den Minuspol bildet, aufgelöst. Als Folge davon fließt ein elektrischer Strom (Umwandlung von chemischer Energie in elektrische Energie).

Bedeutung für die technische Praxis

Zerstörung von Werkstoff durch elektrochemische Korrosion.

Ungewollt bildet sich bei falscher Werkstoffwahl dort ein galvanisches Element aus, wo zwei verschiedene Metalle und ein Elektrolyt (Wasser bzw. Feuchtigkeit mit Verunreinigungen) zusammentreffen (Kontaktkorrosion). Das unedlere Metall wird zerfressen. (Der dabei auftretende Strom bleibt ungenutzt.)

Beispiele: Aluminiumbehälter mit Kupfernieten, Zusammentreffen von Leitungsdrähten aus Al und Cu, Verbindung von Wasserleitungsrohren aus verzinktem Eisen und Kupfer.

Gegenüberstellung

galvanische Spannungserzeugung	galvanische Metallabscheidung
ungewollte Korrosion	Sonderfall der Elektrolyse
Es entsteht „von selbst" eine Spannung	Eine Spannung wird angelegt
Das Metall am Minuspol wird zerfressen (aufgelöst)	Das Metall des Elektrolyten wird am Minuspol abgeschieden
Verbraucht wird Metall der negativen Elektrode	Verbraucht wird Spannung der Spannungsquelle
Ergebnis: eine Spannung	Ergebnis: Metallniederschlag

Die Metallabscheidung stellt also die Umkehr zur Spannungserzeugung dar.

Ordnen wir die Metalle in einer Reihe derart an, daß jedes Metall gegenüber einem von ihm rechts stehenden in einem galvanischen Element den Minuspol bildet, so entsteht die **elektrochemische Spannungsreihe**. Diese lautet auszugsweise: Magnesium, Aluminium, Zink, Eisen, Blei, Kupfer, Silber, Gold, Platin (Edelwert nach rechts zunehmend). Je weiter links ein Metall in der Reihe steht, desto stärker ist seine Fähigkeit, unter Bildung positiver Ionen in Lösung zu gehen, wobei sich die eintauchende Metallelektrode negativ auflädt.

Zink-Kohle-Element

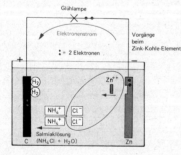

Elektronenaufnahme
(durch die NH₄⁺-Ionen)

Elektronenabgabe
(durch das sich lösende Zink)

Zink-Kohle-Element (Naßelement)

Versuch: Zwei Platten aus Zink und Kohle werden in eine wässerige Lösung von Salmiak (Ammoniumchlorid $= NH_4Cl$; 10 g Salmiaksalz auf 100 cm³ destilliertes Wasser) getaucht. Mit dem Voltmeter wird die Spannung U_0 dieses Zink-Kohle-Elements zu $\approx$ 1,5 V gemessen.

* *Vorgang:* Zink geht in Lösung (Entstehung des Minuspols) und gibt dabei Elektronen ab, die am Pluspol NH_4^+-Ionen entladen. Zink (Zn^{++}-Ion) bildet mit Chlor (Cl^--Ion) Zinkchlorid $ZnCl_2$. Je zwei NH_4^+-Ionen nehmen je ein Elektron auf; dabei entstehen Ammoniak ($2 \cdot NH_3$) und Wasserstoff (H_2), der auf der Kohle eine Gasschicht bildet, so daß ein in den Stromkreis eingeschaltetes 1,5-V-Lämpchen nach kurzem Aufleuchten erlischt.

Die Bildung einer Wasserstoffschicht auf der Anode, die auch beim Volta-Element auftritt und den „Stromkreis unterbricht", wird als **Polarisation** bezeichnet (vgl. Abb.). Zur Beseitigung der den Reaktionsablauf behindernden Gashaut dienen Oxydationsmittel, **Depolarisatoren** genannt.

Das Braunsteinelement

Das Braunsteinelement — auch Leclanché-Element[1]) oder Salmiakelement genannt — wird sehr viel verwendet.

Zur Beseitigung des störenden Wasserstoffs wird die Kohleelektrode mit einem Beutel von pulverförmigem Braunstein (Mangandioxid MnO_2) umgeben. Beimengungen von Graphit oder Ruß dienen zur Verbesserung der Stromleitung. Durch Sauerstoffabgabe des Braunsteins wird der Wasserstoff (H) zu Wasser (H_2O) oxydiert.

Das Braunsteinelement ist eine Verbesserung des Zink-Kohle-Elements.

Braunsteinelement = Zink-Kohle-Element + Braunstein als Depolarisator

---

Bei praktischen Ausführungsformen wird zur bequemeren Verwendung (z. B. leichterer Transport) die Flüssigkeit durch eine Füllmasse (Stärke, Sägespäne, wasseranziehende Salze u. ä.) ersetzt, die mit dem Elektrolyten getränkt ist.

U_0 einer Zelle je nach den verwendeten Rohstoffen 1,55...1,75 V. Beständige Spannung bei normaler Belastung 1,3...1,5 V.

Aus Gründen der Zweckmäßigkeit gibt man für eine chemische Spannungsquelle eine sogenannte **Nennspannung** an, die etwa der Spannung in stromlosem Zustand entspricht und bei überschläglichen Berechnungen zugrunde gelegt wird.

Die Nennspannung des Braunsteinelements beträgt 1,5 V.

Es sei hier noch betont, daß die Elektrode aus Kohle insofern eine Sonderstellung einnimmt, als sich der Kohlenstoff an den chemischen Vorgängen selbst nicht beteiligt. Die Kohle hat hier nur die Aufgabe, als Kontaktwerkstoff für eine geeignete, leitende Verbindung zu sorgen. Kohlenstoff bildet keine Ionen, die ähnlich den Metallionen in die Lösung drängen. Mitentscheidend für die Entstehung einer bestimmten U_0 sind jedoch die Vorgänge, die sich *an* der Kohle abspielen.

Geringe Verunreinigungen können dabei von großem Einfluß sein.

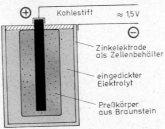

Aufbau eines Trockenelements
(Leclanché- oder Braunsteinelement)

Das Leclanché-Element kann viele Aufgaben erfüllen, solange die sich im Betrieb einstellende Zellenspannung[2]) (anfangs ≈ 1,5 V) nicht unter 0,75 V, d. h. die halbe Nennspannung, absinkt. Es gibt Geräte, die zum ordnungsgemäßen Betrieb Spannungen von 0,9...1,1 V und mehr benötigen. Dann werden die Elemente schon bei geringerer Entladung unbrauchbar.

---

[1]) angegeben von dem französischen Chemiker Leclanché (1839—1882)
[2]) In Abschnitt 7.13 wird hierfür der Begriff „Klemmenspannung" eingeführt

Brennstoffzelle

In neuerer Zeit spielt die Brennstoffzelle eine immer größere Rolle in der Technik (z. B. Raumfahrt), da ihr Wirkungsgrad, besonders bei höheren Leistungen, günstig liegt.

In der Brennstoffzelle werden Wasserstoff und Sauerstoff (z. B. aus einem Oxidationsmittel oder als Gas) an geeigneten Elektroden zu Wasser umgesetzt. Die chemische Energie wird also unmittelbar in elektrische Energie umgesetzt.

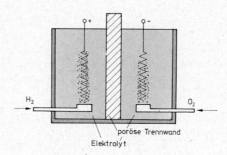

Brennstoffzelle

7.11.3 Akkumulatoren (Sammler)

Im Gegensatz zu den galvanischen Elementen, die nach Gebrauch wertlos werden (die negativen Elektroden wurden zersetzt), sind die Akkumulatoren[1] weiter zu verwenden.

Sammler sind *chemische Spannungsquellen*, die nach Gebrauch durch Anschluß an eine fremde Spannungsquelle (gleichnamige Pole von Sammler und Spannungsquelle miteinander verbunden) wieder aufgeladen werden können.

Bleiakkumulator

Ursache der Spannungserzeugung: Elektrochemische Vorgänge zwischen Blei und Bleiverbindungen in verdünnter Schwefelsäure.

In betriebsbereitem Zustand besteht die positive Platte aus Bleidioxid (PbO_2), die negative aus Blei (Pb). Bei der Entladung gehen beide Elektroden in Bleisulfat ($PbSO_4$) über. Beim Aufladen verläuft der Vorgang in umgekehrter Richtung.

Durch Hintereinanderschaltung von drei bzw. sechs Zellen (vgl. Abschn. 7.15.4) entsteht die viel verwendete Autobatterie (Starterbatterie) mit einer Nennspannung von 6 V bzw. 12 V. (Weitere Daten in der Tabelle.)

---

[1] von lat. accumulare = anhäufen

Zustand	Anode	Kathode	Dichte	U_0
geladen	i. allg. braunes Bleidioxid PbO_2	graues Schwammblei	der verdünnten Schwefelsäure 1,28 g/cm³ (höchstens 1,285 g/cm³)	Leerlaufspannung je Zelle 2 V
entladen	Bleisulfat $PbSO_4$	Bleisulfat (weiß) $PbSO_4$	1,14 g/cm³ kleinster Dichtewert	1,8 V niedrigster U_0-Wert
			(Werte dürfen nicht unterschritten werden! Gegebenenfalls sofort aufladen!)	

Bei der Entladung nimmt die Flüssigkeit an Gewicht ab, der feste Anteil zu. Die Dichte des Elektrolyten wird kleiner. Der Entladezustand ist daher durch Dichtemessung mit dem Aräometer (vgl. Abschn. 2.2.7) zu ermitteln.

Die Vorgänge beim Entladen und beim Laden können wie folgt vereinfacht dargestellt werden:

Entladen:

(—) Kathode: Die Bleielektrode reagiert mit Sulfationen unter Abgabe von Elektronen; es entsteht Bleisulfat.

(+) Anode: Bleidioxid reagiert mit Wasserstoffionen und Schwefelsäure unter Aufnahme von Elektronen; es entstehen Bleisulfat und Wasser.

Laden:

(—) Kathode: Bleisulfat wird durch Elektrolyse zerlegt; dabei Aufnahme von Elektronen; es entsteht Schwefelsäure und Blei.

(+) Anode: Bleisulfat und Wasser reagieren unter Abgabe von Elektronen zu Schwefelsäure, Wasserstoffionen und Bleidioxid (rotbrauner Anodenbelag).

Als chemische Reaktionsgleichungen:

$$(—)\ Kathode:\ Pb + SO_4^{--} \underset{Laden}{\overset{Entladen}{\rightleftharpoons}} PbSO_4 + 2e^-$$

$$(+)\ Anode:\ PbO_2 + 2H^+ + H_2SO_4 + 2e^- \underset{Laden}{\overset{Entladen}{\rightleftharpoons}} PbSO_4 + 2H_2O$$

Zusammengefaßte Reaktion für das System „Anode, Elektrolyt und Kathode":

$$Pb + PbO_2 + 2H_2SO_4 \underset{Laden}{\overset{Entladen}{\rightleftharpoons}} 2PbSO_4 + H_2O + \textbf{Energieabgabe}$$

Die *Kapazität* (Aufnahmevermögen) gibt die Ladung in Ah an, die einem Sammler entnommen werden kann. Eine Batterie von 100 Ah liefert 20 h lang einen Strom von 5 A.

Die Ah-Zahl wird bei größerer Entladestromstärke (und damit kürzerer Entladezeit) kleiner, da dann die tieferen Plattenschichten an der Umsetzung nicht genügend teilnehmen. Bei einer Entladung in 10 h erhält man statt 100 Ah nur 91 Ah (Stromstärke also 9,1 A). Daher wird die Kapazität immer für eine bestimmte Entladezeit angegeben, z. B. bei Kraftfahrzeugbatterien für 20 h.

Die zum Laden benötigte Stromstärke beträgt rund 10% des Zahlenwertes der Kapazität, d. h. bei 70 Ah rund 7 A. Die Ladespannung ist wenig größer als die Nennspannung. (Mittelwert 2,3 V; Höchstwert etwa 2,7 V gegen Ende der Aufladung.)

Beim Aufladen und bei frisch geladenen Batterien entsteht Knallgas. Explosionsgefahr! Kein offenes Licht! Die Kapazität hängt ab von der Plattengröße und der Anzahl der in der Zelle parallelgeschalteten Platten (Näheres in Abschn. 7.15.5).

Wird der Akkumulator mehrere Monate hindurch nicht betrieben, so bildet sich hartes Bleisulfat, wodurch die Ladefähigkeit stark vermindert wird.

Stahlakkumulator

Der Stahlakkumulator, auch Nickel-Eisen-Sammler, Edison-Sammler oder alkalischer Akkumulator genannt, hat eine Nennspannung von 1,2 V je Zelle.

Ursache der Spannungserzeugung: elektrochemische Vorgänge zwischen Eisen, Eisenhydroxid $Fe(OH)_2$ und zwei Nickelhydroxiden verschiedener Wertigkeiten in 20%iger Kalilauge als Elektrolyt ($\varrho = 1200$ kg/m³).

Der Name „Stahl-Akku" ist durch die Verwendung von Stahlgefäßen begründet.

In geladenem Zustand besteht die Plusplatte — etwas vereinfacht dargestellt — aus $Ni(OH)_3$ = Nickel-III-hydroxid (Nickel mit der Wertigkeit III), die Minusplatte aus feinverteiltem Eisen.

U_0 beträgt $\approx 1,3...1,4$ V, Ladespannung bis 1,85 V.

Anstelle von Eisen kann auch Cadmium verwendet werden. Ni-Cd-Zellen sind weiter verbreitet als Ni-Fe-Zellen und weisen einige Vorteile auf. Für hohe Belastungen sind Silber-Zink-Zellen ($U_0 \approx 1,5$ V) entwickelt worden, die allerdings nur wenige Ladungen und Entladungen erlauben.

Bei Akkumulatoren unterscheidet man zwischen dem Wirkungsgrad:

$$\text{Wirkungsgrad} = \frac{\text{entnommene Energie (in kWh)}}{\text{zum Laden aufgewandte Energie (in kWh)}} \quad ^{')}$$

und dem Gütegrad:

$$\text{Gütegrad} = \frac{\text{entnommene Ladung (in A} \cdot \text{h)}}{\text{zum Laden aufgewandte Ladung (in A} \cdot \text{h)}}$$

Wirkungsgrade liegen bei Bleiakkumulatoren bei 70 %...80 %, Gütegrade bei 90 % und höher. Bei Stahlakkumulatoren liegen beide Werte niedriger.

Vorteile von Stahlakkumulatoren gegenüber Bleiakkumulatoren

Längere Lebensdauer, widerstandsfähiger gegen mechanische Beanspruchung (Erschütterung), unempfindlicher gegen Überladung und Tiefentladung sowie Überlastung, geringere Selbstentladung, Stahl-Akku kann längere Zeit unbenutzt bleiben, während beim Blei-Akku auch bei Betriebsruhe monatliche Nachladung notwendig ist).

Nachteile: Geringere Zellenspannung, höhere Zellenzahl bzw. höherer Preis für dieselbe Gebrauchsspannung und Kapazität.

') vgl. Abschn. 7.18 und 7.19

Überblick

Chemische Spannungsquellen

Galvanische Elemente	Akkumulatoren (Sammler)
Galvanische Zellen 1. Art Primärelemente[1])	Galvanische Zellen 2. Art Sekundärelemente[2])
Chemische Energie wird in elektrische Energie umgewandelt	
Energieumwandlung nicht umkehrbar; verbrauchte Elemente nicht mehr verwendbar	Energieumwandlung umkehrbar; nach Aufladung wieder einsatzbereit
Batterien für Taschenlampen, Uhren, Radiogeräte (Anodenbatterie) usw.	Elektrizitätsversorgung von Kraftfahrzeugen, Lokomotiven, Elektrofahrzeugen, Schiffen, Notlichtanlagen usw.

Als Geburtsdatum der galvanischen Spannungserzeugung sind die Jahre um 1800 anzusehen (Versuche von Galvani und Volta). Dieser Zeitpunkt stellt den Beginn der Elektrotechnik dar, da erst seitdem Versuche mit nennenswerten Stromstärken, die auf chemischem Wege erzeugt wurden, durchgeführt werden konnten.

Hinweis zu den Bezeichnungen Anode und Kathode (auch Katode)

Bei Elektrolyse und Sammler benutzen wir für die mit dem positiven Pol der Spannungsquelle verbundene Elektrode oder Platte den Ausdruck Anode. Entsprechend bedeutet Minuspol Kathode. Bei den galvanischen Elementen verzichten wir auf diese Bezeichnungen, da hier gemäß dem Sprachgebrauch in der Elektrochemie Anode = Minuspol und Kathode = Pluspol zu setzen wäre. Der übergeordnete Gesichtspunkt in beiden Fällen ist derselbe: An der Anode findet immer — sei es freiwillig oder durch eine fremde Spannungsquelle bewirkt — eine Elektronenabgabe an den äußeren Stromkreis statt. Dies ist z. B. beim Braunsteinelement (vgl. Abschn. 7.11.2) an der Zinkelektrode der Fall (Minuspol-Anode!), während z. B. bei der Elektrolyse von Kalilauge die Elektronenabgabe am Pluspol erfolgt.

7.11.4 Thermoelemente

Zwei geeignete Metalle werden gut leitend miteinander verbunden, z. B. gelötet oder geschweißt. Bringt man die Verbindungsstellen auf unterschiedliche Temperaturen, so bildet sich eine Spannung aus (Thermospannung).

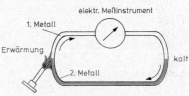

Elektrische Spannung durch Wärme

Thermoelement = zwei leitend miteinander verbundene Metalle

Gebräuchliche Thermoelemente — Kalte Lötstelle auf 0 °C

Thermopaar	Heiße Lötstelle in °C	Spannung in mV
Platin-Platinrhodium (90% Pt, 10% Rh)	400	3,2
Von 0 °C bis 1600 °C brauchbar; erreichbare Meßgenauigkeit in bestimmtem Bereich oberhalb 1000 °C 0,1 °C	1600	16,6
Konstantan-Eisen	400	22,1
Von −200 °C bis +800 °C verwendet	800	45,7
Konstantan-Kupfer	200	9,3
Von −250 °C bis +400 °C	400	20,9
In der Praxis ziemlich häufig verwendet, z. B. auch in Dampfleitungen	−200	5,5
Für besonders tiefe Temperaturen geeignet	Bei der Messung negativer Temperaturen befindet sich die „heiße Lötstelle" auf 0 °C. Die Stromrichtung ist dann entgegengesetzt	

Die Thermospannung nimmt mit wachsendem Temperaturunterschied $\Delta\vartheta$ der beiden Lötstellen zu. Für $\Delta\vartheta = 1000\,°C$ beträgt die Spannung je nach Art der Metalle rund 10 bis 60 mV. Bei der

---

[1]) von lat. primus = der erste; [2]) von lat. secundus = der zweite

Ausnutzung zur Temperaturmessung ist von großem Vorteil, daß eine lange Zuleitung zum Meßinstrument eingeschaltet werden kann.

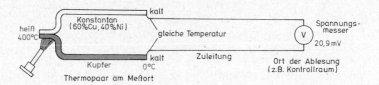

7.11.5 Spannungserzeugung durch Reibung und Berührung

Durch Reibung erzeugte Spannung (vgl. Abschn. 7.4.2) macht sich oft störend bemerkbar. Bei
hohen Spannungswerten kann es zu einem Funkenüberschlag kommen (Explosions- bzw. Brandgefahr). Von den zu reibenden Körpern muß mindestens einer ein Nichtleiter sein.

Metalltrichter in Lackfabriken müssen durch eine Metallkette mit der Erde verbunden sein, um eine Aufladung
zu vermeiden. Gefahr der Aufladung bei Riementrieben und Papiermaschinen. Brandgefahr bei Öl- und Benzin-
leitungen für bestimmte Strömungsgeschwindigkeiten durch elektrische Aufladung. Schläuche in chemischen
Fabriken werden gegebenenfalls mit leitenden Einlagen versehen. Ein Mensch kann durch Reibung an den
Schuhsohlen auf einem gut isolierenden Kunststoffußboden (PVC) so aufgeladen werden, daß er bei Berühren
der Wasserleitung einen leichten Schlag erhält.

Für die *Spannungserzeugung* durch Elektrizitätswerke hat die Reibung keine Bedeutung. Sorgt man durch eine
geeignete Maschine dafür, daß die durch Reibung getrennten Ladungen abgenommen und gesammelt werden,
so können sehr hohe Spannungen entstehen (Reibungselektrisiermaschine). In verbesserten Ausführungen
werden unter Mitwirkung der Influenz Spannungen bis zu 150000 V (Influenzmaschine) oder gar bis zu
10 Millionen V (Bandgenerator) erzeugt. In letzterem Falle wird als geriebener Körper ein Transportband aus
Gummi benutzt.

7.12 Das Ohmsche Gesetz

7.12.1 Der elektrische Widerstand

An einen Konstantandraht wird eine Gleichspannung von einigen Volt gelegt. Die sich einstellende
Stromstärke wird gemessen. Bei Änderung der Spannung ändert sich auch die Stromstärke.

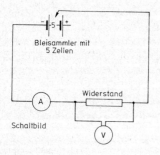

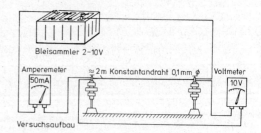

Spannung U	Stromstärke I	Verhältnis $U/I = R$
2 V	0,016 A	2/0,016 = 125 Ω
4 V	0,032 A	4/0,032 = 125 Ω
6 V	0,048 A	6/0,048 = 125 Ω

Wir erkennen: Doppelte/dreifache Spannung bedeutet doppelte/dreifache Stromstärke.

Aus zusammengehörigen Werten von U und I folgt die von Ohm[1]) entdeckte Gesetzmäßigkeit.

Das Verhältnis von Spannung und Stromstärke nimmt bei demselben Leiter stets denselben Wert an.

$$\frac{\text{an einen Leiter angelegte Spannung}}{\text{durch den Leiter fließender Strom}} = \text{const. (für denselben Stromkreis)}$$

Einschränkung: Konstante Temperatur wird vorausgesetzt.

Die sich ergebende Konstante stellt für jeden Leiter eine charakteristische Eigenschaft dar. Sie erhält daher den Namen ,,Widerstand'' (Formelzeichen R).

Somit lautet das *Ohmsche Gesetz*

$$\text{Widerstand} = \frac{\text{Spannung}}{\text{Stromstärke}} = \text{const.}$$

$$R = \frac{U}{I} = \text{const.} \quad \frac{\text{Volt}}{\text{Ampere}}$$

Im folgenden nennen wir die Beziehung $R = U/I$ kurz Ohmsches Gesetz und setzen dabei R als konstant voraus.

Durch die Gleichung $R = \dfrac{U}{I}$ wird der Begriff des Widerstands festgelegt. $R = \dfrac{U}{I} = \text{const.}$ ist das Ohmsche Gesetz. Es gibt auch Leiter, die das Ohmsche Gesetz nicht erfüllen. Trotzdem läßt sich gemäß $R = U/I$ jeweils der Widerstand angeben, wenn zwei zusammengehörige Werte von U und I bekannt sind. $R = U/I$ ist dann nur Definitionsgleichung für den Widerstand.

Die Bezeichnung $R = U/I$ stellt im allgemeinen Fall (R nicht notwendigerweise konstant) die Definitionsgleichung für den Widerstand dar.

Die Einheit $\dfrac{\text{Volt}}{\text{Ampere}}$ erhielt zu Ehren Ohms einen eigenen Namen.

$$\frac{1 \text{ Volt}}{1 \text{ Ampere}} = 1 \text{ Ohm}$$

$$\frac{V}{A} = \Omega$$

(Ω sprich ,,Ohm''; Ω = griech. Buchstabe Omega)

Als Drahtmaterial für diese Versuche ist Konstantan geeignet, da sich der Widerstand eines derartigen Drahtes bei Erwärmung infolge Stromdurchgangs nur geringfügig verändert.

Die Formel $R = \dfrac{U}{I}$ besagt:

Stellt sich bei Anlegen einer Spannung U die Stromstärke I ein, so beträgt der Widerstand des Verbrauchers $R = U/I$.

Fließt in einem Verbraucher bei Anlegen einer Spannung von 1 V ein Strom von 1 A, so beträgt der Widerstand 1 Ω.

Die Spannung von 1 V treibt also durch einen Widerstand von 1 Ω die Stromstärke von 1 A.

---

[1]) Georg Simon Ohm, deutscher Physiker (1789—1854)

1. Beispiel: Fließt bei einer Spannung von 110 V ein Strom von 0,6 A, so beträgt der Widerstand

$$R = \frac{U}{I} = \frac{110\ V}{0,6\ A} = 183\ \frac{V}{A} = 183\ \Omega$$

2. Beispiel: Beträgt die höchstzulässige Stromstärke der 3,5-V-Glühlampe 200 mA, so ist der Widerstand des Glühfadens

$$R = \frac{U}{I} = \frac{3,5\ V}{0,2\ A} = 17,5\ \Omega$$

Man beachte, daß beim Einsetzen der Zahlenwerte niemals Einheit und Untereinheit, z. B. A und mA, nebeneinander auftreten. Immer ist auf die Grundeinheit, z. B. A, umzurechnen.

Die Umformung $\boxed{U = I \cdot R}$ besagt:

Um einen Strom der Stärke I durch einen Draht vom Widerstand R zu treiben, ist eine Spannung $U = I \cdot R$ notwendig.

Fließt durch einen Widerstand von 1 Ω ein Strom von 1 A, so muß die angelegte Spannung 1 V betragen.

3. Beispiel: Durch ein elektrisches Bügeleisen mit einem Widerstand von 100 Ω fließt ein Strom von 2,2 A. An welche Spannung ist es angeschlossen?

$$U = I \cdot R = 2,2\ A \cdot 100\ \Omega = 2,2\ A \cdot 100\ \frac{V}{A} = 220\ V$$

4. Beispiel: In einem Leiter mit einem Widerstand von 26 Ω fließt ein Strom von 15 A (25 A). Dann beträgt die an den Leiterenden liegende Spannung

$$U = I \cdot R = 15\ A \cdot 26\ \Omega = 390\ V\ \text{bzw.}\ U = I \cdot R = 25\ A \cdot 26\ \frac{V}{A} = 650\ V$$

Die Umformung $\boxed{I = \dfrac{U}{R}}$ besagt:

Legt man an einen Widerstand R die Spannung U an, so wird ein Strom von der Stärke $I = \dfrac{U}{R}$ verursacht.

Bei gleichbleibender Spannung wird die Stromstärke um so kleiner, je größer der Widerstand ist.

5. Beispiel: Ein Heizschirm mit einem Widerstand von 50 Ω liegt an einer Spannung von 220 V. Dann beträgt die Stromstärke (unter Beachtung von $\Omega = V/A$)

$$I = \frac{U}{R} = \frac{220\ V}{50\ \Omega} = \frac{220\ V \cdot A}{50\ V} = 4,4\ A$$

Zum Begriff „Widerstand"

Jeder Verbraucher, z. B. ein Bügeleisen, eine Heizspirale oder eine Glühlampe, wird im Sprachgebrauch als elektrischer Widerstand bezeichnet. Andererseits hat jeder Verbraucher einen bestimmten Wert des elektrischen Widerstands, der sich nach dem Ohmschen Gesetz errechnet.

Beispiele: Ein Heizdraht stellt einen „Widerstand" dar. — Der Widerstand des Drahtes ist um so größer, je länger der Draht ist. — Besteht zwischen zwei Polen überhaupt keine leitende Verbindung, d. h. ist kein Verbraucher angeschlossen, so ist also im Sinne des Sprachgebrauchs kein Widerstand vorhanden. Der Widerstand der Luft zwischen den Polen der Spannungsquelle ist jedoch sehr groß. Er ist so groß, daß überhaupt kein Strom fließen kann. — Das Wort „Widerstand" wird also häufig in zwei verschiedenen Bedeutungen benutzt.

7.12.2 Widerstand bei Wechselstrom

Genaugenommen wird der soeben besprochene Widerstand — festgelegt durch $R = \dfrac{U}{I}$ — als **ohmscher Widerstand** bezeichnet. Es gibt nämlich noch andere Widerstände, die bei **Wechselstrom** ein ganz besonderes Verhalten zeigen (Wechselstromwiderstände). So fließt z. B. durch eine Spule bei Anlegen einer Wechselspannung ein erheblich kleinerer Strom als bei Gleichspannung, obwohl die Anzeige des Spannungsmessers genau dieselbe ist. Ursache ist der sogenannte induktive Widerstand der Spule, der u. a. von der Frequenz des Wechselstromes abhängt.

Der in Abschnitt 7.5 besprochene Effektivwert eines Wechselstromes entspricht einem Gleichstrom, der im gleichen ohmschen Widerstand dieselbe Wärme hervorruft. Die für den Gleichstrom gültigen Gesetzmäßigkeiten, die teils noch besprochen werden (Ohmsches Gesetz, Kirchhoffsche Gesetze, Stromarbeit, Stromleistung), gelten auch für Wechselstrom, wenn jeweils die ,,Effektivwerte'' (für U und I) eingesetzt werden und nur ohmsche Widerstände auftreten. Die Stromart ist also bei ohmschen Widerständen ohne Belang.

7.12.3 Spannungsabfall

Vorbemerkung

Mechanisch-elektrischer Vergleich

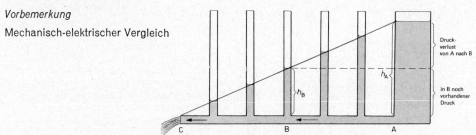

Ein Flüssigkeitsteilchen in B oder C steht unter einem geringeren Druck als in A. Infolge der Reibung hat die Flüssigkeit bei der Bewegung durch das Rohr an Druck verloren.
Druckverlust von A nach B = Druck in A — Druck in B.

Versuch: An einen Konstantandraht ($\varnothing$ 0,35 mm) legen wir eine Gleichspannung von 3 V. Die zwischen der festen Klemme C und der beweglichen Schnabelklemme K abgegriffene Spannung beträgt für die Stellung B (vgl. Abb.) 2 V. Bei Linksbewegung der Schnabelklemme K geht die Spannungsanzeige zurück. Die gemessenen Spannungen werden jeweils in den Kontaktstellen (A, B, B' und C) nach oben abgetragen.

Die Spannung U_{BC} (= Spannung zwischen B und C) ist mit 2 V kleiner als U_{AC} (3 V).

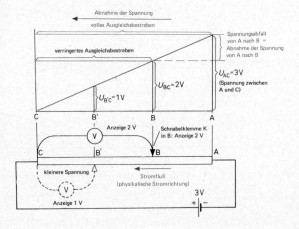

Spannungsabfall von A nach B $= U_{AC} - U_{BC}$

Man beachte, daß eine Spannung *immer* nur zwischen *zwei* Punkten herrschen kann. Im Beispiel beträgt der Spannungsabfall von A nach B 1 Volt. Der Versuch läßt sich in derselben Weise auch mit der Wechselspannung eines Transformators durchführen.

Entlang eines Leiters, an dessen Enden eine Spannung gelegt wird, findet ein Spannungsabfall statt.

Spannungsabfall $=$ Unterschied der Spannung an den Enden eines stromdurchflossenen Widerstandes

Der Spannungsabfall ist die durch Fließen von Strom verlorengegangene Spannung.

Der Vergleich mit der Flüssigkeitsströmung zeigt:

Der elektrische Widerstand entspricht dem Reibungswiderstand im Wasserrohr; dem Spannungsabfall entspricht der Druckverlust der Flüssigkeit.

Die gemessenen Spannungen sind U_1 und U_2. Dann ist der Spannungsabfall zwischen A und B

$$U_V = U_2 - U_1$$

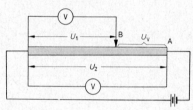

Der Spannungsabfall U_V zwischen A und B bedeutet die Spannung, die zur Überwindung des Widerstands zwischen den Punkten A und B notwendig ist. Nach dem Ohmschen Gesetz besteht zwischen der notwendigen Spannung U, die den Strom I durch einen Widerstand R zu treiben vermag, die Beziehung $U = I \cdot R$.

Folglich gilt:

<table>
<tr><td>Spannungsabfall = Stromstärke · Widerstand</td><td>$U_V = I \cdot R$</td></tr>
</table>

Fließt durch einen Widerstand R der Strom I, so beträgt der Spannungsabfall $U_V = I \cdot R$ [1]).

Der Spannungsabfall ist also bei gegebenem Widerstand von der Belastung, d. h. von der Stromstärke, abhängig.

1. Beispiel: Fließt durch einen Draht mit einem Widerstand von 3 Ω ein Strom von 4 A, so beträgt der Spannungsabfall in diesem Leiter

$$U_V = I \cdot R = 4 \text{ A} \cdot 3 \,\Omega = 12 \text{ V}$$

Diese Spannung steht dem Verbraucher nicht mehr zur Verfügung.

Oft bezeichnen wir den Spannungsabfall in der Zuleitung als Spannungsverlust, weil dieser Teil der Gesamtspannung nutzlos verbraucht wird und nur zu einer Erwärmung des Drahtes dient.

Spannungsabfall in der Hin- und Rückleitung $=$ ungenutzter Spannungsabfall

[1]) Der Begriff „Spannungsabfall" soll nur in der hier festgelegten Bedeutung benutzt werden. Das Absinken der Spannung bei Belastung einer Spannungsquelle, d. h. bei Stromentnahme, darf nicht als Spannungsabfall bezeichnet werden (vgl. Abschn. 7.13)

Gesamter Spannungsabfall = Spannungsabfall in der Leitung + Spannungsabfall beim Verbraucher = Summe der Spannungsabfälle

2. Beispiel: Ein Verbraucher ($R_1 = 53,5\ \Omega$) ist über eine Leitung vom Widerstand $R_2 = 1,5\ \Omega$ an das 220-V-Netz angeschlossen. Man berechne den Spannungsabfall in der Zuleitung und Nutzspannung[1]).

Lösung: Durch Leitung und Verbraucher fließt der Strom

$$I = \frac{U}{R_1 + R_2} = \frac{220\ \text{V}}{53,5\,\Omega + 1,5\,\Omega} = \frac{220\ \text{V A}}{55\ \text{V}} = 4\ \text{A}$$

Somit beträgt der Spannungsabfall in der Zuleitung

$$U_V = I \cdot R_2 = 4\ \text{A} \cdot 1,5\ \Omega = 6\ \text{V}.$$

Für den Verbraucher bleibt ein Spannungsabfall von

$$U_V = I \cdot R_1 = 4\ \text{A} \cdot 53,5\ \Omega = 214\ \text{V (Nutzspannung).}$$

Probe: 214 V + 6 V = 220 V

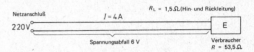

3. Beispiel *(Belastungsabhängigkeit):*

Die Elektrizitätsversorgung einer Gebirgshütte erfolgt über eine 700 m lange Leitung, deren Widerstand 22 Ω beträgt. Wie groß ist der Spannungsabfall, wenn a) bei einer brennenden Glühlampe ein Strom von 0,3 A fließt; b) bei mehreren brennenden Glühlampen ein Strom von 1,25 A fließt?

Lösung: a) $U_V = I \cdot R = 0,3\ \text{A} \cdot 22\ \Omega = 6,6\ \text{V}$

b) $U_V = 1,25\ \text{A} \cdot 22\ \Omega = 27,5\ \text{V}$ (Lampen brennen weniger hell!)

Oft wird der Spannungsabfall in Prozent der zu liefernden Verbrauchsspannung (Betriebsspannung oder Nennspannung) angegeben.

Nach den technischen Anschlußbedingungen darf der prozentuale Spannungsabfall vom Zähler zum Verbraucher 1,5% betragen (außer 3% vom Zähler zu Motoren).

4. Beispiel *(Prozentualer Spannungsabfall):*

Wieviel Volt darf der Spannungsabfall bei 220 V betragen, wenn der höchstzulässige Spannungsabfall nicht mehr als 3% ausmachen soll?

Lösung: 3% von 220 V = 6,6 V; größtmöglicher Spannungsabfall.

5. Beispiel: Durch die Anschlußleitung zu einem Motor (110 V) fließt ein Strom von 25 A. Der zulässige Spannungsverlust in der Zuleitung darf 5% betragen. Welchen Widerstand darf die Leitung höchstens haben?

Lösung: $R = \dfrac{U_V}{I} = \dfrac{5\%\ \text{von}\ 110\ \text{V}}{25\ \text{A}} = \dfrac{5,5\ \text{V}}{25\ \text{A}} = 0,22\ \Omega$

---

[1]) In Abschnitt 7.15 wird ausführlich begründet, warum die beiden Widerstände 53,5 Ω und 1,5 Ω addiert werden dürfen, um den Gesamtwiderstand zu erhalten

7.12.4 Vorschaltwiderstand

Ist die vom Verbraucher benötigte Spannung kleiner als die zur Verfügung stehende, so kann ein Teil der Spannung an einem Vorwiderstand zum Abfall gebracht werden.

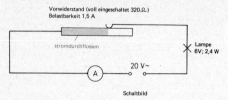

Schaltbild

Eine 20-V-Spannungsquelle kann zum Betrieb einer 6-V-Glühlampe dienen, wenn ein Vorwiderstand (vor oder hinter der Lampe) in den Stromkreis eingeschaltet wird.

Je größer der stromdurchflossene Vorwiderstand — bei gleichbleibender angelegter Spannung —, desto kleiner ist die an der Lampe noch wirksame Spannung, und desto schwächer wird das Leuchten.

Versuch: Bei voll eingeschaltetem Widerstand bleibt die Lampe dunkel. Ändert man die Schieberstellung derart, daß weniger Windungen vom Strom durchflossen werden, so beginnt die Lampe zu leuchten (schwaches Aufleuchten bei etwa 100 mA). Verkleinert man den Widerstand zu sehr, so wird die Lampe überlastet und brennt durch.

Der auf einer Glühlampe angegebene Spannungswert ist die höchstzulässige Betriebsspannung (ähnlich wie das 2,5-t-Schild an einer Brücke). Kurzzeitig geringe Überlastungen führen noch nicht zur Zerstörung der Glühlampe, beeinträchtigen jedoch die Lebensdauer.

Die höchste im Betrieb anzulegende Spannung wird als **Nennspannung** bezeichnet. Entsprechend gibt es andere Nennwerte, wie Nennstromstärke, Nennleistung usw.

Nennwerte geben an, für welche Belastung ein Gerät gebaut ist. So beträgt z. B. bei einer 6-V-Glühlampe (Aufschrift 6 V) die Nennspannung 6 V.

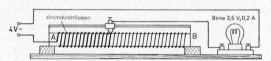

Die Länge des stromdurchflossenen Widerstandsdrahtes läßt sich bei einem Schiebewiderstand leicht einstellen. Seine Wirkungsweise läßt sich an einer mit einigen Metern Konstantandraht (ϕ 0,35 mm) umwickelten Pappröhre erkennen.

Spannung an Glühlampe = angelegte Spannung (4 V) — Spannungsabfall am Widerstandsdraht

Beispiel *(Spannungsabfall am Vorwiderstand):*

In einen Stromkreis ist eine 6-V-Glühlampe eingeschaltet, deren Glühwendel von 0,45 A durchflossen werden darf. Wie groß muß man den Vorwiderstand wählen, wenn eine Spannung von 14 V angelegt wird?

Lösung: An der Glühlampe darf höchstens eine Spannung von 6 V liegen. Folglich müssen am Vorwiderstand 8 V „vernichtet" werden.

Damit wird $R = \dfrac{U_V}{I} = \dfrac{8\ \text{V}}{0,45\ \text{A}} = 17,8\ \Omega$

7.12.5 Spannungsabfall und U_0

Wir haben also zwischen dem Spannungsabfall (U_V) und der in Abschnitt 7.11.1 eingeführten U_0 folgendermaßen zu unterscheiden:

Die **Urspannung U_0 einer Spannungsquelle** ist immer vorhanden, d. h. also auch dann, wenn kein Strom fließt. Die U_0 ist mit dem Druck in der Wasserleitung zu vergleichen. Der **Spannungsabfall an einem Widerstand** dagegen, der sich als Produkt aus Stromstärke und Widerstand berechnet ($U_V \approx IR$), tritt erst dann auf, wenn ein Strom fließt. Für $I = 0$ ist auch $U_V = 0$. Der Spannungsabfall ist also dem Staudruck vergleichbar, der nur in einer strömenden Flüssigkeit vorhanden ist. Beide Größen, U_V und U_0 werden in Volt gemessen.

Aufgabengruppe Elektrizität 2: Übungen zu 7.12
Ohmsches Gesetz, Spannungsabfall

1. Wieviel mV sind 1 V; 2,3 V; 75,3 V; 6,5 kV?

2. Wieviel mA sind 12 A; 4,52 A; 0,02 A; 0,0037 A?

3. Bei einer Spannung von 110 V fließt ein Strom von: a) 2 A; b) 0,5 A; c) 30 mA; d) 0,05 mA. Wie groß ist jeweils der Widerstand?

4. Wie groß ist die jeweils angelegte Spannung, wenn bei einem Widerstand von 12,5 Ω folgende Stromstärken gemessen werden: a) 4 A; b) 0,75 A; c) 86 mA; d) 0,002 mA?

5. Aluminium wird durch eine Schmelzflußelektrolyse erzeugt. Bei einer Spannung von 5 V beträgt die Stromstärke 10000 A. Wie groß ist demnach der Widerstand der Schmelze?

6. Von welcher Stromstärke wird ein Bügeleisen mit einem Widerstand von 80 Ω durchflossen, wenn es an eine Spannung von 220 V angeschlossen wird?

7. Wie groß ist die an eine Glühlampe gelegte Spannung, wenn bei einem Widerstand von 450 Ω ein Strom von 0,25 A (0,57 A) fließt?

8. Bei einem elektrischen Kocher mit einem Widerstand von 24,5 Ω beträgt die Stromstärke 4,5 A. Wie groß ist die angelegte Spannung?

9. Welcher Strom darf höchstens durch eine 6-V-Glühlampe fließen, die einen Widerstand von 13,3 Ω hat?

10. Ein Spannungsmeßgerät hat einen Widerstand von 100 kΩ. Welcher Strom fließt bei einer Spannung von 35 V durch das Instrument?

11. Eine 220-V-Glühlampe mit einem Widerstand von 645 Ω wird statt an 220 V an 110 V angeschlossen. Wie groß ist die Stromstärke in beiden Fällen? Was ist zu beobachten?

12. Welchen Widerstand muß eine 110-V-Glühlampe haben, damit eine Stromstärke von 0,35 A auftritt? Welche Stromstärke stellt sich ein, wenn die Lampe versehentlich an 220 V angeschlossen wird? Was geschieht?

13. Die Größe eines Widerstandes soll durch Messung von Stromstärke und Spannung bestimmt werden. Wie groß ist der Widerstand, wenn sich bei einer Spannung von 60 V eine Stromstärke von 850 mA einstellt?

14. Der Heizwiderstand eines Tauchsieders wird von 2,3 A durchflossen (Spannung 220 V). Wie groß ist der Widerstand?

15. An einem Widerstand von 250 Ω beträgt der Spannungsabfall 14 V. Wie groß ist der durchfließende Strom?

16. Eine 110-V-Glühlampe, die von 0,55 A durchflossen wird, soll an das 220-V-Netz angeschlossen werden. Wie groß ist der Vorwiderstand zu wählen, damit die Lampe nicht durchbrennt?

17. Bei einem an das 220-V-Netz angeschlossenen Verbraucher beträgt der Spannungsverlust in der Zuleitung 5 V. Wie groß ist der prozentuale Spannungsabfall?

18. Bei einem elektrolytischen Zähler beträgt der Spannungsabfall bei einer Stromstärke von 10 A $U_V = 0,9$ V. Wie groß ist der Zählerwiderstand?

Einige Schaltzeichen nach DIN 40710 bis 40717

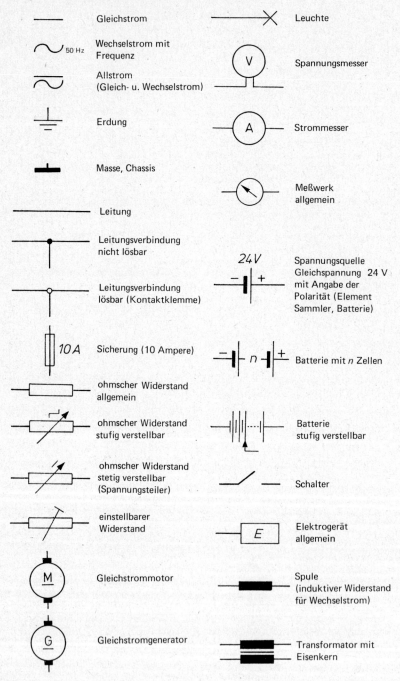

Gleichstrom

Wechselstrom mit Frequenz 50 Hz

Allstrom (Gleich- u. Wechselstrom)

Erdung

Masse, Chassis

Leitung

Leitungsverbindung nicht lösbar

Leitungsverbindung lösbar (Kontaktklemme)

Sicherung (10 Ampere) 10 A

ohmscher Widerstand allgemein

ohmscher Widerstand stufig verstellbar

ohmscher Widerstand stetig verstellbar (Spannungsteiler)

einstellbarer Widerstand

Gleichstrommotor M

Gleichstromgenerator G

Leuchte

Spannungsmesser V

Strommesser A

Meßwerk allgemein

24 V Spannungsquelle Gleichspannung 24 V mit Angabe der Polarität (Element Sammler, Batterie)

Batterie mit n Zellen

Batterie stufig verstellbar

Schalter

Elektrogerät allgemein E

Spule (induktiver Widerstand für Wechselstrom)

Transformator mit Eisenkern

7.13 Der innere Widerstand einer galvanischen Spannungsquelle

(Das Ohmsche Gesetz für den gesamten Stromkreis)

7.13.1 Messung der Klemmenspannung und Stromstärke

1. Versuch: An die Klemmen einer Taschenlampenbatterie schließen wir unmittelbar das Voltmeter an. Wir messen eine Spannung von 4,5 V. Das entspricht dem Wert der U_0 (vgl. Abschn. 7.11.1), da bei dem hohen Innenwiderstand des Instruments praktisch kein Strom fließt.

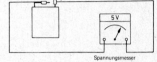

Ermittlung der Urspannung einer Taschenlampenbatterie

2. Versuch: Wir verbinden die beiden Klemmen der Batterie über einen äußeren verstellbaren Widerstand R_a von etwa 10 Ω bis 20 Ω miteinander. — Je nach Größe des Widerstands R_a messen wir nun an den Klemmen eine andere Spannung.

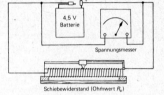

Messung der Klemmenspannung U_k bei veränderlichem äußeren Widerstand R_a

Festlegung

Die bei Belastung durch einen beliebigen äußeren Widerstand an den Klemmen einer Spannungsquelle meßbare Spannung bezeichnen wir als Klemmenspannung (Formelzeichen U_k).

Erkenntnis

Die Klemmenspannung U_k (Spannung bei Belastung) ist stets kleiner als die U_0 (Spannung in stromlosem Zustand, d. h. unbelastet).

3. Versuch: Der äußere Widerstand R_a wird verändert. Jedoch wird nun auch die Stromstärke gemessen. Es ergeben sich folgende zusammengehörige Werte der Klemmenspannung U_k und der Stromstärke I:

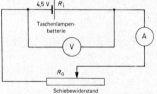

Messung der Klemmenspannung U_k und der Stromstärke I

äußerer Widerstand R_a	sehr groß 1. Versuch		R_a abnehmend			R_a nahezu Null	
U_k in V	4,5	4	3,5	3	2,5	2	≈ 0 (Kurz-
I in A	≈ 0	0,5	1	1,5	1,9	2,5	4...5 schluß)

Die Batterie wird bei diesem Versuch beschädigt, da sich bei der Entnahme zu großer Stromstärken chemische Veränderungen abspielen, die zur Zerstörung der Zellen führen. Bei Wiederholung des Versuchs erhält man daher nicht mehr dieselben Zahlenwerte. (Normalerweise beträgt die Stromstärke, z. B. bei Anschluß einer Glühlampe, nur etwa 100 mA.).

Versuchsergebnisse

Mit abnehmendem äußeren Widerstand R_a nimmt die Klemmenspannung U_k ab, während die Stromstärke anwächst.

7.13.2 Zwei Grenzfälle

1) R_a **sehr groß.** Bei Messung mit einem Spannungsmesser ist die Stromstärke praktisch Null (vgl. 1. Versuch). Die Spannung nimmt ihren Höchstwert an (U_o).

2) R_a **sehr klein ($R_a \approx 0$).** Die Anschlußklemmen der Batterie sind unmittelbar miteinander verbunden. (Der Schiebewiderstand wird nicht vom Strom durchflossen.) Die Klemmenspannung sinkt auf Null ab, während die Stromstärke ihren Höchstwert erreicht (Kurzschlußstrom).

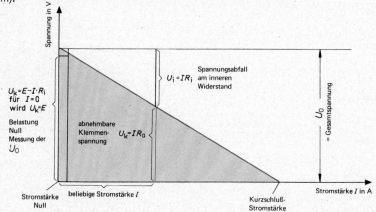

Zusammenhang von Klemmenspannung U_k und Spannungsabfall am inneren Widerstand U_i
U_k und U_i ergeben zusammengenommen für jede beliebige Stromstärke den Wert U_o

7.13.3 Deutung der Versuchsergebnisse mit Hilfe des Ohmschen Gesetzes

Die Urspannung U_o ist die Ursache des Stromflusses durch den äußeren und durch den inneren Widerstand R_a und R_i.

Der Gesamtwiderstand ist daher

$$R_{ges} = R_a + R_i$$

Das Ohmsche Gesetz lautet somit für den gesamten Stromkreis:

$$U_o = R_{ges} \cdot I = (R_a + R_i) \cdot I = R_a \cdot I + R_i \cdot I \qquad [1]$$

Dabei bedeutet nach dem Ohmschen Gesetz $I \cdot R_a$ den Spannungsabfall am äußeren Widerstand R_a. Dies ist aber nichts anderes als die gemessene Klemmenspannung.

Folglich gilt:

| U_o = Klemmenspannung + Spannungsabfall am inneren Widerstand R_i |

$$\boxed{U_o = U_k + I \cdot R_i} \qquad [2]$$

7.13.4 Folgerungen aus dem Ohmschen Gesetz für den Gesamtstromkreis

Aus [2] folgt $U_k = U_o - I \cdot R_i$. Mit zunehmender Belastung, d. h. zunehmender Stromstärke (U_o und R_i sind konstant), wird die Klemmenspannung U_k kleiner. Bei kleiner werdendem I nimmt U_k zu.

Grenzfall: Für $I = 0$ wird $U_k = U_o$, d. h. in stromlosem Zustand ist die Klemmenspannung so groß wie U_o (Leerlaufspannung). Dies ist der Grenzfall 1) aus Abschnitt 7.13.2.

Aus [1] folgt
$$I = \frac{U_o}{R_a + R_i}$$

Je kleiner also der äußere Widerstand R_a ist, desto größer wird die Stromstärke. Schließlich wird $R_a = 0$. Damit wird auch die Klemmenspannung $U_k = I \cdot R_a = 0$. (Grenzfall 2) aus Abschn. 7.13.2) Die beiden Klemmen sind kurzgeschlossen, z. B. durch einen dicken Draht verbunden. Wir erhalten die Stromstärke

$$\text{Kurzschlußstrom} = \frac{\text{Urspannung}}{\text{innerer Widerstand}} \qquad\qquad I_k = \frac{U_o}{R_i}$$

1. Beispiel: Die Kurzschlußstromstärke eines Blei-Akkus ($R_i = 0{,}01\ \Omega$) beträgt

$$I_k = \frac{U_o}{R_i} = \frac{2\ \text{V}}{0{,}01\ \Omega} = 200\ \text{A}(!)$$

Dieser sehr starke Kurzschlußstrom kann die Leitungen beträchtlich erhitzen, die Isolation kann verbrennen. Aus diesem Grund benutzen wir für den Versuch eine Taschenlampenbatterie. Im übrigen ist der Kurzschluß einer Spannungsquelle möglichst zu vermeiden. Ein galvanisches Element wird auf diese Weise stark überbeansprucht und schließlich zerstört.

Ist R_a erheblich größer als R_i, so darf in [1] das Glied $I \cdot R_i$ vernachlässigt werden. Wir erhalten $U_o \approx I \cdot R_a = U_k$, d. h. als Klemmenspannung wird praktisch U_o gemessen. Dies ist z. B. der Fall, wenn das Voltmeter unmittelbar an die Klemmen angeschlossen wird (Grenzfall 1).

2. Beispiel: Der innere Widerstand der in Abschnitt 7.13.1 benutzten Batterie errechnet sich aus den Versuchswerten ($U_o = 4{,}5$ V und zwei beliebigen, zusammengehörigen Werten von U_k und I, z. B. $U_k = 3{,}5$ V und $I = 1$ A) zu

$$R_i = \frac{U_o - U_k}{I} = \frac{4{,}5\ \text{V} - 3{,}5\ \text{V}}{1\ \text{A}} = 1\ \Omega$$

3. Beispiel: Einem Element ($R_i = 0{,}3\ \Omega$, $U_o = 1{,}5$ V) sollen nicht mehr als 100 mA entnommen werden. Wie groß muß R_a mindestens sein?

Lösung: Aus [1] folgt

$$R_a = \frac{U_o - I \cdot R_i}{I} = \frac{1{,}5\ \text{V} - 0{,}1\ \text{A} \cdot 0{,}3\ \text{V/A}}{0{,}1\ \text{A}} = 14{,}7\ \Omega$$

7.14 Drahtwiderstandsformel — Spezifischer Widerstand

7.14.1 Drahtwiderstand

Mittels einer Versuchsanordnung wie beim Ohmschen Gesetz (vgl. Abschn. 7.12) messen wir bei Drähten verschiedener Länge l und von unterschiedlichem Querschnitt A zur angelegten Spannung U die sich einstellende Stromstärke I und berechnen daraus R.

Bei gleichbleibendem A nimmt R proportional zur Drahtlänge zu: $R \sim l$

Bei gleichbleibendem l nimmt R mit zunehmendem Querschnitt ab (z. B. bedeutet doppelter Querschnitt halber Widerstand): $R \sim \dfrac{1}{A}$

Die Schreibweise $R \sim \dfrac{1}{A}$ (sprich „R umgekehrt proportional zu A") bedeutet: R wird um so größer, je größer $1/A$ bzw. (was dasselbe besagt) je kleiner A ist.

R ist also dem Querschnitt umgekehrt proportional.

Verwendet man z. B. Konstantandrähte gleichen Durchmessers von 1 m, 2 m und 3 m Länge, so verhalten sich die Widerstände wie 1 : 2 : 3. Bei Konstantandrähten von durchweg 2 m Länge und den Durchmessern 0,35 mm, 0,5 mm und 0,7 mm (Querschnitte 0,1 mm², 0,2 mm² und 0,4 mm², d. h. 1 : 2 : 4) verhalten sich die Widerstände wie 4 : 2 : 1 oder 1 : 1/2 : 1/4.

Aus $R \sim l$ und $R \sim \dfrac{1}{A}$ folgt $R \sim l \cdot \dfrac{l}{A}$ oder $R \sim \dfrac{l}{A}$

Mit dem Proportionalitätsfaktor ϱ[1]) wird $R = \varrho\,\dfrac{l}{A}$

ϱ berücksichtigt die Art des Werkstoffes. Ersetzen wir z. B. den Konstantandraht durch einen Draht gleicher Länge und gleichen Querschnitts aus Messing oder Kupfer, so wird die Stromstärke bei gleicher Spannung 5- bzw. 25mal größer.

ϱ heißt spezifischer Widerstand oder Artwiderstand.

Damit errechnet sich der Widerstand eines Drahtes:

$$\text{Drahtwiderstand} = \text{spezifischer Widerstand} \cdot \dfrac{\text{Drahtlänge}}{\text{Drahtquerschnitt}}$$

$$R = \varrho\,\dfrac{l}{A} \qquad \begin{array}{l} l \text{ in m} \\ A \text{ in mm}^2 \end{array}$$

Mißt man l in m und A in mm², so ergibt sich für $\varrho = \dfrac{R \cdot A}{l}$ die Einheit $\dfrac{\Omega \cdot \text{mm}^2}{\text{m}}$. Setzen wir $l = 1$ m und $A = 1$ mm², so erhalten wir den Widerstand eines Drahtes von 1 m Länge und 1 mm² Querschnitt:

$$R = \varrho \cdot l/A = \varrho \cdot \dfrac{1}{1}\,\dfrac{\Omega \cdot \text{mm}^2\ \text{m}}{\text{m}\ \text{mm}^2} \text{ in Ohm}$$

Also gilt:

Spezifischer Widerstand = Widerstand eines Drahtes von 1 m Länge und 1 mm² Querschnitt

7.14.2 Eine Größengleichung mit vorgeschriebenem Proportionalitätsfaktor

Bei $R = \varrho \cdot l/A$ wird die Vorschrift gemacht, daß l in m und A in mm² einzusetzen ist. Dennoch liegt hier keine Zahlenwertgleichung vor (vgl. Abschn. 1.25), sondern eine physikalische Größengleichung besonderer Art, eine Größengleichung mit vorgeschriebenem Proportionalitätsfaktor.

Eigentlich müßte man in $\varrho = \dfrac{R \cdot A}{l}$ die Einheiten Ohm, m², m einsetzen; dann ergäbe sich für die Einheit $\Omega \cdot$ m (nach dem Kürzen).

Das gesetzliche Einheitensystem gesteht der Technik diese Abweichung vom strengen Gebrauch zu, damit die ϱ-Werte für Metalle keine unbequem große Zahlenwerte bekommen. Drahtquerschnitte sind also bei dieser Regelung immer in mm², Drahtlängen immer in m einzusetzen.

$$\dfrac{1\,\Omega \cdot \text{mm}^2}{\text{m}} = \dfrac{1\,\Omega \cdot 10^{-3} \cdot 10^{-3}\,\text{m}^2}{1\,\text{m}} = 10^{-6}\,\Omega \cdot \text{m}$$

---

[1]) ϱ griech. Buchstabe, sprich ,,Rho'' (zu verwechseln mit dem Zeichen ϱ für die Dichte)

1. Beispiel: Mit $\varrho_{Cu} = 0{,}018 \dfrac{\Omega \cdot mm^2}{m}$ wird der Widerstand eines Kupferdrahtes von 1 m Länge und 1 mm² Querschnitt

$$R = \varrho \frac{l}{A} = 0{,}018 \frac{\Omega\, mm^2 \cdot 1\, m}{m \cdot 1\, mm^2} = 0{,}018\, \Omega$$

2. Beispiel: Wie groß ist der Widerstand einer Kupferleitung von 280 m Länge und einem Querschnitt von 2,5 mm²?

Lösung: $R = \varrho \dfrac{l}{A} = 0{,}018\, \Omega\, \dfrac{mm^2}{m}\, \dfrac{280\, m}{2{,}5\, mm^2} = 2\, \Omega$

3. Beispiel: Eine Leitung aus Aluminium ist 192 m lang. Wie groß muß man den Querschnitt wählen, wenn der Widerstand 5 Ω betragen soll? Wie groß wird der Durchmesser $\left(\varrho_{Al} = 0{,}029 \dfrac{\Omega \cdot mm^2}{m} \right)$?

Lösung: $A = \dfrac{\varrho\, l}{R} = \dfrac{0{,}029 \cdot 192}{5}\ \dfrac{\Omega\, mm^2\, m}{m \cdot \Omega} = 1{,}1\, mm^2$

Aus $A = \dfrac{\pi\, d^2}{4}$ folgt $d = \sqrt{\dfrac{4\, A}{\pi}} = \sqrt{\dfrac{4 \cdot 1{,}1}{3{,}14}}\ mm = 1{,}2\, mm$

4. Beispiel: Wie groß ist der Spannungsabfall in einer Aluminiumleitung $\left(\varrho_{Al} = 0{,}029 \dfrac{\Omega\, mm^2}{m} \right)$ von 4 mm² Querschnitt und einer Länge von 45 m, wenn die Stromstärke 25 A (6 A) beträgt?

Lösung: Der Leitungswiderstand wird

$$R = \varrho \frac{l}{A} = \frac{0{,}029\, \Omega \cdot mm^2}{m}\ \frac{45\, m}{4\, mm^2} = 0{,}33\, \Omega$$

Somit $U_V = I \cdot R = 25\, A \cdot 0{,}33\, \Omega = 8{,}3\, V$ bzw. $U_V = 6\, A \cdot 0{,}33\, \Omega = 2\, V$

7.14.3. Spezifische Widerstandswerte

Die Werte des spezifischen Widerstandes liegen bei Metallen im Bereich von rund 0,02 Ω mm²/m bis wenig über 1 Ω mm²/m. Silber ist mit $\varrho = 0{,}0165$ Ω mm²/m der beste Leiter. Bei Heizwiderständen kommt es auf einen großen ϱ-Wert an, um kleine Drahtlängen zu erhalten. Als Heizleiterlegierung wird z. B. Chromnickel (62% Ni, 18% Fe, 17% Cr und 3% Mn) mit $\varrho = 1{,}13$ Ω mm²/m verwendet. Bei Isolatoren sind die ϱ-Werte um weit mehr als das Milliardenfache größer. ϱ_{Glas} ist rund 10^{18} Ω mm²/m. Für Hartgummi und Glimmer ist ϱ rund 10^{21} Ω mm²/m.

7.14.4 Die Einheit des Widerstandes 1 Ohm

Der Widerstand ist mit der Definition $R = U/I$ eine abgeleitete Größenart. 1 Ohm ist also der Widerstand, an dem beim Durchfluß eines elektrischen Stromes der Stärke 1 Ampere die Spannung 1 Volt abfällt (SI). (Früher wurde die Einheit 1 Ohm als der Widerstand eines 1063,0 mm langen Quecksilberfadens von 1 mm² Querschnittsfläche bei 0 °C definiert.)

7.14.5 Einfluß der Temperatur auf den Widerstand

Bei Metallen nimmt der Widerstand mit steigender Temperatur zu.

Beispiel: Silber bei 0 °C $\quad \varrho = 0,0147 \left.\right\}$
$\qquad$ bei 18 °C $\quad \varrho = 0,0163 \left.\right\} \dfrac{\Omega \, mm^2}{m}$
$\qquad$ bei 20 °C $\quad \varrho = 0,0165 \left.\right\}$

Üblicherweise wird der Artwiderstand für 20 °C angegeben. Das gilt auch für die oben angegebenen ϱ-Werte.

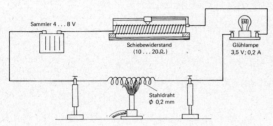

Sammler 4 ... 8 V

Schiebewiderstand
(10 ... 20 Ω)

Glühlampe
3,5 V; 0,2 A

Stahldraht
Ø 0,2 mm

Versuch: Die Stromstärke wird über den Schiebewiderstand so eingestellt, daß der Faden der Glühlampe schwach zum Glühen kommt. Durch Erwärmen der Stahldrahtwendel erhöht sich deren Widerstand so stark, daß die Glühlampe erlischt.

Anwendung: Im **elektrischen Widerstandsthermometer** wird die Widerstandsänderung metallischer Leiter durch Erwärmen zur Temperaturmessung benutzt. Zunehmender Widerstand hat einen kleineren Strom zur Folge.

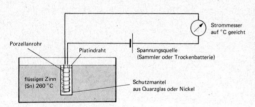

Strommesser
auf °C geeicht

Porzellanrohr

Platindraht

Spannungsquelle
(Sammler oder Trockenbatterie)

flüssiges Zinn
(Sn) 260 °C

Schutzmantel
aus Quarzglas oder Nickel

Wird eine Spannungsquelle mit gleichbleibender Spannung verwendet, so können an der Skala des Strommessers Temperaturgrade angeschrieben werden: verwendbar von —260 °C bis rund 1000 °C.
Vorteil: sehr hohe Genauigkeit. Großer Abstand zwischen Meßstelle und Ablesegerät möglich.

Elektrisches Widerstandsthermometer
(Platinthermometer)

Aufgabengruppe Elektrizität 3: Übungen zu 7.13 und 7.14

Innerer Widerstand galvanischer Spannungsquellen, Drahtwiderstandsformel, Spannungsabfall

Anmerkung: Bei allen Aufgaben benutzen wir die Werte

$$\varrho_{Cu} = 0,018 \, \frac{\Omega \, mm^2}{m} \text{ und } \varrho_{Al} = 0,029 \, \frac{\Omega \, mm^2}{m} \, ; \quad \text{Querschnitt} = \text{Querschnittsfläche!}$$

1. Eine galvanische Zelle hat die Urspannung 1,4 Volt und den Innenwiderstand 0,5 Ω. Gesucht sind die bei $R_a = 6 \, \Omega$ entnehmbare Stromstärke und die Stärke des Kurzschlußstromes.

2. Eine Trockenbatterie mit einem Innenwiderstand von $0,8\,\Omega$ und $U_0 = 3\,V$ wird an einen Widerstand von $20\,\Omega$ angeschlossen. Welcher Strom fließt? Wie groß ist die Klemmenspannung bei dieser Belastung? Welche Kurzschlußstromstärke ist zu erwarten?

3. Eine aus acht Zellen bestehende Batterie hat $U_0 = 12\,V$ und einen Innenwiderstand von $2,4\,\Omega$. Welche Klemmenspannung ist vorhanden, wenn ein Strom von $0,4\,A$ fließt?

4. Eine Trockenbatterie mit $U_0 = 1,6\,V$ hat eine größte Belastbarkeit von $300\,mA$. Welcher Widerstand muß im äußeren Stromkreis mindestens liegen, wenn der innere Widerstand $0,5\,\Omega$ beträgt und eine Überlastung vermieden werden soll?

5. Man berechne den Widerstand folgender Konstantandrähte $\left(\varrho = 0,50\ \dfrac{\Omega\ mm^2}{m}; \right.$ Konstantan

   $= 54\%$ Kupfer und 46% Nickel$\Big)$.

Länge (in m):	2	1,5	1	2	1,5	1	2	1,5	1
ϕ (in mm):	0,35	0,35	0,35	0,5	0,5	0,5	0,7	0,7	0,7

6. Ein Nickelindraht von 4 m Länge hat einen Widerstand von $120\,\Omega$. Wie groß müssen Querschnitt und Durchmesser sein $\left(\varrho = 0,40\ \dfrac{\Omega\ mm^2}{m} \right)$?

7. Welchen Querschnitt muß ein Aluminiumdraht haben, wenn er bei 140 m Länge einen Widerstand von $16\,\Omega$ besitzen soll? Wie ändert sich das Ergebnis, wenn statt Aluminium Kupfer verwendet wird?

8. Die folgende Tabelle ist zu ergänzen:

	ϱ in $\dfrac{\Omega\ mm^2}{m}$	Länge in m	Querschnitt in mm²	Widerstand in Ω
Kupfer	0,018	80	2,5	?
Aluminium	0,029	60	?	12
Zink	0,06	?	1,5	32
Eisen	0,1	?	2	1
Chromnickel	1,13	6	?	250

9. Welche Spannung muß an die Enden eines 5 m langen und 2 mm starken Aluminiumdrahtes gelegt werden, wenn ein Strom von $0,4\,A$ fließen soll? Wie lautet das Ergebnis für einen Kupferdraht mit denselben Abmessungen?

10. Bei einer Kupferleitung wird zwischen zwei 12 m voneinander entfernten Stellen eine Spannung von $0,8\,V$ gemessen. Der Leiterquerschnitt beträgt 50 mm². Wie groß ist der fließende Strom?

11. Ein Kupferdraht hat einen Querschnitt von 4 mm² und eine Länge von 25 m. Wie groß ist der Widerstand? Wie ändert sich der Widerstand, wenn der Draht a) auf das 20fache, b) auf das n-fache ausgedehnt wird?
    Anleitung: Bei der Dehnung bleibt das Drahtvolumen unverändert.

12. Welche Stromstärke stellt sich ein, wenn an einen 2 m langen Messingdraht (Kupferdraht) von $\phi = 0,5$ mm² eine Spannung von 2 V angelegt wird $\left(\varrho_{Ms} = 0,08\ \dfrac{\Omega\ mm^2}{m} \right)$?

13. Ein Generator erzeugt eine Spannung von 240 V. Beim Verbraucher sind noch 215 V vorhanden. Wie groß ist der Spannungsabfall in der Zuleitung? Wie lang ist die benutzte Kupferleitung von 1,5 mm² Querschnitt, wenn ein Strom von 14 A fließt?

14. Eine Rolle isolierten Kupferdrahtes mit einem Querschnitt von 2,5 mm² hat die Masse 20 kg. Der Anteil an Kupfer betrage 19 kg. Welchen Widerstand hat der Draht? Wie groß ist der Spannungsabfall bei einer Stromstärke von 16 A $\left(\varrho_{Cu} = 8{,}9 \dfrac{g}{cm^3}\right)$?

15. Ein Verbraucher mit einem Widerstand von 30 Ω ist über eine Kupferleitung von 1,5 mm² Querschnitt an die Spannungsquelle angeschlossen, die eine Spannung von 245 V abgibt. Die Länge der Leitung beträgt insgesamt (Hin- und Rückleitung) 28 m. Welche Stromstärke stellt sich ein? Wie groß ist der Spannungsabfall in der Zuleitung? Wie groß ist die vom Verbraucher ausgenutzte Spannung?

16. Der Spannungsverlust bei einer 1200 m langen kupfernen Freileitung soll nicht mehr als 6% betragen (1200 m = Hin- und Rückleitung!). Welchen Querschnitt muß man dem Draht geben, wenn am Ende der Leitung bei 750 V eine Stromstärke von 120 A entnommen werden soll? Wie groß muß die eingespeiste Spannung am Anfang der Doppelleitung sein?
Prozentuale Spannungsabfälle beziehen wir auf die zu liefernde Betriebsspannung (vgl. Abschn. 7.12.3).

17. Zur Stromversorgung eines 80 m entfernten Motors wird eine Kupferleitung von 4 mm² Querschnitt gelegt. Wie groß ist der Spannungsverlust in der Zuleitung, wenn die Stromstärke 15 A beträgt? (Man beachte: Drahtlänge = Hin- und Rückleitung!)

18. An die Enden eines Drahtes wird eine Spannung von 4 V angelegt. Die Länge des Drahtes beträgt 4 m, der Durchmesser ist 0,1 mm. Wie groß ist der Artwiderstand ϱ, wenn eine Stromstärke von 15,5 mA gemessen wird?

19. Eine Kupferspule hat einen Widerstand von 60 Ω. Wie lang muß der Draht sein, wenn der Durchmesser 0,22 mm beträgt?

7.15 Unverzweigte und verzweigte Stromkreise

7.15.1 Hintereinander- oder Reihenschaltung[1] von Widerständen

1) Satz von der Gesamtspannung

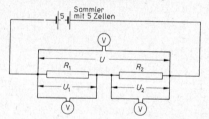

Durch Messen der Teilspannungen U_1 und U_2 sowie der Gesamtspannung U erkennen wir den für Gleich- und Wechselspannung gleichermaßen gültigen *Satz von der Gesamtspannung:* **Bei der Hintereinanderschaltung von Widerständen ist die angelegte Spannung gleich der Summe der Teilspannungen, die an den einzelnen Widerständen liegen.**

Gesamtspannung = Summe der Teilspannungen	$U = U_1 + U_2$	[1]

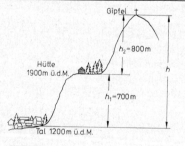

Versuchswerte: $U_1 = 1$ V; $U_2 = 1{,}9$ V; $U = 2{,}9$ V

Mechanisch-elektrischer Vergleich

Wir vergleichen die Spannung mit dem Höhenunterschied bei einer Gebirgswanderung. Für den gesamten Höhenunterschied vom Tal zum Gipfel gilt

$$h = h_1 + h_2 = 700 \text{ m} + 800 \text{ m} = 1500 \text{ m}$$

---

[1] auch als Serienschaltung bezeichnet

2) Teilspannungen und Teilwiderstände

Die hintereinandergeschalteten Drahtstücke (Konstantan ϕ 0,7 mm, Längen $l_1 = 0,6$ m und $l_2 = 1,14$ m) haben die Widerstände

$$R_1 = \varrho \frac{l_1}{A} \text{ und } R_2 = \varrho \frac{l_2}{A} \cdot$$

Da Artwiderstand ϱ und Querschnitt A in beiden Fällen gleich groß sind, so folgt

$$R_1 : R_2 = l_1 : l_2 = 1 : \frac{1,14 \text{ m}}{0,60 \text{ m}} = 1 : 1,9$$

Andererseits gilt für die gemessenen Spannungen $U_1 : U_2 = 1 : 1,9$

Aus dem Vergleich von Spannungen und Widerständen folgt der *Satz von den Teilspannungen*

$$\boxed{U_1 : U_2 = R_1 : R_2} \qquad [2]$$

Bei der Hintereinanderschaltung von Widerständen verhalten sich die Teilspannungen wie die entsprechenden Teilwiderstände.

Am größeren Widerstand liegt also auch die größere Spannung.

Bestätigung im Versuch: An drei hintereinandergeschaltete Widerstände $R_1 = 20\ \Omega$, $R_2 = 30\ \Omega$ und $R_3 = 50\ \Omega$ wird eine Spannung von 220 V angelegt. Die gemessenen Teilspannungen betragen

$U_1 = 44$ V, $U_2 = 66$ V und $U_3 = 110$ V

[1] ist erfüllt, da $U_1 + U_2 + U_3 = 44$ V $+ 66$ V $+ 110$ V $= 220$ V $= U$

[2] ist erfüllt, da $R_1 : R_2 : R_3 = 2 : 3 : 5$ und

$$U_1 : U_2 : U_3 = 44 \text{ V} : 66 \text{ V} : 110 \text{ V}$$
$$= 2 : 3 : 5$$

Wir messen an jeder beliebigen Stelle des Stromkreises dieselbe Stromstärke.

$$\boxed{I_1 = I_2 = I_3} \qquad [3]$$

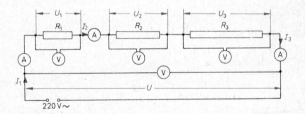

Bei der Hintereinanderschaltung von Widerständen herrscht an allen Stellen im Stromkreis dieselbe Stromstärke.

3) Gesamtwiderstand

Für zwei hintereinandergeschaltete Widerstände gilt nach [1] $U = U_1 + U_2$. Da nach [3] überall derselbe Strom fließt, so ist nach dem Ohmschen Gesetz zu schreiben

$$I \cdot R = I \cdot R_1 + I \cdot R_2 \qquad \boxed{R = R_1 + R_2}$$

Bei der Hintereinanderschaltung ist der Gesamtwiderstand gleich der Summe der Teilwiderstände.

357

4) Anwendung

Die Hintereinanderschaltung findet Anwendung, wenn nur ein Teil der zur Verfügung stehenden Spannung auf den einzelnen Verbraucher entfallen soll (Christbaumbeleuchtung, Straßenbahnbeleuchtung, Heizwiderstände).

Liegen 20 gleich große Widerstände in Reihe geschaltet an 220 V, so entfallen je Widerstand 220 V : 20 = 11 V. Ist bei Reihenschaltung eine Lampe defekt, so erlöschen alle, da der Stromkreis unterbrochen ist.

5) Spannungsteilerschaltung

(Vgl. hierzu Versuch in Abschnitt 7.12.3.)

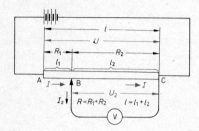

Der Satz von den Teilspannungen ist sinngemäß auch auf die Gesamtspannung und eine Teilspannung anzuwenden.

Abgreifen einer Teilspannung

Dann gilt:

$$\text{Teilspannung} = \text{Gesamtspannung} \cdot \frac{\text{Teilwiderstand}}{\text{Gesamtwiderstand}}$$

$$U_2 = U \cdot \frac{R_2}{R}$$

Beweis: Nach dem Ohmschen Gesetz gilt einerseits

$$U_2 = I \cdot R_2$$

andererseits

$$U = I \cdot R$$

Durch Division folgt

$$\frac{U_2}{U} = \frac{I \cdot R_2}{I \cdot R}$$

Da bei einem Drahtwiderstand $R \sim l$ ist, so gilt auch $U_2 : U = l_2 : l$. Es kann also leicht eine Spannung abgegriffen werden, die der abgegriffenen Länge proportional ist.

Rechnerisch folgt aus $U_1 : U_2 = R_1 : R_2$ mit $U_1 + U_2 = U$ und $R_1 + R_2 = R$ direkt $U_2 : U = R_2 : R$, wenn man die Produkte der Außen- und Innenglieder bildet und bei $U_1 R_2 = U_2 R_1$ links und rechts $U_2 R_2$ addiert und etwas umformt.

Einschränkung: Die Stromstärke I darf jedoch nur dann gekürzt werden, wenn auch tatsächlich vor und hinter der Abzweigung bei B derselbe Strom fließt.

Die abgeleitete Formel gilt also nur für den stromlosen Spannungsteiler, d. h. wenn zwischen B und C über das Voltmeter bzw. über einen evtl. eingeschalteten Verbraucher kein Strom fließt. Ist der abgenommene Zweigstrom I_Z klein gegenüber dem Gesamtstrom, so ist die Formel näherungsweise noch richtig.

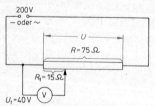

Beispiel: An einem Schiebewiderstand von $R = 75\,\Omega$ liegt eine Spannung von 200 V. Welche Teilspannung U_t wird abgenommen, wenn der abgegriffene Teilwiderstand $R_t = 15\,\Omega$ beträgt?

Lösung: $U_t = U \dfrac{R_t}{R} = 200\,\text{V} \cdot \dfrac{15\,\Omega}{75\,\Omega} = 40\,\text{V}$

358

7.15.2 Parallelschaltung von Widerständen

Kirchhoffsche Gesetze der Stromverzweigung

Versuch: An zwei parallelgeschaltete Konstantandrähte (ϕ 0,7 mm) von 30 cm und 60 cm Länge wird eine Gleichspannung von etwa 2 V gelegt. Die Stromstärken in den Zweigen und in der Hauptleitung werden gemessen.

Schaltbild zur Parallelschaltung

1. Versuchsergebnis

Stromstärke im 1. Zweig $I_1 = 2{,}8$ A
Stromstärke im 2. Zweig $I_2 = 1{,}4$ A
Gesamtstrom $\qquad\qquad I = 4{,}2$ A

Also folgt:

$$I_{ges} = I_1 + I_2$$

> **Bei der Parallelschaltung von Widerständen ist der Gesamtstrom gleich der Summe der Zweigströme (1. Kirchhoffsches Gesetz[1]).**

2. Versuchsergebnis

Für die Widerstände gilt

$$R_1 : R_2 = l_1 : l_2 = 30 \text{ cm} : 60 \text{ cm} = 1 : 2$$

Für die Zweigströme folgt aus dem Versuch

$$I_1 : I_2 = 2{,}8 \text{ A} : 1{,}4 \text{ A} = 2 : 1$$

Also gilt:$\qquad$ $I_1 : I_2 = R_2 : R_1$ $\qquad$ oder $\qquad$ $I_1 \cdot R_1 = I_2 \cdot R_2$ $\qquad$ [2])

> **Bei der Parallelschaltung verhalten sich die Zweigströme umgekehrt wie die entsprechenden Widerstände (2. Kirchhoffsches Gesetz).**

Im größeren Widerstand fließt also stets der kleinere Strom. — Beachtet man, daß zwischen zwei Punkten nur eine Spannung herrschen kann, so folgt (bei Betrachtung der Punkte A und B):

Bei der Parallelschaltung liegt an jedem Widerstand dieselbe Spannung.

Damit ist das 2. Kirchhoffsche Gesetz leicht zu begründen. Nach dem Ohmschen Gesetz gilt nämlich für die zwischen A und B liegende Spannung (Widerstand der Zuleitungen vernachlässigt) sowohl $U_1 = I_1 R_1$ als auch $U_2 = I_2 R_2$. Wegen $U_1 = U_2$ wird also $I_1 R_1 = I_2 R_2$.

In unserem Vergleich in Abschnitt 7.15.1, Punkt 1), bedeutet das: Zwischen zwei Punkten kann es nur einen Höhenunterschied geben. Vom Tal aus sind $h = h_1 + h_2 = 1500$ m zu überwinden, gleichgültig, welcher Weg zur Besteigung des Gipfels auch gewählt wird.

Verschiedene Formen des 2. Kirchhoffschen Gesetzes

Unter dem 2. Kirchhoffschen Gesetz wird häufig, insbesondere in der Elektrotechnik, eine andere Gesetzmäßigkeit verstanden, die jedoch im Grunde dasselbe aussagt.

In der allgemeinsten Form lautet das 2. Kirchhoffsche Gesetz (auch „Maschenregel" genannt) wie folgt: In jedem in sich geschlossenen Stromkreis ist die Summe der Urspannungen U_0 der einzelnen Spannungsquellen gleich der Summe der Spannungsabfälle (Spannungsabfall $U_V = IR$) an den verschiedenen Widerständen.

[1]) Gustav Robert Kirchhoff, deutscher Physiker (1824—1887)
[2]) Produkt der Außenglieder = Produkt der Innenglieder

Es gilt also: Gesamt-$U_0 =$ Summe aller aus der Stromstärke und den Widerständen gebildeten Produkte $I \cdot R$. Hieraus folgt im Falle von zwei parallelgeschalteten Widerständen $I_1R_1 - I_2R_2 = 0$ oder $I_1 : I_2 = R_2 : R_1$, wie oben angegeben. (Eine Spannungsquelle ist in dieser „Masche" nicht vorhanden.) Bei Hintereinanderschaltung von zwei Widerständen (R_1, R_2) und einer Spannungsquelle folgt eine zweite vereinfachte Form des 2. Kirchhoffschen Gesetzes, nämlich $U = U_1 + U_2$ (von uns als Satz von der Gesamtspannung bezeichnet). Bei Anwendung der „Maschenregel" ist auch der innere Widerstand der Spannungsquelle einzubeziehen. Man erhält also $U_{0ges} = I \cdot R_i + I \cdot R_1 + I \cdot R_2$. $U_0 - I \cdot R_i$ ist gemäß Abschnitt 7.13.3 die hier mit U bezeichnete Klemmenspannung der Spannungsquelle. Somit wird $U = U_1 + U_2$.

Beispiel: Welcher Strom fließt durch R_2?

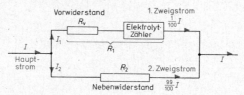

Lösung: $I_2 = \dfrac{I_1 R_1}{R_2} = \dfrac{0,002 \text{ A} \cdot 50 \text{ }\Omega}{0,2 \text{ }\Omega} = 0,5 \text{ A}$

Anwendung des 2. Kirchhoffschen Gesetzes

Bei Meßgeräten ist man oft auf eine Stromverzweigung angewiesen. So lassen wir bei Elektrolytzählern (vgl. Abschn. 7.10.2) nur einen kleinen Teil des zu messenden Stromes durch die Zersetzungszelle fließen (oft nur 1 mA und weniger).

Man schaltet mit der Zelle einen Vorwiderstand R_V (zur Eichung benötigt) in Reihe ($R_V + R_{Zelle} = R_1$). Der größte Teil des Hauptstromes geht über den Nebenwiderstand R_2. Wird z.B. wie beim Stia-Zähler (vgl. S. 327) nur $^1/_{100}$ des Hauptstromes durch die Zelle geleitet, so darf R_2 nur $\approx \dfrac{R_1}{100}$ betragen. Der genaue Wert für R_2 folgt aus

$R_1 : R_2 = I_2 : I_1 = 0,99 \text{ } I : 0,01 \text{ } I$ zu $R_2 = R_1/99$

Es ist zu beachten, daß I_1 und I_2 zusammen den Hauptstrom ergeben müssen.

Beispiel: Der Widerstand der Zelle eines elektrolytischen Zählers beträgt 1000 Ω. Wie groß ist der Widerstand R_2 im Nebenschluß zu wählen, wenn der Vorwiderstand $R_V = 8000$ Ω beträgt und bei einer Stromstärke von 10 A in der Zuleitung durch die Zelle nur 0,1 mA fließen sollen?

Lösung: Vorgegeben ist $I_1 = 0,1$ mA. Somit wird $I_2 = I_{ges} - I_1 = 10 \text{ A} - 0,1 \text{ mA} = 9999,9 \text{ mA}$

Aus $I_1 R_1 = I_2 R_2$ folgt

$$R_2 = \frac{I_1 R_1}{I_2} = \frac{0,1 \text{ mA} \cdot 9000 \text{ }\Omega}{9999,9 \text{ mA}} = 0,09 \text{ }\Omega$$

Die Messung eines solch kleinen Widerstandes bereitet Schwierigkeiten. Der endgültige Widerstand wird durch Materialabtrag längs eines in die Schaltung schon eingebauten Blechstreifens eingestellt.

Gesamtwiderstand

Zwei parallelgeschaltete Widerstände R_1 und R_2 können durch einen einzigen Widerstand R ersetzt werden (Ersatzwiderstand). Die Größe von R folgt aus dem 1. Kirchhoffschen Gesetz. Für $I = I_1 + I_2$ ist nach dem Ohmschen Gesetz

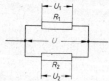

$$\frac{U}{R} = \frac{U_1}{R_1} + \frac{U_2}{R_2}$$

Der Widerstand der Zuleitungen wird als klein gegen R_1 und R_2 vernachlässigt zu schreiben. Wegen $U = U_1 = U_2$ fällt die Spannung heraus.

Also wird

$$\frac{1}{R} = \frac{1}{R_1} + \frac{1}{R_2}$$

Bei der Parallelschaltung ist der Kehrwert des Gesamtwiderstandes gleich der Summe der Kehrwerte der Einzelwiderstände.

Umformung $\dfrac{1}{R} = \dfrac{1\,R_2}{R_1\,R_2} + \dfrac{1\,R_1}{R_2\,R_1} = \dfrac{R_2 + R_1}{R_1\,R_2}$ $\qquad R = \dfrac{R_1 \cdot R_2}{R_1 + R_2}$

Parallelschaltung bedeutet eine Verkleinerung des Gesamtwiderstandes, was mit der Zunahme des stromdurchflossenen Querschnitts zu erklären ist. — Die Schaltungsart wird auch als Nebeneinanderschaltung bezeichnet.

Zur zeichnerischen Ermittlung des Ersatzwiderstandes R werden die beiden Widerstände R_1 und R_2 parallel zueinander aufgetragen (Maßstab z. B. 1 cm ≙ 10 Ω). R ergibt sich als Strecke $\overline{EF}$. F ist der Schnittpunkt der Strahlen $\overline{BD}$ und $\overline{AC}$, die die Pfeilspitzen miteinander verbinden.

Begründung

Nach dem 2. Strahlensatz ist

$$\frac{R}{R_2} = \frac{a}{b} \qquad [1]$$

und

$$\frac{R}{R_1} = \frac{b-a}{b} = 1 - \frac{a}{b} \quad [2]$$

Den Wert für a/b aus [1] in [2] eingesetzt, ergibt

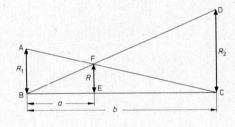

$$\frac{R}{R_1} = 1 - \frac{R}{R_2} \ \text{ oder } R\left(\frac{1}{R_1} + \frac{1}{R_2}\right) = 1$$

Nach Division durch R folgt

$$\frac{1}{R} = \frac{1}{R_1} + \frac{1}{R_2}, \text{ was zu beweisen war.}$$

1. Beispiel: Wie groß ist der Gesamtwiderstand der beiden Widerstände $R_1 = 140\,\Omega$ und $R_2 = 70\,\Omega$, a) bei Hintereinanderschaltung, b) bei Parallelschaltung?

Lösung: a) $R = R_1 + R_2 = 140\,\Omega + 70\,\Omega = 210\,\Omega$

b) $\dfrac{1}{R} = \dfrac{1}{R_1} + \dfrac{1}{R_2} = \dfrac{1}{140\,\Omega} + \dfrac{1 \cdot 2}{70 \cdot 2\,\Omega} = \dfrac{3}{140\,\Omega}$ $\qquad R = \dfrac{140\,\Omega}{3} = 46{,}67\,\Omega$

oder $\qquad R = \dfrac{R_1 \cdot R_2}{R_1 + R_2} = \dfrac{140\,\Omega \cdot 70\,\Omega}{140\,\Omega + 70\,\Omega} = 46{,}67\,\Omega$

2. Beispiel: Wie groß wird R_{ges}?

$$R' = \frac{R_2 \cdot R_3}{R_2 + R_3} = \frac{50\,\Omega \cdot 100\,\Omega}{50\,\Omega + 100\,\Omega} = 33{,}3\,\Omega$$

Gesamtwiderstand $R_{ges} = R_1 + R' = 40\,\Omega + 33{,}3\,\Omega = 73{,}3\,\Omega$ $\qquad$ *zum 2. Beispiel*

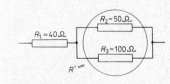

Erweiterung: Bei drei parallelgeschalteten Widerständen gilt entsprechend

$$\frac{1}{R} = \frac{1}{R_1} + \frac{1}{R_2} + \frac{1}{R_3}$$

Umformung $\dfrac{1}{R} = \dfrac{1\,R_2\,R_3}{R_1\,R_2\,R_3} + \dfrac{1\,R_3\,R_1}{R_2\,R_3\,R_1} + \dfrac{1\,R_1\,R_2}{R_3\,R_1\,R_2} = \dfrac{R_2\,R_3 + R_3\,R_1 + R_1\,R_2}{R_1\,R_2\,R_3}$

Hieraus $R = \dfrac{R_1\,R_2\,R_3}{R_1\,R_2 + R_2\,R_3 + R_3\,R_1}$

Günstiger ist es, die $\dfrac{I}{R_\mathrm{i}}$-Werte gleich zu addieren und daraus R_ges zu berechnen.

7.15.3 Messung von Stromstärke und Spannung

1) Strommesser

Die Wirkungen des Stromes werden stärker, wenn die Stromstärke anwächst (vgl. Wärmewirkung in Abschn. 7.6 und magnetische Wirkung in Abschn. 7.8).

> Die Stromwirkung ist daher zur Strommessung zu benutzen.

Mit zunehmender magnetischer Wirkung des Stromes wird auch die Abscheidung aus einem Elektrolyten größer. Zur Eichung kann daher ein Galvanometer in einen Stromkreis eingeschaltet werden, so daß es von demselben Strom durchflossen wird wie ein Coulombmeter.

Wird z. B. in 500 s die 1000 C entsprechende Menge abgeschieden, so fließt über den ganzen Zeitraum (kon-. stante Stromstärke vorausgesetzt) der Strom $I = Q/t = 1000\ \mathrm{As}/500\ \mathrm{s} = 2\ \mathrm{A}$.

Ein in Ampere (bzw. mA) geeichtes Galvanometer heißt Amperemeter (bzw. Milliamperemeter). Die meisten Strommeßgeräte nutzen die magnetische Wirkung aus.

Das **Strommeßgerät** liegt immer im **Hauptschluß**, also in Reihe mit dem Verbraucher (vgl. Abschn. 7.5.7). Bei Einschalten in den Stromkreis soll der Strom I, der von der Spannung U durch den Verbraucher R_V getrieben wird, gemessen werden, d. h.

$I = \dfrac{U}{R_V}$. Tatsächlich messen wir jedoch $I = \dfrac{U}{R_V + R_G}$

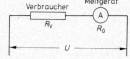

wobei R_G den Gerätewiderstand bedeutet. Um diese Verfälschung des Meßwertes möglichst klein zu halten, muß der Widerstand R_G klein sein (besonders brauchbares Ergebnis, wenn R_G klein gegen R_V).

Strommesser müssen stets einen kleinen Widerstand haben.

Sehr häufig ist der Widerstand kleiner oder wesentlich kleiner als 1 Ω (z. B. 0,05 Ω).

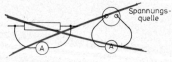

Ein Strommesser wird zerstört, wenn er in den Nebenschluß gelegt oder direkt an die Steckdose angeschlossen wird.

2) Erweiterung des Meßbereichs eines Strommessers

Die mit Hilfe eines Galvanometers meßbaren Ströme sind sehr klein (nur wenige mA), da die Spule des Meßwerks (Widerstand R_W) nur sehr schwach belastet werden darf.

> Es können trotzdem große Stromstärken gemessen werden, wenn man dem Meßwerk einen Nebenwiderstand R_N ($R_N < R_W$) parallelschaltet. Dann fließt der größere Zweigstrom über R_N (2. Kirchhoffsches Gesetz).

Das Meßwerk geht bei derselben Spulenstromstärke auf Vollausschlag wie ohne Nebenwiderstand. Indessen kann die in der Hauptleitung gemessene Stromstärke nach den Kirchhoffschen Gesetzen erheblich größer sein.

Beispiel: Das Meßwerk geht bei 2 mA auf Vollausschlag. Welcher Nebenwiderstand R_N wird benötigt, wenn das Gerät bis zu einer Stromstärke von 3 A benutzt werden soll?

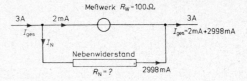

Lösung: Der Gesamtstrom darf höchstens 3 A betragen. Über den Nebenwiderstand muß dann bei Vollausschlag der Zweigstrom $I_N = I_{ges} - 2$ mA $= 3000$ mA $- 2$ mA $= 2998$ mA fließen (1. Kirchhoffsches Gesetz).

Nach dem 2. Kirchhoffschen Gesetz folgt aus

$$R_W : R_N = 2998 \text{ mA} : 2 \text{ mA} \qquad R_N = \frac{100 \, \Omega \cdot 2 \text{ mA}}{2998 \text{ mA}} = 0,067 \, \Omega$$

Verallgemeinerung: Der notwendige Nebenwiderstand R_N bei der Erweiterung des Meßbereichs eines Strommessers beträgt

$$R_N = \frac{R_W}{\dfrac{I_{ges}}{I_{max}} - 1} \qquad [1]$$

$I_{max} = $ größte (maximale[1]) Stromstärke im Meßwerk

$R_W \ = $ Widerstand des Meßwerks

$I_{ges} = $ größte Stromstärke in der Hauptleitung im erweiterten Meßbereich

---

Beweis: Aus $I_{max} \cdot R_W = I_N \cdot R_N$ und $I_{ges} = I_{max} + I_N$ (vgl. Abb.)

folgt $R_N = \dfrac{I_{max} \cdot R_W}{I_N} = \dfrac{I_{max} \cdot R_W}{I_{ges} - I_{max}} = \dfrac{R_W}{\dfrac{I_{ges}}{I_{max}} - 1}$

Für die Zahlenwerte des Beispiels ergibt sich damit,

$$R_N = \frac{100 \, \Omega}{\dfrac{3 \text{ A}}{0,002 \text{ A}} - 1} = \frac{100 \, \Omega}{1499} = 0,067 \, \Omega \text{ wie oben.}$$

Zur Erweiterung des Meßbereichs eines Strommessers ist ein kleiner Nebenwiderstand notwendig.

Sonderfall: Soll der Meßbereich auf das n-fache vergrößert werden, so ist $I_{ges} = n \cdot I_{max}$ zu setzen. Hieraus folgt $R_N = R_W/(n-1)$. Soll z. B. der Meßbereich ($R_W = 10 \, \Omega$) von 5 mA auf 5 A erweitert, d. h. 1000mal größer gemacht werden, so ist der notwendige Nebenwiderstand $R_N = R_W/(n-1) = 10 \, \Omega/999 = 0,01001 \, \Omega$.

Dieser Widerstand wird in der Fertigung durch Abfeilen eines etwas kleineren Widerstandes eingestellt (s. S. 360).

3) Spannungsmesser

Ein Strommesser kann auch zur Spannungsmessung verwendet werden, da nach dem Ohmschen Gesetz die Spannung $U = I \cdot R_W$ vorliegt, wenn der Strom I durch den Meßwerkswiderstand R_W fließt.

---

[1] von lat. maximus = der größte

Beispiel: Bei einem Meßwerkswiderstand $R_W = 200\,\Omega$ beträgt die Stromstärke bei Vollausschlag 0,3 mA (also Meßbereich 0,3 mA). Die Spannung bei Vollausschlag wird somit $U = I \cdot R_W$ = 0,3 mA · 200 Ω = 60 mV.

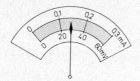

Werte von Stromstärke und Spannung auf der Skala eines Drehspulinstrumentes

Fließt ein Strom von 0,2 mA (0,1 mA), so beträgt die angelegte Spannung entsprechend 40 mV (20 mV).

Durch Anbringen von zwei verschiedenen Skalen ist also dasselbe Meßgerät sowohl zur Messung der Stromstärke als auch zur Messung der Spannung zu verwenden. Grundsätzlich können also Spannungsmeßgeräte Strommesser sein, bei denen die Skalenwerte nach dem Ohmschen Gesetz auf Volt umgerechnet wurden.

Beispiel: Ein Drehspulinstrument ($R_W = 50\,\Omega$) zeigt bei Vollausschlag einen Strom von 2 mA an. In welchem Bereich kann das Instrument zur Spannungsmessung benutzt werden?

Lösung: Dem Größtwert der Stromstärke von 2 mA entspricht ein größter Spannungswert von $U = I \cdot R_W = 0,002\,A \cdot 50\,\Omega = 0,1\,V = 100\,mV$.

Der **Spannungsmesser** liegt immer im **Nebenschluß,** also parallel zum Verbraucher (vgl. Abschn. 7.5.7).

Der durch den Spannungsmesser fließende Strom addiert sich zum Verbraucherstrom und beeinflußt die Strommessung. Außerdem verbraucht das Gerät selbst elektrische Energie (Näheres im folgenden). Diese störenden Einflüsse werden bei geringer Stromstärke, d. h. großem Gerätewiderstand, vernachlässigbar klein.

Spannungsmesser sollen einen möglichst großen Widerstand haben.

Ein Spannungsmesser hat den Eigenwiderstand (Kennwiderstand) von 500 Ω je Volt, wenn er bei einem Meßbereich von 10 V einen Widerstand von 5000 Ω aufweist. Der Widerstand eines Spannungsmessers kann bis zu mehreren zehntausend Ω je Volt betragen.

Der Kennwiderstand in Ω/V ist ein wesentliches Merkmal des Gerätes. Bei 500 Ω je Volt fließt bei einer zu messenden Spannung von 10 V ein Strom von $I = U/R = 10\,V/10 \cdot 500\,\Omega = 2\,mA$, bei 1000 Ω je Volt dagegen nur 1 mA durch das Gerät. Je größer also der Kennwiderstand, desto kleiner wird der unerwünschte Gerätestrom (vgl. Abschn. 7.15.4, U, I-Messung mit Stromfehler).

4) Erweiterung des Meßbereichs eines Spannungsmessers

Meßwerke sind normalerweise nur zur Messung sehr kleiner Spannungen geeignet (Drehspulmeßwerke normalerweise bis 0,1 V). Die bei höheren Spannungen entstehenden Stromstärken würden zur Zerstörung führen (zu hohe Wärmeentwicklung!). Zur Meßbereichserweiterung bedienen wir uns wieder eines Kunstgriffs.

> Zur Messung höherer Spannungen wird ein Widerstand R_V vorgeschaltet, der unzulässig hohe Stromstärken im Meßwerk verhindert.

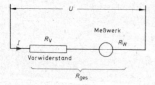

Beispiel: Ein Millivoltmeter ($R_W = 10\,\Omega$) geht bei 0,2 V auf Vollausschlag. Die höchstzulässige Stromstärke ist also

$$I_{max} = U/R_W = 0,2\,V/10\,\Omega = 0,02\,A = 20\,mA$$

Mit dem Gerät soll nun eine Spannung bis 50 V gemessen werden.

Spannungsmessung

Damit I_{max} nicht überschritten wird, muß der Gesamtwiderstand $R_{ges} = U/I_{max} = 50$ V/0,02 A $= 2500\,\Omega$ betragen. $R_W = 10\,\Omega$ ist bereits vorhanden. Folglich beträgt der notwendige Vorwiderstand $R_V = R_{ges} - R_W = 2500\,\Omega - 10\,\Omega = 2490\,\Omega$.

Zur Erweiterung des Meßbereichs eines Spannungsmessers ist ein großer Vorwiderstand notwendig.

Verallgemeinerung: Bei der Erweiterung des Meßbereichs eines Spannungsmessers auf die Spannung U_M beträgt der notwendige Vorwiderstand

$$R_V = \frac{U_M}{I_{max}} - R_W \quad \text{[2]}$$

U_M = größter Spannungswert im neuen Meßbereich

R_W = Meßwerkswiderstand

I_{max} = größte zulässige Stromstärke im Meßwerk

Begründung: Nach Vorschalten von R_V lautet das Ohmsche Gesetz $U = I\,(R_V + R_W)$. Für den Größtstrom I_{max} nimmt die Spannung ihren gewünschten Größtwert U_M an. Also gilt

$U_M = (R_V + R_W)\,I_{max}$. Die Auflösung nach R_V führt auf [2].

Beispiel: Ein Spannungsmesser ($R_W = 18\,\Omega$) geht bei einer Stromstärke von 0,2 A auf Vollausschlag.
a) Welchen Widerstand muß man vorschalten, wenn Spannungen bis zu 100 V gemessen werden sollen? b) Wie groß ist der Meßbereich des Instrumentes ohne Vorwiderstand?

Lösung: a) $R_V = \dfrac{U_M}{I_{max}} - R_W = \dfrac{100\text{ V}}{0,2\text{ A}} - 18\,\Omega = 482\,\Omega$

b) Größte meßbare Spannung

$$U = I \cdot R_W = 0,2\text{ A} \cdot 18\,\frac{\text{V}}{\text{A}} = 3,6\text{ V}$$

Sonderfall: Der Meßbereich eines Spannungsmessers (Widerstand R_W) soll n-mal größer gemacht werden. Für den ursprünglichen Meßbereichsendwert U_0 gilt: $U_0 = I_{max} \cdot R_W$. Setzen wir den neuen Spannungshöchstwert $U_M = n \cdot U_0 = n \cdot I_{max}\,R_W$ in [2] ein, so folgt $R_V = (n - 1)\,R_W$.

Soll z. B. der Meßbereich bei $R_W = 50\,\Omega$ von 100 mV auf 30 V, d. h. auf das 300fache, vergrößert werden, so ist der notwendige Vorwiderstand $R_V = (n - 1)\,R_W = 299 \cdot 50\,\Omega = 14950\,\Omega$.

Sowohl der Gerätewiderstand (R_G) als auch der Meßwerkswiderstand (R_W) werden als Innenwiderstand (R_i) bezeichnet. Der Innenwiderstand R_i kann also einerseits den gesamten Gerätewiderstand (einschließlich Vor- oder Nebenwiderstand), andererseits auch nur den Widerstand des Meßwerks bedeuten.

7.15.4 Widerstandsbestimmung durch Strom- und Spannungsmessung

Werden bei einem unbekannten Widerstand R_x gleichzeitig die angelegte Spannung U und der fließende Strom I gemessen, so ist nach dem Ohmschen Gesetz der Widerstand R_x zu berechnen.

Es gilt $R_x = \dfrac{U}{I}$.

Jede der beiden Schaltmöglichkeiten ist jedoch mit einem unvermeidbaren Fehler verbunden.

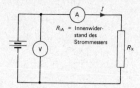

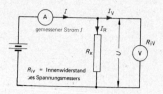

Fall 1: *U,I-Messung mit*
Spannungsfehler

Fall 2: *U,I-Messung*
mit Stromfehler

	Fall 1 (Spannungsfehler)	Fall 2 (Stromfehler)
Genau gemessen wird...	...der durch den Widerstand R_X fließende Strom	...die am Widerstand R_X liegende Spannung
Fehlerhaft gemessen wird...	...die Spannung, da auch der Spannungsabfall am Strommesser (Innenwiderstand R_{iA}) mitgemessen wird	...die Stromstärke, da ein Teilstrom I_V durch den Spannungsmesser (Innenwiderstand R_{iV}) fließt
Streng gilt...	$\dfrac{U}{I} = R_X + R_{iA}$ Somit wird $R_X = \dfrac{U}{I} - R_{iA}$	$R_X = \dfrac{U}{I_R}$ [1] $I_V = \dfrac{U}{R_{iV}}$ [2] Mit $I = I_R + I_V$ [3] wird $R_X = \dfrac{U}{I - I_V} = \dfrac{U}{I - U/R_{iV}}$ [4]
Näherungslösung ⟶ zulässig, d. h. ausreichende Genauigkeit ohne Berücksichtigung von R_i der Meßgeräte...	$R_X \approx \dfrac{U}{I}$ erhalten durch Streichung von R_{iA}	$R_X \approx \dfrac{U}{I}$; Ableitung: U aus [1] in den Nenner von [4] eingesetzt, ergibt $R_X = \dfrac{U}{I - I_R \cdot \dfrac{R_X}{R_{iV}}} \approx 0$
...falls Bedingung erfüllt ⟶	$R_{iA} \ll R_X$, d. h. R_{iA} klein gegen R_X oder $R_X \gg R_{iA}$	$R_X \ll R_{iV}$, d. h. R_X klein gegen R_{iV}
Physikalische Begründung der Näherung	...Spannungsabfall am Strommesser so gering, daß dieser gegen Spannungsabfall an R_X vernachlässigt werden kann	...Der Strom durch den Spannungsmesser ist so gering, daß der Stromfehler beim Gesamtstrom nicht ins Gewicht fällt
Näherungslösung besonders geeignet für...	...*große Widerstände* R_X, da Strommesser einen kleinen Widerstand R_{iA} haben, so daß $R_X \gg R_{iA}$ erfüllt ist	...*kleine Widerstände* R_X, da Spannungsmesser einen hohen Widerstand R_{iV} haben, so daß $R_X \ll R_{iV}$ erfüllt ist

Die Ausdrucksweise „kleiner Widerstand" besagt nicht viel. Stets ist anzugeben „klein gegenüber welchem Wert". So sind z. B. 100 Ω gegen 50000 Ω als klein anzusehen, gegen 400 Ω jedoch nicht (Schreibweise 100 ≪ 50000).

Anwendungsbeispiel: Bei einem unbekannten Widerstand liefert die Messung im Fall 2 ($R_{iV} = 1160\,\Omega$) $U = 2{,}08$ V und $I = 0{,}1$ A. Das Näherungsergebnis $R_X = U/I = 20{,}08\,\Omega$ unterscheidet sich nur wenig (0,4 Ω bzw. 2%) vom genauen Ergebnis $R_X = \dfrac{U}{I - U/R_{iV}} = 21{,}2\,\Omega$, da die Bedingung $R_X \ll R_{iV}$ hinreichend erfüllt ist (1160 : 21 = 55).

Mißt man U und I nach Fall 1 (z. B. $R_{iA} = 3\,\Omega$), so liefert die Näherung $R_X = U/I$ ein ungenaueres Ergebnis, da R_{iA} mit 3 Ω gegenüber R_X mit 21 Ω nicht als klein bezeichnet werden kann (21 : 3 = 7) und somit $R_{iA} \ll R_X$ nicht hinreichend erfüllt ist.

7.15.5 Schaltung von Spannungsquellen

Galvanische Zellen von gleicher U_0 und von gleichem inneren Widerstand R_i können zu einer Batterie zusammengeschaltet werden. Jede der beiden Schaltmöglichkeiten hat ihre Vor- und Nachteile.

Hintereinanderschaltung

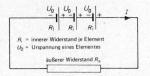

R_i = innerer Widerstand je Element
U_0 = Urspannung eines Elementes

äußerer Widerstand R_a

Parallelschaltung

n = Zahl der Einzelzellen

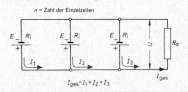

$I_{ges} = I_1 + I_2 + I_3$

U_0 ges $= n \cdot U_0$ bei n Zellen in Serie

Die U_0-Werte addieren sich

Vergleich: Addition der Spannungsabfälle an Widerständen in Reihenschaltung

U_0 ges $= U_0$ bei n Zellen parallel

Man kann sich die Platten bis zur gegenseitigen Berührung vergrößert denken, wodurch eine Zelle mit vergrößerten Platten entsteht. Die Plattengröße hat jedoch keinen Einfluß auf die U_0

Vergleich: Bei parallelgeschalteten Widerständen gibt es nur einen Spannungswert

---

Innerer Widerstand R_i ges

vergrößert sich: $R_{i\,ges} = n \cdot R_i$

verkleinert sich: $R_{i\,ges} = \dfrac{R_i}{n}$

z. B. $n = 2$: $\dfrac{1}{R} = \dfrac{1}{R_i} + \dfrac{1}{R_i} = \dfrac{2}{R_i}$; $R_{i\,ges} = \dfrac{R_i}{2}$

$$\text{Stromstärke} = \frac{U_0 \text{ ges}}{\text{Gesamtwiderstand}}$$

$$I = \frac{n \cdot U_0}{R_a + n \cdot R_i} \quad [1]$$

$$I = \frac{U_0}{R_a + \dfrac{R_i}{n}} \quad [2]$$

Zweck der Schaltung

Vergrößerung der U_0

Größere U_0 bewirkt größeren Strom.

Wesentliche Vergrößerung der Stromstärken nur, wenn $R_a \gg R_i$, da $R_{i\,ges}$ bei n Elementen auf den n-fachen Wert ansteigt (Bedingung in der Praxis i. allg. erfüllt)

Klemmenspannung sinkt bei Belastung nicht so stark ab.

Die Klemmenspannung sinkt mit zunehmendem inneren Widerstand ab. Bei dieser Schaltung wird jedoch $R_{i\,ges}$ kleiner als R_i der Einzelzelle (vgl. Abschn. 7.13)

Größere Stromstärke, da $R_{i\,ges}$ abnimmt.

Beachtliche Vergrößerung von I nur, wenn $R_a \ll \dfrac{R_i}{n}$

Strombelastbarkeit

Die Höchststromstärke kann nie größer sein als der zulässige Höchststrom je Zelle

Die Ströme der einzelnen Zellen summieren sich. Bei n Zellen ist der entnehmbare Höchststrom n-mal so groß wie bei einer Zelle

---

Taschenlampenbatterie, Anoden- und Heizbatterie für Kofferradios; allgemein, wenn höhere Spannungen benötigt werden	Bei den Elektrodenplatten eines Sammlers. Sonstige Anwendung weniger bedeutsam, da Parallelschaltung einer Elektrodenvergrößerung entspricht. Zellen mit entsprechend großen Elektroden können nach Bedarf hergestellt werden

Nur Spannungsquellen gleicher U_0 werden parallelgeschaltet. Ist z. B. die U_0 einer Zelle größer — die übrigen seien unter sich gleich groß —, so fließen durch die Spannungserzeuger mit kleinerer U_0 Ausgleichsströme, die große Stromstärken annehmen können (kleiner Innenwiderstand). Dies kann zu Schädigungen führen. Außerdem werden die Zellen mit größerer U_0 schnell entladen.

1. Beispiel: Ein Bleisammler, bestehend aus drei Zellen in Hintereinanderschaltung (R_i je Zelle 0,01 Ω), wird an einen Verbraucher ($R_a = 0,1$ Ω) angeschlossen. Der sich einstellende Strom berechnet sich nach [1] zu

$$I = \frac{n \cdot U_0}{R_a + n \cdot R_i} = \frac{3 \cdot 2}{0,1 + 0,03} \, \frac{V}{\Omega} = 46 \, A$$

2. Beispiel: Fünf Zellen (U_0 je 1,5 V, R_i je 0,6 Ω) und ein Verbraucher ($R_a = 2$ Ω) sind in Reihe geschaltet. Die Stromstärke wird nach [1] $I = 1,5$ A.

Für eine Zelle ($n = 1$) wird im 1. Beispiel $I = U_0/(R_a + R_i) = 18$ A, im 2. Beispiel $I = 0,6$ A. Im 1. Beispiel ($R_a = 10 \, R_i$) erhalten wir also etwa eine Verdreifachung der Stromstärke, im 2. Beispiel ($R_a \approx 3 \, R_i$) wird wegen des relativ großen R_i-Wertes trotz fünffacher U_0 nur die 2,5fache Stromstärke erreicht.

Trockenzellen für Beleuchtungszwecke dürfen üblicherweise nicht stärker als bis 0,3 oder 0,4 A belastet werden, wenn die Lebensdauer nicht erheblich herabgesetzt werden soll. Es gibt zahlreiche Sonderausführungen mit maximalen Entladeströmen bis zu 2 A und mehr.

3. Beispiel: Eine Trockenbatterie besteht aus 50 hintereinandergeschalteten Zellen (U_0 je Zelle 1,4 V, R_i je 0,3 Ω). Dann betragen die Gesamt-$U_0 = n \, U_0 = 50 \cdot 1,4 \, V = 70 \, V$ und der gesamte Innenwiderstand $R_{i \, ges} = 50 \cdot 0,3 \, \Omega = 15 \, \Omega$.

Wird ein Verbraucher $R_a = 800$ Ω angeschlossen, so fließt ein Strom

$$I = \frac{n \cdot U_0}{R_a + n \cdot R_i} = \frac{70}{800 + 15} \, \frac{V}{\Omega} = 86 \, mA$$

4. Beispiel: Drei Trockenzellen (U_0 je 1,5 V, R_i je 0,3 Ω) sind parallelgeschaltet. a) Welche U_0 steht zur Verfügung? Wie groß ist $R_{i \, ges}$? b) Wie groß ist die Höchststromstärke beim Verbraucher, wenn einer Zelle 0,2 A entnommen werden dürfen? c) Für welchen Wert von R_a beträgt die Stromentnahme 0,5 A? d) Welcher Strom fließt bei Anschluß eines Verbrauchers $R_a = 5,1$ Ω?

Lösung: a) Gesamt-$U_0 = 1,5$ V; $R_{i \, ges} = R_i/3 = 0,1$ Ω

b) $I = I_1 + I_2 + I_3 = 0,6$ A

c) Aus [2] folgt $R_a = \dfrac{U_0}{I} - \dfrac{R_i}{n} = \dfrac{1,5 \, V}{0,5 \, A} - \dfrac{0,3 \, \Omega}{3} = 2,9 \, \Omega$

d) Werte in [2] eingesetzt $I = \dfrac{1,5}{5,1 + 0,1} \, \dfrac{V}{\Omega} = 0,29 \, A$

Aufgabengruppe Elektrizität 4: Übungen zu 7.15

Schaltung von Widerständen und Spannungsquellen, Kirchhoffsche Gesetze, Erweiterung des Meßbereichs von Strom- und Spannungsmessern

1. Zwei Widerstände, $R_1 = 30\ \Omega$ und $R_2 = 78\ \Omega$, liegen an 220 V. Wie groß sind die Ströme in den beiden Widerständen: a) bei Hintereinanderschaltung, b) bei Parallelschaltung?

2. Die Teilspannungen an zwei hintereinandergeschalteten Widerständen betragen 65 V und 107 V. Wie groß sind die Widerstände, wenn der Gesamtwiderstand 850 Ω beträgt?

3. Welchen Widerstand muß man einer Heizspirale von 65 Ω parallelschalten, damit der Gesamtwiderstand 45 Ω beträgt?

4. Bei einer Stromverzweigung fließt im 1. Zweig der Strom $I_1 = 2{,}6$ A (Teilwiderstand $R_1 = 38\ \Omega$). Welcher Strom fließt im 2. Zweig, wenn der 2. Teilwiderstand $R_2 = 14{,}6\ \Omega$ groß ist? Wie groß ist der Gesamtstrom?

5. Wie verteilt sich der Gesamtstrom $I = 26$ A auf die beiden Zweige einer Parallelschaltung mit den Widerständen $R_1 = 27\ \Omega$ und $R_2 = 65\ \Omega$?

6. Wie groß muß der Vorschaltwiderstand gewählt werden, wenn der Strom in der Wendel einer Glühlampe höchstens 0,2 A betragen soll und die angelegte Spannung 8 V beträgt? Widerstand der Glühlampe 17,5 Ω.

7.* Der Gesamtwiderstand von zwei Einzelwiderständen R_1' und R_2 beträgt bei Hintereinanderschaltung 70 Ω und bei Parallelschaltung 14,3 Ω. Wie groß sind die Einzelwiderstände?

8. Wie groß ist der Ersatzwiderstand für zwei parallelgeschaltete Widerstände $R_1 = 25\ \Omega$ und $R_2 = 50\ \Omega$? Wie groß sind die Teilströme und der Gesamtstrom, wenn eine Spannung von 4 V angelegt wird?

9. Wie groß sind die Ströme I_1, I_2 und I_3, wenn die angelegte Spannung $U = 110$ V beträgt? Die Widerstände sind $R_1 = 40\ \Omega$, $R_2 = 50\ \Omega$ und $R_3 = 30\ \Omega$.

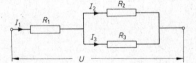

10. Ein Millivoltmeter mit einem Innenwiderstand von 10 Ω geht bei 0,15 V auf Vollausschlag. Das Gerät soll für Meßbereiche von 10 V, 90 V und 150 V benutzt werden. Die notwendigen Vorwiderstände sind zu berechnen.

    Anmerkung: Für die Lösung der Aufgaben 10 bis 20 (Meßbereichserweiterung) ist es gleichgültig, ob der gegebene Innenwiderstand R_i jeweils den Meßwerkswiderstand R_W (gemäß Abschn. 7.15.3, Punkte 2) und 4)) oder den gesamten Gerätewiderstand des gegebenen Instrumentes bedeutet. Bei der Berechnung kann für R_i stets R_W geschrieben werden. Ist R_W (R_G) gegeben, so bedeutet die angegebene Stromstärke bei Vollausschlag den Höchststrom durch das Meßwerk (durch das Gerät). — Bei Aufgabe 17 bedeutet R_i den Gerätewiderstand (beim ursprünglichen Meßbereich). Der Nebenwiderstand ist nun so zu bestimmen, daß bei Vollausschlag (d. h. 2 A Gerätestrom) 28 A über R_N fließen.

11. Ein Meßwerk mit einem Widerstand von $R_W = 50\ \Omega$ soll als Spannungsmesser Verwendung finden. Die höchstzulässige Belastung beträgt 2 mA. Was ist zu tun, wenn die Meßbereiche 100 mV und 6 V betragen sollen?

12. Ein Spannungsmesser mit einem Innenwiderstand von 100 Ω ist für einen Meßbereich von 5 V gebaut. Welcher Vorwiderstand ist notwendig, wenn Spannungen bis 150 V (250 V) gemessen werden sollen?

13. Ein Meßwerk mit einem Widerstand von 50 Ω geht bei 2 mA auf Vollausschlag. Welcher Nebenwiderstand wird benötigt, wenn der Meßbereich auf 1 A (3 A, 10 A) erweitert werden soll?

14. Dem Meßwerk der Aufgabe 12 wird ein Widerstand von 0,017 Ω parallelgeschaltet. Bei welcher Gesamtstromstärke geht das Gerät nun auf Vollausschlag?

15. Ein Weicheiseninstrument mit einem Innenwiderstand von 18 Ω geht bei 0,2 A auf Vollausschlag. Das Gerät soll als Spannungsmesser mit einem Meßbereich von 500 V verwendet werden. Wie groß ist der Vorwiderstand zu wählen?

16. Ein Meßinstrument mit einem Innenwiderstand von 1,5 Ω verträgt eine Stromstärke von 200 mA. Welcher Nebenwiderstand ist erforderlich, wenn der Meßbereich auf 50 A erweitert werden soll?

17. Ein Strommesser mit einem Innenwiderstand von 0,03 Ω und einem Meßbereich von 2 A soll zum Messen von Strömen bis zu 30 A, also auf das 15fache, erweitert werden. Welcher Nebenwiderstand ist erforderlich?

18. Ein Millivoltmeter mit einem Innenwiderstand von 10 Ω geht bei 0,2 V auf Vollausschlag. In welchem Meßbereich kann das Gerät als Milliamperemeter verwendet werden?

19. Welchen Gesamtwiderstand hat ein Strommesser, wenn zum Meßwerk ($R_1 = 100$ Ω) ein Widerstand $R_2 = 0,2$ Ω im Nebenschluß liegt?

20. Ein Drehspulinstrument mit einem Innenwiderstand von 200 Ω geht bei einer Spannung von 60 mV auf Vollausschlag.

a) In welchem Meßbereich kann das Gerät ohne Umbau als Strommesser verwendet werden?

b) Was ist zu tun, wenn das Gerät als Spannungsmesser (Meßbereich 300 V) verwendet werden soll?

c) Bei welchem Nebenwiderstand kann das Instrument als Strommesser bis 6 A eingesetzt werden?

21. Ein Widerstand von 20 Ω wird an eine Spannungsquelle von 10 V angeschlossen. Welche Stromstärke zeigt ein Strommesser mit dem Innenwiderstand $R_i = 0,4$ Ω an?

22. Bei der U, I-Messung mit Stromfehler werden die Werte $U = 12,3$ V und $I = 0,35$ A ermittelt. Wie groß ist der gemessene Widerstand, wenn der Widerstand des Voltmeters $R_{iV} = 10$ kΩ beträgt?

23. Wieviel Zellen mit einer U_0 von je 1,5 V sind hintereinanderzuschalten, um die Leerlaufspannung einer Anodenbatterie von 90 V zu erhalten? Welcher Strom fließt, wenn der äußere Widerstand 1800 Ω beträgt? Wie groß wird der Innenwiderstand der gesamten Batterie, wenn der Widerstand je Zelle $R_i = 0,4$ Ω ist?

24. Eine Trockenzelle hat eine U_0 von 1,5 V und einen inneren Widerstand $R_i = 0,5$ Ω. Welcher Strom stellt sich ein, wenn zwei bzw. vier dieser Zellen in Reihe geschaltet werden und der äußere Widerstand $R_a = 22$ Ω beträgt?

25. a) Welcher Strom stellt sich ein?

b) Welcher Strom kann der Spannungsquelle höchstens entnommen werden, wenn die einzelne Zelle bis zu 0,3 A belastet werden darf?

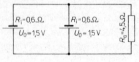

c) Welchen Kleinstwert darf R_a annehmen, damit die höchstzulässige Stromstärke nicht überschritten wird?

d) Welcher Strom würde sich bei Hintereinanderschaltung der beiden Zellen bei gleichbleibendem Widerstand R_a einstellen?

7.16 Induktion

Die Induktion bietet neben der Erzeugung von Spannung aus chemischen Reaktionen die Möglichkeit, große Spannungen zu erzeugen.

7.16.1 Induktion der Bewegung

1) Elektrischer Strom und Magnetfeld

Ein elektrischer Strom, d. h. bewegte elektrische Ladung, erzeugt ein Magnetfeld. Umgekehrt gilt:

Wird ein Leiter im Magnetfeld bewegt, so entsteht zwischen dessen Enden eine elektrische Spannung.

Ist der Leiter in sich geschlossen, so fließt ein Strom, obwohl eine Spannungsquelle der bisher besprochenen Art (z. B. ein galvanisches Element) nicht im Stromkreis liegt.

Diese Erscheinung heißt Induktion[1]) (von Faraday 1831 entdeckt).

Bestätigung im Versuch

Bewegen wir einige Leiterschleifen (z. B. aus einer Experimentierleitung) ruckartig im Feld eines Hufeisenmagneten, so zeigt das Galvanometer einen Ausschlag. — Schon ein einzelner Leiter liefert — ein genügend empfindliches Galvanometer vorausgesetzt — einen kleinen Ausschlag.

2) Induktionsspannung und Relativbewegung

Bewegen wir die Leiterwicklungen und den Magneten in derselben Richtung gleich rasch, so erfolgt kein Ausschlag. Es wurden keine Feldlinien ,,geschnitten''.

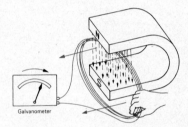

Galvanometer

Erkenntnis

> **Damit eine Induktionsspannung entstehen kann, muß der bewegte Leiter die magnetischen Feldlinien schneiden, also sich quer zu den Feldlinien bewegen.**

Stoßen wir eine Spule (500 Windungen) über einen Stabmagneten, so erhalten wir einen kräftigen Ausschlag am Meßinstrument, da sich die Spannungen in den einzelnen Windungen summieren.

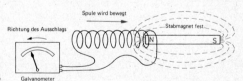

Spule wird bewegt

Richtung des Ausschlags

Stabmagnet fest

Galvanometer

Spannungserzeugung durch Induktion

Beim Zurückziehen der Spule erfolgt der Ausschlag nach der Gegenseite. Bei schnellerer Bewegung wird der Ausschlag größer, da die ,,Zahl'' der je Sekunde geschnittenen magnetischen Feldlinien ebenfalls größer ist.

Wird der Magnet in das Innere der festgehaltenen Spule gestoßen, so erfolgt ebenfalls ein Ausschlag.

---

[1]) von lat. inducere = hineinführen

Bei der Spannungserzeugung durch Induktion spielt es keine Rolle, ob die Spule oder der Magnet bewegt wird. Es kommt nur auf die Relativbewegung zueinander an.

Eine Induktionsspannung entsteht also, wenn der Leiter Feldlinien schneidet oder von diesen geschnitten wird.

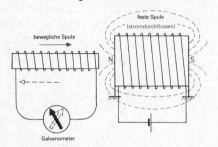

Dauermagnet und stromdurchflossene Spule sind einander gleichwertig. Wird daher eine bewegliche Spule (Induktionsspule) im Feld einer stromdurchflossenen (festen) Spule bewegt, so entsteht — genau wie oben beim Dauermagneten — eine Induktionsspannung.

3) *Lenzsche Regel* (*Erhaltung der Energie bei der Induktion*):

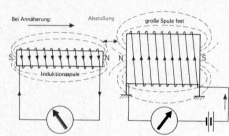

Durch Bewegung eines Leiters, z. B. einer Spule, im Magnetfeld entsteht also elektrische Energie. Energie kann niemals aus dem Nichts geschaffen werden. Die Frage nach der Herkunft der in der Spule entstandenen elektrischen Energie beantwortet der nächste Versuch.

Versuch zur Lenzschen Regel

Wir nähern eine Induktionsspule, deren Enden über ein Galvanometer verbunden sind, dem Nordpol einer stromdurchflossenen Spule. Dann ist der Induktionsstrom so gerichtet, daß am rechten Ende der bewegten Spule ebenfalls ein Nordpol entsteht.

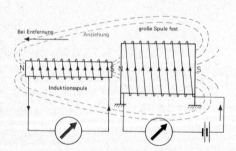

Bei Entfernen der Induktionsspule entsteht dagegen am rechten Ende ein Südpol.

Bei der Annäherung muß die Abstoßungskraft
Bei der Entfernung muß die Anziehungskraft überwunden werden.

Dabei wird mechanische Arbeit verrichtet.

Lenzsche Regel[1])

Der entstehende Induktionsstrom ist stets so gerichtet, daß er die Bewegung hemmt, die zu seiner Erzeugung notwendig ist.

[1]) von H. F. E. Lenz (1804—1865) im Jahre 1834 erkannte Gesetzmäßigkeit, auch Lenzsches Gesetz genannt

Zur Erzeugung von Spannungen bzw. Strömen muß also mechanische Arbeit aufgewendet werden.

Induktion = Umwandlung von mechanischer Energie in elektrische Energie

So verstehen wir auch, warum das Galvanometer nach verschiedenen Seiten ausschlägt (vgl. Abschn. 7.16.1, Punkt 2), wenn wir erst mit dem Nordpol und dann mit dem Südpol eines Stabmagneten in das Innere einer Spule hineinstoßen.

4) Erzeugung von Wechselspannung durch Generatoren

Eine Spule, deren Enden mit zwei Schleifringen leitend verbunden sind, wird im Feld eines Magneten durch äußeren Antrieb (z. B. Wasserkraft) in Dauerdrehung versetzt. Da Feldlinien geschnitten werden, entsteht eine Induktionsspannung, die über zwei Schleifkontakte abgenommen wird.

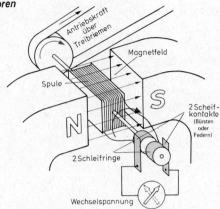

Wechselstromgenerator

Derartige Maschinen zur Spannungserzeugung heißen Generatoren[1]).

In Elektrizitätswerken werden auf diese Weise Spannungen von vielen tausend Volt erzeugt. Die Induktion ist das wichtigste Mittel zur Spannungserzeugung.

Die entstehende Spannung ändert nach jeder halben Umdrehung ihre Richtung (Wechselspannung). — Wäre bei der 2. Halbdrehung die Stromrichtung nicht umgekehrt (also keine Vertauschung der Pole der Induktionsspule), so träte eine Anziehung auf, was nach der Lenzschen Regel unmöglich ist.

Bei der Drehung der Induktionsspule muß dauernd die Abstoßung überwunden werden

Die Richtungsumkehr des Induktionsstromes in der Spule nach jeder halben Umdrehung entspricht der Lenzschen Regel.

In der Abbildung muß beim Weiterdrehen auf beiden Seiten der Spule die Abstoßung zwischen jeweils gleichnamigen Magnetpolen überwunden werden.

Die an den Bürsten abnehmbare Wechselspannung zeigt — gegen die Zeit aufgetragen — einen sinusförmigen Verlauf (vgl. Abschn. 7.5.9). Die Entstehung des Spannungsverlaufs verfolgen wir anhand der Bewegung einer einzelnen Leiterschleife im Magnetfeld.

Die Frequenz hängt von der Drehzahl der Spule ab. Bei einem Fahrraddynamo beträgt sie bei einer Fahrgeschwindigkeit von 20 km/h etwa 150 Hz.

Für die Größe der induzierten Spannung ist die ,,Zahl'' der je Sekunde geschnittenen Feldlinien maßgebend (höhere Drehzahl, größere Spannung). Beim Weiterdrehen um den gleichen Winkel α werden je nach Spulenstellung unterschiedlich viele Feldlinien geschnitten (in Abbildung geschnittene Feldlinien rot). Obwohl die Spule eine konstante Drehzahl aufweist, ändert sich die

---

[1]) von lat. genere = erzeugen

„Zahl" der je Sekunde geschnittenen Feldlinien und damit auch die Größe der erzeugten Spannung ständig. Die Lage der Spule bzw. der Leiterschleife im Magnetfeld ist also in bezug auf Spannungserzeugung durch Drehung mehr oder weniger wirksam.

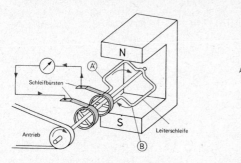

Erzeugung von Wechselspannung

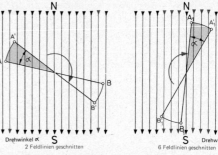

Je nach Stellung der Leiterschleife werden bei gleichem Drehwinkel α unterschiedlich viele Feldlinien geschnitten

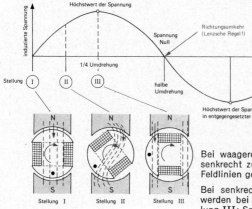

Spannungsverlauf beim Wechselstromgenerator (Feldlinienverlauf vereinfacht)

Bei waagerechter Lage der Leiterschleife, d. h. Leiterschleife senkrecht zum Magnetfeld, werden bei Drehung um α wenig Feldlinien geschnitten (Stellung I: Spannung Null).

Bei senkrechter Lage, d. h. Leiterschleife in Feldrichtung, werden bei Drehung um α viele Feldlinien geschnitten (Stellung III: Spannungshöchstwert).

Die für die einzelne Leiterschleife angestellten Überlegungen gelten sinngemäß auch für die zahlreichen Leiterschleifen, die in einer Wicklung mit Eisenkern enthalten sind. (Die weniger wirksame Stellung [vgl. oben zweites Bild] entspricht nahezu der Stellung I, die wirksamere [vgl. oben drittes Bild] etwa der Stellung III).

5) Außen- und Innenpolmaschinen

Grundsätzlich ist es für die Spannungserzeugung ohne Belang, ob man die Wicklung im Magnetfeld rotieren läßt (sich drehender Teil = Rotor = Läufer; feststehender Magnetpol = Stator = Ständer), oder ob die Wicklung, in der die Spannung induziert wird, festliegt und dafür das Magnetfeld rotiert (Polrad). In der technischen Praxis sind die Magnetpole, die das notwendige Magnetfeld liefern, meist keine Dauermagneten, sondern stromdurchflossene Spulen mit einem Eisenkern, d. h. Elektromagnete.

Dreht sich ein Dauermagnet innerhalb fest stehender Wicklungen, so ist eine Spannungsabnahme ohne Schleifkontakte möglich. Diese Bauart (Innenpolmaschine) wird bei großen Generatoren gewählt. Vorteil: keine Stromabnahme über Bürsten. Für Schleifkontakte besteht bei hoher Spannung bzw. großer Leistung die Gefahr der Zerstörung durch Funkenbildung.

Beispiel: Beim *Fahrraddynamo* gibt es beide Bauarten.

Außenpolbauart: Das mit einer Wicklung versehene Laufrädchen dreht sich im Feld eines Dauermagneten.

Vom Schleifkontakt führt ein isolierter Leiter zur Glühlampe. Ein zweiter Schleifring wird zur Spannungsabnahme nicht benötigt, da das andere Ende der Wicklung über Läuferwelle, Gehäuse, Kontaktschraube (durch Lackschicht des Rahmens) und Fahrradrahmen leitend mit dem anderen Kontakt der Glühlampe verbunden ist. Der Stromkreis wird also über den Rahmen geschlossen.

Innenpolbauart: Bei der Innenpolbauart, die eine neuere Ausführungsform darstellt, wird durch Drehung des Dauermagneten in der fest stehenden Spulenwicklung eine Spannung induziert. Schleifkontakte werden nicht gebraucht.

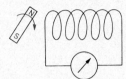

6) Gleichstromgenerator

Beim Gleichstromgenerator werden zur Spannungsabnahme zwei isolierte Halbringe benutzt. Diese sind auf der Ankerwelle so befestigt, daß im Augenblick der Richtungsumkehr des Induktionsstromes in der Spule die Bürsten jeweils auf die anderen Ringhälften übergehen.

> **Der Kommutator (Stromwender) des Gleichstrommotors ermöglicht trotz der Gültigkeit der Lenzschen Regel die Abnahme einer Gleichspannung.**

Wir erkennen, daß der Gleichstromgenerator hinsichtlich der Anordnung der Spule und des Baues des Kommutators mit dem Gleichstrommotor (vgl. Abschn. 7.8.3) völlig übereinstimmt. Dieselben baulichen Maßnahmen (mehr Spulen, stärker unterteilter Kollektor), die beim Motor zu einem ruhigeren Lauf führen, ermöglichen beim Generator die Abnahme einer weniger welligen Gleichspannung.

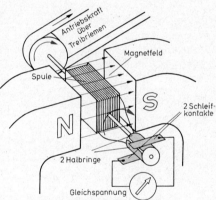

Gleichstromgenerator

Die mit Hilfe des zweiteiligen Kommutators erhaltene Gleichspannung (stets gleiche Richtung!) ist noch ziemlich wellig, d. h. sie ändert sich stark.

Spannungsverlauf bei zwei 360°-Schleifringen
bei zwei Halbringen (Stromwender)

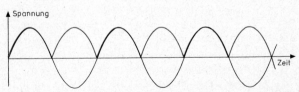

Jedoch schon bei Verwendung eines Rotors mit drei Polen schwankt die abgenommene Gleichspannung weniger. Wie die Spulenenden mit den drei Lamellen verbunden sind, ist der Abbildung in Abschnitt 7.8.3 zu entnehmen.

Die Spannung in den Spulen wechselt auch hier jeweils nach Drehung um 180° ihre Richtung. Jedoch erfolgt dieser Polwechsel nicht für alle Spulen gleichzeitig, sondern hintereinander. Die Spannung in der gerade umpolenden Wicklung ist Null. Die an den beiden Bürsten abgenommene Spannung, die sich aus Parallel- und Hintereinanderschaltung der drei Spulen ergibt, nimmt nie den Wert Null an. (Spulen oberhalb oder unterhalb der Bürsten sind unter sich hintereinandergeschaltet. Insgesamt sind diese beiden Gruppen wieder parallelgeschaltet.)

Die Welligkeit der erzeugten Gleichspannung wird noch mehr verringert, wenn auf dem gesamten Umfang des Eisenkerns Wicklungen angebracht werden, deren Enden jeweils mit zwei benachbarten Kollektorlamellen verbunden sind (Trommelanker). Jede Spule überbrückt nun eine Lücke des Kollektors, so daß die einzelnen Wicklungen hintereinandergeschaltet sind: Die Einzelspannungen addieren sich daher. Dabei sind zwei Stromkreise (oberhalb und unterhalb der Bürsten) zu unterscheiden.

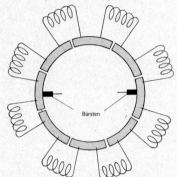

Beispiel: Erzeugung einer schwach veränderlichen Gleichspannung durch einen *Trommelanker mit acht Spulen.*

Anschluß der 8 Spulen eines Trommelankers an die 8 Lamellen des Kollektors

Die Spannungen von jeweils vier Spulen addieren sich, da diese hintereinandergeschaltet sind. Die zwei Gruppen von je vier Spulen sind parallelgeschaltet.

Der Begriff Kollektor (von lat. collectio = Aufsammeln, Sammlung) kann so verstanden werden, daß die in den einzelnen Spulen induzierten Spannungen über den Kollektor gesammelt und an den Bürsten abgenommen werden.

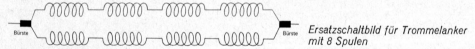

Ersatzschaltbild für Trommelanker mit 8 Spulen

Ein Generator hat wie eine chemische Spannungsquelle einen inneren Widerstand und damit auch einen inneren Spannungsabfall. Es sind also auch hier eine Klemmenspannung, ein innerer Spannungsabfall und eine Urspannung zu unterscheiden.

Zusammenfassung: Generator und Motor

Das
Motorprinzip
Leiter + Spannung + Magnet ..... ergeben Bewegung

läßt sich ganz allgemein umkehren in

Das
Generatorprinzip
Leiter + Magnet + Bewegung gegeneinander ..... ergeben Spannung

Generator = Umkehrung des Motors und umgekehrt.

Ein Generator ist stets auch als Motor zu betreiben, wenn eine Spannung angelegt wird.

Versuch

Verwendung eines Motors als Generator

Schalterstellung I: Am Motor liegt eine Gleichspannung von etwa 7 V. Die Last von 20 N wird gehoben.

Schalterstellung II: Das Gewicht sinkt nach unten. Der Motor wirkt als Generator und bringt eine 6-V-Glühlampe zum Leuchten.

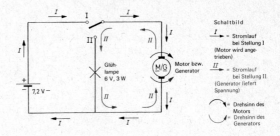

7.16.2 Induktion ohne mechanisch bewegte Teile (Transformator)

Versuch: Wird der Primärstromkreis geschlossen, so entsteht in der Sekundärspule ein Spannungsstoß, der von einem Voltmeter angezeigt wird[1].

Beim Ausschalten des Stromes erfolgt der Ausschlag nach der Gegenseite.

Zur Feldverstärkung erhalten die Spulen einen durchgehenden Eisenkern.

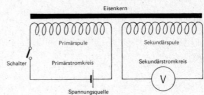

Erklärung: Vor dem Schließen des Primärstromkreises ist kein Magnetfeld vorhanden. Fließt durch die Primärspule ein Strom, so bildet sich ein Magnetfeld aus, das auch die Sekundärspule durchsetzt. Beim Aufbau des Magnetfeldes der Primärspule „quellen" die Feldlinien aus der Spule heraus. Sehr kurze Zeit nach dem Einschalten ergibt sich ein Zwischenzustand (vgl. Abb.).

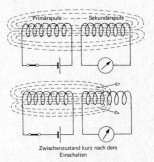

Zwischenzustand kurz nach dem Einschalten

Man erkennt, daß beim Aufbau des Magnetfeldes die aus der Primärspule herausquellenden Feldlinien die Windungen der Sekundärspule schneiden müssen.

> Ändert sich das Magnetfeld der Primärspule (d. h. entsteht oder verschwindet es, wird stärker oder schwächer), so werden die Windungen der Sekundärspule von Feldlinien geschnitten, was zu einer Induktionsspannung führt.

> **Induktion der Ruhe: Ein sich änderndes Magnetfeld verursacht in einem ruhenden Leiter eine Induktionsspannung.**

Im Gegensatz zur Induktion der Bewegung bleiben hier Induktionsspule (Sekundärspule) und stromdurchflossene Spule (Primärspule) völlig in Ruhe. Jedoch ändert sich das Magnetfeld.

Bei jedem Ein- und Ausschalten des Primärkreises entsteht im Sekundärkreis ein Spannungsstoß.
Folgerung: Legen wir an die Primärspule eine Wechselspannung, so muß in der Sekundärspule ebenfalls eine Wechselspannung entstehen.

---

[1] von lat. primus = der erste, secundus = der zweite

377

Der *Transformator*[1]) (Umspanner) ist eine Anwendung der Induktion der Ruhe.

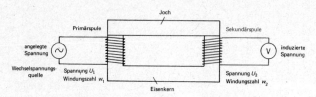

Kerntransformator

Versuch:

An die Primärspule mit $w_1 =$ 500 Windungen legen wir die Netzspannung ($U_1 = 220$ V). An der Sekundärspule mit $w_2 = 5$ Windungen wird eine Spannung $U_2 = 2$ V gemessen.

Ergebnis: Die Spannungen verhalten sich wie die Windungszahlen

$$w_1 : w_2 = 500 : 5 = 100 : 1$$

$$U_1 : U_2 = 220 : 2 = 100 : 1$$

Es gilt, was durch weitere Versuche bestätigt wird:

$$\frac{\text{Spannung an der Primärspule}}{\text{induzierte Spannung in der Sekundärspule}} = \frac{\text{Windungszahl primär}}{\text{Windungszahl sekundär}}$$

$$\frac{U_1}{U_2} = \frac{w_1}{w_2}$$

Sonstige Anwendungen

Induktionsschmelzöfen: Spannung wird im Schmelzgut induziert, so daß Stromwärme entsteht.

Induktionshärtung: Erhitzen von Stahloberflächen durch Induktionsströme und anschließendes Abschrecken. Die Induktion kann sich auch störend bemerkbar machen. In den Eisenkernen von Elektromagneten und Transformatoren entstehen durch den in der Wicklung fließenden Wechselstrom elektrische Spannungen, die zu Strömen führen und Energieverluste in Form von Wärme verursachen (Wirbelströme).

7.17. Gefahren des elektrischen Stromes

Im menschlichen Körper bewirkt der Stromdurchgang u. U. lebensbedrohende Veränderungen (physiologische[2]) Wirkungen des Stromes).

Der menschliche Körper stellt selbst einen Widerstand dar in der Größenordnung von einigen tausend Ohm. Dieser Widerstand setzt sich aus dem Körperwiderstand R_K und dem Übergangswiderstand $R_Ü$ zusammen ($R_Ü$ bezügl. der Ein- und Austrittsstelle des Stromes).

Bei geringem Übergangswiderstand (feuchte Haut, Nässe...) kann eine bestimmte Betriebsspannung gefährlich sein, während bei hohem Übergangswiderstand (trockener Boden usw.) die Gefahr geringer ist.

---

[1]) von lat. transformare = umformen

[2]) physiologisch (aus dem Griechischen) = den lebenden Körper betreffend

Entsprechend dem Gesetz der Stromverzweigung fließt nur ein bestimmter Teilstrom über das Herz, das dann besonders gefährdet ist.

50 mA über das menschliche Herz sind lebensgefährlich.

Schon kleinere Ströme (25...50 mA) können zum Tode führen, falls die Einwirkungsdauer länger als 30 s ist. 100 mA bis einige A wirken fast immer tödlich. Etwa 100 mA können schon in 0,2 s tödlich sein.

Der über das Herz fließende Strom stört die normale Herztätigkeit. Der Herzschlagrhythmus wird unterdrückt. Es setzt das „Herzkammerflimmern" ein, eine ungeordnete, ungleichzeitige Zusammenziehung der einzelnen Muskelfasern, wodurch sehr rasch der Tod eintreten kann (spätestens nach 3...5 Minuten; Herztod).

Sehr große Stromstärken (bei Hochspannung) in einem Körperteil, z. B. einem Bein, führen zu giftigen chemischen Ausscheidungen im Körper (Muskulatur), wodurch nach einigen Tagen der Tod eintreten kann (Spättod; Nierenvergiftung).

7.17.2 Erste Hilfe bei Unglücksfällen

Spannung abschalten, schnellstens Wiederbelebungsversuche (künstliche Beatmung, Herzmassage) anstellen und ununterbrochen längere Zeit fortsetzen! Die ersten Sekunden und Minuten sind entscheidend. Über mehrere Stunden durchgehaltene Wiederbelebungsversuche können noch zum Erfolg führen.

Ist der Verunglückte nach Einsetzen des „Herzkammerflimmerns" bewußtlos geworden, so ist eine Rettung nur noch möglich, wenn es gelingt, durch sofort einsetzende Wiederbelebungsversuche das Herz zu seiner normalen Tätigkeit anzuregen. Eine Hilfeleistung, die später als fünf Minuten nach Einsetzen des „Herzkammerflimmerns" vorgenommen wird, ist praktisch immer erfolglos.

7.17.3 Möglichkeiten der Gefährdung

Berühren von zwei blanken Metallteilen,

die mit den Polen der Spannungsquelle leitend verbunden sind.

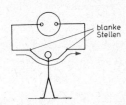 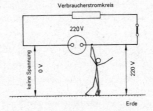 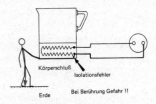

Berühren eines blanken Metallteiles   *Bei Berührung Gefahr II*

Berühren eines blanken Metallteiles, das leitend mit einem Pol der Steckdose verbunden ist. Nun fließt der Strom über den menschlichen Körper zur Erde. Der Verbraucherstromkreis kann dabei offen oder geschlossen sein.

Sehr häufig ist ein Pol betriebsmäßig geerdet. Dann herrscht bei einer Nennspannung von 220 V zwischen einem Pol und der Erde die Spannung Null. Nun liegt zwischen dem anderen Pol und der Erde die gesamte Nennspannung.

Ein **Körperschluß** erfolgt bei Berühren der Metallteile eines Elektrogerätes, z. B. eines Kochtopfes, dessen spannungführende Teile, z. B. die Heizspiralen, in leitender Verbindung mit dem Gehäuse stehen.

Das Benutzen eines Föns in der Badewanne ist lebensgefährlich. Ein Isolationsfehler wird zum Tode führen. Die Gefährdungsmöglichkeiten sind bei Gleich- und Wechselstrom gleichermaßen gegeben.

7.17.4 Schutzmaßnahmen

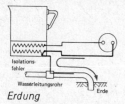

Erdung

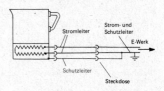

Erdung über Schutzleiter

Schutzisolierung

Die Isolierung stellt einen Berührungsschutz dar, der das Berühren von spannungführenden Metallteilen verhindern soll.

Kleinspannung

Die Betriebsspannung darf 42 V nicht überschreiten, so daß auch im Fehlerfall kein gefährlich hoher Stromdurchfluß durch den Körper erfolgt.

Beispiel: Handleuchter in Kesseln; bei Spielzeug sogar nur 24 V.

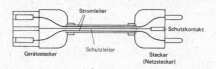

Dreiadrige Anschlußleitung mit Schutzleiter¹)

Nullung über Schutzleiter

Erdung

Das Gehäuse des Elektrogerätes wird geerdet, d.h. mit dem Wasserleitungsnetz leitend verbunden. Bei Körperschluß fließt dann ein starker Strom zur Erde, so daß die Sicherung den Stromkreis unterbricht. Die Gefahr ist erkannt und kann beseitigt werden.

Um nicht jedes Elektrogerät leitend mit der Wasserleitung verbinden zu müssen, benutzt man zum Anschluß eine dreiadrige Leitung. Der dritte Leiter (Schutzleiter) verbindet das Gehäuse des Gerätes über die Steckdose mit der Erde.

Nullung

Hat einer der beiden Stromleiter gegenüber der Erde die Spannung Null, so ist dieser „Nulleiter" geerdet und kann als leitende Verbindung zur Erde benutzt werden.

In diesem Falle ist also das Gehäuse über den Schutzleiter der dreiadrigen Anschlußleitung mit dem Nulleiter verbunden (Nullung). Wie bei der Erdung soll jeder Körperschluß zum Kurzschluß führen und den Stromkreis an der Sicherung unterbrechen.

7.18 Die elektrische Leistung

7.18.1 Leistungsformel

Festlegung

$$\boxed{\text{Leistung} = \text{Spannung} \cdot \text{Stromstärke}} \qquad \boxed{P = U \cdot I} \qquad [1]$$

Die Maßeinheit der Leistung ist **Volt · Ampere = Watt (W)**

1 Kilowatt = 1000 Watt   1 kW = 1000 W

Aus V · A = W folgt W/V = A bzw. W/A = V

---

¹) Schutzleiter bei Geräteschnüren nach VDE gelb-grün markiert

In der Mechanik ist die Leistung eine auf die Zeiteinheit bezogene Größe ($P = W/t$). Dies ist auch hier der Fall, wenn wir beachten, daß die Stromstärke die je Zeiteinheit geflossene Ladung darstellt.

1. Beispiel: Fließt in einer Heizwicklung bei 220 V ein Strom von 4,5 A, so beträgt die Leistungsaufnahme

$$P = U \cdot I = 220 \text{ V} \cdot 4,5 \text{ A} = 990 \text{ W} = 0,99 \text{ kW}$$

2. Beispiel: Durch ein elektrisches Bügeleisen (220 V) mit einer Leistung von 400 W fließt ein Strom

$$I = \frac{P}{U} = \frac{400 \text{ W}}{220 \text{ V}} = 1,82 \text{ A}$$

3. Beispiel: Die Leistung einer 6-V-Hausklingel mit einer Stromaufnahme von 83 mA beträgt

$$P = U \cdot I = 6 \text{ V} \cdot 0,083 \text{ A} = 6 \cdot 0,083 \text{ V} \cdot \text{A} = 0,498 \text{ W} \approx 0,5 \text{ Watt}$$

Treten Untereinheiten auf, wie z. B. mA oder mV, so ist vor dem Einsetzen von Zahlenwerten auf die Haupteinheiten wie A bzw. V umzurechnen.

7.18.2 Umformungen

Nach dem Ohmschen Gesetz gilt immer $U = I \cdot R$. Ersetzen wir also in [1] U durch $I\,R$, so erhalten wir

$$P = U \cdot I = I \cdot R \cdot I = I^2 \cdot R$$

Stromleistung = Quadrat der Stromstärke · Widerstand	$P = I^2 \cdot R$	[2]

1. Beispiel: Fließt durch eine Glühlampe ($R = 495 \ \Omega$) ein Strom von 0,45 A, so beträgt die aufgenommene Leistung

$$P = I^2 \cdot R = 0,45^2 \cdot 495 \ \frac{\text{A}^2 \text{ V}}{\text{A}} = 100,2 \text{ W} \ (100\text{-W-Glühlampe})$$

Entsprechend erhalten wir durch Einsetzen von $I = U/R$

$$P = U \cdot I = U \cdot U/R = U^2/R$$

Stromleistung = $\dfrac{\text{Quadrat der Spannung}}{\text{Widerstand}}$	$P = \dfrac{U^2}{R}$	[3]

2. Beispiel: Wie groß ist der Widerstand eines elektrischen Heizofens, der an einer Spannung von 220 V eine Leistung von 1 kW aufnimmt?

Lösung: Aus [3] folgt $R = \dfrac{U^2}{P} = \dfrac{220^2}{1000} \ \dfrac{\text{V} \cdot \text{V}}{\text{W}} = \dfrac{48400}{1000} \ \dfrac{\text{V} \cdot \text{V}}{\text{V} \cdot \text{A}} = 48,4 \ \dfrac{\text{V}}{\text{A}} = 48,4 \ \Omega$

Sind also zwei der vier Größen U, I, R und P gegeben, so hat man sich aus den Formeln [1], [2] und [3] diejenige auszusuchen, die neben den beiden bekannten Größen noch die gesuchte enthält.

3. Beispiel: Eine Heizwicklung gibt bei 220 V eine Leistung von $P_\text{W} = 750$ W ab.

a) Welche Leistung stellt sich ein, wenn zwei bzw. drei derartige Wicklungen parallelgeschaltet werden?

b) Wie groß sind die Teilströme bei Parallelschaltung von zwei solchen Wicklungen?

c) Wieviel Wicklungen dürfen parallelgeschaltet werden, damit die von einer 10-A-Sicherung zugelassene Leistung nicht überschritten wird?

Lösung: a) Mit $R_{\text{Wicklung}} = R_1 = \dfrac{U^2}{P_W} = \dfrac{220^2}{750} \dfrac{V^2}{V \cdot A} = 64{,}5\,\Omega$ folgt bei Parallelschaltung

$$R_{\text{II}} = \frac{R_1 \cdot R_2}{R_1 + R_2} \text{ mit } R_1 = R_2 \qquad R_{\text{II}} = \frac{R_1}{2} = 32{,}3\,\Omega$$

Damit wird die Leistung bei zwei Wicklungen

$$P_{\text{II}} = \frac{U^2}{R_{\text{II}}} = \frac{220^2\,V^2}{32{,}3\,\Omega} = \frac{48400\,V^2 \cdot A}{32{,}3\,V} = 1500\,W$$

Bei drei Wicklungen wird der Widerstand (gemäß Abschn. 7.15.2) mit $R_1 = R_2 = R_3$ $R_{\text{III}} = R_1/3 = 21{,}5\,\Omega$ und die Leistung $P_{\text{III}} = U^2/R_{\text{III}} = 2250\,W$

Einfachere Lösung: Setzt man in $P = U^2/R$ $R = R_1/2$ bzw. $R = R_1/3$, so wird $P_{\text{II}} = 2\,P_W = 2 \cdot 750\,W = 1500\,W$ bzw. $P_{\text{III}} = 3\,P_W = 2250\,W$

b) Beide Teilströme sind von der Stromstärke $I = \dfrac{U}{R_{\text{Wicklung}}} = \dfrac{220\,V\,A}{64{,}5\,V} = 3{,}4\,A$

Gleich große Widerstände in Parallelschaltung, also auch gleiche Stromstärken.

Durch Überlegen läßt sich die Lösung zu a) und b) noch mehr vereinfachen. Der Widerstand braucht gar nicht berechnet zu werden. Die Stromstärke in der Wicklung beträgt $I = P_W/U = 750\,W/220\,V = 3{,}4\,A$. Alle Teilströme betragen 3,4 A (Parallelschaltung gleicher Widerstände!). Da an jeder Wicklung dieselbe Spannung U liegt, so ergibt sich für jede weitere Wicklung dasselbe Produkt $U \cdot I = P_W$. Also beträgt die Leistungsaufnahme bei zwei Wicklungen $2 \cdot 750\,W$ und bei drei Wicklungen $3 \cdot 750\,W$.

c) Zugelassene Leistung $P = U \cdot I = 220\,V \cdot 10\,A = 2200\,W = 2{,}2\,kW$. Also dürfen nur zwei Widerstände parallelgeschaltet werden.

4. Beispiel: Wie groß ist die Leistungsaufnahme?

Lösung: $R_{\text{II}} = \dfrac{R_2 \cdot R_3}{R_2 + R_3} = \dfrac{30 \cdot 35}{30 + 35} \dfrac{\Omega^2}{\Omega} = 16{,}2\,\Omega$

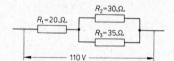

Somit wird

$$P = \frac{U^2}{R_1 + R_{\text{II}}} = \frac{110^2}{20 + 16{,}2} \frac{V^2 \cdot A}{V} = 334\,W = 0{,}33\,kW$$

5. Beispiel: Die Heizspirale eines Elektroofens (220 V) hat einen Widerstand $R_1 = 60\,\Omega$. Welcher Heizwiderstand R_2 ist parallelzuschalten, damit beide zusammen eine Leistung von 1200 W aufnehmen?

Lösung: $P = \dfrac{U^2}{R} = U^2 \left(\dfrac{1}{R_1} + \dfrac{1}{R_2} \right)$

Hieraus

$$\frac{1}{R_2} = \frac{P\,R_1}{U^2\,R_1} - \frac{1 \cdot U^2}{R_1 \cdot U^2} = \frac{P\,R_1 - U^2}{R_1\,U^2}$$

Somit wird

$$R_2 = \frac{R_1\,U^2}{P\,R_1 - U^2} = \frac{60\,\Omega \cdot 220^2\,V^2}{1200 \cdot 60\,\dfrac{V \cdot A \cdot V}{A} - 220^2\,V^2} =$$

$$= \frac{60 \cdot 48400\,\Omega \cdot V^2}{(1200 \cdot 60 - 48400)\,V^2} = 123\,\Omega$$

7.18.3 Zusammenhang von elektrischen und mechanischen Leistungseinheiten

Gesetzliches System (SI) $1 \text{ Watt} = 1 \dfrac{\text{Joule}}{\text{s}} = 1 \dfrac{\text{Newton} \cdot \text{Meter}}{\text{s}}$

(früheres Technisches Einheitensystem:

$1 \text{ kW} = 1,36 \text{ PS} = 102 \text{ kpm/s}; 1 \text{ PS} = 736 \text{ Watt})$

Der *elektrische Wirkungsgrad* wird genau wie in der Mechanik (vgl. Abschn. 1.25) festgelegt.

Für einen Elektromotor gilt z. B.

$$\eta = \frac{P_{ab}}{P_{zu}} = \frac{\text{Leistungsabgabe des Motors}}{\text{Leistungsaufnahme des Motors}} = \frac{\text{abgegebene Leistung}}{\text{zugeführte Leistung}}$$

P_{zu} ist die Ursache, P_{ab} ist die Wirkung. Auch hier gilt stets $P_{ab} < P_{zu}$.

Ursache für Leistungsverluste bei Elektromotoren sind z. B. Stromwärme in der Wicklung (sogenannte Kupferverluste), Reibung im Lager, Wirbelstromverluste im Eisenkörper des Ankers durch Induktion (sogenannte Eisenverluste).

Der auf dem Leistungsschild eines Gerätes angegebene Wert der Leistung heißt Nennleistung. (Angaben für Strom und Spannung werden als Nennstrom und Nennspannung bezeichnet. Stets wird bei Nennspannung und Nennstrom die Nennleistung aufgenommen.) Es ist zu beachten, daß die Nennleistung bei Kleinmotoren, Wärmegeräten und Glühlampen die aufgenommene, d. h. zugeführte elektrische Leistung bedeutet; bei größeren Motoren dagegen ist die Nennleistung die abgegebene Nutzleistung.

1. Beispiel: Werden einem Motor (Wirkungsgrad $\eta = 85\%$) 19 kW zugeführt, so beträgt die Nutzleistung

$$P_{ab} = \eta \cdot P_{zu} = 0,85 \cdot 19 \text{ kW} = 16,2 \text{ kW} \left(16,2 \text{ kW} = 16,2 \text{ kW} \cdot 1,36 \frac{\text{PS}}{\text{kW}} \approx 22 \text{ PS} \right)$$

2. Beispiel: Wie groß ist der Wirkungsgrad eines Gleichstrommotors, der bei 220 V einen Strom von 3,8 A aufnimmt und eine mechanische Leistung von 0,9 PS abgibt?

Lösung: $P_{ab} = 0,9 \text{ PS} \cdot 0,736 \dfrac{\text{kW}}{\text{PS}} = 0,662 \text{ kW}$

$P_{zu} = U \cdot I = 220 \text{ V} \cdot 3,8 \text{ A} = 836 \text{ W} = 0,836 \text{ kW}$

$\eta = \dfrac{P_{ab}}{P_{zu}} = \dfrac{0,662 \text{ kW}}{0,836 \text{ kW}} \approx 0,79 = 79\,\%$

3. Beispiel: Ein Großraumwagen der Stuttgarter Straßenbahnen verfügt über zwei parallelgeschaltete Motoren. (Nur beim Anfahren sind die Motoren zunächst in Reihe geschaltet.)

Je Motor wird eine Leistung von 100 kW abgegeben. Die mittlere Spannung im Fahrleitungsnetz beträgt 600 V (Gleichspannung). In den Wicklungen der Motoren tritt bei voller Belastung eine Stromstärke von 184 A auf. Bei einer Geschwindigkeit von 22 km/h kann eine Zugkraft von 31 700 N erzielt werden.

a) Wie groß ist der elektrische Wirkungsgrad der Motoren?

b) Wie groß ist der mechanische Wirkungsgrad des Getriebes?

Lösung: a) $\eta_{el} = \dfrac{P_{ab}}{P_{zu}} = \dfrac{100 \cdot 2 \text{ kW}}{600 \text{ V} \cdot 184 \text{ A} \cdot 2} = \dfrac{200 \text{ kW}}{220,8 \text{ kW}} = 0,906; \quad \eta_{el} = 90,6\%$

b) Die abgegebene Leistung beträgt bei voller Belastung

$$P_{ab} = F \cdot v = \frac{31\,700 \text{ N} \cdot 22\,000 \text{ m}}{3600 \text{ s}} = 194 \text{ kW}$$

Somit wird

$$\eta_{mech} = \frac{P_{ab}}{P_{zu}} = \frac{194 \text{ kW}}{200 \text{ kW}} = 0,97; \quad \eta_{mech} = 97\%$$

Bei beiden Motoren zusammen gehen also im Getriebe 6 kW oder 3 % der Nennleistung verloren.

Aufgabengruppe Elektrizität 5: Übungen zu 7.18

Elektrische Leistung, Wirkungsgrad

Leistungsangaben in PS sind in Watt bzw. kW umzurechnen.

1. Welchen Widerstand hat eine 40-W-Lampe (75 W, 100 W) in einem 220-V-Netz?

2. Ein elektrischer Kocher hat eine Leistung von 850 W (220 V). Welchen Widerstand hat er? Welche Leistung würde der Kocher bei Anschluß an 110 V aufnehmen?

3. Auf der Glühlampe einer Fahrradbeleuchtung wird 6 V/2,7 W angegeben.
   a) Wie groß ist der Widerstand der Glühlampe?
   b) Welche Stromstärke fließt bei Nennleistung durch die Glühwendel?
   c) Welche Leistung nimmt die Lampe auf, wenn sie an eine Spannung von 4 V gelegt wird?

4. Eine Heizwicklung liefert an 220 V eine Leistung von 900 W. Welche Leistung ergibt sich, wenn man zwei bzw. drei dieser Wicklungen parallelschaltet und eine Spannung von 220 V (110 V) anlegt?

5. In einem Haushalt sind folgende Geräte gleichzeitig in Betrieb: eine elektrische Kaffeemaschine mit 350 W, ein Bügeleisen mit einer Stromaufnahme von 2 A, ein elektrischer Herd mit einem Widerstand von 16 Ω sowie 6 Glühlampen von je 75 W. Wie groß ist bei einer Betriebsspannung von 220 V der gesamte Leistungsbedarf? Wie groß wird die Stromstärke in der Hauptleitung? Wird die Nennstromstärke einer 10-A-Sicherung überschritten?

6. Die aufgewendete Leistung bei der Aluminiumerzeugung (Schmelzflußelektrolyse) beträgt bei einer Stromstärke von 10000 A   50 kW. Welche Spannung wird benutzt?

7. Welche Stromstärke nimmt ein 600-W-Tauchsieder (220 V) auf? Wie groß ist sein Widerstand?

8. Welche Leistung nimmt eine Glühlampe mit einem Widerstand von 645 Ω bei Anschluß an 220 V bzw. 110 V auf?

9. Welche Spannung muß an eine Heizspirale gelegt werden, damit bei einer Leistung von 800 W ein Strom von 3,6 A fließt?

10. Man berechne die Stromstärke:
    a) beim Betrieb eines elektrischen Bügeleisens von 500 W und einem Widerstand von 90 Ω;
    b) für eine brennende 40-W-Lampe (60 W, 100 W) bei einer Betriebsspannung von 220 V.

11. Wie groß ist der Widerstand einer Heizwicklung, wenn bei einer Leistung von 1000 W ein Strom von 4 A fließt?

12. Welche Leistung nimmt ein elektrisches Bügeleisen auf, wenn bei einer Stromstärke von 3,2 A der Widerstand 75 Ω beträgt?

13. Welchen Widerstand muß eine Glühlampe haben, damit sie beim Anschluß an 110 V eine Leistung von 60 W abgibt?

14. Welchen Widerstand hat ein Bügeleisen mit einer Leistung von 1000 W, das mit 220 V betrieben wird?

15. An welcher Spannung muß eine Glühlampe mit einem Widerstand von 807 Ω betrieben werden, damit sie ihre volle Leistung von 60 W abgibt?

16. Eine Glühlampe, 3,5 V/0,2 A, wird von einer Taschenlampenbatterie mit $U_0 = 4,5$ V und einem inneren Widerstand von 2,4 Ω gespeist.

a) Wie groß ist der Widerstand der Glühlampe?

b) Welche Stromstärke fließt durch die Glühwendel?

c) Welche Leistung nimmt die Wendel auf?

17. Ein Widerstand von 20 Ω kann eine Leistung bis zu 4 W aufnehmen. Man berechne die gerade noch zulässige Spannung, die an den Widerstand gelegt werden darf.

18. Ein in einem Rohr verlegter Kupferdraht mit einer Länge von 50 m und einem Querschnitt von 2,5 mm² wird von dem höchstzulässigen Strom von 21 A durchflossen. Dieselbe Leitung darf frei in Luft verlegt mit 34 A belastet werden. Wie groß ist jeweils der Leistungsverlust in der Leitung $\left(\varrho_{Cu} = 0,018 \dfrac{\Omega \, mm^2}{m} \right)$?

19. Eine 220-V-Kochplatte hat zwei Widerstände: $R_1 = 40$ Ω und $R_2 = 130$ Ω. Wie groß ist die Leistungsaufnahme,

a) wenn jeweils ein Widerstand für sich allein eingeschaltet wird;

b) bei Hintereinanderschaltung;

c) bei Parallelschaltung?

20. Bei einem Heizofen beträgt die Leistung bei Parallelschaltung von zwei gleichen Heizleitern 2000 W (220 V). Wie groß ist der Widerstand eines Heizleiters? Wie groß ist die Leistungsaufnahme, wenn nur ein Leiter eingeschaltet wird bzw. wenn beide hintereinandergeschaltet werden?

21. Drei Heizleiter mit demselben Widerstand werden wie folgt geschaltet:

a)  b)   c)

Eine einzelne Wicklung liefert an 220 V 0,7 kW.

Man berechne Leistungsaufnahme und Größe des jeweiligen Gesamtstromes in den drei Fällen, wobei die angelegte Spannung jeweils 220 V beträgt.

22. Der Motor für eine Bohrmaschine nimmt eine Leistung von 0,7 kW auf (Wirkungsgrad 78%). Welche mechanische Leistung in kW und PS wird abgegeben?

23. Man berechne die Leistungsaufnahme:

a) für ein Milliamperemeter, das bei einem Innenwiderstand von 3,4 Ω von einem Strom von 80 mA durchflossen wird;

b) für ein Drehspulinstrument mit einem Meßbereich von 10 V bei Vollausschlag, wenn die höchstzulässige Stromstärke 2 mA beträgt.

24. Welche Leistung benötigt zum Betrieb

a) ein Voltmeter, das eine Spannung von 20 V anzeigt ($R_i = 30$ kΩ);

b) ein Spannungsmesser mit einem Meßbereich von 100 V bei einer Anzeige von 80 V (Widerstand des Meßwerks 200 Ω, Vorwiderstand 99800 Ω)?

25. Der Gleichstrommotor zum Antrieb einer Schleifmaschine gibt 2,2 PS ab (220 V). Der Wirkungsgrad beträgt 80%. Welcher Strom fließt in der Zuleitung?

26. Die zwei gleich starken, parallelgeschalteten Motoren eines Straßenbahntriebwagens geben zusammen eine Leistung von 162 kW an das Getriebe ab. Der elektrische Wirkungsgrad beträgt 89%. Welcher Strom fließt bei voller Belastung durch die Motorenwicklung, wenn mit einer Betriebsspannung von 600 V gerechnet wird?

7.19 Stromarbeit und Stromwärme

7.19.1 Formel für die Stromarbeit

Allgemein gilt Leistung = Arbeit/Zeit bzw. $P = W/t$. Die Stromleistung ist $P = U \cdot I$. Also folgt für die Stromarbeit $W = P \cdot t$ oder

$$\boxed{\text{Stromarbeit} = \text{Spannung} \cdot \text{Stromstärke} \cdot \text{Zeit des Stromflusses}}$$

$$\boxed{W = U \cdot I \cdot t \quad \text{in Wattsekunden W} \cdot \text{s}} \qquad [1]$$

Die Maßeinheit der Stromarbeit ist die Wattsekunde (W · s).

Festlegung: **1 Wattsekunde = 1 Joule**

Fließt bei einer Spannung von 1 V über die Zeitdauer von 1 s ein Strom von 1 A, so beträgt die verrichtete elektrische Arbeit 1 Wattsekunde oder 1 Joule.

Für die in der technischen Praxis viel verwendete Maßeinheit Kilowattstunde (kWh) gilt, da 1 h = 3600 s,

$$1 \text{ kWh} = 1000 \text{ W} \cdot 3600 \text{ s} = 3600000 \text{ Ws}$$

1. Beispiel: Ein elektrischer Ofen mit einer Leistung von 1200 W verbraucht während einer dreistündigen Betriebszeit

$$W = P \cdot t = 1,2 \text{ kW} \cdot 3 \text{ h} = 3,6 \text{ kWh}$$

2. Beispiel: Wieviel kostet es, wenn eine 60-W-Glühlampe fünf Stunden lang brennt? Der Preis für eine Kilowattstunde beträgt 0,11 DM. (Hier und im folgenden gemachte Preisangaben sollen nur als Anhalt dienen, da durch verschiedene Tarife und unterschiedliche Grundgebühren beachtliche Preisschwankungen auftreten können.)

Lösung: Stromarbeit $W = P \cdot t = 0,060 \text{ kW} \cdot 5 \text{ h} = 0,3 \text{ kWh}$

Entstehende Kosten $0,3 \text{ kWh} \cdot 11 \dfrac{\text{Pf}}{\text{kWh}} = 3,3$ Pfennig

3. Beispiel: Durch eine Glühlampe, die an eine Spannung von 220 V angeschlossen ist, fließt ein Strom von 0,3 A. Welche Stromarbeit (in kWh und in J) wird in 150 Minuten verrichtet?

Lösung: $W = U \cdot I \cdot t = 220 \text{ V} \cdot 0,3 \text{ A} \cdot 2,5 \text{ h} = 165 \text{ Wh} = 0,165 \text{ kWh} = 0,165 \cdot 3600000 \text{ J} = 594000 \text{ J}$

7.19.2 Umformungen

Setzt man in [1] gemäß dem Ohmschen Gesetz $U = I \cdot R$, so folgt

$$\boxed{W = I^2 \cdot R \cdot t \quad \text{in W} \cdot \text{s}} \qquad [2]$$

Bei gleichbleibendem Widerstand nimmt die Stromarbeit mit dem Quadrat der Stromstärke zu.

Mit $I = U/R$ folgt aus [1] entsprechend $W = U \cdot I \cdot t = U \cdot \dfrac{U}{R} \cdot t$, also

$$\boxed{W = \frac{U^2}{R} \cdot t \quad \text{in W} \cdot \text{s}} \qquad [3]$$

Beispiel: Ein Bügeleisen (Spannung 220 V, Widerstand 200 Ω) verbraucht bei zweistündiger Benutzungsdauer

$$W = \frac{U^2}{R} \cdot t = \frac{220^2}{200} \cdot 2 \frac{\text{V}^2 \cdot \text{h}}{1 \text{ V/A}} = 484 \text{ V Ah} = 0,484 \text{ kWh}$$

7.19.3 Der Wärmewert der elektrischen Arbeit

Ein Tauchsieder ($U = 220$ V, gemessene Stromstärke $I = 3,8$ A) erwärmt in 3 min 1 l Wasser von 16,2 °C auf 50,5 °C; zugeführte elektrische Arbeit

$$W = U \cdot I \cdot t = 220 \text{ V} \cdot 3,8 \text{ A} \cdot 180 \text{ s} = 150\,480 \text{ W} \cdot \text{s} = 150,48 \text{ kJ}$$

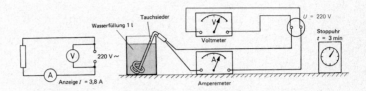

Schaltbild

Versuchsaufbau: Bestimmung der je Ws gelieferten Wärmemenge

An das Wasser abgegebene Wärmemenge

$$Q = m\,c\,\Delta\vartheta = 1 \cdot 4,19 \cdot 34,3 \text{ kg} \cdot \frac{\text{kJ} \cdot \text{K}}{\text{kg K}} = 144,5 \text{ kJ}$$

$$\left(1000 \cdot 1 \,(50,5 - 16,2)\,\frac{\text{g} \cdot \text{cal} \cdot \text{grd}}{\text{g} \cdot \text{grd}} = 34\,300 \text{ kcal}\right)$$

Die elektrische Arbeitseinheit liefert fast vollständig die gleiche Wärmemenge (η war hier $\frac{144,5}{150,5} = 96\,\%$)

Bestimmte man die abgegebene Wärmemenge in der früheren Einheit cal, so ergab sich eine Umrechnungsgleichung:

$$\boxed{\begin{array}{l} \text{1 Wattsekunde} \quad = 0,23\,\dfrac{\text{cal}}{\text{W} \cdot \text{s}} \\[2mm] \text{1 Kilowattstunde} = 860 \text{ kcal} \end{array}} \qquad (\text{1 kcal} = 4187 \text{ W} \cdot \text{s})$$

Diese Beziehung heißt *„elektrisches Wärmeäquivalent"*

7.19.4 Das Joulesche Gesetz

Stromarbeit und Stromwärme haben die gleiche Dimension: Arbeit, Energie.

$$\boxed{\text{Stromwärme} = \text{Spannung} \cdot \text{Stromstärke} \cdot \text{Zeit}}$$

$$\boxed{W = Q_E = U \cdot I \cdot t} \qquad U \text{ in V}; \; I \text{ in A}; \; t \text{ in s}$$

Durch Einsetzen von $U = I \cdot R$ (Ohmsches Gesetz) folgt:

$$\boxed{\begin{array}{c} Q_E = I^2 \cdot R \cdot t \cdot 0{,}24 \text{ cal/Ws} \\ \textbf{Joulesches Gesetz} \end{array}}$$ I in A; R in Ω; t in s

Die Stromwärme ist also bei gleichbleibendem Widerstand dem Quadrat der Stromstärke proportional. Die Verdoppelung der Stromstärke bedeutet demnach Vervierfachung der Stromwärme.

Bei konstanter Stromstärke und gleichbleibender Zeit des Stromflusses ist $Q_E \sim R$, oder die je Sekunde entwickelte Stromwärme ist dem Widerstand proportional.

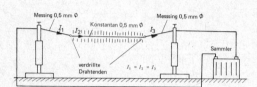

Versuch: Bei Anlegen einer Spannung von einigen Volt kommt der Konstantandraht zum Glühen, während der Messingdraht dunkel bleibt. Da der Artwiderstand von Konstantan rund sechsmal größer ist als der von Messing, so ist auch der Widerstand eines gleich langen Drahtstückes, und damit die Wärmeentwicklung, sechsmal größer. Der Versuch läßt sich auch mit Drähten aus Eisen und Kupfer durchführen ($\varrho_{Cu} : \varrho_{Fe}$ ebenfalls etwa 1 : 6).

Eine Vergrößerung des Widerstands läßt sich auch durch Verkleinerung des Querschnitts (z. B. ϕ 0,35 mm) erreichen. Der dünnere Draht wird heißer.

Praktische Folgerung: Die Spiralen eines Heizofens erwärmen sich. Die Zuleitung bleibt kalt, da der Widerstand erheblich geringer ist.

Gefahren der Stromwärme: Schlecht leitende Verbindungsstellen (Kontakte) bilden einen besonders großen Widerstand und führen daher zur Entwicklung einer besonders großen Stromwärme. Brandgefahr! Einwandfreie Installation elektrischer Anlagen ist daher unerläßlich.

Mit $I = \dfrac{U}{R}$ folgt wie oben

$$\boxed{Q_E = \frac{U^2}{R} \cdot t}$$ U in V; R in Ω; t in s

1. Beispiel: Ein elektrischer Kocher (220 V) entnimmt dem Netz 3,6 A. a) Welche Wärmemenge kann in 10 min erzeugt werden? b) Um wieviel Grad läßt sich in dieser Zeit die Temperatur von 2 l Wasser erhöhen (Wärmeverluste vernachlässigt)?

Lösung: a) $Q_E = U \cdot I \cdot t = 220 \text{ V} \cdot 3{,}6 \text{ A} \cdot 600 \text{ s} = 475 \text{ kJ}$

b) $\Delta\vartheta = \dfrac{Q_E}{m \cdot c} = \dfrac{475 \text{ kJ} \cdot \text{kg} \cdot \text{K}}{2 \text{ kg} \cdot 4{,}19 \text{ kJ}} = 57 \text{ K}$

2. Beispiel: Wie groß ist die elektrische Leistungsaufnahme eines Tauchsieders (Wirkungsgrad $\eta = 90\%$), wenn dieser in 3,6 min eine Wassermenge von 0,5 l von 20 °C auf 75 °C zu erwärmen vermag?

Lösung: $\eta = 90\%$ besagt, daß 10% der erzeugten Stromwärme nicht der Erwärmung des Wassers dienen, sondern an die Umgebung verlorengehen.

Vom Wasser aufgenommene Wärmemenge

$$Q_E = m \cdot c \cdot \Delta\vartheta = 0{,}5 \text{ kg} \cdot 4{,}19 \frac{\text{kJ}}{\text{kg} \cdot \text{K}} \cdot 55 \text{ K} = 115 \text{ kJ}$$

Also beträgt die Wärmemenge, die das Wasser je Sekunde aufnimmt, die Wärmeleistung:

$$P_Q = \frac{Q}{t} = \frac{115 \text{ kJ}}{216 \text{ s}} = 0{,}534 \, \frac{\text{kJ}}{\text{s}} \left(\approx 0{,}127 \, \frac{\text{kcal}}{\text{s}} \right)$$

Der Wirkungsgrad ist

$$\eta = \frac{P_{ab}}{P_{zu}} = \frac{\text{von Heizspirale an das Wasser abgegebene Wärmeleistung}}{\text{der Heizspirale zugeführte elektrische Leistung}} = \frac{P_Q}{P_E}$$

Man beachte, daß sich beide, abgegebene und zugeführte Leistung, auf die Heizspirale des Tauchsieders beziehen. Die abgegebene Leistung der Heizspirale stellt für das Wasser (und die Umgebung) eine zugeführte Leistung dar.

$$P_E = \frac{P_Q}{\eta} = \frac{0{,}534 \text{ kJ/s}}{0{,}9} = 0{,}59 \, \frac{\text{kJ}}{\text{s}}$$

Somit wird die gesuchte elektrische Leistungsaufnahme des Tauchsieders

$$P_E = 0{,}59 \text{ kW}$$

3. Beispiel: Ein Heißwasserspeicher faßt 10 l. a) Wieviel kWh sind zur Erhitzung der Füllung von 14 °C auf 90 °C notwendig? ($\eta = 100\,\%$)? b) Wieviel kWh werden benötigt, wenn $\eta = 85\,\%$ beträgt? c) Wie groß muß die Leistung des Heizkörpers sein, damit die Aufheizung in 30 min beendet ist? d) Wie groß ist bei einem Anschluß an 220 V der Widerstand der Heizwicklung?

Lösung: a) $Q = m \, c \, \Delta\vartheta = 10 \text{ kg} \cdot 4{,}19 \, \frac{\text{kJ}}{\text{kg} \cdot \text{K}} \cdot 76 \text{ K} = 3190 \text{ kJ}$

b) $\eta = \frac{W_{ab}}{W_{zu}} = \frac{\text{abgegebene Wärme}}{\text{zugeführte Stromarbeit}} = \frac{Q}{Q_E} = \frac{Q}{W} \, ;$

$\quad\quad W = \frac{Q}{\eta} = \frac{3190 \text{ kJ}}{0{,}85} = 3750 \text{ kJ} = 1{,}04 \text{ kWh}$

c) $P = \frac{W}{t} = \frac{1{,}04 \text{ kWh}}{0{,}5 \text{ h}} = 2{,}1 \text{ kW}$

d) Aus $P = \frac{U^2}{R}$ folgt $R = \frac{U^2}{P} = \frac{220^2}{2080} \frac{\text{V}^2}{\text{W}} = 23{,}2 \, \Omega$

$$\text{V} \cdot \text{A}$$

4. Beispiel: Wie lange dauert es, bis die Füllung eines 80-l-Heißwasserspeichers mit einer Leistung von 900 W von Zimmertemperatur (20 °C) auf 85 °C erwärmt werden kann (Verluste unberücksichtigt)?

Lösung: Notwendige Wärmemenge $Q = m \, c \, \Delta\vartheta = 80 \text{ kg} \cdot 4{,}19 \, \frac{\text{kJ}}{\text{kg} \cdot \text{K}} \cdot 65 \text{ K} = 21\,800 \text{ kJ}$

Aus $Q_E = U \cdot I \cdot t$ folgt $t = \frac{Q_E}{U \cdot I} = \frac{21\,800 \text{ kJ}}{900 \text{ W}} = \frac{21\,800\,000 \text{ W} \cdot \text{s}}{900 \text{ W}} = 24\,300 \text{ s}$

$$= \frac{24\,300 \text{ s}}{60 \text{ s/min}} \approx 400 \text{ min} = 6 \text{ h } 40 \text{ min}$$

7.20 Mechanische und elektrische Arbeit

Schon 1841 bestimmte J. P. Joule experimentell das Verhältnis der Einheit der Arbeit im damaligen Einheitensystem der Mechanik zur damals gültigen Einheit der Wärmemenge, das „mechanische Wärmeäquivalent".

1842 erkannte J. R. Mayer, daß Wärme und mechanische Arbeit grundsätzlich von gleicher Dimension sind (Energie).

H. v. Helmholtz erweiterte diese Erkenntnis auf die Verwandelbarkeit aller Energieformen ineinander, also der elektrischen Energie in die mechanische usw.

Entsprechend konnte man ein mechanisches Energieäquivalent bzw. ein elektrisches und ein Wärmeäquivalent in den jeweiligen Einheiten ausdrücken.

Das neue gesetzliche Einheitensystem enthebt uns der Notwendigkeit, solche Umrechnungsbeziehungen zu verwenden; die Energie hat im SI-System nur noch eine Einheit

$$1 \text{ Joule} = 1 \text{ Wattsekunde} = 1 \text{ Newtonmeter}$$

Der Zusammenhang ist durch die beiden „Energieäquivalente" zu ersehen:

$$1 \text{ cal } = 4{,}19 \text{ Nm} \quad (\textit{Versuch:} \text{ Umwandlung von Reibarbeit in Wärme})$$

$$1 \text{ W} \cdot \text{s} = 0{,}239 \text{ cal} \quad (\textit{Versuch:} \text{ Umwandlung von elektrischer Arbeit in Wärme})$$

$$1 \text{ W} \cdot \text{s} = 0{,}239 \text{ cal} = 0{,}239 \cdot 4{,}19 \text{ Nm} = 1 \text{ Nm}$$

Es ist also kein Zufall, daß sich die elektrische und die mechanische Arbeitseinheit als gleich groß im SI-System ergeben.

Aufgabengruppe Elektrizität 6: Übungen zu 7.19 und 7.20

Stromarbeit, Stromwärme, mechanische und elektrische Arbeit

1. Wieviel kostet es, wenn ein Rundfunkgerät mit einer Leistungsaufnahme von 90 W ein Jahr lang täglich zwei Stunden betrieben wird (1 kWh kostet 0,11 DM; 1 Jahr = 365 Tage)?

2. Ein Kupferdraht von 1,5 mm² Querschnitt und einer Länge von 12 m wird mit 14 A belastet. Welche Stromarbeit geht bei 24stündiger Betriebszeit als Stromwärme verloren? Gefragt ist nach der Anzahl kWh und den Kosten $\left(\varrho_{Cu} = 0{,}017 \dfrac{\Omega \text{ mm}^2}{\text{m}}, \ 1 \text{ kWh kostet } 0{,}11 \text{ DM} \right)$.

3. Welche Kosten entstehen, wenn 1 l Wasser von 20 °C mittels eines elektrischen Kochers vollständig verdampft wird? 6% der zugeführten elektrischen Wärme gehen an die Umgebung verloren (Verdampfungswärme des Wassers 2,26 MJ · kg⁻¹, 1 kWh kostet 0,10 DM).

4. Man kann von der Annahme ausgehen, daß ein Mensch bei achtstündigem Arbeitstag eine Dauerleistung von 110 Watt aufzubringen vermag. Wie hoch wäre der Tagelohn, wenn die menschliche Arbeit wie die elektrische Arbeit bezahlt würde (1 kWh kostet 0,10 DM)?

5. Eine Kochplatte hat einen Anschlußwert von 1500 W.

   a) Wie lange dauert es, bis man ein Gefäß mit 4 l Wasser von 20 °C auf 60 °C erwärmt hat?

   b) Welche Zeit wird benötigt, wenn die Füllung aus 4 l Olivenöl $\left(c = 1{,}97 \dfrac{\text{kJ}}{\text{kg} \cdot \text{K}} \right)$ besteht?

   Die Wärmeaufnahme des Gefäßes bleibt unberücksichtigt.

6. In einem elektrischen Kocher (0,8 kW) befinden sich 2 *l* Wasser. Welche Temperaturerhöhung stellt sich ein, wenn das Gerät 5 min eingeschaltet wird? Wie lange muß man den Strom einschalten, bis die Hälfte des Wassers verdampft ist? Die Wassertemperatur beträgt 14 °C.

7. Wieviel kWh sind notwendig, um 5 *l* Wasser von 18 °C zum Sieden (100 °C) zu bringen? Wie lange braucht hierzu ein Tauchsieder (1 kW), wenn dessen Wirkungsgrad 90% beträgt?

8. In einem Heißwasserspeicher sollen 50 *l* Wasser innerhalb einer Zeit von acht Stunden von 15 °C auf 85 °C erwärmt werden (Ausnutzung des verbilligten Nachtstromes).

   a) Welche Anschlußleistung muß das Gerät erhalten, wenn von Wärmeverlusten abgesehen wird?

   b) Wie groß muß bei Anschluß an das 220-V-Netz der Widerstand des Heizkörpers sein?

9. Wie lange dauert es, bis ein Heißwasserbereiter (2000 W) seine Füllung von 10 *l* von Zimmertemperatur (16 °C) zum Sieden (100 °C) gebracht hat?

10. Ein 15-*l*-Heißwasserbehälter (3000 W) ist an 220 V angeschlossen.

    a) Wie stark ist der Strom im Heizdraht?

    b) Wie groß ist der Widerstand des Heizkörpers?

    c) Was kostet es, die Temperatur der Füllung um 60 °C zu erhöhen (1 kWh kostet 0,11 DM)?

11. 200 *l* Wasser sollen von 20 °C zum Sieden (100 °C) gebracht werden. Welche Kosten sind damit verbunden?

    a) Bei elektrischer Aufheizung: 1 kWh kostet 0,13 DM.

    b) Bei Ölheizung; 1 kg Öl kostet 0,28 DM. Der Heizwert beträgt 10 200 kcal/kg = 42,8 MJ/kg.

    c) Bei Heizung mit Koks; 50 kg Koks kosten 12,00 DM. Der Heizwert beträgt 7000 kcal/kg = 29,3 MJ/kg.

    d) Bei Gasheizung; 1 m³ kostet 0,40 DM. Der Heizwert beträgt 3600 kcal/m³ ≈ 15 MJ/m³.

    Von Wärmeverlusten ist abzusehen. In welchem Verhältnis stehen die Brennstoffkosten zueinander, wenn man sie der Größe nach ordnet?

    Anmerkung zur Wirtschaftlichkeitsbetrachtung: Die unterschiedlichen Kosten für den Betrieb der Heizanlagen werden nicht allein vom Brennstoffpreis bestimmt.

12. Eine 110-V-Glühlampe (60 W) soll am 220-V-Netz betrieben werden.

    a) Welche Wärmemenge wird in dem notwendigen Vorschaltwiderstand je Stunde entwickelt?

    b) Welche Kosten verursacht der Betrieb des Vorwiderstandes bei fünfstündiger Betriebsdauer (1 kWh kostet 0,11 DM)?

13. Ein Spannungsmesser mit einem Innenwiderstand von 10 kΩ (Meßwerk 200 Ω, Vorwiderstand 9800 Ω) hat einen Meßbereich von 10 V.

    a) Was kostet es, wenn das Gerät 100 Stunden lang eingeschaltet ist und dabei 10 V anzeigt (1 kWh kostet 0,10 DM)?

    b) Welche Wärmemenge wird während dieser Zeit im Vorwiderstand entwickelt?

14. Die 1,5-V-Zelle einer Trockenbatterie wird sechs Stunden lang an einen Verbraucher angeschlossen. Nach Ablauf dieser Zeit ist die Spannung auf den Wert von 0,9 V abgesunken, so daß das angeschlossene Gerät nicht mehr betrieben werden kann. Welche Energie in Wh hat die Zelle geliefert, wenn man die vereinfachende Annahme macht, daß über die gesamte Gebrauchszeit bei der konstanten Spannung von 1,1 V der konstante Strom von 250 mA entnommen wurde? Wie hoch könnte die Zelle (90 Gramm) mit dieser Energie gehoben werden?

7.21 Elektromagnetische Wellen

7.21.1 Elektrische bzw. magnetische Feldstärke

Zur Kennzeichnung der Kraftwirkung, die eine elektrische Ladung in einem elektrischen Feld erfährt, dient die *elektrische Feldstärke*. Entsprechend ist die *magnetische Feldstärke* ein Maß für die Kraft, die auf einen Magnetpol in einem Magnetfeld wirkt.

Feldstärke = Maß für die Kraftwirkung

7.21.2 Vergleich von elektrischer Welle und Wasserwelle

Elektrische Wellen sind stets Querwellen. Bei einer elektrischen Welle findet keine Schwingungsbewegung materieller Teilchen wie bei einer Wasserwelle statt (vgl. Abschn. 4.6.2).

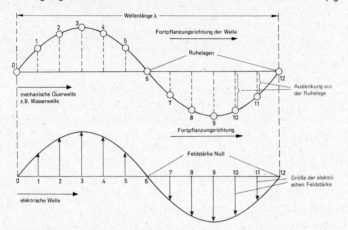

Der Auslenkung aus der Ruhelage eines Teilchens bei der mechanischen Querwelle entspricht bei der elektrischen Welle die elektrische Feldstärke, die sich von Ort zu Ort ändert.

Die Pfeile geben nach Größe und Richtung die an den verschiedenen Punkten (0, 1, 2, 3, ...12) herrschenden Feldstärken an.

Vergleich von mechanischer mit elektrischer Welle

Zur Veranschaulichung der elektrischen Welle denken wir uns an die verschiedenen Punkte 0, 1, 2, 3, ...12 jeweils eine winzig kleine Probeladung gebracht. Dann gibt der Pfeil in einem bestimmten Kräftemaßstab jeweils die Kraft auf diese Probeladung an.

Wasserwelle	elektrische Welle
mechanische Querwelle	elektrische Querwelle
Die Schwingungsbewegung wird von Wasserteilchen ausgeführt	Es schwingt kein aus Materie bestehender Körper, daher auch im Vakuum möglich
Wasserteilchen schwingen um ihre Ruhelage	Die elektrische Feldstärke ändert ständig ihre Größe
Punkt	Punkt
Nr. 0: keine Auslenkung (Ruhelage)	Nr. 0: keine Kraftwirkung auf Probeladung
Nr. 2: Auslenkung nach oben	Nr. 2: Kraftwirkung nach oben
Nr. 3: größte Auslenkung nach oben	Nr. 3: größte Kraftwirkung nach oben
Nr. 4...6: Abnahme der Auslenkung auf Null	Nr. 4...6: Abnahme der Kraftwirkung auf Null

Wellenlänge **= Abstand zweier Punkte, die sich in demselben Schwingungszustand befinden**

Jeweils nach einer halben Wellenlänge erfolgt eine Richtungsumkehr der Auslenkung bzw. der elektrischen Feldstärke.

Die Abbildung der beiden Wellen zeigt den Schwingungszustand verschiedener Punkte (0 bis 12) zu einem bestimmten Zeitpunkt (Momentaufnahme!). Auslenkung und Feldstärke zeigen dabei einen wellenförmigen Verlauf. Untersuchen wir nun, was in einem Punkt, z. B. Punkt 2, im Laufe der Zeit vor sich geht, so stellen wir ein andauerndes An- und Abschwellen der Feldstärke fest (dem Auf- und Abschwingen eines Korkens auf einer Wasseroberfläche, längs der sich eine Welle ausbreitet, vergleichbar). Streicht eine elektrische Welle über ein Elektron hinweg, so erfährt dieses eine abwechslungsweise nach oben und unten gerichtete Kraft, die sehr rasch ihre Größe ändert.

> Die Feldstärke in einer elektrischen Welle ändert sich also räumlich (Betrachtung zu einem bestimmten Zeitpunkt) und zeitlich (Betrachtung eines festgehaltenen Ortes).

7.21.3 Zum Begriff „elektromagnetische Wellen"

Eine im Raum fortschreitende elektrische Welle ist stets mit einer magnetischen Welle verbunden, wie es die Abbildung zeigt. Daher die genauere Bezeichnung „elektromagnetische Welle".

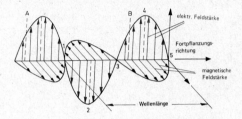

Teil einer elektromagnetischen Welle. Auch der Abstand AB entspricht einer Wellenlänge. In den Punkten 1, 3 und 5 Nullstellen, in den Punkten 2 und 4 Größtwerte der Feldstärken

Die magnetische Feldstärke zeigt genau denselben Verlauf wie die elektrische. Beide Feldstärken schließen stets einen Winkel von 90° miteinander ein. Außerdem stehen beide senkrecht auf der Fortpflanzungsrichtung (Querwellen!).

Elektromagnetische Wellen entstehen, wenn elektrische Ströme sehr rasch ihre Größe und Richtung ändern. Die Wellen werden über die Antenne eines Senders in den Raum abgestrahlt und können in großen Entfernungen von einem Empfänger wieder aufgenommen werden. Sie bilden die Grundlage für die drahtlose Nachrichtenübermittlung.

Eigenschaften elektromagnetischer Wellen

Die Eigenschaften elektromagnetischer Wellen hängen weitgehend von ihrer Länge ab. Ob es sich nun um Radiowellen (Wellenlänge von etwa 1 mm bis rd. 10 km) oder um die von radioaktiven Substanzen ausgesandten, sehr kurzwelligen γ-Strahlen handelt, beide sind elektromagnetische Wellen; auch Wärmestrahlen, das sichtbare Licht und die durchdringungsfähigen Röntgenstrahlen gehören dazu. Entscheidend für die Verschiedenheit der genannten Wellenarten ist die Wellenlänge, die von weit weniger als einem milliardstel Millimeter bis zu vielen Kilometern reichen kann. Sehr unterschiedlich ist auch die Art der Entstehung bzw. Erzeugung elektromagnetischer Wellen.

Wellenlängen einiger wichtiger elektromagnetischer Wellen

Langwellen	1...10 km	$1\ \mu m = 10^{-6}\ m = 1$ millionstel m
Mittelwellen	100...1000 m	$1\ nm = 10^{-9}\ m = 1$ milliardstel m
Kurzwellen	10...100 m	$1\ Å = 1$ Ångström $= 10^{-10}\ m = 1$ hundertmillionstel cm
Ultrakurzwellen	1...10 m	Zusammenhänge 1 nm = 10 Å, 1 μm = 1000 nm
sichtbares Licht	$\approx 0,4...0,8\ \mu m$	
	400...800 nm	
Röntgenstrahlen	100 Å...0,01 Å	Für Röntgen- und Gammastrahlen sind keine scharfen Grenzen
	10 nm...0,001 nm	anzugeben. Wie ersichtlich, überlappen sich die beiden Wellenarten
Gammastrahlen	0,1 Å...0,001 Å	
	0,01 nm...0,0001 nm	

Die wichtigste Stütze zum Beweis der Wellennatur des Lichtes ist die Interferenzfähigkeit. Es ist in einem geeigneten Versuchsaufbau durchaus möglich, aus Licht + Licht durch Überlagerung Dunkelheit zu erzeugen, so merkwürdig dies auch klingen mag (vgl. Abschn. 4.6.6).

> **Allen elektromagnetischen Wellen gemeinsam ist die Fortpflanzungsgeschwindigkeit im Vakuum von nahezu 300 000 km/s (Lichtgeschwindigkeit c).**

Im Vakuum und in Luft ist die Lichtgeschwindigkeit nahezu dieselbe. In anderen Körpern ist sie teilweise erheblich kleiner. In Wasser ist die Lichtgeschwindigkeit nur 225 000 km/s, in Glas etwa 200 000 km/s.

Die Formel für die Fortpflanzungsgeschwindigkeit einer Welle (vgl. Abschn. 4.6.5) $c = \lambda \cdot f$ gilt auch hier. Die Wellenlänge der ausgestrahlten elektrischen Wellen eines Senders (Mittelwelle) mit einer Frequenz von 827 kHz berechnet sich demnach zu

$$\lambda = \frac{c}{f} = \frac{300\,000}{827\,000} \frac{\text{km s}}{\text{s}} = 363 \text{ m}$$

Auch das von der Sonne ausgesandte Licht durchquert den Weltraum mit einer Geschwindigkeit von 300 000 km/s. Dabei findet ein Energietransport durch den leeren Raum statt. Beim Auftreffen der Sonnenstrahlen wird die elektromagnetische Energie der Lichtwellen in Wärme umgewandelt.

Versuch: Die Wärme der mittels einer Sammellinse im Brennpunkt vereinigten Lichtstrahlen kann zur Entzündung eines Streichholzes dienen.

7.21.4 Drahtlose Nachrichtenübermittlung

In der drahtlosen Nachrichtentechnik finden die elektromagnetischen Wellen umfangreiche Anwendung. Durch geeignete elektrische Anordnungen ist es möglich, die niederfrequenten Schallschwingungen von Sprache und Musik (60 Hz bis 15000 Hz) in Form von hochfrequenten elektromagnetischen Wellen (10 kHz bis 30000 MHz) mittels einer Sendeantenne über große Entfernungen in den Raum abzustrahlen. Der Empfänger hat dann die Aufgabe, die ankommenden elektromagnetischen Schwingungen aufzunehmen und wieder in Schall zurückzuverwandeln. Wir beschränken uns hier auf den Hinweis, daß Erzeugung, Ausstrahlung, Ausbreitung und Empfang elektromagnetischer Wellen umfangreiche Wissensgebiete darstellen.

7.21.5 Farbe und Wellenlänge

Die Größe der Wellenlänge des Lichtes, das auf die Netzhaut trifft, bestimmt die Art des Farbreizes im Auge.

Bestimmte Wellenlängen des Lichtes entsprechen ganz bestimmten Farben.

Farbe und Wellenlängenbereiche

Rot	750...640 nm
Orange	640...580 nm
Gelb	580...570 nm
Grün	570...490 nm
Blau	490...430 nm
Violett	430...400 nm

Elektromagnetische Wellen lösen nur in dem engen Wellenlängenbereich zwischen 400 und 800 nm im Auge einen Helligkeitsreiz aus (sichtbares Licht).

Genaue Grenzen für die einzelnen Farbbereiche lassen sich nicht angeben, da die Farbtöne allmählich ineinander übergehen.

Sowohl längere als auch kürzere Wellenlängen erzeugen im Auge keinen Lichtreiz, d. h. derartige Wellen sind unsichtbar.

an das langwellige Ende anschließend	Ultrarot = Infrarot $\lambda > \lambda$ Rot	Wärmestrahlung Ein Ofen strahlt im Dunkeln Wärme ab
an das kurzwellige Ende anschließend	Ultraviolett $\lambda < \lambda$ Violett	Starke Wirkung auf fotografische Schicht

Das „weiße" Glüh-Licht besteht aus einer Mischung von Strahlen verschiedener Wellenlängen (vgl. Abschn. 6.11). Da Licht verschiedener Wellenlängen eine unterschiedlich starke Brechung erfährt, so wird Glüh-Licht durch ein Prisma in seine verschiedenen Bestandteile zerlegt. Die Abhängigkeit der Lichtbrechung von der Wellenlänge bezeichnet man als Dispersion[1]). Für kürzere Wellenlängen ist die Ablenkung bei der Brechung stärker. („Weiß"ist die Empfindung, keine physikalische Eigenschaft des Lichtes!)

Die elektromagnetischen Wellen des Lichtes verschiedener Wellenlänge und damit auch verschiedener Farbe werden verschieden stark gebrochen.

7.21.6 Bestimmung der Lichtgeschwindigkeit

Von den zahlreichen Verfahren zur Messung der Lichtgeschwindigkeit sei hier die Methode des französischen Professors Fizeau aus Paris (1849) angegeben. Auf zwei $8\frac{1}{3}$ km voneinander entfernten Bergen wurden ein Spiegel und ein Zahnrad mit 720 Zähnen aufgestellt. Wenn sich das Zahnrad 12,5mal in der Sekunde drehte, konnte der Beobachter den bei A zurückgeworfenen Lichtstrahl nicht mehr sehen. Warum nicht? Der zurückkommende Strahl trifft nun nicht mehr (wie beim Hinweg) auf die Zahnlücke, sondern auf einen Zahn. Da Zähne und Lücken gleich breit gemacht sind, benötigt eine Weiterbewegung von Mitte Lücke auf Mitte Zahn oder um den Winkel α $^{1}/_{2 \cdot 720}$ s $= {}^{1}/_{1440}$ s, wenn sich das Zahnrad einmal in der Sekunde dreht. Bei 12,5 Umdrehungen pro Sekunde ist die Zeit für einen Wechsel von Lücke auf Zahn 12,5mal kleiner, beträgt also

$$\frac{1}{12,5 \cdot 1440}\,s = \frac{1}{18000}\,s$$

Während dieser Zeit legte das Licht beim Hin- und Rückweg die Strecke von $16^{2}/_{3}$ km zurück.

Also beträgt die Lichtgeschwindigkeit

$$c = \frac{s}{t} = \frac{50/3 \text{ km}}{1/18000 \text{ s}} = 300000 \text{ km/s}$$

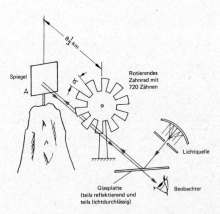

Bestimmung der Lichtgeschwindigkeit nach Fizeau

---

[1]) von lat. dispergere = zerstreuen

8. Atomphysik

8.1 Die Atomhülle

Die Physik der Atomhülle befaßt sich mit der Anordnung der Elektronen, die den Atomkern umkreisen, und mit den Vorgängen in der Elektronenhülle. (Die erste Einführung in die Atomphysik erfolgte bereits in Abschnitt 0.9 und in der Elektrizitätslehre, S. 296.)

Die kreisenden Elektronen bestimmen die Abmessungen des Atoms, so wie die Flügel eines rotierenden Ventilators je nach Flügelgröße eine Kreisscheibe bestimmten Durchmessers vortäuschen. Der rotierende Flügel ist nur als Kreisscheibe erkennbar. Die Hüllen der Atome bestehen nur aus einzelnen Elektronen. Dennoch sind sie undurchdringlich, da sich die Elektronen mit unvorstellbar großen Geschwindigkeiten bewegen. Wir können sie mit den Speichen eines Fahrrades vergleichen: Bei einem ruhenden Rad kann man sehr wohl die Speichen greifen, bei einem sich schnell drehenden jedoch nicht.

Den Gedanken, daß der Atomkern von Elektronen umkreist wird — ähnlich wie die Erde von Satelliten —, benutzte der dänische Forscher Niels Bohr zur Aufstellung eines Atommodells (1913).

Das Wort ,,*Modell*'' bedeutet eine mögliche Vorstellung zum Atomaufbau, womit zahlreiche physikalische Erscheinungen (z. B. die Entstehung des Lichtes) erklärt werden können. Das Modell gibt also an, wie das Atom beschaffen sein kann. Andere Modelle über den Atomaufbau werden damit nicht ausgeschlossen.

8.1.1 Das Bohrsche Atommodell

Im Bohrschen Atommodell läßt sich der Atomaufbau mit drei Bedingungen beschreiben:

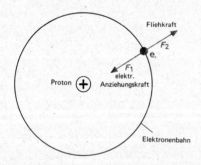

Ladungsbedingung: Beim neutralen Atom gilt

Protonenzahl im Kern = Anzahl der Elektronen in der Hülle.

Gleichgewichtsbedingung: Die Kraft F_1, mit der das Elektron (—) vom Kern (+) angezogen wird, muß ebenso groß sein wie die radial nach außen gerichtete Fliehkraft F_2 (vom rotierenden System aus betrachtet).

Da beide Kräfte vom Halbmesser ($F_1 \sim 1/r^2$, $F_2 \sim 1/r$) abhängen, die Fliehkraft außerdem noch von der Geschwindigkeit, so ist Gleichgewicht nur möglich, wenn das Elektron auf seiner Bahn eine ganz bestimmte Geschwindigkeit hat.

Beispiel: Das Wasserstoffelektron hätte bei einem Bahnhalbmesser von 0,5 Å eine Geschwindigkeit von 2190 km/s.

Bahnbedingung: Die Elektronen können sich nur auf ganz bestimmten vorgeschriebenen Bahnen bewegen.

Da nach der Gleichgewichtsbedingung zu bestimmten Kernabständen bestimmte Geschwindigkeiten gehören, so folgt:

Die den Kern umkreisenden Elektronen können auf jeder Bahn nur eine genau berechenbare ,,erlaubte'' Geschwindigkeit annehmen.

Auf die physikalischen Hintergründe der merkwürdig anmutenden Bahnbedingung, die auf Entdeckungen des deutschen Physikers Max Planck (1858—1947) zurückgehen, wird hier nicht eingegangen.

Mechanischer Vergleich: Die Bahnbedingung würde für eine Radrennbahn bedeuten, daß verschiedene Fahrspuren abgetrennt werden, die durch Grünstreifen voneinander getrennt sind. Auf jeder Spur ist nur eine bestimmte Geschwindigkeit zugelassen, z. B. auf der innersten 20 km/h, auf der nächsten 30 km/h usw.

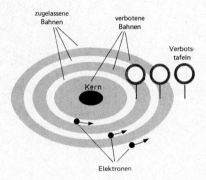

Elektronen auf ihren zugelassenen Bahnen

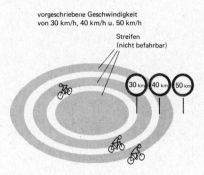

Vergleich mit einer Radrennbahn

8.1.2 Der Schalenaufbau der Elektronenhülle

Die Elektronen auf Bahnen verschiedenen Durchmessers haben unterschiedliche Geschwindigkeiten und unterschiedliche Energiewerte.

> **Elektronenbahnen mit nahezu gleicher Energie und somit etwa gleichen Kernabständen werden zu „Schalen" zusammengefaßt (Erweiterung des Modells).**

Unter der Energie des kreisenden Elektrons ist hier nicht nur die Bewegungsenergie $\frac{m}{2} v^2$ zu verstehen.

Genau wie eine Masse im Schwerefeld der Erde eine Lagenenergie aufweist, so hat ein Elektron im elektrischen Feld des Kerns eine „elektrische Lagenenergie" (potentielle Energie), die hier hinzukommt. Um einen Körper anzuheben, wird Arbeit gegen die Schwerkraft, um ein Elektron weiter vom Atomkern zu entfernen, wird Arbeit gegen die elektrische Anziehungskraft verrichtet. In beiden Fällen ist Energie = aufgespeicherte Arbeit.

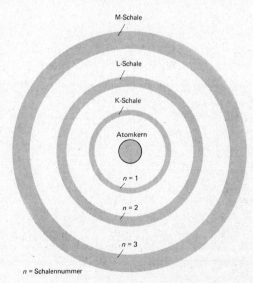

Der Aufbau der Elektronenhülle aus Schalen n = Schalennummer

Die einzelnen Schalen werden von innen nach außen durchnumeriert. Statt der Schalennummern sind auch Buchstaben K, L, M, N, O, P und Q üblich. Insgesamt sind es 7 Schalen.

Die innerste Schale (Schalennummer $n = 1$, K-Schale) hat die Elektronen mit der niedrigsten Energie.

Zur Bahnform ist zu bemerken, daß bisher nur von Kreisbahnen die Rede war. Wie weitergehende Untersuchungen durch den deutschen Physiker A. Sommerfeld zeigen, sind auch Ellipsenbahnen denkbar. Die Kreisbahn stellt nur einen Sonderfall dar. Für unsere Betrachtungen ist dies ohne Belang. Für die Ellipsenbahn ist der mittlere Kernabstand heranzuziehen.

8.1.3 Die höchstzulässige Elektronenzahl je Schale

Eine Schale, die eine Zusammenfassung mehrerer benachbarter Elektronenbahnen darstellt, kann nicht beliebig viele Elektronen aufnehmen.

Die Elektronenhöchstzahl x je Schale errechnet sich aus der Formel $x = 2n^2$, wobei n die Schalennummer bedeutet.

Schalennummer	Bezeichnung	Elektronenhöchstzahl x
$n = 1$	K-Schale	$x = 2n^2 = 2 \cdot 1^2 = 2$
$n = 2$	L-Schale	$x = 2n^2 = 2 \cdot 2^2 = 8$
$n = 3$	M-Schale	$x = 2n^2 = 2 \cdot 3^2 = 18$
$n = 4$	N-Schale	$x = 2n^2 = 2 \cdot 4^2 = 32$

So können z. B. in der M-Schale niemals mehr als 18 Elektronen sein, da die Elektronenhöchstzahl x nicht überschritten werden kann.

Von Sonderfällen abgesehen, werden die Schalen von innen nach außen nacheinander aufgefüllt. Bei dem nach außen fortschreitenden Aufbau der Elektronenhülle — beginnend bei Wasserstoff — wird immer die Bahn mit der kleineren Energie des Elektrons zuerst besetzt.

Beispiele für Elektronenhüllen:

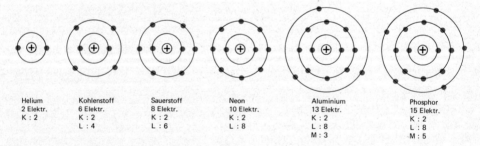

Helium	Kohlenstoff	Sauerstoff	Neon	Aluminium	Phosphor
2 Elektr.	6 Elektr.	8 Elektr.	10 Elektr.	13 Elektr.	15 Elektr.
K : 2	K : 2	K : 2	K : 2	K : 2	K : 2
	L : 4	L : 6	L : 8	L : 8	L : 8
				M : 3	M : 5

Es muß hinzugefügt werden, daß die Zahl der Elektronen in der äußersten Schale bei einem beliebigen Atom nie größer sein kann als acht.

Beispiel: Von den 19 Elektronen des Kaliumatoms sind 2 in der K-Schale und 8 in der L-Schale. Grundsätzlich kann die M-Schale 18 Elektronen aufnehmen. Ordnete man jedoch die restlichen 9 Elektronen in der M-Schale an, so würde sich eine Außenschale mit mehr als 8 Elektronen ergeben. Folglich erhält die N-Schale 1 Elektron. Somit hat Kalium 2K-, 8L-, 8M-Elektronen und 1N-Elektron.

Elemente mit einer Achterschale sind besonders reaktionsträge (Edelgase). Das Auffüllen einer Achterschale ist für das Zustandekommen chemischer Bindungen bedeutsam.

Mit dem Aufbau der Atomhülle läßt sich die Entstehung des Lichtes deuten:

Nicht alle Elektronenbahnen müssen ständig von Elektronen besetzt sein. Erhält ein Elektron einen Stoß (z. B. durch die Wärmebewegung der Atome eines glühenden Stahlstücks), so kann es auf eine energiereichere Bahn größeren Kernabstands angehoben werden. Nach sehr kurzer Zeit ($\approx 10^{-8}$ s) springt das Elektron wieder auf seine ursprüngliche Bahn zurück. Dabei gibt es die überschüssige Energie in Form von Licht ab. Durch rasche Wiederholung dieses Vorgangs und durch das Zusammenwirken vieler Atome entsteht so das Licht.

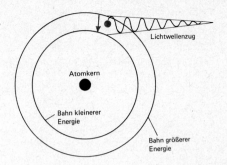

8.2 Der Aufbau des Atomkerns (Kernphysik)

8.2.1 Die Ladung

Die Ladung der Atomkerne erweist sich als positiv. Allerdings würden bei Kernen mit mehr als einem Proton starke innere Abstoßungskräfte auftreten, so daß die Kerne nicht stabil wären. Daher muß es noch eine zweite Art von Kernbausteinen geben: die Neutronen. Diese sorgen als eine Art „kosmischen Leims" für den Kernzusammenhalt.

Alle Kerne bestehen aus Protonen und Neutronen[1].

Eine Ausnahme bildet nur der Wasserstoff, dessen Kern nur aus einem Proton besteht.

Die Art des chemischen Elements wird durch die Protonenzahl Z bestimmt.

Beispiele: $Z = 1$ Wasserstoff, $Z = 2$ Helium, $Z = 79$ Gold, $Z = 80$ Quecksilber.

Die Elektronenzahl Z' bestimmt nicht die Atomart. Sie entscheidet jedoch, ob ein Ion vorliegt oder nicht. ($Z = Z'$ neutrales Atom, $Z > Z'$ positives Ion, $Z < Z'$ negatives Ion.) Wir haben schon früher erkannt (vgl. Abschnitte 7.3 und 7.9.2), daß aus einem neutralen Atom durch Elektronenabgabe ein positives Ion entsteht, da nun die positiven Ladungen des Kerns in ihrer Wirkung überwiegen. Eine gegenseitige Aufhebung der ungleichnamigen Ladungen ist auch dann nicht möglich, wenn das neutrale Atom zusätzliche Elektronen in seine Hülle aufnimmt. Nun überwiegen die negativen Ladungen. Es entsteht ein negatives Ion.

Eigenschaften der Kernbausteine (auch Nukleonen[2]) genannt)

	Ladungsart	Größe der Ladung	Masse
Proton	positiv	Elektronenladung (Elementarladung)	1840 Elektronenmassen
Neutron	ungeladen (Name!)	—	etwa gleich groß wie Protonenmasse (Unterschied 0,1%)

---

[1] von lat. neutrum = keines von beiden

[2] von lat. nucleus = Kern

8.2.2 Die Massenverteilung

Die Verteilung der Atommasse auf Hülle und Kern ist sehr ungleichmäßig. Je nach Atomart hat der Kern 2000- bis 5000mal mehr Masse als die ganze Elektronenhülle.

Fast die gesamte Masse des Atoms ist im Kern vereinigt.

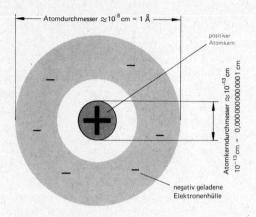
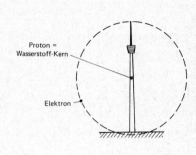

Atomaufbau schematisch

8.2.3 Die Ausdehnung

Die räumlichen Ausdehnungen von Hülle und Kern unterscheiden sich noch stärker. Der Durchmesser des Kerns ist rund 100000mal kleiner als derjenige des ganzen Atoms. Hieraus folgt, daß alle Stoffe, auch feste Körper, überwiegend aus leerem Raum bestehen.

Größenvergleich

Denkt man sich ein Wasserstoffatom so stark vergrößert, daß der Halbmesser des Kerns 1 mm beträgt, so würde das kreisende Elektron auf seiner Bahn durch Antennenspitze und Fundament des Stuttgarter Fernsehturms gehen.

8.2.4 Die relative Atommasse (füher „Atomgewicht")

Die absolute Masse eines Atoms ist sehr klein; das Wasserstoffatom hat die Masse $1,7 \cdot 10^{-27}$ kg. Für viele Zwecke der Chemie genügt die Angabe der relativen Atommasse, wobei zunächst auf das leichteste Atom, das Wasserstoffatom, bezogen wird.

> **Die relative Atommasse gibt an, wieviel mal mehr Masse ein Atom hat als das Wasserstoffatom.**

Z. B. hat Eisen die relative Atommasse 56, ein Eisenatom hat also die Masse $m_{Fe} = 56 \cdot 1,7 \cdot 10^{-27}$ kg $= 95 \cdot 10^{-27}$ kg $\approx 10^{-25}$ kg

$$\text{Relative Atommasse} = \frac{\text{Masse des Atoms}}{\text{Masse des H-Atoms}}$$

Seit 1962 ist nicht mehr das Wasserstoffatom Bezugsmasse, sondern $\frac{1}{12}$ der Masse des Kohlenstoffatoms (Kohlenstoffisotop C 12; vgl. 8.2.6). Kohlenstoff hat also jetzt die relative Atommasse 12,0000 und Wasserstoff die relative Atommasse 1,00797.

8.2.5 Relative Atommasse und Kernaufbau

Da Protonen und Neutronen fast gleich schwer sind und sich die Masse der Elektronen kaum bemerkbar macht (Elektronenmasse = 0,002fache Wasserstoffmasse), so gilt näherungsweise für ein beliebiges chemisches Element:

> **Relative Atommasse ≈ Protonenzahl + Neutronenzahl = Zahl der Kernbausteine**

$$A \approx Z + N$$

Relative Atommasse und Zahl der Kernbausteine

Element	Protonenzahl Z	Neutronenzahl N	gerundeter Wert $A = Z + N$ = Nukleonenzahl	genauer Wert (bzgl. C 12)
Helium (He)	2	2	4	4,0026
Lithium (Li)	3	4	7	6,939
Beryllium (Be)	4	5	9	9,0122
Kohlenstoff (C)	6	6	12	12,0112
Sauerstoff (O)	8	8	16	15,9994
Schwefel (S)	16	16	32	32,064
Uran (U)	92	146	238	238,03

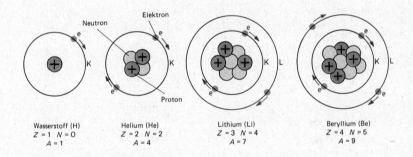

Wasserstoff (H)	Helium (He)	Lithium (Li)	Beryllium (Be)
$Z = 1$ $N = 0$	$Z = 2$ $N = 2$	$Z = 3$ $N = 4$	$Z = 4$ $N = 5$
$A = 1$	$A = 4$	$A = 7$	$A = 9$

Aufbau der vier leichtesten Atome (⊕ = Proton ◉ = Neutron •e = Elektron)

Aufgabe: Das Element Phosphor besitzt 15 Elektronen in der Hülle. Die relative Atommasse ist 30,97. Wieviel Neutronen und Protonen befinden sich im Kern?

Lösung: Protonenzahl = Elektronenzahl = 15; gerundete relative Atommasse $A \approx 31$.

Aus $A = Z + N$ folgt: $N = A - Z = 31 - 15 = 16$ Neutronen.

8.2.6 Isotope

Die unregelmäßige und teils starke Abweichung der relativen Atommasse von der Ganzzahligkeit läßt sich bei verschiedenen Elementen mit den bisherigen Ausführungen nicht erklären.

Beispiel: Chlor, relative Atommasse 35,45.

Ursache: Natürliches Chlor, d. h. das in der Natur vorkommende Element Chlor, setzt sich aus zwei verschiedenen Atomsorten zusammen, die sich durch die Zahl der Neutronen im Kern unterscheiden.

1. Sorte: $Z = 17$ und $N = 18$, also gerundeter Wert $A = 35$ zu $\approx 75\%$

2. Sorte: $Z = 17$ und $N = 20$, also gerundeter Wert $A = 37$ zu $\approx 25\%$

Da Chlor immer nur in dieser Mischung auftritt, so ergibt sich für die relative Atommasse des natür-

lichen Chlors angenähert der Wert $A = \dfrac{3}{4} \cdot 35 + \dfrac{1}{4} \cdot 37 = 35,5$

Atomarten gleicher Protonenzahl und unterschiedlicher Neutronenzahl heißen Isotope[1]).

Die gleiche Protonenzahl bedingt gleiche chemische Eigenschaften. Die unterschiedliche Neutronenzahl bedingt unterschiedliche relative Atommasse.

Die meisten in der Natur vorkommenden Elemente bilden ein Isotopengemisch. Ihre relative Atommasse stellt also einen Mittelwert dar.

Vergleich: Auf 100 dreiblättrige Kleeblätter sollen zwei vierblättrige kommen. Dann ist die mittlere Kleeblattzahl je Stengel nicht 3, sondern $(100 \cdot 3 + 2 \cdot 4) : 102 = 3,02$.

Das Gegenstück zum Isotopengemisch ist die reine Kernart (Atomart), die man als Nuklid bezeichnet.

Nuklid = Atomart mit fester Protonen- und Neutronenzahl

Zur Kennzeichnung eines Nuklids gibt man neben dem chemischen Zeichen oben die Anzahl der Kernbausteine $(N + Z)$ und unten die Zahl der Protonen (Z) an. $N + Z = A$ wird Massenzahl genannt.

Beispiele

$^{35}_{17}\text{Cl}$ = Nuklid des Chlors mit 35 Kernbausteinen, davon 17 Protonen,

$^{12}_{6}\text{C}$ = Nuklid des Kohlenstoffs mit 12 Kernbausteinen, davon 6 Protonen.

$^{1}_{1}\text{H}$
Wasserstoff (H)
$Z = 1$ $N = 0$ $A = 1$

$^{2}_{1}\text{H}$
Deuterium (D)
$Z = 1$ $N = 1$ $A = 2$

$^{3}_{1}\text{H}$
Tritium (T)
$Z = 1$ $N = 2$ $A = 3$

Die drei Isotope des Wasserstoffs

Noch kürzer kann dafür auch Cl 35 und C 12 geschrieben werden. C 12 ist also Kohlenstoff, dessen Atomkerne alle aus 12 Bausteinen bestehen (6 Protonen und 6 Neutronen).

Nuklid ist der Oberbegriff. Auch Isotope sind Nuklide.

Nuklide sind z. B. C 12, Cl 35, O 16 und Co 60. Dagegen besteht der natürliche Sauerstoff aus den Isotopen O 16 (99,76%), O 17 (0,04%) und O 18 (0,2%). Der natürliche Kohlenstoff ist ein Isotopengemisch aus C 12 (98,89%) und C 13 (1,11%); der Anteil des radioaktiven Kohlenstoffs C 14 liegt weit unter 0,01 %.

---

[1]) Das Wort Isotop (von griech. isos = gleich und topos = Stelle) deutet darauf hin, daß Isotope wegen ihrer gleichen chemischen Eigenschaften an dieselbe Stelle im Periodensystem der Elemente gehören. Genaugenommen kann man nie von einem einzelnen Isotopen sprechen. Wie bei „Geschwistern" sind es immer mindestens zwei

Wird im Kern des gewöhnlichen, leichten Wasserstoffatoms (H) ein Neutron angelagert, so entsteht der schwere Wasserstoff (D). Beim überschweren Wasserstoff (T) besteht der Kern sogar aus zwei Neutronen und einem Proton. Alle drei Wasserstoffarten sind gasförmig, farb- und geruchlos, brennbar und bilden gleichartige Sauerstoffverbindungen (H_2O, D_2O = schweres Wasser und T_2O).

In der Natur kommen 90 Elemente vor (sogenannte natürliche Elemente). Weitere, z. B. Technetium, $Z = 43$, Promethium, $Z = 61$, und Elemente mit Ordnungszahlen über 92 finden sich als Produkte von Atomkernreaktionen nach dem Beschuß mit leichten Kernen bzw. als Spaltprodukte von Kernbrennstoffen.

Einschließlich aller Isotope kennt man über 1500 Nuklide, d. h. Atome von unterscheidbarem Kernaufbau.

8.3 Radioaktivität

Unter Radioaktivität versteht man die Eigenschaft zahlreicher Atomarten, aus eigenem Antrieb Strahlung auszusenden, wobei sich die Art des chemischen Elements ändert. Die Radioaktivität wurde im Jahre 1896 von dem französischen Forscher A. H. Becquerel am Element Uran entdeckt.

8.3.1 Ursache

Die Ursache der Radioaktivität ist das gestörte Kräftegleichgewicht im Atomkern. In jedem Atomkern wirken zweierlei Kräfte: Die Protonen stoßen sich gegenseitig ab, Protonen und Neutronen ziehen sich gegenseitig an. Bei einem stabilen, d. h. dauernd lebensfähigen Atom müssen die im Kern wirkenden Kräfte miteinander im Gleichgewicht stehen. Das ist aber nur möglich, wenn die Neutronenzahl in einem bestimmten Verhältnis zur Protonenzahl steht ($N/Z = 1{,}0$ bis etwa 1,5 je nach Atomart). Neutronenüberschuß oder Neutronendefizit im Kern verursachen eine Störung des Kräftegleichgewichts. Ist die Neutronenzahl zu groß oder zu klein, so kommen die Kerne durch Aussendung von Teilchen (radioaktive Strahlung) wieder ins Gleichgewicht. Die Kerne sind radioaktiv[1]).

Mit der Aussendung von Strahlung strebt die radioaktive Kernart einen stabilen Zustand, d. h. ein günstigeres Verhältnis von Neutronen zu Protonen an.

> **Radioaktivität = Aussendung von Teilchen aus dem Atomkern ohne Einwirkung von außen**

Beim Strahlungsvorgang verwandelt sich das ursprünglich vorhandene Atom in ein anderes um. So wird z. B. aus Radium das Edelgas Radon. Jedes Radiumatom kann in „seinem Leben" nur ein einziges Mal „strahlen", d. h. ein Teilchen aussenden.

Betrachten wir, was bei diesem Vorgang mit den Kernbausteinen des Radiumatoms geschieht.

$$^{226}_{88}\text{Ra} \longrightarrow {}^{222}_{86}\text{Rn} + {}^{4}_{2}\text{He}$$

Radium	Radon	Heliumkern
Metall	Edelgas	α-Teilchen

Das Radiumatom ($Z = 88$) sendet ein α-Teilchen mit der Massenzahl 4 und der Protonenzahl $Z = 2$ aus. Mit dem Herausschleudern des α-Teilchens verliert also der Radiumkern 2 Protonen

---

[1]) von lat. radius = Strahl und von lat. activus = tätig, wirksam

($Z = 2$) und 2 Neutronen, also insgesamt 4 Kernbausteine ($A = 4$). Nach der Aussendung des α-Teilchens bleibt ein veränderter Kern zurück, dessen Massenzahl um 4 und dessen Kernladungszahl um 2 vermindert wurde. Es ist ein völlig neues Atom entstanden, das Edelgas Radon ($Z = 86$).Das Radiumatom ist also zerfallen. Es ist nach dem Strahlungsvorgang nicht mehr vorhanden.

Wir erkennen, daß sich die Zahl der Protonen bei dem Vorgang nicht verändert hat ($86 + 2 = 88$!).

> Die radioaktive Strahlung besteht aus winzigen Bruchstücken zerfallender Atome

8.3.2 Strahlungsarten

Die drei wichtigsten Strahlenarten sind die Alpha-, die Beta- und die Gammastrahlen (kurz α-, β- und γ-Strahlen).

> α-Strahlen = Teilchenströmung von Heliumatomkernen

$\left(_2^4\text{He}\right)$; 5 bis 10% der Lichtgeschwindigkeit. Die aus zwei Neutronen und zwei Protonen bestehenden Heliumkerne werden als α-Teilchen bezeichnet.

> β-Strahlen = sehr rasch bewegte Elektronen

50 bis 99% der Lichtgeschwindigkeit.

Die Tatsache, daß der Kern Elektronen auszusenden vermag, obwohl er doch aus Protonen und Neutronen besteht, ist so zu verstehen, daß das Elektron erst im Augenblick der Aussendung gebildet wird.

> γ-Strahlung = elektromagnetische Wellenstrahlung

ähnlich dem Licht und den Röntgenstrahlen, stellt eine Begleiterscheinung der α- und β-Strahlung dar.

Ein einheitliches Nuklid sendet normalerweise nur α- oder nur β-Strahlung aus. Da auch die durch die Strahlung neu entstandenen Atome radioaktiv sein können und mitstrahlen, so ist es möglich, daß bei einem ursprünglich einheitlichen Stoff nach einiger Zeit alle drei Strahlenarten auftreten. Das ist z. B. bei Radium der Fall.

8.3.3 Natürliche und künstliche Radioaktivität

Kommen die radioaktiven Atomarten (Nuklide) in der Natur vor, so spricht man von natürlicher Radioaktivität.

Beispiele: Uran, Radium, Thorium, Actinium.
Im Gegensatz hierzu bezeichnet man nichtstrahlende, beständige Atomarten als stabil.

Ist es gelungen, durch Bombardierung mit geeigneten Geschossen (z. B. α-Teilchen) die Kerne einer stabilen Atomart so zu verändern, daß eine radioaktive Substanz entsteht, so liegt künstliche Radioaktivität vor.

Beispiel: Durch Beschießen von Aluminium mit α-Teilchen entsteht radioaktiver Phosphor. Auf diese Weise hat das Forscherehepaar Joliot-Curie 1934 das erste radioaktive Nuklid hergestellt.

Da das Wort Isotop oft nicht in seiner genau abgegrenzten Bedeutung benutzt wird, bedarf es einer Klarstellung: Isotope brauchen durchaus nicht radioaktiv zu sein. Es gibt zahlreiche Elemente, die mehrere stabile Isotope besitzen (Zinn weist zehn stabile Isotope auf). Insgesamt gibt es rund 300 stabile Atomarten (stabile Nuklide). Man kann sowohl stabile als auch radioaktive Nuklide aus anderen Atomarten künstlich herstellen.

8.3.4 Halbwertszeit

Wie lange vermag ein radioaktives Nuklid (Radionuklid) zu strahlen? Wir können bei einem radioaktiven Atom nicht sagen, ob es in der nächsten Sekunde unter Strahlung zerfällt oder erst in
1000 Jahren. Dagegen kann man angeben, nach welcher Zeit die Hälfte der ursprünglich vorhandenen Atome zerfallen ist (Halbwertszeit). Die *Halbwertszeit* kann je nach Radionuklid Bruchteile einer Sekunde bis Milliarden Jahre betragen.

Es ist ähnlich wie bei einer Lebensversicherung, die den Todestag eines einzelnen Versicherungsnehmers
nicht voraussagen kann. Dagegen ist sehr wohl eine Aussage darüber möglich, wieviel Prozent der heute
Zwanzigjährigen das 70. Lebensjahr erreichen.

Bei Radium beträgt die Halbwertszeit 1620 Jahre. Von 1g Radium sind also in 1620 Jahren noch 0,5 g vorhanden.
Nach weiteren 1620 Jahren (also nach 3240 Jahren) liegen noch 0,25 g unzerfallen vor. Nach der 10fachen Halbwertszeit haben wir noch 0,1% der Ausgangsmenge.

8.3.5 Strahlungsschäden

Radioaktive Strahlen können erhebliche Schädigungen im menschlichen Körper verursachen,
wenn die Strahlenmenge bestimmte Werte überschreitet (Erbschäden, Krankheiten, Strahlentod).
Beim Umgang mit radioaktiven Stoffen sind daher strenge Sicherheitsvorschriften zu beachten.
Strahlenschutzmaßnahmen sind genügender Abstand von der Strahlenquelle, kurze Bestrahlungs-
zeit und Abschirmung (Blei, Stahl, Beton, Wasser usw.)

Das Eindringvermögen und damit auch die zur Abschirmung notwendige Materialdicke ist bei
verschiedenen Strahlenarten sehr verschieden.

8.3.6 Praktische Anwendung

Für Radionuklide, von denen wir heute über 1200 verschiedene kennen (rund 60 davon kommen
in der Natur vor), gibt es in Medizin, Technik, Landwirtschaft und Forschung zahlreiche Anwen-
dungsmöglichkeiten. Dabei werden verschiedene Eigenschaften ausgenutzt: Die Strahlung ist
unter bestimmten Voraussetzungen in der Lage, beim Menschen kranke Körperzellen abzutöten.

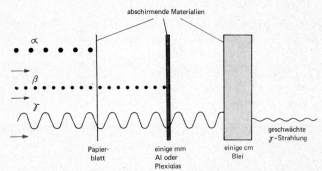

*Das Eindringvermögen und
damit auch die zur Abschirmung notwendige Material-
dicke ist bei verschiedenen
Strahlenarten sehr verschieden*

Bei Lebewesen können Erbanlagen verändert werden. Beim Durchdringen eines Stoffes wird die
Strahlung je nach durchstrahlter Materialdicke verschieden stark geschwächt. Radioaktive Sub-
stanzen verraten durch ihre Strahlung auch dann ihre Anwesenheit, wenn sie nur in winzig kleinen
Mengen auftreten.

8.4 Freisetzung von Kernenergie aus Uran

Wenn die Zahl der Protonen die Art des chemischen Elements bestimmt, muß es möglich sein,
durch Änderung der Protonenzahl ein Atom in ein anderes umzuwandeln. Tatsächlich gelang
dies durch Beschuß von Atomkernen mit verschiedenen Teilchen (α-Teilchen, Protonen usw.).
Als besonders wirksame Geschosse erwiesen sich Neutronen, da diese vom elektrisch geladenen

„Zielkern" nicht abgelenkt werden (keine elektrische Abstoßung). Im Jahre 1938 gelang es, das Nuklid Uran 235 durch Neutronenbeschuß nicht nur umzuwandeln, sondern in zwei große Bruchstücke zu zerlegen (erste Kernspaltung durch die deutschen Forscher Otto Hahn und Fritz Strassmann).

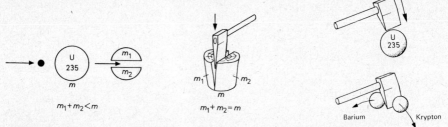

$$m_1 + m_2 < m \qquad m_1 + m_2 = m$$

Uran 235 (Uran mit der relativen Atommasse 235) ist im Natururan nur zu 0,7% enthalten. Der Rest von 99,3% besteht aus Uran 238, das auf diese Weise nicht gespalten werden kann.

Bei der Spaltung von U 235 stellt sich ein merkwürdiges Ergebnis ein:

> **Die Bruchstücke sind zusammen leichter als das ursprünglich vorhandene Uranatom.**

Ganz im Gegensatz hierzu wiegen zwei Holzscheite zusammen genau ebenso viel wie der Holzklotz, aus dem sie entstanden sind.

Eine Antwort auf die Frage, was mit der verschwundenen Masse geschehen ist, hat schon Einstein[1]) (1905) gegeben: Die Masse hat sich gemäß der Beziehung

> **Energiedifferenz = Masse · Quadrat der Lichtgeschwindigkeit** $\Delta E = m c^2$

in Energie umgewandelt. Da c sehr groß ist, entspricht einer winzig kleinen Masse eine ungeheuer große Energie (1 g Masse = 25 Millionen kWh = 21,5 Milliarden kcal = 90 Milliarden kJ).

Die freigesetzte Energie äußert sich größtenteils (über 80%) in Bewegungsenergie der weggeschleuderten Atomtrümmer, d. h. die Spaltstücke fliegen mit sehr großer Geschwindigkeit auseinander. Dabei prallen sie mit den Nachbaratomen im Uranblock zusammen, die zu starken Schwingungsbewegungen angeregt werden. Es entsteht also Wärme.

> **Ein Uranblock, in dem Kernspaltungen stattfinden, erwärmt sich.**

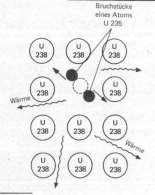

Bruchstücke
eines Atoms
U 235

Wir müssen noch vermerken, daß die Spaltstücke des Urans nicht aus Uran(I) bestehen. Sind z. B. die Protonenzahlen der Spaltstücke 36 und 56 (36 + 56 = 92 = Protonenzahl des ursprünglich vorhandenen Uranatoms), so entstehen diejenigen Atomarten, die zu diesen Protonenzahlen gehören, nämlich Barium und Krypton.

Die Eigenschaft der Spaltbarkeit allein reicht zur Ausnutzung der entstehenden Wärme noch nicht aus. Der „Uranofen" benötigt ständig neuen Zündstoff. Zusätzlich treten bei der Spaltung als Trümmerstücke auch einige Neutronen auf, die ihrerseits wieder weitere Uranatome zu spalten vermögen. Es kommt eine Kettenreaktion zustande.

Die Abbremsung der Kerntrümmer nach der Spaltung verursacht Wärme

---

[1]) Albert Einstein, einer der bedeutendsten Physiker, geboren 1879 in Ulm (Donau), seit 1933 in den USA, wo er im April 1955 starb

Kettenreaktion = Aufeinanderfolge von Spaltung und Neuentstehung von Neutronen, die wiederum spalten

Damit ist das Grundsätzliche zum Bau eines Atomkernreaktors, d. h. einer Maschine zur Freisetzung von Kernenergie, gesagt. Nur ein Punkt ist noch wesentlich: Die bei der Spaltung entstehenden Neutronen haben eine sehr große Geschwindigkeit (10000 km/s). Es zeigt sich jedoch, daß Neutronen geringerer Geschwindigkeit (langsame Neutronen von etwa 2 km/s) wesentlich häufiger zu Spaltungen der U 235-Atome führen. Es ist daher notwendig, die Geschwindigkeit der Neutronen zu vermindern. Eine erhebliche Abbremsung erfolgt bei wiederholten elastischen Zusammenstößen mit den Atomen eines Stoffes, der über leichte Atome verfügt.

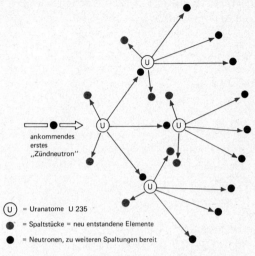

ankommendes
erstes
,,Zündneutron''

$\textcircled{U}$ = Uranatome U 235

● = Spaltstücke = neu entstandene Elemente

● = Neutronen, zu weiteren Spaltungen bereit

Ausbildung einer Kettenreaktion

Zum Vergleich: Eine Billardkugel erfährt beim Stoß auf eine schwere Stahlkugel kaum eine Geschwindigkeitsverminderung; dagegen erleidet sie einen erheblichen Verlust an Bewegungsenergie, wenn sie mit einer zweiten, leichten Billardkugel zusammenstößt.

Als Bremsmittel oder Moderator[1]) ist ein Stoff mit kleinem ,,Atomgewicht'', wie z. B. Graphit (Kohlenstoff $A = 12$), sehr geeignet.

Es gibt weit über 100 verschiedene Reaktortypen, von denen sich rund ein Dutzend bewährt hat. Die Abbildung zeigt als Beispiel den Aufbau eines Reaktors, wie er im ersten großen Kernkraftwerk der Welt, in Calderhall, England (Fertigstellung 1956), verwirklicht wurde.

Ein Klotz aus reinem Graphit wird in regelmäßigen Abständen mit Tausenden von Bohrungen versehen, die zur Aufnahme der Uranstäbe dienen. Die bei der Spaltung entstehenden Neutronen werden im Graphit abgebremst, so daß sie beim Wiedereintritt in das Uran weitere Spaltungen hervorrufen. (Zur Beurteilung der Größenverhältnisse: 127 t Natururan als Brennstoff und 1140 t Graphit als Moderator für 2 Reaktoren!) Zur Kühlung

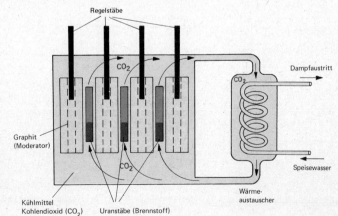

Kernreaktor mit Graphit als Moderator (Bremsmittel), CO_2 als Kühlmittel (Wärmeträger) und Natururan als Brennstoff

Regelstäbe

CO_2

CO_2

Dampfaustritt

Speisewasser

Wärmeaustauscher

Graphit (Moderator)

Kühlmittel Kohlendioxid (CO_2)

Uranstäbe (Brennstoff)

[1]) von lat. moderare = mäßigen

wird Kohlendioxid unter Druck durch den in den Brennstoffkanälen noch verbleibenden Zwischenraum hindurchgepreßt. Das heiße Gas erzeugt im Wärmeaustauscher Dampf, der einer Turbine zugeleitet wird (CO_2-Austrittstemperatur über 300 °C).

Zum Regeln und Abschalten der Kettenreaktion dienen allgemein Stäbe, die in den Reaktorkern eingefahren werden. Die Regelstäbe bestehen aus Stoffen, die Neutronen verschlucken (Cadmium oder Borstahl).

Die der Wärme oder der mechanischen Energie zukommende Masse ist meist so klein, daß sie gar nicht bemerkt werden kann. Die der Materie zukommende Energie ist ungeheuer groß. Diese Energie liegt jedoch in gespeicherter Form vor und ist nur unter großen Schwierigkeiten in Sonderfällen freizusetzen.

So betrachtet, bedeutet die Energiefreisetzung aus Uran keinen Verstoß gegen den Energiesatz. Die freigesetzte Energie war schon vorher in Form von gespeicherter Energie vorhanden.

Die Materie stellt also ein sehr großes Energiereservoir dar. Werden nur die in den Kernen des Elements Uran verborgenen Energievorräte vollkommen ausgenutzt, so kann der Energiebedarf der gesamten Menschheit allein damit auf unabsehbare Zeit gedeckt werden.

Abschließend sei noch eine Frage beantwortet, die sich dem kritischen Betrachter von selbst aufdrängt:

Stellt die Energiefreisetzung aus Materie einen Verstoß gegen den Energiesatz dar?

Der Energiesatz besagt, daß Energie niemals neu entstehen, sondern immer nur aus einer Form in eine andere umgewandelt werden kann. Die Gesamtenergie einer bestimmten Anordnung kann sich also nicht verändern. — Wenn nun aber Masse verschwindet und dafür Energie auftritt, so stimmt dieser Satz offensichtlich nicht. Es tritt ja nun Energie neu auf.

Wo liegt der Fehler dieser Überlegung?

Die viel benutzte Ausdrucksweise „Für die verschwundene Masse m haben wir die Energie $E = mc^2$ erhalten" ist — genau besehen — nicht in Ordnung. Wir müssen die Gleichung $\Delta E = mc^2$ richtig lesen. Die Gleichung besagt zweierlei:

a) Einer bestimmten Energie E, gleichgültig, ob es sich um Wärme, elektrische oder mechanische Energie handelt, kommt eine ganz bestimmte Masse zu, und zwar $m = E/c^2$.

Dieser merkwürdig anmutende Sachverhalt konnte experimentell einwandfrei nachgewiesen werden. So erfährt ein rasch bewegtes Elektron eine Massenzunahme gegenüber seiner Masse im Zustand der Ruhe. Es wird also schwerer. Der Grund ist die der Bewegungsenergie zukommende Masse (!) (Versuch von Walter Kaufmann um das Jahr 1900). Auch der Wärmeenergie kommt eine Masse zu. Ein Körper hat daher in heißem Zustand eine größere Masse als in kaltem. Diese Differenz ist zwar unwägbar klein, jedoch grundsätzlich von größter Bedeutung.

b) Das Vorhandensein einer Masse m beweist, daß eine Energiemenge $E = mc^2$ in zunächst gespeicherter Form vorliegt.

Im Falle der Kernspaltung gelingt es, einen kleinen Teil dieser Energie (etwa 1 Promille; größer ist der Massenverlust nicht) freizusetzen.

Ein Uranblock erfährt eine Erwärmung, wenn die Spaltungen stattfinden, die mit einem „Massenverlust" verbunden sind. Wo ist dann aber die Masse hingekommen, wenn sie nicht verschwunden ist? Unter der Annahme, daß die gesamte freigesetzte Energie nur der Erwärmung diente, ist der erwärmte Uranblock als Ganzes um genau soviel schwerer geworden, als die gespaltenen Uranatome leichter geworden sind. Für den Uranblock tritt also gar keine Massenveränderung ein. Die der freigewordenen Energie zukommende Masse ist nach wie vor vorhanden, sie hat sich nur räumlich etwas verlagert.

Die Masse ist also *keine Energieart*, die, wie z. B. die mechanische Energie, in Wärme umgewandelt werden kann. Die Masse ist vielmehr eine *Erscheinungsform der Energie*, und zwar jeder Energie, auch z. B. der Wärme und der mechanischen Energie.

STICHWORTVERZEICHNIS